소방시설관리사 2차시험 길잡이

포인트 소방시설관리사

권순택 著

소방기술사
소방시설관리사

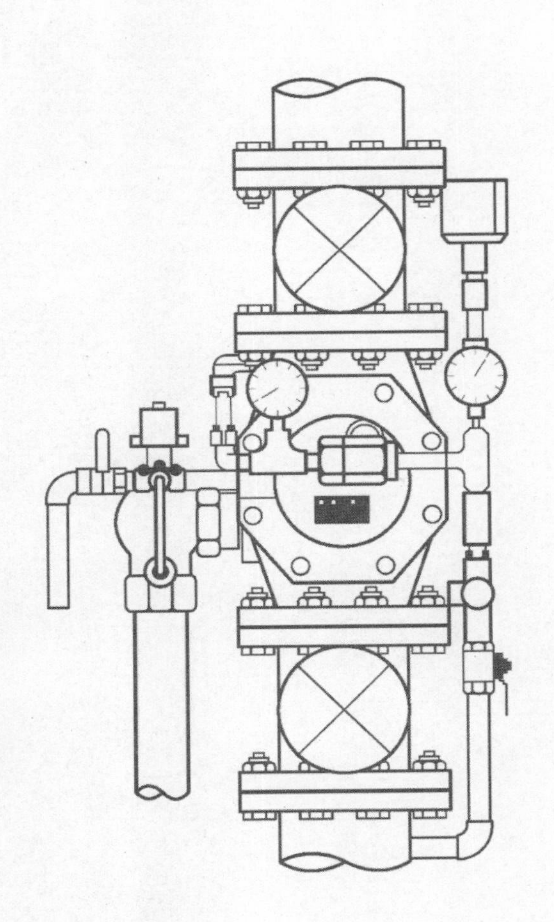

上

소방시설의 설계및시공

예문사

머리말

현대의 건축물이 날로 초고층화, 지하화, 복잡다양화, 인텔리전트화되어 가고 있는 가운데, 인간사회의 문화적 욕구가 어느 정도 충족되어감에 따라, 이제는 안전에 대한 욕구가 갈수록 더욱 중요시되고 있습니다.

이에 따라 정부의 인명안전과 방재관리에 대한 정책도 강화되고 있으며, 앞으로 소방시설 점검대상의 확대로 소방시설관리사의 수요가 더욱 증가할 것으로 예상됩니다.

이 책은 소방시설관리사 2차시험 수험서로서 소방시설의 구조원리 등 기초 상세사항에 대하여는 수험생들이 이미 기사과정 및 관리사 1차시험 준비과정에서 충분히 다루었을 것으로 헤아려, 여기서는 2차시험 관련 중요내용 위주로 정리하였으므로 수험생이 단기간에 보다 효과적인 학습능률을 올릴 수 있을 것으로 봅니다.

저자는 건축 실무현장에서 다년간 쌓은 소방방재시설의 설계 · 감리 · 시공 · 점검기술의 실무경력과, 또 소방설비기사(기계 · 전기), 소방시설관리사, 소방기술사 등의 자격시험공부와 소방기술학원 강의를 다년간 해오면서 축적한 Know-How를 토대로, 수험생의 공부기간을 최대한 단축할 수 있도록 내용을 엄선하여 다음과 같이 구성하였습니다.

[이 책의 구성 및 특징]

1. 실제 시험문제와 관련되고 향후 출제 가능성이 있는 내용만을 선별하여 요점위주로 수록함으로써 수험생이 단기간에도 높은 학습효과를 올릴 수 있도록 엮었다.
2. 예상문제는 학원수업내용과 동일하게 구성하고, 그 상세한 해설을 각 장별로 수록함으로써 실전 감각을 높일 수 있도록 하였다.
3. 이번 개정판에는 최근 새로운 출제경향으로 대두되고 있는 고난도의 계산문제를 더욱 보강하였다.
4. 각종 법규 · 기준(소방관계법규, 건축관계법규 및 화재안전기준 등)은 최근까지 개정된 내용을 적용하였다.

광범위한 내용을 요약 · 정리하다 보니 일부는 편협한 점도 있을 수 있겠으나, 이런 부분에 대하여는 독자 여러분의 기탄없는 제언(提言)을 반영하여 향후 개정판에서 보완해 가도록 하겠습니다. 아무쪼록 이 책이 소방시설관리사 2차시험을 준비하는 수험생 여러분에게 실질적인 도움이 되기를 기대합니다.

끝으로, 이 책의 출판에 힘써 주신 도서출판 예문사 사장님과 편집부 직원 여러분의 노고에 깊이 감사드립니다.

2024년 1월

저자 권 순 택(stk9797@hanmail.net)

소방시설관리사 자격시험 정보

1. 시험방법

(1) 시험과목

<table>
<tr><th colspan="3">1차 시험(객관식)</th><th colspan="2">2차 시험(주관식)</th></tr>
<tr><th>과목</th><th>문항</th><th>시간</th><th>과 목</th><th>시간</th></tr>
<tr><td>1.소방안전관리론 및 화재역학</td><td>25문제</td><td rowspan="5">125분</td><td rowspan="5">1.소방시설의 점검실무행정
2.소방시설의 설계 및 시공</td><td rowspan="5">180분
(과목당
90분)</td></tr>
<tr><td>2.소방수리학, 약제화학 및 소방전기</td><td>25문제</td></tr>
<tr><td>3.소방관계법규</td><td>25문제</td></tr>
<tr><td>4.위험물의 성상 및 시설기준</td><td>25문제</td></tr>
<tr><td>5.소방시설의 구조원리</td><td>25문제</td></tr>
</table>

(2) 면제과목

<table>
<tr><th></th><th>면제 대상</th><th>면제 과목</th></tr>
<tr><td rowspan="2">1차
시험</td><td>소방기술사 자격을 취득한 후 15년 이상 소방실무경력이 있는 자</td><td>소방수리학, 약제화학, 소방전기(소방관련 전기공사 재료 및 전기제어에 관한 부분에 한함)</td></tr>
<tr><td>소방공무원으로 15년 이상 근무한 경력이 있는 사람으로서 5년 이상 소방청장이 정하여 고시하는 소방관련 업무경력이 있는 자</td><td>소방관계법규</td></tr>
<tr><td rowspan="3">2차
시험</td><td>소방공무원으로 5년 이상 근무한 경력이 있는 자</td><td>소방시설의 점검실무행정</td></tr>
<tr><td>기술사(소방 · 건축기계설비 · 건축전기설비 · 공조냉동기계</td><td rowspan="2">소방시설의 설계 및 시공</td></tr>
<tr><td>건축사, 위험물기능장</td></tr>
</table>

(3) 합격기준

[1차시험]
- 각 과목당 40점 이상 및 전과목 평균 60점 이상 득점

[2차시험]
- 각 과목당 40점 이상 및 전과목 평균 60점 이상 득점
- 5인의 채점위원이 각각 채점한 점수에서 각 과목 100점 만점기준 채점점수 중 최고점수와 최저점수를 제외한 점수가 각 과목당 40점 이상 및 전과목 평균 60점 이상 득점

2. 소방시설관리사 응시자격

(1) 소방기술사, 위험물기능장, 건축사, 건축기계설비기술사, 건축전기설비기술사 또는 공조냉동기술사
(2) 소방설비기사 자격을 취득한 후 2년 이상 소방에 관한 실무경력이 있는 자
(3) 소방설비산업기사 자격을 취득한 후 3년 이상 소방에 관한 실무경력이 있는 자
(4) 대학에서 소방안전관리학과를 전공하고 졸업한 후 3년 이상 소방실무경력이 있는 자
(5) 소방안전공학(소방방재공학, 안전공학 포함)분야 석사학위 이상을 취득한 후 2년 이상 소방실무경력이 있는 자
(6) 위험물산업기사 또는 위험물기능사 자격을 취득한 후 3년 이상 소방실무경력이 있는 자
(7) 소방공무원으로 5년 이상 근무한 경력이 있는 자
(8) 소방관련학과(기계·전기·전자·건축·화공·산업안전 등)의 학사학위를 취득한 후 3년 이상 소방실무경력이 있는 자
(9) 산업안전기사 자격을 취득한 후 3년 이상 소방실무경력이 있는 자
(10) 다음 각 목의 어느 하나에 해당하는 사람
　① 특급 소방안전관리대상물의 소방안전관리자로 2년 이상 근무한 사람
　② 1급 소방안전관리대상물의 소방안전관리자로 3년 이상 근무한 사람
　③ 2급 소방안전관리대상물의 소방안전관리자로 5년 이상 근무한 사람
　④ 3급 소방안전관리대상물의 소방안전관리자로 7년 이상 근무한 사람
　⑤ 10년 이상 소방실무경력이 있는 사람

[소방실무경력의 범위]

㉮ 1·2급 방화관리대상물의 방화관리자
㉯ 1급 방화관리대상물의 보조 방화관리자
㉰ 소방시설의 공사·감리·설계·점검업체에서의 담당업무
㉱ 위험물제조소 등에서 위험물안전관리 등에 관한 업무

3. 소방시설관리사 시험의 면제

(1) 1차시험 면제

전회 1차시험 합격자는 다음회 1회에 한하여 1차시험이 면제된다. 즉, 지난 회(제11회) 소방시설관리사 시험에서 1차시험 합격자는 당회(제12회)에서는 1차시험이 면제된다.

(2) 2차시험 면제

- 위의 응시자격기준 중 (1)항에 해당하는 자 : 제2차시험 중 "소방시설의 설계 및 시공" 과목 면제
- 위의 응시자격기준 중 (7)항에 해당하는 자 : 제2차시험 중 "소방시설의 점검실무행정" 과목 면제

목차

제1장 수계소화설비 공통사항

제2장 소화기구 · 자동소화장치

제3장 옥내소화전설비

제4장 옥외소화전설비

제5장 스프링클러설비

제6장 물분무소화설비

제7장 포소화설비

제8장 기타 수계소화설비

제9장 가스계 소화설비

제10장 제연설비

제11장 자동화재탐지설비

제12장 기타 소방전기설비

제13장 소방설비용 배선회로

제14장 기타시설의 소방 · 방화시설

제15장 소방시설의 내진설계

소방시설관리사 과년도 출제문제 및 해설

부 록

제 1 장

수계소화설비 공통사항

01 수계소화설비의 공통 중요 화재안전기준

1. 수조의 설치기준 (모든 수계소화설비에 공통적용)

(1) 점검이 편리한 곳에 설치할 것
(2) 동결방지조치를 하거나 동결의 우려가 없는 장소에 설치
(3) 수조의 외측에 수위계를 설치
(4) 수조의 외측에 고정식 사다리를 설치(수조의 상단이 바닥보다 높은 경우에 한함)
(5) 수조가 실내에 설치된 경우에는 그 실내에 조명설비를 설치
(6) 수조의 밑부분에 청소용 배수밸브 또는 배수관을 설치
(7) 수조의 상부에(압력수조 · 가압수조의 경우에는 하부에) 급수관을 설치
(8) 수조 외측의 보기 쉬운 곳에 "○○○○설비용 수조"의 표지를 설치
(9) 가압송수장치용 고가수조인 경우 추가설치 사항 : 오버플로우관, 맨홀
(10) 가압송수장치용 압력수조인 경우 추가설치 사항 : 급기관, 맨홀, 압력계, 안전장치, 압력저하 방지를 위한 자동식 공기압축기

2. 옥상수조(2차수원)의 설치제외 대상 (단, 옥외소화전 · 간이스프링클러 · 물분무 · 미분무 · 포소화설비에는 옥상수조의 법적 설치의무가 없으므로 해당사항 없음)

층수가 29층 이하인 특정소방대상물로서 다음의 어느 하나에 해당하는 경우. 단, (2)와 (3)의 경우에는 30층 이상(고층건축물)도 옥상수조 제외대상에 해당됨

(1) 지하층만 있는 건축물
(2) 수원이 건축물의 최상층에 설치된 방수구(헤드)보다 높은 위치에 설치된 경우
(3) 고가수조를 가압송수장치로 설치한 경우
(4) 지표면으로부터 당해 건축물의 상단까지의 높이가 10m 이하인 경우
(5) 주펌프와 동등 이상의 성능이 있는 별도의 펌프로서 내연기관의 기동과 연동하

여 작동되거나 비상전원을 연결하여 설치한 경우
(6) 가압수조를 가압송수장치로 설치한 경우

3. 소방용 합성수지배관으로 설치할 수 있는 조건 (미분무소화설비를 제외한 모든 수계 소화설비에 공통적용)

(1) 배관을 지하에 매설하는 경우
(2) 다른 부분과는 내화구조로 방화구획된 덕트 또는 피트의 내부에 설치하는 경우
(3) 천장과 반자를 불연재료 또는 준불연재료로 설치하고, 그 내부에 습식 배관으로 설치하는 경우

4. 송수구 설치기준 (미분무 · 옥외소화전설비에는 송수구의 법적 설치의무가 없음)

(1) 송수구는 소방차가 쉽게 접근할 수 있는 잘 보이는 장소에 설치하되, 화재 층으로부터 지면으로 떨어지는 유리창 등이 송수 및 그 밖의 소화작업에 지장을 주지 아니하는 장소에 설치할 것
(2) 송수구로부터 주배관에 이르는 연결배관에 개폐밸브를 설치한 때에는 그 개폐상태를 쉽게 확인 및 조작할 수 있는 옥외 또는 기계실 등의 장소에 설치할 것 (단, 옥내소화전설비에서 전용배관인 경우에는 개폐밸브 설치금지)
(3) 구경 65mm 쌍구형으로 할 것(단, 옥내소화전설비 · 간이스프링클러설비는 쌍구형 또는 단구형)
(4) 송수구에는 그 가까운 곳의 보기 쉬운 곳에 송수압력 범위를 표시한 표지를 할 것(단, 옥내소화전설비는 제외)
(5) 지면으로부터 높이 0.5m 이상 1m 이하의 위치에 설치
(6) 하나의 층의 바닥면적이 3,000m^2를 넘을 때마다 1개 이상(최대 5개) 설치 : (단, 옥내소화전설비 · 간이스프링클러설비 · 연결송수관설비는 제외)
(7) 송수구에 이물질을 막기 위한 마개를 씌울 것
(8) 송수구의 가까운 부분에 자동배수밸브 및 체크밸브 설치

※ 연결송수관설비의 경우 위의 (8)을 아래의 (9)와 같이 하고 (10)·(11)을 추가한다.

(9) 송수구 부근에는 자동배수밸브 및 체크밸브를 다음과 같이 설치한다.
  1) 습식 : 송수구 – 자동배수밸브 – 체크밸브의 순으로 설치
  2) 건식 : 송수구 – 자동배수밸브 – 체크밸브 – 자동배수밸브의 순으로 설치
(10) 송수구는 연결송수관의 수직배관마다 1개 이상을 설치
(11) 송수구에는 가까운 곳의 보기 쉬운 곳에 "연결송수관설비송수구"라고 표시한 표지를 설치

5. 전원 (간이스프링클러 · 옥외소화전설비를 제외한 모든 수계소화설비에 공통적용)

(1) 상용전원회로의 설치기준

1) 저압수전
인입개폐기 직후에서 분기하여 전용배선으로 한다.

2) 고압수전 또는 특별고압수전
전력용 변압기 2차측의 주차단기 1차측에서 분기하여 전용배선으로 한다. (다만, 상용전원의 상시 공급에 지장이 없을 경우에는 주차단기 2차측에서 분기할 수 있다.)

(2) 비상전원의 설치대상

1) 옥내소화전설비 · 비상콘센트설비
① 층수가 7층 이상으로서 연면적 2,000m^2 이상인 특정소방대상물
② 지하층의 바닥면적 합계가 3,000m^2 이상인 특정소방대상물

2) 위의 1)항 이외의 모든 소화설비에서는 제한없이 비상전원 설치대상 임

(3) 비상전원의 설치면제대상

1) 2 이상의 변전소에서 전력을 동시에 공급받을 수 있도록 상용전원을 설치한 경우
2) 하나의 변전소로부터 전력의 공급이 중단되는 때에는 자동으로 다른 변전소로부터 전력을 공급받을 수 있도록 상용전원을 설치한 경우
3) 가압수조방식의 가압송수장치를 사용하는 경우

(4) 비상전원의 설치기준

1) 설치장소
① 점검에 편리하고 화재 및 침수 등의 재해로 인한 피해를 받을 우려가 없는 곳
② 다른 장소와의 사이에 방화구획하여야 한다.
③ 그 장소에는 비상전원의 공급에 필요한 기구나 설비 외의 것을 두어서는 아니된다.

2) 용량 : 해당 설비를 유효하게 20분(준초고층건축물 : 40분, 초고층건축물 : 60분) 이상 작동할 수 있어야 한다.

3) 상용전원으로부터 전력의 공급이 중단된 때에는 자동으로 비상전원으로부터 전력을 공급받을 수 있어야 한다.

4) 비상전원을 실내에 설치하는 경우에는 비상조명등을 설치하여야 한다.

〈 이하 5)~8)은 스프링클러설비 및 미분무소화설비에만 해당 됨〉

5) 옥내에 설치하는 비상전원실에는 옥외로 직접 통하는 충분한 용량의 급배기 설비를 설치할 것

6) 비상전원의 출력용량은 다음 각 목의 기준을 충족할 것

① 비상전원설비에 설치되어 동시에 운전될 수 있는 모든 부하의 합계 입력용량을 기준으로 정격출력을 선정할 것. 다만, 소방전원 보존형발전기를 사용할 경우에는 그러하지 아니하다.

② 기동전류가 가장 큰 부하가 기동될 때에도 부하의 허용 최저입력전압 이상의 출력전압을 유지할 것

③ 단시간 과전류에 견디는 내력은 입력용량이 가장 큰 부하가 최종 기동할 경우에도 견딜 수 있을 것

7) 자가발전설비는 부하의 용도와 조건에 따라 다음 각 목 중의 하나를 설치할 것

① 소방전용 발전기 : 소방부하용량을 기준으로 정격출력용량을 산정함

② 소방부하 겸용 발전기 : 소방 및 비상부하 겸용으로서 소방부하와 비상부하의 전원용량을 합산하여 정격출력용량을 산정함. 단, 이 경우 비상부하는 국토교통부장관이 정한 건축전기설비설계기준의 수용률 범위 중 최대값 이상을 적용함

③ 소방전원 보존형 발전기 : 소방 및 비상부하 겸용으로서 소방부하의 전원용량을 기준으로 정격출력용량을 산정함

8) 비상전원실의 출입구 외부에는 실의 위치와 비상전원의 종류를 식별할 수 있도록 표지판을 부착할 것

6. 제어반 (간이스프링클러설비를 제외한 모든 수계소화설비에 공통적용)

(1) 감시제어반의 기능

1) 각 소화펌프의 작동여부의 표시등 및 음향경보 기능
2) 각 펌프를 자동 및 수동으로 작동시키거나 중단시키는 기능
3) 비상전원을 설치한 경우에는 상용전원 및 비상전원 공급여부의 확인
4) 수조 또는 물올림탱크의 저수위표시등 및 음향경보 기능
5) 각 확인회로(기동용수압개폐장치의 압력스위치회로, 수조 또는 물올림탱크의 감시회로 등)의 도통시험 및 작동시험 기능 : (스프링클러설비 및 미분무소화설비에서는 제외)
6) 예비전원이 확보되고 예비전원 적합여부의 시험기능이 있을 것

(2) 감시제어반의 설치기준

1) 화재 · 침수 등의 피해를 받을 우려가 없는 곳에 설치
2) 당해 소화설비의 전용으로 할 것(단, 당해 설비의 제어에 지장이 없을 경우에는 타설비와 겸용 가능함)
3) 다음 기준의 전용실 안에 설치할 것
   ① 다른 부분과 방화구획할 것
   다만, 전용실의 벽에 감시창이 있는 경우에는 다음 중 어느 하나에 해당하는 붙박이 창으로 설치하여야 한다.
   ㉮ 두께 7mm 이상의 망입유리
   ㉯ 두께 16.3mm 이상의 접합유리
   ㉰ 두께 28mm 이상의 복층유리
   ② 설치장소 : 피난층 또는 지하 1층에 설치
   다만, 특별피난계단 부속실의 출입구로부터 보행거리 5m 이내에 전용실의 출입구가 있는 경우 또는 아파트의 관리동에 설치하는 경우에는 지상 2층 또는 지하 1층 외의 지하층에 설치할 수 있다.
4) 비상조명등 및 급 · 배기설비를 설치
5) 무선통신보조설비의 무선기기접속단자 설치 : (단, 무선통신보조설비가 설치된 대상물에 한함)
6) 바닥면적은 화재시 소방대원이 제어반의 조작에 필요한 최소면적 이상으로 할 것
7) 다음의 각 확인회로마다 도통시험 및 작동시험을 할 수 있도록 할 것 : (스프링클러설비 및 미분무소화설비에만 해당 됨)
   ① 기동용수압개폐장치의 압력스위치회로
   ② 수조 또는 물올림탱크의 저수위감시회로
   ③ 유수검지장치 또는 일제개방밸브의 압력스위치회로
   ④ 일제개방밸브를 사용하는 설비의 화재감지기회로
   ⑤ 급수배관개폐밸브의 폐쇄상태 확인회로
   ⑥ 그 밖의 이와 비슷한 회로

(3) 감시제어반과 동력제어반을 구분하여 설치하지 않아도 되는 경우

1) 다음 각 목의 1에 해당하지 아니하는 소방대상물에 설치되는 스프링클러설비
   ① 지하층을 제외한 층수가 7층 이상으로서 연면적이 2,000m^2 이상인 것

② 제①호에 해당하지 아니하는 소방대상물로서 지하층의 바닥면적의 합계가 3,000m² 이상인 것. 다만, 차고·주차장 또는 보일러실·기계실·전기실 및 이와 유사한 장소의 면적은 제외한다.

2) 내연기관에 따른 가압송수장치를 사용하는 소화설비
3) 고가수조에 따른 가압송수장치를 사용하는 소화설비
4) 가압수조에 따른 가압송수장치를 사용하는 소화설비

※ 미분무소화설비에서는 위 내용과 관계없이, 별도의 시방서를 제시하는 경우 또는 가압수조에 따른 가압송수장치를 사용하는 경우에는 감시제어반과 동력제어반을 구분하여 설치하지 않아도 된다.

02 소방펌프의 설치 시 유의사항

※ 다음은 국가화재안전기준 외의 사항만 수록하였다.

1. 펌프의 회전방향과 모터 회전방향의 일치 여부를 확인한다.
2. 모터축과 펌프 임펠러축은 두 축의 중심선이 어긋나지 않도록 축심을 정확히 맞춘다.
3. 흡입관은 펌프 흡입측을 향하여 상향구배가 되게 하여 공기가 체류하지 않도록 한다.
4. 흡입관 말단부에서 수면까지 1.5D 이상, 바닥까지 1~1.5D 이상, 관 측면에서 벽면까지 1.5D 이상, 흡입관과 흡입관 사이의 거리 3D 이상 유지되게 설치한다.
5. 흡입관부에서 관경 확대시 상부가 평행인 편심레듀셔를 적용한다.
6. 흡입구 형상은 관 마찰저항이 최소화되게 하여 자연스럽게 흐르도록 한다.
7. 펌프의 흡입측 및 토출측에 신축이음(Flexible Joint)을 설치하여 펌프의 진동이 주위배관에 전달되지 않도록 한다.
8. 흡입관이나 토출관의 하중이 펌프에 직접 걸리지 않도록 설치한다.
9. 펌프 토출측 게이트밸브는 최대한 펌프 가까이에 설치하여 수격작용을 최소화하여야 한다.
10. 압력게이지는 체크밸브 이전에 설치하고, 압력게이지의 연결관은 사이폰관으로 설치하여 펌프 맥동현상의 영향을 방지한다.

03 소방펌프주변 계통도 및 각 구성품의 기능

1. 소방펌프주변 계통도

(1) 지상식수조(정압수조) 방식

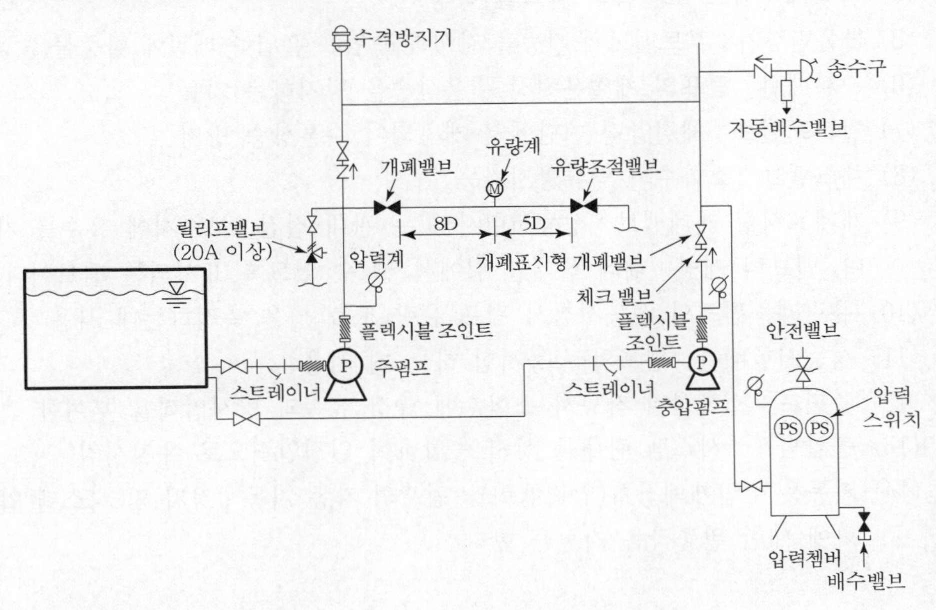

(2) 지하식수조(부압수조) 방식

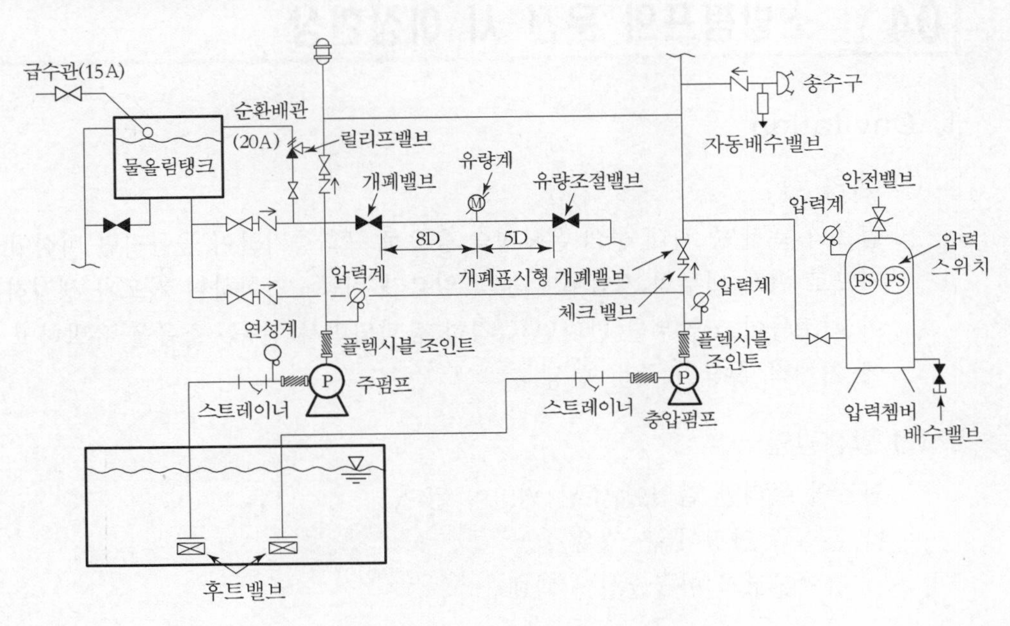

2. 소방펌프주변 각 기기 및 밸브류의 기능

(1) 후트밸브 : 흡입되는 소화수의 이물질 여과기능 및 소화수의 역류방지기능
(2) 플렉시블조인트 : 펌프의 진동전달방지 및 배관의 신축을 흡수하는 기능
(3) 연성계 : 펌프 흡입측의 압력을 측정
(4) 압력계 : 펌프 토출측의 압력을 측정
(5) 물올림장치 : 후트밸브의 기능을 감시하고 펌프 흡입측 배관에 마중물을 공급함
(6) 순환배관 : 펌프의 체절운전시 수온상승을 방지하는 기능
(7) 릴리프밸브 : 체절압력 미만에서 개방되어 수온상승 방지
(8) 체크밸브 : 소화수의 역류방지기능
(9) 개폐표시형 개폐밸브 : 성능시험시 또는 관내 점검·보수시에 유수를 차단하며, 밸브의 개방·폐쇄 상태를 겉에서 알 수 있도록 표시되는 밸브이다.
(10) 유량계 : 펌프의 성능시험시 펌프 유량(토출량)을 측정하는데 사용
(11) 성능시험배관 : 펌프의 성능시험 하는 데 사용
(12) 주펌프 : 소화설비 작동시 소화수에 규정 유속과 방사압력을 부여함
(13) 충압펌프 : 시스템 관내를 상시 충압하여 일정압력으로 유지시킴
(14) 기동용 수압개폐장치(압력챔버) : 펌프의 자동 기동·정지 및 시스템 압력변화에 대한 완충작용 기능을 한다.

04 소방펌프의 운전 시 이상현상

1. Cavitation

(1) 정의

펌프의 운전 중 관내 물의 온도상승 등으로 포화증기압이 높아지면 비점이 낮아지므로 펌프 내부의 저압부에 물의 일부가 비등·기화하여 기포가 생성하는데, 이 기포들이 고압부를 만나면 급격히 붕괴되면서 진동·소음을 유발하고 펌프에 기계적 손상을 주는 현상

(2) 발생원인

펌프의 무리한 흡입이 주된 원인이 된다.

1) 흡입측 양정이 큰 경우
2) 흡입관로의 마찰손실이 과대

3) 흡입측 관경이 작은 경우
4) 관 내의 유체온도가 상승된 경우
5) 정격토출량 이상 또는 정격양정 이하로 운전하는 경우(서징현상 발생)

(3) Cavitation 발생 시 현상

1) 소음과 진동이 발생
2) 펌프의 효율, 토출량, 양정이 감소
3) 심하면 임펠러나 본체 내면이 손상되어 양수 불능이 된다.

(4) 방지대책

근본적으로 펌프의 흡입저항을 줄이는 데 목표를 둔다.

1) 흡입측 양정을 적게 한다.(펌프를 흡수면 가까이에 설치)
2) 흡입측 관경을 크게 하고, 배관을 단순 직관화
3) 수직회전축 펌프 사용
4) 정격토출량 이상으로 운전하지 말 것 : 서어징은 반대
5) 정격양정보다 무리하게 낮추어 운전하지 말 것
6) 펌프의 회전수를 낮춘다.

2. Surging

(1) 정의

펌프, 송풍기 등을 저유량 영역(정격토출량 이하)에서 운전할 때, 유량 및 압력이 주기적으로 변화하면서 압력계 및 연성계의 지침이 흔들리고, Hunting 현상 및 진동・소음이 발생하여 불안정한 운전이 되는 현상

(2) 발생원인

1) 펌프운전시의 특성곡선에서 그 사용범위가 우측으로 올라가는 부분(A~B) 일 때 발생한다.

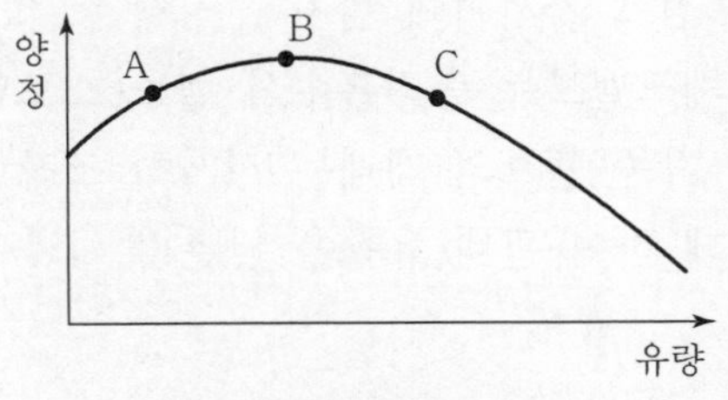

[펌프의 운전특성곡선]

2) 정격토출량 범위 이하에서 운전할 경우
3) 송수관로 중에 물탱크나 기체상태의 부분이 존재할 경우
4) 유량조절밸브가 펌프에서 원거리에 설치된 경우

(3) 방지대책

1) 펌프의 운전특성을 변화시킨다. 즉 특성곡선에서 그 사용범위가 우측하향 구배 특성의 부분(B~C)이 되도록 모든 조치를 강구 → 회전차나 안내깃의 형상 · 치수를 변화시킴
2) 정격토출량 범위 이하에서 운전하지 않도록 함
3) 배관 중에 수조나 기체상태의 부분이 없도록 조치
4) 유량조절밸브는 펌프 토출측 직후에 근접하여 설치
5) 펌프의 회전속도를 낮춘다.
6) 배관 마찰손실을 적게 한다.

3. Water Hammer

(1) 정의

관 내의 유속이 급변하였을 때 유체의 운동에너지가 압력에너지로 변하면서 고압이 발생하여, 관벽을 치면서 큰 진동과 굉음을 발생하는 현상

(2) 발생원인

1) 펌프운전 중 밸브를 급히 개폐한 경우
2) 펌프운전 중 정전 등으로 펌프가 급정지되는 경우
3) 원심펌프의 기동 및 정지시에 관내 물이 역류하여 체크밸브가 닫혔을 때

(3) 방지대책

1) 펌프의 동력축에 Fly Wheel을 설치 : 회전체의 관성모멘트 증대
2) 펌프 토출측에 Air Chamber 설치 : 배관 내의 압력변화를 흡수
3) 유량조절밸브를 펌프 가까이에 설치
4) 펌프 토출측의 체크밸브는 충격흡수식 밸브(스모렌스키밸브)를 사용
5) 펌프 운전 중에 각종 밸브의 개폐는 서서히 조작한다.
6) 관의 내경을 크게 하여 관내 유속을 낮춘다.

05 소방펌프의 기동·정지점 설정방법

1. 개요

(1) 소방펌프의 기동·정지 압력의 설정방법에 관하여 국내에서는 법규적 기준이나 정형화된 기준은 아직 없으나, 여기서는 국내에서 통상적으로 적용되고 있는 방법 중 잘못 적용되고 있는 점을 지적하여 그 이유를 설명하고, 그 개선방안을 기술하였다.

(2) 화재안전기준 개정으로 소화펌프가 기동된 후 자동으로 정지되게 하지 않도록 규정됨에 따라 소화배관시스템의 최대사용압력이 과거의 펌프 정격압력에서 체절압력으로 변경되었다. 따라서, 소방펌프의 기동·정지점을 체절운전시스템으로 설정하여야 한다.

2. 소방펌프의 과거 운전압력 설정 및 개선된 운전압력 설정

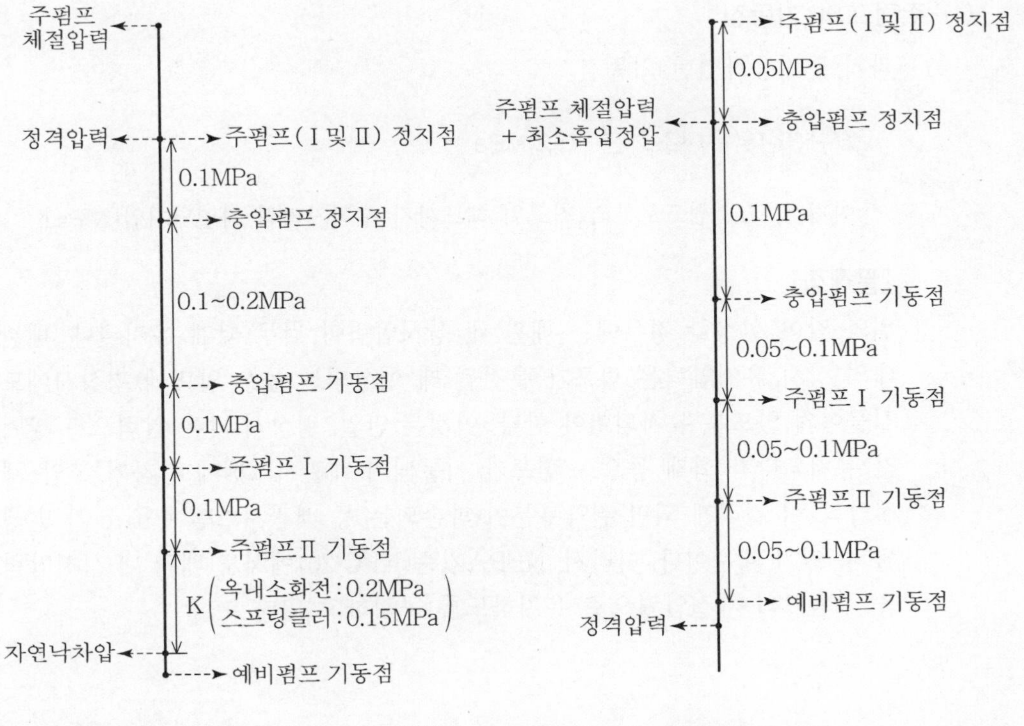

[과거의 설정]　　　　[개선된 설정]

위와 같이 [개선된 설정] 방법으로 설정한 경우에는 펌프(충압펌프는 제외)가 기동된 후 자동정지가 되지 않으므로, 화재안전기준의 자동정지금지 규정을 만족한다. 또, 이 경우 전기적인 방법인 자기유지회로기능을 적용(설치)할 필요가 없다. 그러나, 제2의 안전장치(Fail-Safe) 차원에서 자기유지회로기능도 적용(설치)하고, 기동·정지점도 위와 같이 설정해도 된다. 즉, 두 가지 방법을 함께 적용해도 문제는 없다고 할 수 있다.

[흡입정압]

최소흡입정압이란, 그림과 같이 펌프의 중심축에서 소화수조의 급수구까지의 수직거리를 말한다. 그러나, 국내의 일반적인 건축물에는 거의 대부분이 펌프와 소화수조 급수구의 높이가 유사한 높이에 설치된다. 이 경우에는 흡입정압을 무시하여도 문제가 없을 것이다.

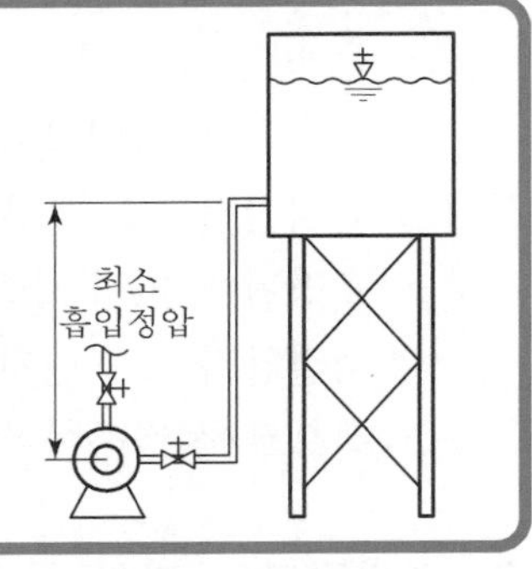

(1) 주펌프의 기동점

1) 과거에 적용하였던 기동점

H + 0.15(옥내소화전 : 0.2)MPa

여기서, H : 펌프로부터 최고위 헤드까지 수직거리의 자연낙차압[MPa]

[문제점]

위와 같이 설정할 경우에는 배관 내 상시압력이 너무 낮게 유지된다. 배관 내의 상시 유지압력은 펌프가 운전될 때 예상되는 높은 압력에 평상시에도 길들여져 있도록 유지되어야 한다. 이것은 만일, 평상시 낮은 압력으로 장기간 유지되다가 화재 등으로 펌프가 기동되어 배관시스템에 갑자기 고압(체절압력)이 걸리게 되면 취약부분이 파손되는 등 배관시스템에 Error가 발생될 수 있기 때문이다. 따라서, NFPA기준(NFC 20)에서도 배관 내 상시압력을 주펌프의 체절압력으로 유지하도록 규정하고 있다.

2) 개선된 기동점

① 주펌프의 기동점은 화재시 신속하게 기동될 수 있도록 충압펌프의 기동압력 및 주펌프의 체절압력보다 너무 낮게 설정하지 않아야 한다. 즉, 주펌프의 기동점은 체절압력보다 최대 0.2MPa 이상 낮지 않아야 하며 또한, 정격압력보다는 반드시 높아야 한다.

∴ 주펌프의 기동점 = 체절압력 - (0.1 ~ 0.2) MPa

② 주펌프가 2대일 경우에는 주펌프 1번과 2번의 기동점 차이가 0.05~0.1MPa 되게 설정하여야 한다. 다만, 이 경우에도 2대 모두 펌프의 정격압력 이상에서 기동되게 설정하여야 한다.

(2) 주펌프의 정지점

1) 과거에 적용하였던 정지점 : 주펌프의 정격압력

① 과거(화재안전기준 개정 전)에는 주펌프의 정지점을 정격압력으로 설정하였다. 이렇게 하면 헤드 1개 개방 등 시스템 최소유량이 방출될 경우에는 펌프의 기동·정지가 짧은 시간에 반복되는 Hunting 현상 발생 및 동력제어반의 Magnet 단자의 손상 등으로 정상운전이 불가능하게 된다.

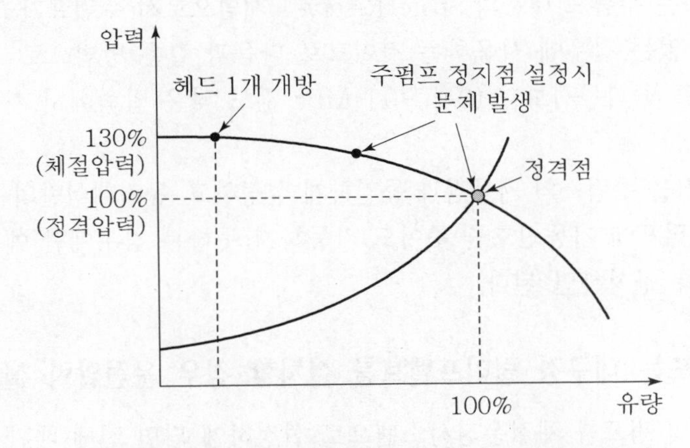

[스프링클러헤드 개방에 따른 펌프성능곡선]

② 또, 시스템 배관의 사용압력한계도 펌프의 정격압력을 기준으로 하여 1.2 MPa 이상일 경우 압력배관(KSD 3562)을 적용하였었다.

2) 개선된 정지점 : 주펌프의 체절압력 + 0.05MPa 이상

※ 여기서, "체절압력 + 0.05MPa 이상"은 체절압력보다 조금이라도 높게 설정하면 된다는 의미이다.

① 시스템의 최소유량(헤드 1개 개방 등)이 방출될 경우에도 기동된 주펌프가 자동으로 정지되지 않도록 정지점을 체절운전점의 초과압력으로 설정함으로써 체절운전이 가능하도록 하여야 한다.

② 또, 시스템 관내의 사용압력한계를 정격압력으로 하는 과거의 설계 · 시공관행을 모두 개선하여 관내의 사용압력한계를 주펌프의 체절압력까지로 하여야 한다. 즉, 주펌프의 정지점을 체절압력 이상으로 설정하므로, 배관 및 그 부속류의 사용압력한계를 체절압력에 맞추어 설계 및 시공하여야 한다.

(3) 충압펌프의 기동·정지점 설정

위와 같이 평상시 배관시스템 내의 압력을 주펌프의 체절압력에 근접한 압력으로 유지되게 하려면 충압펌프의 기동 · 정지점을 다음과 같이 설정하여야 한다.

1) 기동점 : 주펌프 기동점 + (0.05~0.1)MPa
2) 정지점 : 충압펌프 기동점 + 0.1MPa

(4) 예비펌프의 기동·정지점 설정

예비펌프는 주펌프 대용의 Spare(Reserve) 개념으로서 주펌프가 고장 등으로 작동할 수 없는 경우에 사용하는 것이므로 다음과 같은 방법으로 설정하면 된다.

1) 주펌프의 기동점보다 (0.05~0.1)MPa 정도 낮은 압력에서 기동되게 설정하거나,
2) 기동점을 주펌프의 기동점과 동일하게 설정하고, 동력제어반의 동작 Sequence를 주펌프에 기동신호를 주어도 기동하지 못하는 경우에만 예비펌프가 기동하도록 구성하면 된다.

3. 감압밸브 또는 대구경 릴리프밸브를 설치할 경우 운전압력 설정방법

(1) 위와 같이 펌프를 체절운전시스템으로 설정하게 되면 전체 배관시스템에 고압이 걸리는 문제점이 따르게 된다. 이의 대책으로 펌프 토출측에 감압밸브 또는 대구경 릴리프밸브를 설치하고 펌프의 운전압력 설정을 다음과 같이 할 경우 배관시스템의 압력부담을 해결할 수 있게 된다.

> 다만, 이 방법은 펌프의 정격압력이 1.2MPa(압력배관사용압력)에 근접한 압력이면서, 주펌프의 체절압력이 정격압력과의 차이가 큰(약 125% 이상) 경우에만 적용효과가 있다.

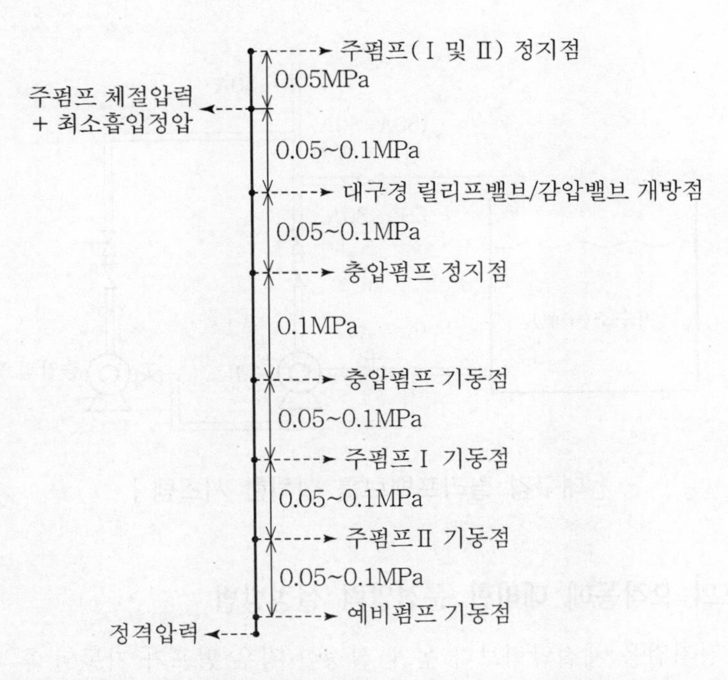

[감압밸브 또는 대구경 릴리프밸브를 설치할 경우 운전압력 설정]

(2) 이 경우, 다음 그림과 같이 릴리프밸브나 감압밸브 중 어느 하나만 설치해도 된다. 즉, 릴리프밸브만 설치할 경우에도 시스템 내의 감압기능은 감압밸브와 유사한 효과를 얻을 수 있으며, 이 경우 By-pass 배관이 필요 없고 주배관 관경보다 3~4단계 작은 규격의 릴리프밸브를 적용할 수 있는 이점이 있으나, 릴리프밸브를 통과한 소화수를 저수조로 Return시켜야 하는 단점이 있다.

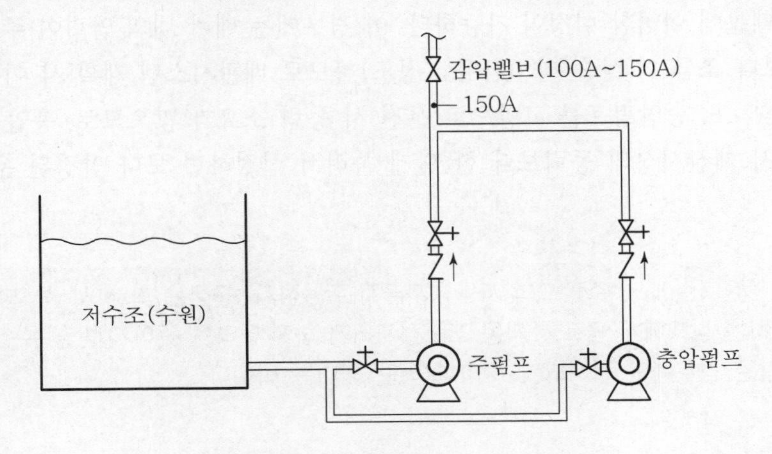

[감압밸브를 설치한 시스템]

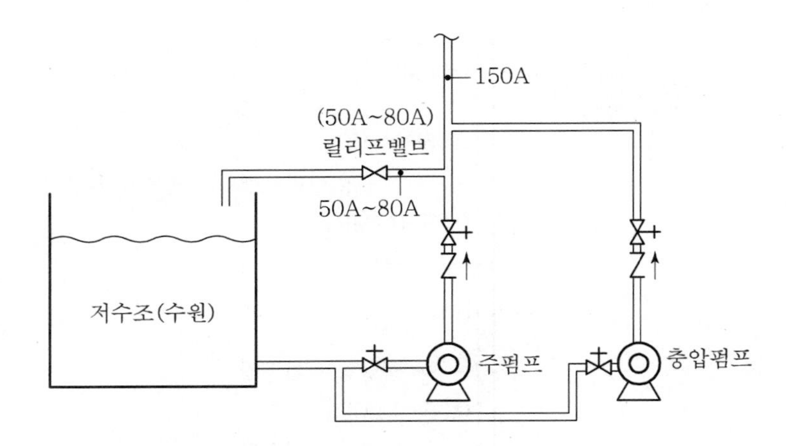

[대구경 릴리프밸브를 설치한 시스템]

4. 소화펌프의 오작동에 대비한 운전압력 설정방법

주펌프의 정지점을 체절압력보다 높게 설정할 경우 펌프가 기동된 후 자동으로 정지되지는 않는다. 그러나 화재가 아닌 상황에서 오작동(비화재 시 기동) 등으로 펌프가 기동되었다면 관리자가 수동으로 정지할 때까지 계속해서 장시간 동안 운전될 수 있는 단점이 있다. 이러한 상황에 대처할 수 있는 방안으로, 다음 그림과 같이 충압펌프의 정지점을 주펌프의 정지점보다 높은 값으로 설정하는 방법이 있다. 다만, 이 경우에는 충압펌프를 웨스코펌프와 같이 체절압력이 주펌프의 체절압력보다 높은 것으로 설치하였을 경우에만 가능하다. 이것은 웨스코펌프의 특성상 압력상승곡선이 가파른 형태의 운전특성을 가지고 있으므로 체절압력이 주펌프보다 훨씬 높기 때문에 이러한 설정이 가능하다. 이 경우에는 배관 내의 압력이 주펌프의 체절압력보다 조금 더 상승(약 0.1MPa 정도)하므로 배관시스템 계획 시 이를 고려하여야 한다. 또, 충압펌프를 고압으로 운전 시 동력 소요가 많으므로, 충압펌프의 동력선정 시 계산서상의 동력보다 한 단계 올려서 선정하면 보다 안정된 운전을 할 수 있다.

> 화재안전기준에서, 주펌프의 자동정지금지(수동정지) 규정은 화재 시 즉, 방출(유수)이 발생하는 상태에서 펌프를 자동으로 정지되게 하지 말라는 뜻이지 방출(유수)이 발생하지 않은 경우에도 정지되게 하지 말라는 의미는 아니다.

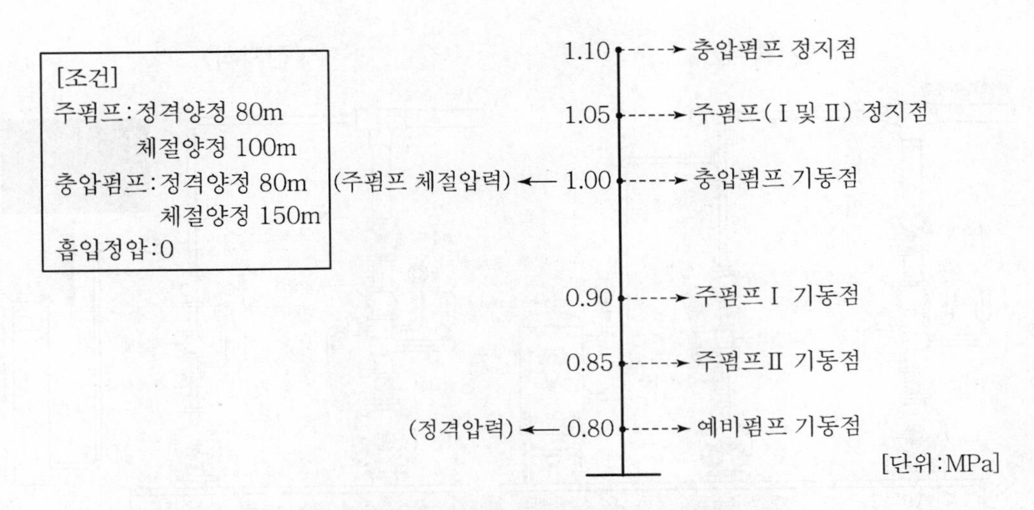

[펌프의 오작동에 대비한 운전압력 설정 예]

위와 같은 설정 상태에서 전기적인 방법인 자기유지회로기능을 적용할 경우에는 펌프의 오작동 시에도 펌프가 정지되지 않으므로 자기유지회로기능을 적용하지 않아야 한다.

5. 기동용 수압개폐장치의 압력스위치 개선을 권장

기존 아날로그식(기계식) 압력스위치는 게이지의 눈금이 정밀하지 못하므로 위와 같이 개선된 펌프의 기동 · 정지점 설정에서 정밀한 세팅이 어렵다. 그러나, 전자식 압력스위치는 압력값이 정확하게 나타나므로 정밀한 세팅에서 상당히 유리하다.

[기동용 수압개폐장치의 전자식과 기계식의 비교]

	기계식	전자식
게이지 눈금	게이지의 눈금이 0.1MPa 단위로 되어 있어 정밀한 세팅이 곤란함 : 펌프의 기동 · 정지점이 정확하지 못함	게이지의 눈금이 0.01MPa 단위로 되어 있어 정밀한 세팅이 가능함 : 펌프의 기동 · 정지점이 정확함
압력탱크(쳄버)	압력스위치 자체에 수격작용을 흡수할 수 있는 기능이 없으므로 압력쳄버가 필요함	압력스위치 자체에 수격작용을 흡수할 수 있는 기능(오리피스 설치)이 있으므로 압력쳄버가 불필요함
Diff 범위 (기동점과 정지점 간의 간격)	Diff 눈금이 1MPa용은 0.3MPa, 2MPa용은 0.5MPa까지만 표시되므로 Diff의 범위가 좁다.	Diff 값을 무한대로 적용할 수 있으므로 Diff의 범위가 넓다.

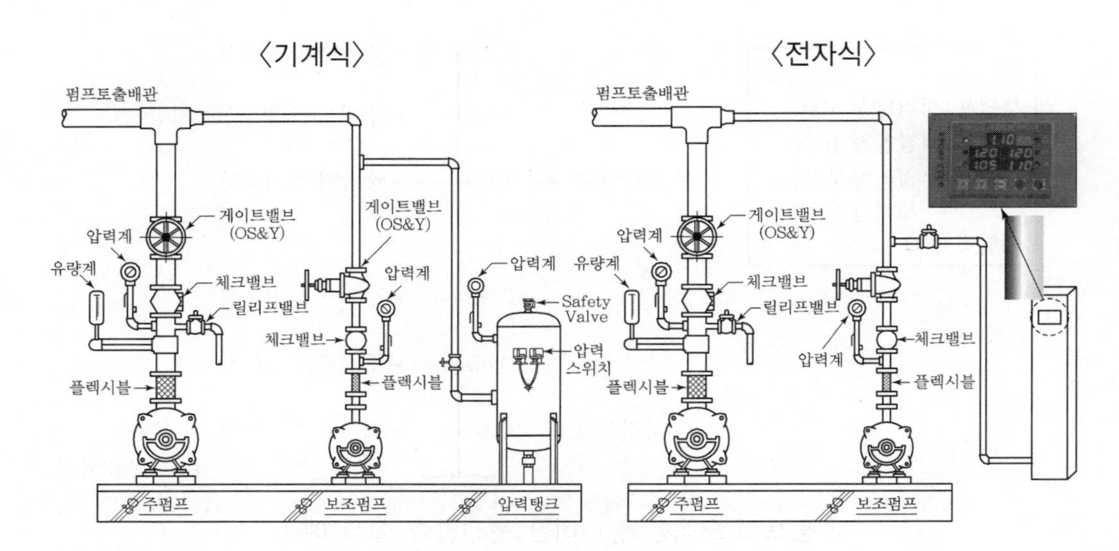

[기동용 수압계폐장치의 설치 상세도]

6. NFPA 기준(NFC 20)에 의한 설정

(1) 충압펌프 정지점 : 주펌프 체절압력+최소급수정압(상수도 직결식인 경우의 최소급수압력)

(2) 충압펌프 기동점 : 충압펌프 정지점－10psi(0.07MPa)

(3) 주펌프 정지점 : 충압펌프 정지점과 동일(수동정지 원칙)

(4) 주펌프 기동점 : 충압펌프 기동점－5psi

7. 결론

(1) 국가화재안전기준에서 소화펌프가 기동된 후 자동으로 정지되게 하지 않도록 규정한 것은 소화펌프를 체절운전시스템으로 하라는 의미이다. 즉, 시스템 내의 최대사용압력이 펌프의 체절압력이 되도록 기동·정지점을 설정하라는 것이다.

(2) 또한, 이것은 화재 시 즉, 방출(유수)이 발생하는 상태에서 자동으로 정지되게 하지 말라는 뜻이지 방출(유수)이 발생하지 않은 경우에도 자동으로 정지되게 하지 말라는 의미는 아니다. 따라서, 펌프의 오작동(비화재 시 기동) 시 즉, 방출(유수)이 없는 상태에서는 체절압력 이상에서 펌프를 정지시키도록 정지점을 설정함으로써 펌프의 오작동 시에 펌프를 보호할 수 있다.

06 수계소화설비의 배관 · 밸브

1. 펌프 흡입측에 버터플라이 밸브의 사용을 제한하는 이유

(1) 물의 유체저항이 큰 밸브로서 흡입측 양정을 증대시킨다.
(2) 유효흡입수두(NPSHav)가 감소되어 Cavitation의 발생을 촉진
(3) 개폐조작이 순간적이어서 Water Hammer 발생 촉진

2. 배관 및 수조의 동파방지방법

(1) 단열재로 보온조치
(2) 배관에 전열선을 설치하고, 수조 내 Heating Coil 설치
(3) 부동액을 혼입
(4) 관내 물을 상시 유동시킴
(5) 동결심도 이상으로 지하 매설 : '각 지역별 동결심도+30cm'의 깊이

3. 배관 두께 계산

$$t=\left(\frac{P}{\sigma}\times\frac{d}{1.75}\right)+2.54$$

t : 관 두께[mm]
σ : 허용인장응력[N/mm^2]
P : 사용압력[MPa]
d : 관의 외경[mm]

$$\text{Schedule 번호}=\frac{P}{\sigma}\times 1{,}000$$

P : 사용압력[MPa]
σ : 허용인장응력[N/mm^2]

※ 스케쥴 번호가 높을수록 배관 두께가 두꺼우며 사용압력도 높아진다.

07 수계소화설비의 시스템 감압방식

$$R = 0.15 \times P \times d^2$$

R : 일반인이 소화 활동상 지장을 받지 않을 반동력의 한계(20kgf)
P : 사용압력(MPa)
d : 노즐오리피스 구경(mm)

$$P = \frac{20}{0.15 \times 13^2} = 0.789\text{ MPa} \fallingdotseq 0.7\text{MPa}$$

1. 감압밸브 설치방식

(1) 수리계산을 하여 층별로 최대 규정방사압력 이상인 위치를 선정하여 그 부위의 입상배관에 감압밸브를 설치하거나, 호스접결구 인입측에 감압 Orifice를 설치
(2) 특징 : 설치가 용이하며, 기존 건물에도 적용이 가능하나, 옥내소화전설비 또는 옥외소화전설비에만 적용할 수 있다.

2. 고가수조방식

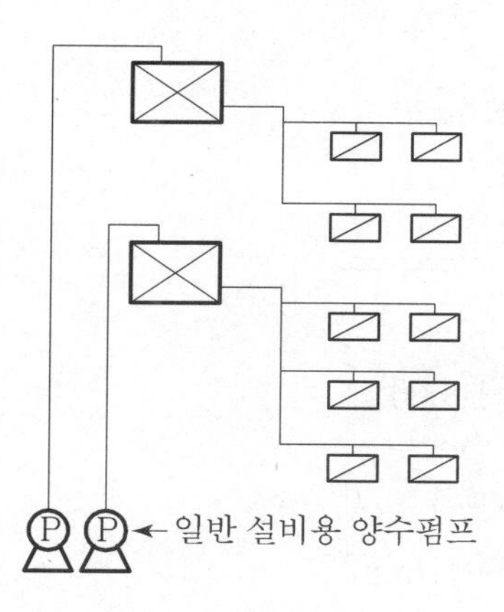

(1) 고층부용 및 저층부용 각각 별도의 전용수조 및 전용배관을 설치
(2) 가압펌프, 비상전원이 불필요 : 신뢰도가 가장 높다.
(3) 고가수조와의 낙차가 일정 높이 이상이어야 한다.
(4) 고층건물에서는 고가수조를 저층부와 고층부로 구분하여 설치하여야 한다.

3. 별도 배관방식

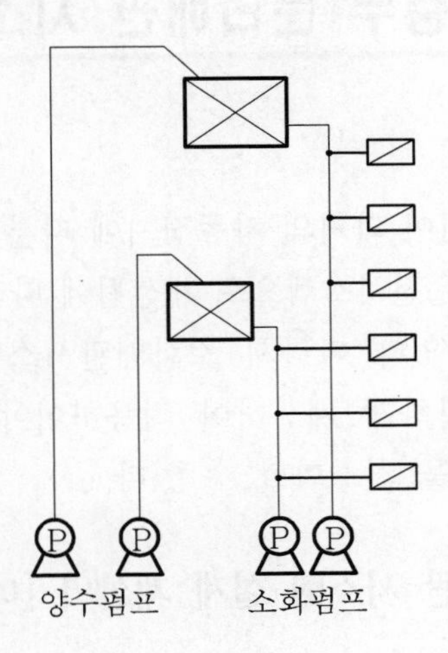

(1) 고층부용 및 저층부용 각각 별도의 전용펌프 및 전용배관을 설치
(2) 고층부용의 경우 펌프를 지하층 이외에 중간층에도 설치 가능
(3) 공사비(설비비)가 많이 소요됨

4. 중계펌프방식

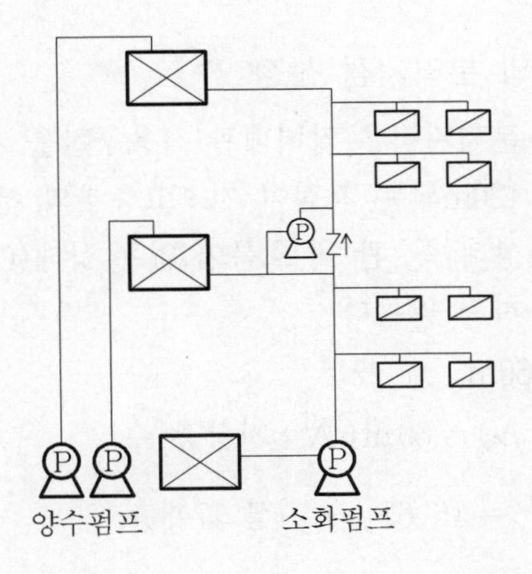

(1) 건물의 중간층에 중간 펌프실 및 수조를 설치해야 한다.
(2) 공사비용이 많이 소요된다.

08 저층부 · 고층부 분리배관 시스템의 설계

1. 개요

소방펌프의 최대 운전압력이 과거의 자동정지에 따른 정격압력 운전시스템에서 수동정지에 따른 체절압력 운전시스템으로 개선됨에 따라, 시스템 내의 최대사용압력이 그 전보다 대폭 상승되었다. 따라서, 소화배관시스템 설계에서 저층부와 고층부의 분리지점을 보다 명확하게 계산하여 적용하여야 관내 최대압력이 허용압력(1.2MPa)을 초과하는 것을 최소화할 수 있다.

2. 저층부 · 고층부 분리배관 시스템 설계 계산의 [예]

[조건]

- 건축물의 층수 : 지하 2층, 지상 38층
- 건축물의 층고 : 지하층 5.0m, 지상층 3.0m
- 펌프의 체절양정 : 180m
- 감압밸브는 저층부용에만 설치한다.
- 펌프에서 옥내소화전 말단 방수구까지의 마찰손실수두는 10m로 한다.

(1) 저층부와 고층부의 분리지점 산정

저층부 · 고층부의 분리지점은 압력배관 적용구간을 기준으로 산정한다. 즉, 배관 내 압력수두가 120m되는 지점이 저 · 고층부의 분기지점이다.
여기서는 체절운전상태 즉, 관 내 흐름이 없는 상태(Churn Pressure)이므로 마찰손실수두는 적용하지 않는다.

$180\text{m} - 120\text{m} = 60\text{m}$

$(5\text{m} \times 2) + (3\text{m} \times N) = 60\text{m}$ (N : 지상층 수)

$N = \dfrac{60\text{m} - 10\text{m}}{3\text{m}} = 16.67$ → 지상 17개층

∴ 〈저층부〉 : 지하 2층 ~ 지상 17층
〈고층부〉 : 지상 18층 ~ 지상 38층

(2) 옥내소화전 감압오리피스 적용구간 산정

옥내소화전 감압오리피스 적용구간은 압력 수두 80m[최대방사압력수두(70m) +마찰손실수두(10m)]를 초과하는 구간이 된다.

1) 저층부

$120m - (70m + 10m) = 40m$

$(5m \times 2) + (3m \times N) = 40m$

$N = \dfrac{40m - 10m}{3m} = 10.0$ → 지상 10개층

∴ 지상 2층 ~ 지상 10층

2) 고층부

$120m - (70m + 10m) = 40m$

$(3m \times N) = 40m$

$N(\text{층수}) = \dfrac{40m}{3m} = 13.3$ → 지상 14개층

∴ 지상 18층 ~ 지상 31층

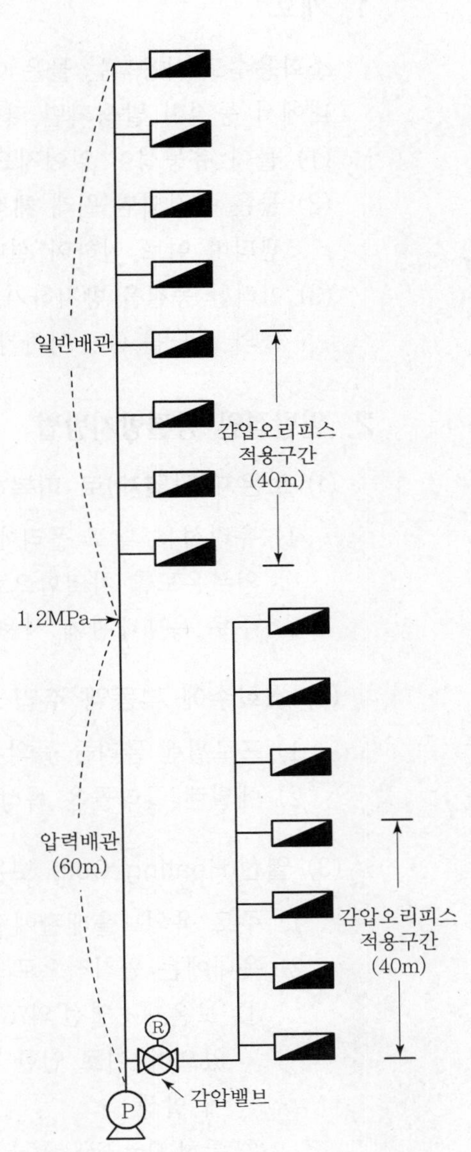

09 수계소화설비의 동결방지방법

1. 개요

소화용수로 사용되는 물은 대기압 상태에서 0℃ 이하가 되면 동결되며 소화설비관 내에서 동결이 발생되면 다음과 같은 문제점이 발생한다.

(1) 물이 유동성이 없어지므로 소화설비로의 소화수 공급이 불가능해진다.

(2) 물은 동결되면 원래 체적보다 9% 정도 팽창되므로 관 내에서 높은 내압이 발생되며 이로 인하여 설비의 파손(동파)이 발생될 수 있다.

(3) 이러한 동결을 방지하기 위해서는 아래와 같은 보온방법을 이용하여 설비관 내 물의 온도를 0℃ 이하가 되지 않도록 하여야 한다.

2. 일반적인 동결방지방법

(1) 보온재(단열재)로 피복하여 보온

1) 유리섬유, 발포 폴리에틸렌 등의 보온재로 설비의 배관 등을 덮어 피복하여 외부온도를 차열함으로써 보온하는 방식이다.

2) 주로 옥내배관에 사용한다.

(2) 소화수에 부동액 주입

1) 프로필렌 글리콜 등의 부동액을 소화수에 혼합하여 소화수의 빙점을 낮춘다.

2) 에틸렌 글리콜은 독성이 강하므로 부적합하다.

(3) 열선(Heating Coil) 보온

1) 주로 옥외노출배관에 사용한다.

2) 옥내에는 원칙적으로 사용이 부적합하다.

① '보온재+열선'의 조합은 배관 내 물의 온도가 60℃ 이상의 고온이 될 수 있으며, 이로 인한 물의 증발로 Air Pocket이 형성되어 소화수의 흐름장애 발생

② 특히 Dry Pipe Valve(건식밸브)에 적용할 경우에는 밸브시트 고착의 우려가 높다.

(4) 관내 물을 유동시키는 방식

극한냉지 또는 온도 급강하 우려 지역에는 비효과적임

(5) 동결심도 이하로 매설

1) 동결심도 측정 : 2월 하순경 평탄한 도로 등에 조사구멍을 파고 구멍의 벽면에서 식별할 수 있는 얼음덩어리의 최고 깊이를 측정하여 결정한다.

2) 국내 지방별 표준동결심도

① 남부지방 : 600mm

② 중부지방 : 900mm

③ 북부지방 : 1,200mm

3) 실제 매립시 표준동결심도에 여유깊이(안전율)를 300mm 정도 더하여 깊게 매립한다.

3. 설비별 동결방지책

(1) 옥외소화전설비

1) System 관 내부를 항상 건식상태로 유지 : 소화전 하단부에 Auto Drip Valve 설치

2) 옥외배관은 지하에 매설

(2) 스프링클러설비

1) 동결 우려가 있는 장소에는 습식 대신 건식시스템을 채용

2) 냉동창고 등 급속한 동결이 우려되는 장소에는 Double Interlock Preaction System을 채용

3) 건식시스템(건식, 준비작동식)에서의 하향식헤드에는 드라이펜던트형식의 헤드 설치

10 수계소화설비의 기타 Setting 및 정비방법

1. 릴리프밸브의 Setting 방법

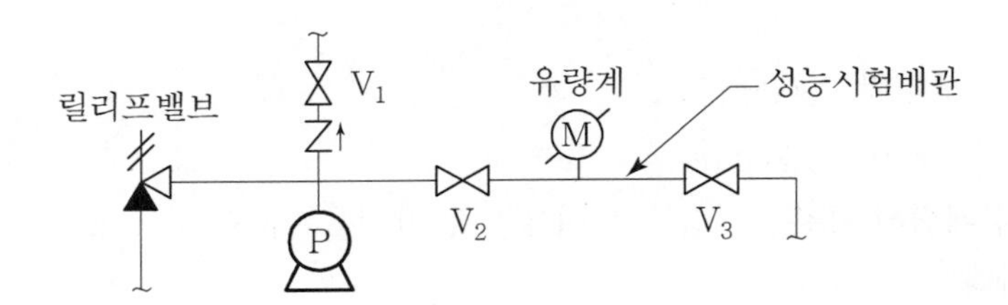

(1) 동력제어반에서 주펌프 및 보조펌프의 운전스위치를 「수동」 위치로 한다.

(2) V_1밸브 : 잠근다.

(3) V_2 · V_3밸브 : 잠근다.

(4) 주펌프를 기동시켜 체절운전을 한다.(동력제어반에서 주펌프의 수동기동스위치를 누른다)

(5) 이때 체절운전압력이 정격압력(정격압력의 140% 미만)인지 확인한다.

(6) V_2밸브 : 개방한다.

(7) V_3밸브를 서서히 조금씩 개방하여 체절압력 보다 조금 낮은압력(체절압력의 95% 정도)에 도달하였을 때 멈춘다.

(8) 릴리프밸브의 캡을 열어 압력조정나사를 반시계 방향으로 서서히 돌려 물이 릴리프밸브를 통과하여 배수관으로 흐르기 시작할 때 멈추고 고정너트로 고정시킨다.

(9) 주펌프를 정지시킨다.

(10) V_2 · V_3밸브 : 잠근다.

(11) V_1밸브 : 개방한다.

(12) 동력제어반의 보조펌프 운전스위치를 「자동」에 위치시킨다.

(13) 보조펌프를 기동하여 충분히 충압된 후에,

(14) 동력제어반의 주펌프 운전스위치를 「자동」 위치로 한다.

2. 압력챔버의 공기교환방법

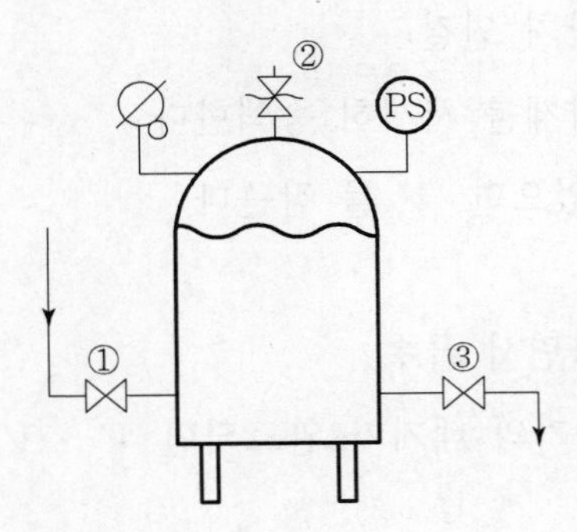

(1) 제어반의 펌프 운전스위치 : 「정지」 위치
(2) ①번 밸브 : 폐지
(3) ②번 밸브 : 개방(수압이 0이 될 때까지 배수)
(4) ③번 밸브 : 개방(공기 보충시에는 채우고자 하는 공기량만큼(2~3ℓ)만 배수
(5) 챔버 내 물의 배수가 완료되면 ③번 밸브 : 폐지
(6) ②번 밸브 : 폐지
(7) ①번 밸브 : 개방(주배관의 가압수가 압력챔버로 유입된다.)
(8) 제어반의 펌프 운전스위치 : 「자동」으로 복구
(9) 펌프가 압력스위치의 Setting 압력범위 내에서 작동 및 정지하는지 확인

3. 포소화약제량 보충방법

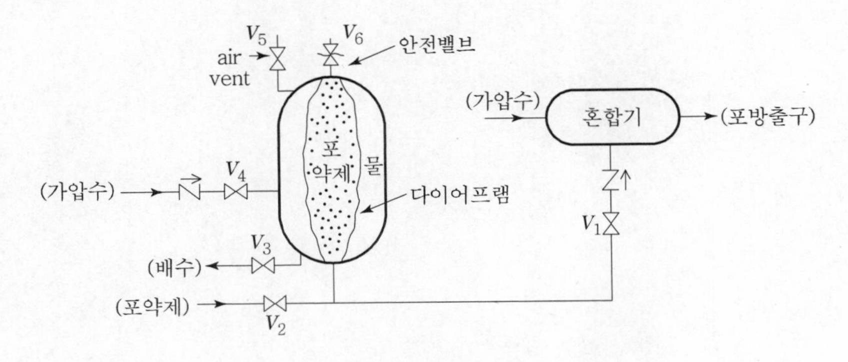

(1) $V_1 \cdot V_2 \cdot V_4$: 잠근다.
(2) $V_3 \cdot V_5$: 개방 : 배수
(3) 챔버 내의 물 배수가 완료되면 V_3를 잠근다.

(4) V_6 : 개방

(5) V_2에 포약제 송액장치 연결

(6) V_2를 개방하여 포약제를 서서히 송액한다.

(7) 약제보충이 완료되었으면 V_2를 잠근다.

(8) 소화펌프 기동

(9) V_4를 서서히 개방하면서 급수

(10) $V_5 \cdot V_6$를 통해 공기의 배기가 완료되면 $V_5 \cdot V_6$를 잠근다.

(11) 소화펌프 정지

(12) V_1을 개방한다.

11 가압수조 시스템

1. 가압수조시스템의 정의

가압수조시스템은 수계소화설비의 가압송수장치에서 전력 등의 동력공급 없이 압축공기 또는 불연성 고압기체의 자체압력을 가압원으로 하여, 화재감지 즉시 소화용수를 화재현장까지 가압 공급하는 것으로 "저수조+가압송수장치"의 조합시스템을 말한다.

2. 가압수조시스템의 구조

(1) 계통도

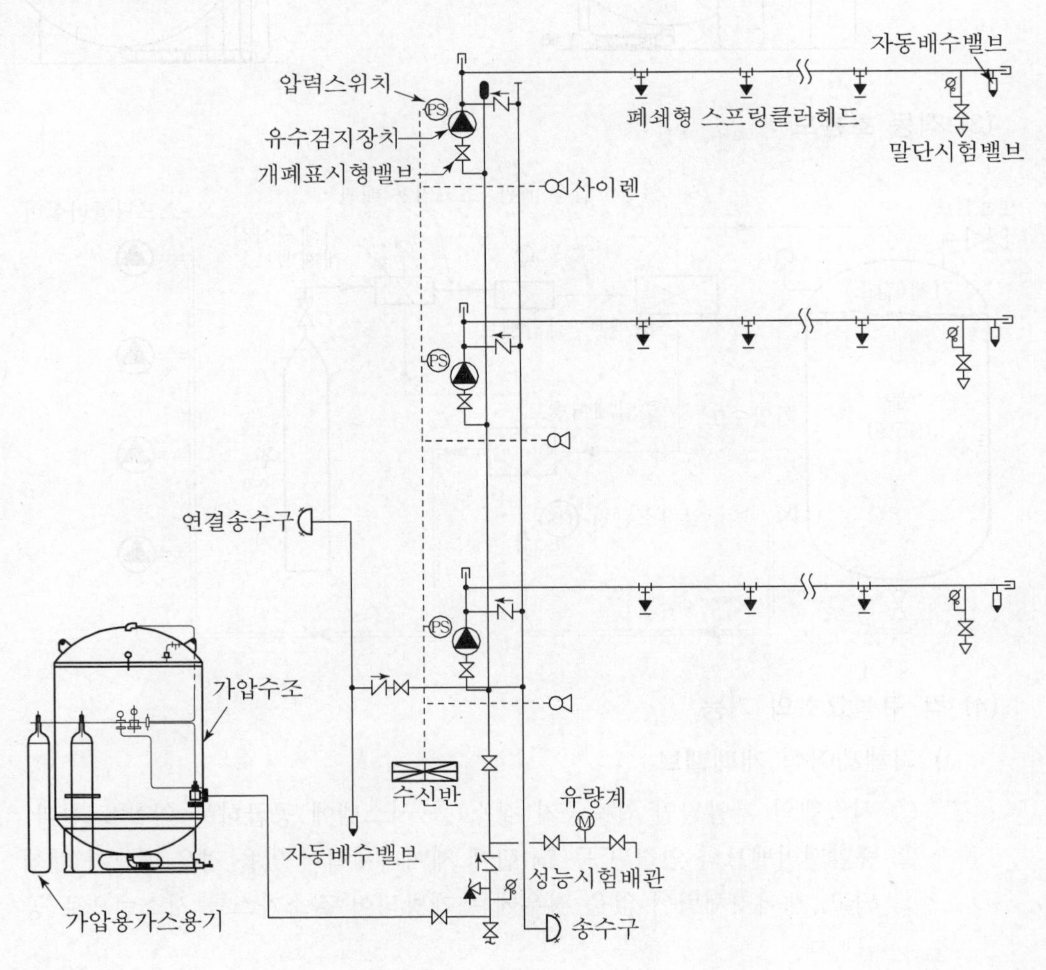

(2) 가압수조의 상세도

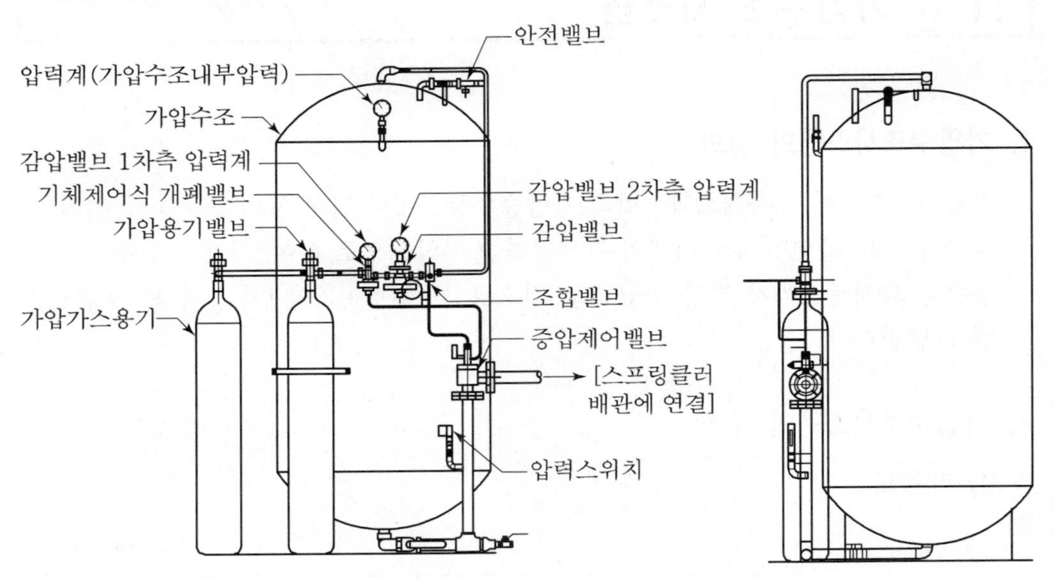

(3) 작동 흐름도

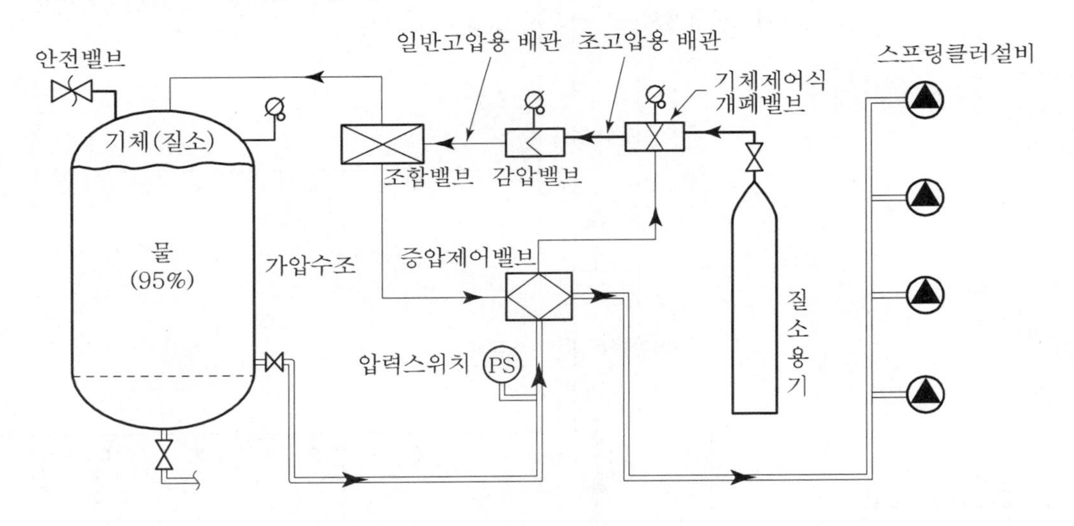

(4) 각 구성요소의 기능

1) 기체제어식 개폐밸브

① 시스템의 가압원인 압축공기(질소)를 시스템에 공급하는 역할을 한다.

② 증압제어밸브와 연결된 동(銅)관에 제어기체력이 있을 경우 밸브가 폐쇄되고, 제어기체력이 없을 경우에는 개방되어 질소가스를 시스템으로 공급한다.

2) 감압밸브
① 고압(15MPa)의 압축가스(질소)를 감압(2MPa)시키는 역할을 한다.
② 평상시에는 항시 고압의 밀봉성 기능을 유지시키는 기능도 있다.

3) 증압제어밸브
① 2차측 배관 내의 압력감소를 감지하여 시스템을 기동시킨다.
② 감압된 질소가스와 가압수조 내의 압력차이, 즉 밸브의 입구와 출구 간의 압력차에 의해 개폐되는 체크밸브식 밸브이다.
③ 헤드 개방이 아닌 소량 누수로 압력이 미량 감소될 경우에는 증압제어밸브가 작동하지 않는다.

4) 조합밸브
① 감압된 기체를 가압수조와 증압제어밸브에 공급하는 역할을 한다.
② 감압시에는 공기를 배기시키는 기능도 한다.

3. 가압수조시스템의 작동원리

(1) 스프링클러헤드의 방수로 2차측 배관 내의 압력이 감소되면,
(2) 증압제어밸브에서 입·출구 간의 압력차를 감지하여 화재로 인식되면, 증압제어밸브가 개방된다.
(3) 증압제어밸브 ↔ 기체제어식 개폐밸브 사이의 동(銅)관에 제어기체력이 감소되면 기체제어식 개폐밸브가 개방된다.
(4) 질소가압용기의 질소가스가 기체제어식 개폐밸브로 진입·통과한 후 감압밸브를 거치면서 감압(15→2MPa)된다.
(5) 감압된 질소가스가 조합밸브를 경유하여 가압수조 내를 가압하게 된다.
(6) 가압수조 내의 소화용수가 질소가스의 가압력에 의해 스프링클러헤드 쪽으로 방출된다.

4. 가압수조의 설치기준

(1) 가압수조의 압력은 해당 설비의 규정 방수량 및 방수압이 20분 이상 유지되도록 할 것
(2) 가압수조 및 가압원은 「건축법 시행령」 제46조에 따른 방화구획된 장소에 설치할 것
(3) 가압수조를 이용한 가압송수장치는 국민안전처장관이 정하여 고시한 「가압수조식가압송수장치의 성능인증 및 제품검사의 기술기준」에 적합한 것으로 설치할 것

중요예상문제

01

유량 110[m^3/h] 양정 70[m] 되는 소방펌프를 설계하여 제작한 후에 그 성능을 시험한 결과, 양정이 60[m]이었으며, 회전수는 1,700[r/min]이었다. 최초 설계조건인 양정 70m를 얻기 위해 어떻게 해야 하는지 설명하시오. 또, 펌프의 정격출력을 당초에는 7.5kW로 선정하여 설계하였을 때 소요동력은 얼마로 변경되는지 계산하시오.

해 답 펌프의 상사법칙을 이용하여 계산

$$\frac{H_2}{H_1} = \left(\frac{N_2}{N_1}\right)^2, \quad \frac{P_2}{P_1} = \left(\frac{N_2}{N_1}\right)^3$$

여기서, H : 양정[m]

N : 회전수[r/min]

P : 출력[kW]

(1) 양정

양정은 회전수의 2승에 비례하므로 60m의 양정을 70m로 증가시키기 위해서는

$$\frac{x^2}{1,700^2} = \frac{70}{60}$$

$$x^2 = \frac{70}{60} \times 1,700^2$$

$$x = \sqrt{\frac{70}{60} \times 1,700^2} = 1,836\,[\text{rpm}]$$

∴ 회전수를 1,836[rpm]으로 증가시키면 된다.

(2) 펌프의 소요동력

동력은 회전수의 3승에 비례하므로

$$\frac{1,836^3}{1,700^3} = \frac{x}{7.5}$$

$$\therefore \text{소요동력}(x) = \frac{1,836^3}{1,700^3} \times 7.5 = 9.45\,[\text{kW}]$$

02 펌프의 양정 220m, 회전수 2,900rpm, 비교회전도 176인 4단 원심펌프에서 유량Q[m³/min]을 구하시오.

해답 비교회전도의 식을 변형하여 유량(Q)을 유도하면,

$$N_s = \frac{nQ^{\frac{1}{2}}}{H^{\frac{3}{4}}} \rightarrow \sqrt{Q} = N_s \frac{H^{\frac{3}{4}}}{n} \rightarrow Q = \left(N_s \frac{H^{\frac{3}{4}}}{n}\right)^2$$

여기서, N_s : 비교회전도

H : 양정[m]

n : 회전수[r/min]

Q : 유량[m^3/min]

4단 펌프이므로 양정을 $\frac{220}{4} = 55$m로 적용하고, 문제에서 주어진 수치들을 대입하면

$$\therefore \text{유량}(Q) = \left(N_s \frac{H^{\frac{3}{4}}}{n}\right)^2 = \left(176 \times \frac{55^{\frac{3}{4}}}{2,900}\right)^2 = 1.5[m^3/min]$$

03 정격토출압력 0.6[MPa], 정격토출량 0.05[m³/sec]인 소화펌프의 성능을 측정하기 위한 성능시험배관의 호칭구경[A]을 산정하시오.
여기서, 유량계 및 성능시험배관 구경 모두 펌프 정격토출량의 175% 이상으로 적용하며, 일반 배관경 산출공식 : Q[ℓ/min]=k×d² $\sqrt{P}$ 을 적용하여 계산하시오.(단, k=1.916이고, P의 단위는 MPa이다.)

해답 1. 개요

(1) 성능시험배관이란 정기적으로 펌프의 성능을 시험하여 펌프의 성능곡선의 불량 및 방사압과 토출량을 검사하기 위한 배관이다.

(2) 펌프의 토출측의 개폐밸브 이전에서 분기시키고, 관로에는 정격토출량의 175% 이상을 측정할 수 있는 유량계를 설치

(3) 유량계는 일반적으로 로타미터(Rotameter)를 많이 사용하는데 유체속에 부자(Float)를 띄워 눈금으로 표시된 유량[ℓ/min]을 직접 눈으로 읽을 수 있으며 압력손실이 적고 측정범위가 넓은 장점이 있다.

2. 성능시험배관의 관경산출

방수압과 방수량의 관계식으로 문제에서 주어진 식 $Q=1.916\times d^2\times\sqrt{P}$ 를 이용하여 구한다.

즉, $P\rightarrow P\times 65\%$, $Q\rightarrow Q\times 175\%$ 를 대입하면

$1.75\times Q=1.916\times d^2\times\sqrt{P\times 0.65}$ 식으로 배관경 d를 구하면

$$\therefore d[\text{mm}]=\sqrt{\frac{1.75\times 0.05\times 60\times 1,000}{1.916\times\sqrt{0.65\times 0.6}}}=66.24\fallingdotseq 80\text{A}$$

04

국제 통용단위인 SI단위에 대한 (1)개념, (2)기본단위, (3)보조단위를 기술하시오.

해 답 1. 개념

(1) 공업에 사용되는 단위에는 질량을 기본으로 하는 절대단위계(물리단위)와 중량(힘)을 기본으로 하는 공학단위계(중량단위)의 두 계열이 있다.

(2) 국제도량협회 총회에서는 통일된 국제단위계(SI)를 만들었으며, 국제표준화기구(ISO) 및 세계 주요 국가들이 이 규격을 채택하고 있다.

(3) SI단위는 근본적으로 물리량을 기본으로 하는 절대단위계와 동일하며, 물리량을 기본단위, 보조단위, 유도단위로 나타낸다.

2. 국제단위계(SI)의 분류

국제단위계(SI)는 기본단위, 보조단위, 유도단위로 분류한다.

(1) 기본단위

① 길이 : 미터[m]
② 질량 : 킬로그램[kg]
③ 시간 : 세컨드[s]
④ 전류 : 암페어[A]
⑤ 열역학적 온도 : 캘빈[K]
⑥ 물질량 : 몰[mol]
⑦ 광도 : 칸델라[cd]

(2) 보조단위

① 평면각 : 라디안[rad]

② 입체각 : 스테라디안[sr]

(3) 유도단위

① 넓이 : 제곱미터[m^2]

② 부피 : 세제곱미터[m^3]

③ 속도 : 미터 매 초[m/s]

④ 가속도 : 미터 매 초 제곱[m/s^2]

⑤ 파동수 : 역미터[m^{-1}]

⑥ 밀도 : 킬로그램 매 세제곱미터[kg/m^3]

⑦ 비체적 : 세제곱미터 매 킬로그램[m^3/kg]

⑧ 전류밀도 : 암페어 매 제곱미터[A/m^2]

⑨ 자기장의 세기 : 암페어 매 미터[A/m]

⑩ 물질량의 농도 : 몰 매 세제곱미터[mol/m^3]

⑪ 휘도 : 칸델라 매 제곱미터[cd/m^2]

05

오래된 고층건물을 개보수하면서 소화펌프의 유효흡입양정(NPSH)을 4[m]에서 12[m]로 변경하였다. 이에 따른 기존 시설들의 변경한 내용과 펌프 운전 시 개선된 사항들을 설명하시오.

해 답 1. 개요

펌프의 흡입양정(NPSH : Net Positive Suction Head)이란 펌프의 자체 특성에 관계없이 설치조건에 따라 결정되는 흡입 가능한 압력을 말하며 필요흡입양정과 유효흡입양정으로 구분한다.

(1) 필요흡입양정(Required NPSH) : 펌프가 흡입하는 데 필요한 흡입수두

(2) 유효흡입양정(Available NPSH) : 펌프 흡입 시 Cavitation이 발생되지 않고 유효하게 흡입할 수 있는 유효흡입수두

흡입 전양정에서 수온에서의 포화증기압을 뺀 값을 Av NPSH라 한다.

$$\therefore NPSH_{av} = \frac{P_a}{\gamma} - (\pm H_h + H_f + H_V)$$

여기서, P_a : 대기압[kgf/m²]
H_v : 포화증기압에 의한 손실수두[m]
r : 물의 비중량[kgf/m³]
H_h : 낙차[m](펌프 흡입구~수원의 수면)

2. Av NPSH와 Re NPSH의 관계

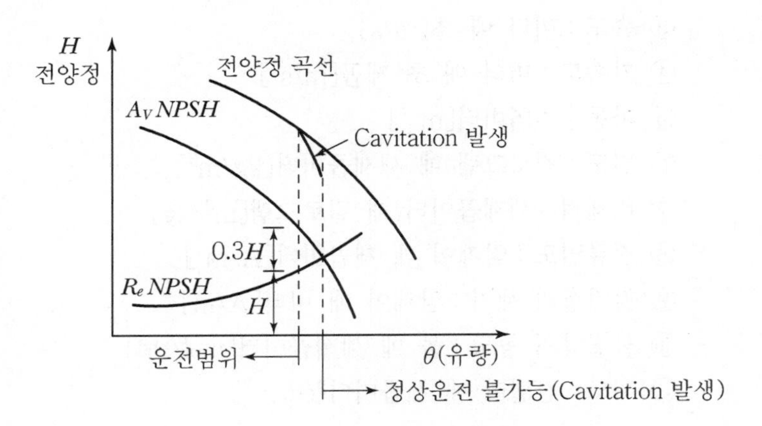

∴ Cavitation이 발생되지 않는 운전조건은 Av NPSH ≧ Re NPSH × 1.3이다.

3. 유효흡입양정의 증대를 위한 기존시설의 변경사항

(1) H_h(낙차 : 펌프 흡입구~ 수원의 수면)의 감소

① 펌프의 설치 위치 변경
수원의 위치를 펌프보다 높은 곳에 설치함. 즉 H_h가 (−)가 되게 한다.

② 펌프의 교체
펌프를 수직회전축 터빈식 펌프로 교체하여 임펠러가 수중에 잠겨 있게 하여 $H_h=0$이 되게 함

(2) H_f(흡입측 마찰손실수두)의 감소

① 배관 구경을 크게 변경함
② 흡입측 배관길이를 짧고 굴곡부가 적게 경로를 변경함
③ 배관의 재질을 변경함 : 조도계수가 큰 배관재질로 변경

(3) H_V(포화증기압)의 감소 : 펌프임펠러의 회전속도를 줄인다.

(4) P_a(대기압)의 증가
기존의 대기압 수조를 압력수조로 변경함

4. 변경 후 펌프 운전시 개선된 사항

(1) Cavitation 발생 확률이 낮아진다.

$NPSH_{av} > NPSH_{re}$으로 되어 Cavitation 발생 가능성이 낮아진다.

(2) 소화시스템에서의 양정이 향상된다.

소화시스템의 흡입 조건이 개선되어 전체 양정이 증대된다.

5. 결론

유효흡입양정은 이론적으로 최대가 10.33m이나 실제로는 위와 같이 관내에 포화증기압이 작용하고 마찰손실수두가 작용하기 때문에 결국 6~7m 정도에 그친다.

그러나 문제에서의 요구처럼 유효흡입양정을 12m로 특별히 더 올리려면 수원의 위치를 올리거나 압력수조의 채택, 펌프 2대 이상을 직렬합성으로 연결설치 등 특별한 조치를 하여야만 가능하게 된다.

06

소방펌프의 양정 100m, 토출량 2,400ℓ/min, 회전수 1,500rpm, 효율 60%이다. 이 경우 다음 물음에 답하시오.

1. 펌프의 회전수를 조절하여 토출량을 20% 증가시키려고 할 경우, 이때 필요한 회전수는 얼마인가?
2. 위의 1.번과 같이 하였을 경우 펌프의 양정은 얼마로 되는가?
3. 위와 같이 토출량을 20% 증가시킨 후에 모터를 120kW로 교체할 경우 이를 계속하여 사용할 수 있는지를 검증하시오.(단, 동력전달계수는 1.1로 한다.)

해 답 1. 펌프의 증가된 회전수

2,400 ℓ/min × 1.2 = 2,880이므로

$$\frac{Q_1}{Q_2} = \frac{N_1}{N_2} \rightarrow \frac{2,400}{2,880} = \frac{1,500}{N_2}$$

$$\therefore N_2 = \frac{1,500 \times 2,880}{2,400} = 1,800[\text{rpm}]$$

2. 펌프의 양정

$$\frac{H_1}{H_2} = \left(\frac{N_1}{N_2}\right)^2 \rightarrow \frac{100}{H_2} = \left(\frac{1,500}{1,800}\right)^2$$

$$\therefore\ H_2 = \frac{100}{\left(\frac{1,500}{1,800}\right)^2} = 144[\text{m}]$$

3. 모터를 120kW로 교체할 경우 사용가능 여부

(1) 당초의 모터동력

$$P_1 = \frac{0.163 \times Q \times H}{\eta} = \frac{0.163 \times 2.4 \times 100}{0.6} = 65.2[\text{kW}]$$

(2) 변경후의 모터동력

$$\frac{P_1}{P_2} = \left(\frac{N_1}{N_2}\right)^3 \rightarrow \frac{65.2}{P_2} = \left(\frac{1,500}{1,800}\right)^3$$

$$P_2 = \frac{65.2}{\left(\frac{1,500}{1,800}\right)^3} = 112.67[\text{kW}]$$

∴ 따라서 모터의 교체 후 실제 축동력은 $112.67 \times 1.1 \fallingdotseq 124[\text{kW}]$가 되어야 하나, 120[kW]는 미달되므로 사용할 수 없다.

07 가압송수장치에 설치하는 물올림장치의 설치목적과 설치기준을 기술하시오.

해답 1. 설치목적

수원의 수위가 펌프보다 낮은 위치에 있을 때 설치하는 것으로 펌프흡입측의 후트밸브 및 배관, 패킹 등에 의한 누수로 펌프기동 시 공회전 및 공동현상 등으로 인한 펌프기능이 상실되는 것을 방지하기 위함이다. 즉, 후트밸브에서부터 펌프임펠러까지 항시 물을 충전시켜 주어 펌프 가동 즉시 물을 송수할 수 있도록 해주는 부속설비이며 수평회전축 펌프에 필요하다.

2. 설치기준

(1) 물올림장치에는 전용의 탱크를 설치할 것

(2) 탱크의 유효수량은 100[ℓ] 이상으로 하되 구경 15mm 이상의 급수배관에 의하여 당해 탱크에 물이 계속 보급되도록 할 것
(3) 물올림탱크에 물을 공급하는 급수관의 말단에는 적정 수위가 되면 물의 공급을 차단하는 장치(볼탭 등)를 설치할 것
(4) 물올림탱크 내의 수위가 감소되었을 때 경보를 발할 수 있는 감수경보장치를 설치할 것
(5) 물올림탱크로부터 주펌프 측으로 연결되는 물공급 관(25mm 이상)에는 체크밸브를 설치하여 펌프의 운전시 물이 역류되지 않도록 할 것
(6) 물올림탱크에는 오버플로우관(50mm 이상) 및 배수밸브를 설치할 것

08 소방펌프에서 발생할 수 있는 공동현상(Cavitation)의 정의, 발생 Mechanism, 판정방법, 발생원인, 발생시의 현상, 방지대책에 대하여 각각 기술하시오.

해 답 1. Cavitation현상의 정의

공동현상이란 펌프의 흡입압력이 액체의 증기압보다 낮으면 물이 증발되고 물속에 용해되어 있던 공기가 물과 분리되어 기포가 발생하는 현상이다. 즉, 공기 고임현상을 말한다.

2. Cavitation현상의 발생 Mechanism

(1) 밀폐용기 속에서 물의 포화증기압이 낮아지면 비점도 낮아지므로 펌프 내부의 저압부에 물의 일부가 비등·기화하여 기포가 생성한다.
(2) 또한 수중에 용해되어 있던 공기가 석출되면서 작은 기포를 다수 발생한다.
(3) 이 기포들이 고압부를 만나면 급격히 붕괴되면서 진동·소음을 유발하고 펌프에 기계적 손상을 주는 현상이다.

3. Cavitation현상의 발생원인

펌프의 무리한 흡입이 주된 원인
(1) 흡입측 양정이 큰 경우
(2) 흡입관로의 마찰손실이 과대
(3) 흡입측 관경이 작은 경우

(4) 관 내의 유체온도가 상승된 경우
(5) 정격 토출량 이상 또는 정격 양정 이하로 운전하는 경우(서징현상도 발생)

4. Cavitation 발생시의 현상

(1) 소음과 진동이 발생
(2) 펌프의 효율, 토출량, 양정이 감소
(3) 심하면 임펠러나 본체 내면이 손상되어 양수 불능이 된다.

5. Cavitation의 판정방법

(1) Cavitation이 심할 경우에는 쇠망치로 때리는 것과 같은 소리를 내므로 쉽게 판단이 되지만 Cavitation 이 약하게 발생할 경우에는 소리로 판단하기는 어려우므로 이 경우에는 Cavitation 현상 시에 발생하는 고주파 진동신호를 측정하여 Cavitation 발생정도의 경중을 판단한다.
(2) 즉, 펌프에서 발생된 Cavitation은 펌프 전체에 대한 높은 주파수의 진동을 유발시키는데 이러한 진동변화를 이용하여 Cavitation 발생의 경중을 판정하는 것이다.

6. Cavitation의 방지대책

근본적으로 펌프의 흡입 저항을 줄이는 데 목표를 둔다.
(1) 흡입측 양정을 적게 한다.(펌프를 흡수면 가까이에 설치)
(2) 흡입 관경을 크게 하고, 배관을 단순 직관화
(3) 수직 회전축 펌프 사용
(4) 정격 토출량 이상으로 운전하지 말 것
(5) 정격 양정보다 무리하게 낮추어 운전하지 말 것
(6) 펌프의 회전수를 낮춘다.

09 소방펌프에서 펌프 토출량이 3,600ℓ/min일 때 토출유속이 5m/sec이라면 시스템 배관의 내경은 몇 mm인가?

해 답 토출량 $Q = A \cdot V = \frac{\pi D^2}{4} \cdot V$에서, 배관내경 $D = \sqrt{\frac{4Q}{\pi V}}$

여기서, Q : 펌프의 토출량[m^3/min]

A : 배관의 단면적[m²]

D : 배관의 내경[m]

V : 배관 내 유속[m/sec]

$$D = \sqrt{\frac{4 \times \left(\frac{3.6}{60}\right) m^3/sec}{\pi \times 5[m/sec]}} = 0.1236[m] = 123.6[mm]$$

∴ 배관의 내경 : 125[mm]

10

펌프의 정격 토출량 및 양정이 각각 800ℓ/min 및 80M인 표준 수직원심펌프의 성능특성곡선을 그리고 체절점, 설계점, 150% 유량점 등을 명시하시오.

해 답 1. 펌프의 성능특성곡선

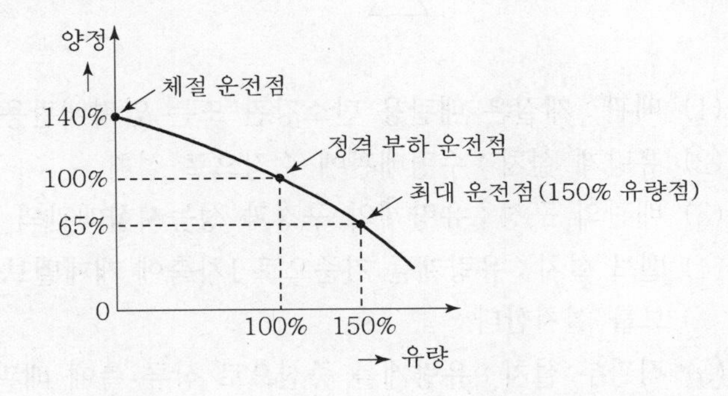

2. 체절점

토출유량 0(Zero) 상태에서 정격토출양정의 140%(112m) 이하인 지점

3. 설계점(정격부하운전점)

정격토출유량의 100% 상태에서 정격토출압력의 100% 이상인 지점

∴ 토출유량 800ℓ/min에서 토출양정 80m 이상인 지점

4. 150% 최대운전점

정격토출유량의 150[%] 상태에서 정격토출압력의 65% 이상인 지점

∴ 토출유량 1,200ℓ/min에서 토출양정 52m 이상인 지점

11

소방펌프 성능시험배관의 시공방법을 기술하시오.

해 답

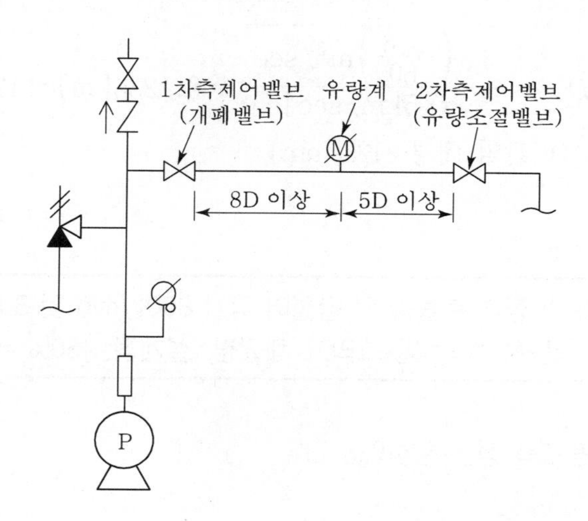

(1) 배관 : 재질은 배관용 탄소강관 또는 압력배관용 탄소강관을 사용할 것
(2) 유량계 설치 : 수평배관에 수직으로 설치
(3) 배관의 구경 : 유량계의 구경과 성능시험배관의 구경은 동일하게 한다.
(4) 밸브 설치 : 유량계를 기준으로 1차측에 개폐밸브를, 2차측에 유량조절밸브를 설치한다.
(5) 직관부 설치 : 유량계를 중심으로 상류 측에 배관지름의 8배 이상, 하류 측에 5배 이상의 직관부 설치 : 유량계 전후의 물 흐름의 안정을 위함
(6) 유량계의 용량 : 정격토출량의 175% 이상의 유량을 측정할 수 있는 용량 이상의 것으로 설치

12

소방펌프의 수온상승방지장치의 종류 3가지를 기술하시오.

해 답 가압송수장치의 체절운전시 수온상승을 방지하기 위하여 체크밸브와 펌프 사이에서 분기한 구경 20[mm] 이상의 순환배관에 다음 중 어느 하나에 해당하는 안전장치를 설치한다.

1. 체절압력 미만에서 작동하는 릴리프밸브를 설치

성능시험에서 최고사용 압력의 115~125[%] 범위에서 작동이 가능하여야 한다.

2. 펌프 토출측에 오리피스를 설치

펌프의 정격토출유량의 2~3[%]가 흐를 수 있도록 탭(Tap)을 조정한다.

3. 순환배관상에 서미스터밸브를 설치

수온이 30[℃] 이상이 되면 순환배관상에 설치된 리모트(Remote)밸브가 작동하여 서미스트밸브의 벨로즈가 팽창되어 밸브가 개방되면 순환배관을 통하여 수조로 배수된다.

13 수계소화설비에서 배관의 외기온도변화나 충격 등에 따른 신축작용에 의한 손상방지용 신축이음의 종류 3가지를 기술하시오.

해 답

(1) 슬리브형 죠인트
(2) 벨로즈형 죠인트
(3) 스위블형 죠인트

14 수계소화설비의 설계에서 방수구(헤드)에서 규정방수압력 초과가 예상되는 경우 감압방식 4가지를 쓰고 간략하게 설명하시오.

해 답

1. 감압밸브 설치방식

(1) 수리계산을 하여 층별로 최대 규정방사압력 이상인 위치를 선정하여 그 부위의 호스접결구 인입구 측에 감압밸브 또는 Orifice를 설치
(2) 특징 : 설치가 용이하며, 기존 건물에도 적용이 가능하나, 옥내·옥외 소화전설비에만 적용할 수 있다.

2. 고가수조방식

(1) 가압펌프, 비상전원이 불필요 : 신뢰도가 가장 높다.
(2) 고가수조와의 낙차가 일정 높이 이상이어야 한다.
(3) 고층건물에서는 고가수조를 저층부와 고층부로 구분하여 설치하여야 한다.

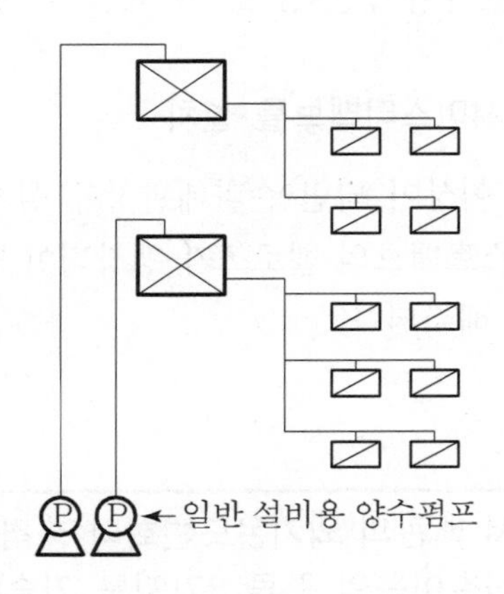

3. 별도 배관방식

(1) 고층부용의 경우 펌프를 지하층 이외에 중간층에도 설치 가능
(2) 공사비(설비비)가 많이 소요됨

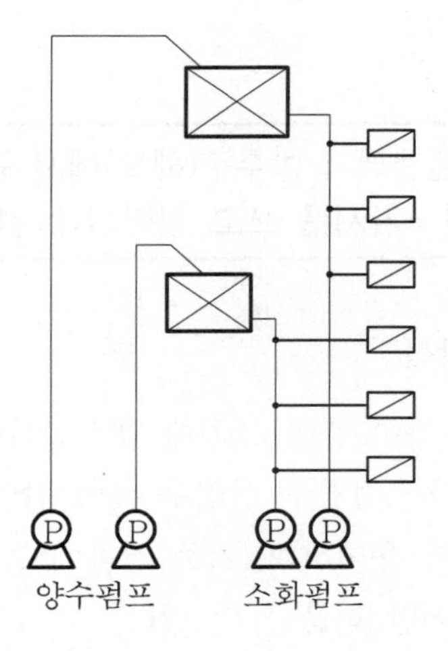

4. 중계펌프방식

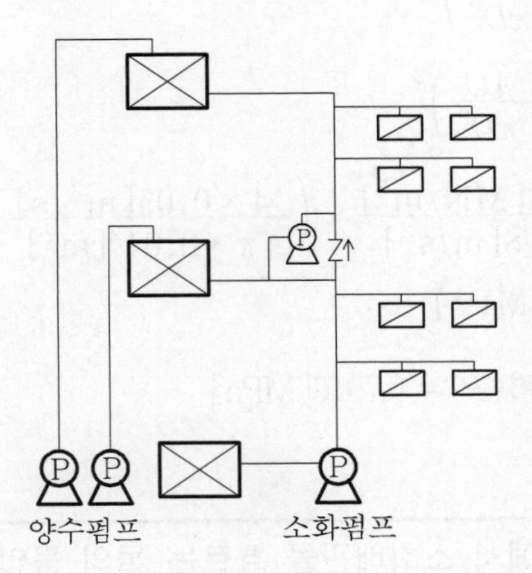

(1) 건물의 중간층에 중간 펌프실 및 수조를 설치해야 한다.
(2) 공사비용이 많이 소요된다.

15

소화설비의 배관 내경이 40mm인 수평배관 내의 유량이 50ℓ/s이다. 이때의 배관 내 압력[MPa]을 산출하시오.

해 답 연속방정식 $Q = AV$에서

Q : 유량[m^3/s] : 50 ℓ/s = 0.05m^3/s

A : 배관 내 단면적[m^2] $= \frac{\pi}{4}D^2$

V : 유속[m/s] $= \sqrt{2gh} = \sqrt{2g\frac{P}{\gamma}}$

g : 중력가속도 = 9.8m/s^2

γ : 비중량 = 9.8kN/m^3 = 0.0098MN/m^3

P : 배관 내 압력[Pa = N/m^2]

$$Q = A \times V = \frac{\pi}{4}D^2 \times \sqrt{2gh}$$

$$\sqrt{2gh} = \frac{4Q}{\pi D^2} \Rightarrow \sqrt{2g \times \frac{P}{\gamma}} = \frac{4Q}{\pi D^2}$$: (양변에 제곱하여 근을 푼다.)

$$2g \times \frac{P}{\gamma} = \left(\frac{4Q}{\pi D^2}\right)^2$$

$$P = \frac{\gamma}{2g} \times \left(\frac{4Q}{\pi D^2}\right)^2$$

$$= \frac{0.0098[\mathrm{MN/m^3}]}{2 \times 9.8[\mathrm{m/s^2}]} \times \left(\frac{4 \times 0.05[\mathrm{m^3/s}]}{\pi \times 0.04^2[\mathrm{m^2}]}\right)^2$$

$$= 0.7916[\mathrm{MPa}]$$

∴ 배관 내 압력(P) = 0.7916[MPa]

16 수계소화설비에서 소화배관을 흐르는 물의 동압이 0.0083MPa, 유량이 500ℓ/min인 경우 소화배관의 관경은 몇 mm인가?

해답 $Q[\mathrm{m^3/s}] = A[\mathrm{m^2}] \cdot V[\mathrm{m/s}]$에서

$$V = \sqrt{2gh} = \sqrt{2g\frac{P[\mathrm{kgf/cm^2}]}{\gamma[\mathrm{kgf/m^3}]}} = \sqrt{\frac{2 \times 9.8 \times 0.0846 \times 10^4}{1,000}} = 4.072\,[\mathrm{m/s}]$$

(여기서, 0.00833MPa = 0.0846kgf/cm^2)

$$Q = \frac{\pi D^2}{4} \times V\text{에서}$$

$$\frac{500}{1,000 \times 60} = \frac{\pi D^2}{4} \times 4.072$$

$$D = \sqrt{\frac{4Q}{\pi V}} = \sqrt{\frac{4 \times 500}{\pi \times 4.072 \times 1,000 \times 60}} \times 1,000 = 0.051[\mathrm{m}] = 51[\mathrm{mm}]$$

∴ 소화배관의 관경(D) = 51[mm]

17 소화설비에 사용하는 배관의 내경이 27.5mm, 배관 속을 흐르는 물의 동압이 0.0137MPa인 경우 배관을 통과하는 유량은 몇 ℓ/min인가?

해답 동압 $= \frac{V^2}{2g}\gamma$

여기서, V : 유속[m/s]

g : 중력가속도=9.8[m/s^2]

γ : 물의 비중량=1,000[kg/m^3]

동압$=0.0137\text{MPa}=0.14\text{kgf/cm}^2=1{,}400\text{kgf/m}^2$

$$1{,}400=\frac{V^2}{2\times9.8}\times1{,}000\text{에서}$$

$$V=\sqrt{\frac{1{,}400\times2\times9.8}{1{,}000}}=5.24[\text{m/s}]$$

$$Q=AV=\frac{\pi D^2}{4}\times V=\frac{\pi(27.5\times10^{-3})^2}{4}\times5.24=0.0031[\text{m}^3/\text{s}]$$

이것을 ℓ/min으로 환산하면

$$0.0031\left[\frac{\text{m}^3}{\text{s}}\right]\times\left[\frac{1{,}000\,\ell}{\text{m}^3}\right]\times\left[\frac{60\,\text{sec}}{\text{min}}\right]=186[\ell/\text{min}]$$

∴ 배관을 통과하는 유량(Q) = 186[ℓ/min]

18

지면으로부터 50m 되는 곳에 유효수원량 100m³의 저수조가 있다. 이 저수조에 양수하기 위하여 30HP의 펌프를 사용한다면 몇 분 후에 저수조에 유효수원량으로 채워지겠는가? (단, 펌프의 효율은 75%, 동력전달계수는 1.1이고, 마찰손실은 무시한다.)

해 답

$$P[\text{kW}]=\frac{0.163\cdot Q\cdot H}{\eta}K\text{에서}$$

여기서, P : 펌프의 동력[kW]
Q : 펌프의 토출량[m³/min]
H : 전양정[m]
η : 펌프의 효율[%]
K : 동력전달계수

$$Q=\frac{P\cdot\eta}{0.163\cdot H\cdot K}=\frac{30\times0.746\times0.75}{0.163\times50\times1.1}=1.872[\text{m}^3/\text{min}]$$

$$t=\frac{Q_T}{Q}=\frac{100}{1.872}=53.42[\text{분}]$$

여기서, t : 저수조에 유효수원량을 채우는 데 걸리는 시간[분]
Q_T : 저수조의 유효수원량[m³]
Q : 펌프의 토출량[m³/min]

∴ 저수조에 유효수원량(100m³)을 채우는 데 걸리는 시간=53.42[분]

19

소화설비의 내경이 500mm, 길이가 1,000m인 직선형 배관에 소화용수가 매초 80ℓ로 공급되고 있을 때의 마찰손실수두와 상당구배 α를 구하시오. (단, 마찰손실계수 $\lambda=0.03$이며, 관벽의 마찰손실 이 외에는 무시하는 것으로 하며, 소수점 넷째 자리에서 반올림하여 셋째 자리까지 구하시오.)

해 답 1. 마찰손실수두(H_L) 계산

$$H_L=\lambda\frac{L}{D}\times\frac{V^2}{2g}[\text{m}] \cdots\cdots\cdots\cdots ①$$

여기서, λ : 마찰계수=0.03

L : 관의 길이=1,000[m]

D : 관의 내경=0.5[m]

g : 중력가속도=9.8[m³/sec²]

V : 관내 유체의 평균유속[m]

$Q=A\times V$에서

$$A=\frac{\pi D^2}{4}=\frac{\pi\times0.5^2}{4}[\text{m}^2]$$

$$Q=80[\ell/\text{sec}]=\frac{80}{1,000}[\text{m}^3/\text{sec}]$$

$$V=\frac{Q}{A}=\frac{80}{1,000}\times\frac{4}{\pi\times0.5^2}=0.4074[\text{m/sec}]$$

$$\therefore \text{손실수두}(H_L)=0.03\times\frac{1,000}{0.5}\times\frac{0.4074^2}{2\times9.8}=0.508[\text{m}]$$

2. 상대구배 계산

위의 손실수두 계산공식 ①에서 손실수두와 관 길이의 비를 상당구배(기울기)라고 하는데 이것은 관의 실제 경사각에는 무관하고, 유량, 관의 크기 및 유체마찰에만 관계되며, 관의 단면이 일정한 경우 다음 식으로 나타낸다.

$$\therefore \text{상당구배}(\alpha)=\frac{H_L}{L}=\frac{0.508}{1,000}=0.508\times10^{-3}$$

20

소화설비의 방수압력이 0.1[kgf/mm²]이다. 이것을 [MPa]로 환산하면 몇 [MPa]인가?

해 답

$1[kgf/mm^2]=10^6[kgf/m^2]$

$1[kgf/m^2]=9.8[N/m^2]=9.8[Pa]=9.8\times10^{-6}[MPa]$이므로,

$0.1[kgf/mm^2]=0.1\times10^6[kgf/m^2]=1\times10^5[kgf/m^2]$

$=1\times10^5\times9.8[N/m^2]=0.98\times10^6[Pa]=0.98[MPa]$

$\therefore$ $0.1[kgf/mm^2]=0.98[MPa]$

21

다음 조건에서 소방펌프의 유효흡입양정(NPSH)을 구하시오.

〈조건〉

가. 흡입측 배관의 후드밸브에서 펌프까지의 수직거리 : 4m

나. 흡입측 배관의 마찰손실수두 : 2m

다. 소화용수의 포화증기압 : 2.16kPa

라. 대기압 : 101.3kPa

해 답

NPSH = 대기압 − 포화증기압 − 흡입실양정 − 흡입측 마찰손실수두

$$=\frac{101.3kPa\times10^3}{9800}-4m-2m-\frac{2.16kPa\times10^3}{9800}=4.12m$$

$\therefore$ 유효흡입양정(NPSH) = 4.12[m]

22

다음 조건의 소화펌프에서 편흡입 2단펌프일 경우와 양흡입 1단펌프일 경우 펌프의 비속도를 구하시오.(계산과정과 답에서 소수점 이하는 제외한다)

〈조건〉

가. 토출유량 : $14m^3/min$

나. 전양정 : 100m

다. 임펠러회전수 : 1,750rpm

해 답 비속도계산공식 : $N_s = \frac{n \times Q^{1/2}}{H^{3/4}}$

여기서, N_s : 비속도, H : 전양정[m]

n : 임펠러회전수[rpm], Q : 토출유량[m^3/min]

(1) 편흡입 1단 : $N_s = \frac{1,750 \times 14^{1/2}}{100^{3/4}} = 207$

(2) 편흡입 2단 : $N_s = \frac{1,750 \times 14^{1/2}}{50^{3/4}} = 348$

(3) 양흡입 1단 : $N_s = \frac{1,750 \times 7^{1/2}}{100^{3/4}} = 147$

〈해설〉

펌프의 비속도계산에서, 양흡입펌프일 경우에는 편흡입펌프 토출량의 $\frac{1}{2}$을 적용하여 계산하고, 다단펌프일 경우에는 전양정은 임펠러 1단의 양정을 기준으로 적용하므로, 2단펌프일 경우에는 2단펌프 양정의 $\frac{1}{2}$을 적용하여 계산하여야 한다.

23

아래 조건의 특정소방대상물에 옥내소화전설비와 스프링클러설비가 설치되고, 각 소화설비가 설치된 부분의 경계에 방화벽과 방화문으로 구획되어 있을 경우, 법정 최소소화설비를 설치하려고 한다. 이 경우 다음에 대하여 계산하시오.

(1) 소화펌프의 양정[m]
(2) 소화펌프의 정격토출량[ℓ/min]
(3) 수원의 양[m^3]
(4) 방수기구함의 수량
(5) 스프링클러헤드의 수량

〈조건〉

가. 층수 20층, 각 층의 층고 : 3m
나. 50평형 계단식 아파트 : 40세대(20층 × 1층당 2세대)
다. 스프링클러헤드는 1세대당 8개이고, 바닥에서 2.5m 높이의 반자에 설치
라. 옥내소화전 방수구는 한 층에 2개씩 설치되며, 바닥에서 1m 높이에 설치
마. 배관의 압력손실
① 스프링클러 배관 : 최상층 헤드까지 =10[mAq]
② 옥내소화전 배관 : 최상층 방수구까지 =8[mAq]

23

③ 소방용 지하저수조 : 저수조에서 1층 하단까지 = 2[mAq]
④ 옥내소화전용 호스 : 100m당 12[mAq]
※ 법규의 적용은 현재의 법규를 적용한다.

해 답 1. 법규상의 근거

소화설비의 가압송수장치 등을 겸용으로 설치하고자 할 경우 화재안전기준(NFSC 102 제12조)에 의하면, 고정식 소화설비(소화수를 최종 방출하는 방출구가 고정된 설비)가 2 이상 설치되어 있고, 각각 방화구획되어 있다면 각각의 수원량과 가압송수장치의 용량 중 최대의 것으로 할 수 있는 것으로 규정하고 있다. 그러나, 여기서는 옥내소화전설비가 고정식 소화설비에 해당되지 아니하므로 각 용량의 합한 양으로 하여야 한다.

2. 계산

(1) 소화펌프의 양정

1) 스프링클러설비

펌프의 양정(H)[m] = $H_1 + H_2 + 10\text{m}$

여기서, H_1 : 펌프와 최고위 헤드와의 높이차에 따른 위치수두[m]
H_2 : 배관시스템의 마찰손실수두[m]
10m : 스프링클러헤드의 법정 최소방사압력수두

$H_1 = (19 \times 3) + 2.5 = 59.5\text{m}$

$H_2 = 10 + 2 = 12\text{m}$

$H = 59.5 + 12 + 10 = 81.5\text{m}$

2) 옥내소화전설비

펌프의 양정(H)[m] = $H_1 + H_2 + H_3 + 17\text{m}$

$H_1 = (19 \times 3) + 1 = 58\text{m}$

$H_2 = 8 + 2 = 10\text{m}$

옥내소화전용 호스의 마찰손실을 100m당 12m로 보면

$H_3 = 30 \times 0.12 = 3.6\text{m}$

$H = 58 + 10 + 3.6 + 17 = 88.6\text{m}$

∴ 위의 두 양정(81.5m, 88.6m) 중 큰 값을 선정양정으로 하여야 하므로, 소화펌프의 양정은 88.6[m] 이상이다.

(2) 소화펌프의 정격토출량

1) 스프링클러설비

정격토출량 = 헤드의 기준(설치)개수 × 80 = 8 × 80 = 640[ℓ/min]

2) 옥내소화전설비

정격토출량 = 2 × 130 = 260[ℓ/min]

∴ 소화펌프의 정격토출량 = 640 + 260 = 900[ℓ/min] 이상

(3) 수원의 양

1) 스프링클러설비

수원의 양 = 헤드의 기준(설치)개수 × 1.6m³ = 8 × 1.6 = 12.8[m³]

2) 옥내소화전설비

수원의 양 = 2 × 2.6m³ = 5.2[m³]

∴ 수원의 양 = 12.8 + 5.2 = 18.0[m³]

(4) 방수기구함의 수량

방수기구함은 3개층당 1개씩 설치하므로

20개층 ÷ 3 = 6.67 ≒ 7

∴ 방수기구함의 법정 최소수량 = 7개

(5) 스프링클러헤드의 수량

아파트 1개층당 2세대이고, 1세대당 헤드가 8개이므로,

20 × 2 × 8 = 320

∴ 스프링클러헤드의 법정 최소수량 = 320개

24

그림과 같이 Loop 배관에 직결된 살수 노즐로부터 유량 210ℓ/min의 물이 방사되고 있다. 화살표 방향으로 흐르는 유량 Q_1 및 Q_2를 구하시오.

〈조건〉

- 배관부속의 등가길이는 모두 무시한다.
- 계산 시의 마찰손실 공식은 하이젠-윌리암 공식을 사용하되 계산 편의상 다음과 같이 적용한다.

$$\Delta P_m = 6 \times 10^4 \times \frac{Q^2}{100^2 \times D^5}$$

여기서, ΔP_m : 배관 1m당 마찰손실압력[MPa]

Q : 유량[ℓ/min]

D : 관의 내경[mm]

24

• Loop 배관의 안지름은 40mm이다.

해답

$Q_T = Q_1 + Q_2$ ……………………………… ㉮

$\Delta P_1 = \Delta P_2$ ……………………………… ㉯

$L_1\, Q_1^{\ 2} = L_2\, Q_2^{\ 2}$

$$Q_1 = \left(\frac{L_2}{L_1}\right)^{\frac{1}{2}} \times Q_2 = \sqrt{\frac{20}{80}} \times Q_2 = 0.5Q_2$$

$Q_1 = 0.5Q_2$를 식 ㉮에 대입하면

$Q_T = 0.5Q_2 + Q_2$

$210 = 1.5Q_2$

$Q_2 = 140\ \ell/\text{min}$

$Q_1 = Q_T - Q_2 = 210 - 140 = 70\ \ell/\text{min}$

[답] $Q_1 = 70[\ell/\text{min}]$, $Q_2 = 140[\ell/\text{min}]$

25

다음 그림과 같은 배관망에 유량 400[ℓ/min]을 흘려보낼 때 양쪽 배관을 흐르는 유량 Q_1과 Q_2는 각각 몇 [ℓ/min]인가?

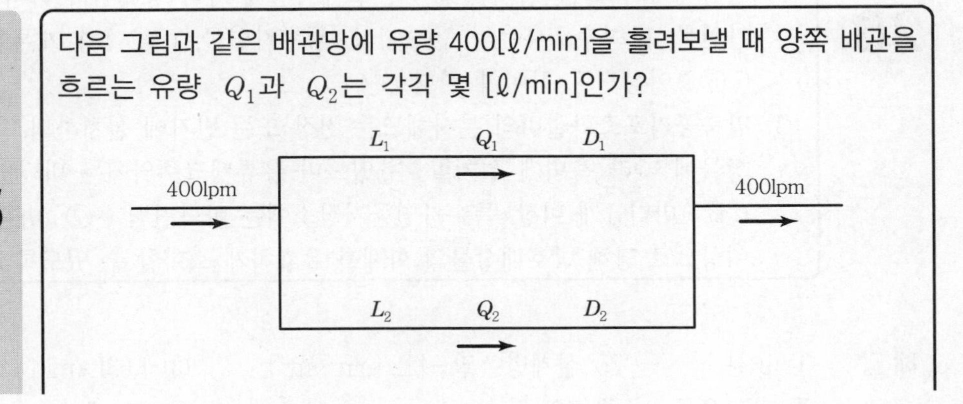

25

〈조건〉

가. 배관의 내경 : D_1 =75mm, D_2 =50mm

나. 배관의 조도 : C_1 =100, C_2 =120

다. 배관의 길이 : L_2 =25m

해 답 1. 기본공식

$$Q_1 = \frac{Q_T}{1+\left(\frac{L_1}{L_2}\right)^{\frac{1}{1.85}}} \qquad Q_2 = Q_T - Q_1$$

2. 계산

$$L_1 = \left(\frac{D_2}{D_1}\right)^{4.87} \times \left(\frac{C_2}{C_1}\right)^{1.85} \times 25\text{m} = \left(\frac{50}{75}\right)^{4.87} \times \left(\frac{120}{100}\right)^{1.85} \times 25\text{m} = 4.86\text{m}$$

$$Q_1 = \frac{400}{1+\left(\frac{4.86}{25}\right)^{\frac{1}{1.85}}} = 283[\ell/\text{min}]$$

$$Q_2 = Q_T - Q_1 = 400 - 283 = 117[\ell/\text{min}]$$

[답] $Q_1 = 283[\ell/\text{min}]$, $Q_2 = 117[\ell/\text{min}]$

26

다음은 화재안전기준 중 압축공기포소화설비의 설치기준이다. ( ) 안에 알맞은 내용을 쓰시오.

(1) 압축공기포소화설비를 설치하는 경우 방수량은 설계사양에 따라 방호구역에 최소 (①)간 방사할 수 있어야 한다.

(2) 압축공기포소화설비의 (②)는 설계사양에 따라 정하여야 하며 일반가연물, 탄화수소류는 (③)이상, 특수가연물, (④)와 케톤류는 (⑤)이상으로 하여야 한다.

(3) 압축공기포소화설비의 분사헤드는 천장 또는 반자에 설치하되 방호대상물에 따라 측벽에 설치할 수 있으며 유류탱크주위에는 바닥면적 (⑥)마다 1개 이상, 특수가연물저장소에는 바닥면적 (⑦)마다 1개 이상으로 당해 방호대상물의 화재를 유효하게 소화할 수 있도록 할 것

해 답

① 10분 ② 설계방출밀도[$L/min \cdot m^2$] ③ 1.63$L/min \cdot m^2$

④ 알코올류 ⑤ 2.3$L/min \cdot m^2$ ⑥ 13.9m^2 ⑦ 9.3m^2

27

다음은 소화펌프의 흡입계통 설계도면이다. 다음 조건을 참고하여 다음 각 물음에 답하시오.(25점)

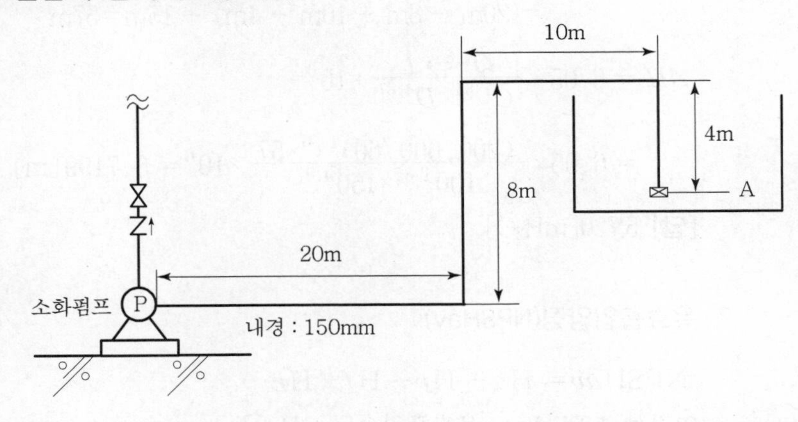

〈조건〉

가. 펌프의 토출량은 $200m^3/hr$이다

나. 소화펌프의 토출압은 0.8MPa이다.

다. 흡입배관상의 관부속품(엘보 등의) 직관 상당길이는 15m로 적용한다.

라. 소화수 증기압은 $0.0241kg/cm^2$, 대기압은 1atm으로 적용한다.

마. 유효흡입양정의 기준점은 A로 한다.

바. 배관의 압력손실은 아래의 Hazen-WiIlams식으로 계산한다.(단, 속도수두는 무시한다.)

$$\Delta H = 6.05 \times \frac{Q^{1.85} \times L}{C^{1.85} \times D^{4.87}} \times 10^6 [m]$$

여기서, ΔH : 압력손실[mH_2O]

Q : 유량[ℓ/min]

C : 마찰계수(100)

L : 배관길이[m]

D : 배관내경[mm]

1. 흡입배관에서의 마찰손실수두[mH_2O]를 계산하시오.(10점)
   (답은 소수점 넷째 자리에서 반올림해서 셋째 자리까지 구하시오.)
2. 유효흡입양정(NPSHav)을 계산하시오.(10점)
   (답은 소수점 넷째 자리에서 반올림해서 셋째 자리까지 구하시오.)
3. 필요흡입양정(NPSHre)이 $7mH_2O$일 때 정상적인 흡입운전 가능여부를 판단하고 그 근거를 쓰시오.(5점)

해 답 1. 흡입배관에서의 마찰손실수두[mH_2O]

배관길이(L)＝배관의 직관길이 + 관부속품의 직관상당길이

＝(20m + 8m + 10m + 4m) + 15m＝57m

$$\Delta H = 6.05 \times \frac{Q^{1.85} \times L}{C^{1.85} \times D^{4.87}} \times 10^6$$

$$= 6.05 \times \frac{(200,000/60)^{1.85} \times 57}{100^{1.85} \times 150^{4.87}} \times 10^6 = 5.7199[m]$$

[답] 5.720[mH_2O]

2. 유효흡입양정(NPSHav)

$$NPSH_{av} = H_a - H_v - H_f \pm H_h$$

여기서, $NPSH_{av}$: 유효흡입수두[mH_2O]

H_a : 대기압환산수두[mH_2O]＝1atm＝10.332mH_2O

H_v : 포화증기압수두[mH_2O]＝0.0241kgf/cm^2＝0.241mH_2O

H_f : 마찰손실수두[mH_2O]＝5.719mH_2O

H_h : 낙차환산수두[mH_2O]＝8m－4m＝4m

∴ $NPSH_{av}$＝10.332mH_2O－0.241m－5.719[mH_2O]＋4.0m

＝8.372mH_2O

[답] 8.372[mH_2O]

3. 필요흡입양정(NPSHre)이 7[mH_2O]일 때 정상적인 흡입운전의 가능 여부

(1) 판단근거

펌프운전 시 "NPSHav > NPSHre"가 성립되면 Cavitation(공동현상)이 발생하지 않으므로 펌프는 정상적인 흡입운전이 가능하다.

(2) 판단

NPSHav＝8.372m > NPSHre＝7m이므로 정상적인 흡입운전이 가능하다.

28

아래 그림과 같은 구조의 소화설비에서 펌프가 양정 40[m]의 성능으로 운전될 때 방수노즐의 방수압이 0.15[MPa]이였다. 그러나, 이 노즐에 필요한 방수압이 0.20[MPa]이라 하면 펌프가 제공해야 할 양정은 얼마인가 답하시오.(단, 급수배관의 압력손실은 Hazen-Williams의 공식을 쓰고 펌프의 특성곡선은 송출유량과 무관하다고 가정하며 노즐의 방수계수는 K=100이다. 또, 1MPa=10kgf/cm²으로 환산한다.)

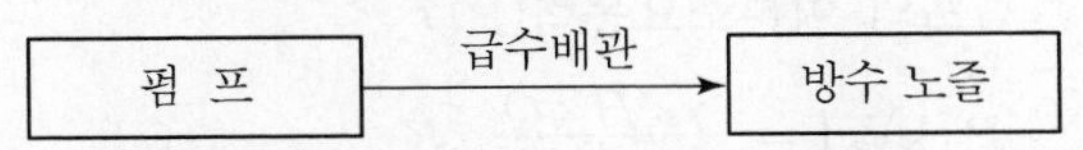

해 답

(1) 방수압 0.15MPa(1.5kgf/cm²)일 때의 방수량 (Q_1)

$$Q_1 = K\sqrt{P_1} = 100\sqrt{1.5} = 122.47[\ell/\text{min}]$$

(2) 방수압 0.2MPa(2.0kgf/cm²)일 때의 방수량 (Q_2)

$$Q_2 = K\sqrt{P_2} = 100\sqrt{2.0} = 141.42[\ell/\text{min}]$$

(3) 방수압 0.15MPa(1.5kgf/cm²)일 때의 마찰손실압력 (ΔP_1)

$$\Delta P_1 = 0.4 - 0.15 = 0.25[\text{MPa}] = 2.5[\text{kgf/cm}^2]$$

(4) 방수압 0.2MPa(2.0kgf/cm²)일 때의 마찰손실압력 (ΔP_2)

- 하젠-윌리엄스의 공식 ($\Delta P = \dfrac{6.174\times10^5\times Q^{1.85}}{C^{1.85}\times D^{4.87}}$)에서

  마찰손실 ΔP는 $Q^{1.85}$에 비례하므로,

  $\Delta P_1 : Q_1^{1.85} = \Delta P_2 : Q_2^{1.85}$ 공식이 성립한다.

- $2.5 : 122.47^{1.85} = \Delta P_2 : 141.42^{1.85}$

  $\Rightarrow \Delta P_2 = \dfrac{2.5\times141.42^{1.85}}{122.47^{1.85}} = 3.26[\text{kgf/cm}^2]$

- 3.26[kgf/cm²]을 양정으로 전환하면, 32.6[m]가 된다.

∴ 펌프가 제공해야 할 양정 : $H = 32.6[\text{m}] + 20[\text{m}] = 52.6[\text{m}]$

[답] 52.6[m]

29

배관길이 60m, 관내경 100mm, 마찰손실계수 0.03인 배관을 통하여 유량 2.4m³/min을 높이 10m까지 송수할 경우 필요한 이론 소요동력[kW]을 구하시오.(단, 펌프효율은 60%, K값은 1.1이다.)

해답 1. 관련공식

(1) 펌프의 이론소요동력(P)

$$P\,[\text{kW}] = \frac{\gamma \times H \times Q}{\eta \times 102} \times K$$

여기서, γ : 물의 비중량=1,000 [kgf/m³]

H : 전양정 [m]

Q : 유량 [m³/min]=2.4 [m³/min]× $\frac{1\,[\text{min}]}{60\,[\text{sec}]}$ = 0.04 [m³/sec]

102 : 1 [kW]=102 [kg · m/sec]

K : 전동기의 동력전달계수=1.1

η : 펌프의 전효율=60%=0.6

(2) 마찰손실수두(h) : (Darcy - Weisbach식)

$$\text{h}\,[\text{m}] = f \times \frac{\ell}{D} \times \frac{V^2}{2g}$$

여기서, f : 마찰손실계수=0.03

D : 배관내경 [m]=100 [mm]=0.1 [m]

ℓ : 배관길이 [m]=60 [m]

g : 중력가속도=9.8 [m/sec²]

V : 유속 [m/sec]= $\frac{Q}{A} = \frac{0.04\,[\text{m}^3/\text{sec}]}{\frac{\pi}{4} \times 0.1^2\,[\text{m}^2]}$ =5.09 [m/sec]

2. 펌프의 이론소요동력 계산

(1) 전양정(H) 계산

$$H = H_1 + H_2 + H_3$$

여기서, H_1 : 실양정 = 10 [m]

H_2 : 마찰손실수두 = $f \times \frac{\ell}{D} \times \frac{V^2}{2g}$

$$= 0.03 \times \frac{60\,[\text{m}]}{0.1\,[\text{m}]} \times \frac{5.09^2\,[\text{m/sec}]}{2 \times 9.8\,[\text{m/sec}^2]} = 23.79\,[\text{m}]$$

H_3 : 규정토출압력수두 = 조건에 없으므로 0 [m]

∴ 전양정(H)=10 [m]+23.79 [m]+0 [m]=33.79 [m]

(2) 이론소요동력(P) 계산

$$P = \frac{\gamma \times H \times Q}{\eta \times 102} \times K$$

$$= \frac{1{,}000\,[\text{kgf/m}^3] \times 33.79\,[\text{m}] \times 0.04\,[\text{m}^3/\text{sec}]}{0.6 \times 102\,[\text{kg} \cdot \text{m/sec}^2]} \times 1.1$$

$$= 24.29[\text{kW}]$$

[답] 펌프의 이론소요동력 : 24.29 [kW]

30

내용적 30m^3인 압력수조에 20m^3의 소화수가 0.75MPa의 압력으로 유지되었으나, 화재로 인하여 소화수가 방사되어 내부압력이 0.35MPa으로 되었을 때 방사된 물의 양이 얼마인지 구하시오.(단, 대기압은 0.1MPa, 물은 비압축성 유체로 추가공급은 없는 것으로 가정한다.)

해 답

1. 압력수조에 필요한 공기압력(P [MPa])

$$P = P_1 + P_2 + P_3$$

여기서, P_1 : 낙차에 의한 손실압력[MPa]

P_2 : 배관에서의 마찰손실압력[MPa]

P_3 : 소화수의 방사압력[MPa]

2. 압력수조에서 압력 및 체적의 변화 : (보일의 법칙)

$$(P_o + P_a)V_o = (P_f + P_a)V$$

여기서, P_o : 방출 전 탱크 내 공기압력[MPa]

P_a : 대기압력[MPa]

V_o : 방출 전 탱크 내 공기부피[m^3]

P_f : 방출 후 공기압력[MPa]

V : 방출 후 탱크 내 공기부피[m^3]

$(0.75 + 0.1)10 = (0.35 + 0.1)\ V$ 에서,

$V = 18.888 \fallingdotseq 18.89[\text{m}^3]$

∴ 공기의 체적변화 = 18.89 − 10 = 8.89[m^3]

여기서, 물(소화수)은 비압축성 유체이므로 탱크 내 공기체적의 증가된 량을 물이 방사되어 감소된 량이라 할 수 있다.

[답] 소화수의 방사량 = 8.89[m³]

31

대형 화학공장에 설치된 소화설비의 배관 중 아래의 그림과 같이 배관내경이 400mm에서 200mm로 급격히 축소되는 부분이 존재하고 있다. 이의 돌연 축소부분으로 인한 손실수두를 구하고, 소화수 유량이 6m³/min일 때의 손실동력[kW]을 계산하시오. 단, 축소계수(Contraction Coefficient, C_c)는 0.64를 적용하고 손실동력 계산 시 중력가속도는 9.8m/sec²이다.

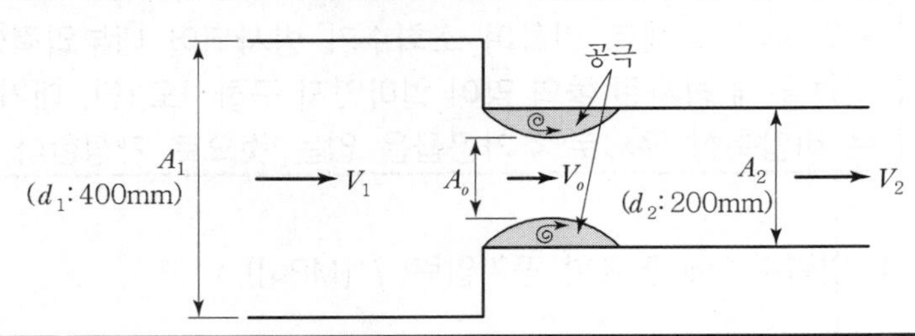

해 답 $P = \gamma HQ$

여기서, P : 동력[kW]
γ : 비중량 : (물의 비중량 = 9,800N/m³)
H : 손실수두[m] = ?
Q : 유량[m³/s] = 6m³/min = 0.1m³/s

1. 돌연축소관의 손실수두 산출

$$H = \frac{(V_o - V_2)^2}{2g} = k\frac{V_2^{\ 2}}{2g} = \left(\frac{1}{C_c} - 1\right)^2 \times \frac{V_2^{\ 2}}{2g}$$

여기서, H : 손실수두[m]
V_o, V_2 : 유속[m/s]
g : 중력가속도[9.8m/s²]
C_c : 단면적 축소계수 $\left(\frac{A_o}{A_2}\right) = 0.64$
k : 돌연축소관 손실계수 $\left[\left(\frac{1}{C_c} - 1\right)^2\right] = \left(\frac{1}{0.64} - 1\right)^2$

(1) 유속 산출

$Q = AV$

여기서, Q : 유량[m³/s] = 0.1m³/s

A : 단면적[m²]

V : 유속[m/s] = ?

$$V_2 = \frac{Q}{A_2} = \frac{0.1\text{m}^3/\text{s}}{\frac{\pi}{4} \times 0.2^2\text{m}^2} = 3.183[\text{m/s}]$$

(2) 돌연축소관 손실수두 산출

$$H = \left(\frac{1}{0.64} - 1\right)^2 \times \frac{(3.183\text{m/s})^2}{2 \times 9.8\text{m/s}^2} = 0.163[\text{m}]$$

[답] 손실수두 = 0.163[m]

2. 수동력 산출

$$P = \gamma HQ = 9.8\text{kN/m}^3 \times 0.163\text{m} \times 0.1\text{m}^3/\text{s} = 0.159[\text{kW}]$$

[답] 손실동력 = 0.159[kW]

32

그림과 같이 관로 상에 펌프가 설치되어 있다. 펌프의 소요동력(kW)을 계산하시오.(단, $P_1 = 500$Pa, $P_2 = 3$bar, $Q = 0.2$m³/s, $d_1 = 100$mm, $d_2 = 50$mm, $h = 3$m이다.)

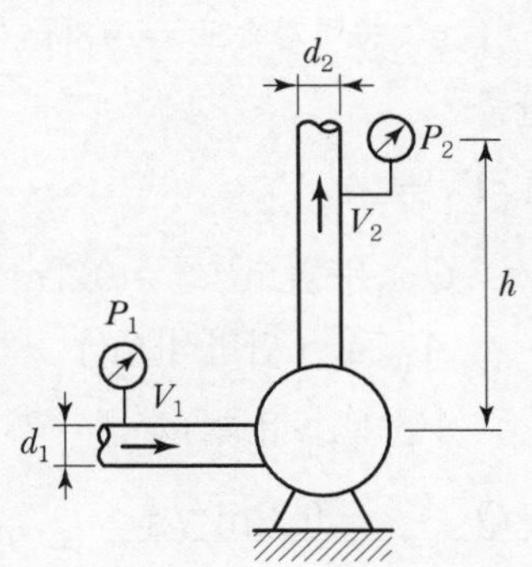

해답 $P = \gamma HQ$

여기서, P : 동력[kW]

γ : 비중량 : (물의 비중량 = 9,800N/m³)

H : 전양정[m] = ?

Q : 유량[m³/s] = 0.2[m³/s]

1. 전양정 산출

$$H = (h_{P_2} - h_{P_1}) + (h_{V_2} - h_{V_1}) + h$$

여기서, H : 전양정[m]

h_{P_1} : 펌프흡입측 압력수두[m]

$$= \frac{500Pa}{101,325Pa} \times 10.332\text{mH}_2\text{O} = 0.05\text{m}$$

h_{P_2} : 펌프토출측 압력수두[m]

$$= \frac{3bar}{1.013bar} \times 10.332\text{mH}_2\text{O} = 30.598\text{m}$$

h_{V_1} : 펌프흡입측 속도수두[m] = ?

h_{V_2} : 펌프토출측 속도수두[m] = ?

h : 낙차수두[m] = 3m

(1) 속도수두 산출 공식

$$h_v = \frac{V^2}{2g}$$

여기서, h_v : 속도수두[m]

V : 유속[m/s] = ?

g : 중력가속도 = 9.8[m/s²]

(2) 유속 산출

$$Q = A_1 V_1 = A_2 V_2$$

여기서, Q : 유량[m³/s] = 0.2[m³/s]

A_1, A_2 : 단면적[m²]

V_1, V_2 : 유속[m/s] = ?

$$V_1 = \frac{Q}{A_1} = \frac{0.2\text{m}^3/\text{s}}{\frac{\pi}{4} \times 0.1^2\text{m}^2} = 25.464[\text{m/s}]$$

$$V_2 = \frac{Q}{A_2} = \frac{0.2\text{m}^3/\text{s}}{\frac{\pi}{4} \times 0.05^2\text{m}^2} = 101.859[\text{m/s}]$$

(3) 펌프 흡입측 및 토출측의 속도수두 산출

$$h_{v_1} = \frac{{V_1}^2}{2g} = \frac{(25.464\text{m/s})^2}{2\times 9.8\text{m/s}^2} = 33.082[\text{m}]$$

$$h_{v_2} = \frac{{V_2}^2}{2g} = \frac{(101.859\text{m/s})^2}{2\times 9.8\text{m/s}^2} = 529.349[\text{m}]$$

(4) 전양정 산출

$$H = (h_{P_2} - h_{P_1}) + (h_{V_2} - h_{v_1}) + h$$
$$= (30.598\text{m} - 0.05\text{m}) + (529.349\text{m} - 33.082\text{m}) + 3\text{m}$$
$$= 529.815[\text{m}]$$

2. 수동력 산출

$$P = \gamma HQ$$
$$= 9.8\text{kN/m}^3 \times 529.815\text{m} \times 0.2\text{m}^3/\text{s}$$
$$= 1038.437 \fallingdotseq 1{,}038.44\text{kW}$$

[답] 펌프의 소요동력 = 1,038.44[kW]

33

내경이 200mm이고 길이가 100m인 강관에 층류상태의 물이 $0.07\text{m}^3/\text{s}$로 흐를 때 내부에 발생하는 마찰손실수두를 아래의 조건에 따라 구하시오.

〈조건〉

Darcy – Weisbach 식 이용, 동점성 계수(ν) = $0.75\times 10^{-3}[\text{m}^2/\text{s}]$, 중력가속도(g) = $9.8[\text{m/s}^2]$(소수점 셋째 자리에서 반올림하여 둘째 자리까지 나타낸다.)

해 답 1. Darcy – Weisbach 식

$$\Delta H = f\frac{l}{D}\cdot\frac{V^2}{2g}$$

여기서, f : 관마찰계수, V : 유속[m/s]

g : 중력가속도(9.8m/sec²), l : 관의 상당길이[m]

D : 관경[m]

2. 조건

(1) 내경(D) : 200mm = 0.2m

(2) 길이(l) : 100m

(3) 유량(Q) : 0.07m³/s

(4) 유속(V) $= \dfrac{4Q}{\pi d^2} = \dfrac{4\times 0.07[\mathrm{m^3/s}]}{\pi\times(0.2[\mathrm{m}])^2} = 2.23[\mathrm{m/s}]$

(5) 관마찰계수(f)

1) 레이놀즈수(R_e) $= \dfrac{DV}{\nu} = \dfrac{0.2\mathrm{m}\times 2.228[\mathrm{m/s}]}{0.75\times 10^{-3}[\mathrm{m^2/s}]} = 594.13$

($R_e \le 2{,}100$이므로 층류)

2) 관마찰계수(f) $= \dfrac{64}{R_e} = \dfrac{64}{594.133} = 0.11$

3. 계산

$$\Delta H = f\frac{l}{D}\cdot\frac{V^2}{2g} = 0.11\times\frac{100\mathrm{m}}{0.2\mathrm{m}}\times\frac{(2.23[\mathrm{m/s}])^2}{2\times 9.8[\mathrm{m/s^2}]} = 13.95[\mathrm{m}]$$

[답] 마찰손실수두 = 13.95[m]

34

다음과 같은 조건의 고층건축물에서 스프링클러설비 및 옥내소화전설비의 저층부 · 고층부 Zone 구분을 분리배관시스템으로 할 경우 각 설비의 압력배관 적용구간과 옥내소화전 감압오리피스 적용구간에 대하여 각 최소구간을 산정하시오.

〈조건〉

가. 건축물의 층수 : 지하 3층, 지상 48층

나. 건축물의 층고 : 지상층 층별층고 2.85m, 지하층 합계층고 16.5m

다. 옥내소화전설비 펌프의 정격양정 : 185m

라. 스프링클러설비 펌프의 정격양정 : 200m

마. 감압밸브는 저층부용, 고층부용 모두 설치하며, 고층부용 감압밸브 2차측 압력은 펌프의 정격압력을 초과하지 않도록 설정한다.

바. 옥내소화전설비 펌프에서 말단 방수구까지의 마찰손실수두는 12m로 한다.

해 답 ※ 압력배관 적용구간은 배관 내 압력수두가 120m 이상되는 구간을 산정하고, 옥내소화전의 감압오리피스 적용구간은 압력수두 82m[최대 방사압력수두(70m) + 마찰손실수두(12m)]를 초과하는 구간을 산정한다.

1. 스프링클러설비 압력배관구간 산정

$200 - 120 = 80$

$16.5 + (2.85 \times N) = 80$

$N = \dfrac{80 - 16.5}{2.85} = 22.28$ ≒ 지상 23개층

∴ 지하 3층~지상 23층

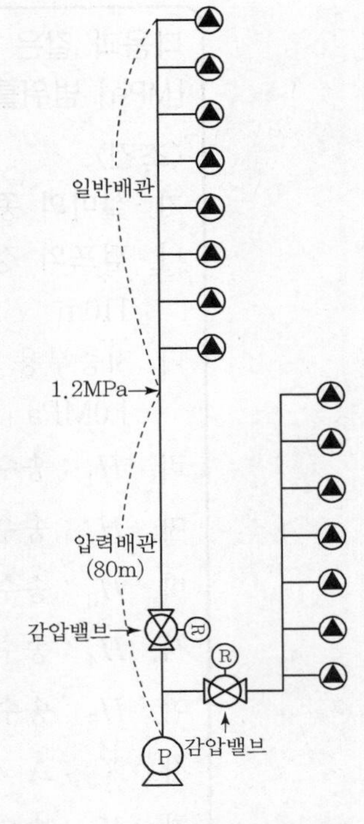

[스프링클러설비]

2. 옥내소화전설비 압력배관구간 산정

$185 - 120 = 65$

$16.5 + (2.85 \times N) = 65$

$N = \dfrac{65 - 16.5}{2.85} = 17.0$ ≒ 지상 17개층

∴ 지하 3층~지상 17층

3. 옥내소화전설비 감압오리피스 구간

(1) 저층부

$120 - (70 + 12) = 38$

$16.5 + (2.85 \times N) = 38$

$N = \dfrac{38 - 16.5}{2.85} = 7.54$

≒ 지상 8개층

∴ 지하 3층~지상 8층

(2) 고층부

$120 - (70 + 12) = 38$

$(2.85 \times N) = 38$

$N = \dfrac{38}{2.85} = 13.33$ ≒ 14개층

∴ 지하 18층~지상 31층

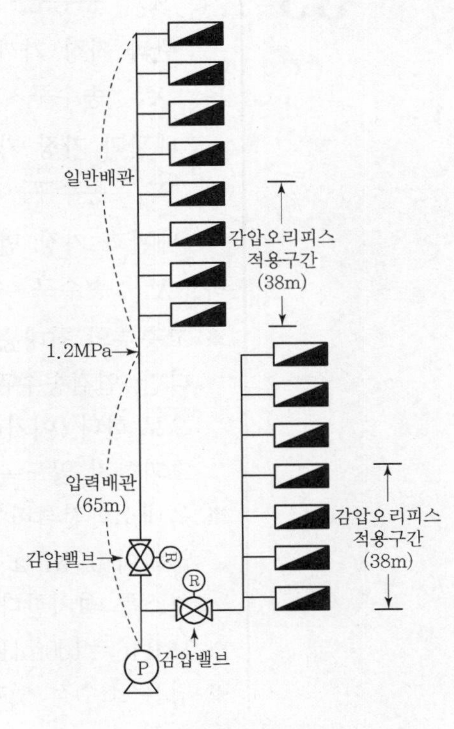

[옥내소화전설비]

35

다음과 같은 조건의 고층건축물에서 각 설비별 연결송수구의 송수압력 [MPa] 범위를 계산하시오.

〈조건〉

가. 설비의 종류 : 스프링클러설비, 옥내소화전설비, 연결송수관설비

나. 펌프의 정격양정 : 스프링클러 160m, 옥내소화전 150m, 연결송수관 110m

다. 저층부용 감압밸브 2차측 설정압력 : 스프링클러 1.2MPa, 옥내소화전 1.0MPa

라. H_1 : 송수구~펌프까지 수직거리=21m

마. H_2 : 송수구~저층부 최저위 스프링클러헤드까지 수직거리=18m

바. H_3 : 송수구~저층부 최저위 옥내소화전방수구까지 수직거리=20m

사. H_4 : 송수구~저층부 최고위 연결송수관방수구까지 수직거리=60m

아. H_5 : 송수구~연결송수관 가압펌프까지 수직거리=65m

자. X_0 : A 지점~펌프까지 마찰손실수두=2m

차. X_1 : 송수구~A 지점까지 마찰손실수두=3m

카. X_2 : 송수구~저층부 최저위 스프링클러헤드(최하층으로서 입상배관과 가장 가까운 위치의 헤드)까지 마찰손실수두=10m

타. X_3 : 송수구~저층부 최저위 옥내소화전방수구(최하층으로서 입상배관과 가장 가까운 위치의 방수구)까지 마찰손실수두=5m

파. X_4 : 송수구~저층부 최고위 연결송수관방수구(최상층으로서 입상배관과 가장 먼 위치의 방수구) 마찰손실수두=7m

하. X_5 : 송수구~연결송수관 가압펌프까지 마찰손실수두=5m

※ 고층부의 최대송수압력은 최소송수압력에 5%를 가산한 값으로 한다. 다만, 연결송수관설비 고층부에는 최소송수압력에도 5%를 가산한 값으로 한다.(여기서, 5%로 제한하는 이유는 압력배관 적용범위를 많이 초과하지 않도록 하기 위함이다)

※ 옥내소화전설비에서 송수구의 최대송수압력으로 송수하였을 때 방수압력이 0.7MPa 초과되는 부분에는 방수구의 호스접결구에 감압오리피스를 설치한다.

※ 1MPa = 100mH₂O으로 환산한다.

※ 답은 소수점 셋째 자리에서 반올림하여 둘째 자리까지 구한다.

35

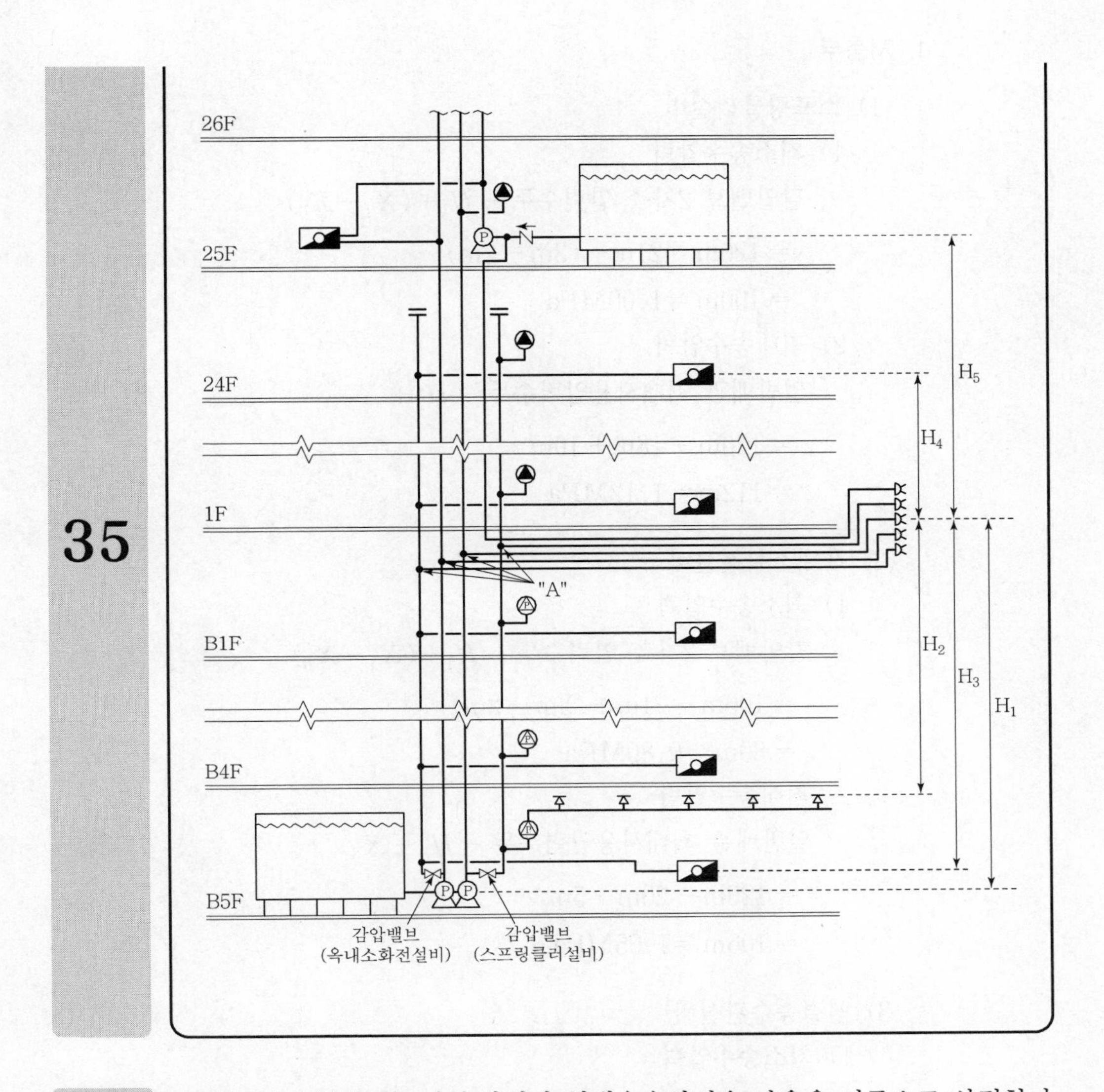

해 답 ※ 연결송수구의 최소송수압력과 최대송수압력은 다음을 기준으로 산정한다.

- 최소송수압력 : 최상부 방수구/헤드에서 규정 최소방사압력 이상 되는 송수압력
- 최대송수압력 : 최하부 층에서 배관 내 압력이 일반배관(비압력배관)의 사용한계압력인 1.2MPa 미만으로 되는 송수압력

1. 저층부

(1) 스프링클러설비

1) 최소송수압력

감압밸브 2차측 압력수두 $- H_1 + (X_1 - X_0)$

$= 120\text{m} - 21\text{m} + (3\text{m} - 2\text{m})$

$= 100\text{m} ≒ 1.00\text{MPa}$

2) 최대송수압력

일반배관 최대사용압력수두 $- H_2 + X_2$

$= 120\text{m} - 18\text{m} + 10\text{m}$

$= 112\text{m} ≒ 1.12\text{MPa}$

(2) 옥내소화전설비

1) 최소송수압력

감압밸브 2차측 압력수두 $- H_1 + (X_1 - X_0)$

$= 100\text{m} - 21\text{m} + (3\text{m} - 2\text{m})$

$= 80\text{m} ≒ 0.80\text{MPa}$

2) 최대송수압력

일반배관 최대사용압력수두 $- H_3 + X_3$

$= 120\text{m} - 20\text{m} + 5\text{m}$

$= 105\text{m} ≒ 1.05\text{MPa}$

(3) 연결송수관설비

1) 최소송수압력

최소방사압력수두 $+ H_4 + X_4$

$= 35\text{m} + 60\text{m} + 7\text{m}$

$= 102\text{m} ≒ 1.02\text{MPa}$

2) 최대송수압력

일반배관 최대사용압력수두 $- H_3 + X_3$

$= 120\text{m} - 20\text{m} + 5\text{m}$

$= 105\text{m} ≒ 1.05\text{MPa}$

2. 고층부

(1) 스프링클러설비

1) 최소송수압력

펌프정격압력수두 $- H_1 + (X_1 - X_0)$

$= 160\text{m} - 21\text{m} + (3\text{m} - 2\text{m})$

$= 140\text{m} \fallingdotseq 1.40\text{MPa}$

2) 최대송수압력

최소송수압력 $+ 5\% = 1.40\text{MPa} \times 1.05 = 1.47\text{MPa}$

(2) 옥내소화전설비

1) 최소송수압력

펌프정격압력수두 $- H_1 + (X_1 - X_0)$

$= 150\text{m} - 21\text{m} + (3\text{m} - 2\text{m})$

$= 130\text{m} \fallingdotseq 1.30\text{MPa}$

2) 최대송수압력

최소송수압력 $+ 5\% = 1.30\text{MPa} \times 1.05$

$= 1.365\text{MPa} \fallingdotseq 1.37\text{MPa}$

(3) 연결송수관설비

(고층부 연결손수관설비는 가압펌프를 거쳐서 급수되므로 송수구의 송수압력은 가압펌프까지만 도달시키는 압력이면 된다.)

1) 최소송수압력

$H_5 + X_5 +$ 가산값 $= 65\text{m} + 5\text{m} + 5\%$

$= 70\text{m} \times 1.05 = 73.5\text{m} \fallingdotseq 0.74\text{MPa}$

2) 최대송수압력

최소송수압력 $+ 5\% = 0.74\text{MPa} \times 1.05$

$= 0.777\text{MPa} \fallingdotseq 0.78\text{MPa}$

제 2 장

소화기구 · 자동소화장치

01 소화기구 및 자동소화장치의 분류

- 소화기구
  - 소화기
    - 소형소화기 : 능력단위가 1단위 이상이고 대형소화기의 능력단위 미만인 것
    - 대형소화기 : 운반대와 바퀴가 설치되어 있고 능력단위가 A급 10단위 이상, B급 20단위 이상인 것
  - 자동확산소화기 : 화재를 감지하여 자동으로 소화약제를 방출 확산시켜 국소적으로 소화하는 소화기
  - 간이소화용구
    - 에어로졸식자동소화용구
    - 투척용소화용구
    - 소화약제 외의 것을 이용한 소화용구
- 자동소화장치
  - 주거용 주방자동소화장치 : 주거용 주방에 설치된 열발생 조리기구의 사용으로 인한 화재발생 시 열원(전기 또는 가스)을 자동으로 차단하며 소화약제를 방출하는 소화장치
  - 상업용 주방자동소화장치 : 상업용 주방에 설치된 열발생 조리기구의 사용으로 인한 화재발생 시 열원(전기 또는 가스)을 자동으로 차단하며 소화약제를 방출하는 소화장치
  - 캐비닛형 자동소화장치 : 열, 연기 또는 불꽃 등을 감지하고 소화약제를 방사하여 소화하는 캐비닛 형태의 소화장치
  - 가스자동소화장치 : 열, 연기 또는 불꽃 등을 감지하여 가스계 소화약제를 방사하여 소화하는 소화장치
  - 분말자동소화장치 : 열, 연기 또는 불꽃 등을 감지하여 분말의 소화약제를 방사하여 소화하는 소화장치
  - 고체에어로졸자동소화장치 : 열, 연기 또는 불꽃 등을 감지하여 에어로졸의 소화약제를 방사하여 소화하는 소화장치

02 소화기구의 능력단위 기준

1. 기본소요 능력단위

소방대상물	소화기구의 능력단위
1. 위락시설	바닥면적 $30m^2$마다 1단위 이상
2. 공연장, 집회장, 관람장, 문화재, 장례식장 및 의료시설	바닥면적 $50m^2$마다 1단위 이상
3. 근린생활 · 판매 · 운수 · 숙박 · 노유자 · 업무 · 창고 · 방송통신 · 관광휴게시설 및 공동주택, 전시장, 공장, 항공기 및 자동차 관련 시설	바닥면적 $100m^2$마다 1단위 이상
4. 그 밖의 것	바닥면적 $200m^2$마다 1단위 이상

[완화적용기준]

(1) 주요구조부가 내화구조이고 실내 마감재료가 난연재료급 이상인 경우 : 위의 기준면적의 2배를 적용(단, 추가소요 단위분은 완화적용 제외)

(2) 고정식소화설비(옥내 · 옥외소화전, 스프링클러 등) 또는 대형소화기를 설치한 경우 : 소화기의 2/3(대형소화기를 둔 경우에는 1/2)를 감소하여 적용
[단, 지상 11층 이상인 부분과 근린생활 · 숙박 · 판매 · 노유자 · 위락 · 의료 · 업무 · 문화 및 집회 · 방송통신 · 운동시설, 아파트 등은 감소대상에서 제외]

2. 추가소요(부속용도별) 능력단위

(1) **소화기**(바닥면적 $25m^2$마다 1단위 이상) **및 자동확산소화기**(바닥면적 $10m^2$ 이하 : 1개, $10m^2$ 초과 : 2개)**의 추가 설치대상**(다만, 스프링클러설비 · 간이스프링클러설비 · 물분무등소화설비 또는 상업용 주방자동소화장치가 설치된 경우에는 자동확산소화기 설치를 제외할 수 있다)

1) 보일러실(아파트로서 방화구획된 것은 제외), 건조실, 세탁소, 대량화기취급소
2) 음식점, 호텔, 기숙사, 다중이용업소, 의료시설, 업무시설, 공장 등의 주방(단, 이 경우 소화기 중 1개 이상은 주방화재용〈K급〉 소화기를 설치)
3) 관리자의 출입이 곤란한 변전실, 송전실, 변압기실, 배전반실

(2) 바닥면적 $50m^2$마다 적응성이 있는 소화기 1개 이상 또는 유효설치방호체

적 이내의 가스·분말·고체에어로졸 자동소화장치, 캐비닛형자동소화장치의 추가설치 대상

1) 발전실, 변전실, 송전실, 변압기실, 배전반실로서 사용전압 교류 600V 또는 직류 750V 이상의 것

2) 통신기기실, 전산기기실 : (교류 600V 또는 직류 750V 이하의 것도 포함)

(3) 소화기 능력단위 2단위 이상 또는 유효설치방호체적 이내의 가스식·분말식·고체에어로졸식 자동소화장치, 캐비닛형자동소화장치의 추가설치 대상

위험물안전관리법 시행령 별표 1의 규정에 따른 지정수량의 1/5 이상~지정수량 미만의 위험물 저장·취급장소

(4) 「화재예방법 시행령」 별표 2에 따른 특수가연물을 저장 또는 취급하는 장소

1) 「화재예방법 시행령」 별표 2에서 정하는 수량 이상 : 「화재예방법 시행령」 별표 2에서 정하는 수량의 50배 이상마다 능력단위 1단위 이상

2) 「화재예방법 시행령」 별표 2에서 정하는 수량의 500배 이상 : 대형소화기 1개 이상

(5) 각 가스관련 법령에서 규정하는 가연성가스를 연료로 사용하는 장소

각 연소기로부터 보행거리 10m 이내에 3단위 이상의 소화기 1개 이상 추가

3. 간이소화용구의 능력단위

(1) 마른 모래 : 삽을 상비한 50ℓ 이상의 것 1포 : 0.5단위

(2) 팽창질석 또는 팽창진주암 : 삽을 상비한 80ℓ 이상의 것 1포 : 0.5단위

※ 능력단위 2단위 이상의 소화기 설치대상 특정소방대상물 또는 그 부분에는 간이소화용구의 능력단위가 전체 능력단위의 1/2을 초과하지 않게 할 것. 다만, 노유자시설의 경우에는 그러하지 아니하다.

4. 투척용 소화용구

(1) 설치대상 : 노유자시설

(2) 설치수량 : 소화기구 화재안전기준에 따라 산정된 소화기의 수량 중 1/2이상을 투척용소화용구로 설치할 수 있다.

03 소화기의 능력단위 감소기준

1. 기본소요 단위분만 감소하는 것

주요구조부가 내화구조이고 실내마감재료가 불연재료·준불연재료 또는 난연재료로 된 경우에는 기본소요단위의 1/2로 적용할 수 있다.

2. 기본소요 단위분 및 추가소요 단위분까지 포함하여 감소하는 것

(1) 소형소화기를 설치하여야 할 특정소방대상물

옥내소화전설비·스프링클러설비·물분무등소화설비·옥외소화전설비 또는 대형소화기를 설치한 경우에는 소화기 소요능력단위의 2/3(대형소화기를 둔 경우에는 1/2)를 감소할 수 있다.(단, 층수가 11층 이상인 부분과 근린생활·위락·운동·판매·운수·숙박·노유자·의료·문화 및 집회·방송통신·업무시설, 아파트 등은 감소대상에서 제외)

(2) 대형소화기를 설치하여야 할 특정소방대상물

옥내소화전설비·스프링클러설비·물분무등소화설비·옥외소화전설비를 설치한 경우에는 대형소화기의 설치를 제외할 수 있다.

04 소화기의 설치기준

(1) 각 층마다 설치

(2) 바닥면적 $33m^2$ 이상으로 구획된 거실마다 배치(아파트는 세대마다 배치) : 층마다 설치하는 것 외에 추가로 거실마다 배치

(3) 소방대상물의 각 부분으로부터 1개의 소화기까지의 보행거리 : 소형 20m 이내, 대형 30m 이내(단, 가연성 물질이 없는 작업장 또는 지하구는 완화 가능)

(4) 거주자 등이 손쉽게 사용할 수 있는 장소에 바닥으로부터 높이 1.5m 이하의 곳에 비치

(5) 능력단위 2단위 이상의 소화기 설치대상 특정소방대상물 또는 그 부분에는 간이소화용구의 능력단위가 전체 능력단위의 1/2를 초과하지 않게 할 것. 다만, 노유자시설의 경우에는 그렇지 않다.

(6) 이산화탄소 또는 할로겐화합물(할론1301과 청정소화약제는 제외)을 방사하는

소화기는 지하층이나 무창층 또는 밀폐된 거실로서 그 바닥면적이 20㎡ 미만의 장소에는 설치할 수 없다. 다만, 배기를 위한 유효한 개구부가 있는 장소인 경우에는 그러하지 아니하다.

(7) 소화기에는 "소화기", 간이소화용구에는 "투척용소화용구" 또는 "소화질석"이라고 표시한 표지를 보기 쉬운 곳에 부착하되, 주차장의 경우 표지를 바닥으로부터 1.5m 이상의 높이에 부착한다.

05 자동소화장치의 설치기준

1. 주거용 주방자동소화장치

(1) 소화약제 방출구 : 환기구의 청소부분과 분리되어 있어야 하며, 형식승인 받은 유효설치 높이 및 방호면적에 따라 설치

(2) 감지부 : 형식승인 받은 유효한 높이 및 위치에 설치

(3) 차단장치(전기 또는 가스) : 상시 확인 및 점검이 가능하도록 설치

(4) 가스용 주방자동소화장치를 사용하는 경우 탐지부의 위치

1) 공기보다 가벼운 가스를 사용하는 장소 : 천장면으로부터 30cm 이하에 설치

2) 공기보다 무거운 가스를 사용하는 장소 : 바닥면으로부터 30cm 이하에 설치

(5) 수신부 : 주위의 열기류 또는 습기 등과 주위온도에 영향을 받지 아니하고 사용자가 상시 볼 수 있는 장소에 설치

2. 상업용 주방자동소화장치

(1) 소화장치 : 조리기구의 종류별로 성능인증 받은 설계매뉴얼에 적합하게 설치

(2) 감지부 : 성능인증 받은 유효높이 및 위치에 설치

(3) 차단장치(전기 또는 가스) : 상시 확인 및 점검이 가능하도록 설치

(4) 후드에 방출되는 분사헤드는 후드의 가장 긴 변의 길이까지 방출될 수 있도록 약제방출방향 및 거리를 고려하여 설치

(5) 덕트에 방출되는 분사헤드는 성능인증 받은 길이 이내로 설치

3. 캐비닛형 자동소화장치

(1) 분사헤드의 설치높이 : 바닥으로부터 최소 0.2m 이상 최대 3.7m 이하

(2) 화재감지기 : 방호구역내의 천장 또는 옥내에 면하는 부분에 설치하되 「자동화재탐지설비의 화재안전기준」 제7조에 적합하도록 설치
(3) 화재감지기의 회로 : 교차회로방식으로 설치
(4) 방호구역내의 화재감지기의 감지에 따라 작동되도록 할 것
(5) 교차회로내의 각 화재감지기 회로별로 설치된 화재감지기 1개가 담당하는 바닥면적은 「자동화재탐지설비의 화재안전기준」 제7조3항5호 · 8호 · 10호에 따른 바닥면적으로 할 것
(6) 개구부 및 통기구(환기장치를 포함)를 설치한 것은 약제가 방사되기 전에 해당 개구부 및 통기구를 자동으로 폐쇄할 수 있도록 할 것. 다만, 가스압에 의하여 폐쇄되는 것은 소화약제 방출과 동시에 폐쇄할 수 있다.
(7) 작동에 지장이 없도록 견고하게 고정시킬 것
(8) 구획된 장소의 방호체적 이상을 방호할 수 있는 소화성능이 있을 것

4. 가스 · 분말 · 고체에어로졸 자동소화장치

(1) 소화약제 방출구는 형식승인 받은 유효설치범위 내에 설치
(2) 자동소화장치는 방호구역내에 형식승인 된 1개의 제품을 설치
(3) 감지부는 형식승인된 유효설치범위 내에 설치하여야 하며, 설치장소의 평상시 최고주위온도에 따라 다음 표에 따른 표시온도의 것으로 설치
다만, 열감지선의 감지부는 형식승인 받은 최고주위온도범위 내에 설치

설치장소의 최고주위온도	표시온도
39℃ 미만	79℃ 미만
39℃ 이상 64℃ 미만	79℃ 이상 121℃ 미만
64℃ 이상 106℃ 미만	121℃ 이상 162℃ 미만
106℃ 이상	162℃ 이상

(4) 화재감지기를 감지부로 사용하는 경우에는 캐비닛형자동소화장치의 화재감지기 설치기준에 따를 것

06 Halon소화기와 CO_2소화기의 비교분석

	Halon 소화기	CO_2 소화기
소화작용	연쇄반응억제 소화	질식소화
가압원	질소 축압식(0.7~0.98MPa)	자체 증기압식
소화의 적응성	1301 : BC급, 1211 : ABC급	BC급
약제검정	형식승인 대상	형식승인 대상 제외
장소의 제한	할론 1211 및 CO_2 : 환기 불량한 장소는 제한(지하층, 무창층 또는 밀폐된 거실 및 사무실로서 바닥면적 $20m^2$ 미만에서는 사용불가)	

07 분말소화기용 소화약제의 구비조건

1. 미세도

(1) 325Mesh 이하의 입자가 75% 정도일 것

(2) 분말의 특징

1) 미세할수록 표면장력이 커져 소화효과가 좋고, 화염과 접촉 시 반응이 빠르다.
2) 너무 미세할 경우 화재 시 화염의 상승기류에 의해 약제가 침투하지 못하고 비산할 수 있다.

2. 내습성

(1) 내습성이 불량하면 입자 간 응집 발생

(2) 확인 : 침강시험 이용

3. 유동성

유동성이 좋아야 분말이 가스압에 의해 균일하게 혼합할 수 있다.

4. 비고화성

고화방지제 첨가하여 생산

5. 겉보기 비중

(1) 입자가 미세할수록 겉보기 비중은 작아진다.
(2) 0.82g/mL 이상일 것

6. 무독성 및 내부식성일 것

08 대형소화기의 구분 및 설치기준

1. 능력단위별 구분

(1) 소형소화기

능력단위가 1단위 이상이고 대형소화기의 능력단위 미만인 것

(2) 대형소화기

능력단위가 A급 10단위 이상, B급 20단위 이상인 것

2. 충전 소화약제량별 구분

(1) 분말소화기 : 20kg 이상
(2) 포 소화기 : 20ℓ 이상
(3) 할로겐화물 소화기 : 30kg 이상
(4) 이산화탄소 소화기 : 50kg 이상
(5) 강화액 소화기 : 60ℓ 이상
(6) 물 소화기 : 80ℓ 이상

3. 대형 수동식소화기의 설치기준

(1) 각층마다 설치하되, 소방대상물의 각 부분으로부터 보행거리 30m(소형 : 20m) 이내가 되도록 배치
(2) 화재시 사람이 운반할 수 있도록 운반대와 바퀴가 설치되어 있을 것
(3) 소형소화기를 설치해야 할 장소에 대형소화기를 설치한 경우에는 그 유효범위에 대해 필요한 능력단위의 1/2을 감소시킬 수 있다.

중요예상문제

01 소화기 중 대형(大型)으로 구분되는 기준(능력단위별, 약제종류별, 설치기준별)을 설명하시오.

해 답 1. 대형소화기의 능력단위별 구분

(1) A급 : 10단위 이상
(2) B급 : 20단위 이상
(3) C급 : 능력단위를 지정하지 아니함

2. 충전 소화약제량별 구분

(1) 분말 소화기 : 20kg 이상
(2) 포(기계포) 소화기 : 20ℓ 이상
(3) 포(화학포) 소화기 : 80ℓ 이상
(4) 할로겐화물 소화기 : 30kg 이상
(5) 이산화탄소 소화기 : 50kg 이상
(6) 강화액 소화기 : 60ℓ 이상
(7) 물 소화기 : 80ℓ 이상
(8) 산 · 알칼리 소화기 : 80ℓ 이상

3. 설치기준별 구분

(1) 각 층마다 설치하되, 소방대상물의 각 부분으로부터 보행거리 30m 이내가 되도록 배치함(소형 : 20m)
(2) 화재 시 사람이 운반할 수 있도록 운반대와 바퀴가 설치되어 있을 것
(3) 소형소화기를 설치해야 할 장소에 대형소화기를 설치한 경우에는 그 유효범위에 대해 필요한 능력단위의 1/2을 감소시킬 수 있다.

02

다음 도면의 소방대상물에 소화기를 설계하려고 한다. 설치하여야 할 소화기의 법정 최소능력단위와 수량을 산정하시오.
단, 소화기는 A급화재 및 능력단위 2단위의 소화기를 적용하는 것으로 한다.

<table>
<tr><td>주방
(30m²)</td><td colspan="2">음식점
(90m²)</td><td>미용실
(60m²)</td></tr>
<tr><td colspan="4">복도(70m²)</td></tr>
<tr><td>이발소
(50m²)</td><td>노래방
(50m²)</td><td>비디오방
(50m²)</td><td>세탁소
(50m²)</td></tr>
</table>

〈조건〉
- 용도 : 근린생활시설
- 소방시설 : 소화기, 옥내소화전설비, 자동화재탐지설비
- 주요구조부 : 내화구조
- 실내마감재료 : 난연재료
- 보행거리에 따른 소화기 설치분은 산정에서 제외한다.

해 답 1. 기본소요 능력단위

(1) 각 층별 면적당 설치수량

$\frac{450\,m^2}{100\,m^2} = 4.5$: (기본능력단위)

$\frac{4.5}{2} = 2.25$ 단위 : (주요구조부의 내화구조 및 실내마감재료의 난연재료 이상 사용에 대한 완화적용 능력단위)

∴ 능력단위 2단위 소화기 2개 설치

(2) 각 구획실마다의 설치수량

바닥면적 33m² 이상 구획된 거실 : 6개

∴ 능력단위 2단위 소화기 6개 설치

2. 추가소요 능력단위

(1) 주방 : $\frac{30\,m^2}{25\,m^2}$ =1.2 → 2단위 소화기 1개

(2) 세탁소 : $\frac{50\,m^2}{25\,m^2}$ =2.0 → 2단위 소화기 1개

(3) 자동확산소화장치 : 주방 및 세탁소 : 각각 바닥면적 $10m^2$ 초과 : 2개×2=4개

3. 총 설치 수량

(1) 능력단위 2단위 소화기 : 2+6+1+1=10개

(2) 자동확산소화장치 : 4개

03

축압식 소화기에 축압할 수 있는 가스의 종류 중 공기를 제외한 4가지를 쓰시오.

해 답

(1) CO_2

(2) Ar(아르곤)

(3) N_2

(4) He(헬륨)

04

소화기의 방사거리를 각 소화약제별로 비교하여 표로 나타내시오.

해 답

분말(ABC)	분말(BC)	할로겐화물	CO_2	포말	산 · 알칼리	강화액
4~7m	3~7m	2.5m	2m	6~10m	7~10m	7~12m
1.2~1.5 kg용	1.5~2.0 kg용	1.0~1.25 ℓ용	1.3~1.4 kg용	A급-1단위	5~6ℓ용	6ℓ용

05

주방용 자동소화장치의 주요기능 4가지를 기술하시오.

해 답

(1) 가스 누설시 감지 및 자동경보 기능
(2) 가스 누설시 가스밸브의 자동차단 기능
(3) 주방의 연소기구에서 화재시 화재감지 및 자동경보 기능
(4) 주방의 연소기구에서 화재시 소화약제의 자동방사 기능

06

도로터널의 화재안전기준에 의한 소화기 설치기준에 대하여 기술하시오.

해 답

1. 능력단위
   (1) A급 화재 : 3단위 이상
   (2) B급 화재 : 5단위 이상
   (3) C급 화재 : 적응성이 있을 것
2. 중량 : 7kg 이하
3. 설치간격 : 50m 이내(각 소화기 함마다 2개 이상씩 설치)
4. 설치높이 : 바닥면으로부터 1.5m 이하의 높이
5. 설치위치

   주행차로 우측 측벽에 설치. 단, 편도 2차로 이상의 양방향 터널 또는 4차로 이상의 일방향 터널의 경우에는 양쪽 측벽에 각각 50m 이내의 간격으로 엇갈리게 설치

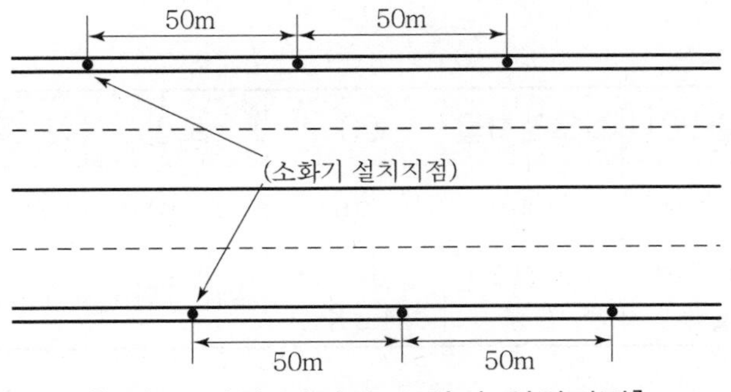

[4차로 이상 터널의 소화기 설치지점]

07

바닥면적 1,000m^2의 무도학원 건물에 능력단위 2단위의 소화기를 설치할 경우 소화기구의 화재안전기준(NFSC 101)에 의한 소화기의 최소 설치수량을 구하시오.

〈조건〉
① 주요구조부는 내화구조이고 실내마감재료는 난연재료이다.
② 보행거리에 따른 소화기 설치분은 산정에서 제외한다.

해 답 1. 소방대상물의 바닥면적당 소화기 능력단위 산출

(1) 무도학원은 위락시설이므로 당해 용도의 바닥면적 30m^2마다 능력단위 1단위 이상이나, 주요구조부가 내화구조이고 실내마감재료는 난연재료이므로 기준 바닥면적의 2배인 60m^2를 적용한다.

(2) 능력단위 산출 : $\dfrac{1,000\,m^2}{60\,m^2} = 16.67$단위

2. 소화기의 수량 산출

$$\frac{16.67}{2} = 8.33 \fallingdotseq 9\text{개}$$

[답] 소화기 수량 : 9개 이상

08

도로터널에서 길이 500m이고 편도2차로의 양방향터널인 경우 도로터널의 화재안전기준(NFSC 603)에 따라 설치하여야 하는 소화기의 최소 설치수량을 구하시오.

해 답 1. 설치기준

터널 내의 소화기는 주행차로 우측 측벽을 따라 50m 이내의 간격으로 2개 이상씩 설치하며, 편도 2차선 이상의 양방향 터널이나 4차선 이상의 일방향 터널의 경우에는 양쪽 측벽에 각각 50m 이내의 간격으로 엇갈리게 설치한다.

2. 소화기의 수량 산출

(1) 한쪽(좌측) 측벽

터널입구로부터의 50m 지점부터 설치하여 터널출구 50m 전까지 설치
= 9개소(18개)

(2) 다른 한쪽(우측) 측벽

터널입구로부터의 25m 지점부터 설치하여 터널출구 25m 전까지 설치
= 10개소(20개)

∴ 18개+20개=38개

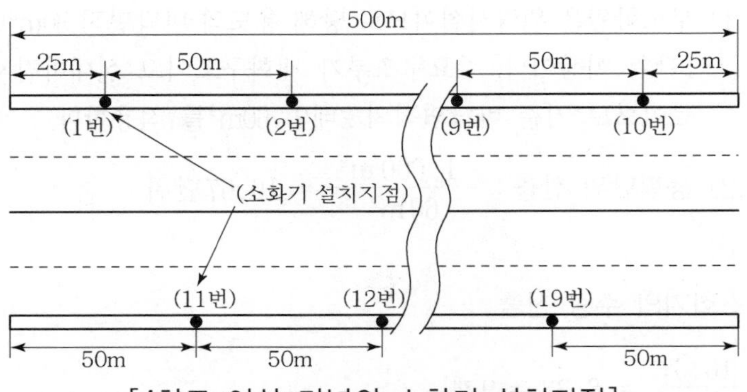

[4차로 이상 터널의 소화기 설치지점]

[답] 소화기 수량 : 38개 이상

제 3 장

옥내소화전설비

01 옥내소화전설비 계통도

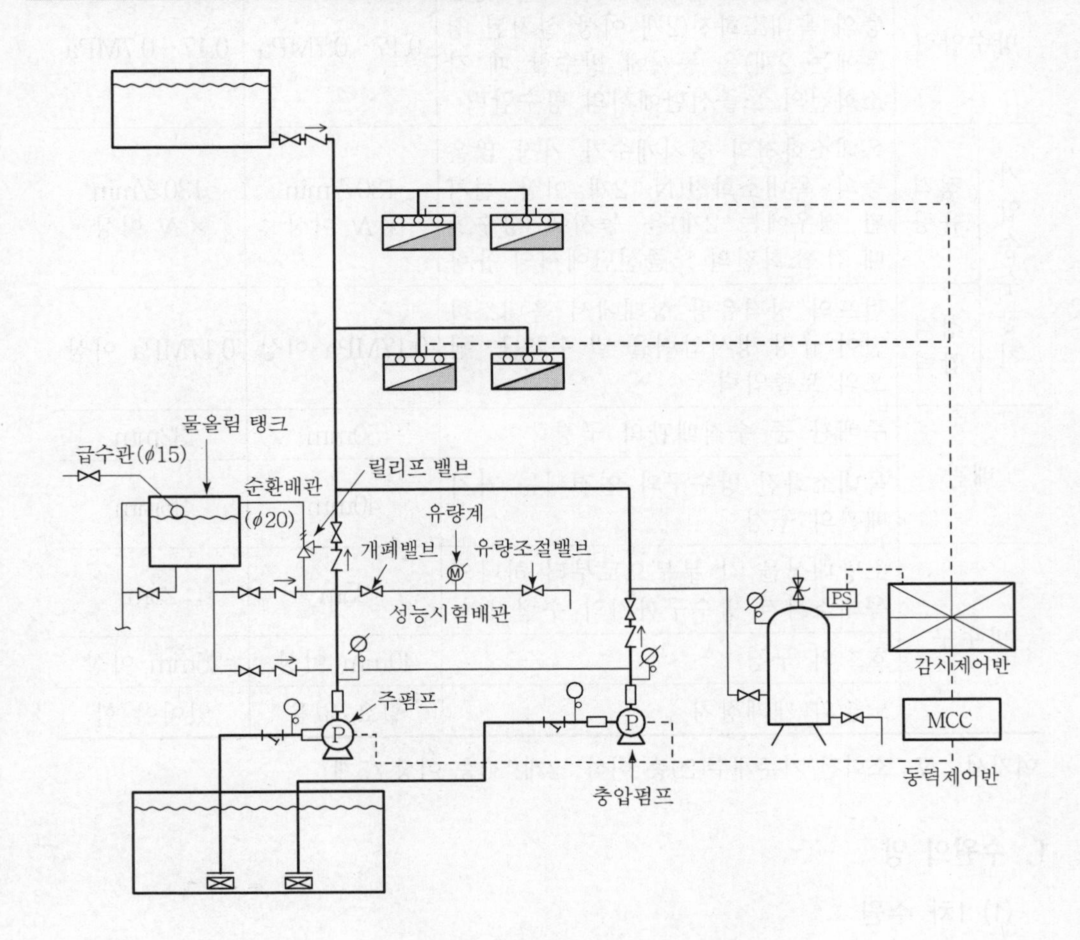

[옥내소화전설비 계통도]

02 옥내소화전설비의 주요 설계기준

항 목		내 용	옥내 소화전	호스릴 소화전
수원량		N : 옥내소화전의 설치개수가 가장 많은 층의 설치개수(2개 이상 설치된 경우에는 2개. 단, 30층 이상은 5개)에 우측 항의 수량을 곱한 량	$2.6m^3 \times N$ (30~49층 : 5.2, 50층이상 : 7.8)	$2.6m^3 \times N$ (30~49층 : 5.2, 50층이상 : 7.8)
방수압력		옥내소화전의 설치개수가 가장 많은 층의 옥내소화전(2개 이상 설치된 경우에는 2개)을 동시에 방수할 때 각 소화전의 노즐선단에서의 방수압력	0.17~0.7MPa	0.17~0.7MPa
가압송수장치	정격유량	옥내소화전의 설치개수가 가장 많은 층의 옥내소화전(N : 2개 이상 설치된 경우에는 2개)을 동시에 방수할 때 각 소화전의 노즐선단에서의 유량	130ℓ/min × N 이상	130ℓ/min × N 이상
	정격압력	펌프의 정격유량 상태에서 옥내소화전이 규정 방사압력을 낼 수 있는 펌프의 토출압력	0.17MPa 이상	0.17MPa 이상
배관		주배관 중 수직배관의 구경	50mm	32mm
		옥내소화전 방수구와 연결되는 가지배관의 구경	40mm	25mm
방수구		소방대상물 각 부분으로부터 하나의 옥내소화전 방수구까지의 수평거리	25m	25m
		호스의 구경	40mm 이상	25mm 이상
		노즐의 개폐장치	필요 없음	있어야 함

여기서, N : 소화전 기준개수(29층 이하 : 2개, 30층 이상 : 5개)

1. 수원의 양

(1) 1차 수원

$$수원[m^3] = N \times Q$$

여기서, N : 옥내소화전이 가장 많은 층의 설치 개수(2개 이상인 경우는 2개)

Q :
- 29층 이하 : 2.6 이상
- 30층~49층 또는 창고시설 : 5.2 이상
- 50층 이상 : 7.8 이상

(2) 2차 수원(보조수원)

1차수원의 유효수량 외 유효수량의 1/3 이상을 옥상에 저장한다.

2. 가압송수장치의 양정

(1) 펌프방식

$$H = h_1 + h_2 + h_3 + 17$$

여기서, H : 펌프에 필요한 정격양정[m]

h_1 : 소방호스의 마찰손실수두[m]

h_2 : 배관의 마찰손실수두[m]

h_3 : 자연낙차수두(실양정)[m]

17 : 옥내소화전의 법정 최소방수압력 환산수두[m]

(2) 고가수조방식

$$H = h_1 + h_2 + 17$$

여기서, H : 필요한 낙차수두[m]

h_1 : 소방호스의 마찰손실수두[m]

h_2 : 배관의 마찰손실수두[m]

17 : 옥내소화전의 법정 최소방수압력 환산수두[m]

(3) 압력수조방식

$$P = P_1 + P_2 + P_3 + 0.17$$

여기서, P : 압력수조의 필요한 압력[MPa]

P_1 : 소방호스의 마찰손실압력[MPa]

P_2 : 배관의 마찰손실압력[MPa]

P_3 : 낙차의 환산압력(실양정)[MPa]

0.17 : 옥내소화전의 법정 최소방수압력[MPa]

(4) 가압수조방식

아래의 규정 방수량 및 방수압이 20분(30층~49층 : 40분, 50층 이상 : 60분) 이상 유지되는 용량이어야 한다.

1) 규정 방수량 : 130[ℓ/min] 이상 : (옥내소화전이 가장 많이 설치된 층의 소화전을 동시에 모두(최대 2개) 개방한 상태에서 소화전 1개당의 방수량)

2) 규정 방수압력 : 0.17[MPa]~0.7[MPa]

03 옥내소화전설비의 기타 중요 화재안전기준

1. 옥내소화전설비 방수구의 설치제외 대상

(1) 냉장창고 중 온도가 영하인 냉장실 또는 냉동창고의 냉동실

(2) 고온의 노가 설치된 장소 또는 물과 격렬하게 반응하는 물품의 저장·취급 장소

(3) 발전소·변전소 등으로서 전기시설이 설치된 장소

(4) 식물원·수족관·목욕실·수영장(관람석 부분은 제외) 또는 그 밖의 이와 비슷한 장소

(5) 야외극장·야외음악당 또는 그 밖의 이와 비슷한 장소

2. 옥내소화전설비의 비상전원 설치대상

(1) 지상 7층 이상으로서 연면적 2,000m² 이상인 특정소방대상물

(2) 지하층 바닥면적 합계가 3,000m² 이상인 특정소방대상물
다만, 여기서 차고·주차장·보일러실·기계실·전기실 등의 바닥면적은 제외

3. 옥내소화전설비 송수구의 설치기준

(1) 구경 65mm의 쌍구형 또는 단구형으로 설치

(2) 지면으로부터 높이 0.5~1.0m 위치에 설치

(3) 송수구의 가까운 부분에 자동배수밸브 및 체크밸브를 설치

(4) 소방차가 쉽게 접근할 수 있는 잘 보이는 장소에 설치하되, 화재층으로 부터 지면으로 떨어지는 유리창 등이 송수 및 그 밖의 소화작업에 지장을 주지 아니하는 장소에 설치

(5) 송수구로부터 주배관에 이르는 연결배관에는 개폐밸브를 설치하지 아니할 것

중요예상문제

01 지름이 40mm인 소방호스에 노즐(Nozzle)선단의 구경이 13mm인 노즐 팁이 부착되어 있고, 0.2m³/min의 물을 대기 중으로 방수할 경우 소방호스의 접결구에 작용하는 노즐의 반동력[N]을 구하시오. 단, 유동에는 마찰손실이 없는 것으로 한다.

해 답 유동하고 있는 유체에 대한 운동량의 변화는 그 유체에 작용한 힘과 크기가 같고, 방향이 반대인 반력을 물체에 가하게 된다. 즉, 노즐에서 유체의 방수시 물체에 주는 힘(반동력)은

$$F = \rho Q (v_2 - v_1) [N]$$

여기서, F : 노즐의 반동력[N]

ρ : 유체의 밀도[kg/m³]

Q : 유량[m³/sec]

v : 유속[m/sec]

1. 소방호스(40mm)에서의 유속

$$A_1 = \frac{\pi(40 \times 10^{-3})^2}{4} = 1.256 \times 10^{-3} [m^2]$$

$$Q = A_1 V_1 = A_2 V_2$$

$$V_1 = \frac{Q}{A_1} = \frac{(0.2/60)}{1.256 \times 10^{-3}} = 2.65 [m/s]$$

2. 노즐선단(13mm)에서의 유속

$$A_2 = \frac{\pi(13 \times 10^{-3})^2}{4} = 1.32665 \times 10^{-4} [m^2]$$

$$Q = A_1 V_1 = A_2 V_2$$

$$V_2 = \frac{Q}{A_2} = \frac{(0.2/60)}{1.32665 \times 10^{-4}} = 25.13 [m/s]$$

3. 노즐의 반동력

$$F = \rho Q(v_2 - v_1)[N]$$

$$= 1,000\left[\frac{kg}{m^3}\right] \times (0.2/60)\left[\frac{m^3}{s}\right] \times (25.13 - 2.65)\left[\frac{m}{s}\right]$$

$$= 74.93[N]$$

∴ 노즐의 반동력 $= 74.93[N]$

02

옥내소화전설비 방사노즐의 방사압력 허용범위는 0.17~0.7MPa이다. 만약 0.7MPa 초과가 예상되는 경우 감압하는 감압장치의 종류 5가지를 쓰시오.

해 답

(1) 별도 배관(펌프) 방식
(2) 중계 펌프 방식
(3) 고가 수조 방식
(4) 가압송수장치의 직근 토출측 배관에 대용량의 릴리프 밸브 설치
(5) 소화전 방수구 밸브에 감압용 오리피스 설치

03

그림과 같이 6층 건물(철근콘크리트 건물)에 1층부터 6층까지의 각 층에 1개씩 옥내소화전을 설치하고자 한다. 이 그림과 주어진 조건을 이용하여 옥내소화전의 설치에 필요한 펌프의 송수량, 수원의 소요저수량, 전동기의 소요출력을 계산하시오.(소수점 셋째 자리에서 반올림하여 둘째 자리까지 구하시오)

〈조건〉
① 노즐의 최소 방수량 : 130[ℓ/min](40mm × 13mm 노즐)
② 펌프의 송수량 : 필요수량에 20[%]의 여유를 둔다.
③ 수원의 용량 : 소화전 사용할 때 20분간 계속 사용할 수 있는 양
④ 소화전 호스의 최소 선단압력 : 0.17[MPa]
⑤ 직관의 마찰손실(1m당) : 80A $= \frac{0.71}{100}$, 40A $= \frac{14.7}{100}$
⑥ 0.1MPa = 10mH_2O로 한다.

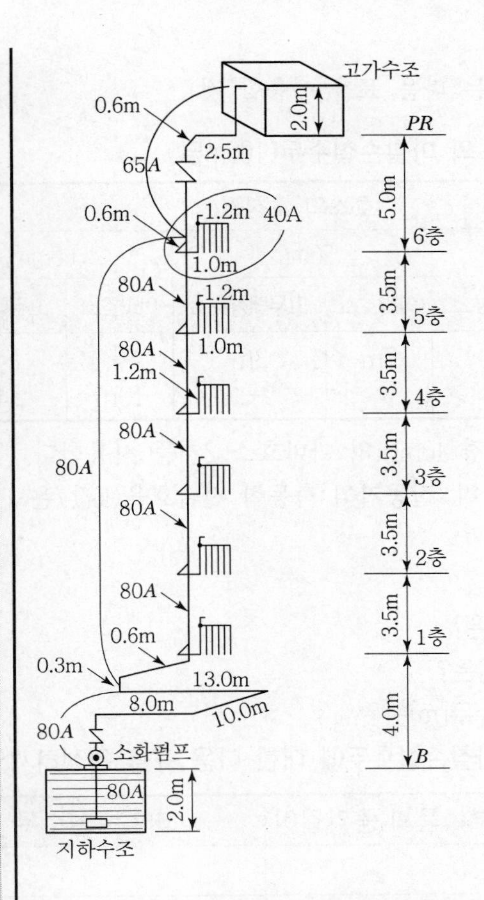

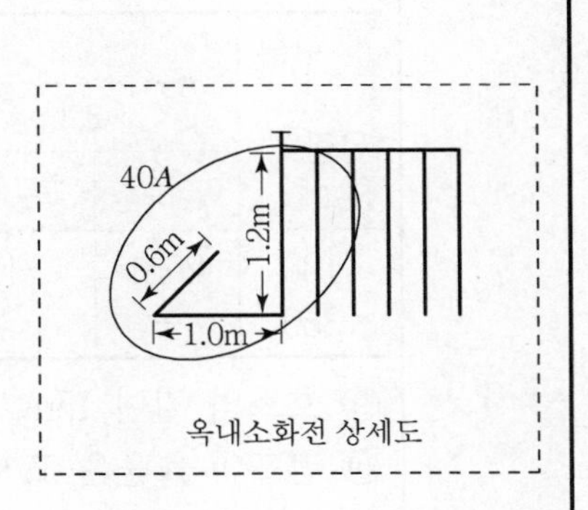

⑦ 관이음 및 밸브 등의 등가길이는 다음 표를 이용할 것

〈관이음 및 밸브류의 등가길이〉

관이음 및 밸브의 호칭경[mm(in)]	90°엘보	45°엘보	90°T(분류)	커플링 90°T(직류)	게이트밸브	글로브밸브	앵글밸브
	등가길이[m]						
40(1½)	1.5	0.9	2.1	0.45	0.30	13.5	6.5
50(2)	2.1	1.2	3.0	0.60	0.39	16.5	8.4
65(2½)	2.4	1.5	3.6	0.75	0.48	19.5	10.2
80(3)	3.0	1.8	4.5	0.90	0.60	24.0	12.0
100(4)	4.2	2.4	6.3	1.20	0.81	37.5	16.5
125(5)	5.1	3.0	7.5	1.50	0.99	42.0	21.0
150(6)	6.0	3.6	9.0	1.80	1.20	49.5	24.0

※ 체크밸브와 후드밸브의 등가길이는 이 표의 앵글밸브에 준한다.

03

⑧ 호스의 마찰손실수두는 다음 표를 이용할 것

〈호스의 마찰손실수두(100m당)〉

구분 / 유량 [ℓ/min]	호스의 호칭경					
	40mm		50mm		65mm	
	아마호스	고무내장호스	아마호스	고무내장호스	아마호스	고무내장호스
130	26m	12m	7m	3m	–	–
350	–	–	–	–	10m	4m

⑨ 호스의 길이 15m, 구경 40mm의 아마호스 2개를 사용한다.

⑩ 펌프의 효율은 55%이며, 전동기의 축동력 전달효율(k값)은 1.1을 적용한다.

1. 펌프의 송수량[ℓ/min]은?
2. 수원의 소요저수량[m^3]은?
3. 소방호스의 마찰손실수두[m]는?
4. 배관 및 관부속품의 마찰손실수두에 대한 다음 표를 완성하시오.

호칭구경	직관 및 관부속품의 등가길이	마찰손실수두
80A	직관 :	
40A	직관 :	
80A	관부속품 :	
40A	관부속품 :	
마찰손실수두 합계 :		

5. 펌프의 실양정[m]은?
6. 펌프의 전양정[m]은?
7. 전동기의 소요출력[kW]은?

해 답 1. 펌프의 송수량(ℓ/min)

$Q = N \times 130\ell/min$

$Q = 1 \times 130\ell/min \times \frac{120}{100} = 156\ell/min$

∴ 펌프의 송수량 = 156ℓ/min 이상

2. 수원의 소요 저수량(m^3)

$Q = N \times 2.6m^3 (130\ell/min \times 20min)$

$Q = 1 \times 2.6m^3 \times \frac{120}{100} = 3.12m^3$

∴ 수원량$=3.12m^3$ 이상

3. 소방호스의 마찰손실수두(m) : H_2

조건 ⑨에서 호스길이 15m, 호칭구경 40mm의 아마호스 2개
조건 ⑧에서 아마호스 40mm의 유량 130ℓ/min일 때 100m당 마찰손실수두는 26m이다.

$H_2 = 15m \times 2개 \times \frac{26\,m}{100\,m} = 7.8m$

∴ 소방호스의 마찰손실수두 = 7.8m

4. 배관 및 관부속품의 마찰손실수두[m] : H_3

호칭구경	배관의 직관 및 관부속품의 등가길이	마찰손실수두
80A	직관 : 2+(4−0.3)+8+10+13+0.3+0.6+(3.5×5)=55.1m	$55.1m \times \frac{0.71}{100} = 0.391$ ≒ 0.39m
40A	직관 : 0.6+1.0+1.2=2.8m	$2.8m \times \frac{14.7}{100} = 0.411$ ≒ 0.41m
80A	관부속품 : 후드밸브 : 1개 × 12.0m=12.0m 체크밸브 : 1개 × 12.0m=12.0m 90°엘보 : 6개 × 3.0m=18.0m 90° T(직류) : 5개 × 0.9m=4.5m 90° T(분류) : 1개 × 4.5m=4.5m 소계 : 51m	$51m \times \frac{0.71}{100} = 0.362$ ≒ 0.36m
40A	관부속품 : 90° 엘보 : 2개 × 1.5m=3.0m 앵글밸브 : 1개 × 6,5m=6.5m 소계 : 9.5m	$9.5m \times \frac{14.7}{100} = 1.396$ ≒ 1.4m
마찰손실수두 합계 : 0.39+0.41+0.36+1.4 = 2.56m		

5. 펌프의 실양정(낙차의 환산수두)[m] : H_1

H_1 : 실양정(흡입양정+토출양정) =2+4+(3.5×5)+1.2= 24.7m

∴ 펌프의 실양정=24.7m

6. 펌프의 전양정[m]

0.17MPa의 수두환산[m]

$$0.17\text{MPa} \times \frac{10\,\text{m}}{0.1\text{MPa}} = 17\text{m}$$

전양정 $H = H_1 + H_2 + H_3 + 17\text{m} = 24.7 + 7.8 + 2.56 + 17 = 52.06\text{m}$

∴ 펌프의 전양정=52.06m

7. 전동기의 소요출력[kW]

$$P[\text{kW}] = \frac{0.163 \times Q(\text{m}^3/\text{min}) \times H}{E} \times K$$

$$= \frac{0.163 \times 0.156 \times 52.06}{0.55} \times 1.1 = 2.6475\text{kW 이상}$$

∴ 전동기의 소요출력=2.65kW 이상

04

1개 층의 옥내소화전이 6개이고 층수는 5층, 실양정이 50m이며 전달계수는 1.1 펌프의 효율은 60%이다. 이 경우 전동기의 용량과 소요마력을 구하시오.(단, 배관의 마찰손실수두 : 15m, 호스의 마찰손실수두 : 10m)

해 답

1. 전동기의 용량

$$P = \frac{0.163 \times Q \times H}{E} \times K[\text{kW}]\text{에서}$$

(1) Q : 펌프의 토출량[m^3/min]=130 ℓ/min×개수=130×2=0.26[m^3/min]

[주의] : 여기서, 소화전 개수는 1개 층당 최대 2개까지만 적용한다.

(2) H : 전 양정[m]$= H_1 + H_2 + H_3 + 17 = 50 + 15 + 10 + 17 = 92$[m]

$$P = \frac{0.163 \times 0.26 \times 92}{0.6} \times 1.1 = 7.15[\text{kW}]$$

∴ 전동기 용량=7.15[kW]

2. 소요마력

1kW=1.34HP이므로

7.15×1.34=9.58

∴ 소요마력 : 9.58[HP]

05

지상 5층 건물에 옥내소화전을 설치하려고 한다. 각 층에 130ℓ/min씩 송출하는 옥내소화전 3개씩을 설치하며, 이때 실양정은 40m, 배관의 마찰손실수두는 실양정의 25%라고 본다. 또 호스의 마찰손실수두가 3.5m, 펌프효율이 75%, 동력전달계수(K값)는 1.2이고, 30분간 연속 방수되는 것으로 하였을 때 다음 사항을 구하시오.

1. 펌프의 토출량[m³/min]
2. 전양정[m]
3. 펌프의 용량[kW]
4. 수원의 용량[m³]

해 답

1. 펌프의 토출량[m³/min]

$Q = N \times 0.13[m^3/min] = 2 \times 0.13[m^3/min] = 0.26[m^3/min]$

∴ 펌프의 토출량 = 0.26[m³/min]

2. 펌프의 전양정[m]

$H = h_1 + h_2 + h_3 + 17$

$= 3.5 + (40 \times 0.25) + 40 + 17 = 70.5[m]$

∴ 펌프의 전양정 = 70.5[m]

3. 펌프의 용량[kW]

$$P = \frac{0.163 \times Q \times H}{E} \times K = \frac{0.163 \times 0.26 \times 70.5}{0.75} \times 1.2 = 4.78[kW]$$

∴ 펌프의 용량 = 4.78[kW] 이상

4. 수원의 용량[m³]

$Q = N \times 0.13[m^3/min] \times 30[min] = 2 \times 3.9[m^3] = 7.8[m^3]$

∴ 수원의 용량 = 7.8[m³] 이상

06 옥내소화전설비의 작동시 규정방수압 초과시 발생할 수 있는 문제점 2가지를 쓰시오.

해 답 (1) 방사 시 큰 반동력으로 인해 소화작업이 어려워진다.

(2) 초과압력은 배관, 배관부속류 및 소방호스의 소손 등으로 누수의 원인이 될 수 있다.

07 다음과 같은 조건의 계단실형 아파트에 옥내소화전설비와 스프링클러설비를 설치할 경우 다음 각각의 물음에 답하시오.(30점)

〈조건〉

가. 지상층 : 30층, 바닥면적은 320m²/층, 옥내소화전 6개/층, 폐쇄형 습식 스프링클러헤드 28개/층

나. 지하층 : 1층, 바닥면적 6,300m²(방화구획 완화규정 적용), 옥내소화전 9개와 준비작동식 스프링클러설비가 설치됨

다. 소화펌프는 옥내소화전설비와 스프링클러설비 겸용

1. 보조수원(옥상수조) 없이 수원을 전량 지하수조로만 적용하고자 할 때 화재안전기준(NFSC)에 의한 조치방법을 기술하시오.(5점)
2. 소화펌프의 토출량[ℓ/min]과 전동기의 동력[kw]을 구하시오. 다만, 실양정 70m, 손실수두 25m, 전달계수 1.1, 효율 65%로 하며, 방수압은 옥내소화전을 기준으로 하되 안전율 10m를 고려한다.(10점)
3. 소화펌프의 토출측 주배관[mm]의 수리계산방식에 의한 최소값을 구하시오.(배관 내 유속은 옥내소화전 화재안전기준－NFSC 102에 의한 상한값 사용)(10점)
4. 하나의 계단으로부터 출입할 수 있는 세대수가 층당 2세대일 경우 스프링클러설비의 방호구역 개수를 산출하시오.(지하주차장 포함)(5점)

해 답 1. 보조수원(옥상수조) 면제시 화재안전기준에 의한 조치방법

보수수원(옥상수조)을 면제하는 대신, 다음 조건을 만족하는 예비펌프를 설치하여야 한다.

즉, 주펌프와 동등 이상의 성능이 있는 별도의 펌프로서 내연기관의 기동과 연동하여 작동되게 하거나 비상전원을 연결하여 설치한 펌프를 추가로

설치하여야 한다.

2. 소화펌프의 토출량과 전동기의 동력 계산

(1) 토출량

5개(고층건축물) × 130 ℓ /min + 10개 × 80 ℓ /min = 1,450 ℓ /min

(2) 전양정

$h_2 + h_2 + h_3 + 17\,\text{m} = 70\text{m} + 25\text{m} + 17\text{m} + 10\text{m} = 122\text{m}$

(3) 전동기의 동력

$$\frac{0.163QH}{\eta} \times K = \frac{0.163 \times 1.45 \times 122}{0.65} \times 1.1 = 48.8 = 49[\text{kW}]$$

∴ 펌프의 토출량 = 1,450[ℓ /min]

전동기의 동력 = 49[kw]

3. 소화펌프의 토출측 주배관[mm]의 수리계산방식에 의한 최소내경값

$$Q = \frac{3.14}{4} D^2 V \text{에서} \quad D = \sqrt{\frac{4Q}{3.14\,V}} = \sqrt{\frac{4 \times 1,450\,l/\text{min}}{3.14 \times 4 \times 1,000 \times 60}}$$

$= 0.0877\,\text{m} = 87.7\,\text{mm}$

∴ 주배관의 최소내경값 = 87.7[mm]

4. 스프링클러설비의 방호구역 개수

(1) 지상층 : 층당 1구역 × 25층 = 25구역

(2) 지하층 : 3,000m²마다 구획되므로 3구역

∴ 총 방호구역 개수 = 25 + 3 = 28구역

08 소화전의 동파방지를 위하여 시공시 유의해야 할 사항 3가지(단, 동파방지기구 등을 추가적으로 설치하는 것은 고려하지 않는다.)

해 답 (1) 보온재의 이음새 부위와 배관부속류 부위에 보온재로 기밀성 있게 보온하고, 특히 밸브류 등도 완전하게 감싸서 보온한다.

(2) 보온재의 재질 및 두께를 배관크기와 주위 최저기온을 고려하여 선정한다.

(3) 배관을 지하에 매설할 경우에는 동결심도 아래로 매설한다. 이 경우, 배수가 잘 될 수 있도록 모래, 자갈 등으로 주변을 채운다.

09

옥내소화전설비가 설치된 건축물에 대하여 다음 그림과 같이 1개층을 증축하려고 한다. 증축 후 A점의 압력이 0.25MPa, 500ℓ/min 이 되어야 설비의 규정 성능을 만족할 수 있게 된다. 기존 펌프를 그대로 이용할 수 있는지를 판단하시오.(단, 0.1MPa=10mH_2O로 환산한다.)

〈조건〉

가. 증축부분 소화전 3개 신설

나. 펌프의 정격압력 : 1MPa, 체절압력 : 1.2MPa

다. 펌프의 정격토출량 : 500ℓ/min

라. 입상관 내경 : 100mm, C값 : 120

마. 소화전 노즐의 오리피스 내경 : 13mm

바. b점 압력 : 0.5MPa(소화전 b에서 방수시험한 결과 압력이 0.5MPa이고 이때 펌프 토출측 압력계는 1.1MPa를 지시하였다.

사. B~b의 마찰손실 : 0.15MPa

아. B점 이전의 도면은 분실된 상태로 배관길이 등을 알 수 없음

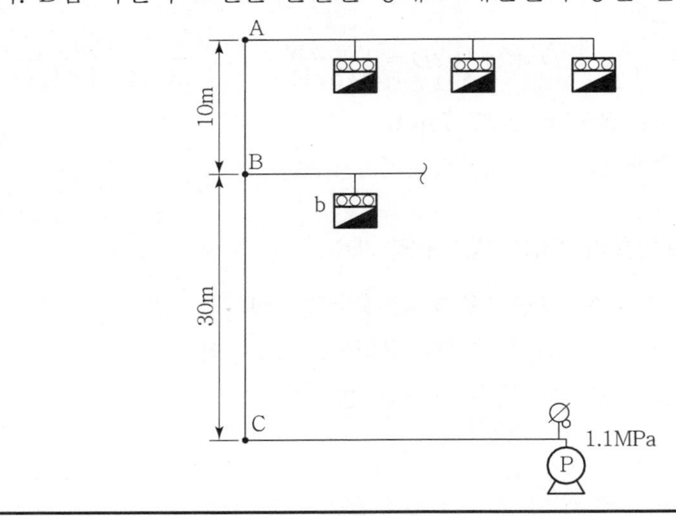

해답 1. b점에서 방사시험 시

(1) 소화전 노즐 유량

b점 압력(P)이 0.5MPa≒5kgf/cm²이므로,

$$Q=0.653\times d^2\times\sqrt{P}=0.653\times 13^2\times\sqrt{5}=246.76\fallingdotseq 247[\ell/\text{min}]$$

즉, 펌프의 토출압력 1.1MPa에서 토출량은 247ℓ/min이 된다.

(2) B점 압력 : 0.5+0.15=0.65[MPa] ·························· ㉠

(3) B~C 간의 배관 마찰손실압력

$\Delta P = 6.174 \times 10^5 \times \frac{Q^{1.85}}{C^{1.85} \times d^{4.87}} \times L$에서

$\Delta P_{B-C} = 6.174 \times 10^5 \times \frac{247^{1.85}}{120^{1.85} \times 100^{4.87}} \times 30$

$= 0.013[kg/cm^2] ≒ 0.0013[MPa]$ ································· ㉡

(4) B~C 간 낙차에 의한 손실압력 : 30m=0.3[MPa] ····················· ㉢

(5) C점에서의 압력 : ㉠+㉡+㉢=0.65+0.0013+0.3=0.9513[MPa]

(6) C점~펌프까지의 마찰손실압력(b소화전 1개 방수 시)

$\Delta P_{C-P} = 1.1 - 0.9513 = 0.1487[MPa] ≒ 1.487[kgf/cm^2]$

(Hazen-Williams 공식에서 유량(Q)을 제외한 C, d, L 의 각 항은 정해진 상수이므로 이를 K 라 하면, $\Delta P = K \times Q^{1.85}$가 된다.)

$\Delta P_{C-P} = 1.487 = K \times 247^{1.85}$에서, $K = \frac{1.487}{247^{1.85}} = 5.569 \times 10^{-5}$

2. A점에서 요구조건

P=0.25MPa(2.5kgf/cm²), Q=500ℓ/min이므로

(1) A~C 간 마찰손실압력

$\Delta P_{A-C} = 6.174 \times 10^5 \times \frac{500^{1.85}}{120^{1.85} \times 100^{4.87}} \times 40 = 0.063[kg/cm^2]$

$≒ 0.0063[MPa]$

(2) A~C 간 낙차에 의한 손실압력 : 40m=0.4[MPa]

(3) C점~펌프까지의 마찰손실압력(500ℓ/min 방수 시)

$\Delta P_{C-P} = K \times 500^{1.85} = 5.569 \times 10^{-5} \times 500^{1.85} = 5.48[kg/cm^2]$

$≒ 0.548[MPa]$

(4) 500ℓ/min 방수시의 A점 압력 계산

정격압력－[(1)+(2)+(3)]=1－(0.0063+0.4+0.548=0.0457[MPa])

3. 판단

증축 후 기존 펌프를 그대로 이용할 경우 A점에서의 요구조건이 방수량 500ℓ/min일 때 압력 0.25MPa이 되어야 하나, 계산결과 압력이 0.046 MPa으로서 요구조건에 미달되므로 기존 펌프는 이용이 불가하다.

10

20층 아파트에서 2종류 이상의 고정식소화설비가 설치되어 있고, 각 소화설비가 설치된 부분과의 사이에는 내화구조의 벽과 방화문으로 구획되어 있다. 여기에 법정 최소 소화설비를 설치하려고 할 경우 다음에 대하여 계산하시오.(다만, 여기서 옥내소화전설비를 고정식소화설비로 한다.)

〈조건〉

가. 계단식 아파트

나. 각 층의 층고 : 3m

다. 스프링클러헤드 및 옥내소화전 방수구의 설치높이는 바닥에서 각각 2.5m 높이와 1m 높이에 설치된다.

라. 스프링클러헤드는 각 세대당 8개 설치되고, 옥내소화전 방수구는 층당 2개씩 설치된다.

마. 배관의 마찰손실수두

① 스프링클러설비 : 12m

② 옥내소화전설비 : 10m

③ 소화전 호스의 마찰손실수두 : 호스 100m당 12m

1. 소방펌프의 양정[m]은?
2. 소방펌프의 정격토출량[ℓ/min]은?
3. 수원의 보유량[m³]은?

해 답 고정식소화설비가 2 이상이 설치되어 있고 각 소화설비가 설치된 부분과의 사이에 방화구획이 되어 있는 경우에는 각 소화설비에서 필요한 용량 중 최대의 것 이상으로 설치할 수 있다.(즉, 각 설비의 합한 용량이 아님)

1. 소방펌프의 양정

(1) 스프링클러설비

펌프의 전양정(H) = $H_1 + H_2 + 10\text{m}$

H_1 : 건물 높이에 따른 위치수두 = (19 × 3) + 2.5 = 59.5m

H_2 : 배관의 마찰손실수두 = 12m

∴ $H = 59.5 + 12 + 10 = 81.5$ m

(2) 옥내소화전설비

펌프의 전양정(H) = $H_1 + H_2 + H_3 + 17\text{m}$

H_1 : 건물 높이에 따른 위치수두 = (19 × 3) + 1 = 58m

H_2 : 배관의 마찰손실수두 = 10m

H_3 : 소화전 호스의 마찰손실수두 = 30 × 0.12 = 3.6m

∴ $H = 58 + 10 + 3.6 + 17 = 88.6m$

[답] 소방펌프의 양정 : 88.6[m] 이상

2. 소방펌프의 정격토출량

(1) 스프링클러설비
토출량 = 헤드의 설치개수 × 80 ℓ/min = 8 × 80 = 640[ℓ/min]
(여기서, 헤드의 설치개수가 기준개수보다 적을 경우에는 설치개수로 적용한다.)

(2) 옥내소화전설비
토출량 = 방수구 설치개수 × 130 ℓ/min = 2 × 130 = 260[ℓ/min]

[답] 소방펌프의 정격토출량 : 640[ℓ/min] 이상

3. 수원의 보유량

(1) 스프링클러설비
수원의 양 = 헤드의 설치개수 × 80 ℓ/min × 20분 = 8 × 80 × 20
= 12,800[ℓ/min] = 12.8[m^3]

(2) 옥내소화전설비
수원의 양 = 방수구의 설치개수 × 130 ℓ/min × 20분 = 2 × 130 × 20
= 5,200[ℓ/min] = 5.2[m^3]

[답] 수원의 보유량 : 12.8[m^3] 이상

11

다음은 옥내소화전설비의 설계도이다. 다음 주어진 조건을 이용하여 물음에 대한 답을 구하시오.(25점)

〈조건〉

가. 소화전 호스는 길이 15m 1개를 사용하고, 호스길이 100m당 마찰손실수두가 15m이며, 마찰손실수두의 크기는 유량의 제곱에 정비례한다.

나. 밸브 및 관 부속류에 대한 등가길이는 다음과 같다.

- 방수구(앵글밸브)(40A) : 10m

11

- 90°엘보(50A) : 1m
- 분류티(50A) : 4m
- 체크밸브(50A) : 5m
- 게이트밸브(50A) : 1m

다. 배관의 마찰손실압력은 다음 식을 적용한다.

$$\Delta P = 6 \times 10^4 \times \frac{Q^2}{120^2 \times d^5}$$

(단, 50A는 내경 53mm이고, 40A는 내경 42mm이다.)

라. 펌프 흡입측의 마찰손실수두, 정압, 동압 등은 무시한다.

마. 답안 작성시 소수점 5째 자리 이하는 버림하여 소수점 4째 자리까지 표현한다.

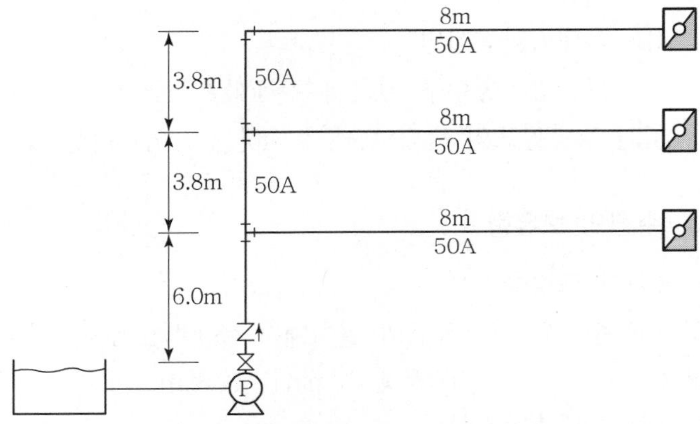

1. 최고위 소화전 호스의 마찰손실수두[m]를 구하시오.(2점)
2. 최고위 소화전방수구(앵글밸브)에서의 마찰손실압력[MPa]을 구하시오.(3점)
3. 펌프 토출구로부터 최고위 소화전방수구의 입구까지 관의 총 등가길이[m]를 구하시오.(3점)
4. 펌프 토출구로부터 최고위 소화전방수구 입구까지의 마찰손실압력[MPa]을 구하시오.(3점)
5. 펌프모터의 최소 소요동력[kW]을 구하시오.(단, 효율은 0.55, 축동력 전달계수는 1.1이다.)(4점)
6. 최하위 소화전 노즐(관창)선단의 방수량[ℓ/min]과 방수압[MPa]을 구하시오.(10점)

해 답 1. 최고위 소화전 호스의 마찰손실수두[m]

$$\text{마찰손실수두} = 15\text{m} \times \frac{15\text{m}}{100\text{m}} = 2.25[\text{m}]$$

2. 최고위 방수구(앵글밸브)에서의 마찰손실압력[MPa]

$$\Delta P = 6 \times 10^4 \times \frac{130^2}{120^2 \times 42^5} \times 10 = 0.0053[\text{MPa}]$$

3. 펌프 ~ 최고위 소화전방수구 입구까지 관의 총 등가길이[m]

(1) 직관길이=6+3.8+3.8+8=21.6[m]

(2) 관부속류의 등가길이=5+1+1=7[m]

∴ 총 등가길이=21.6+7=28.6[m]

4. 펌프 ~ 최고위 소화전방수구 입구까지의 마찰손실압력[MPa]

$$\Delta P = 6 \times 10^4 \times \frac{130^2}{120^2 \times 53^5} \times 28.6 = 0.0048[\text{MPa}]$$

5. 펌프모터의 최소 소요동력[kW]

$$P = \frac{\gamma QH}{102 \times \eta} \times K$$

여기서, γ : 물의 비중량=1,000[kg/m³]

Q : 펌프의 토출량[m³/min] = $\frac{0.13}{60}$ [m³/sec]

H : 펌프의 전양정[m]=(6+3.8+3.8)+(0.53+0.48+2.25)+17 =33.86[m]

η : 펌프의 효율=0.55

K : 펌프의 축동력 전달계수=1.1

$$\therefore P = \frac{1{,}000[\text{kg/m}^3] \times 0.13[\text{m}^3/\text{min}] \times 33.86[\text{m}]}{102 \times 60 \times 0.55} \times 1.1$$

$$= 1.4384[\text{kW}]$$

6. 최하위 소화전 노즐 선단의 방수량[ℓ/min]과 방수압[MPa]

(1) 소화전호스의 마찰손실압력[MPa]

$130^2 : 0.0225 = Q^2 : \Delta P$

$\Delta P = 1.33 \times 10^{-6} \times Q^2$

(2) 펌프~최하위 방수구 입구까지의 마찰손실압력[MPa]

1) 관의 직관길이 : 6+8=14[m]

2) 관 부속류의 등가길이 : 5+1+4=10[m]

3) 총 등가길이 : 14+10=24[m]

$\therefore \ \Delta P = 6 \times 10^4 \times \dfrac{Q^2}{120^2 \times 53^5} \times 24 = 0.239 \times 10^{-6} \times Q^2$[MPa]

(3) 당해 방수구(앵글밸브)의 마찰손실압력[MPa]

$\Delta P = 6 \times 10^4 \times \dfrac{Q^2}{120^2 \times 42^5} \times 10 = 0.319 \times 10^{-6} \times Q^2$[MPa]

(4) 당해 노즐선단의 방수량[ℓ/min]

$Q = K\sqrt{P}$에서, $130 = K\sqrt{10 \times 0.17}$

$K = 100$

전체 손실압력(P)

$= (1.33 \times 10^{-6} \times Q^2) + (0.239 \times 10^{-6} \times Q^2) + (0.319 \times 10^{-6} \times Q^2)$

$= 1.888 \times 10^{-6} \times Q^2$

$Q = 100\sqrt{10 \times (0.3386 - 1.888 \times 10^{-6} \times Q^2 - 0.06)}$

∴ 방수량(Q) =153.08[ℓ/min]

(5) 당해 노즐선단의 방수압[MPa]

$P = 0.3386 - (1.888 \times 10^{-6} \times 153.08^2) - 0.06 = 0.2343$

∴ 방수압(P) =0.2343[MPa]

제 4 장

옥외소화전설비

01 옥외소화전설비 계통도

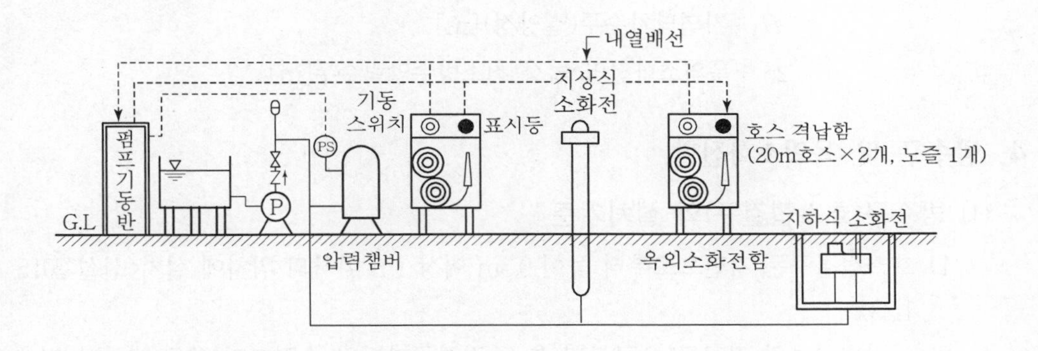

02 옥외소화전설비의 주요 설계기준

1. 수원의 양

$$Q[\mathrm{m}^3]=7[\mathrm{m}^3]\times N$$

여기서, Q : 수원량[m^3]

N : 소화전 개수(최대 2개)

$7\mathrm{m}^3$: 350 ℓ / min × 20분

2. 방사압력 및 방사량

(1) **방사압력** : 0.25MPa~0.7MPa

(2) **방사량** : 350[ℓ/min] 이상

3. 펌프의 양정

양정 : $H(m) = H_1 + H_2 + H_3 + 25$

여기서, H_1 : 소방호스의 마찰손실수두[m]
H_2 : 배관의 마찰손실수두[m]
H_3 : 자연낙차수두(실양정)[m]
25 : 옥외소화전의 법정 최소방수압력수두[m]

4. 방수구 및 옥외소화전함

(1) **방수구(호스접결구)의 설치기준**

1) 호스접결구는 지면으로부터 높이 0.5m 이상 1m 이하의 위치에 설치〈신설 2015. 1.23〉
2) 소방대상물의 각 부분으로부터 호스 접결구까지의 수평거리 40m 이하가 되게 설치

(2) **호스** : 구경 65mm 이상

(3) **옥외소화전함**

옥외소화전	옥외소화전함
옥외소화전 10개 이하인 경우	옥외소화전마다 5m 이내에 1개 이상의 소화전함을 설치
옥외소화전 11개 이상 30개 이하	11개 이상의 소화전함을 각각 분산하여 설치
옥외소화전 31개 이상	옥외소화전 3개당 1개 이상의 소화전함을 설치

중 요 예 상 문 제

01

상수도 시설이 없는 지역에 지상 단층으로 155[m]×155[m] 규모로 대형 할인매장을 건립하고자 할 경우 아래 사항에 답하시오.(무창층은 없음)

1. 옥외소화전의 설치개수 및 수원량을 구하시오.
2. 소화수조(저수조)의 용량, 흡수관 투입구 수, 채수구 수를 구하시오.
3. 이 건축물에 소방법령에 의하여 설치하여야 할 소방시설의 종류를 기술하시오.

해 답 1. 옥외소화전

(1) 옥외소화전의 설치개수

1) 설치기준

옥외소화전의 설치거리 : 소방대상물의 각 부분으로부터 수평거리 40m 이내마다 설치

2) 설치개수

① 건물 둘레의 길이 : $4 \times 155[\text{m}] = 620[\text{m}]$

② 옥외소화전의 수량 : $\dfrac{620[\text{m}]}{80[\text{m}/\text{개}]} \fallingdotseq 8\text{개}$

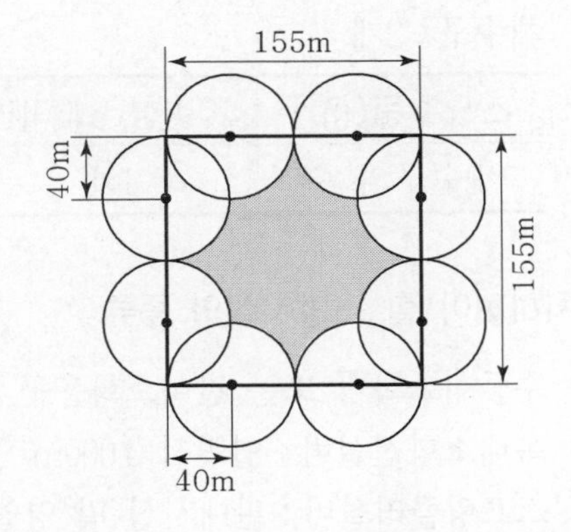

∴ 옥외소화전 수량 합계 : 8개

(2) 수원의 양

① 계산식 : N × 7[m^3]이상(N : 옥외소화전 수량, 최대 2개까지만 적용)

② 수원의 양 : 2 × 7[m^3] = 14[m^3] 이상

2. 소화수조

(1) 소화수조의 용량

1) 계산식

특정소방대상물의 연면적을 아래 표에 의한 기준면적으로 나누어 얻은 수(소수점 이하는 1로 함)에 20m^3를 곱한 양 이상

특정 소방대상물	기준 면적
1. 지상 1층과 2층의 바닥면적 합계가 15,000 m^2 이상	7,500m^2
2. 1호에 해당되지 않는 소방대상물	12,500m^2

2) 용량 계산

① 1, 2층 바닥면적 합계 : 155 × 155 = 24,025[m^2]

② 기준면적 산정 : 7,500m^2

③ 기준값 계산 : $\frac{24,025}{7,500} = 3.2 ≒ 4$

④ 소화수조의 용량 : 4 × 20m^3 = 80[m^3]

(2) 흡수관 투입구의 수 : 2개

(소요 수량이 80m^3 미만일 경우는 1개, 80m^3 이상일 경우에는 2개 이상을 설치해야 함)

(3) 채수구 : 2개

소요수량[m^2]	20이상~40미만	40이상~100미만	100이상
채수구의 수	1개	2개	3개

3. 설치하여야 할 소방시설의 종류

(1) 수동식소화기 또는 간이소화용구 : 연면적 33m^2 이상

(2) 옥내소화전설비 : 연면적 3,000m^2 이상

(3) 스프링클러설비 : 판매시설 및 영업시설로서 층수가 3층 이하로서 영업시설 바닥면적 6,000m^2 이상

(4) 옥외소화전설비 : 1, 2층 바닥면적의 합계가 9,000m^2 이상

(5) 비상방송설비 : 연면적 3,500m^2 이상

(6) 자동화재탐지설비 : 판매시설 및 영업시설로서 연면적 1,000m² 이상
(7) 유도등 및 유도표지
(8) 휴대용 비상조명등 : 대형점, 쇼핑센터
(9) 소화수조 및 저수조 : 연면적 5,000m² 이상
(10) 연결살수설비 : 판매시설 및 영업시설로서 당해용도의 바닥면적 합계 1,000m² 이상

02 옥외소화전설비의 배관을 설치함에 있어서 동결방지조치를 위한 방법을 기술하시오.

해 답 1. 단열재(보온재)로 피복하여 보온

(1) 유리섬유, 발포 폴리에틸렌 등의 보온재로 설비의 배관 등을 덮어 피복하여 외부온도를 차열함으로써 보온하는 방식이다.
(2) 주로 옥내배관에 사용한다.

2. 소화수에 부동액 주입

(1) 프로필렌 글리콜 등의 부동액을 소화수에 혼합하여 소화수의 빙점을 낮춘다.
(2) 에틸렌 글리콜은 독성이 강하므로 부적합하다.

3. 열선(Heating Coil) 보온

(1) 주로 옥외노출배관에 사용한다.
(2) 옥내에는 원칙적으로 사용이 부적합하다.
① '보온재 + 열선'의 조합은 배관 내 물의 온도가 60℃ 이상의 고온이 될 수 있으며, 이로 인한 물의 증발로 Air Pocket이 형성되어 소화수의 흐름장애 발생
② 특히 Dry Pipe Valve(건식밸브)에 적용할 경우에는 밸브시트 고착의 우려가 높다.

4. 관내 물을 유동시키는 방식

극한냉지 또는 온도 급강하 우려 지역에는 비효과적임

5. 동결심도 이하로 매설

(1) 동결심도 측정 : 2월 하순경 평탄한 도로 등에 조사구멍을 파고 구멍의 벽면에서 식별할 수 있는 얼음덩어리의 최고 깊이를 측정하여 결정한다.

(2) 국내 지방별 표준동결심도

① 남부지방 : 600mm

② 중부지방 : 900mm

③ 북부지방 : 1,200mm

(3) 실제 매립시 표준동결심도에 여유깊이(안전율)를 300mm 정도 더하여 깊게 매립한다.

03

옥외소화전설비에서 펌프의 양정이 45m이고 말단 방수구의 방수압력이 0.15MPa이었다. 관련화재안전기준에 맞게 펌프를 교체하려고 한다면 펌프의 양정을 몇 [m]로 하여야 하는지를 계산하시오.(단, 옥외소화전은 1개를 기준으로 하고, 펌프의 토출압력과 방수압력과의 차이는 마찰손실에 기인한다고 가정하며, 방수구의 방출계수 K값은 222, 마찰손실은 Hazen－Williams 공식을 이용한다.)

해답

$Q=K\sqrt{P}$에서

$Q_1=222\sqrt{10\times0.15}=271.9[\ell/\text{min}]$

$\Delta P_1=0.45-0.15=0.3[\text{MPa}]$

옥외소화전의 정격방사압력이 0.25MPa 이상이므로,

$Q_2=222\sqrt{10\times0.25}=351.0[\ell/\text{min}]$

Hazen－Williams 공식에 의하여 압력손실 ΔP는 유량 $Q^{1.85}$에 비례함으로,

$\Delta P_1 : Q = \Delta P_2 : Q_2$

$0.3 : 271.9^{1.85} = \Delta P_2 : 351^{1.85}$에서

$\Delta P_2=0.4812[\text{MPa}]$

∴ 필요압력 $=0.4812+0.25=0.7312[\text{MPa}]$

[답] 펌프의 필요양정 : 73.12[m]

04

다음 그림의 옥외소화전설비 방수총(유량 1,500[ℓ/min])을 사용할 경우 A~B지점의 마찰손실압력[Mpa]을 구하시오.(답은 소수점 다섯째에서 반올림하여 소수점 넷째 자리까지 나타내시오.)

〈조건〉

Hazen－Williams 공식은

$P[\text{MPa}] = 6.053\times10^4\times\dfrac{Q^{1.85}}{C^{1.85}\times D^{4.87}}\times L$을 사용하고

C값은 100이며, 배관부속 등가길이는 90°Elbow 4[m], Tee 10.7[m], Gate Valve 1.2[m], 배관망은 차단된 곳이 전혀 없다.

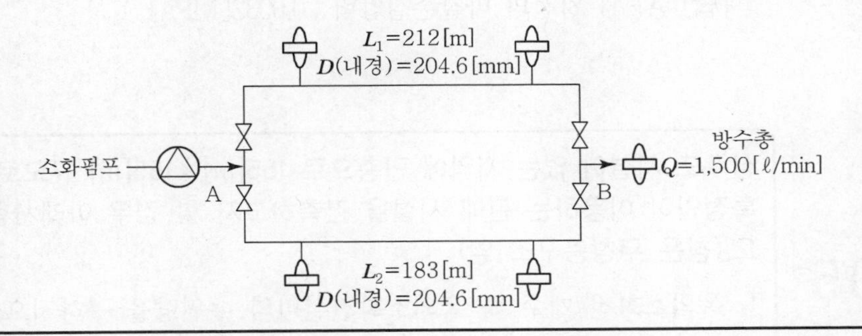

해 답 1. 유량 (Q_2)

(1) $Q_1 + Q_2$=1,500[ℓ/min], $\Delta P_1 = \Delta P_2$이므로,

$$6.053\times10^4\times\frac{Q_1^{1.85}}{C^{1.85}\times D_1^{4.87}}\times L_1 = 6.053\times10^4\times\frac{Q_2^{1.85}}{C^{1.85}\times D_2^{4.87}}\times L_2$$

(2) 위 식을 정리하자면 C 및 D는 동일하므로, $Q_1^{1.85}\times L_1 = Q_2^{1.85}\times L_2$

(3) $Q_1^{1.85}\times(212+1.2+4+10.7+10.7+4+1.2)$

$= Q_2^{1.85}\times(183+1.2+4+10.7+10.7+4+1.2)$

(4) $Q_1^{1.85}\times243.8 = Q_2^{1.85}\times214.8$에서 $Q_1^{1.85} = \dfrac{214.8}{243.8}\times Q_2^{1.85}$

$\Rightarrow Q_1^{1.85} = 0.8810Q_2^{1.85}$에서 양변에 $\dfrac{1}{1.85}$승을 하면,

$Q_1 = 0.9338Q_2$가 된다.

(5) $Q_1 + Q_2$= 1,500[ℓ/min] 식을 $Q_1 = 0.9338Q_2$ 식에 대입하여 정리하면,

$0.9338Q_2 + Q_2 = 1,500 \Rightarrow (0.9338+1)\times Q_2 = 1,500$

$\therefore\ Q_2 = 775.67[\ell/min]$

2. A·B구간의 마찰손실압력

$$P = 6.053 \times 10^4 \times \frac{Q_2^{1.85}}{C^{1.85} \times D_2^{4.87}} \times L_2$$

$$= 6.053 \times 10^4 \times \frac{775.67^{1.85}}{100^{1.85} \times 204.6^{4.87}} \times 214.8$$

$$= 0.003205[MPa]$$

[답] A~B 지점의 마찰손실압력 : 0.0032[MPa]

05

상수도 시설이 없는 지역에 단층으로 155[m]×155[m] 규모로 다수의 불특정인이 이용하는 판매 시설을 건축하고자 할 경우 아래사항에 답하시오.(창은 무창층구조 임)

1. 옥외소화전 개수 및 옥외소화전설비의 수원량을 구하시오.
2. 소화수조(저수조)의 용량, 흡수관 투입구의 수 및 채수구의 수를 구하시오.
3. 이 건축물에 소방법령에 따라 설치해야 할 소방시설의 종류를 쓰시오.

해 답 1. 옥외소화전 개수 및 수원량

(1) 바닥면적이 155[m]×155[m]=24,025[m^2]로 9,000[m^2] 이상이므로 옥외소화전설비의 설치대상에 해당된다.

(2) 화재안전기준
소방대상물의 각 부분으로부터 하나의 호스접결구까지의 수평거리가 40m 이하 되게 설치

(3) 옥외소화전 개수
- 옥외부분 : 건축물의 둘레길이를 적용
  (155×4)÷80[m]=7.75≒8[개]
- 옥내부분

※ 옥내부분의 호스접결구는 화재 안전기준 개정으로 삭제되었으므로 옥내부분은 적용하지 아니한다.

∴ 옥외소화전의 개수 : [8개]

(4) 수원량

$Q = N \times 7[m^3] = 2$개 $\times 7[m^3] = 14[m^3]$

2. 저수조의 용량, 투입구, 채수구

(1) 저수조의 용량

$\frac{(155 \times 155)}{7,500[m^2]} = 3.2 \fallingdotseq 4$(소수점 1 이하는 1로 본다.)

$4 \times 20\,m^3 = 80\,m^3$

(2) 흡수관투입구 수 : 2개(80[m³] 이상은 2개)

(3) 채수구 수 : 2개(40[m³] 이상 100[m³] 이하는 2개)

3. 소방시설의 종류

① 소화설비 : 수동식소화기, 옥내소화전설비, 옥외소화전설비, 스프링클러설비, 간이스프링클러설비

② 경보설비 : 비상경보설비, 비상방송설비, 자동화재 탐지설비 및 시각경보기

③ 피난설비 : 유도등 및 유도표지, 비상조명등, 휴대용 비상조명등

④ 소화용수설비 : 소화수조 또는 저수조

⑤ 소화활동설비 : 제연설비

제 5 장

스프링클러설비

01 스프링클러설비 계통도

1. 폐쇄형헤드방식(습식 · 건식 · 준비작동식)

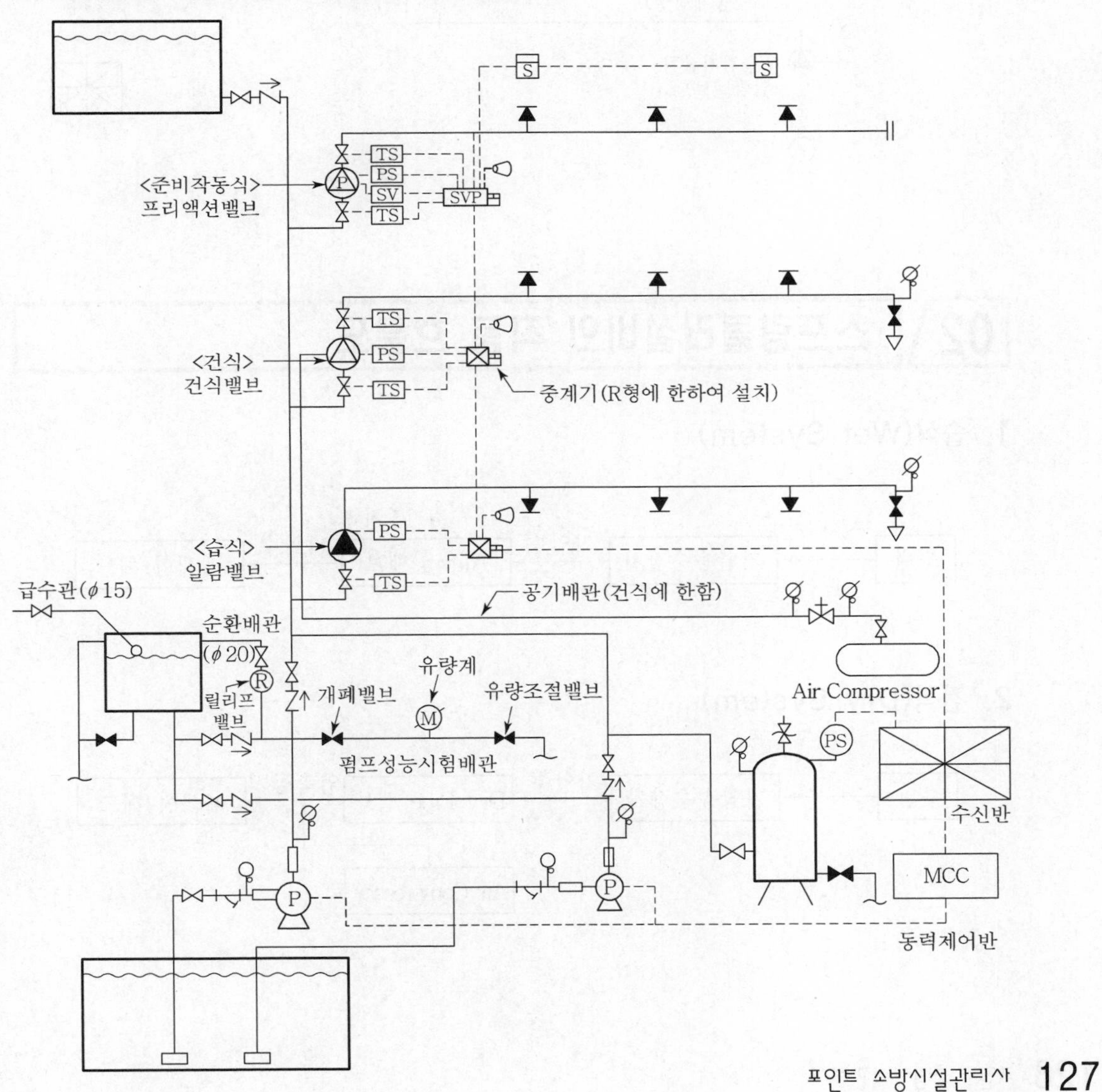

2. 개방형헤드방식(일제살수식스프링클러설비 · 물분무소화설비)

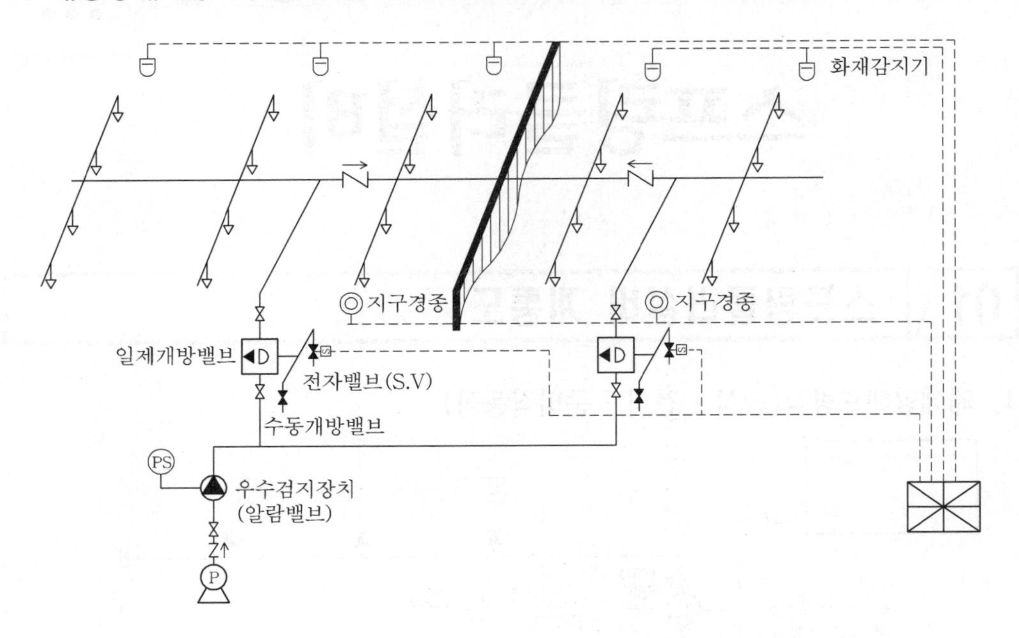

02 스프링클러설비의 작동 흐름도

1. 습식(Wet System)

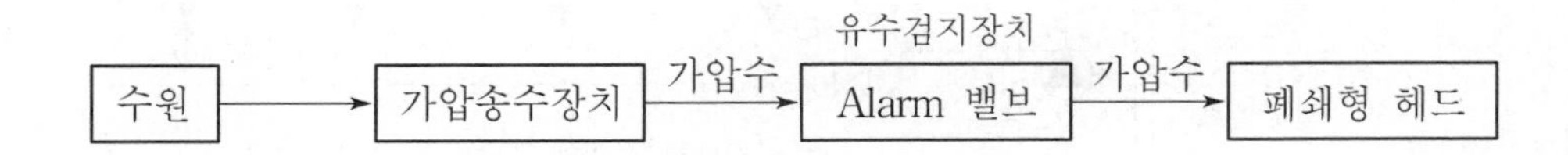

2. 건식(Dry System)

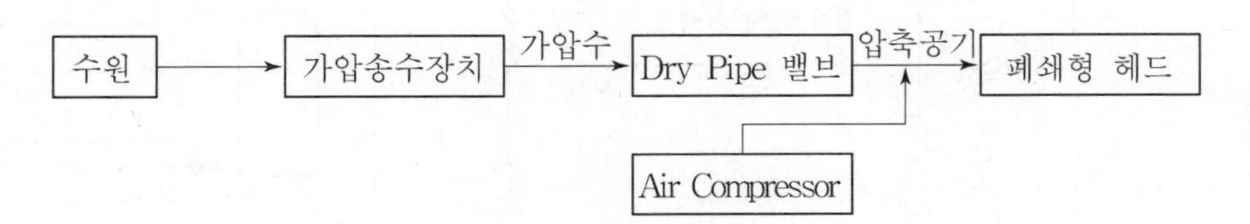

3. 준비작동식(Pre-action System)

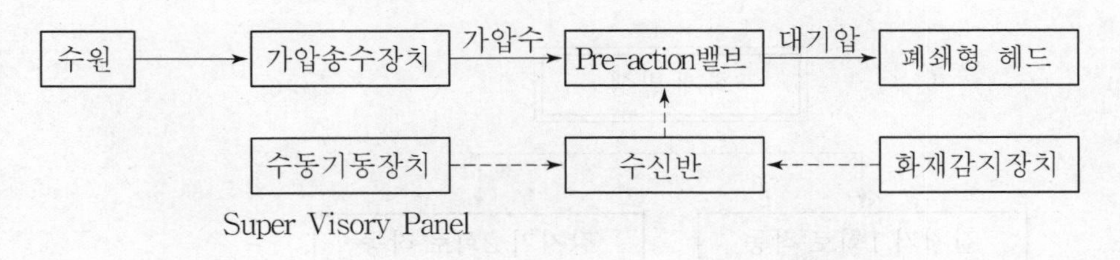

4. 일제살수식

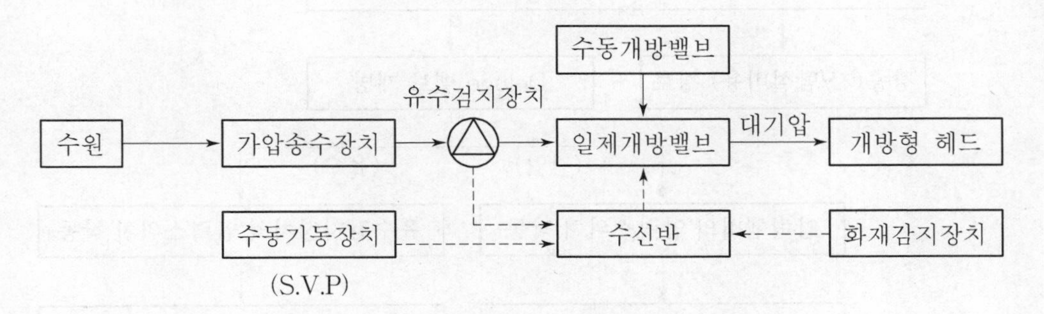

03 스프링클러설비의 기동방식

1. 유수검지장치식(습식, 건식)

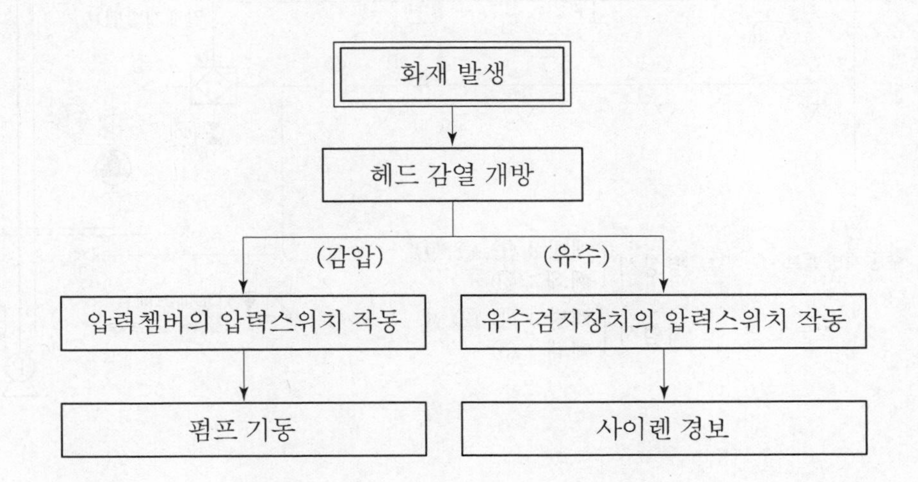

2. 일제개방밸브식(준비작동식, 일제살수식)

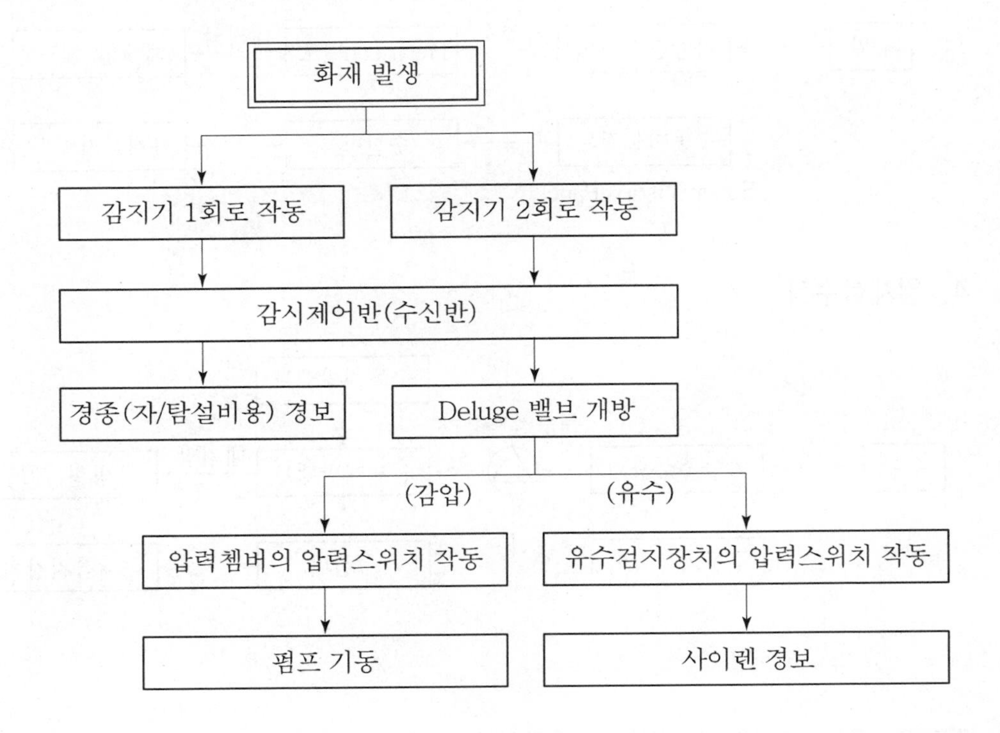

3. 일제살수식의 일제개방밸브 기동방식

(1) 감지용 헤드에 의한 기동방식

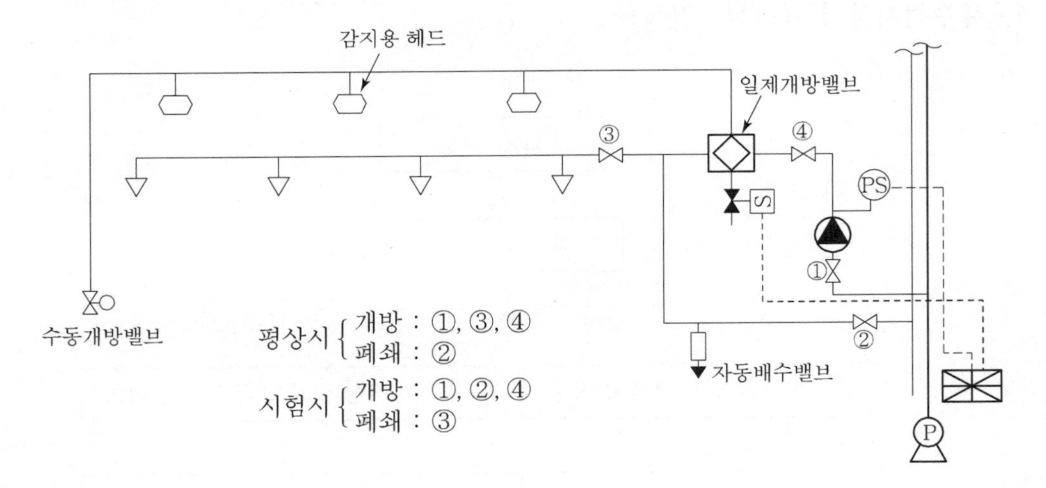

(2) 화재감지기에 의한 기동방식

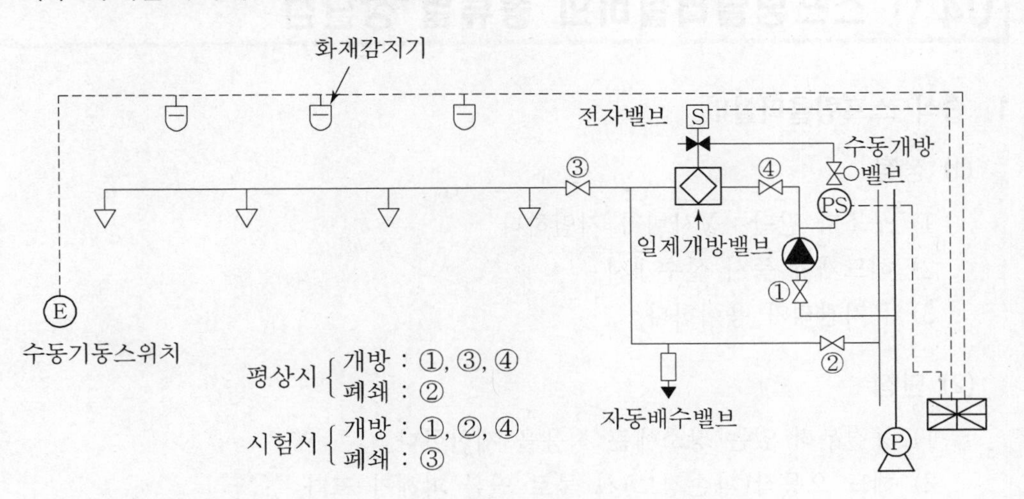

4. SVP(Super Visory and control Panel)

(1) 준비작동밸브 또는 일제개방밸브의 제어장치로서 감지기회로와 준비작동밸브의 기능을 연결해 주는 역할을 한다.

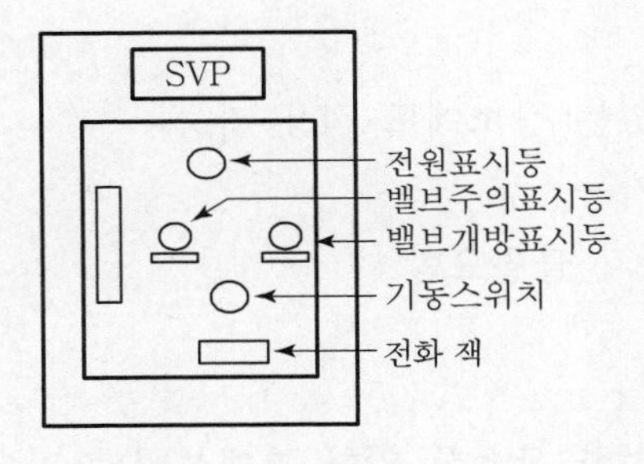

(2) 기능

1) 수동으로 준비작동밸브를 개방한다.
2) 전원표시등 : 준비작동밸브 시스템의 전원상태를 감시한다.
3) 밸브주의 표시등 : 준비작동밸브의 누수, 클래퍼의 불완전 복구상태 등을 감시
4) 밸브개방 표시등 : 준비작동밸브의 개방상태를 표시한다.

04 스프링클러설비의 종류별 장단점

1. 습식 스프링클러설비

(1) 장점

1) 구조가 간단 : 공사비가 저렴하다.
2) 헤드개방 즉시 살수개시
3) 유지관리가 용이하다.

(2) 단점

1) 동결우려 있는 장소에는 적용을 제한한다.
2) 헤드 오동작(파손경보)시 물로 인한 피해가 크다.
3) 실내(천장)고가 높은 경우 헤드개방이 지연된다.
4) 헤드개방 후 경보발령 : 조기 감지에 불리하다.

2. 건식 스프링클러설비

(1) 장점

1) 동결의 우려가 있는 장소에도 적용 가능
2) 옥외에도 적용 가능
3) 별도의 감지장치가 불필요함

(2) 단점

1) 공기압축 및 신속한 살수를 위한 부대설비가 필요
2) 압축공기가 전부 방출된 후에 살수개시 : 방수지연
3) 헤드개방 초기에는 압축공기가 방출 : 화재 촉진 우려(산소공급)
4) 상향형 헤드로만 적용가능 :

3. 준비작동식 스프링클러설비

(1) 장점

1) 동결 우려가 있는 장소에도 적용 가능
2) 비화재시 헤드의 개방 · 파손에도 수손 우려가 없다.
3) 헤드개방 전에 경보 발령 : 조기감지에 유리

(2) 단점

1) 감지장치 고장 시 Pre-action Valve 자동기동 불가
2) 감지장치를 별도로 설치 또는 자탐설비와 연동하여야 함
3) 상향형 헤드로만 적용 가능

4. 일제살수식 스프링클러설비

(1) 장점

1) 조기소화에 유리 : Deluge밸브 개방 즉시 살수
2) 실내(천장)고가 높은 경우에도 적용 가능

(2) 단점

1) 감지장치를 별도로 설치 또는 자동화재탐지설비와 연동하여야 한다.
2) 당해 방호 Zone 전체를 동시에 살수 : 물의 피해가 크다.
3) 대량의 급수체계가 필요하다.

05 스프링클러설비의 종류별 적응성

1. 습식

난방이 되는 장소로서 천장고가 높지 않은 장소
[예] 사무실, 숙박업소, 아파트 등

2. 건식

(1) 난방이 되지 않는 옥내 · 옥외의 대규모 장소(동결 우려 있는 장소)
(2) 배관 및 헤드 설치장소에 전원공급이 불가능한 장소

3. 준비작동식

난방이 되지 않는 옥내의 장소
[예] 로비, 주차장, 차고, 공장

4. 일제살수식

(1) 천장고가 높아서 폐쇄형 헤드가 감열개방하기 어려운 장소

(2) 화재발생시 급속한 연소 확대가 예상되는 장소
[예] 무대부, 연소할 우려가 있는 개구부, 위험물 저장소 등

06 저압건식밸브 시스템

1. 개요

(1) 건식스프링클러설비에 있어서 근래들어 기존의 건식밸브 대신 대부분 저압건식밸브를 설치하므로 인해 각 제작사에서는 일반 건식밸브의 생산을 중단하고 저압건식밸브를 생산하고 있다.

(2) 저압건식밸브 시스템은 밸브 2차측의 설정압력을 낮게 유지할 수 있는 장점이 있다. 즉, 1차측 압력과 2차측 압력과의 차이가 큰 고차압 시스템이다.

2. 저압건식밸브의 특성

(1) 저압건식밸브와 일반건식밸브의 작동상 차이점 및 작동순서

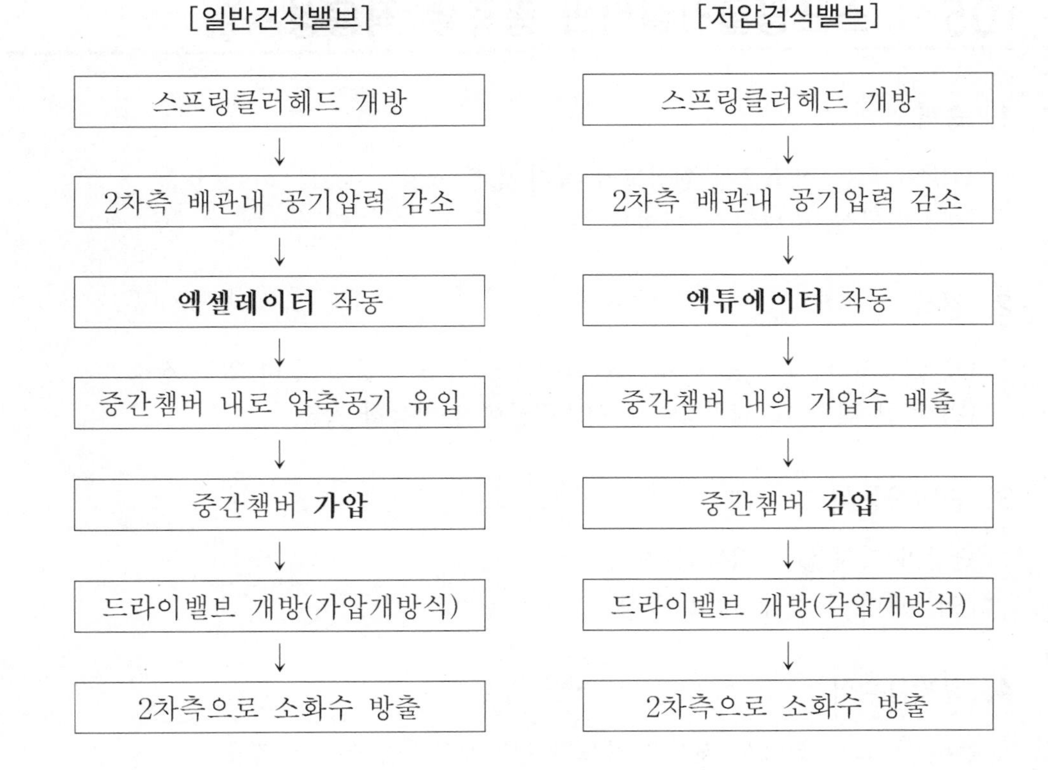

(2) 저압건식밸브의 특징

1) 2차측 압축공기의 설정압력이 낮다.

〈1차측 수압이 1MPa일 경우 2차측의 설정압력〉

- 일반건식밸브의 경우 : 0.35~0.44MPa
- 저압건식밸브의 경우 : 0.08~0.14MPa

2) 2차측 설정압력이 낮으므로 인한 장점

① 드라이밸브(클래퍼) 개방시간이 단축된다.

㉠ 2차측으로의 소화수 이송시간 단축

㉡ 헤드방수개시 도달시간 단축

㉢ 급속개방장치(Accelerator)가 불필요 함

② Air Compressor 용량이 작다.

일반건식밸브시스템 콤프레셔 용량의 1/3~1/4 정도의 용량만 소요된다.

07 스프링클러설비의 주요 설계기준

1. 펌프의 정격토출량

(1) 폐쇄형 헤드 : 헤드의 기준개수×80[ℓ/min]

(단, 헤드의 설치개수가 기준개수 미만인 경우 : 설치개수×80[ℓ/min])

(2) 개방형 헤드

1) 최대 방수구역의 헤드 설치개수 30개 이하 : 설치개수×80[ℓ/min]

2) 최대 방수구역의 헤드 설치개수 30개 초과 : 설치개수× $K\sqrt{P}$: (수리계산)

여기서, P : 헤드선단의 방수압력, K : 방출계수

[스프링클러헤드의 기준개수]

소방대상물			기준개수
지상 층수 10층 이하인 소방대상물	공장	특수가연물을 저장 취급하는 것	30
		그 밖의 것	20
	근생생활시설·운수시설 또는 복합건축물	판매시설 또는 복합건축물(판매시설이 설치되는 복합건축물)	30
		그 밖의 것	20

지상 층수 10층 이하인 소방대상물	그 밖의 것	헤드 부착 높이 8m 이상	20
		헤드 부착 높이 8m 미만	10
지상 층수 11층 이상인 소방대상물 또는 창고시설, 지하가, 지하역사			30
아파트	① 각 동이 주차장으로 연결된 구조의 주차장 부분		30
	② ①에 해당하는 외의 부분		10

2. 수원의 양

수원량 = 펌프의 정격토출량 × T

여기서, T :
- 29층 이하 : 20분 이상
- 30층~49층 : 40분 이상
- 50층 이상 : 60분 이상

3. 스프링클러헤드

(1) 헤드의 유효살수반경(포소화설비 헤드의 경우 : 전부 2.1m)

1) 무대부, 특수가연물을 저장·취급하는 장소 : 1.7m 이하
2) 아파트의 세대 내 : 2.6m 이하
3) 기타 소방대상물
   - 비내화구조 : 2.1m 이하
   - 내화구조 : 2.3m 이하

(2) 헤드의 배치 및 간격

1) 정사각형 배치

헤드와 헤드 간의 간격(직각선) : $S = 2R\cos 45°$

여기서, S : 스프링클러헤드와 헤드 간의 간격

R : 소방대상물의 각 부분으로부터 스프링클러헤드까지의 수평거리

2) 직사각형 배치

헤드와 헤드 간의 간격(대각선) : $X = 2R$

여기서, X : 스프링클러헤드와 헤드 간의 간격(대각선 방향)

R : 소방대상물의 각 부분으로부터 스프링클러헤드까지의 수평거리

08 스프링클러설비의 기타 중요 화재안전기준

1. 스프링클러헤드의 설치기준

(1) 스프링클러 헤드로부터 반경 60cm 이상의 공간을 보유할 것. 다만, 벽과 헤드 간의 공간은 10cm 이상일 것

(2) 헤드와 부착면과의 거리 : 30cm 이하 되게 설치

(3) 배관 · 행거 및 조명기구 등이 있는 경우에는 그로부터 아래에 설치하여 살수에 장애가 없도록 할 것. 다만, 스프링클러헤드와 장애물과의 이격거리를 장애물 폭의 3배 이상 확보한 경우에는 그러하지 아니하다.

(4) 헤드의 반사판은 그 부착면과 평행되게 설치한다.

(5) 습식 스프링클러설비 또는 부압식 스프링클러설비 외의 것은 상향식 헤드로 설치한다.

(6) 연소할 우려가 있는 개구부 : 상하 좌우에 2.5m 간격으로 헤드설치. 다만, 사람이 상시 출입하는 개구부로서 통행에 지장이 있는 경우에는 개구부의 상부 또는 측면에 1.2m 간격으로 설치

(7) 상부 헤드의 방출수가 하부 헤드의 감열부에 영향을 줄 수 있는 경우에는 유효한 차폐판을 설치

(8) 보와 가까운 헤드의 설치기준

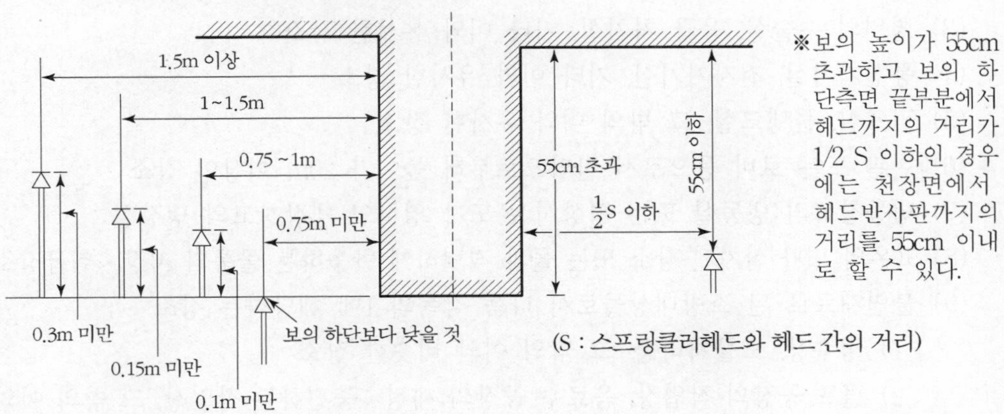

2. 폐쇄형 스프링클러설비의 방호구역 · 유수검지장치 제19회 관리사 출제

(1) 하나의 방호구역의 바닥면적은 3,000m² 이하일 것

(2) 하나의 방호구역은 2개 층에 미치지 아니하도록 할 것. 다만, 1개 층의 스프링

클러 헤드수가 10개 이하인 경우와 복층형 구조의 공동주택에는 3개 층 이내로 할 수 있다.

(3) 하나의 방호구역에는 1개 이상(단, 50층 이상인 건축물은 2개 이상)의 유수검지장치를 설치하되, 화재 시 접근이 쉽고 점검이 편리한 장소에 설치할 것

(4) 스프링클러 헤드에 공급되는 물은 유수검지장치 등을 지나도록 할 것. 다만, 송수구를 통하여 공급되는 물은 그러하지 아니하다.

(5) 유수검지장치는 바닥으로부터 0.8~1.5m 높이에 설치하고, 가로 0.5m × 세로 1m 이상의 출입문을 설치. 그 출입문 상단에 '유수검지장치실'이라는 표지를 설치

(6) 자연낙차에 따른 압력수가 흐르는 배관상에 설치된 유수검지장치는 물의 흐름을 검지할 수 있는 최소한의 압력이 얻어질 수 있도록 수조의 하단으로부터 낙차를 두어 설치할 것

(7) 조기반응형 스프링클러헤드를 설치하는 경우에는 습식유수검지장치 또는 부압식 스프링클러설비를 설치할 것

3. 스프링클러헤드의 설치 제외 대상

(1) 계단실, 특별피난계단의 부속실, 비상용승강기의 승장장, 경사로, 승강기의 승강로, 파이프덕트 및 덕트피트, 목욕실, 화장실, 수영장(관람석 부분은 제외), 직접 외기에 개방되어 있는 복도, 기타 이와 유사한 장소

(2) 발전실, 변전실, 변압기, 기타 이와 유사한 전기설비가 설치된 장소

(3) 병원의 수술실, 응급 처치실, 기타 이와 유사한 장소

(4) 통신기기실, 전자기기실, 기타 이와 유사한 장소

(5) 펌프실, 물탱크실, 그 밖의 이와 유사한 장소

(6) 현관 또는 로비 등으로서 바닥으로부터 높이가 20m 이상인 장소

(7) 냉동창고의 냉동실 또는 평상시 온도가 영하인 냉장창고의 냉장실

(8) 고온의 노가 설치된 장소 또는 물과 격렬하게 반응하는 물품의 저장・취급장소

(9) 불연재료로 된 소방대상물로서 다음 각목의 1에 해당하는 장소

  1) 정수장, 오물처리장, 그 밖의 이와 비슷한 장소

  2) 펄프 공장의 작업장, 음료수 공장의 세정・충전하는 작업장, 그 밖의 이와 유사한 장소

  3) 불연금속・석재 등의 가공공장으로서 가연성물질을 저장・취급하지 아니하는 장소

(10) 천장과 반자의 양쪽이 불연재료로 되어 있고 그 사이의 거리 및 구조가 다음 각목의 1에 해당하는 부분

1) 천장과 반자 사이의 거리가 2m 미만인 부분
2) 천장과 반자 사이의 거리가 2m 이상으로서 그 사이에 가연물이 존재하지 아니하고, 그 벽이 불연재료인 부분

(11) 천장 · 반자 중 한쪽이 불연재료 : 천장과 반자 사이 거리 1m 미만인 곳
(12) 천장 · 반자 중 양쪽 모두 불연재료 이외의 것 : 천장과 반자 사이 거리 0.5m 미만인 곳
(13) 실내의 테니스장, 게이트볼장, 정구장 등으로서 실내 마감재료가 불연재료 또는 준불연재료로 되어 있고 가연물이 존재하지 않는 장소로서 관람석이 없는 운동시설
(14) 공동주택의 발코니에 설치되는 대피공간(거실과 출입문이 면하는 경우는 제외)

4. 준비작동식 스프링클러설비에서 화재감지기회로를 교차회로방식으로 아니할 수 있는 경우

(1) 스프링클러설비의 배관 또는 헤드에 누설경보용 물 또는 압축공기가 채워지는 경우
(2) 부압식 스프링클러설비의 경우
(3) 화재감지기를 「자동화재탐지설비의 화재안전기준」 제7조 제1항 단서 각 호의 감지기(특수감지기 8종) 중 적응성이 있는 감지기로 설치하는 경우

5. 우선경보방식(구분명동방식)의 적용기준

(1) 우선경보방식의 적용대상

층수가 11층(지하층은 제외, 공동주택은 16층) 이상인 특정소방대상물 또는 그 부분

(2) 우선경보방식 기준

1) 2층 이상의 층에서 발화한 때 : 발화층 및 그 직상 4개층에 경보
2) 1층에서 발화한 때 : 발화층 · 그 직상 4개층 및 지하층에 경보
3) 지하층에서 발화한 때 : 발화층 · 그 직상층 및 기타의 지하층에 경보

09 연소할 우려가 있는 개구부의 소화설비

1. 정의

국가화재안전기준(NFSC 103)에서 '연소할 우려가 있는 개구부'라 함은 방화구획을 관통하는 시설(컨베이어, 에스컬레이터, 등)의 주위로서 방화구획을 할 수 없는 부분으로 규정하고 있다.

2. 설치기준

화재안전기준에서 연소할 우려가 있는 개구부에는 스프링클러헤드를 개구부의 상하좌우에 2.5m 간격으로 설치하거나, 또는 별도의 드렌처설비를 개구부에 설치하도록 규정하고 있다.

(1) 스프링클러헤드를 설치할 경우

개구부의 상하좌우에 2.5m 이하 간격으로 설치한다. 단, 사람이 상시 출입하는 개구부일 경우에는 상부 또는 측면에 1.2m 이하 간격으로 설치

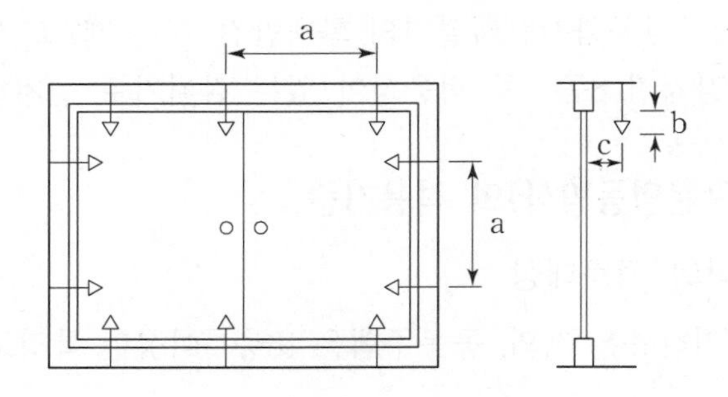

a : 상하좌우에 2.5m 이하 간격
(단, 사람이 상시 출입하는 개구부 : 상부 또는 측면에 1.2m 이하 간격)
b, c : 0.15m 이하

(2) 드렌처설비를 설치할 경우

1) 시스템 구성(일제살수식 스프링클러설비와 동일함)

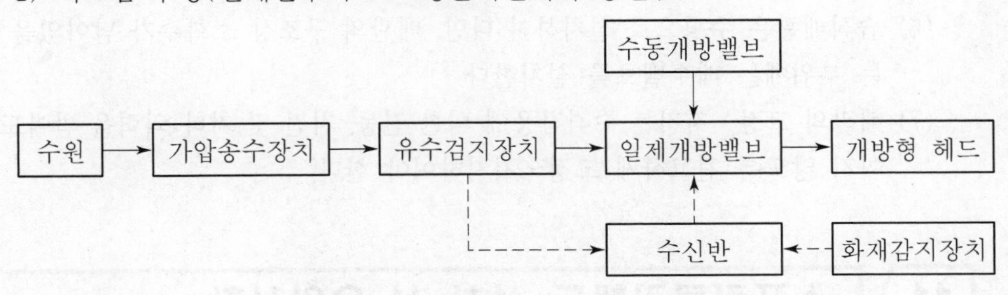

2) 방수구역

① 하나의 방수구역당 헤드 개수 : 50개 이하(단, 방수구역을 2개 이상으로 나눌 경우에는 최소 25개 이상)

② 하나의 방수구역이 2개층 이상에 미치지 아니할 것

3) 제어밸브(일제개방밸브, 개폐표시형 밸브, 수동조작부를 합한 것을 말한다.) : 소방대상물의 층마다 설치하며, 바닥면으로부터 0.8~1.5m 높이의 위치에 설치

4) 드렌처헤드의 설치간격 : 개구부 위측에 2.5m 이하 간격으로 설치

5) 가압송수장치의 용량 및 수원량 : 일제살수식 스프링클러설비와 동일함

① 펌프의 정격토출량 : 최대 방수구역의 헤드를 동시에 방수할 때 각 헤드의 방수압력 0.1MPa 이상, 방수량 80ℓ/min 이상이 되도록 한다.

∴ 펌프의 정격토출량 = 최대방수구역 드렌처헤드의 설치개수 × 80ℓ/min

② 수원량 = 펌프의 정격토출량 × 20분

10 스프링클러설비의 배관 시공 시 유의사항

(1) 내화구조의 벽체 또는 바닥 슬래브를 관통하는 배관은 그 관통부위에 Sleeve를 매설하고 그 Sleeve를 통하여 배관이 관통되도록 설치한다.

(2) 방화구획 또는 방연구획을 통과하는 배관은 건축구조물과의 틈새가 없도록 내화충진재 등으로 밀실하게 시공한다.

(3) 내화구조의 벽이나 방화벽 등으로 완벽하게 구획된 공간에는 그 공간용으로 별도의 입상관을 설치하는 것이 효과적이다. 이것은 방화구획 관통배관을 최소한으로 줄일 수 있기 때문이다.

(4) 배관 이음부 용접시 이음면의 모서리를 그라인더 등으로 갈아내고 용접한다.

(5) 건식배관은 적정한 구배가 필요하며, 배관의 구조상 기울기를 줄 수 없는 경우에는 배수를 원활하게 할 수 있도록 배수밸브를 설치한다.
(6) 습식배관은 수평으로 설치하며 다만, 배관의 구조상 소화수가 남아있을 수 있는 부위에는 배수밸브를 설치한다.
(7) 배관의 고정·지지는 수격작용에 의한 진동, 지진 및 기타 외력을 받아도 움직이지 않도록 견고하게 고정·지지하여야 한다.

11 스프링클러헤드 설치 시 유의사항

스프링클러헤드 설치 시공 시 유의할 사항 중 설치기준(화재안전기준) 외의 사항은 다음과 같다.
(1) 스프링클러헤드를 배관에 설치하거나 탈거할 경우에는 반드시 규정된 헤드취부렌치를 사용하여야 한다. 그렇지 아니하면 헤드의 손상·변형으로 누수현상의 원인이 될 수 있다.
(2) 스프링클러헤드의 조립 시 헤드의 나사부분이 손상되지 않도록 처음에는 손으로 조금 조인 후에 헤드취부렌치로 완전히 조여야 한다.
(3) 스프링클러헤드의 취급도중에 바닥에 떨어 뜨리거나 심하게 충격이 가해진 것은 사용하지 말고 폐기처분하여야 한다. 이것은 헤드의 감열부분이나 Deflector에 무리한 힘이 가해지면 헤드의 기능이 손상될 수 있기 때문이다.
(4) 보, 배관, 케이블트레이, 등의 살수장애물로 인하여 스프링클러헤드와 그 직상부 천장과의 거리가 멀게(30cm 초과) 설치되는 경우에는 헤드 위에 집열판을 설치하여야 화재 시 스프링클러헤드의 감열개방 지연을 방지할 수 있다.
(5) 스프링클러 헤드와 헤드 간의 거리가 너무 짧아서(약 1.6m 이하) 헤드 방수 시 헤드의 방출수에 따라 인접 헤드의 감열부에 영향을 미칠 우려가 있는 헤드에는 인접 헤드의 Skipping 방지를 위해 헤드와 헤드 간의 사이에 방출수를 차단할 수 있는 유효한 차폐판을 설치하여야 한다.

12 화재조기진압용(ESFR) 스프링클러설비

1. 개요

(1) 화재 초기에 빠른 응답의 감도특성과 보다 많은 양의 물이 강력한 화세를 뚫고 침투할 수 있도록 큰 물방울과 충분한 양의 물을 방사하여 화재를 조기에 진압할 수 있는 것으로 ESFR(Early Suppression Fast Response) 스프링클러라 한다.

(2) 일반(표준) 스프링클러와의 차이점

1) 일반(표준) 스프링클러 : 연소확대의 억제 목적
2) ESFR 스프링클러 : 화재의 조기진압 목적

2. 설치대상 및 설치장소의 구조

(1) 법규적 설치대상

천장높이 13.7m 이하의 래크식 창고

(2) 설치제외대상

1) 제4류 위험물을 저장 · 취급하는 장소
2) 타이어, 두루마리 종이 · 섬유류 등 연소시 화염속도가 빠르고, 방사된 물이 하부까지 도달하지 못하는 구조

(3) 설치장소의 구조

1) 당해 층의 높이 : 13.7m 이하
(단, 2층 이상인 경우 당해 층의 바닥을 내화구조 및 층간 방화구획할 것)
2) 천장의 기울기 : $\frac{168}{1,000}$ 이하
3) 보와 보 사이의 간격 : 0.9m ~ 2.3m
4) 창고 내 선반의 형태 : 하부로 물이 침투되는 구조

3. 설치기준

(1) 수원 (Q)

$$Q[\ell] = K\sqrt{10P} \times 12 \times 60$$

여기서, K : 상수[ℓ/min/(MPa)$^{\frac{1}{2}}$]

P : 방사압력(NFSC 103B 별표3에 의함)

12 : 헤드의 기준개방개수

(가장 먼 가지배관 3개 × 각 4개 헤드 동시개방 : 3 × 4 = 12)

60 : 방사시간[분]

(2) 헤드

1) 헤드 1개당 방호면적 : $6.0m^2 \sim 9.3m^2$
2) 헤드 간의 간격(가지배관 간의 간격도 동일)
   ① 천장고 9.1m 미만 : 2.4m ~ 3.7m
   ② 천장고 9.1m ~ 13.7m : 3.1m 이하
3) 헤드의 작동온도 : 74℃ 이하
4) 반응시간지수(RTI) : $28(m \cdot sec)^{\frac{1}{2}}$
5) 헤드의 설치기준 (단위 : mm)

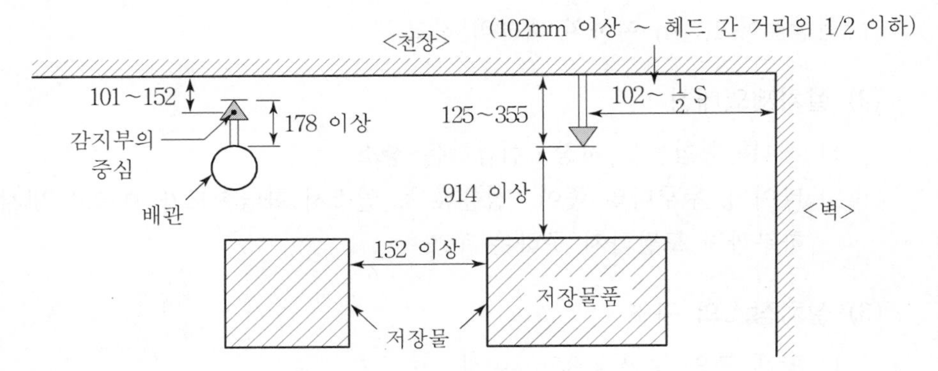

여기서, S : 헤드와 헤드 간의 거리

(3) 저장물품 사이의 간격

152mm 이상

(4) 환기구

1) 공기유동이 헤드의 작동온도에 영향을 주지 않는 구조일 것
2) 화재감지기와 연동하는 자동식이 아닐 것. 단, 최소작동온도가 180℃ 이상인 것은 자동식도 가능함

(5) 기타

상기 사항 이 외는 일반(표준) 스프링클러설비의 설치기준과 동일함

13 간이 스프링클러설비

1. 법규적 설치대상

설치대상	적용기준
1. 공동주택	연립주택 및 다세대주택 : 주택 전용 간이 스프링클러설비 설치
2. 근린생활시설	• 근린생활시설 바닥면적 합계 1,000m² 이상 : 전층 설치 • 의원, 치과의원 및 한의원으로서 입원실이 있는 시설 • 조산원 및 산후조리원으로서 연면적 600m² 미만인 시설
3. 교육연구시설 내의 합숙소	연면적 100m² 이상
4. 의료시설	• 종합병원, 병원, 치과병원, 한방병원, 요양병원(정신병원 및 의료재활시설은 제외) : 바닥면적 합계 600m² 미만인 시설 • 정신의료기관 또는 의료재활시설 : 바닥면적 합계 300m² 이상 600m² 미만인 시설 또는 바닥면적 합계 300m² 미만이고 창살이 설치된 시설
5. 노유자시설	① 노유자생활시설 ② ①에 해당하지 않고 바닥면적 300m² 이상 600m² 미만 ③ ①에 해당하지 않고 바닥면적 300m² 미만이고 창살이 설치된 시설
6. 숙박시설	해당 용도의 바닥면적 합계가 300m² 이상 600m² 미만인 것
7. 「출입국관리법」 제52조 제2항에 따른 보호시설	건물을 임차하여 보호시설로 사용하는 부분
8. (주상)복합건축물	연면적 1,000m² 이상인 것 : 전층 설치
9. 「다중이용업소의 안전관리에 관한 특별법」상의 다중이용업소	① 지하층에 설치된 영업장 ② 밀폐구조의 영업장 ③ 실내 권총사격장의 영업장 ④ 숙박을 제공하는 형태의 다중이용업소의 영업장 중 산후조리업 · 고시원업의 영업장

2. 수원

(1) 상수도직결형

(2) 수조설비형

1) 수조의 용량 : 간이헤드 2개를 동시에 개방하여 10분 이상 방수할 수 있는 양
다만, 다음의 어느 하나에 해당하는 경우에는 5개의 간이헤드에서 20분 이상 방수할 수 있는 양일 것
① 근린생활시설의 바닥면적 합계가 1,000m² 이상인 것
② 숙박시설 중 생활형 숙박시설의 바닥면적 합계가 600m² 이상인 것
③ 복합건축물(주상 복합건축물에 한한다)로서 연면적 1,000m² 이상인 것
2) 1개 이상의 자동급수장치 구비

3. 가압송수장치

(1) 종류

펌프가압식, 고가수조식, 압력수조식, 가압수조식, 상수도직결식

(2) 정격토출압력

가장 먼 간이헤드 2개를 동시에 개방하여 방수압력 0.1MPa 이상 및 방수량 50ℓ/min 이상(단, 주차장의 표준반응형 스프링클러헤드의 경우 : 80ℓ/min)일 것
다만, 가압수조식의 경우에는 헤드 2개를 동시에 개방하여 적정 방수량 및 방수압이 10분(다만, 아래 [주]의 어느 하나에 해당하는 경우에는 20분) 이상 유지될 것

※ [주의]
위의 "간이헤드 2개 동시개방"에서 다음의 어느 하나에 해당하는 경우에는 5개의 간이헤드를 동시에 개방한다. 〈개정 2015.1.23〉
① 근린생활시설의 바닥면적 합계가 1,000m² 이상인 것
② 숙박시설 중 생활형 숙박시설의 바닥면적 합계가 600m² 이상인 것
③ 복합건축물(주상 복합건축물만 해당)로서 연면적 1,000m² 이상인 것

4. 배관 및 밸브

(1) 상수도 직결방식

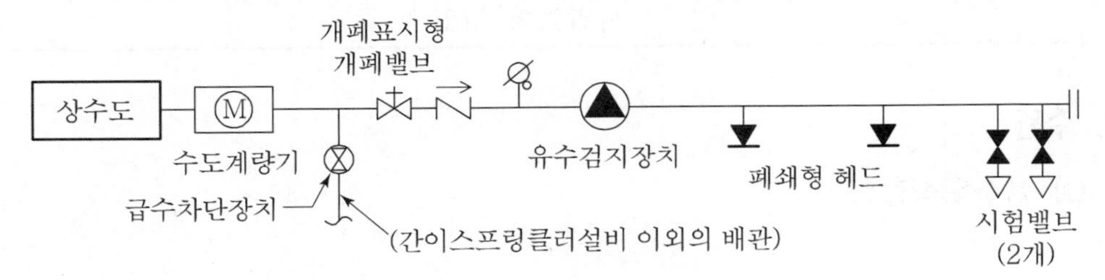

(2) 펌프 등의 가압송수방식

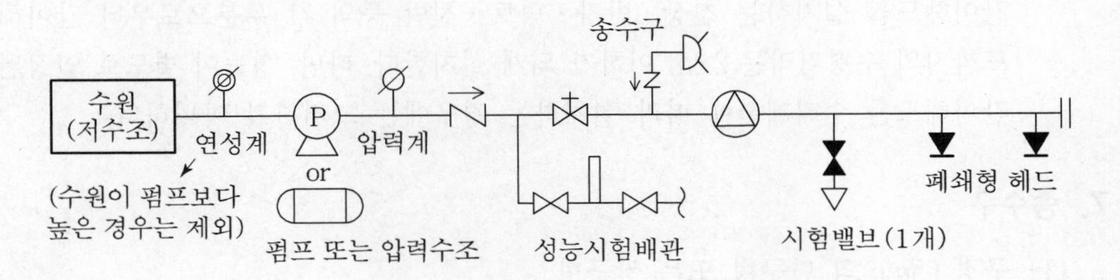

(3) 가압수조방식

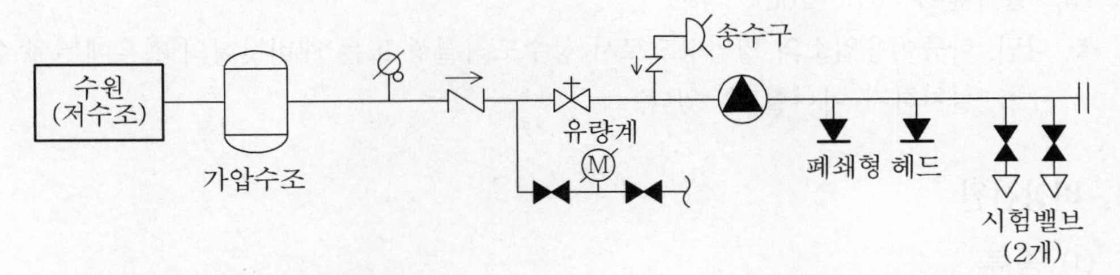

(4) 캐비닛형 가압송수방식

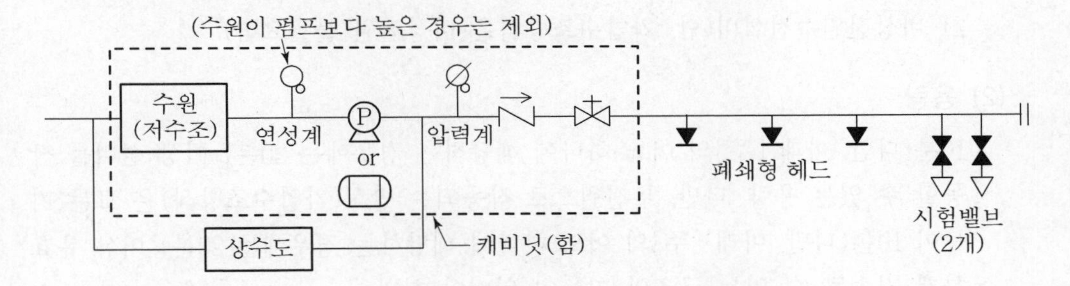

5. 방호구역

(1) 하나의 방호구역 바닥면적이 1,000m²를 초과하지 아니할 것

(2) (기타는 스프링클러설비의 방호구역 기준과 동일함)

6. 간이헤드

(1) 폐쇄형 간이헤드 설치(단, 주차장에는 표준반응형 스프링클러헤드 설치)

(2) 간이헤드의 작동온도

주위 천장 최대 온도	공칭 작동 온도
0~38℃ 39~66℃	57~77℃ 79~109℃

(3) 헤드의 살수반경(수평거리)

간이헤드를 설치하는 천장·반자·덕트·선반 등의 각 부분으로부터 간이헤드까지의 수평거리는 2.3m 이하가 되게 설치한다. 다만, 성능이 별도로 인정된 간이헤드를 수리계산에 따라 설치하는 경우에는 그러하지 아니하다.

7. 송수구

(1) 구경 65mm의 단구형 또는 쌍구형

(2) 송수배관의 내경 : 40mm 이상

(3) 설치높이 : 0.5～1.0m

※ 다만, 다중이용업소의 영업장으로서 상수도직결형 또는 캐비닛형의 경우에는 송수구를 설치하지 아니할 수 있다.

8. 비상전원

(1) 종류

1) 자가발전설비 또는 축전지설비

2) 비상전원수전설비(단, 가압수조방식은 비상전원 불필요함)

(2) 용량

10분(다만, 아래 [주]의 어느 하나에 해당하는 경우에는 20분) 이상 설비를 작동할 수 있는 용량. 다만, 무전원으로 작동되는 방식(가압수조방식)은 모든 기능이 10분(다만, 아래 [주]의 어느 하나에 해당하는 경우에는 20분) 이상 유효하게 지속될 수 있는 구조와 기능이 있어야 한다.

※ [주]

위의 "간이헤드 2개 동시개방"에서 다음의 어느 하나에 해당하는 경우에는 5개의 간이헤드를 동시에 개방한다. 〈개정 2015.1.23〉

① 근린생활시설의 바닥면적 합계가 1,000m² 이상인 것

② 숙박시설 중 생활형 숙박시설의 바닥면적 합계가 600m² 이상인 것

③ 복합건축물(주상 복합건축물만 해당)로서 연면적 1,000m² 이상인 것

(3) 구조

상용전원 중단 시 자동으로 비상전원으로 전환되어 전원을 공급받는 구조일 것

14 부압식 스프링클러설비

1. 설비의 개요

(1) 준비작동식 스프링클러설비에서 유수검지장치(프리액션밸브) 1차측까지는 정압의 소화수가 충만되어 있고, 2차측 폐쇄형 스프링클러헤드까지는 부압의 소화수로 채워져 있다가, 비화재상태에서 스프링클러헤드가 파손 등으로 개방되었을 때, 즉각 고압진공스위치를 작동시켜 진공펌프에 의해 2차측의 소화수를 흡입함으로써 비화재 시 소화수 유출을 방지하여 수손피해를 방지하는 스프링클러설비이다.

(2) 화재발생시에는 즉, 정상적인 스프링클러 작동시에는 화재감지기의 신호에 의해 프리액션밸브의 개방과 동시에 진공펌프를 강제 정지시키므로 2차측 소화수의 유수에 이상이 없으며, 2차측이 항시 소화수로 충만되어 있으므로 화재시 스프링클러헤드로부터 즉시 방수될 수 있어 조기진화에도 유리한 시스템이라 할 수 있다.

2. 설비의 구조 및 작동원리

(1) 평상 시 셋팅 상태

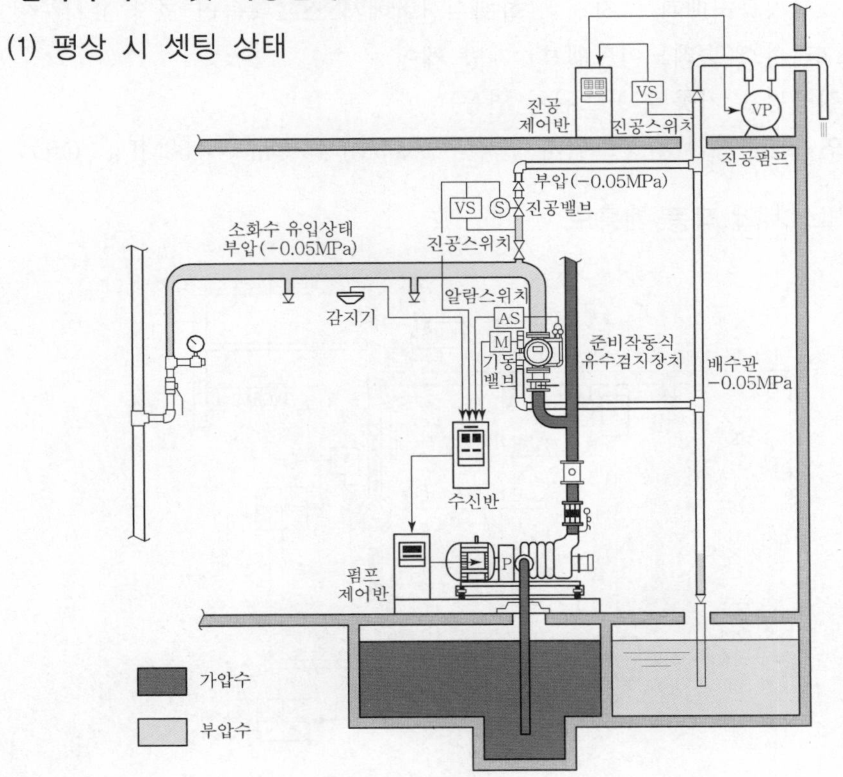

(2) 스프링클러헤드 오작동시의 작동 계통도

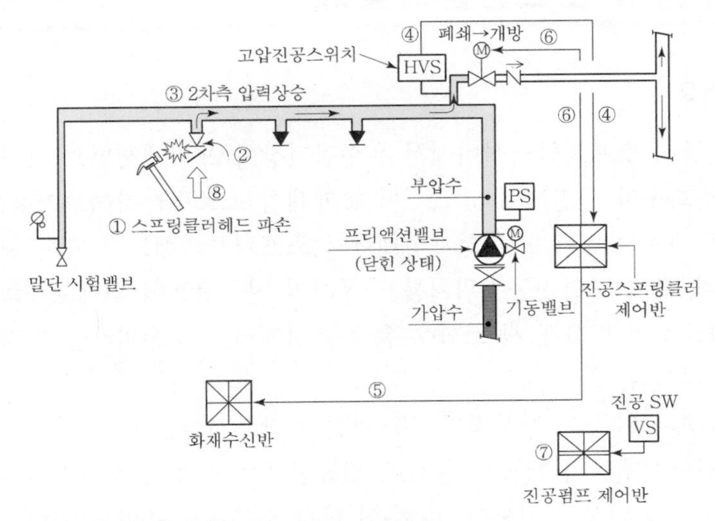

① 스프링클러헤드 파손(비화재시)
② 공기흡입
③ 2차측 압력상승(－0.05MPa → －0.03MPa)
④ 고압진공스위치(HVS) 작동(－0.03MPa에서 ON)
⑤ 스프링클러배관 고장신호(화재수신반에서 스프링클러 고장 표시 · 경보)
⑥ 오리피스(솔레노이드밸브) 개방 제어
⑦ 진공펌프 기동(진공스위치 연동)
⑧ 연속공기흡입(진공스위치 연동)(－0.05MPa : On, －0.08MPa : Off)

(3) 화재발생시의 작동 계통도

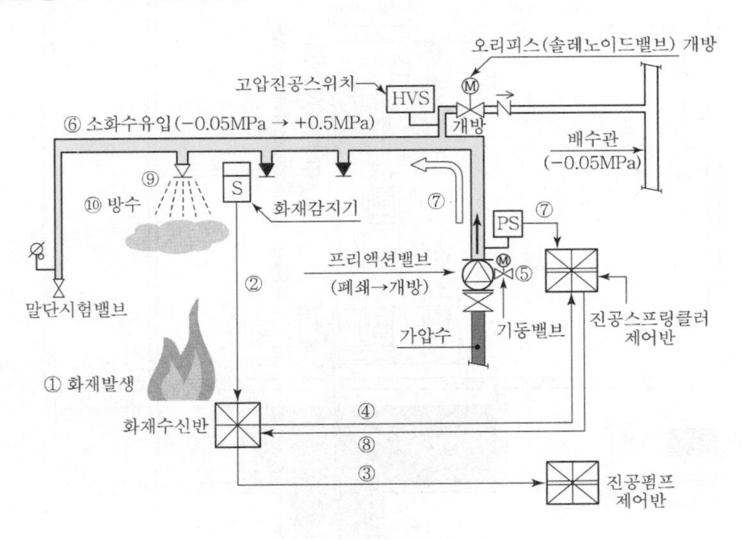

① 화재발생
② 화재감지(화재표시 → 화재예고신호 → 화재판정 → 화재방송)
③ 진공펌프 강제정지 제어
④ 진공스프링클러 제어반 화재신호(화재판정 후 → 화재신호 송출)
⑤ 프리액션밸브의 기동밸브 개방 → 프리액션밸브 개방
⑥ 2차측으로 소화수 유입(2차측 부압 → 정압가압)
⑦ 프리액션밸브 유수검지신호(알람신호) 발생
⑧ 유수검지신호를 화재수신반으로 송출(화재수신반 작동표시)
⑨ 스프링클러헤드를 통하여 소화수 방출
⑩ 소화

3. 설비의 특성

(1) 장점

1) 2차측이 항시 소화수로 충만되어 있는 상태이므로 화재시 프리액션밸브가 작동하면 즉시 소화수가 방수될 수 있어 조기진화에 유리하다.
2) 비화재 상태에서 스프링클러헤드가 파손 또는 오작동되어 개방되었을 때에는 소화수의 유출로 인한 수손피해를 방지할 수 있다.

(2) 단점

1) 배관 내 물을 부압상태로 장기간 유지할 경우 물의 비등점이 낮아져 지속적으로 기포가 발생하고 용존산소가 방출됨으로 인해 스프링클러 작동시 배관 내 물의 흐름이 원활하지 못할 수 있다.
2) 일반 스프링클러설비에 비해 시스템이 복잡해지는데, 시스템이 복잡할수록 설비의 작동 신뢰도가 떨어지는 문제가 있을 수 있다. 즉, 한 예로, 화재로 인한 스프링클러 작동시 진공펌프의 강제 정지가 되지 않았을 경우에는 2차측으로의 유수가 오히려 어려워질 수 있다.
3) 평상시 2차측 배관에 물이 채워지므로 겨울철 동결 우려가 있는 장소에는 적용이 곤란하다.

15 미분무소화설비

1. 설비의 개요

(1) 미분무소화설비는 가압된 소화수(물)가 헤드를 통해 방사될 때 미세한 물입자로 분무됨으로써 질식(산소농도희석)·냉각·복사열차폐효과 등의 소화성능을 가지는 설비이다.

(2) 미분무소화설비에서 사용되는 미분무(미세한 물입자)는 최소설계압력에서 헤드로부터 방출되는 물입자 중 99%의 누적체적분포가 400㎛ 이하로 분무되고, A·B·C급 화재에 적응성을 가지고 있는 것으로 국가화재안전기준에서 규정하고 있다.

2. 설비의 특성

(1) 소화원리

1) 질식효과(산소농도희석)

미세 물입자의 증발시 발생하는 높은 비체적의 수증기에 의한 산소치환작용 및 공기공급차단작용으로 인해 산소농도가 희석됨으로써 질식효과가 발생된다.

2) 냉각효과

① 기상냉각(화염냉각) : 물입자의 증발잠열에 의한 냉각효과

② 표면냉각 : 물입자의 가연물 접촉에 의한 냉각효과

3) 복사열 차폐효과(방사열의 감소)

① 물입자의 크기는 작지만 단위체적당 밀도가 높으므로 화염으로부터 빼앗는 복사열량이 많게 된다.

② NRC 실험에서 복사열 70% 이상 감소효과 확인

4) 부차적 소화효과

① 연기의 흡수효과

② 가연성 증기의 희석효과

(2) 장점

1) 독성이 없고 환경에 무해하다.

2) 소화 시 물피해가 적다.(기존 스프링클러 물 사용량의 약 10%만 사용됨)

3) 전역방출방식의 성능이 유효하다.

4) 전기 · 전자설비의 화재에도 적용 가능함
5) 불활성화설비 및 폭발억제설비로 사용 가능함
6) 설비비 저렴 : 소화용수 및 배관구경이 스프링클러설비에 비해 현저히 감소됨

(3) 단점

1) 심부화재에 적용이 곤란함 : 물입자의 침투효과가 낮다.
2) 기초설계자료 부족 : 소화성능의 각 종 변수를 설계할 객관적인 이론이 정립 되지 않았다.
3) 노즐의 가공이 정밀하며 제작비용이 고가격이다.

3. 시스템의 종류

(1) 작동압력에 의한 분류

1) 저압 미분무소화설비 : 최고사용압력 1.2MPa 이하
2) 중압 미분무소화설비 : 사용압력 1.2MPa 초과~3.5MPa 이하
3) 고압 미분무소화설비 : 최저사용압력 3.5MPa 초과

(2) 헤드방식에 따른 분류

1) 폐쇄형 미분무소화설비 : (습식 스프링클러설비와 동일한 구조)
2) 개방형 미분무소화설비 : (일제살수식 스프링클러설비와 동일한 구조)

(3) 소화수 방출방식에 따른 분류

1) 전역방출방식
2) 국소방출방식
3) 호스릴방식

4. 미분무소화설비의 중요 설계기준

(1) 수원의 양(Q)

$$Q\,[\mathrm{m^3}] = N \times D \times T \times S + V$$

여기서, N : 방호구역(방수구역) 내 헤드의 설치개수
D : 설계유량 [m³/min]
T : 설계방수시간 [min]
S : 안전율(1.2 이상)
V : 배관 내의 체적 [m³]

(2) 펌프의 정격토출량

가압송수장치의 송수량은 최저설계압력에서 설계유량 [L/min] 이상의 방수성능을 가진 기준개수의 모든 헤드로부터의 방수량을 충족시킬 수 있는 양 이상의 것으로 한다.

(3) 방호구역(방수구역) 설정기준

1) 폐쇄형 미분무소화설비의 방호구역

① 하나의 방호구역은 2개 층에 미치지 아니할 것

② 하나의 방호구역의 바닥면적은 펌프용량, 배관의 구경 등을 수리학적으로 계산한 결과 헤드의 방수압 및 방수량이 방호구역 범위 내에서 소화목적을 달성할 수 있도록 산정하여야 한다.

2) 개방형 미분무소화설비의 방수구역

① 하나의 방수구역은 2개 층에 미치지 아니할 것

② 하나의 방수구역을 담당하는 헤드의 개수는 최대 설계개수 이하로 할 것. 다만, 2개 이상의 방수구역으로 나눌 경우에는 하나의 방수구역을 담당하는 헤드의 개수는 최대설계개수의 1/2 이상으로 할 것

③ 터널, 지하구, 지하가 등에 설치할 경우에는 동시에 방수되어야 하는 방수구역을 화재발생 당해 방수구역 및 이에 접한 방수구역으로 할 것

5. 설계도서 작성기준

설계도서는 건축물에서 발생 가능한 화재상황을 선정하되, 건축물의 특성에 따라 일반설계도서와 아래의 특별설계도서 1~6 중 1개 이상을 작성한다.

(1) 기본적인(공통적인) 고려사항

1) 점화원의 형태
2) 초기점화되는 연료의 유형
3) 화재의 위치
4) 출입문과 창문의 초기상태(열림, 닫힘) 및 시간에 따른 변화상태
5) 공기조화설비, 환기설비의 자연형(문, 창문) 및 기계형의 여부
6) 시공유형과 내장재의 유형

(2) 일반설계도서

1) 건물용도 및 사용자 중심의 일반적인 화재를 가상한다.

2) 설계도서에는 다음 사항이 필수적으로 명확히 설명되어야 한다.

① 건물사용자의 특성
② 사용자의 수와 장소
③ 실의 크기
④ 가구와 실내 내용물
⑤ 연소 가능한 물질들과 그 특성 및 발화원
⑥ 환기조건
⑦ 최초 발화물과 발화물의 위치

3) 설계자가 필요한 경우 설계도서에 기타 필요한 사항을 추가할 수 있다.

(3) 특별설계도서

1) 특별설계도서-1

① 내부 문들이 개방되어 있는 상황에서 피난로에 화재가 발생하여 급격한 화재연소가 이루어지는 상황을 가상한다.
② 화재시 가능한 피난방법의 수에 중심을 두고 작성한다.

2) 특별설계도서-2

① 사람이 상주하지 않는 실에서 화재가 발생하지만, 잠재적으로 많은 재실자에게 위험이 되는 상황을 가상한다.
② 건축물 내의 재실자가 없는 곳에서 화재가 발생하여 많은 재실자가 있는 공간으로 연소 확대되는 상황에 중심을 두고 작성한다.

3) 특별설계도서-3

① 많은 사람들이 있는 실에 인접한 벽이나 덕트 공간 등에서 화재가 발생한 상황을 가상한다.
② 화재감지기가 없는 곳이거나 자동소화설비가 없는 장소에서 화재가 발생하여 많은 재실자가 있는 곳으로의 연소확대가 가능한 상황에 중심을 두고 작성한다.

4) 특별설계도서-4

① 많은 거주자가 있는 아주 인접한 장소 중 소방시설의 작동범위에 들어가지 않는 장소에서 아주 천천히 성장하는 화재를 가상한다.
② 작은 화재에서 시작하지만 대형화재를 일으킬 수 있는 화재에 중심을 두고 작성한다.

5) 특별설계도서-5

① 건축물의 일반적인 사용특성과 관련하여 화재하중이 가장 큰 장소에서 발생한 아주 심각한 화재를 가상한다.

② 재실자가 있는 공간에서 급격하게 연소 확대되는 화재를 중심으로 작성한다.

6) 특별설계도서-6

① 외부에서 발생하여 본 건물로 화재가 확대되는 경우를 가상한다.

② 본 건물에서 떨어진 장소에서 화재가 발생하여 본 건물로 화재가 확대되거나, 피난로를 막거나, 거주가 불가능한 조건을 만드는 화재에 중심을 두고 작성한다.

5. 미분무소화설비의 기타 중요 화재안전기준

(1) 수원

1) 미분무소화설비에 사용되는 용수는 「먹는물관리법」 제5조의 규정에 적합하고, 물에는 입자・용해고체 또는 염분이 없어야 한다.

2) 물을 저수조 등에 충수할 경우에는 필터 또는 스트레이너를 통하여야 한다.

3) 배관의 연결부(용접부 제외) 또는 주배관의 유입측에는 필터 또는 스트레이너를 설치하고, 스트레이너에는 청소구가 있어야 하며, 검사・유지관리 및 보수 시에 배치위치를 변경하지 아니하여야 한다. 다만, 노즐이 막힐 우려가 없는 경우에는 설치하지 아니할 수 있다.

4) 사용되는 필터 또는 스트레이너의 메쉬는 헤드 오리피스 지름의 80% 이하일 것

(2) 수조의 설치기준

P.13 「수계소화설비의 공통 주요화재안전기준」의 동일내용 참조

(3) 배관 등의 설치기준

1) 배관 등의 재질

① 배관은 배관용 스테인리스 강관(KS D 3576)이나 이와 동등 이상의 강도・내식성 및 내열성을 가진 것으로 하여야 하고, 용접할 경우 용접찌꺼기 등이 남아 있지 아니하여야 하며, 부식의 우려가 없는 용접방식으로 하여야 한다.

② 그 밖의 이 설비에 사용되는 구성요소에 대하여 STS 304 이상의 재료를 사용하여야 한다.

2) 급수배관의 설치기준

① 전용으로 할 것
② 급수를 차단할 수 있는 개폐밸브는 개폐표시형으로 할 것

3) 펌프 성능시험배관의 설치기준

① 성능시험배관은 펌프의 토출측에 설치된 개폐밸브 이전에서 분기하여 직선으로 설치하고, 유량측정장치를 기준으로 전단 직관부에는 개폐밸브를, 후단 직관부에는 유량조절밸브를 설치할 것
② 유입구에는 개폐밸브를 둘 것
③ 개폐밸브와 유량측정장치 사이의 직관부 거리 및 유량측정장치와 유량조절밸브 사이의 직관부 거리는 해당 유량측정장치 제조사의 설치 사양에 따른다.
④ 유량측정장치는 펌프의 정격토출량의 175% 이상까지 측정할 수 있는 성능이 있을 것
⑤ 성능시험배관의 호칭은 유량계 호칭에 따를 것

4) 주차장의 미분무소화설비는 습식 외의 방식으로 하여야 한다.

다만, 주차장이 벽 등으로 차단되어 있고 출입구가 자동으로 열리고 닫히는 구조인 것으로서 다음 각호의 어느 하나에 해당하는 경우에는 그러하지 아니하다.

① 동절기에 상시 난방이 되는 곳이거나 그 밖에 동결의 염려가 없는 곳
② 미분무소화설비의 동결을 방지할 수 있는 구조 또는 장치가 된 것

5) 호스릴방식의 설치기준

① 방호대상물의 각 부분으로부터 하나의 호스 접결구까지의 수평거리가 25m 이하가 되도록 할 것
② 소화약제저장용기의 개방밸브는 호스의 설치장소에서 수동으로 개폐할 수 있는 것으로 할 것
③ 소화약제저장용기의 가장 가까운 곳의 보기 쉬운 곳에 표시등을 설치하고 호스릴 미분무소화설비가 있다는 뜻을 표시한 표지를 할 것
④ 기타 사항은 「옥내소화전설비의 화재안전기준」 제7조(함 및 방수구 등)에 적합할 것

6) 헤드의 설치기준

① 미분무헤드는 소방대상물의 천장 · 반자 · 천장과 반자 사이 · 덕트 · 선반 기타 이와 유사한 부분에 설계자의 의도에 적합하도록 설치하여야 한다.

② 하나의 헤드까지의 수평거리 산정은 설계자가 제시하여야 한다.

③ 미분무소화설비에 사용되는 헤드는 조기반응형 헤드를 설치하여야 한다.

④ 폐쇄형 미분무헤드는 그 설치장소의 평상시 최고주위온도에 따라 다음 식에 따른 표시온도의 것으로 설치하여야 한다.

$$T_a = 0.9T_m - 27.3℃$$

여기서, T_a : 최고주위온도

T_m : 헤드의 표시온도

⑤ 미분무헤드는 배관, 행거 등으로부터 살수가 방해되지 아니하도록 설치하여야 한다.

⑥ 미분무헤드는 설계도면과 동일하게 설치하여야 한다.

⑦ 미분무헤드는 '한국소방산업기술원' 또는 법 제42조제1항의 규정에 따라 성능시험기관으로 지정받은 기관에서 검증을 받아야 한다.

7) 전원

P.15~16「수계소화설비의 공통 주요화재안전기준」의 동일내용 참조

8) 제어반

P.16~18「수계소화설비의 공통 주요화재안전기준」의 동일내용 참조

중요예상문제

01

다음 조건의 고층건축물의 스프링클러설비에 대하여 저층부와 고층부의 분리배관 시스템으로 설계할 경우, 일반배관(非압력배관)의 사용한계압력인 1.2MPa을 초과하는 부분이 최소로 되게, 저층부와 고층부의 분리지점을 설정하고 저층부용 펌프의 소요 정격토출압력을 산출하시오.

〈조건〉

- 건축물의 높이(실양정) : 100m
- 건축물의 층고 : 3.0m
- 고층부용 펌프의 정격압력 : 1.5MPa
- 고층부용 펌프의 체절압력 : 1.9MPa
- 저층부 B지점에서의 소요정격압력 : 0.2MPa
- A~B 및 A~C의 마찰손실압력 : 각 0.05MPa
- 0.1MPa = 10mH_2O로 한다.

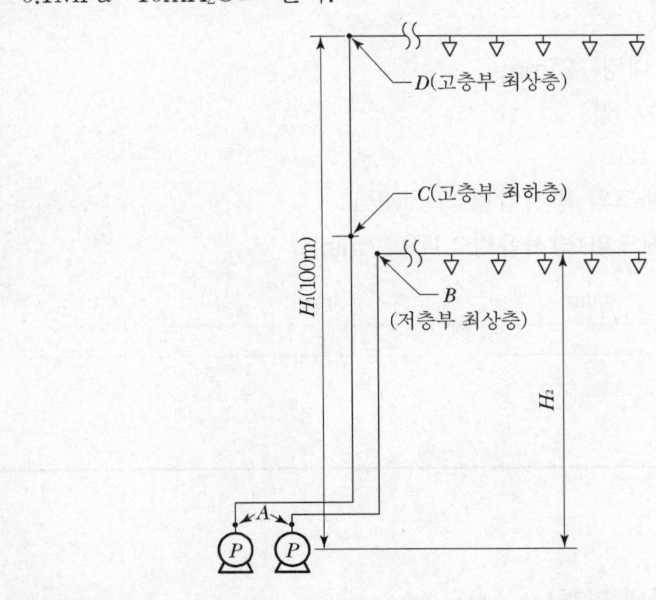

해답 1. 저층부와 고층부의 분리지점 계산

체절압력 − (H_2 × 0.01) − 마찰손실압력(A~C) = 1.2MPa

1.9MPa − (H_2 × 0.01) − 0.05MPa = 1.2MPa

여기서, H_2 를 유도하면, H_2 = 0.65MPa ≒ 65m

65m ÷ 3.0m = 21.67 → 22개층

∴ 〈저층부〉 : 펌프~21개층

〈고층부〉 : 22개층~최상층

2. 저층부용 펌프의 소요 정격토출압력 계산

(1) 저층부 낙차압력(H_2) : 21개층 × 3.0 = 63m = 0.63MPa

(2) 저층부용 입상배관의 최상부(B지점)에서의 소요 정격압력 : 0.2MPa

(3) 펌프에서 B지점까지의 마찰손실압력 : 0.05MPa

(4) 합계 : 0.63+0.2+0.05 = 0.88MPa

∴ 저층부용 펌프의 소요정격토출압력 = 0.88MPa

02

다음 스프링클러설비에서 스프링클러헤드 각각의 방사압력과 유량을 구하시오.(단, 동압을 포함하여 계산하며, 0.1MPa = 10mH_2O로 한다.)

〈조건〉

- 배관 내경 : 25mm
- K계수 : 80
- C값 : 120
- 1번 헤드의 방사압력 : 0.5MPa
- 1번 헤드의 방사유량 : 179 ℓ/min

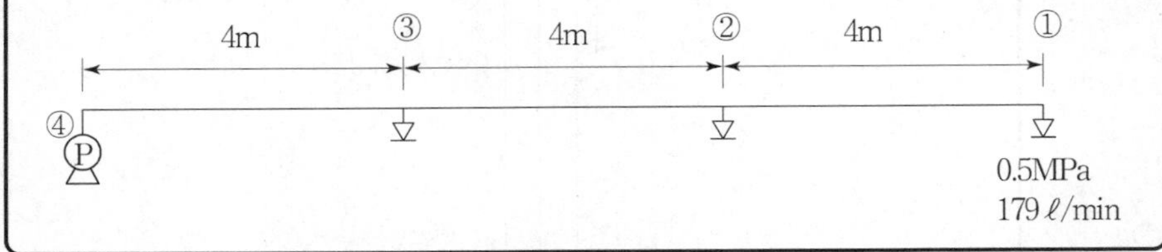

해 답 1. 개요

(1) 관내 압력

① 전압 (P_t) = 정압 (P_n) + 동압 (P_v)

② 헤드방사압력 $(P_n) = P_t - P_v$

(2) 동압 (P_v)

$$P_v = \frac{V^2}{200 \times g} = 0.23 \times \frac{Q^2}{D^4} \text{[MPa]}$$

여기서, V : 관내 유속[m/sec]

g : 중력가속도=9.8[m/sec²]

D : 배관 내경[mm]

Q : 유량[ℓ/min]

2. 계산

(1) 헤드 2번

① 방사압력 계산

$$\varDelta P_{1\sim 2} = 6.053 \times 10^4 \times \frac{179^{1.85}}{120^{1.85} \times 25^{4.87}} \times 4\,\text{m} = 0.08\text{[MPa]}$$

$$P_{t_2} = P_{t_1} + \varDelta P_{1\sim 2} = 0.5 + 0.08 = 0.58\text{[MPa]}$$

여기서, $Q_2 = 180$으로 가정하여 시행착오법(Trial & Error)으로 계산한다.

$$P_{v_2} = 0.23 \times \frac{(Q_1 + Q_2)^2}{D^4} = 0.23 \times \frac{(179 + 180)^2}{25^4}$$

$$= 0.076\text{[MPa]}$$

$$\therefore\ P_{n_2} = P_{t_2} - P_{v_2} = 0.58 - 0.076 = 0.504\text{[MPa]}$$

② 방사유량 계산

$$Q_2 = K\sqrt{P_n} = 80\sqrt{5.04} = 179.6\text{[ℓ/min]}$$

③ 오차범위 확인

가정한 유량(180)과 계산된 유량(179.6)이 일치하는지 비교하여 오차범위한계 ±0.4[ℓ/min] 이내이면 실제 유량으로 결정한다.

[설명]

여기서, 시행착오법(Trial & Error)에 의한 계산방법은, 임의의 가정치를 대입하여 계산한 결과 값이 가정한 값과의 차이가 오차범위 이내가 될 때까지 여러번 가정수치를 대입하여 계산하는 방법이다. 예를 들어 가정치를 처음에 Q_2=200[ℓ/min]으로 대입하여 계산한 방사유량이 110.4[ℓ/min]으로서 200과 110.4의 오차가 너무 크므로, 다시 Q_2=190을 대입하여 계산해 보면 114.7[ℓ/min]이 나온다. 그래도 190과 114.7의 오차가 크므로, 이번에는 Q_2=180을 대입하여 계산해 보면 179.6[ℓ/min]이 나온다.

여기서, 180과 179.6의 오차는 오차범위한계(±0.4ℓ/min) 이내이므로 180을 Q_2로 결정한다.

(2) 헤드 3번

① 방사압력 계산

$$\Delta P_{2\sim3} = 6.053 \times 10^4 \times \frac{(179 + 179.6)^{1.85}}{120^{1.85} \times 25^{4.87}} \times 4\,\text{m}$$

$$= 0.286[\text{MPa}]$$

$$P_{t_3} = P_{t_2} + \Delta P_{2\sim3} = 0.58 + 0.286 = 0.866[\text{MPa}]$$

$$P_{v_3} = 0.23 \times \frac{(Q_1 + Q_2 + Q_3)^2}{D^4} = 0.23 \times \frac{(358.6 + 209)^2}{25^4} \rightarrow$$

($Q_3 = 208$로 가정)

$$= 0.189[\text{MPa}]$$

$$\therefore P_{n_3} = P_{t_3} - P_{v_3} = 0.866 - 0.189 = 0.677[\text{MPa}]$$

② 방사유량 계산

$$Q_3 = K\sqrt{P_{n_3}} = 80\sqrt{6.77} = 208.1[\ell/\text{min}]$$

③ 오차범위 확인

가정한 유량(208)과 계산된 유량(208.1)의 오차가 ±0.4[ℓ/min] 이내이므로 오차범위 내로 판정한다.

(3) 펌프사양 계산

① 토출압력

$$\Delta P_{3\sim4} = 6.053 \times 10^4 \times \frac{(208.1 + 358.6)^{1.85}}{120^{1.85} \times 25^{4.87}} \times 4\,\text{m}$$

$$= 0.666[\text{MPa}]$$

$$\therefore P_{t_4} = P_{t_3} + \Delta P_{3\sim4} = 0.866 + 0.666 = 1.532[\text{MPa}]$$

② 토출유량

$$Q_4 = 179 + 179.6 + 208.1 = 566.7[\ell/\text{min}]$$

3. 결론

(1) 2번 헤드

① 방사압력 : 0.504[MPa]

② 방사유량 : 179.6[ℓ/min]

(2) 3번 헤드
 ① 방사압력 : 0.677[MPa]
 ② 방사유량 : 208.1[ℓ/min]
(3) 4번 헤드(펌프)
 ① 토출압력 : 1.532[MPa]
 ② 토출유량 : 566.7[ℓ/min]

03 스프링클러설비의 방호구역을 결정할 때 적용되는 헤드 종류별(개방형 헤드, 폐쇄형 헤드)로 고려해야 할 요소를 기술하시오.

해 답 1. 폐쇄형 스프링클러설비

(1) 하나의 방호구역의 바닥면적은 3,000m^{2}를 초과하지 않아야 한다.
(2) 하나의 방호구역에는 1개 이상의 유수검지장치를 설치하되, 화재발생 시 접근이 쉽고 점검하기 편리한 장소에 설치한다.
(3) 하나의 방호구역은 2개 층에 미치지 않도록 한다. 다만, 1개 층에 설치되는 스프링클러 헤드 수가 10개 이하인 경우와 복층형 구조의 공동주택에는 3개층 이내로 할 수 있다.

2. 개방형 스프링클러설비

(1) 하나의 방수구역은 2개 층에 미치지 않아야 한다.
(2) 방수구역마다 일제개방밸브를 설치한다.
(3) 하나의 방수구역을 담당하는 헤드의 수는 50개 이내로 한다. 단, 2개 이상의 방수구역으로 나눌 경우에는 하나의 방수구역을 담당하는 헤드 수를 25 이상으로 한다.

04 다음 그림은 어느 스프링클러설비의 Isometric Diagram이다. 이 도면과 주어진 조건에 의하여 헤드 K만을 개방하였을 때 실제 방수압과 방수량을 계산하시오.(단, 0.1MPa＝10mH_2O로 환산한다.)

1. 배관의 총마찰손실압력[MPa]은?
2. 실 층고의 수두환산압력[MPa]은?

04

3. K점의 방수량[ℓ/min]은?
4. K점의 방수압력[MPa]은?

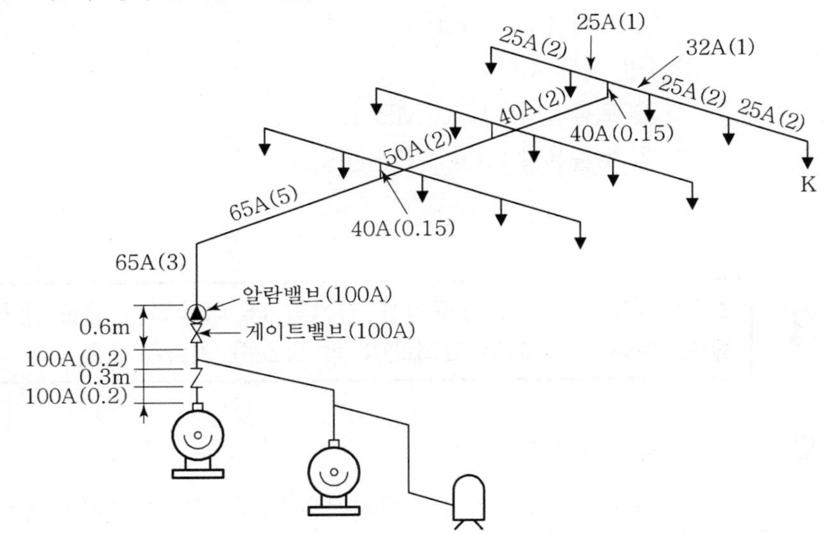

※ ( ) 안은 배관의 길이[m]이다.

〈조건〉

가. 펌프의 양정은 토출량에 관계없이 일정하다고 가정한다.
(펌프 토출압력=0.3MPa)

나. 헤드의 방출계수(C)는 90이다.

다. 배관의 마찰손실은 하이젠-윌리암의 공식을 따르되 계산의 편의상 다음 식과 같다고 가정한다.

$$\Delta P = \frac{6 \times 10^4 \times Q^2}{120^2 \times d^5}$$

여기서, ΔP : 배관 1m당 마찰손실압력[MPa]
Q : 배관 내의 유수량[ℓ/min]
d : 배관의 안지름[mm]

라. 배관의 호칭구경별 안지름은 다음과 같다.

호칭구경	25A	32A	40A	50A	65A	80A	100A
내경	28	37	43	54	69	81	107

마. 배관 부속 및 밸브류의 등가길이[m]는 아래 표와 같으며, 이 표에 없는 부속 또는 밸브류의 등가길이는 무시한다.

04

배관부속 \ 호칭구경	25A	32A	40A	50A	65A	80A	100A
90°엘보	0.8	1.1	1,3	1.6	2.0	2.4	3.2
티(측류)	1.7	2.2	2.5	3.2	4.1	4.9	6.3
게이트밸브	0.2	0.2	0.3	0.3	0.4	0.5	0.7
체크밸브	2.3	3.0	3.5	4.4	5.6	6.7	8.7
알람밸브	–	–	–	–	–	–	8.7

해 답

호칭구경	배관의 마찰손실(ΔP) 산출(kg/cm²)	등가길이 산출	마찰손실압력(MPa)
25A	$\Delta P = \frac{6 \times 10^4 \times Q^2}{120^2 \times 28^5}$ $= 2.421 \times 10^{-7} \times Q^2$	직관 : 2+2=4 엘보 : 1 × 0.8=0.8 계 : 4.8m	$4.8 \times 2.421 \times 10^{-7} \times Q^2$ $= 1.162 \times 10^{-6} \times Q^2$
32A	$\Delta P = \frac{6 \times 10^4 \times Q^2}{120^2 \times 37^5}$ $= 6.009 \times 10^{-8} \times Q^2$	직관 : 1 계 : 1m	$1 \times 6,009 \times 10^{-8} \times Q^2$ $= 6.009 \times 10^{-8} \times Q^2$
40A	$\Delta P = \frac{6 \times 10^4 \times Q^2}{120^2 \times 43^5}$ $= 2.834 \times 10^{-8} \times Q^2$	직관 : 2+0.15=2.15 90°엘보 : 1.3 티측류 : 2.5 계 : 5.95m	$5.95 \times 2.834 \times 10^{-8} \times Q^2$ $= 1.686 \times 10^{-7} \times Q^2$
50A	$\Delta P = \frac{6 \times 10^4 \times Q^2}{120^2 \times 54^5}$ $= 9.074 \times 10^{-9} \times Q^2$	직관 : 2 계 : 2m	$2 \times 9.074 \times 10^{-9} \times Q^2$ $= 1.815 \times 10^{-8} \times Q^2$
65A	$\Delta P = \frac{6 \times 10^4 \times Q^2}{120^2 \times 69^5}$ $= 2.664 \times 10^{-9} \times Q^2$	직관 : 5+3=8 90°엘보 : 1 × 2.0=2 계 : 10m	$10 \times 2.664 \times 10^{-9} \times Q^2$ $2.664 \times 10^{-8} \times Q^2$
100A	$\Delta P = \frac{6 \times 10^4 \times Q^2}{120^2 \times 107^5}$ $= 2.971 \times 10^{-10} \times Q^2$	직관 : 0.2+0.2=0.4 체크밸브 : 1 × 8.7 =8.7 게이트 밸브 : 1 × 0.7=0.7 알람밸브 : 1× 8.7=8.7 계 : 18.5m	$18.5 \times 2.971 \times 10^{-10} \times Q^2$ $= 5.496 \times 10^{-9} \times Q^2$

1. 배관상의 총마찰손실압력

$(1.162\times10^{-6}\times Q^2)+(6.009\times10^{-8}\times Q^2)+(1.686\times10^{-7}\times Q^2)$

$+(1.815\times10^{-8}\times Q^2)+(2.664\times10^{-8}\times Q^2)+(5.496\times10^{-9}\times Q^2)$

$=1.44\times10^{-6}Q^2$

$\therefore\ 1.44\times10^{-6}\times Q^2$[MPa]

2. 실 층고 낙차 환산수두압력

$0.2m+0.3m+0.2m+0.6m+3m+0.15m=4.45m=0.45kgf/cm^2=0.045MPa$

$\therefore$ 0.045[MPa]

3. 방수량

$Q=k\sqrt{P}$ 에서 k=90

P(헤드압) = 펌프토출압 - (실층고 낙차 환산수두압 + 배관손실압)

(여기서, $0.1MPa=1kgf/cm^2$으로 하여 계산하면)

$P=3-(0.45+1.44\times10^{-5}Q^2)=2.55-1.44\times10^{-5}Q^2kgf/cm^2$

$Q=90\sqrt{2.55-1.44\times10^{-5}Q^2}$

(양 변을 제곱하여 풀면)

$1.12Q^2=20,655,\quad Q=\sqrt{\dfrac{20,655}{1.12}}=135.83$

$\therefore$ 135.83[ℓ/min]

4. 방수압력

$P=0.3-(0.045+1.44\times10^{-6}\times135.8^2)=0.228$

$\therefore$ 0.228[MPa]

05 건식 스프링클러설비에서 급속개방장치(Quick - Opening Devices) 종류 2가지에 대하여 설명하시오.

해 답 1. 엑셀러레이터(Accelerator)

건식 스프링클러설비에서 화재 시 스프링클러헤드의 개방으로 2차측(헤드측)배관 내에 채워 있던 압축공기나 압축질소의 방출이 늦어져 1차측(송수펌프 측)의 가압수가 늦게 방수되므로 2차측 배관 내의 압축공기나 압축질소의 방출속도를 빠르게 해주는 장치로서 2차측의 압축공기를 클래퍼 1차측으로 보내어 건식밸브의 신속한 개방을 유도한다.

2. 익죠스터(Exhauster)

건식 스프링클러설비에서 건식밸브 클래퍼 2차측의 압축공기나 압축질소를 신속히 대기 중으로 배출시켜 2차측의 공기압력을 감소시킴으로써 클래퍼가 작동되었을 때 1차측의 가압수가 헤드까지 빨리 송수되어 방사되도록 해준다.

06 스프링클러설비에서 스프링클러헤드 배치방식의 종류에 대하여 설명하시오.

해 답 1. 정사각형(정방형)형

헤드와 헤드 간의 거리가 가지배관과 가지배관 사이의 거리와 같은 헤드배치형태

즉, 헤드 간의 간격 : $S = 2R\cos 45°$

(1) 1.7[m]의 경우 : $2 \times 1.7 \times \cos 45° = 2.4$[m]

(2) 2.1[m]의 경우 : $2 \times 2.1 \times \cos 45° = 2.97$[m]

(3) 2.3[m]의 경우 : $2 \times 2.3 \times \cos 45° = 3.25$[m]

여기서, L : 가지배관 간격
S : 헤드간격
R : 수평거리[m]

2. 직사각형(장방형)

헤드 간의 거리가 가지배관 간의 거리와 동일하지 않은 헤드배치형태

즉, 대각선방향의 헤드간격 : $L = 2R$

(1) 1.7[m]의 경우 : $2 \times 1.7 = 3.4$[m]

(2) 2.1[m]의 경우 : $2 \times 2.1 = 4.2$[m]

(3) 2.3[m]의 경우 : $2 \times 2.3 = 4.6$[m]

3. 지그재그형(나란히꼴형)

헤드 간의 간격 a방향간격과 b방향의 간격이 동일하지 아니한 경우의 배치형태

(1) 헤드의 간격(a)

① 1.7[m]의 경우 : $(2r\cos\theta) = 2 \times 1.7 \times \cos 30° = 2.9$[m]

② 2.1[m]의 경우 : $2 \times 2.1 \times \cos 30° = 3.6$[m]

③ 2.3[m]의 경우 : $2 \times 2.3 \times \cos 30° = 3.9$[m]

(2) 헤드의 간격(b)

① 1.7[m]의 경우 $(2a\cos\theta)$: $2 \times 2.9 \times \cos 30° = 5$[m]

② 2.1[m]의 경우 $(2a\cos\theta)$: $2 \times 3.6 \times \cos 30° = 6.2$[m]

③ 2.3[m]의 경우 $(2a\cos\theta)$: $2 \times 3.9 \times \cos 30° = 6.7$[m]

07

스프링클러설비에서 스프링클러헤드 설치시 유의할 사항 중 시설기준(화재안전기준) 외의 사항에 대하여 기술하시오.

해 답

(1) 스프링클러헤드를 배관에 설치하거나 탈거할 경우에는 반드시 규정된 헤드취부렌치를 사용하여야 한다. 그러하지 아니하면 헤드의 손상 · 변형으로 누수현상의 원인이 될 수 있다.

(2) 스프링클러헤드의 조립시 헤드의 나사부분이 손상되지 않도록 처음에는 손으로 조금 조인 후에 헤드취부렌치로 완전히 조여야 한다.

(3) 스프링클러헤드의 취급도중에 바닥에 떨어 뜨리거나 심하게 충격이 가해진 것은 사용하지 말고 폐기처분하여야 한다. 이것은 헤드의 감열부분이나 Dflector에 무리한 힘이 가해지면 헤드의 기능이 손상될 수 있기 때문이다.

(4) 보, 배관, 케이블트레이, 등의 살수장애물로 인하여 스프링클러헤드와 그 직상부 천장과의 거리가 멀게(30cm 초과) 설치되는 경우에는 헤드 위에 집열판을 설치하여야 화재시 스프링클러헤드의 감열개방 지연을 방지할 수 있다.

(5) 스프링클러 헤드와 헤드 간의 거리가 너무 짧으므로(약 1.6m 이하) 인해 헤드 방수시 헤드의 방출수에 따라 인접 헤드의 감열부에 영향을 미칠 우려가 있는 헤드에는 인접 헤드의 Skipping 방지를 위해 헤드와 헤드간의 사이에 방출수를 차단할 수 있는 유효한 차폐판을 설치하여야 한다.

08

다음은 스프링클러 가압송수장치의 설치기준이다. 다음 ( ) 안에 알맞은 답을 쓰시오.

가. 가압송수장치의 정격토출압력은 하나의 헤드 선단에 (a) 이상 (b) 이하의 방수압력이 될 수 있게 하는 크기일 것

나. 가압송수장치의 송수량은 (c)의 방수압력기준으로 (d) 이상의 방수성능을 가진 기준개수의 모든 헤드로부터의 (e)을 충족시킬 수 있는 양 이상으로 할 것. 이 경우 (f)는 계산에 포함하지 아니할 수 있다.

다. 고가수조에는 (g), (h), (I), (j) 및 (k)을 설치할 것

라. 압력수조에는 (l), (m), (n), (o), (p), (q), (r) 및 압력저하 방지를 위한 (s)를 설치할 것

해 답

(1) a : 0.1[MPa], b : 1.2[MPa]

(2) c : 0.1[MPa], d : 80[l/min], e : 방수량, f : 속도수두

(3) g : 급수관, h : 배수관, I : 수위계, j : 오버플로우관, k : 맨홀

(4) l : 수위계, m : 급수관, n : 배수관, o : 급기관, p : 맨홀, q : 압력계, r : 안전장치, s : 자동식 Air Compressor

09

스프링클러설비 설계에서 헤드의 선정시 유의할 사항에 대하여 기술하시오.

해 답

1. 감도특성(RTI)의 선정

소방대상물의 용도, 구조(실내높이), 화재하중 등을 고려하여 조기에 화재진화가 요구되는 곳에는 RTI가 낮은 헤드로 선정한다.

(예) – 주거용 스프링클러헤드 : RTI 26$(m \cdot sec)^{1/2}$
– 화재조기진압용 스프링클러헤드 : RTI 28$(m \cdot sec)^{1/2}$
– 표준형 스프링클러헤드 : RTI 80 ~ 350$(m \cdot sec)^{1/2}$

2. Orifice 구경의 선정

화재강도 및 화재하중이 높으면서 급속한 화재확산 위험이 높은 곳에는 방사된 물방울이 강력한 화세를 뚫고 침투할 수 있도록 큰 물방울과 충분한 양의 물이 방사될 수 있도록 Orifice 구경이 큰 헤드를 선정하여야 한다.

(예) – Large Drop Sprinkler Head
– ESFR Sprinkler Head

10

스프링클러설비에서 펌프의 토출량이 $2.4m^3/min$, 배관내의 유속이 3m/sec일 경우 다음 물음에 답하시오.(답은 소수점 셋째 자리까지 구하시오.)

1. 토출측 배관의 구경을 계산하시오.
2. 위의 펌프 토출량을 방사할 경우의 헤드기준개수는 몇 개로 계산되는가?
3. 달시–웨이바흐의 수식을 적용하여 입상관에서의 마찰손실수두[m]를 계산하시오.(단, 입상관의 구경 150mm, 관마찰계수 0.02, 높이 60m, 유속 3m/sec)

해 답 1. 토출측 배관의 구경 계산

$$Q = AV = \frac{\pi}{4} D^2 V$$

$$D = \sqrt{\frac{4Q}{\pi V}} = \sqrt{\frac{4 \times 2.4}{\pi \times 3 \times 60}} = 0.13\,m = 130mm$$

∴ 호칭구경 = 150mm

2. 위의 펌프 토출량을 방사할 경우의 헤드기준개수

$2,400\,\ell/min \div 80\,\ell/min = 30$개

∴ 헤드기준개수 = 30개

3. 달시–웨이바흐의 수식을 적용하여 입상관에서의 마찰손실수두[m]

$$\Delta H = f\frac{V^2}{2gD} \times L = 0.02 \times \frac{3^2}{2 \times 9.8 \times 0.15} \times 60 = 3.673\,m$$

∴ 마찰손실수두 = 3.673[m]

11

습식스프링클러설비 및 부압식스프링클러설비 외의 설비에서 하향식 헤드를 설치할 수 있는 경우 3가지를 쓰시오.

해 답 (1) 드라이펜던트형 스프링클러헤드를 설치하는 경우
(2) 스프링클러헤드 설치장소가 동파의 우려가 없는 장소인 경우
(3) 개방형 스프링클러헤드를 설치하는 경우

12

스프링클러설비의 감시제어반에서 확인되어야 하는 스프링클러설비의 구성기기의 비정상상태의 감지신호 4가지를 쓰시오.(단, 물올림탱크는 설치하지 않은 것으로 하며, 수신반은 P형 기준임)

해 답 (1) 기동용 수압개폐장치의 압력스위치회로 - 각 펌프의 작동 여부 확인
(2) 수조의 저수위 감시회로 - 수조의 저수위 확인
(3) 유수검지장치 또는 일제개방밸브의 압력스위치 회로 - 유수검지장치 또는 일제개방밸브의 작동 여부 확인
(4) 일제개방밸브를 사용하는 설비의 화재감지기회로 - 화재감지기의 작동 여부 확인
(5) 개폐표시형 개폐밸브의 폐쇄상태 확인회로 - 탬퍼스위치의 작동 여부 확인

13

한 개의 방호구역으로 구성된 가로 10m, 세로 10m, 높이 6m의 래크식 창고에 특수가연물을 저장하고 있고, 표준형 스프링클러헤드 폐쇄형을 정방형으로 설치하려고 한다. 다음 각 물음에 답하시오.(20점)
1. 총 헤드 설치개수(10점)
2. 총 헤드를 담당하는 최소배관의 구경(테이블방식 배관)(5점)
3. 헤드 1개당 80 ℓ/min으로 방출시 옥상수조를 포함한 수원의 양(ℓ)(5점)

해 답 1. 총 헤드 설치개수

특수가연물을 저장하는 장소이므로 수평거리 1.7m를 적용

한변의 헤드 개수 = 10m ÷ S(헤드 간의 간격)

$= 10m \div (2 \times 1.7m \times \cos 45)$

$= 4.16$이므로 헤드 5개

가로 5개 × 세로 5개 = 25개

특수가연물을 저장하는 것에 있어서는 래크높이 4m 이하마다 스프링클러헤드를 설치하므로 25개 × 2열 = 50개

∴ 헤드의 설치개수 : 50개

2. 총 헤드를 담당하는 최소배관의 구경

특수가연물을 저장하는 경우로서 폐쇄형 스프링클러헤드를 설치하는 설비의 배관구경은 [별표1]의 '다'란에 따르므로 100mm

∴ 최소배관의 구경 = 100[mm]

3. 헤드 1개당 80ℓ/min으로 방출시 옥상수조를 포함한 수원의 양(ℓ)

특수가연물을 저장하는 창고이므로 기준개수는 30개이며, 설치개수가 기준개수 보다 많을 경우에는 그 기준개수(30개)를 적용한다.

$$30\text{개} \times 80\,\ell / \min \times 20\min \times 1\frac{1}{3} = 64,000\,\ell$$

∴ 수원의 양 = 64,000[ℓ]

14 Extra-Large Orifice(ELO) 스프링클러헤드의 개념과 성능기준에 대해 설명하시오.

해 답 1. 개념

(1) 화염전파속도가 빠르고 열방출량이 많은 고강도화재의 경우에는 표준형 스프링클러헤드로는 방사된 물이 화심을 침투하지 못하고 화재플럼에 의해 비산함으로써 Skipping 등을 발생하므로 적응성이 떨어지게 된다.

(2) 따라서 동일조건의 방사압력에서 물방울의 크기를 키워 물방울 중력에 의하여 화염을 뚫고 침투하도록 하여 고강도화재를 진압하기 위해 개발된 것이 Large Drop형 스프링클러헤드(ELO)이다.

2. 성능기준

(1) Orifice의 공칭구경 : 16.3mm

(2) 물방울의 평균직경 : 4~5mm

(2) K factor : 약 160(157~167)

(3) P값(최소 방사압력) : 0.2MPa

15

건식스프링클러설비의 급속개방장치(Quick opening device)에 대하여 각 종류별 설치목적과 작동원리를 설명하시오.

해 답

1. 개요

스프링클러설비의 건식밸브 시스템에서 건식밸브 작동시 클래퍼의 신속한 개방을 돕고, 2차측 배관 내의 압축공기를 신속하게 방출하기 위한 급속개방장치로 Accelerator 와 Exhauster를 사용한다.

2. Accelerator

(1) 설치목적

건식 스프링클러 시스템의 건식밸브에 설치되어 헤드가 개방되었을 때, 건식밸브의 클래퍼를 신속하게 개방시키는 작용을 한다.

(2) 구조

① Accelerator 입구 : 건식밸브 클래퍼의 2차측에 연결(2차측 압력과 동일)

② Accelerator 출구 : 중간 챔버에 연결(대기압과 통함)

(3) 작동원리

① 평상시 Accelerator 입구측은 건식밸브 2차측 System과 동일한 압력으로 유지되나, 출구측은 대기압 상태이므로 내부 Poppet에 의해 입구가 차단된 상태 유지

② 스프링클러 헤드가 개방되어 2차측 압력이 저하되면

③ 차압챔버의 압력변화에 의해 Poppet가 개방되어

④ 입구측의 2차측 공기압이 출구측으로 바로 통과되어 중간 챔버로 보내진다.

⑤ 중간 챔버에 2차측 압력이 가해지면 이 압력이 클래퍼를 밀어올리게 되므로 신속하게 개방된다.

3. Exhauster

(1) 설치목적

건식밸브시스템에 설치되며, 스프링클러 헤드가 개방되었을 때 2차측의 공기압을 신속하게 대기 중으로 방출시키는 작용을 한다.

(2) 구조

① Exhauster 입구 : 건식밸브의 클래퍼 2차측에 연결

② Exhauster 출구 : 대기 중에 노출

(3) 작동원리

① 작동원리는 Accelerator와 유사하나 Accelerator에서는 2차측 공기를 중간 챔버로 보내는 반면,

② Exhauster에서는 2차측 공기를 대기 중으로 방출시킴으로써 2차측 공기압을 신속하게 제거하는 역할을 한다.

③ 즉 헤드가 개방되어 2차측 압력이 저하되면

④ 차압챔버의 압력변화에 의해 내부의 Poppet가 개방되어

⑤ Exhauster 입구측의 공기압을 대기 중으로 방출하게 한다.

⑥ 또 일부는 중간 챔버에도 전달되어 클래퍼를 밀어 신속한 개방을 돕는 역할도 한다.

16 화재조기진압용(ESFR) 스프링클러설비의 헤드 설치기준을 그림을 그려 기술하시오.

해 답 1. ESFR 헤드의 설치기준[mm]

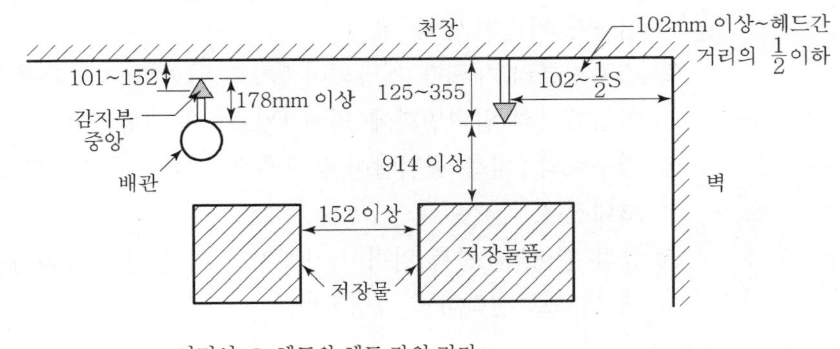

여기서, S: 헤드와 헤드 간의 거리

2. 헤드 1개당 방호면적

6.0~9.3[m^2]

3. 헤드 간의 간격

(1) 천장높이 9.1[m] 미만 : 2.4~3.7[m]

(2) 천장높이 9.1~13.7[m] : 3.1[m] 이하

4. 헤드의 작동온도

74[℃] 이하

5. RTI : $28[m \cdot sec]^{\frac{1}{2}}$

17 화재조기진압용(ESFR) 스프링클러설비의 교차배관의 위치, 청소구, 가지배관상의 헤드 설치기준을 기술하시오.

해 답 1. 교차배관

(1) 교차배관은 가지배관과 수평으로 설치하거나 또는 가지배관 밑에 설치

(2) 그 구경은 수리계산에 의하되, 최소구경이 40mm 이상이 되도록 할 것

2. 청소구

(1) 교차배관 끝에 40mm 이상 크기의 개폐밸브를 설치

(2) 호스접결이 가능한 나사식 또는 고정배수 배관식으로 할 것

3. 가지배관상의 헤드 설치기준

교차배관에서 분기되는 지점을 기점으로 한쪽 가지배관에 설치되는 헤드의 개수는 8개 이하로 할 것. 다만, 다음 각목의 1에 해당하는 경우에는 그러하지 아니하다.

(1) 기존의 방호구역 안에서 칸막이 등으로 구획하여 1개의 헤드를 증설하는 경우

(2) 격자형 배관방식을 채택하는 때에는 펌프의 용량, 배관의 구경 등을 수리학적으로 계산한 결과 헤드의 방수압 및 방수량이 소화목적을 달성하는 데 충분하다고 인정되는 경우. 다만, 중앙소방기술심의위원회 또는 지방소방기술심의위원회의 심의를 거친 경우에 한한다.

18 지하주차장에 스프링클러소화설비를 설치하는 경우 건축, 기계설비, 전기설비 등의 관련 공사와 관련한 주요 고려사항에 대하여 기술하시오.

해답 1. 개요

(1) 지하주차장에 스프링클러소화설비를 설치하는 경우 스프링클러헤드와 관련하여 가장 고려해야 할 부분이 살수장애와 관련된 부분이다.

(2) 지하주차장은 급수, 냉・난방용 주배관, 덕트, 통신 및 전기설비용 케이블트레이 등이 통과하는 관계로 살수장애문제가 발생하는 것이 필연적이다.

(3) 화재안전기준에서 규정한 바와 같이 살수장애물(배관, 행거, 조명기구 및 보 등)이 있을 경우, 장애물 밑으로 헤드를 설치하는 것이 타당하나 스프링클러헤드와 천장면과의 수직거리가 멀게 되어 화재시 헤드의 개방이 지연되는 결과를 초래하므로 신중한 검토가 필요하다.

2. 건축, 기계설비, 전기설비 등의 관련공사와 관련한 주요 고려사항

(1) 건축

지하주차장의 층고 확보

① 주차통로 부분 : 2.3m 이상

② 주차부분 : 2.1m 이상

(2) 보와의 이격거리

스프링클러헤드의 반사판 중심과 보의 수평거리	스프링클러헤드의 반사판 높이와 보의 하단높이의 수직거리
0.75m 미만	보의 하단보다 낮을 것
0.75m 이상 1m 미만	0.1m 미만일 것
1m 이상 1.5m 미만	0.15m 미만일 것
1.5m 이상	0.3m 미만일 것

2. 기계설비 및 전기설비

(1) 살수장애 고려

① 헤드는 살수가 방해되지 않도록 헤드로부터 반경 60cm 이상의 공간을 보유할 것. 다만 벽과 스프링클러헤드 간의 공간은 10cm 이상

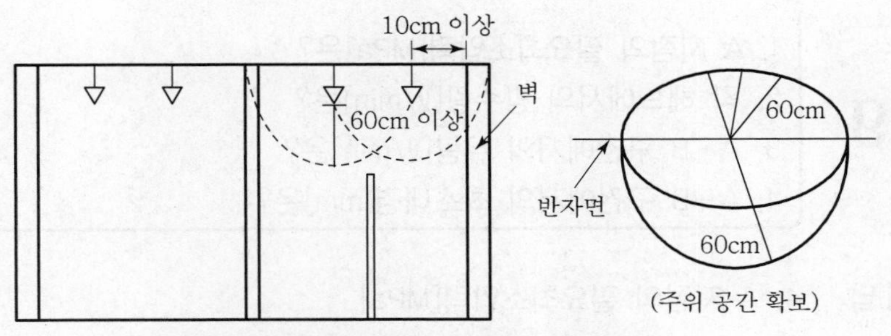

[스프링클러헤드의 공간 보유]

② 배관 · 행거 및 조명기구 등 살수를 방해하는 것이 있는 경우에는 그로부터 아래에 설치하여 살수의 장애방지

③ 위치변경이 곤란한 경우 장애물 하부에 스프링클러헤드 설치

④ 선반, 덕트 기타 이와 유사한 부분(폭 1.2m 이상)에는 상 · 하부에 헤드설치(단, 하향식헤드의 경우 드라이펜던트형으로 설치)

(2) 장애물이 가연성인 경우

통신 및 전기케이블과 같이 연소가 가능한 경우에는 케이블트레이 상 · 하부에 스프링클러헤드를 설치하여야 한다.

19

습식스프링클러설비에서 요구되는 성능이 말단헤드의 방수압력이 0.15MPa일 때 방수량이 100ℓ/min 이상 되는 것으로 수리계산에 의한 설계를 하는 경우 다음을 계산하시오.

청소구용 밸브

교차배관

ⓐ ⓑ ⓒ ⓓ ⓔ

A B

〈조건〉

가. ⓐ~ⓔ까지의 각 헤드마다의 방수압력 차이는 0.02MPa이다.

나. A~B구간의 마찰손실은 0.05MPa이다.

다. ⓐ 헤드에서의 방수량은 100ℓ/min이다.

라. 단위환산은 0.1MPa=10mH_2O으로 환산한다.

19

1. A 지점의 필요최소압력[MPa]은?
2. 각 헤드에서의 방수량[ℓ/min]은?
3. A－B 구간에서의 유량[ℓ/min]은?
4. A－B 구간에서의 최소내경[mm]은?

해 답 1. A 지점의 필요최소압력[MPa]

$0.15+0.02+0.02+0.02+0.02+0.05=0.28$

$\therefore\ 0.28[\text{MPa}]$

2. 각 헤드에서의 방수량[ℓ /min]

〈조건〉에 따라 $0.1\text{MPa}=1\text{kgf/cm}^2$으로 보고 계산하면

$$Q=K\sqrt{P} \quad \therefore K=\frac{Q}{\sqrt{P}}=\frac{100}{\sqrt{1.5}}=81.65[\ell/\text{min}]$$

$$Q_a=81.65\sqrt{1.5}=100 \quad \therefore 100[\ell/\text{min}]$$

$$Q_b=81.65\sqrt{1.7}=106.45 \quad \therefore 106.46[\ell/\text{min}]$$

$$Q_c=81.65\sqrt{1.9}=112.55 \quad \therefore 112.55[\ell/\text{min}]$$

$$Q_d=81.65\sqrt{2.1}=118.32 \quad \therefore 118.32[\ell/\text{min}]$$

$$Q_e=81.65\sqrt{2.3}=123.83 \quad \therefore 123.83[\ell/\text{min}]$$

3. A－B 구간에서의 유량[ℓ/min]

$100+106.45+112.55+118.32+123.83=561.15$

$\therefore 561.15[\ell/\text{min}]$

4. A－B 구간에서의 최소내경[mm]

화재안전기준상 스프링클러설비의 경우 수리계산에 의할 경우 가지배관의 유속은 6m/s 이하이므로, Q=AV식을 적용하여 구하면 다음과 같다.

$$Q=A\cdot V=\frac{\pi d^2}{4}\cdot V\text{이므로}$$

$$d=\sqrt{\frac{4\cdot Q}{\pi\cdot V}}=\sqrt{\frac{4\times 561.15}{\pi\times 6\text{m/sec}\times 1000\times 60}}=0.0445[\text{m}]$$

$\therefore\ 44.5[\text{mm}]$

[적용] : A－B 구간에서의 배관 최소내경은 44.5mm 이상이므로 배관 호칭규격 50mm(50A)를 적용한다.

20

그림과 같이 설치된 스프링클러설비에서 스프링클러헤드가 모두 개방되었을 경우, 주어진 조건을 참조하여 다음 물음에 답하시오.(답은 소수점 셋째 자리에서 반올림하여 둘째 자리까지 구하시오.)

(1) 가지관 1의 유량 Q_1[ℓ/min]은 얼마인가?

(2) 가지관 2의 유량 Q_2[ℓ/min]은 얼마인가?

(3) 가지관 3의 유량 Q_3[ℓ/min]은 얼마인가?

(4) "D"점에서 필요한 유량[ℓ/min]은 얼마인가?

(5) "D"점에서 필요한 압력[MPa]은 얼마인가?

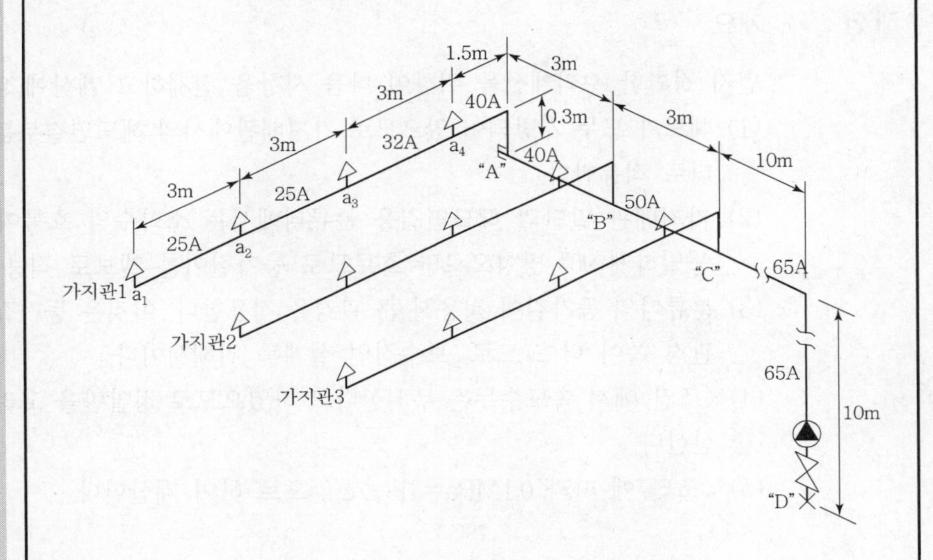

〈조건〉

가. 속도수두는 무시한다.

나. 스프링클러헤드의 최소 방사압력은 0.1[MPa] 이상으로 한다.

다. K값은 80으로 한다.

라. 소화배관은 아연도 강관이며 C값은 120으로 한다.

마. 가지관 1, 2, 3은 동일하다.

바. 배관 마찰손실은 하젠윌리암 공식을 이용한다.

사. 배관부속의 등가길이는 아래 표와 같다.
(단, 레듀셔 및 스프링클러헤드에 직접 연결되는 부속의 등가길이는 무시하며, 티에서 직류흐름의 마찰손실은 무시한다.)

아. 단위는 $0.1MPa = 10mH_2O$으로 환산한다.

20

배관구경		25A	32A	40A	50A	65A
배관내경(mm)		27.5	36.2	42.1	53.2	69.0
등가길이(m)	90°엘보	0.6	0.9	1.2	1.5	1.8
	분류티	1.5	1.8	2.4	3.1	3.7
	게이트밸브	–	–	–	–	3.0
	알람밸브	–	–	–	–	4.3

해 답 1. 개요

먼저 정확한 수리계산을 위하여 다음 사항을 전제하고 계산에 임한다.

(1) 헤드가 모두 개방되어 있으므로 가지배관에서의 헤드연결부분은 분류티로 적용한다.

(2) 가지배관 말단의 헤드연결용 분류티에서는 소화수의 흐름이 엘보와 동일하게 90° 방향으로만 흐르므로 등가길이를 엘보로 적용한다.

(3) 분류티의 등가길이 적용시 큰 관경을 적용한다. 이것은 등가길이가 큰 관경 쪽이 더 크므로, 보수적인 설계를 위해서이다.

(4) 〈조건〉에서 속도수두는 무시한다고 하였으므로 정압만을 고려하여 계산한다.

(5) 〈조건〉에 따라 0.1MPa = 1kgf/cm²으로 하여 계산한다.

2. 계산 과정

(1) $a_1 - a_2$구간

1) a_1의 압력

$$P_1 = 0.1[\text{MPa}] = 1.0[\text{kgf/cm}^2]$$

2) a_1의 유량

$$Q_1 = K\sqrt{P_1} = 80\sqrt{1.0} = 80[\ell/\text{min}]$$

3) $a_1 - a_2$구간의 마찰손실

① 총 등가길이 = 0.6m(엘보) + 3.0m(직관) = 3.6[m]

② $$\Delta P_{1-2} = 6.174 \times 10^5 \times \frac{80^{1.85}}{120^{1.85} \times 27.5^{4.87}} \times 3.6$$
$$= 0.1027[\text{kgf/cm}^2]$$

(2) a_2-a_3구간

1) a_2의 압력

$$P_2 = P_1 + \Delta P_{1-2} = 1.0 + 0.1027 = 1.1027[\text{kgf/cm}^2]$$

2) a_2의 유량

$$Q_2 = K\sqrt{P_2} = 80\sqrt{1.1027} = 84.0[\ell/\text{min}]$$

3) a_2-a_3구간의 유량

$$Q_{2-3} = Q_1 + Q_2 = 80 + 84 = 164[\ell/\text{min}]$$

4) a_2-a_3구간의 마찰손실

① 총 등가길이=1.5m(분류티)+3.0m(직관)=4.5[m]

② $$\Delta P_{2-3} = 6.174\times10^5\times\frac{164^{1.85}}{120^{1.85}\times27.5^{4.87}}\times4.5$$

$$= 0.4844[\text{kgf/cm}^2]$$

(3) a_3-a_4구간

1) a_3의 압력

$$P_3 = P_2 + \Delta P_{2-3} = 1.1027 + 0.4844 = 1.5871[\text{kgf/cm}^2]$$

2) a_3의 유량

$$Q_3 = K\sqrt{P_3} = 80\sqrt{1.5871} = 100.78[\ell/\text{min}]$$

3) a_3-a_4구간의 유량

$$Q_{3-4} = Q_3 + Q_{2-3} = 100.78 + 164.0 = 264.78[\ell/\text{min}]$$

4) a_3-a_4구간의 마찰손실

① 총 등가길이=1.8m(분류티)+3.0m(직관)=4.8[m]

② $$\Delta P_{3-4} = 6.174\times10^5\times\frac{264.78^{1.85}}{120^{1.85}\times36.2^{4.87}}\times4.8$$

$$= 0.3287[\text{kgf/cm}^2]$$

(4) a_4-A구간

1) a_4의 압력

$$P_4 = P_3 + \Delta P_{3-4} = 1.5871 + 0.3287 = 1.9158[\text{kgf/cm}^2]$$

2) a_4의 유량

$$Q_4 = K\sqrt{P_4} = 80\sqrt{1.9158} = 110.73[\ell/\text{min}]$$

3) a_4-A구간의 유량

$$Q_{4-A} = Q_4 + Q_{3-4} = 110.73 + 264.78 = 375.51[\ell/\text{min}]$$

4) a_4-A구간의 마찰손실

① 총 등가길이=2.4m(분류티)+(1.5+0.3)m(직관)+1.2m(엘보)
=5.4[m]

② $\Delta P_{4-A} = 6.174 \times 10^5 \times \dfrac{375.51^{1.85}}{120^{1.85} \times 42.1^{4.87}} \times 5.4$
$= 0.3380[kgf/cm^2]$

(5) A-B구간

1) A지점의 압력

$P_A = P_4 + \Delta P_{4-A} + H = 1.9158 + 0.3380 + 0.03$(낙차수두)
$= 2.2838[kgf/cm^2]$

2) A-B구간의 유량

$Q_{A-B} = Q_{4-A} = 375.51[\ell/min]$

3) A-B구간의 마찰손실

① 총 등가길이=1.2m(엘보)+3.0m(직관)=4.2[m]

[주의] 여기서, 가지배관 말단 분류티("A")에서의 소화수 흐름은 엘보와 동일하게 90° 한쪽방향으로만 흐르므로 등가길이 적용을 엘보로 적용한다.

② $\Delta P_{A-B} = 6.174 \times 10^5 \times \dfrac{375.51^{1.85}}{120^{1.85} \times 42.1^{4.87}} \times 4.2$
$= 0.2631[kgf/cm^2]$

(6) B-C구간

1) B지점의 압력

$P_B = P_A + \Delta P_{A-B} = 2.2838 + 0.2631 = 2.5469[kgf/cm^2]$

2) B-C구간의 유량

$Q_{B-C} = Q_{A-B} +$ 가지관 2번의 유량

① 가지관 2번의 유량은 $Q = K\sqrt{P}$의 공식을 이용하여 계산한다.

가지관 1번 유량 : 가지관 2번 유량 = $K\sqrt{P_A} : K\sqrt{P_B}$

→ $375.51 : x = 80\sqrt{2.2838} : 80\sqrt{2.5469}$

∴ $x = 396.55[\ell/min]$

② $Q_{B-C} = Q_{A-B} +$ 가지관 2번 유량
$= 375.51 + 396.55 = 772.06[\ell/min]$

3) B－C구간의 마찰손실

① 총 등가길이＝3.1m(분류티)＋3.0m(직관)＝6.1[m]

② $\Delta P_{B-C} = 6.174 \times 10^5 \times \dfrac{772.06^{1.85}}{120^{1.85} \times 53.2^{4.87}} \times 6.1$

$= 0.4638[\text{kgf/cm}^2]$

(7) C－D구간

1) C지점의 압력

$P_C = P_B + \Delta P_{B-C} = 2.5469 + 0.4638 = 3.0107[\text{kgf/cm}^2]$

2) C－D구간의 유량

$Q_{C-D} = Q_{B-C} +$ 가지관 3번 유량

① 가지관 3번의 유량은 $Q = K\sqrt{P}$의 공식을 이용하여 계산한다.

가지관 1번 유량 : 가지관 3번 유량＝$K\sqrt{P_A} : K\sqrt{P_C}$

$\rightarrow 375.51 : x = 80\sqrt{2.2838} : 80\sqrt{3.0107}$

$\therefore\ x = 431.15[\ell/\text{min}]$

② $Q_{C-D} = Q_{B-C} +$ 가지관 3번 유량

$= 772.06 + 431.15 = 1,203.21[\ell/\text{min}]$

3) C－D구간의 마찰손실

① 총 등가길이＝3.7m(분류티)＋1.8m(엘보)＋4.3m(알람밸브)
＋3.0m(게이트밸브)＋20m(직관)＝32.8[m]

② $\Delta P_{C-D} = 6.174 \times 10^5 \times \dfrac{1,203.21^{1.85}}{120^{1.85} \times 69.0^{4.87}} \times 32.8$

$= 1.5973[\text{kgf/cm}^2]$

4) D지점의 압력

$P_D = P_C + \Delta P_{C-D} + H = 3.0107 + 1.5973 + 1.0$

$= 5.608[\text{kgf/cm}^2] = 0.5608[\text{MPa}]$

5) D지점의 유량

$Q_D = Q_{C-D} = 1,203.21[\ell/\text{min}]$

3. 결론

(1) 가지관 1번의 유량 : $Q_1 = 375.51[\ell/\text{min}]$

(2) 가지관 2번의 유량 : $Q_2 = 396.55[\ell/\text{min}]$

(3) 가지관 3번의 유량 : $Q_3 = 431.15[\ell/\text{min}]$

(4) "D"점에서 필요한 유량 : $Q_D = 1,203.21[\ell/\text{min}]$

(5) "D"점에서 필요한 압력 : $P_D = 0.56[\text{MPa}]$

21

그림과 같이 5층 건물에 스프링클러설비가 되어 있다. 이 설비에 대한 급수는 압력수조방식이다. 압력수조(내용적 20m³)에서 최고위 스프링클러헤드까지의 수직높이는 30m이고, 수조내에는 내용적의 $\frac{1}{2}$ 만큼 물이 들어있다. 이 경우 수조 내에 유지시켜야 할 최소공기압력은 몇 MPa인가? (다만, 배관 내의 마찰손실은 무시하며, 대기압은 0.1034MPa이고, 최저 수위의 수량은 탱크 내용적의 15% 이상을 유지하는 것으로 한다.)

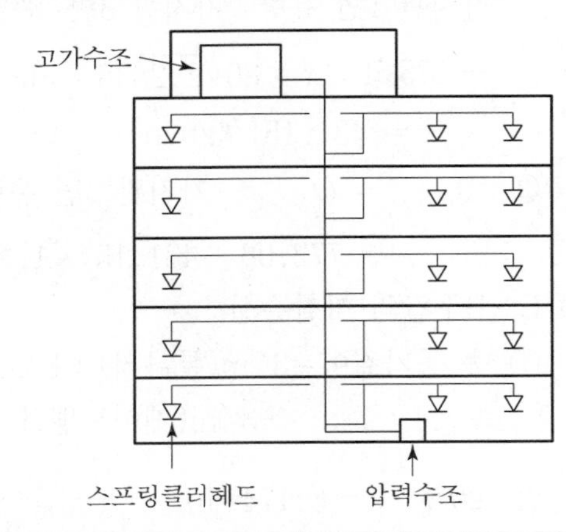

해 답

1. 압력수조에 필요한 압력(P)

(1) $P = P_1 + P_2 + 0.1[\text{MPa}]$

여기서, P_1 : 자연 낙차압력[MPa]

P_2 : 배관의 마찰손실압력[MPa]

0.1[MPa] : 스프링클러헤드의 최소 방사압력

(2) $P = 0.3 + 0 + 0.1 = 0.4[\text{MPa}]$

2. 수조 내에 유지시켜야 할 공기압력(P_o)

$$P_o = (P + P_a) \times \frac{V_2}{V_1} - P_a$$

여기서, P : 압력수조에 필요한 압력

P_a : 대기압

V_2 : 압력수조 내용적

V_1 : 공기의 부피

$$\therefore \ P_o = (0.4 + 0.1034) \times \frac{20 \times (1 - 0.15)}{10} - 0.1034 = 0.7524[\text{MPa}]$$

[답] 0.7524[MPa] 이상

22

20층 아파트에 습식 스프링클러설비를 설치할 경우 다음 조건에 따라 계산하시오.

〈조건〉

층당 10세대, 방호면적 900[m²], 방수압 0.1[MPa], 정수두 70[m], 손실수두 20[m], 전달계수 1.15, 효율 60[%], 배관내 유속 3.0[m/sec], 각 세대는 방 3개, 주방 1개, 층고 3[m], 건물높이 60[m], 계단 1개소(1라인)

(1) 펌프의 토출량[ℓ/min]

(2) 물탱크에 저장해야 할 수원의 양[m³]

(3) 펌프의 동력[kW]

(4) 주배관의 규격[A]

(5) 감지기종별 최소 감지기수량(연기 · 열감지기)

(6) 알람밸브의 수량

해 답

(1) 펌프의 토출량

$Q_1 = N \times q = 10$개 $\times 80[\ell/\text{min}] = 800[\ell/\text{min}]$

[답] 800[ℓ/min]

(2) 수원의 양

$Q_2 = N \times q \times T = 10$개 $\times 80[\ell/\text{min}] \times 20[\text{min}] = 16{,}000[\ell] = 16[\text{m}^3]$

[답] 16[m³]

(3) 펌프의 동력

$$P = \frac{\gamma QH}{102\eta} \times K = \frac{1{,}000[\text{kgf/m}^3] \times 0.8[\text{m}^3/\text{min}] \times 100[\text{m}]}{102 \times 0.6 \times 60} \times 1.15$$

$= 25[\text{kW}]$

[답] 25[kW]

(4) 주배관의 규격

$Q = AV = \left(\frac{\pi}{4} \times d^2\right) \times V$ 공식에서

$$d = \sqrt{\frac{4Q}{\pi V}} = \sqrt{\frac{4 \times 0.013}{3.14 \times 3}} = 0.074[\text{m}]$$

$= 74[\text{mm}]$가 되므로 80A 규격을 선정한다.

[답] 주배관의 규격 : 80A

(5) 감지기 수량

1) 방 : 연기감지기 ⇒ 10세대 × 방 3개 × 20층 = 600[개]

2) 주방 : 정온식 감지기 ⇒ 10세대 × 주방 1개 × 20층 = 200[개]

3) 계단 : 연기감지기 ⇒ 60m ÷ (3.0m × 5개층) = 4[개]

(6) 알람밸브수량

20층이므로 알람밸브는 층당 1개씩 20개가 필요하다.

[답] 20개

23

습식 스프링클러설비에 설치한 폐쇄형 스프링클러헤드 중 A점에 설치된 헤드 1개만이 개방되었을 때 A점에서의 헤드방사압력은 몇 MPa인지 구하시오.(단, 구간별로 소수점 둘째 자리까지 계산하시오.)

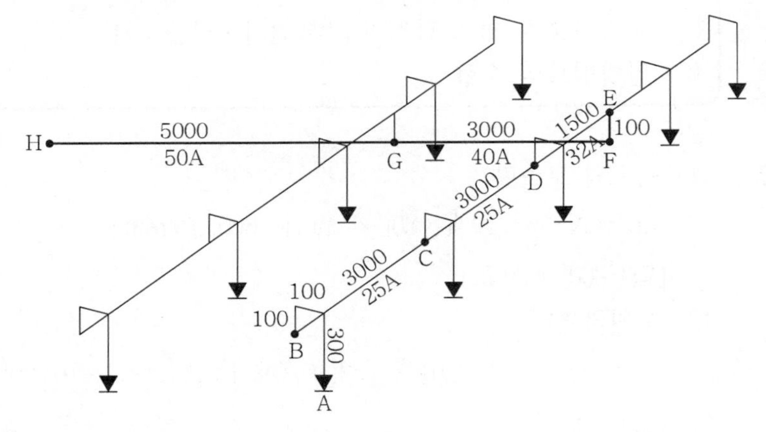

<조건>

가. 급수관 H점에서의 가압수 압력은 0.2MPa이다.

나. 티 및 엘보는 직경이 다른 티 및 엘보를 사용하지 않는다.

다. 스프링클러헤드는 15A용 헤드가 설치된 것으로 한다.

라. A점에서의 헤드 방수량은 80ℓ/min으로 계산한다.

23

마. 직관 마찰손실(100m당)은 다음 표를 이용한다.

유량	25A	32A	40A	50A
80ℓ/min	39.82m	11.38m	5.40m	1.68m

바. 관이음쇠 마찰손실에 해당하는 직관길이(m)는 다음 표를 이용한다.

관이음쇠 \ 관경	25A	32A	40A	50A
엘보 90°	0.9	1.2	1.5	2.1
레듀셔	(25×15) 0.54	(32×25) 0.72	(40×32) 0.9	(50×40) 1.2
직류T	0.27	0.36	0.45	0.60
분류T	1.5	1.8	2.1	3.0

해 답 1. 마찰손실수두[m] 계산

구간	관경	유량 [ℓ/min]	등가길이 [m]	m당 마찰손실	마찰손실 수두[m]
H-G지점	50A	80	5(직관)+0.6(직류T)+1.2(레듀셔)=6.8m	$\frac{1.68}{100}=0.0168$	6.8×0.0168 =0.1142≒0.11
G-E지점	40A	80	3.1(직관)+1.5(엘보)+2.1(분류T)+0.9(레듀셔)=7.6m	$\frac{5.4}{100}=0.054$	7.6×0.054 =0.4104≒0.41
E-D지점	32A	80	1.5(직관)+0.36(직류T)+0.72(레듀셔)=2.58m	$\frac{11.38}{100}=0.1138$	2.58×0.1138 =0.2936≒0.29
D-A지점	25A	80	6.5(직관)+0.27(직류T)+2.7(엘보3개)+0.54(레듀셔)=10.01m	$\frac{39.82}{100}=0.3982$	10.01×0.3982 =3.9859≒3.99
낙차수두					0.3−0.1−0.1 =0.1m
계	0.11+0.41+0.29+3.99−0.1=4.7m				

2. 마찰손실압력계산

$$4.7\,[mH_2O] \times \frac{0.101325\,[MPa]}{10.332\,[mH_2O]} = 0.04609 \fallingdotseq 0.046\,[MPa]$$

3. 헤드방사압력 계산

0.2 [MPa] − 0.046 [MPa] = 0.154 [MPa]

[답] A지점 헤드방사압력 : 0.154 [MPa]

24

스프링클러설비에서 다음 그림의 헤드가 모두 개방되었을 때 "A"지점에 필요한 최소압력[MPa]과 유량[ℓ/min]을 구하시오.

〈조건〉

가. 스프링클러헤드의 최소 방사압력은 0.225[MPa]이다.

나. 스프링클러헤드의 "K" 값은 80이다.

다. 배관의 재질은 흑관으로서 신품이다.

라. 배관의 내경은 호칭경을 사용할 것

마. 0.1[MPa] = 10mH_2O로 환산한다.

바. 속도수두(Velocity Pressure)는 무시할 것

사. 별첨 수리계산서 양식을 사용하여 계산할 것

아. 배관부속의 등가길이(단위 : m)는 다음과 같다.

배관부속류	관경 25[mm]	관경 50[mm]
90° 엘보	0.6	1.5
90° 티	1.5	3.1
게이트 밸브	–	0.3
델루지 밸브	1.5	3.4

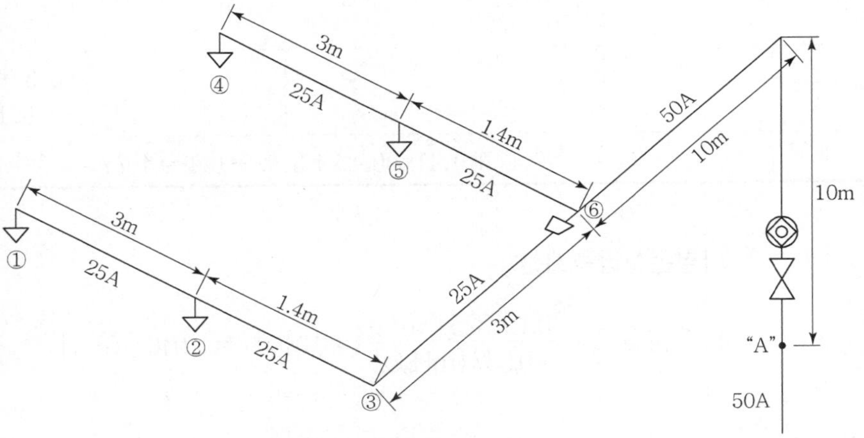

해답 1. 각 구간의 마찰 손실[kgf/cm²/m]

(1) ①지점의 마찰손실

$$\Delta P = 6.174 \times 10^5 \frac{Q^{1.85}}{100^{1.85} \times d^{4.87}}$$

$$= 6.174 \times 10^5 \times \frac{120^{1.85}}{100^{1.85} \times 25^{4.87}} = 0.13$$

(2) ②지점의 마찰손실

$$\Delta P = 6.174 \times 10^5 \frac{Q^{1.85}}{100^{1.85} \times d^{4.87}}$$

$$= 6.174 \times 10^5 \times \frac{252^{1.85}}{100^{1.85} \times 25^{4.87}} = 0.53$$

(3) ③지점의 마찰손실

$$\Delta P = 6.174 \times 10^5 \frac{Q^{1.85}}{100^{1.85} \times d^{4.87}}$$

$$= 6.174 \times 10^5 \times \frac{252^{1.85}}{100^{1.85} \times 25^{4.87}} = 0.53$$

(4) ⑥지점의 마찰손실

$$\Delta P = 6.174 \times 10^5 \frac{Q^{1.85}}{100^{1.85} \times d^{4.87}}$$

$$= 6.174 \times 10^5 \times \frac{555^{1.85}}{100^{1.85} \times 50^{4.87}} = 0.08$$

2. 수리계산서

위치 (지점)	유량 [lpm]	관경 [mm]	배관 부속	등가길이 [m]	마찰손실 [kgf/cm²/m]	필요압력 [kgf/cm²]	비고
①	q 120	25	엘보	길이 3	0.13	P 2.25	$q = 80\sqrt{2.25} = 120$
				부속 0.6		Pf 0.47	
	Q 120			합계 3.6		Ph –	
②	q 132	25	티	길이 1.4	0.53	P 2.72	$q = 80\sqrt{2.72} = 132$
				부속 1.5		Pf 1.54	
	Q 252			합계 2.9		Ph –	
③	q 0	25	엘보	길이 3	0.53	P 4.26	
				부속 0.6		Pf 1.91	
	Q 252			합계 3.6		Ph –	

⑥	q 303	50	티, 엘보	길이 20	0.08	P 6.17	$q=\sqrt{\frac{6.17}{4.26}}\times252$ =303
			델류지	부속 8.3		Pf 2.26	
	Q 555		게이트	합계 28.3		Ph 1	
"A"	q 555			길이		P 9.43	
				부속		Pf	
	Q 555			합계		Ph	

여기서, P : 토출압력, Pf : 손실압력, Ph : 낙차압력

[답] 필요최소압력 : 0.943[MPa]
필요최소유량 : 555[ℓ/min]

제 6 장

물분무소화설비

01 물분무소화설비 계통도

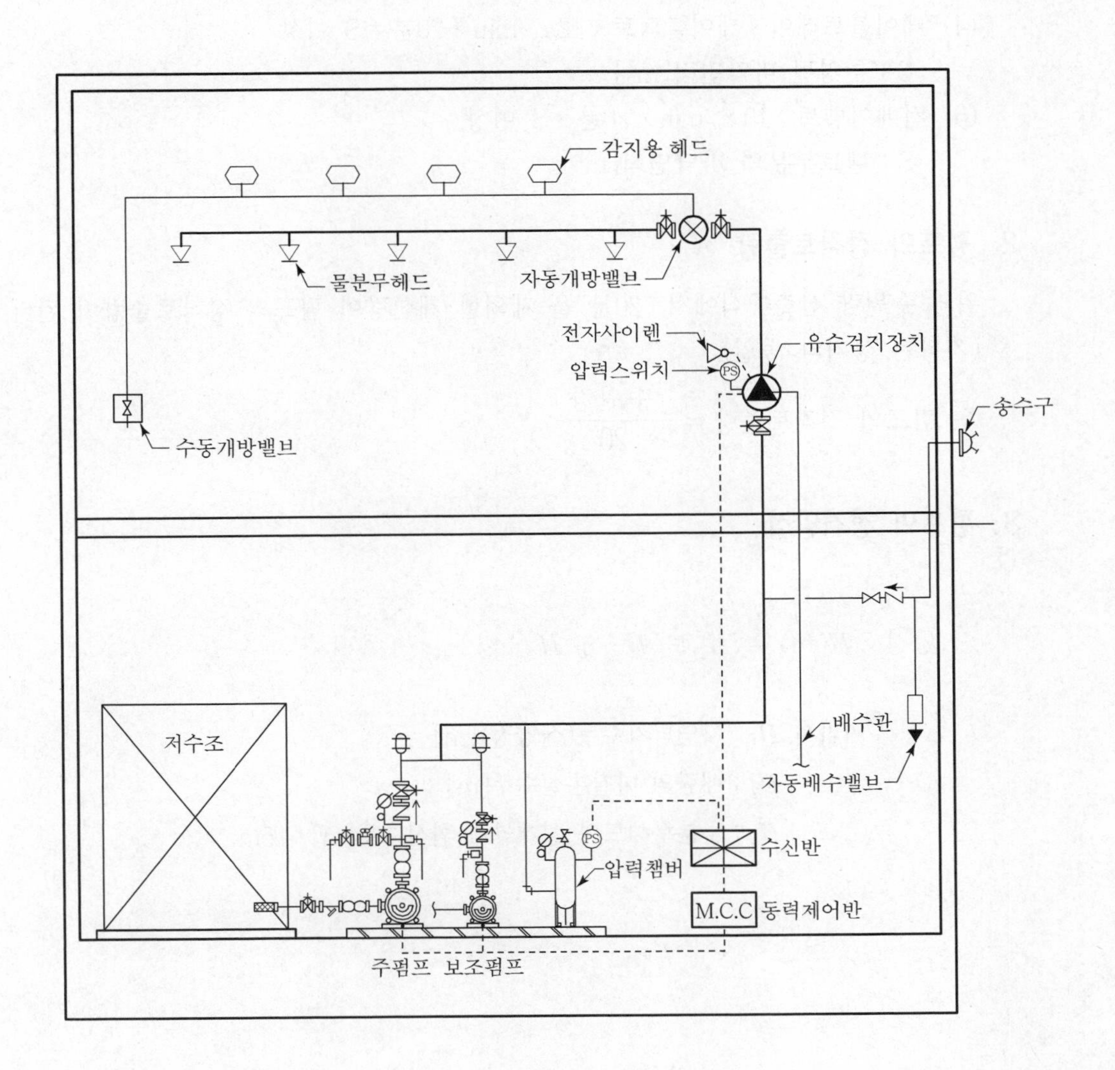

02 물분무소화설비의 주요 설계기준

1. 수원의 양

(1) 특수가연물의 저장취급소 : 10ℓ/min × 20분 × S 이상
  S : 최대방수구역의 바닥면적[m^2](최소 50m^2)

(2) 차고 또는 주차장 : 20ℓ/min × 20분 × S 이상
  S : 최대방수구역의 바닥면적[m^2](최소 50m^2)

(3) 절연유 봉입변압기 : 10ℓ/min × 20분 × S 이상
  S : 변압기의 표면적 합계[m^2](단, 바닥부분은 제외)

(4) 케이블트레이 · 케이블덕트 : 12ℓ/min × 20분 × S 이상
  S : 투영된 바닥면적[m^2]

(5) 컨베어벨트 : 10ℓ/min × 20분 × S 이상
  S : 벨트부분의 바닥면적[m^2]

2. 펌프의 정격토출량

위의 수원량 산출공식에서 "20분"을 제외한 계산량이 펌프의 정격토출량이 된다. (기타는 상기와 동일)

즉, 펌프의 정격토출량 $= \dfrac{수원량}{20}$

3. 펌프의 정격양정

$$양정 : H(\mathrm{m}) = H_1 + H_2 + H_3$$

여기서, H_1 : 자연낙차수두(실양정)[m]
H_2 : 배관의 마찰손실수두[m]
H_3 : 물분무헤드의 설계압력 환산수두[m] : 35m

4. 물분무헤드와 고압전기기기의 이격기준

전압[kV]	거리[cm]	전압[kV]	거리[cm]
66 이하	70 이상	154 초과 181 이하	180 이상
66 초과 77 이하	80 이상	181 초과 220 이하	210 이상
77 초과 110 이하	110 이상	220 초과 275 이하	260 이상
110 초과 154 이하	150 이상		

03 물분무소화설비의 배수설비

1. 바닥의 경계턱

차량 주차장소의 바닥에는 10cm 이상의 경계턱으로 배수구를 설치

2. 기름분리장치

배수구에서 새어나온 기름을 모아 소화할 수 있도록 배수구 길이 40m 이하마다 설치한다.

3. 기울기

주차장 바닥은 배수구를 향하여 $\frac{2}{100}$ 이상의 기울기를 유지하여야 한다.

4. 용량

가압송수장치의 최대 송수능력의 수량을 배수할 수 있는 크기 및 구배로 설치

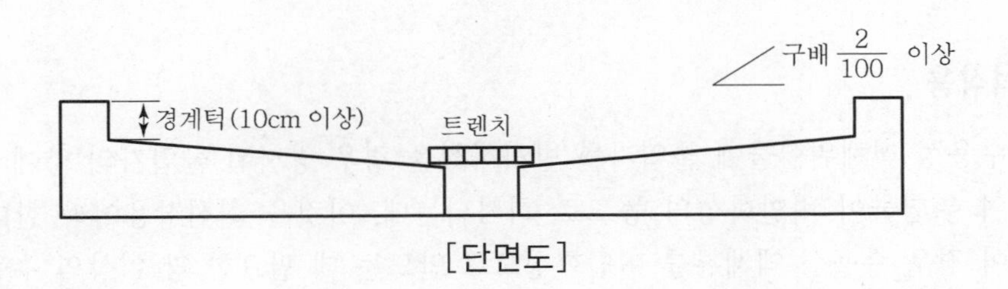

[단면도]

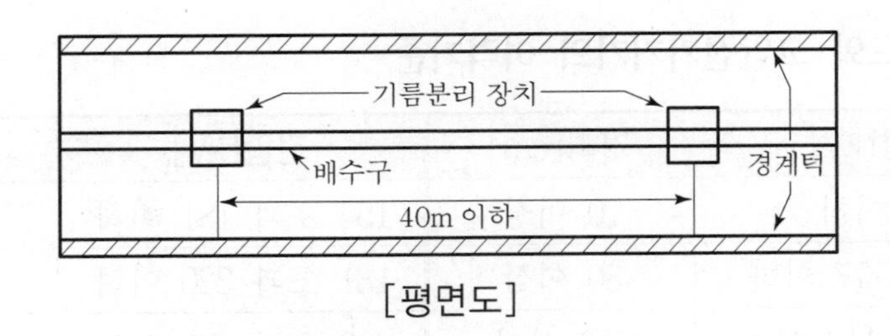

[평면도]

04 물분무소화설비의 소화효과

1. 냉각효과

(1) 기상냉각(화염냉각) : 물입자의 증발잠열에 의한 냉각
(2) 표면냉각 : 물입자의 가연물 접촉에 의한 냉각

2. 질식효과(산소농도 희석)

미세 물입자의 증발시 발생하는 높은 비체적의 수증기에 의한 산소치환작용 및 공기공급 차단작용에 의한 질식소화작용

3. 유화작용(Emulsification)

(1) 불수용성 가연성액체 표면에 물분무소화설비의 소화수를 방사하게 되면 물입자가 유면에 부딪치면서 산란하여 유화층(Emulsion)을 형성하게 되는데 이러한 유화층이 유면을 덮는 것을 유화작용이라 한다.
(2) 유화층(Emulsion)이 유면을 덮으므로 인해 가연성 액체의 증발능력이 저하되어 가연성 가스의 발생이 연소범위 이하가 되므로 연소성을 상실하게 되어 소화가 된다.

4. 희석작용

(1) 수용성 액체위험물에 물입자를 방사하였을 경우 방사된 물입자의 양에 비례하여 위험물이 비인화성의 농도로 희석되는데, 이것을 희석작용이라 한다.
(2) 이 경우 수용성 액체류를 비인화성으로 만드는 데 필요한 양 이상의 수량을 방사하여야 희석작용에 의한 소화효과가 발생한다.

중요예상문제

01

바닥면적이 200m²인 지하주차장에 물분무소화설비를 설치하고자 할 경우 다음 물음에 답하시오.(단, 헤드 1개당 방사압력이 0.3MPa, k값은 80이며, 0.1MPa＝10mH₂O로 환산한다)

1. 송수펌프의 분당 토출량[ℓ/min]은 얼마인가?(5점)
2. 최소 수원의 양[m³]은 얼마인가?(5점)
3. 물분무헤드의 최소 개수는 몇 개인가?(10점)

〈주의〉 이 부분의 화재안전기준 개정으로, 물분무소화설비 펌프의 1분당 토출량 기준에서, "바닥면적 50m²를 초과하는 경우에는 50m²"(최대 50m² 까지만 적용)에서 "바닥면적 50m² 이하인 경우에는 50m²"(최소 50m² 이상 적용)으로 변경됨

해답 1. 송수펌프의 분당 토출량(Q)

$Q = 200[m^2] \times 20[\ell/min \cdot m^2] = 4{,}000[\ell/min]$

∴ 송수펌프의 분당 토출량＝4,000[ℓ/min]

2. 최소 수원의 양(W)

$W = 200[m^2] \times 20[\ell/min \cdot m^2] \times 20[min] = 80{,}000\ell = 80[m^3]$

∴ 최소 수원의 양＝80[m³]

3. 물분무헤드의 최소 개수

헤드 1개당 분당 방사량(q) $= k\sqrt{P} = 80 \times \sqrt{0.3 \times 10} = 138.56[\ell/개 \cdot min]$

헤드 수 $= \dfrac{4{,}000}{138.56} = 28.8 \doteqdot 29[개]$

∴ 물분무헤드 수＝29[개]

02

물분무소화설비에 대한 다음 각 물음에 답하시오.(25점)

1. 물분무소화설비의 가압송수장치를 가압수조방식으로 할 경우 그 설치기준 4가지를 기술하시오.(10점)
2. 물분무소화설비의 배수설비 설치기준 3가지를 기술하시오.(8점)
3. 물분무헤드의 설치 제외장소 3가지를 기술하시오.(7점)

해 답

1. 가압수조방식 가압송수장치의 설치기준 4가지

(1) 가압수조의 압력은 설비의 규정방수량 및 규정방수압이 20분 이상 유지되도록 할 것

(2) 가압수조 및 가압원은 「건축법 시행령」 제46조에 따른 방화구획된 장소에 설치할 것

(3) 소방청장이 정하여 고시한 「가압수조식 가압송수장치의 성능인증 및 제품검사의 기술기준」에 적합한 것으로 설치할 것

2. 배수설비의 설치기준 4가지

(1) 차량이 주차하는 장소의 적당한 곳에 높이 10cm 이상의 경계턱으로 배수구를 설치할 것

(2) 배수구에는 새어나온 기름을 모아 소화할 수 있도록 길이 40m 이하마다 집수관·소화피트 등의 기름분리장치를 설치할 것

(3) 차량이 주차하는 바닥은 배수구를 향하여 100분의 2 이상의 기울기를 유지하여야 한다.

(4) 배수설비는 가압송수장치의 최대송수능력의 수량을 유효하게 배수할 수 있는 크기 및 기울기로 할 것

3. 물분무헤드의 설치 제외장소 3가지

(1) 물에 심하게 반응하는 물질 또는 물과 반응하여 위험한 물질을 생성하는 물질을 저장 또는 취급하는 장소

(2) 고온의 물질 및 증류범위가 넓어 끓어 넘칠 위험이 있는 물질을 저장 또는 취급하는 장소

(3) 운전 시에 표면의 온도가 260℃ 이상으로 되는 등 직접 분무를 하는 경우 그 부분에 손상을 입힐 우려가 있는 기계장치 등이 있는 장소

03

물분무소화설비의 수원양 산출기준에 대하여 다음 ( ) 안의 수량을 쓰시오.

(1) 특수가연물을 저장 또는 취급하는 소방대상물 또는 그 부분에 있어서 그 바닥면적 $1m^2$에 대하여 (①) ℓ/min로 (②)분간 방수할 수 있는 양 이상으로 할 것

(2) 차고 또는 주차장에 있어서는 그 바닥면적 $1m^2$에 대하여 (③) ℓ/min로 (④)분간 방수할 수 있는 양 이상으로 할 것

(3) 절연유 봉입 변압기에 있어서는 바닥부분을 제외한 표면적을 합한 면적 $1m^2$에 대하여 (⑤) ℓ/min로 (⑥)분간 방수할 수 있는 양 이상으로 할 것

(4) 케이블트레이, 케이블덕트 등에 있어서는 투영된 바닥면적 $1m^2$에 대하여 (⑦) ℓ/min로 (⑧)분간 방수할 수 있는 양 이상으로 할 것

(5) 콘베이어 벨트 등에 있어서는 벨트부분의 바닥면적 $1m^2$에 대하여 (⑨) ℓ/min로 (⑩)분간 방수할 수 있는 양 이상으로 할 것

해 답

① 10 ② 20 ③ 20 ④ 20 ⑤ 10

⑥ 20 ⑦ 12 ⑧ 20 ⑨ 10 ⑩ 20

04

절연유 봉입변압기에 물분무소화설비를 그림과 같이 적용하고자 한다. 바닥부분을 제외한 변압기의 표면적은 $100m^2$이며, 표준방사량은 $1m^2$당 10 ℓ/min으로 할 때 K값을 구하시오.(단, 물분무 헤드의 방사압력은 0.4MPa로 한다.)

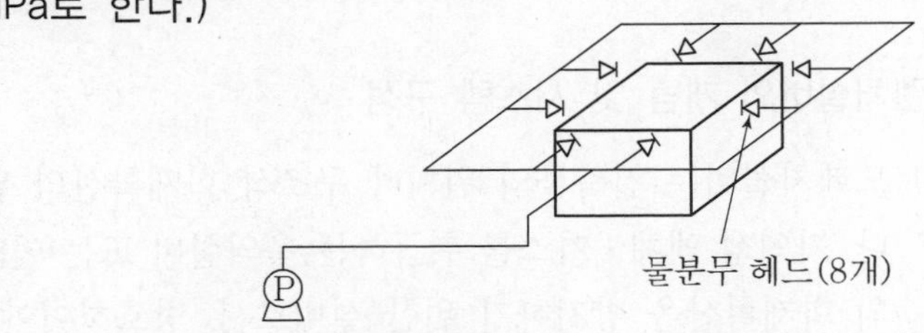

해 답

물분무헤드 1개당 방사유량(Q)

$Q = 100m^2 \times 10\,ℓ/min/m^2 \div 8 = 125[\,ℓ/min]$

$Q = K\sqrt{P}$에서

$$\therefore\ K = \frac{Q}{\sqrt{P}} = \frac{125}{\sqrt{0.4 \times 10}} = 62.5$$

05 물분무소화설비의 헤드 종류 5가지를 기술하시오.

해답 물분무헤드는 물을 미분화시키는 방식에 따라 다음과 같이 5가지 종류로 분류하고 있다.

(1) 충돌형 : 유수와 유수 간의 충돌에 의해 미세한 물방울을 만드는 물분무헤드
(2) 분사형 : 소구경의 오리피스를 통하여 고압으로 분사하여 미세한 물입자를 만드는 물분무 헤드
(3) 선회류형 : 수류가 선회류에 의해 확산방출하거나 또는 선회류와 직선류의 충돌에 의한 확산방출에 의해 미세한 물방울을 만드는 물분무헤드
(4) 디플렉터형 : 수류를 살수판에 충돌시켜 미세한 물방울을 만드는 물분무헤드
(5) 슬리트(Slit)형 : 수류를 슬리트(Slit)를 통해 분사하여 수막상의 미세한 물방울을 만드는 물분무헤드

06 드렌처설비에 대하여 다음 물음에 답하시오.

1. 드렌처설비의 개념 및 시스템 구성
2. 헤드방수량, 수원량 및 헤드배치기준
3. 배관 설치시 유의사항

해답 1. 드렌처설비의 개념 및 시스템 구성

(1) 드렌처설비는 건축물의 위치나 구조상 화재확산의 위험이 높은 곳이나, 가연성 액체·가스를 취급하는 옥외설비 또는 이와 인접한 건물로의 화재확산을 방지하기 위한 설비로서, 방호하여야 할 건축물의 외벽·지붕·처마·개구부 등에 개방형 헤드를 설치한 일종의 일제살수식 스프링클러설비이다.
(2) 현행 국가화재안전기준에서는 연소할 우려가 있는 개구부 등에 드렌처설비를 설치한 경우 당해 개구부에 한하여 스프링클러헤드 설치를 면제하고 있다.
(3) 시스템 구성

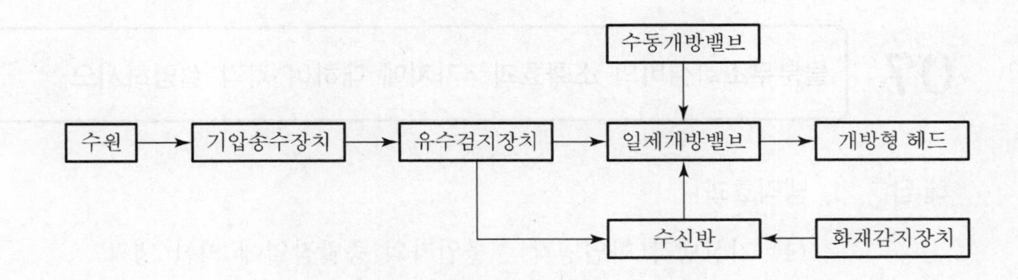

2. 헤드방수량, 수원량 및 헤드배치기준

(1) 헤드방수량

최대방수구역의 모든 헤드를 동시에 방수하는 경우 각 헤드의 방수압력 0.1MPa 이상이고, 방수량 80ℓ/min 이상일 것

(2) 수원량

펌프의 정격토출량 = 최대방수구역의 헤드 설치개수 × 80ℓ/min 이상

∴ 수원량 = 펌프의 정격토출량 × 20분 이상

(3) 헤드배치기준

개구부 위측에 2.5m 이내마다 1개씩 설치

3. 배관 설치시 유의사항

(1) 내화구조의 벽체 또는 바닥 슬래브를 관통하는 배관은 그 관통부위에 Sleeve를 매설하고 그 Sleeve를 통하여 배관이 관통되도록 설치한다.

(2) 방화구획 또는 방연구획을 통과하는 배관은 건축구조물과의 틈새가 없도록 내화충진재 등으로 밀실하게 시공한다.

(3) 내화구조의 벽이나 방화벽 등으로 완벽하게 구획된 공간에는 그 공간용으로 별도의 입상관을 설치하는 것이 효과적이다. 이것은 방화구획 관통배관을 최소한으로 줄일 수 있게 된다.

(4) 배관 이음부 용접 시 이음면의 모서리를 그라인더 등으로 갈아내고 용접하여야 한다.

(5) 건식배관은 적정한 구배가 필요하며, 배관의 구조상 기울기를 줄 수 없는 경우에는 배수를 원활하게 할 수 있도록 배수밸브를 설치한다.

(6) 습식배관은 수평으로 설치하며 다만, 배관의 구조상 소화수가 남아있는 부위에는 배수밸브를 설치한다.

(7) 배관의 고정 · 지지는 수격작용에 의한 진동, 지진 및 기타 외력을 받아도 움직이지 않도록 견고하게 고정 · 지지하여야 한다.

07 물분무소화설비의 소화효과 4가지에 대하여 각각 설명하시오.

해 답 1. 냉각효과

(1) 기상냉각(화염냉각) : 물입자의 증발잠열에 의한 냉각
(2) 표면냉각 : 물입자의 가연물 접촉에 의한 냉각

2. 질식효과(산소농도 희석)

미세 물입자의 증발시 발생하는 높은 비체적의 수증기에 의한 산소치환작용 및 공기공급 차단작용에 의한 질식소화작용

3. 유화작용(Emulsification)

(1) 불수용성 가연성액체 표면에 물분무소화설비의 소화수를 방사하게 되면 물입자가 유면에 부딪치면서 산란하여 유화층(Emulsion)을 형성하게 되는데 이러한 유화층이 유면을 덮는 것을 유화작용이라 한다.
(2) 유화층(Emulsion)이 유면을 덮으므로 인해 가연성액체의 증발능력이 저하되어 가연성가스의 발생이 연소범위 이하가 되므로 연소성을 상실하게 되어 소화가 된다.

4. 희석작용

(1) 수용성 액체위험물에 물입자를 방사하였을 경우 방사된 물입자의 량에 비례하여 위험물이 비인화성의 농도로 희석되는데 이것을 희석작용이라 한다.
(2) 이 경우 수용성 액체류를 비인화성으로 만드는데 필요한 량 이상의 수량을 방사하여야 희석작용에 의한 소화효과가 발생한다.

08

아래 그림과 같이 바닥면이 자갈로 되어있는 절연유 봉입변압기에 물분무소화설비를 설치하고자 한다. 물분무소화설비의 화재안전기준(NFSC 104)에 따라 다음 각 물음에 답하시오. (15점)

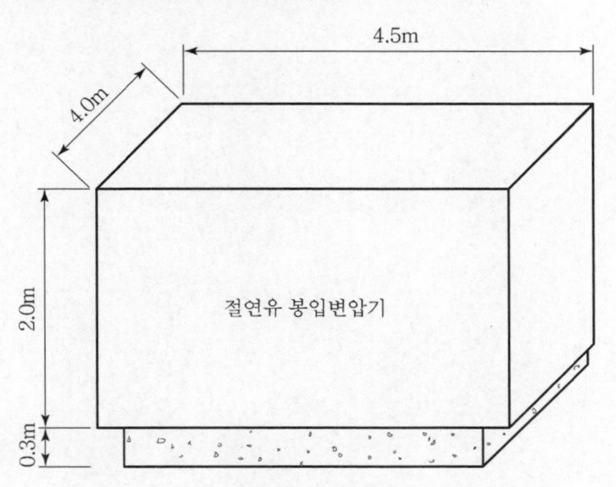

1. 소화펌프의 최소 토출량[ℓ/min]을 구하시오. (10점)
2. 필요한 최소 수원의 양[m^3]을 구하시오. (5점)

〈적용근거〉 물분무소화설비의 화재안전기준 제4조 1항 3호 및 제5조 1항 2호 다목 : 소화펌프의 1분당 토출량 = 변압기의 표면적 1m^2당 10ℓ/min로 20분간 방수할 수 있는 양 이상

해 답 1. 소화펌프의 최소 토출량[ℓ/min]

(1) 표면적(바닥부분은 제외)의 합계

표면적 = 윗면적 + (측면적 × 2면) + (전 · 후면 × 2면)

= (4m × 4.5m) + (4m × 2m) × 2면 + (4.5m × 2m) × 2면 = 52m^2

(2) 분당 토출량[ℓ/min]

52m^2 × 10ℓ/min · m^2 = 520[ℓ/min]

[답] 520[ℓ/min]

2. 최소 수원의 양[m^3]

수원[m^3] = 분당 토출량[ℓ/min] × 20[min]

= 520ℓ/min × 20min = 10,400ℓ = 10.4[m^3]

[답] 10.4[m^3]

제 7 장

포소화설비

01 포소화설비 계통도

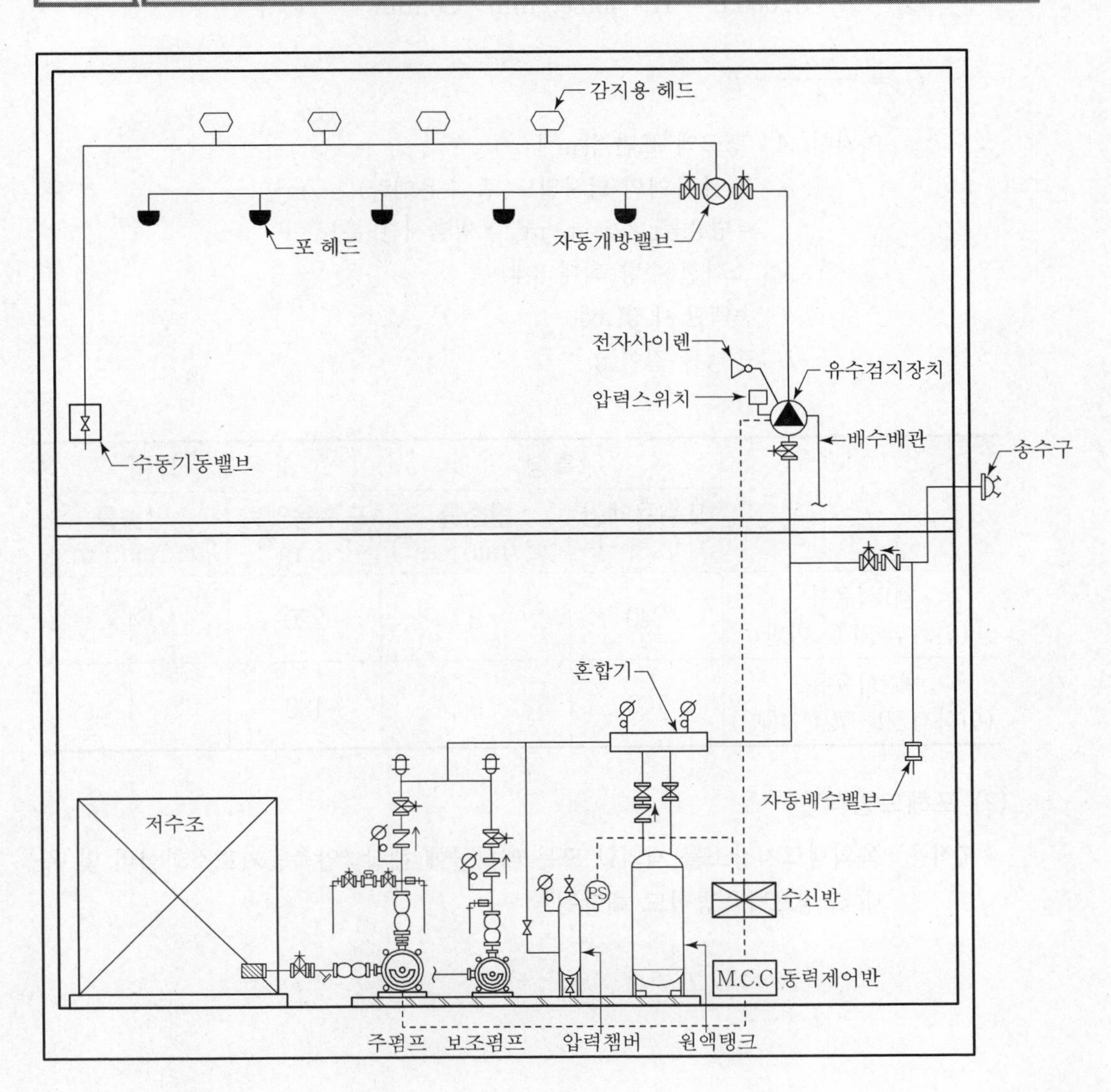

02 포소화설비의 주요 설계기준

1. 포수용액량 계산

(1) 고정포 방출방식(옥외탱크저장소에 한함)

수용액량(Q) = 고정포 방출구의 양(Q_1) + 보조 포소화전의 양(Q_2)
+ 가장 먼 송액관의 내용적(Q_3)

$$Q_1 = A \times q$$

$$Q_2 = N \times 8,000\,\ell = N \times 400\,\ell/\text{min} \times 20\,\text{min}$$

$$Q_3 = \frac{\pi d^2}{4} \times L$$

여기서, A : 탱크액 표면적[m^2]
q : 포 수용액의 방사밀도(포 수용액량)[ℓ/m^2]
= 방출률[$\ell/\text{min} \cdot m^2$] × 방출시간[분]
N : 소화전 수량(최대 3개)
d : 송액관 내경[m]
L : 송액관 길이[m]

	특형		Ⅱ · Ⅲ · Ⅳ형	
	포수용액량 [ℓ/m^2]	방출률 [$\ell/\text{min} \cdot m^2$]	포수용액량 [ℓ/m^2]	방출률 [$\ell/\text{min} \cdot m^2$]
제1석유류 (인화점 21℃ 미만)	240	8	220	4
제2석유류 (인화점 21~70℃ 미만)	160	8	120	4

(2) 포헤드방식

〈적용〉 옥외탱크저장소를 제외한 모든 대상물에 해당 (압축공기포소화설비 및 옥내 고정포방출방식도 해당됨)

$$Q = N \times q \times T$$

여기서, N : 최대방사구역의 모든 헤드 개수(단, 하나의 방사구역당 바닥면적 최대 200m²까지만 적용)

q : N개의 헤드를 동시 개방한 경우의 표준방사량[ℓ/min]
(단, 홈워터 스프링클러헤드의 경우 : 75[ℓ/min])

T : 방사시간(10분)

(3) 옥내 포소화전방식(호스릴설비 및 압축공기포소화설비 포함)

〈적용〉 차고, 주차장

$$Q = N \times 6,000\,\ell$$

여기서, N : 호스접결구 수(최대 5개)

$6,000\,\ell = 300\,\ell\,/\,\text{min} \times 20\,\text{min}$

※ 다만, 바닥면적이 200m² 미만인 건축물에 있어서는 위 산출된 양의 75%로 할 수 있다.

(4) 포모니터 노즐방식

〈적용〉 위험물저장탱크, 위험물제조소 등

$$Q = N \times q \times T$$

여기서, N : 노즐개수(최소 2개)

q : N개의 노즐 동시 사용시의 표준방사량 : 1,900[ℓ/min] 이상

T : 방사시간(30분)

2. 포소화약제량 계산

포소화약제량 = 수용액량 × 약제농도

3. 수원량 계산

수원량 = 수용액량 × (1 − 약제농도)

03 압축공기포소화설비

1. 압축공기포소화설비의 구조 · 원리

압축공기포소화설비는 포수용액에 가압된 공기 또는 질소를 강제 혼입시켜 비교적 작은 크기의 균일한 거품을 생성하기 위한 포발생시스템으로서 그 기본적인 구조와 원리는 다음 그림과 같다.

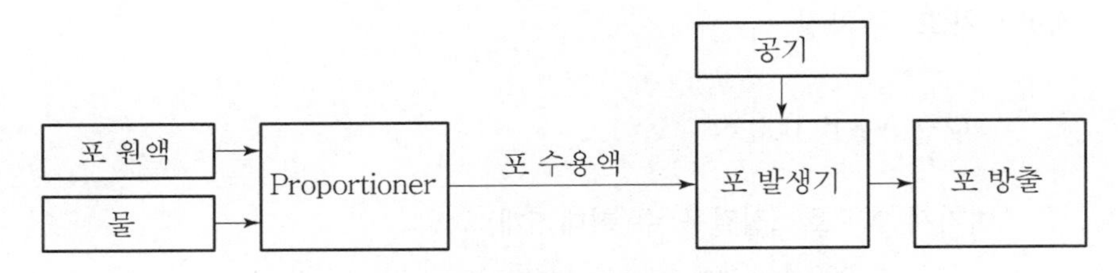

[기존 일반 포소화설비]

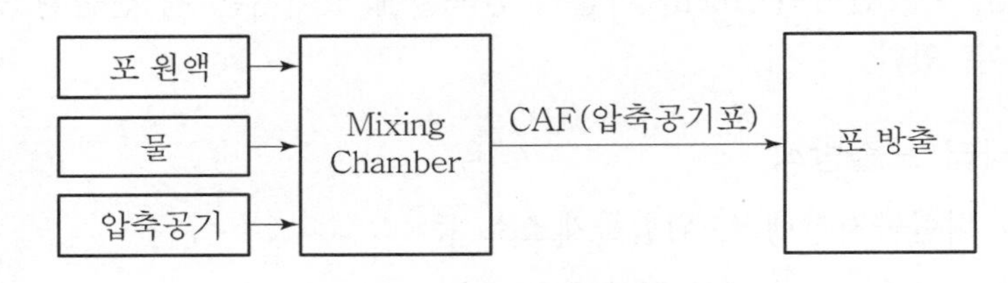

[압축공기포소화설비]

2. 압축공기포소화설비의 특성

압축공기포소화설비는 기존의 일반 포소화설비의 단점을 대폭 보완한 포발생시스템으로서 일반 포소화설비에 비해 다음과 같은 장점이 있다.

(1) 방사속도가 높아 원거리 방수가 가능하다.

(2) 물의 사용량을 대폭 줄일 수 있어 수손피해를 최소화 할 수 있다.(일반 포소화설비에 비해 약 1/7정도만 소요됨)

(3) 포의 표면장력을 저하시켜 연소물로의 침투를 촉진한다.

(4) 포의 체적 및 표면적 증가로 인한 질식소화효과의 성능이 좋다.

(5) 안정적이면서 균일한 포를 형성한다.

(6) 포의 환원시간 및 점성이 증가되어 연소물에 흡착성이 좋아서 재발화 방지 및 보호막 형성 등이 우수하다.

3. 압축공기포소화설비의 주요 화재안전기준 (일반 포소화설비와 다른 부분)

(1) 적응장소

1) 고정식 압축공기포소화설비

① 발전기실, ② 엔진펌프실, ③ 변압기, ④ 전기케이블실, ⑤ 유압설비

2) 고정식 압축공기포소화설비 및 이동식 압축공기포소화설비

① 「소방기본법 시행령」 별표 2의 특수가연물을 저장 · 취급하는 공장 또는 창고
② 차고 또는 주차장　③ 항공기 격납고

(2) 가압송수장치

펌프의 양정이 0.4MPa 이상되는 전용펌프를 설치하여야 한다. 다만, 자동급수장치를 설치한 때에는 전용펌프를 설치하지 아니할 수 있다.

(3) 설계방출밀도

설계방출밀도[ℓ/min · m^2]는 설계사양에 따라 정하여야 하나, 최소 다음의 밀도 이상으로 하여야 한다.
1) 일반가연물, 탄화수소류 : 1.63ℓ/min · m^2 이상
2) 특수가연물, 알코올류, 케톤류 : 2.3ℓ/min · m^2 이상

(4) 배관 등

1) 배관은 토너먼트방식으로 하여야 하고 소화약제가 균일하게 방출되는 등거리 배관구조로 설치하여야 한다.
2) 압축공기포소화설비를 스프링클러 보조설비로 설치하거나 압축공기포소화설비에 자동으로 급수되는 장치를 설치한때에는 송수구 설치를 아니할 수 있다.

(5) 분사헤드

1) 설치 위치

천장 또는 반자에 설치하되, 방호대상물에 따라 측벽에도 설치할 수 있다.

2) 설치 수량

① 유류탱크 주위 : 바닥면적 13.9m^{2}마다 1개 이상
② 특수가연물저장소 : 바닥면적 9.3m^{2}마다 1개 이상

※ 기타 나머지 모든 사항은 기존의 일반 포소화설비 화재안전기준과 동일함

04 고정식 포방출구방식의 종류

1. I형

(1) 고정지붕구조의 탱크에 상부 포주입법을 이용하는 것

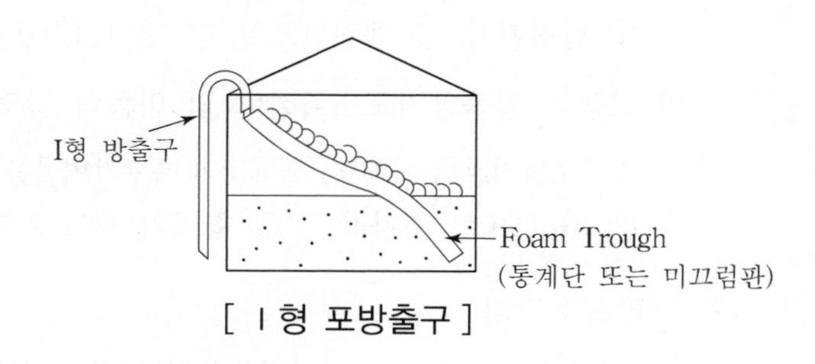

[I 형 포방출구]

(2) 방출된 포가 액면 아래로 몰입되거나 액면을 뒤섞지 않고 액면을 덮을 수 있는 홈트러프 또는 튤러튜브챔버 등의 설비가 된 것

(3) 탱크 내의 위험물 증기가 외부로 역류되는 것을 저지할 수 있는 구조 · 기구를 갖는 것

(4) 적용 : 알코올형 포

2. II형

(1) 고정지붕구조 또는 부상덮개부착 고정지붕구조의 탱크에 상부 포주입법을 이용

(2) 방출된 포가 디플렉터에 의해 반사되어 탱크벽면을 따라 흘러내려가 유면을 덮어 소화작용을 하도록 하는 것

(3) 탱크 내 위험물 증기의 역류방지기능 보유

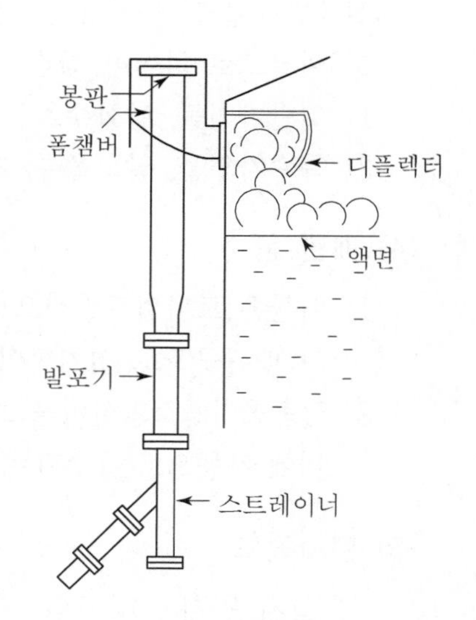

[II 형 포방출구]

3. III형(표면하 주입식)

(1) 고정지붕구조의 탱크에 저부 포주입법을 이용하는 것

(2) 즉, 화재시 탱크의 파괴로 포방출구가 파손되는 단점을 보완하기 위하여

(3) 탱크의 유류층 하부에 포방출구를 설치하여 그로부터 방출된 포가 유면 위로 떠올라와서 소화하는 방식

(4) 탱크 내 위험물증기의 역류방지기능 보유

(5) 적용 : 불화단백포 또는 수성막포 소화약제

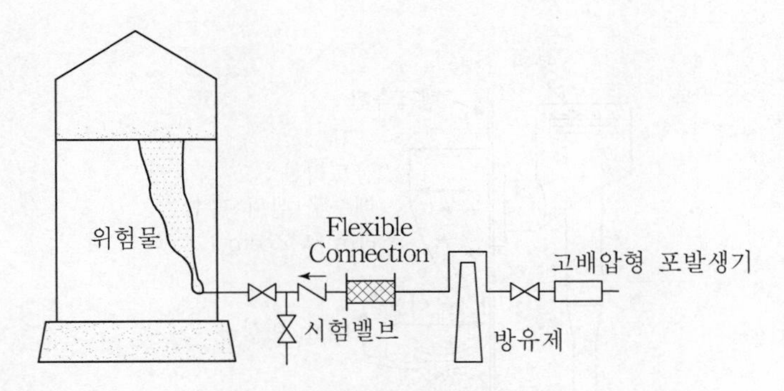

[Ⅲ형 : 표면하 주입식]

4. Ⅳ형(반표면하 주입식)

(1) 고정지붕구조의 탱크에 저부 포주입법을 이용
(2) Ⅲ형 포방출구방식에서 방출된 포가 유면 위로 떠오르는 도중에 위험물과 혼합되는 단점을 보완하기 위하여
(3) 송포관 말단에 특수호스 등을 접속한 것으로
(4) 동작시 포의 송출압력에 의해 호스가 전개되어 그 선단이 액면까지 도달한 후 포를 액면 위에 방출하는 방식

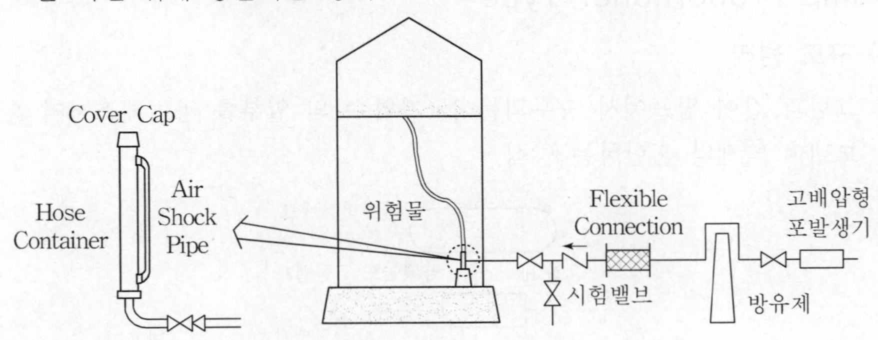

[Ⅳ형 : 반표면하 주입식]

5. 특형

(1) 부상지붕구조(Floating Roof)의 탱크에 상부 포주입법을 이용
(2) 부상지붕 위에서 탱크 내측면과 굽도리판 사이에 형성되는 환상 부분에 포를 방출하여 Seal 화재를 진압하는 것

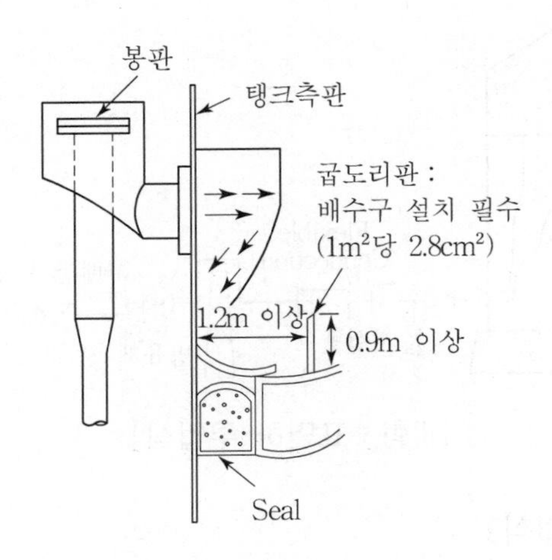

[특형 포방출구]

05 포소화약제의 혼합장치

1. Pump Proportioner Type

(1) 구조 원리

그림과 같이 펌프에서 송수되는 물(가압수)의 일부를 바이패스시켜 혼합기로 보내어 약제와 혼합하는 방식

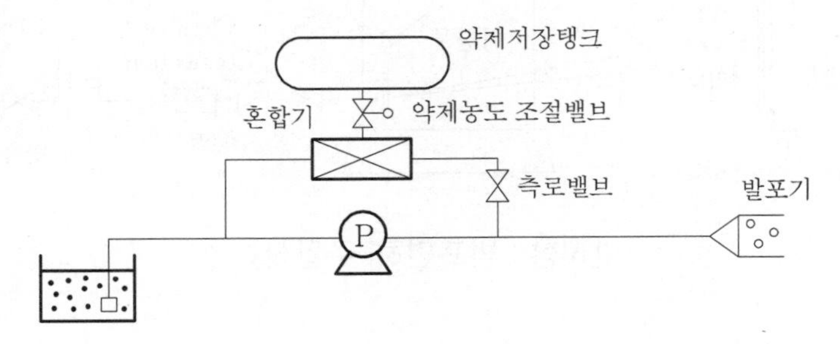

(2) 특징

(1) 펌프 흡입측 배관에 압력이 거의 없어야 하며, 압력이 있으면 물이 약제저장 탱크 쪽으로 역류할 수 있다.

(2) 약제 흡입 가능 높이 : 1.8m 이하

(3) NFPA Code에서 삭제됨

2. Line Proportioner Type

(1) 구조 원리

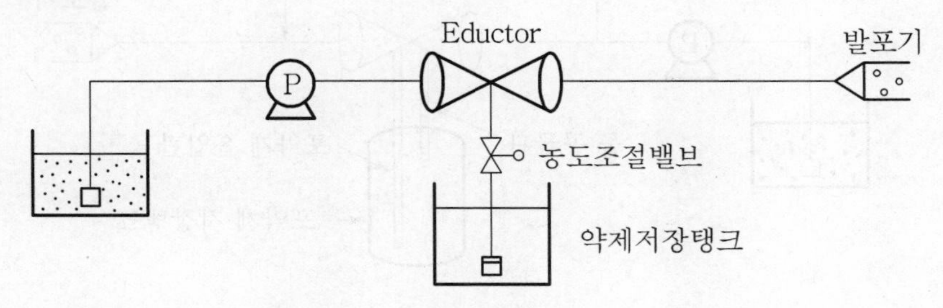

펌프에서 발포기로 가는 관로 중에 설치된 벤투리관의 벤투리 작용에 의해 약제를 물과 혼합하는 방식

(2) 특징

1) 혼합 가능한 유량 범위가 좁다.
2) 혼합장치를 통한 압력손실이 크다.
3) 설비비가 저렴하다.
4) 약제 흡입 가능 높이 : 1.8m 이하

3. Pressure Proportioner Type(가압 혼합 방식)

(1) 구조 원리

펌프와 발포기 간의 관로 중에 설치된 벤투리관의 벤투리 원리에 의한 흡입과 펌프 가압수의 포약제 탱크에 대한 가압에 의한 압입을 동시에 이용하여 약제를 혼합하는 방식

1) 격막식(비례혼합 저장조 방식)

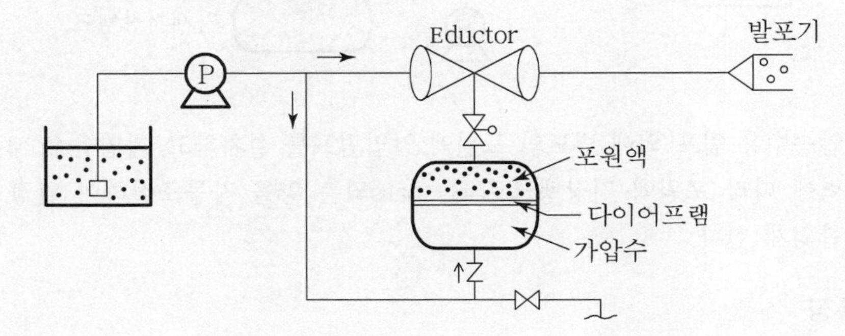

2) 비격막식

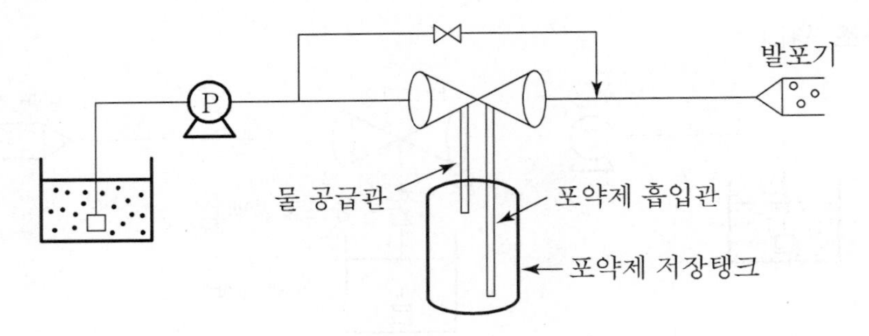

(2) 특징

1) 혼합장치를 통한 압력손실이 적다.

2) 혼합비에 도달하는 시간이 길다.

① 소형 : 2~3분

② 대형 : 15분

3) 비격막식의 경우

한번 사용한 후에는 포약제 잔량을 모두 비우고 재충전하여야 한다.

4. Pressure Side Proportioner Type(Balanced Pressure Proportioner)

(1) 구조 원리

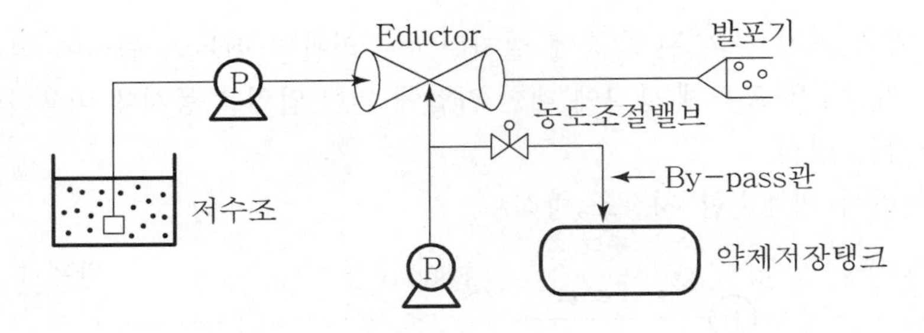

가압송수용 펌프 외에 별도의 포원액 압입펌프를 설치하고, 가압용수 배관 내의 압력에 따라 포원액 저장탱크로 By-pass되는 양을 자동조절하여 일정 비율로 혼합되게 한다.

(2) 특징

1) 혼합 가능한 유량범위가 가장 넓다.

2) 혼합기를 통한 압력손실이 적다.

3) 소화용수가 약제탱크로 역류될 위험이 없다.(장기 보존 가능)
4) 원액펌프의 토출압력이 가압수 펌프의 토출압력보다 낮은 경우 원액이 혼합기에 공급되지 못한다.

중요예상문제

01

다음의 조건에 따라 옥외탱크저장소에 고정포 II형 방출구방식의 포소화설비를 설계할 경우, 아래 물음에 답하시오.(단, 0.1MPa = 10mH_2O로 환산하고, 답은 소수점 셋째 자리에서 반올림하여 둘째 자리까지 구하시오)

1. 수성막포 6% 사용시 포원액량[ℓ]은 얼마인가?
2. 전동기 용량[kW]은 얼마인가?

〈조건〉

1) 탱크용량 : 60,000 ℓ
2) 탱크직경 : 15m
3) 탱크높이 : 60m
4) 액표면적 : 100m^2
5) 보조 포소화전 : 1개
6) 배관경 : 100mm, 배관길이 : 20m
7) 폼챔버의 방사압력 : 0.35MPa
8) 배관 및 부속류 마찰손실 : 10m
9) 펌프효율 : 75%, 안전율 : 10%
10) 고정포 방출량 $(Q_1) = 2.27[\ell/m^2 \cdot min]$
11) 방출시간 (T) : 30분

해 답 1. 포원액량 산정

(1) 적용 공식

$$Q_f = (AQ_1\,TS) + (NS\,8,000) + \left(\frac{\pi}{4}d^2\ell \times 1,000S\right)$$

여기서, N : 보조 포소화전의 수량(최대 3개)

S : 포소화약제의 농도[%]

(2) 계산

① 방출구에서의 소요량

㉮ 액표면적 : $A = 100[m^2]$

㉯ 방출구에서의 포원액 소요량

$$AQ_1TS = 100\,[\mathrm{m^2}] \times 2.27\left[\frac{1}{\mathrm{min \cdot m^2}}\right] \times 30[\mathrm{min}] \times 0.06$$
$$= 408.6[\ell]$$

② 보조 포소화전에서의 포원액 소요량

$N \cdot S \times 400[\mathrm{lpm}] \times 20[\mathrm{min}] = 1 \times 0.06 \times 8,000 = 480[\ell]$

③ 송액관에서의 포원액 소요량

$\frac{\pi}{4} \times 0.1^2 \times 20 \times 1,000 \times 0.06 = 9.43[\ell]$

④ 전체 포원액량의 산정

$Q_f = 408.6 + 480 + 9.43 = 898.03[\ell] \fallingdotseq 900[\ell]$

2. 전동기 용량

(1) 적용 공식

$$P[\mathrm{kW}] = \left(\frac{\gamma QH}{102 \times 60 \times \eta} \times S\right) \times K$$

여기서, γ : 물의 비중량

Q : 토출량[$\mathrm{m^3/min}$]

H : 양정[m]

η : 펌프의 효율[%]

S : 안전율

K : 동력전달계수(일반적으로 1.1을 적용함)

(2) 계산

① 토출량

$Q = AQ_1 + N \times 400[\mathrm{lpm}]$

$\therefore Q = (100 \times 2.27) + (1 \times 400) = 627[\mathrm{lpm}] = 0.627[\mathrm{m^3/min}]$

② 양정

$H = H_1 + H_2 + H_3$

여기서, H_1 : 낙차손실수두 = 60[m]

H_2 : 마찰손실수두 = 10[m]

H_3 : 방사압력 환산수두 = 35[m]

$\therefore H = 60 + 10 + 35 = 105[\mathrm{m}]$

③ 전동기 용량

$$P[\text{kW}] = \left(\frac{\gamma QH}{102 \times 60 \times \eta} \times S\right) \times K$$

$$= \left(\frac{1,000 \times 0.627 \times 105}{102 \times 60 \times 0.75} \times 1.1\right) \times 1.1 = 17.36[\text{kW}]$$

3. 결론

계산된 전동기 용량은 17.36[kW]이나 전동기 용량의 규격에 의해 실제 선정은 18.5[kW]로 한다.

02

다음 그림은 어느 작은 주차장에 설치하고자 하는 포소화설비의 평면도이다. 그림과 주어진 조건을 이용하여 요구사항에 답하시오.

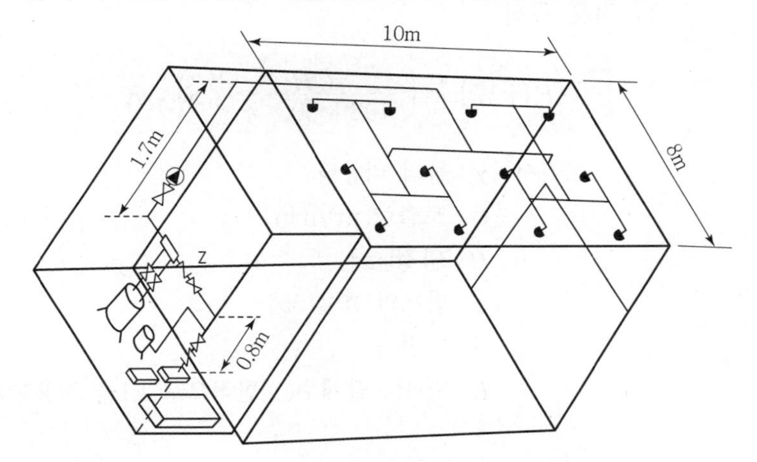

〈조건〉

사용하는 포원액은 단백포로서 3%용이다.

1. 포원액의 최소소요량[ℓ]은?
2. 펌프의 최소양정, 최소토출량, 최소소요동력을 계산하시오.
   (단, 각 포헤드에서 방사압력은 0.25MPa, 펌프 토출구로부터 포헤드까지 마찰손실압은 0.14MPa이고, 포수용액의 비중은 물의 비중과 같다고 가정하며, 펌프의 효율은 0.6, 축동력 전달 계수는 1.1이고, 0.1MPa = $10mH_2O$로 환산하며, 답은 소수점 셋째 자리에서 반올림하여 둘째 자리까지 구한다.)

해 답 1. 포원액의 최소소요량(Q)계산

$$Q = A \times T \times Q_1 \times S$$

$Q(\ell) = 10m \times 8m \times 10분 \times 6.5\ell/m^2 \cdot 분 \times 0.03 = 156\ell$

∴ 포원액량 = 156[ℓ]

2. 펌프의 용량 계산

① 최소 소요양정 : $H = h_1 + h_2 + h_3$

$H = (0.8m + 1.7m) + 14m + 25m = 41.5m$

∴ 최소 소요양정 = 41.5[m]

② 최소 토출량 : $Q = A \times Q_1$

$Q = 10m \times 8m \times 6.5\ell/m^2 \cdot 분 = 520\ell/분 = 0.52m^3/분$

∴ 최소 토출량 = 0.52[m³/분]

③ 최소 소요동력 : $P(kW) = \frac{0.163 \times Q \times H}{E} \times K$

$P(kW) = \frac{0.163 \times 0.52 \times 41.5}{0.6} \times 1.1 = 6.45kW$

∴ 최소 소요동력 = 6.45[kW]

03

콘루프형 위험물저장 옥외탱크(내경15m×높이10m)에 Ⅱ형 포방출구 2개를 설치할 경우 다음 각 물음에 답하시오.(30점)

〈조건〉

가. 포수용액량 : 220ℓ/m²

나. 포방출률 : 4ℓ/m² · min

다. 소화약제(포)의 사용농도 : 3%

라. 보조 포소화전 4개 설치

마. 송액관 내경 100mm, 길이 500m

1. 고정포방출구에서 방출하기 위하여 필요한 소화약제 저장량[ℓ]
2. 보조 포소화전에서 방출하기 위하여 필요한 소화약제 저장량[ℓ]
3. 탱크까지 송액관에 충전하기 위하여 필요한 소화약제 저장량[ℓ]
4. 그 소화약제저장량의 총합계량[ℓ]을 구하시오.

해 답 1. 고정포방출구용 소화약제 저장량

$$Q = A \times q \times S = \frac{\pi}{4} \times 15^2 \times 220 \times 0.03 = 1,166.316\,\ell$$

∴ 고정포 소화약제 저장량 = 1,166[ℓ]

2. 보조 포소화전용 소화약제 저장량

$Q = N \times S \times 8,000$ = 3개 × 0.03 × 8,000 = 720 ℓ

∴ 보조포소화전 소화약제 저장량 = 720[ℓ]

3. 송액관에 충전하기 위하여 필요한 소화약제 저장량

$$\frac{\pi}{4} D^2 L \times 1,000 \times S = \frac{\pi}{4} \times 0.1^2 \times 500 \times 1,000 \times 0.03 = 117.81\,\ell$$

∴ 송액관용 소화약제 저장량 = 117.8[ℓ]

4. 소화약제 저장량의 총합계

1,166.316 + 720 + 117.81 = 2,004.13 ℓ

∴ 소화약제 저장량의 총합계 = 2,004[ℓ]

04 포소화설비의 약제혼합방식 4가지에 대하여 각 종류별로 간략한 계통도를 포함한 구조원리 및 특징을 기술하시오.

해 답 1. Pump Proportioner Type

(1) 구조 원리 : 그림과 같이 펌프에서 송수되는 물(가압수)의 일부를 바이패스시켜 혼합기로 보내어 약제와 혼합하는 방식

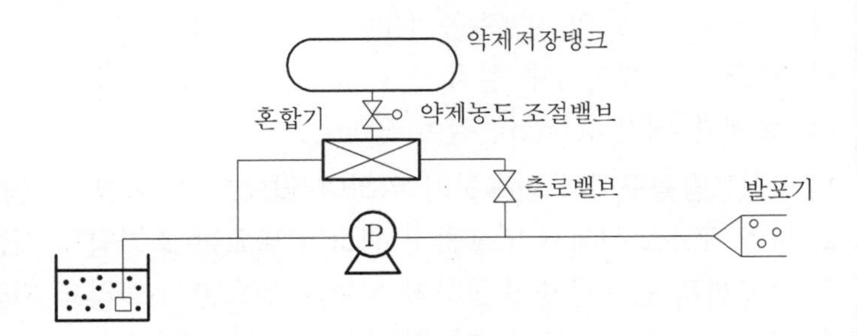

(2) 특징

① 펌프 흡입측 배관에 압력이 거의 없어야 하며, 압력이 있으면 물이 약제저장탱크 쪽으로 역류할 수 있다.

② 약제 흡입 가능 높이 : 1.8m 이하

③ 현재 NFPA Code에서 삭제됨

2. Line Proportioner Type

(1) 구조 원리 : 펌프에서 발포기로 가는 관로 중에 설치된 벤투리관의 벤투리 작용에 의해 약제를 물과 혼합하는 방식

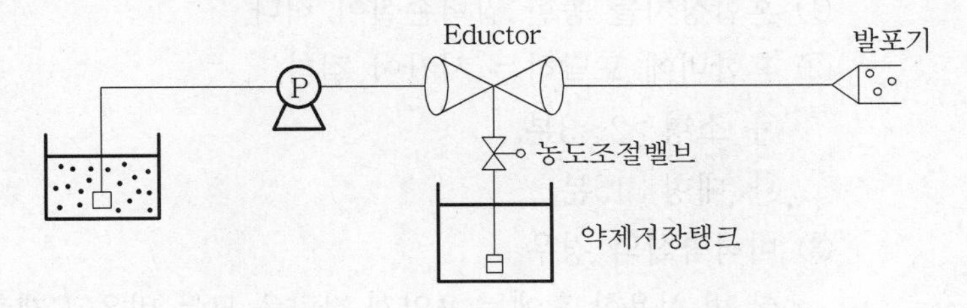

(2) 특징

① 혼합 가능한 유량범위가 좁다.

② 혼합장치를 통한 압력손실이 크다.

③ 설비비가 저렴하다.

④ 혼합 가능 높이 : 1.8m 이하

3. Pressure Proportioner Type(가압혼합방식)

(1) 구조 원리 : 펌프와 발포기 간의 관로 중에 설치된 벤투리관의 벤투리 원리에 의한 흡입과 펌프 가압수의 포약제 탱크에 대한 가압에 의한 압입을 동시에 이용하여 약제를 혼합하는 방식

① 격막식(비례혼합저장조 방식)

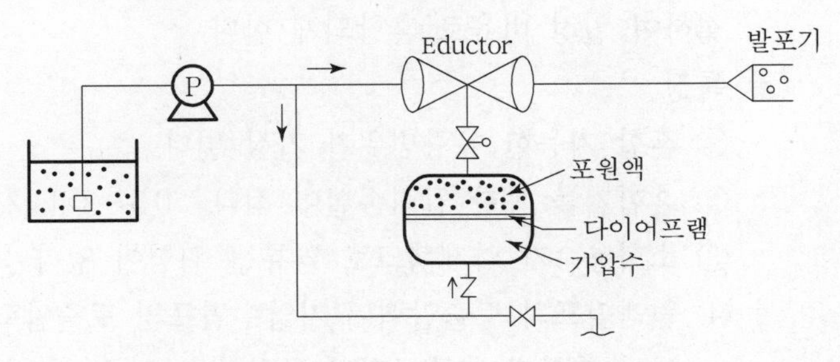

② 비격막식

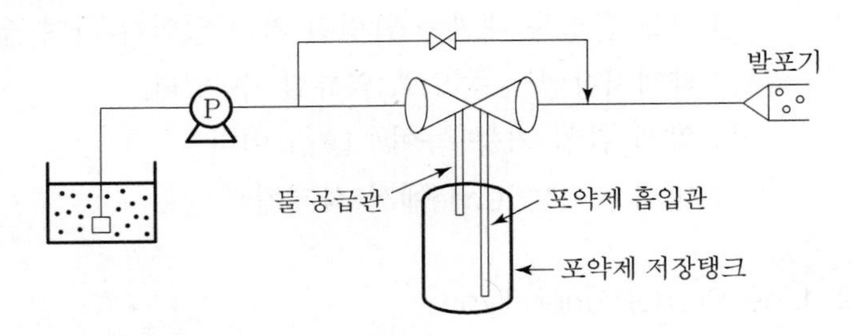

(2) 특징

① 혼합장치를 통한 압력손실이 적다.

② 혼합비에 도달하는 시간이 길다.

㉮ 소형 : 2~3분

㉯ 대형 : 15분

③ 비격막식의 경우

한 번 사용한 후에는 포약제 잔량을 모두 비우고 재충전하여야 한다.

4. Pressure Side Proportioner Type(Balanced Pressure Proportioner)

(1) 구조 원리

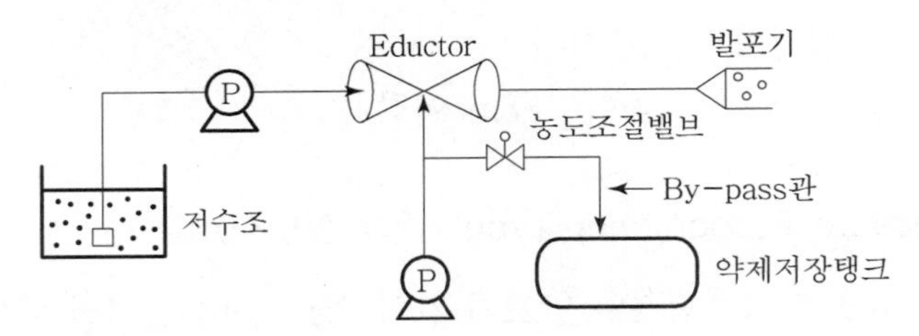

가압송수용 펌프 외에 별도의 포원액 압입펌프를 설치하고, 가압용수 배관 내의 압력에 따라 포원액저장탱크로 By-Pass되는 양을 자동조절하여 일정 비율로 혼합되게 한다.

(2) 특징

① 혼합 가능한 유량범위가 가장 넓다.

② 혼합기를 통한 압력손실이 적다. : 0.5~3.4kg/cm^2

③ 소화용수가 약제탱크로 역류될 위험이 없다. : 장기 보존 가능

④ 원액펌프의 토출압력이 가압수펌프의 토출압력보다 낮을 경우 원액이 혼합기에 공급되지 못한다.

05

포소화설비의 설계에서 다음의 조건을 참고하여 물음에 답하시오.

〈조건〉

가. Ⅱ형 포방출구 사용

나. 직경 35m, 높이 15m인 휘발유탱크이다.

다. 6%형 수성막포 사용

라. 보조 포소화전은 5개가 설치되어 있다.

마. 설치된 송액관의 구경 및 길이는 150mm : 100m, 125mm : 80m, 80mm : 70m, 65mm : 50m이다.

1. 포소화약제 저장량[m^3]은 얼마인가?
2. 고정포방출구의 개수를 산출하시오.
3. 혼합장치의 방출량[m^3/min]을 구하시오.

해 답 1. 포소화약제 저장량

(1) 고정포방출구에서 방출하기 위하여 필요한 양

$$Q = A \times Q_1 \times T \times S = \frac{\pi}{4} \times 35^2 \times 4 \times 55\text{분} \times 0.06 = 12,700\,\ell$$

(2) 보조포소화전에서 방출하기 위하여 필요한 양

$$Q = N \times S \times 8,000 = 3\text{개} \times 0.06 \times 8,000 = 1,440\,\ell$$

(3) 가장 먼 탱크까지의 송액관에 충전하기 위하여 필요한 양

$$Q = A \times L \times 1,000 \times S$$

$$= \frac{\pi}{4} \times (0.15^2 \times 100\,\text{m} + 0.125^2 \times 80\text{m} + 0.08^2 \times 70\text{m})$$

$$\times 1,000 \times 0.06 = 186\,\ell$$

(4) 합계

$$12,700\,\ell + 1,440\,\ell + 186\,\ell = 14,326\,\ell = 14.326\,\text{m}^3$$

∴ 포소화약제 저장량 = 14,326[m^3]

2. 고정포방출구의 개수 : 3개

3. 혼합장치의 방출량(m^3/min)

$$Q = A \times Q_1 + N \times 400 = \frac{\pi}{4} \times 35^2 \times 4 + 3\text{개} \times 400$$

$$= 5,048.46\,\ell/\text{min} = 5.048\,\text{m}^3/\text{min}$$

∴ 혼합장치의 방출량 = 5.048[m^3/min]

06

경유를 저장하는 탱크의 내부 직경 40m인 플로팅루프 탱크에 포소화설비의 특형 방출구를 설치하려고 할 경우 다음 물음에 답하시오.

〈조건〉

- 소화약제는 3%용의 단백포를 사용하며, 수용액의 분당 방출량은 8ℓ/m² · min이고, 방사시간은 20분으로 한다.
- 탱크 내면과 칸막이판의 간격은 2.5m로 한다.
- 펌프의 효율은 60%, 전동기 전달계수는 1.1로 한다.
- 답은 소수점 셋째 자리에서 반올림하여 둘째 자리까지 구한다.

1. 상기 탱크의 특형 방출구에 의하여 소화하는데 필요한 포수용액량[ℓ], 수원의 양[ℓ], 포소화약제의 원액량[ℓ]은 각각 얼마 이상이어야 하는지를 계산하시오.
2. 수원을 공급하는 가압송수장치의 분당 토출량[ℓ/min]은 얼마 이상이어야 하는지를 구하시오.(단, 보조 포소화전은 고려하지 않는다.)
3. 펌프의 정격 양정이 80m라고 할 때 전동기의 출력[kW]은 얼마 이상이어야 하는지를 계산하여 구하시오.

해 답

1\. (1) 포수용액량 $= \dfrac{\pi(40^2 - 35^2)}{4} \times 8[\ell/\mathrm{min}] \times 20[\mathrm{min}] = 47{,}123.9[\ell]$

(2) 수원의 양 $=$ 포수용액량 $\times \dfrac{100 - \text{포원액농도}(\%)}{100}$

$$= 47{,}123.9 \times \frac{97}{100} = 45{,}710[\ell]$$

(3) 포소화약제의 원액량 $=$ 포수용액량 $\times \dfrac{\text{포원액농도}(\%)}{100}$

$$= 47{,}123.9 \times \frac{3}{100} = 1{,}413.7[\ell]$$

2\. 가압송수장치의 분당 토출량[ℓ/min]

$$Q = \frac{\pi(40^2 - 35^2)}{4} \times 8[\ell/\mathrm{min}] = 2{,}356.2[\ell/\mathrm{min}] = 2.356[\mathrm{m^3/min}]$$

3\. 펌프 전동기의 출력[kW]

$$P = \frac{1{,}000 \times 2.356 \times 80}{102 \times 60 \times 0.6} \times 1.1 = 56.46[\mathrm{kW}]$$

07

고정포 방출설비에서 Tank 용량 600kℓ, 직경 13m, 높이 6.1m, 저장물질 제1석유류(가솔린), 고정포 방출구는 II형 2개 설치, 포소화약제의 농도 6%, 포수용액량 220ℓ/m², 송액관 내경 105mm, 배관길이 100m, 보조포소화전 5개가 설치될 경우 다음 물음에 답하시오.

1. 포수용액량[ℓ]을 계산하시오.
2. 포원액량[ℓ]을 계산하시오.
3. 소화용수의 양[ℓ](수원의 양)을 계산하시오.

해답

(1) 고정포 방출구에 필요한 포수용액량(Q_1)

$Q_1 = A \times q \times T$

여기서, A : 저장물의 액표면적[m²]

q : 방출구의 분당 방출량[ℓ/m²·분]

T : 방출시간[분]

※ " $q \times T$ = 포수용액량" 인데, 문제에서 포수용액량이 주어졌으므로 q(방출구의 분당 방출량) 및 T(방출시간)은 몰라도 된다.

$Q_1 = A \times$ 포수용액량이므로

$= \frac{\pi \times 13^2}{4} \times 220 = 29,200.6$[ℓ]

(2) 보조포소화전에 필요한 포수용액량(Q_2)

※ 보조포소화전이 3개 이상인 경우에는 3개로 계산한다.

$Q_2 = N \times 400$[ℓ/min]×20[분]

$= 3 \times 400 \times 20 = 24,000$[ℓ]

(3) 송액관의 포수용액량(Q_3)

$Q_3 = \frac{\pi D^2}{4} \times L = \frac{\pi (105 \times 10^{-3})^2}{4} \times 100 = 0.866$[m³]$=866$[ℓ]

(4) 전체 포수용액량(Q)

$Q = Q_1 + Q_2 + Q_3 = 29,200.6 + 24,000 + 866 = 54,066.6$[ℓ]

(5) 포원액량(Q_a)

$Q_a = 54,066.6 \times 0.06 = 3,244$[ℓ]

(6) 소화용수(수원)의 양(Q_w)

$Q_w = 54,066.6 - 3,244 = 50,822.6$[ℓ]

08

다음 그림은 주차장의 일부이다. 포소화설비를 설치하는 경우 다음 물음에 답하시오.(20점)

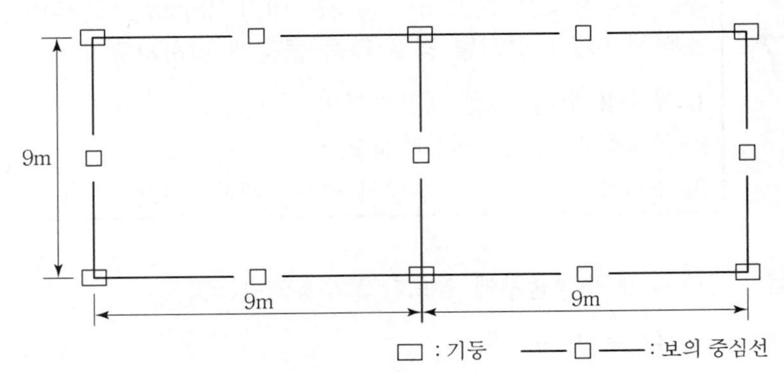

1. 포헤드의 최소 설치 개수는 몇 개인가?(4점)
2. 포헤드의 배치도를 작성하시오.(10점)
3. 이 방사구역의 1분당 포수용액의 최소 방사량은 몇 [ℓ]인가?(6점)
   (1) 단백포 소화약제의 경우
   (2) 합성계면활성제포의 경우
   (3) 수성막포 소화약제의 경우

해 답 1. 포헤드의 최소 설치 개수

$$\frac{18\text{m}\times9\text{m}}{9[\text{m}^2/\text{개}]}=18\text{개}$$

2. 포헤드의 배치도

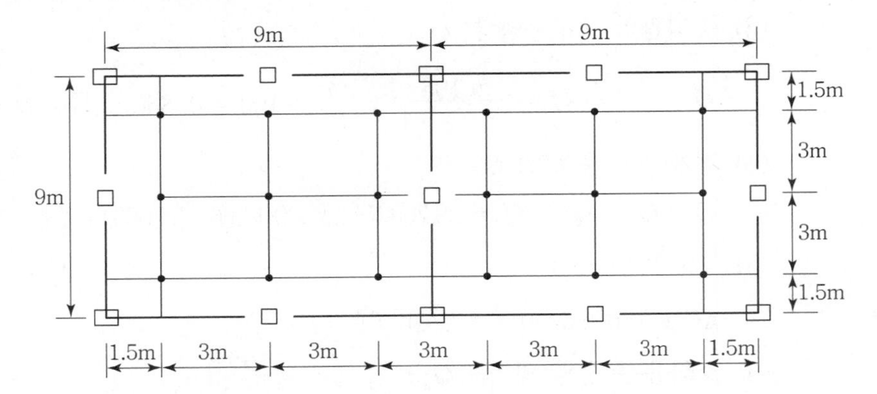

3. 1분당 포소화약제 수용액의 최소방사량[ℓ]

(1) 단백포 소화약제의 경우

$18m \times 9m \times 6.5[\ell/m^2 \cdot min] = 1,053[\ell/min]$

(2) 합성계면활성제포의 경우

$18m \times 9m \times 8.0[\ell/m^2 \cdot min] = 1,296[\ell/min]$

(3) 수성막포 소화약제의 경우

$18m \times 9m \times 3.7[\ell/m^2 \cdot min] = 599.4[\ell/min]$

09

다음과 같이 포소화설비를 위험물관련법령 및 화재안전기준에 맞도록 설치하고자 한다. 도면과 조건을 참고하여 각 물음에 답하시오.(26점)

〈조건〉

가. 휘발유 저장탱크 내 측판에서 칸막이판까지의 거리는 0.8m이다.

나. 경유 저장탱크의 포방출구 형식은 Ⅱ형이다.

다. 포소화약제는 단백포 3%형이다.

라. 옥외 포소화전은 모두 4개가 설치되었다.

마. 포송액배관은 100A : 330m, 125A : 120m이다.

바. 계산시 소수가 발생할 경우 셋째 자리에서 반올림한다.

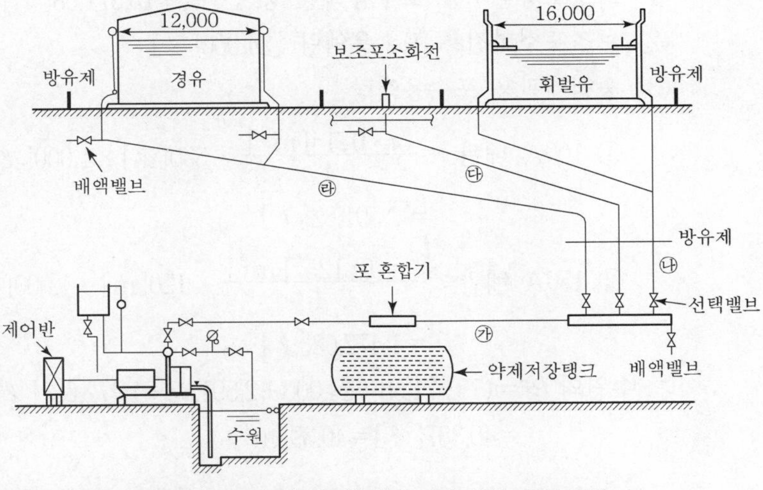

1. 휘발유 저장탱크용 포수용액량[ℓ]은 얼마인가?(3점)
2. 경유 저장탱크용 포수용액량[ℓ]은 얼마인가?(3점)
3. 보조 포소화전용 포수용액량[ℓ]은 얼마인가?(3점)
4. 수원의 양[m^3]은 얼마인가?(3점)

09

5. 이 설비에 필요한 포약제량[ℓ]의 합계는 얼마인가?(3점)
6. 이 설비에 설치된 프로포셔너의 통과유량[lpm]은 얼마인가?(3점)
7. ㉮, ㉯, ㉰, ㉱의 배관구경은 얼마인가(단, 답은 호칭구경으로 기재하고, 관내 유속은 최대 3m/sec로 한다.)(8점)

해답

1. 휘발유 저장탱크용 포수용액량[ℓ]

$$\frac{\pi(16^2 - 14.4^2)[m^2]}{4} \times 8[\ell/\min \cdot m^2] \times 30[\min] = 9{,}168.42[\ell]$$

2. 경유 저장탱크용 포수용액량[ℓ]

$$\frac{\pi \times 12^2[m^2]}{4} \times 4[\ell/\min \cdot m^2] \times 30[\min] = 13{,}571.68[\ell]$$

3. 보조 포소화전용 포수용액량[ℓ]

$400[\ell/\min] \times 3$개 $\times 20[\min] = 24{,}000[\ell]$

4. 수원의 양[m³]

(1) 고정포방출구용 포수용액량 중 큰 것 : 13,571.68[ℓ]
(2) 보조포소화전용 포수용액량 : 24,000[ℓ]
(3) 송액배관용 포수용액량

① 100A 배관 : $\frac{\pi \times 0.1^2[m^2]}{4} \times 330[m] \times 1{,}000[\ell/m^3]$
$= 2{,}591.82[\ell]$

② 150A 배관 : $\frac{\pi \times 0.125^2[m^2]}{4} \times 120[m] \times 1{,}000[\ell/m^3]$
$= 1{,}472.62[\ell]$

∴ 수원의 양 $= (13{,}571.68 + 24{,}000 + 2{,}591.82 + 1{,}472.62)[\ell] \times 0.97$
$= 40{,}387[\ell] = 40.39[m^3]$

5. 포 약제량[ℓ]

$(13{,}571.68 + 24{,}000 + 2{,}591.82 + 1{,}472.62)[\ell] \times 0.03 = 1{,}249.08[\ell]$

6. 프로포셔너의 통과유량[ℓ/min]

$$\left(\frac{\pi\times 12^2[\mathrm{m}^2]}{4}\times 4[\ell/\mathrm{min}\cdot \mathrm{m}^2]\right)+(400[\ell/\mathrm{min}\times 3\text{개})$$
$$=1{,}652.39[\ell/\mathrm{min}]$$

7. 배관구경

㉮ $d=\sqrt{\dfrac{4\times 0.0275[\mathrm{m}^3/\mathrm{s}]}{\pi\times 3[\mathrm{m/s}]}}=0.108[\mathrm{m}]=108[\mathrm{mm}]$

→ $125A$ 적용

㉯ $d=\sqrt{\dfrac{4\times 0.00509[\mathrm{m}^3/\mathrm{s}]}{\pi\times 3[\mathrm{m/s}]}}=0.0465[\mathrm{m}]=46.5[\mathrm{mm}]$

→ $50A$ 적용

㉰ $d=\sqrt{\dfrac{4\times 0.02[\mathrm{m}^3/\mathrm{s}]}{\pi\times 3[\mathrm{m/s}]}}=0.0921[\mathrm{m}]=92.1[\mathrm{mm}]$

→ $100A$ 적용

㉱ $d=\sqrt{\dfrac{4\times 0.00754[\mathrm{m}^3/\mathrm{s}]}{\pi\times 3[\mathrm{m/s}]}}=0.0565[\mathrm{m}]=56.5[\mathrm{mm}]$

→ $65A$ 적용

10

다음 조건의 옥외 Cone Roof형 경유저장탱크에 포소화설비를 설치한다. 다음 사항을 계산하시오.

〈조건〉

소화약제는 단백포 3[%], 탱크높이 5[m], 탱크직경 10[m], 포방출방식은 상부주입식, 보조포소화전 4개, 송액관의 직경 100[mm], 길이 100[m], 방출량 4[ℓ/min · m²], 약제방사시간 30분, 펌프의 전양정 50[m], 펌프의 효율 60[%], 답은 소수점 셋째 자리에서 반올림하여 둘째 자리까지 나타낸다.

1. 포소화약제 저장량[ℓ]
2. 설치하는 화재감지기의 종류 및 개수
3. 펌프의 용량 : 토출유량[m³/min] 및 동력[kW]
4. 수원의 양[m³]

해답 1. 포 소화약제 저장량

(1) 고정포방출구용

$$Q_1 = q \times A \times T \times S = 4[\ell/\text{min} \cdot \text{m}^2] \times \frac{\pi}{4} \times 10^2 \times 30[\text{분}] \times \frac{3}{100}$$
$$= 282.6[\ell]$$

(2) 보조포소화전용

$$Q_2 = N \times S \times 8,000[\ell] = 3 \times \frac{3}{100} \times 8,000[\ell] = 720[\ell]$$

(3) 송액관용

$$Q_3 = \frac{\pi}{4} d^2 \times L \times S = \frac{\pi}{4} \times 0.1^2 \times 100 \times \frac{3}{100} \times 1,000[\ell/\text{m}^3]$$
$$= 23.55[\ell]$$

∴ 포소화약제의 저장량

$$Q = Q_1 + Q_2 + Q_3 = 282.6 + 720 + 23.55 = 1,026.15[\ell]$$

2. 화재감지기의 종류 및 개수

(1) 종류 : 불꽃 감지기(자외선, UV형)
(2) 개수 : 1개 설치

3. 펌프의 용량

(1) 고정포 방출구

$$Q_1 = q \times A = 4[\ell/\text{min} \cdot \text{m}^2] \times \frac{\pi}{4} \times 10^2[\text{m}^2] = 314[\ell/\text{min}]$$

(2) 보조포 소화전

$$Q_2 = N \times 400[\text{lpm}] = 3[\text{개}] \times 400[\text{lpm}] = 1,200[\ell/\text{min}]$$

(3) 펌프의 용량

1) 유량 : $Q = Q_1 + Q_2 = 314 + 1,200$
$= 1,514[\ell/\text{min}] = 1.514[\text{m}^3/\text{min}]$

2) 동력 : $P[\text{kW}] = \frac{\gamma HQ}{102 \times 60 \times \eta} \times K = \frac{1,000 \times 1.514 \times 50}{102 \times 60 \times 0.6} \times 1.1$
$= 22.677 ≒ 22.68[\text{kW}]$

4. 수원의 양

(1) 고정포방출구용(Q_1)

$Q_1 = 314[\ell/\text{min}] \times 30[\text{min}] \times 0.97 = 9,137.4$

(2) 보조포소화전용(Q_2)

$Q_2 = 1,200[\ell/\text{min}] \times 20[\text{min}] \times 0.97 = 23,280$

(3) 송액관용

$$Q_3 = \frac{\pi}{4} d^2 \times L = \frac{\pi}{4} \times 0.1^2 \times 100 \times \frac{97}{100} \times 1,000[\ell/\text{m}^3]$$

$$= 761.84[\ell]$$

∴ 수원의 양

$$Q = Q_1 + Q_2 + Q_3 = 9,137.4[\ell] + 23,280[\ell] + 761.84[\ell]$$

$$= 33,179.24[\ell] = 33.179[\text{m}^3] \doteqdot 33.18[\text{m}^3]$$

제 8 장

기타 수계소화설비

01 연결송수관설비

1. 설비의 개요

(1) 화재초기에 거주자가 직접 사용하는 옥내소화전설비와는 달리 연결송수관설비는 중기화재 이후에 소방대가 사용하여 소화활동을 하는 전문가용 설비이다.

(2) 따라서, 연결송수관설비의 방수구는 외부에서 소방대가 진입하였을 때 접근하기 용이하도록 각 계단으로부터 5m 이내에 설치하도록 규정하고 있다.

2. 설비의 종류

(1) 건식

1) 연결송수관설비용 배관에 소화수를 채우지 않고 비워놓은 방식으로 지상10층 이하의 저층건축물에 적용한다.

2) 송수구 - 자동배수밸브 - 체크밸브 - 자동배수밸브 의 순으로 설치한다.

(2) 습식

1) 연결송수관설비용 배관 전체에 소화수가 충만되어 있는 방식으로 건물높이 31m 이상 또는 지상11층 이상의 고층건축물에 적용한다.

2) 대부분의 소방대상물에는 옥내소화전설비용 배관과 겸용으로 설치함에 따라 10층 이하의 저층건물도 습식으로 설치하는 것이 일반화 되어 있다.

3) 송수구 - 자동배수밸브 - 체크밸브의 순으로 설치한다.

3. 설치기준

(1) 송수구

(여기서의 송수구 설치기준은 14페이지의 송수구 설치기준과 동일함으로 생략)

(2) 배관 등

1) 주배관의 구경은 100mm 이상의 것으로 할 것
2) 지면으로부터의 높이가 31m 이상인 소방대상물 또는 지상 11층 이상인 소방대 상물은 습식설비로 할 것
3) 주배관의 구경이 100mm 이상인 옥내소화전설비 · 스프링클러설비 또는 물분무등소화설비의 배관과 겸용할 수 있다. 단, 고층건축물(층수 30층 이상)인 특정소방대상물의 경우에는 스프링클러설비의 배관과 겸용할 수 없다.
4) 수직배관은 내화구조로 구획된 계단실(부속실을 포함한다) 또는 파이프덕트 등 화재의 우려가 없는 장소에 설치

(3) 방수구

1) 방수구는 그 소방대상물의 층마다 설치

[방수구 설치를 면제할 수 있는 층]

① 아파트의 1층 및 2층
② 소방차의 접근이 가능하고 소방대원이 소방차로부터 각 부분에 쉽게 도달할 수 있는 피난층
③ 송수구가 부설된 옥내소화전을 설치한 소방대상물(집회장 · 관람장 · 백화점 · 도매시장 · 소매시장 · 판매시설 · 공장 · 창고시설 또는 지하가는 제외)로서 다음 중 어느 하나에 해당하는 층
㉮ 지하층을 제외한 층수가 4층 이하이고 연면적이 6,000m² 미만인 소방대상물의 지상층
㉯ 지하층의 층수가 2 이하인 소방대상물의 지하층

2) 방수구는 아파트 또는 바닥면적이 1,000m² 미만인 층에 있어서는 계단으로부터 5m 이내에, 바닥면적 1,000m² 이상인 층(아파트는 제외)에 있어서는 각 계단(계단의 부속실을 포함하며 계단이 3 이상 있는 층의 경우에는 그 중 2개의 계단을 말한다)으로부터 5m 이내에 설치
3) 방수구로부터 그 층의 각 부분까지의 수평거리
① 지하가 또는 지하층의 바닥면적 합계가 3,000m² 이상인 것 : 25m
② 위의 ①에 해당하지 아니하는 것 : 50m
4) 11층 이상의 부분에 설치하는 방수구는 쌍구형으로 할 것

[11층 이상에서 단구형 방수구를 설치할 수 있는 경우]

① 아파트의 용도로 사용되는 층
② 스프링클러설비가 유효하게 설치되어 있고 방수구가 2개소 이상 설치된 층

5) 방수구의 호스접결구는 바닥으로부터 높이 0.5m 이상 1m 이하의 위치에 설치
6) 방수구는 연결송수관설비의 전용방수구 또는 옥내소화전 방수구로서 구경 65mm의 것으로 설치
7) 방수구는 개폐기능을 가진 것으로 설치하고, 평상 시 닫힌 상태를 유지할 것

(4) 방수기구함

1) 방수기구함은 피난층과 가장 가까운 층을 기준하여 3개층마다 설치하되, 그 층의 방수구마다 보행거리 5m 이내에 설치
2) 방수기구함에는 길이 15m의 호스와 방사형 관창을 다음 각목의 기준에 따라 비치
   ① 호스는 방수구에 연결하였을 때 그 방수구가 담당하는 구역의 각 부분에 유효하게 물이 뿌려질 수 있는 개수 이상을 비치. 이 경우 쌍구형 방수구는 단구형 방수구의 2배 이상의 개수를 설치
   ② 방사형 관창은 단구형 방수구의 경우에는 1개, 쌍구형 방수구의 경우에는 2개 이상 비치
3) 방수기구함에는 "방수기구함"이라고 표시한 축광식 표지를 할 것

(5) 가압송수장치

지표면으로부터 최상층 방수구까지의 높이가 70m 이상의 소방대상물에는 연결송수관설비의 가압송수장치를 설치하여야 한다.

1) 펌프의 토출량

층당 방수구 수량	1~3개	4개	5개 이상
계단식 아파트	1,200 ℓ/min	1,600 ℓ/min	2,000 ℓ/min
일반 대상물	2,400 ℓ/min	3,200 ℓ/min	4,000 ℓ/min

2) 펌프의 양정
   최상층에 설치된 노즐선단의 압력이 0.35MPa 이상의 압력이 되도록 할 것
3) 가압송수장치의 기동방식
   방수구가 개방될 때 자동으로 기동되거나 또는 수동스위치의 조작에 따라 기동되도록 할 것
4) 수동스위치 설치기준
   ① 수동스위치는 2개 이상을 설치
   ② 송수구로부터 5m 이내의 보기 쉬운 장소에 바닥으로부터 높이 0.8m 이상

1.5m 이하로 설치
③ 1.5mm 이상의 강판함에 수납하여 설치.
④ 전기적인 접지를 하고 빗물 등이 들어가지 아니하는 구조로 할 것
5) 그 밖의 가압송수장치 설치기준은 옥내소화전설비와 동일 함

02 연결살수설비

1. 설비의 개요

(1) 연결살수설비는 소규모 판매시설 및 지하층의 바닥면적이 150m² 이상인 것으로서 스프링클러설비 설치대상에 해당되지 않는 곳에 설치하며, 외부 소방차량에 의해 본격 소화를 하는 소화활동 설비이다.

(2) 스프링클러설비와의 차이점은 화재시 외부 소방차량의 수원 및 가압송수장치를 이용하여 소화수를 방사하는 점과 송수구역마다 선택밸브가 설치되어 있어 선택밸브를 수동으로 개폐하여 해당구역에 방사하는 방식도 포함된 점 등이다.

2. 설치기준

(1) 송수구

1) 지면으로부터 높이가 0.5m 이상 1m 이하의 위치에 설치할 것
2) 송수구에는 이물질을 막기 위한 마개를 씌워야 한다.
3) 구경 65mm의 쌍구형으로 설치할 것. 다만, 하나의 송수구역에 설치하는 살수헤드의 수가 10개 이하인 것에 있어서는 단구형으로 할 수 있다.
4) 개방형헤드를 사용하는 송수구의 호스접결구는 각 송수구역마다 설치할 것. 다만, 송수구역을 선택할 수 있는 선택밸브가 설치되어 있고 각 송수구역의 주요구조부가 내화구조로 되어 있는 경우에는 그러하지 아니하다.
5) 송수구로부터 주배관에 이르는 연결배관에는 개폐밸브를 설치하지 아니 할 것. 다만, 스프링클러설비 · 물분무소화설비 · 포소화설비 또는 연결송수관설비의 배관과 겸용하는 경우에는 그러하지 아니하다.
6) 소방차가 쉽게 접근할 수 있고 노출된 장소에 설치할 것. 이 경우 가연성가스의 저장 · 취급시설에 설치하는 연결살수설비의 송수구는 그 방호대상물로부터 20m 이상의 거리를 두거나 방호대상물에 면하는 부분이 높이 1.5m 이상 폭 2.5m 이상의 철근콘크리트 벽으로 가려진 장소에 설치하여야 한다

7) 송수구의 부근에는 "연결살수설비 송수구"라고 표시한 표지와 송수구역 일람표를 설치할 것. 다만, 선택밸브를 설치한 경우에는 그러하지 아니하다.

(2) 연결살수설비의 선택밸브

1) 화재시 연소의 우려가 없는 장소로서 조작 및 점검이 쉬운 위치에 설치
2) 자동개방밸브에 따른 선택밸브를 사용하는 경우에 있어서는 송수구역에 방수하지 아니하고 자동밸브의 작동시험이 가능하도록 할 것
3) 선택밸브의 부근에는 송수구역 일람표를 설치할 것

(3) 송수구 부분의 자동배수밸브 및 체크밸브

1) 폐쇄형헤드를 사용하는 설비의 경우에는 송수구 · 자동배수밸브 · 체크밸브의 순으로 설치
2) 개방형헤드를 사용하는 설비의 경우에는 송수구 · 자동배수밸브의 순으로 설치
3) 자동배수밸브는 배관안의 물이 잘 빠질 수 있는 위치에 설치하되, 배수로 인하여 다른 물건 또는 장소에 피해를 주지 아니할 것
4) 개방형헤드를 사용하는 연결살수설비에 있어서 하나의 송수구역에 설치하는 살수헤드의 수는 10개 이하 되게 설치

(4) 배관 등

1) 배관 재질 및 합성수지배관 기준 : (옥내소화전 · 스프링클러설비와 동일)
2) 배관의 구경

① 연결살수설비 전용헤드를 사용하는 경우

배관의 구경[mm]	32	40	50	65	80
하나의 배관에 부착하는 헤드의 개수	1개	2개	3개	4개 · 5개	6개 이상 10개 이하

② 스프링클러헤드를 사용하는 경우 : 스프링클러설비의 화재안전기준(NFSC 103) 별표 1의 기준에 따를 것

3) 폐쇄형헤드를 사용하는 연결살수설비의 주배관은 옥내소화전설비의 주배관 및 수도배관 또는 옥상에 설치된 수조(다른 설비의 수조를 포함)에 접속하여야 한다. 이 경우 연결살수설비의 주배관과 옥내소화전설비의 주배관 · 수도배관 · 옥상에 설치된 수조의 접속부분에는 체크밸브를 설치하되, 점검하기 쉽게 하여야 한다.
4) 폐쇄형헤드를 사용하는 연결살수설비에는 다음 각호의 기준에 따른 시험배

관을 설치하여야 한다.

① 송수구의 가장 먼 가지배관의 끝으로부터 연결하여 설치

② 시험장치 배관의 구경은 가장 먼 가지배관의 구경과 동일한 구경으로 하고, 그 끝에는 물받이 통 및 배수관을 설치하여 시험 중 방사된 물이 바닥으로 흘러내리지 않도록 할 것. 다만, 목욕실·화장실 또는 그 밖의 배수처리가 쉬운 장소의 경우에는 물받이 통 또는 배수관을 설치하지 아니할 수 있다.

5) 개방형헤드를 사용하는 연결살수설비에 있어서의 수평주행배관은 헤드를 향하여 상향으로 100분의 1 이상의 기울기로 설치하고 주배관중 낮은 부분에는 자동배수밸브를 설치

(5) 연결살수설비의 헤드

연결살수설비의 헤드는 연결살수설비전용헤드 또는 스프링클러헤드로 설치한다.

1) 연결살수설비 헤드의 설치기준

① 천장 또는 반자의 각 부분으로부터 하나의 살수헤드까지의 수평거리

㉮ 연결살수설비전용헤드의 경우 : 3.7m 이하

㉯ 스프링클러헤드의 경우 : 2.3m 이하

㉰ 살수헤드의 부착면과 바닥과의 높이가 2.1m 이하인 부분에 있어서는 살수헤드의 살수분포에 따른 거리로 할 수 있다.

② 폐쇄형스프링클러헤드를 설치하는 경우의 설치기준 : 「스프링클러설비의 화재안전기준(NFSC103)」 제10조 ⑥~⑦항의 기준과 동일

2) 가연성 가스의 저장·취급시설에 설치하는 연결살수설비 헤드의 설치기준

① 연결살수설비 전용의 개방형헤드를 설치

② 가스저장탱크·가스홀더 및 가스발생기의 주위에 설치하되, 헤드 상호간의 거리는 3.7m 이하로 할 것

③ 헤드의 살수범위는 가스저장탱크·가스홀더 및 가스발생기의 몸체 중간 윗부분의 모든 부분이 포함되도록 하여야 하고, 살수된 물이 흘러내리면서 살수범위에 포함되지 아니한 부분에도 모두 적셔질 수 있도록 할 것

3) 연결살수설비 헤드의 설치제외장소

① 상점(지하층에 설치된 것으로서 바닥면적 $150m^2$ 이상인 것은 제외)으로서 주요구조부가 내화구조 또는 방화구조로 되어 있고 바닥면적이 $500m^2$ 미만으로 방화구획되어 있는 소방대상물 또는 그 부분

② 이하는 스프링클러설비 헤드의 설치제외장소와 동일

(6) 소화설비의 겸용

연결살수설비의 송수구를 스프링클러설비 · 간이스프링클러설비 · 화재조기진압용 스프링클러설비 · 물분무소화설비 · 포소화설비 또는 연결송수관설비와 겸용으로 설치하는 경우에는 스프링클러설비의 송수구 설치기준에 따르고, 옥내소화전설비의 송수구와 겸용으로 설치하는 경우에는 옥내소화전설비의 송수구의 설치기준 따르되 각각의 소화설비의 기능에 지장이 없도록 하여야 한다.

03 상수도소화용수설비

1. 설비의 개요

(1) 대형건축물 등의 화재에서 소방대의 소화장비로 소화활동시 소방대 차량의 소화용수가 부족할 경우 이를 채워주기 위한 소화용수설비로 상수도소화용수설비 또는 소화수조를 설치한다.

(2) 상수도소화용수설비는 소화전을 상수도배관에 직접 연결하여 설치한 것이며, 화재시 소방대 차량의 소화장비를 이 소화전에 연결하여 상수도 수원을 소화용수로 사용하는 것이다.

2. 법정설치대상

(1) 설치대상

1) 연면적 5,000m² 이상인 것

2) 가스시설로서 지상에 노출된 탱크의 저장용량 합계가 100톤 이상인 것

(2) 설치제외대상

1) 지하구 또는 지하가 중 터널

2) 특정소방대상물의 각 부분으로부터 수평거리 140m 이내에 공공의 소방을 위한 소화전이 화재안전기준에 따라 설치되어 있는 경우

3) 상수도소화용수설비를 설치하여야 하는 특정소방대상물의 대지경계선으로부터 180m 이내에 구경 75mm 이상인 상수도용 배관이 설치되지 아니한 지역에는 상수도소화용수설비 대신 소화수조 또는 저수조를 설치하여야 한다.

3. 설치기준

상수도소화용수설비는 수도법의 규정에 따른 기준 외에 다음 각호의 기준에 따라 설치하여야 한다.

(1) 호칭지름 75mm 이상의 수도배관에 호칭지름 100mm 이상의 소화전을 접속할 것
(2) 위 (1)의 규정에 따른 소화전은 소방자동차 등의 진입이 쉬운 도로변 또는 공지에 설치
(3) 위 (1)의 규정에 따른 소화전은 소방대상물의 수평투영면의 각 부분으로부터 140m 이하가 되도록 설치

04 소화수조 및 저수조

1. 설비의 개요

소방대의 소화장비로 소화활동시 소방대 차량의 소화용수가 부족할 경우 이를 채워주기 위한 소화용수설비로 상수도소화용수설비 또는 소화수조를 설치하는데, 일정 규격(구경75mm) 이상의 상수도용 배관이 설치되지 아니한 외딴지역 등에는 상수도소화용수설비 대신 소화수조 또는 저수조를 설치한다.

2. 법정설치대상

(1) 설치대상

상수도소화용수설비를 설치하여야 하는 특정소방대상물의 대지경계선으로부터 180m 이내에 구경75mm 이상인 상수도용 배관이 설치되지 아니한 지역에는 상수도소화용수설비 대신 소화수조 또는 저수조를 설치하여야 한다.

(2) 설치제외대상

소화용수설비를 설치하여야 할 소방대상물에 있어서 유수의 양이 $0.8m^3/min$ 이상인 유수를 사용할 수 있는 경우에는 소화수조의 설치를 면제할 수 있다.

3. 설치기준

(1) 소화수조 등

1) 채수구 또는 흡수관투입구의 설치 위치

소방차가 2m이내의 지점까지 접근할 수 있는 위치에 설치

2) 소화수조 · 저수조의 저수량 산정

소방대상물의 연면적을 다음 표에 따른 기준면적으로 나누어 얻은 수(소수점이하의 수는 1로 본다.)에 $20m^3$를 곱한 양 이상일 것

소방대상물의 구분	기준면적
1. 1층 및 2층의 바닥면적 합계가 $15,000m^2$ 이상인 소방대상물	$7,500m^2$
2. 제1호에 해당되지 아니하는 그 밖의 소방대상물	$12,500m^2$

3) 소화수조 · 저수조에는 흡수관투입구 또는 채수구를 설치하여야 한다.

① 지하에 설치하는 흡수관투입구의 설치기준

한 변이 0.6m 이상이거나 직경이 0.6m 이상인 것으로 하고, 소요수량이 $80m^3$ 미만인 것에 있어서는 1개 이상, $80m^3$ 이상인 것에 있어서는 2개 이상을 설치하여야 하며, "흡수관투입구"라고 표시한 표지를 할 것

② 채수구의 설치기준

㉮ 채수구는 다음표에 따라 소방용호스 또는 소방용흡수관에 사용하는 구경 65mm 이상의 나사식 결합금속구를 설치

소요수량	$20m^3$ 이상 $40m^3$ 미만	$40m^3$ 이상 $100m^3$ 미만	$100m^3$ 이상
채수구의 수	1개	2개	3개

㉯ 채수구는 지면으로부터의 높이가 0.5m 이상 1m 이하의 위치에 설치하고 "채수구"라고 표시한 표지를 할 것

4) 소화용수설비를 설치하여야 할 소방대상물에 있어서 유수의 양이 $0.8m^3/min$ 이상인 유수를 사용할 수 있는 경우에는 소화수조를 설치하지 아니할 수 있다.

(2) 가압송수장치

1) 소화수조 또는 저수조가 지표면으로부터의 깊이(수조 내부바닥까지의 길이)가 4.5m 이상인 지하에 있는 경우에는 다음 표에 따라 가압송수장치를 설치하여야 한다. 다만, 규정에 따른 저수량을 지표면으로부터 4.5m 이하인 지하에서 확보할 수 있는 경우에는 소화수조 또는 저수조의 지표면으로부터의 깊이에 관계없이 가압송수장치를 설치하지 아니할 수 있다.

소요수량	$20m^3$ 이상 $40m^3$ 미만	$40m^3$ 이상 $100m^3$ 미만	$100m^3$ 이상
가압송수장치의 1분당 양수량	1,100ℓ 이상	2,200ℓ 이상	3,300ℓ 이상

2) 소화수조가 옥상 또는 옥탑에 설치된 경우에는 지상에 설치된 채수구에서의 압력이 0.15MPa 이상이 되도록 하여야 한다.
3) 기동장치로는 보호판을 부착한 기동스위치를 채수구 직근에 설치
4) 그 밖의 가압송수장치 설치기준은 옥내소화전설비와 동일 함

중요예상문제

01 상수도시설이 없는 지역에 연면적 20,000m²인 공장 건축 시 설치하여야 할 소화용수량과 채수구 및 흡수관투입구의 개수를 산정하시오.

해답 1. 소화수량

(1) 기준면적은 화재안전기준(NFSC 402)에 따라 1층 및 2층의 바닥면적 합계가 15,000[m²] 이상인 소방대상물은 7,500[m²], 그 밖의 부분은 12,500[m²]을 적용한다.

(2) 저수조의 소화용수량은 연면적을 기준면적으로 나눈 수에 20m³을 곱하여 나온 값으로 한다.(단, 소수점 이하는 1로 본다.)

(3) $\frac{20,000}{7,500} = 2.67 \fallingdotseq 3$이므로,

$\therefore \ Q = 3 \times 20[m^3] = 60[m^3]$

[답] 소화용수량 : 60[m³]

2. 채수구의 개수

화재안전기준(NFSC 402)

소요수량[m³]	20 이상~40 미만	40 이상~100 미만	100 이상
채수구의 수	1개	2개	3개

[답] 채수구의 개수 : 2개

3. 흡수관투입구의 개수

화재안전기준(NFSC 402)에 따라 소요수량이 80m³ 미만일 경우에는 흡수관 투입구를 1개 이상 설치하여야 한다.

[답] 흡수관 투입구의 개수 : 1개 이상

02

소화용수설비에 대하여 다음 각 물음에 답하시오.
1. 상수도소화용수설비의 설치대상 및 설치면제대상을 쓰시오.
2. 소화수조 또는 저수조의 설치대상 및 설치면제대상을 쓰시오.

해답 1. 상수도소화용수설비의 설치대상 및 설치면제대상

(1) 설치대상
1) 연면적 5,000m² 이상인 것
2) 가스시설로서 지상에 노출된 탱크의 저장용량 합계가 100톤 이상인 것

(2) 설치면제대상
1) 지하구 또는 지하가 중 터널
2) 특정소방대상물의 각 부분으로부터 수평거리 140m 이내에 공공의 소방을 위한 소화전이 화재안전기준에 따라 설치되어 있는 경우

2. 소화수조 또는 저수조의 설치대상 및 설치면제대상

(1) 설치대상
상수도소화용수설비를 설치하여야 하는 특정소방대상물의 대지경계선으로부터 180m 이내에 구경 75mm 이상인 상수도용 배관이 설치되지 아니한 지역에는 상수도소화용수설비 대신 소화수조 또는 저수조를 설치하여야 한다.

(2) 설치제외대상
소화용수설비를 설치하여야 할 소방대상물에 있어서 유수의 양이 0.8m³/min 이상인 유수를 사용할 수 있는 경우에는 소화수조의 설치를 면제할 수 있다.

03

연결송수관설비 설치대상인 특정소방대상물에서 연결송수관설비의 방수구 설치를 면제할 수 있는 층을 쓰시오.

해답 (1) 아파트의 1층 및 2층
(2) 소방차의 접근이 가능하고 소방대원이 소방차로부터 각 부분에 쉽게 도

달할 수 있는 피난층

(3) 송수구가 부설된 옥내소화전을 설치한 소방대상물(집회장·관람장·백화점·도매시장·소매시장·판매시설·공장·창고시설 또는 지하가는 제외)로서 다음의 1에 해당하는 층

1) 지하층을 제외한 층수가 4층 이하이고 연면적이 6,000m^2 미만인 소방대상물의 지상층

2) 지하층의 층수가 2 이하인 소방대상물의 지하층

04

상수도소화용수설비의 국가화재안전기준에 따른 설치기준을 쓰시오.

해답 상수도소화용수설비는 수도법의 규정에 따른 기준 외에 다음 각호의 기준에 따라 설치하여야 한다.

(1) 호칭지름 75mm 이상의 수도배관에 호칭지름 100mm 이상의 소화전을 접속할 것

(2) 위 (1)의 규정에 따른 소화전은 소방자동차 등의 진입이 쉬운 도로변 또는 공지에 설치할 것

(3) 위 (1)의 규정에 따른 소화전은 소방대상물의 수평투영면의 각 부분으로부터 140m 이하가 되도록 설치할 것

05

폐쇄형헤드를 사용하는 연결살수설비에 설치하는 시험배관의 설치기준을 국가화재안전기준에 따라 쓰시오.

해답 (1) 송수구에서 가장 먼 가지배관의 끝으로부터 연결하여 설치

(2) 시험장치 배관의 구경은 가장 먼 가지배관의 구경과 동일한 구경으로 하고, 그 끝에는 물받이 통 및 배수관을 설치하여 시험 중 방사된 물이 바닥으로 흘러내리지 않도록 할 것. 다만, 목욕실·화장실 또는 그 밖의 배수처리가 쉬운 장소의 경우에는 물받이 통 또는 배수관을 설치하지 아니할 수 있다.

06

연면적 90,000[m^2], 지하 2층, 지상 12층인 오피스텔 건물에 소방설비용 저수조를 지하 2층에 설치한다. 소화설비와 소화용수설비에 소요되는 법정 최소유효수원량의 합계를 구하시오.

〈조건〉

건물구조상 옥탑에 물탱크를 설치할 수 없다. 전 층에 옥내소화전과 스프링클러 및 옥외소화전이 설치되어 있으며 옥내소화전은 매 층마다 10개씩 설치되며, 소화설비가 설치된 부분은 방화구획이 되지 아니함

해 답

(1) 옥내소화전설비의 저수량

층의 최대개수(최대 5개) × 2.6[m^3] = 5개 × 2.6[m^3] = 13[m^3]

(2) 옥외소화전의 저수량

최대개수(최대 2개) × 7.0[m^3] = 2 × 7[m^3] = 14[m^3]

(3) 스프링클러설비의 저수량

헤드의 기준개수 × 1.6[m^3] = 30개 × 1.6[m^3] = 48[m^3]

(4) 소화용수설비의 저수량

(연면적 ÷ 12,500) × 20[m^3]

90,000 ÷ 12,500 = 7.2 → 8 (화재안전기준에 따라 소수점 이하의 수는 1로 본다)

8 × 20[m^3] = 160[m^3]

∴ 13 + 14 + 48 + 160 = 235[m^3]

[답] 수원량의 합계 : 235[m^3]

제 9 장

가스계 소화설비

01 CO_2 · 할론 · 할로겐화합물 및 불활성기체 소화설비의 구조

1. 설비작동시 흐름도(가스압력개방식)

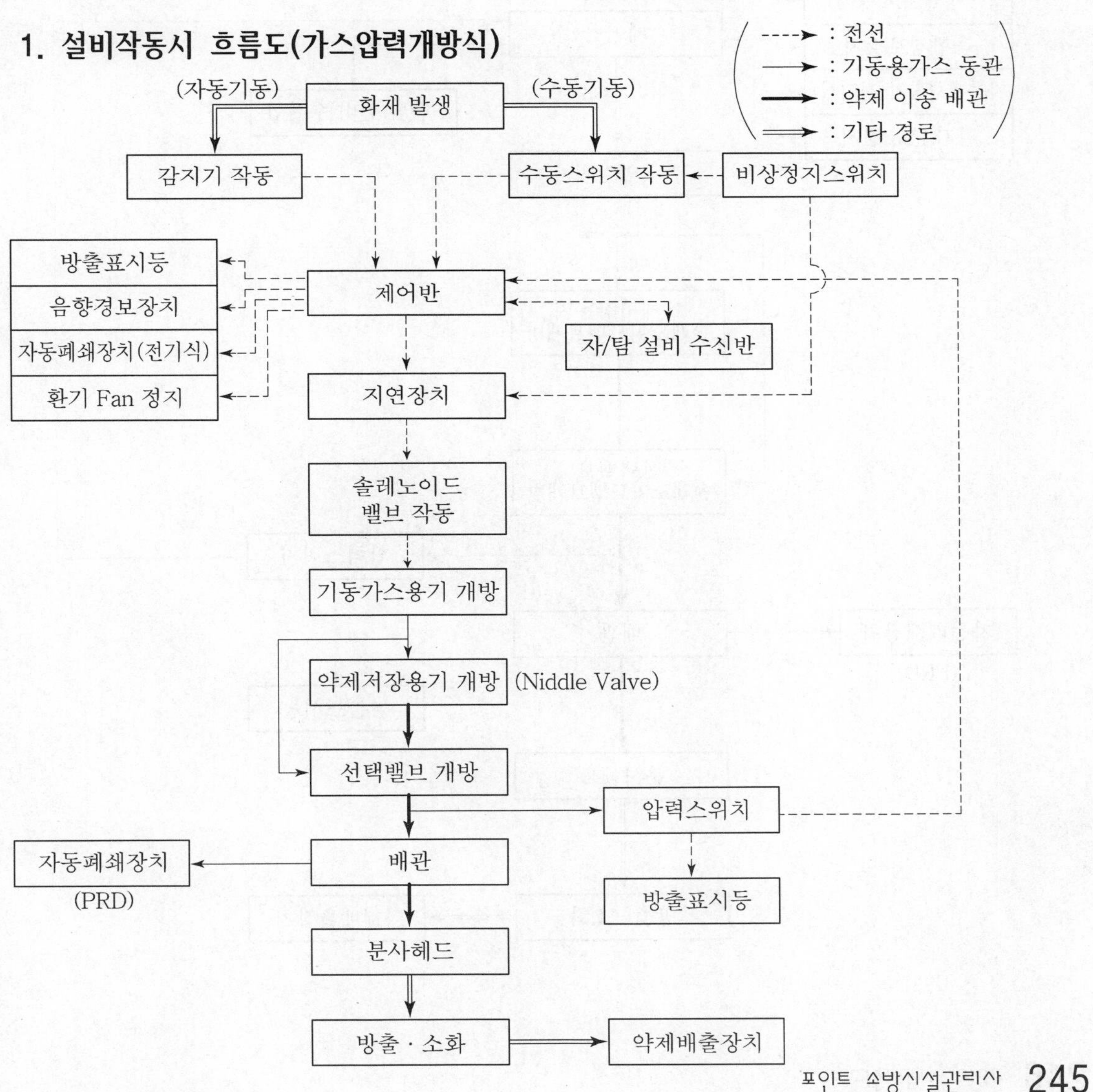

2. 설비작동시 흐름도(전기개방식)

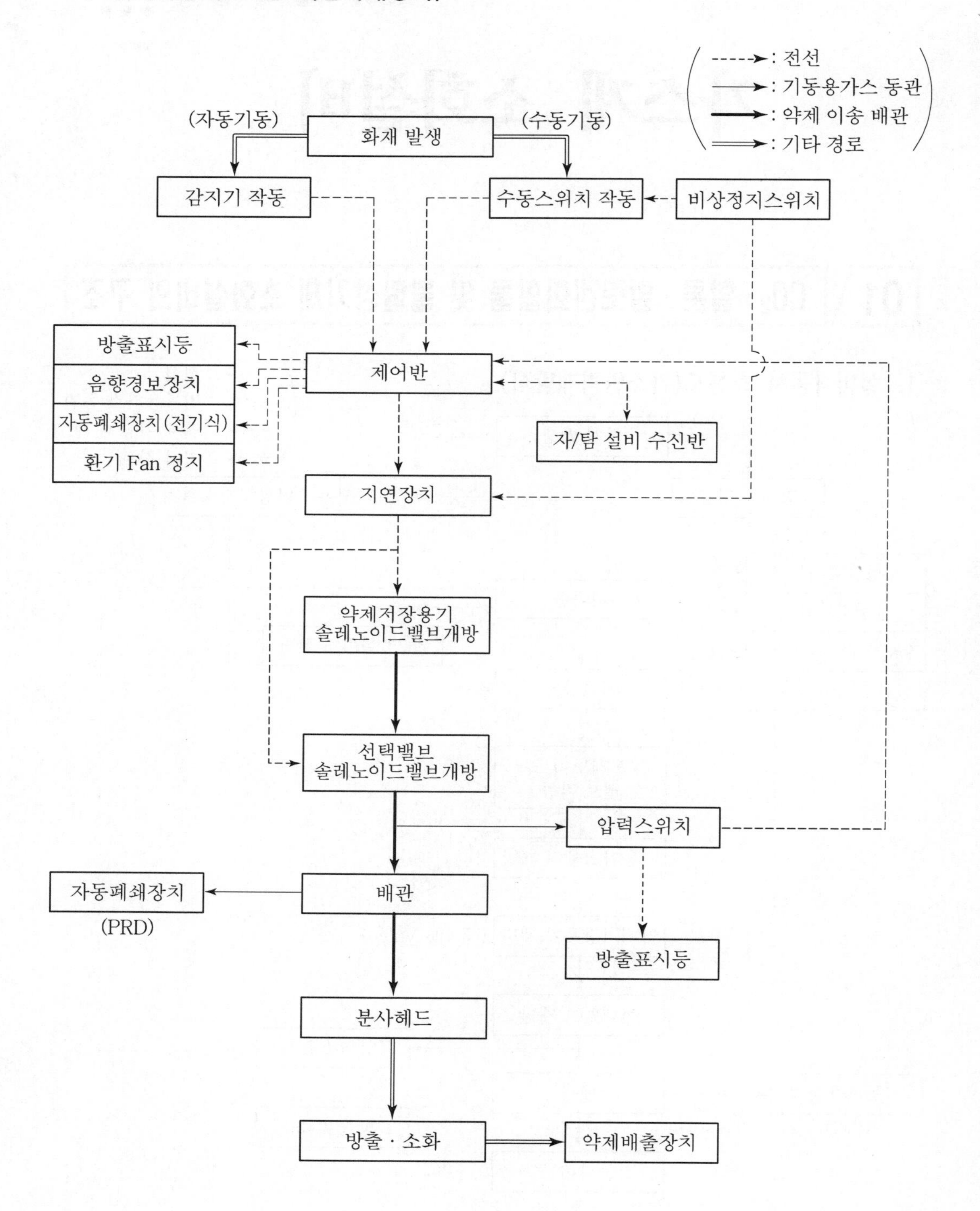

3. 계통도(가스압력개방식)

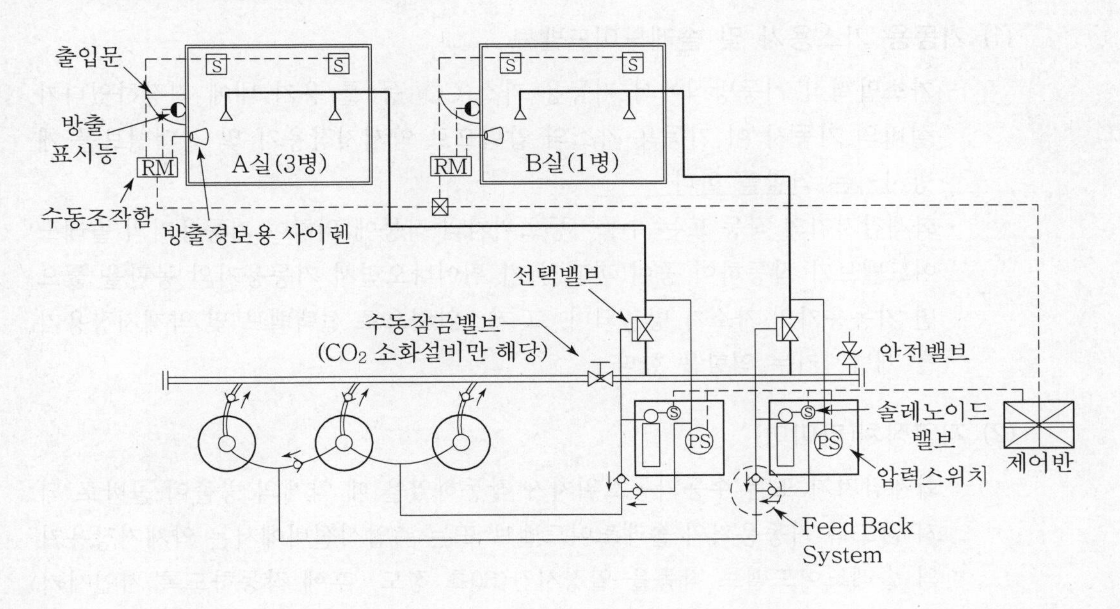

4. 계통도(전기개방식)

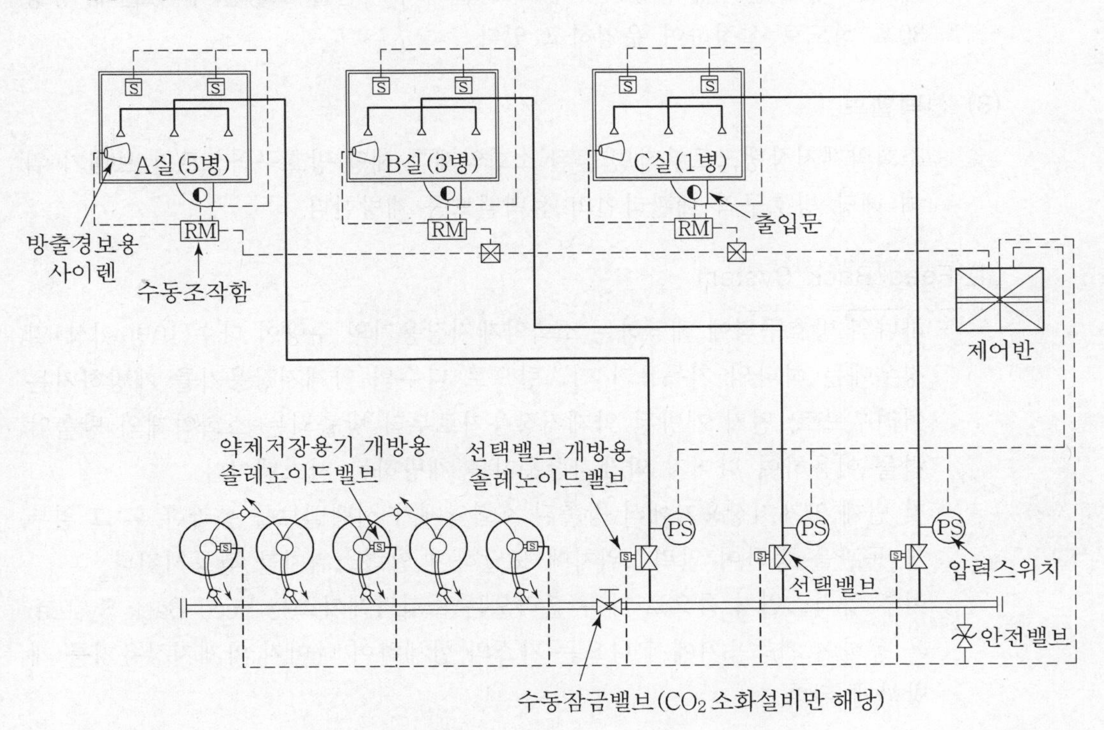

5. 가스계소화설비의 각 기기 및 밸브류의 기능

(1) 기동용 가스용기 및 솔레노이드밸브

- 가스압력식 기동방식에서 기동용 가스(CO_2 등)를 용기 내에 저장하였다가 설비의 기동시 이 기동용 가스의 압력으로 약제저장용기 및 선택밸브를 개방시키는 역할을 한다.
- 화재감지기의 작동 또는 수동기동스위치의 작동에 의하여 기동용기의 솔레노이드밸브가 작동하여 공이(파괴침)가 튀어나오면서 기동용기의 봉판을 뚫으면 기동용기의 가스가 방출되며, 그 가스압력으로 선택밸브 및 약제저장용기를 개방시키는 역할을 한다.

(2) 지연장치(타이머)

- 화재감지기 또는 수동기동스위치가 작동하였을 때 약제의 방출이 곧바로 되지 않도록 기동용기의 솔레노이드밸브 또는 축압식설비에서는 약제저장용기의 솔레노이드밸브 작동을 일정시간(30초 정도) 후에 작동하도록 지연시키는 장치
- 제어반 내에 설치되어 있으며 손으로 돌려서 시간을 조정할 수 있는데, 통상 30초 정도로 설정하여 운영하고 있다.

(3) 선택밸브

- 소화약제저장탱크로부터 방출된 소화약제를 해당 방호구역으로만 보내기 위해 해당 방호구역 배관라인의 선택밸브를 개방한다.

(4) Feed Back System

- 하나의 방호구역에 해당하는 소화약제저장용기의 수량이 다수(10병 이상)일 경우에는 하나의 기동용기 가스량으로 다수의 약제저장용기를 개방하기는 어려우므로, 먼저 개방된 약제저장용기로부터 방출되는 소화약제의 방출압력을 이용하여 나머지 약제저장용기를 개방하는 시스템이다.
- 첫 번째 약제저장용기에서 방출된 소화약제가 선택밸브를 통과한 후 그 일부가 동관을 통하여 압력스위치에 도달하여 압력스위치를 작동시킨다.
- 이후 압력스위치 쪽으로 계속 흘러오는 소화약제가스는 Feed Back System을 통하여 기동용기에서 나오는 가스와 합세하여 나머지 약제저장용기를 개방하게 된다.

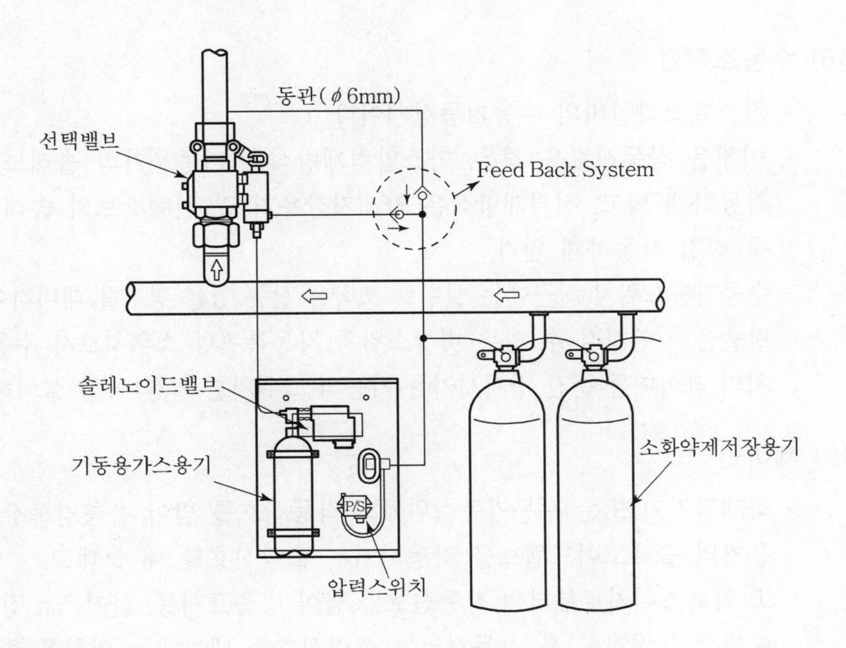

(5) 압력스위치

- 약제저장용기로부터 방출되어 선택밸브를 통과한 소화약제의 일부가 동관을 통하여 그 압력이 압력스위치에 전달되어 압력스위치가 작동되면 그 신호를 제어반으로 보냄으로써 해당 방호구역의 방출표시등이 점등되게 한다.

(6) 방출표시등

- 설비가 작동하여 방호구역에 소화약제가 방출되고 있음을 표시하는 것으로써 소화약제저장용기의 약제가 방출되면서 그 가스(약제)압력이 압력스위치에 전달되어 압력스위치를 작동시키면 방출표시등이 점등하게 된다.
- 방호구역의 출입문마다 출입문 바깥쪽 상부에 설치한다.

(7) PRD(Piston Release Damper)

- 방호구역에 개구부 또는 통기구가 있을 경우 소화약제가 방출되기 전에 자동으로 폐쇄하는 장치
- 약제저장용기로부터 방출되어 선택밸브를 통과한 소화약제의 일부가 동관을 통하여 PRD에 전달되고 이때 약제가스의 압력으로 피스톤을 밀게 되므로 열린 개구부를 닫히게 한다.
- 그러나 가스압력개방식이 아닌 전기개방식일 경우에는 PRD와 관계없이 화재감지기와 연동하는 전동 모터가 작동하여 개구부를 닫는 방식으로 한다.

(8) 수동조작함

- 가스계소화설비의 수동기동장치이다.
- 이것을 작동시켰을 경우, 가스압력개방식은 기동용기의 솔레노이드밸브가 작동하게 되고, 전기개방식은 약제저장용기 및 선택밸브의 솔레노이드밸브를 직접 작동하게 한다.
- 수동기동스위치 직근에는 실수로 조작을 잘못 했을 경우를 대비하여 소화약제 방출을 지연시킬 수 있는 비상스위치(자동복귀형 스위치로서 수동식 기동장치의 타이머를 순간 정지시키는 기능의 스위치를 말한다)를 설치하여야 한다.

(9) 제어반

- 화재감지기 또는 수동기동스위치의 작동신호를 받아 음향경보장치 및 기동용기의 솔레노이드밸브를 작동시키는 출력신호를 내 보내고,
- 또 압력스위치로부터의 작동신호를 받아 방출표시등, 환기Fan 정지 및 자동폐쇄장치(전기식)를 작동시키는 출력신호를 내보내는 역할을 한다.

6. 가스계소화설비의 작동순서

(1) 화재발생 또는 작동시험

(2) 감지기 1개(1회로) 작동 : 음향경보장치(사이렌 및 대피 안내방송) 작동 및 수신반(제어반)의 화재표시등 및 지구표시등의 점등

(3) ① 감지기 2개(2회로) 작동
② 또는 수동조작함의 수동기동스위치 작동
③ 또는 제어반에서 솔레노이드밸브 기동스위치 작동

(4) 제어반의 지연타이머가 작동한다. : 지연시간은 20~30초이며 조정이 가능하다.

(5) 지연시간이 만료된 후에는 제어반에서 솔레노이드밸브로 전기출력신호를 내보낸다.

(6) 솔레노이드밸브가 작동하여 솔레노이드밸브의 파괴침(공이)이 튀어나오며, 이때 기동용기의 봉판이 뚫리면서 기동용기의 가스가 동(銅)배관으로 방출된다.

(7) 기동용기의 가스가 동(銅)배관을 통하여 해당 방호구역의 선택밸브에 도달되어 선택밸브를 개방한다.

(8) 또 기동용기 가스는 첫 번째 약제저장용기 개방장치의 피스톤을 가압하여 파괴침을 움직여 저장용기의 봉판을 뚫게 함으로써 저장용기로부터 소화약제가 방출되기 시작한다.

(9) 저장용기에서 방출된 소화약제가 집합관을 거쳐 열려진 선택밸브를 통과하여 배관과 헤드를 통하여 방호구역에 방출하게 된다.

(10) 이때 선택밸브를 통과하는 소화약제 중 일부는 동(銅)관으로 흘러 압력스위치에 도달하여 압력스위치를 작동시킴으로써 방출표시등이 점등되게 한다.

(11) 이 후 압력스위치 쪽으로 계속 흐르는 소화약제는 Feed Back System을 통하여 기동용기에서 나오는 기동용가스와 합세하여 나머지 저장용기를 개방하게 된다.

(12) 또한 선택밸브를 통과한 소화약제의 일부는 동(銅)관을 통하여 피스톤릴리즈(PRD : Piston Release Damper)를 작동시켜 열린 개구부를 닫히게 한다.

02 분말소화설비의 구조

1. 설비작동시 흐름도

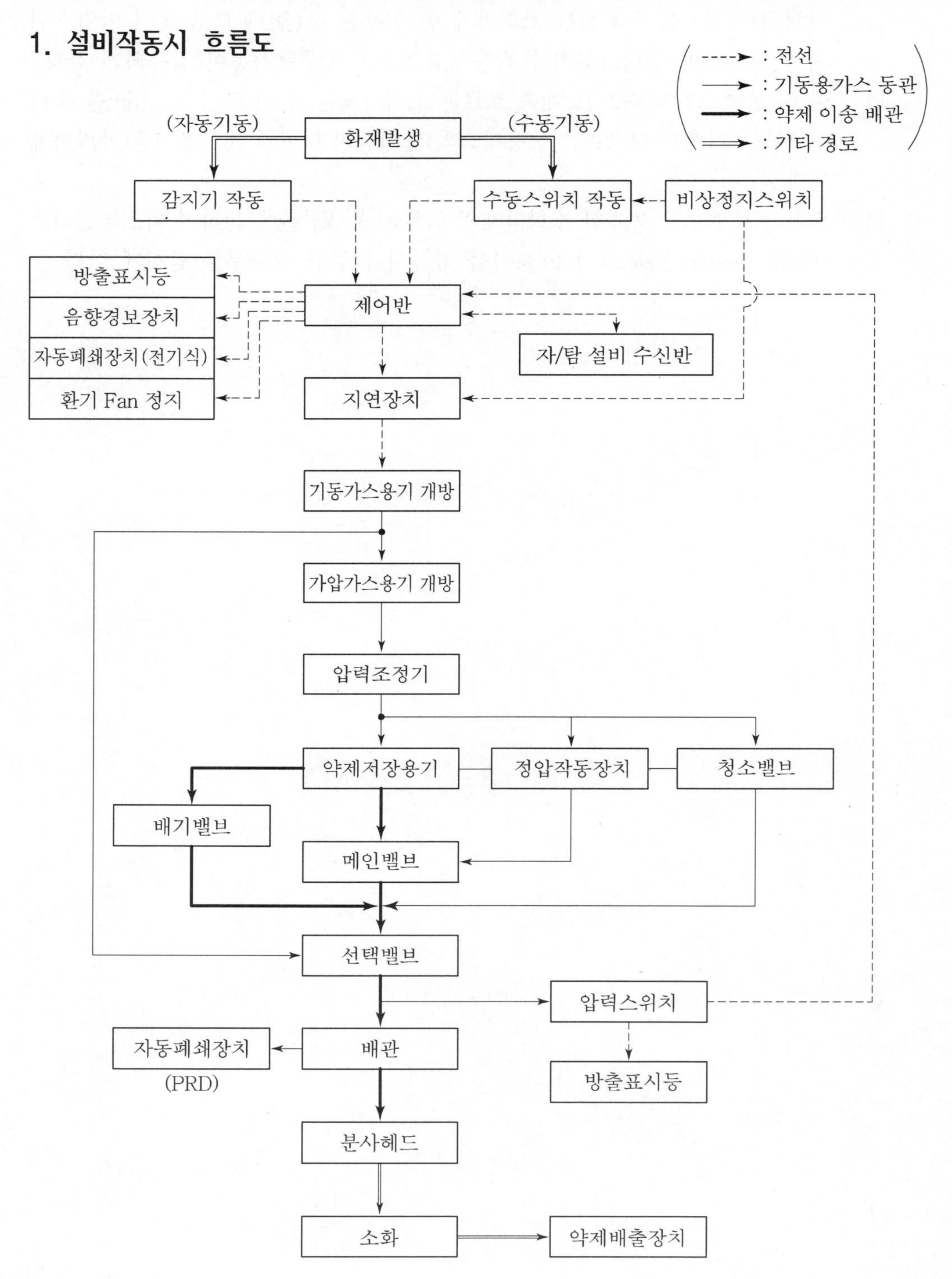

2. 분말소화설비 계통도

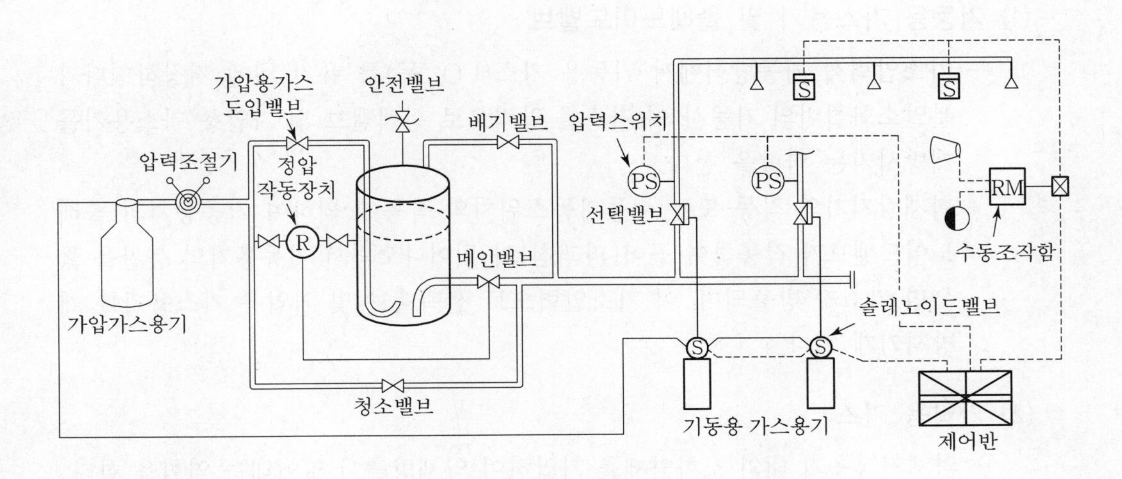

3. 분말소화약제 저장탱크 주변 배관도

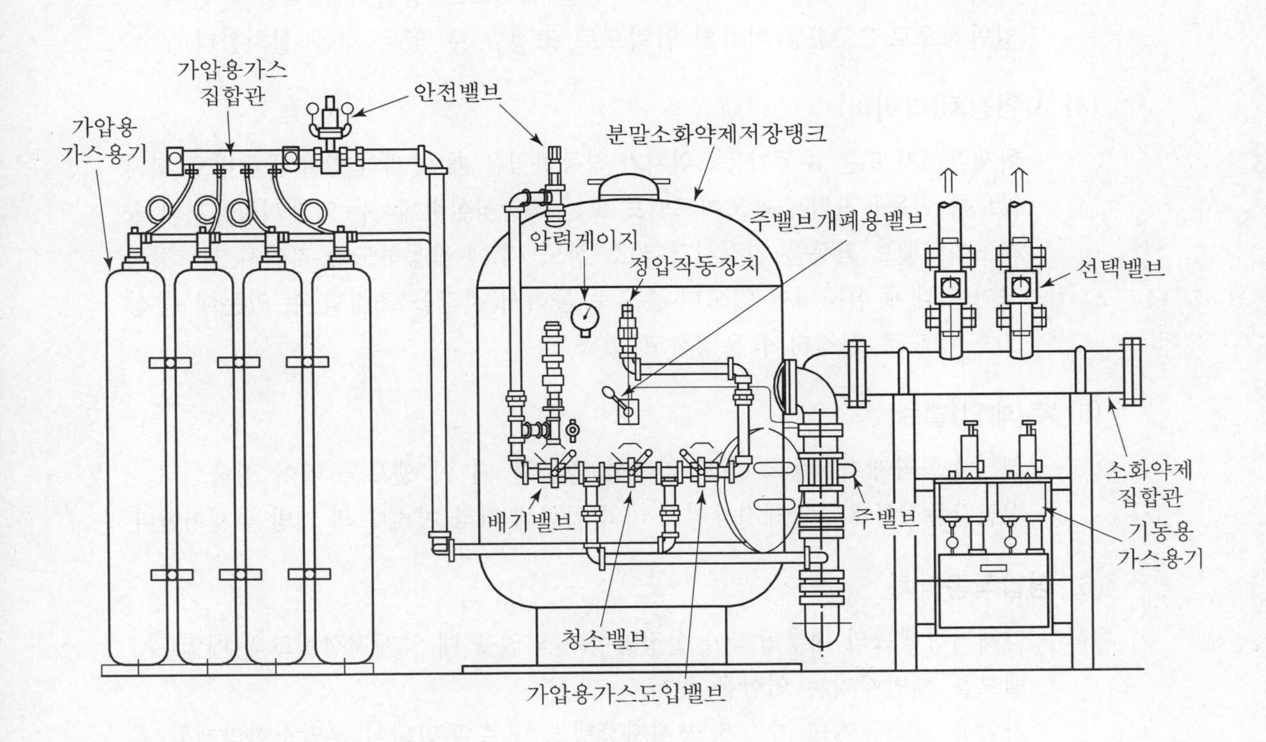

4. 분말소화설비의 각 기기 및 밸브류의 기능

(1) 기동용 가스용기 및 솔레노이드밸브

- 가스압력식 기동방식에서 기동용 가스(CO_2 등)를 용기 내에 저장하였다가 분말소화설비의 기동시 이 가스를 압력으로 선택밸브 및 가압용 가스용기를 개방시키는 역할을 한다.
- 화재감지기의 작동 또는 수동기동스위치의 작동에 의하여 기동용기의 솔레노이드밸브가 작동하여 공이(파괴침)가 튀어나오면서 기동용기의 봉판을 뚫으면 가스가 방출되며, 이 가스압력으로 선택밸브 및 가압용 가스용기를 개방시키게 된다.

(2) 가압용 가스

- 약제저장용기 내의 소화약제를 가압하여 약제방출시 밀어내는 역할을 한다.

(3) 압력조절기(Regulator)

- 가압용 가스용기의 고압가스를 적정한 압력으로 감압하는 역할을 한다.
- 일반적으로 2.5MPa 이하의 압력으로 조정할 수 있는 것을 설치한다.

(4) 지연장치(타이머)

- 화재감지기 또는 수동기동스위치가 작동하였을 때 약제의 방출이 곧바로 되지 않도록 기동용기의 솔레노이드밸브 또는 축압식설비에서는 약제저장용기의 솔레노이드밸브 작동을 일정시간(30초 정도) 후에 작동하도록 지연시키는 장치
- 제어반 내에 설치되어 있으며 손으로 돌려서 시간을 조정할 수 있는데, 통상 30초 정도로 설정하여 운영하고 있다.

(5) 주(메인)밸브

- 분말소화약제저장탱크 내의 약제를 방출할 때 이 밸브를 열어 방출한다.
- 정압작동장치에서 약제저장탱크 내의 압력에 따라 이 밸브의 개방을 제어한다.

(6) 정압작동장치

- 약제저장탱크의 내부압력이 설정압력이 되었을 때 약제저장탱크의 메인(주)밸브를 개방시키는 역할을 한다.
- 가압용 가스용기의 가스가 약제저장탱크 내로 투입되어 분말소화약제를 혼합교반시킨 후 적정 방출압력이 되면 메인밸브를 개방시키므로써 소화약제가 방출된다.

(7) 청소밸브

- 분말소화약제의 방출 후에 배관 내에 잔류하고 있는 분말소화약제를 배관 밖으로 방출시킬때 이 밸브를 개방한다.
- 이때의 청소에 필요한 가스는 별도의 청소용 가압용기에 저장한다.

(8) 배기밸브

- 분말소화약제의 방출 후에 약제저장용기 내에 잔류하고 있는 분말소화약제를 용기 밖으로 방출시킬 때 이 밸브를 개방한다.

(9) 안전밸브

- 분말소화약제저장용기 내의 과압을 배출시켜 저장용기를 보호한다.
- 화재안전기준에서 저장용기의 안전밸브를 가압식은 최고사용압력의 1.8배 이하, 축압식은 용기의 내압시험압력의 0.8배 이하의 압력에서 작동하는 것으로 설치하도록 규정하고 있다.

(10) 선택밸브

- 소화약제저장탱크로부터 방출된 소화약제를 해당 방호구역으로만 보내기 위해 해당 방호구역의 선택밸브를 개방한다.

(11) 압력스위치

- 약제저장용기로부터 방출되어 선택밸브를 통과한 소화약제의 일부가 동관을 통하여 그 압력이 압력스위치에 전달되어 압력스위치가 작동되면 제어반을 통하여 방출표시등이 점등하게 된다.

(12) 방출표시등

- 설비가 작동하여 방호구역에 소화약제가 방출되고 있음을 표시하는 것으로써 약제저장용기의 약제가 방출되면서 그 가스(약제)압력이 압력스위치에 전달되어 압력스위치를 작동시키면 방출표시등이 점등된다.
- 방호구역의 출입문마다 바깥쪽 상부에 설치한다.

(13) PRD(Piston Release Damper)

- 방호구역에 개구부 또는 통기구가 있을 경우 소화약제가 방출되기 전에 자동으로 개구부를 폐쇄하는 장치
- 약제저장용기로부터 방출되어 선택밸브를 통과한 소화약제의 일부가 동관을

통하여 PRD에 전달되고 이때 약제가스의 압력으로 피스톤을 밀게 되므로 열린 개구부를 닫히게 한다.

- 그러나 가스압력개방식이 아닌 전기개방식일 경우에는 PRD와 관계없이 화재감지기와 연동하는 전동모터가 작동하여 개구부를 닫는 방식으로 한다.

(14) 수동조작함

- 가스계소화설비의 수동기동장치이다.
- 이것을 작동시켰을 경우, 가스압력개방식은 기동용기의 솔레노이드밸브가 작동하게 되고, 전기개방식은 약제저장용기 및 선택밸브의 솔레노이드밸브를 직접 작동하게 된다.
- 수동기동스위치 직근에는 실수로 조작을 잘못 하였을 경우를 대비하여 소화약제 방출을 지연시킬 수 있는 비상스위치(자동복귀형 스위치로서 수동식 기동장치의 타이머를 순간 정지시키는 기능의 스위치를 말한다)를 설치하여야 한다.

(15) 제어반

- 화재감지기 또는 수동기동스위치의 작동신호를 받아 음향경보장치 및 기동용기의 솔레노이드밸브를 작동시키는 출력신호를 내보내고,
- 또 압력스위치로부터의 작동신호를 받아 방출표시등, 환기Fan 정지 및 자동폐쇄장치(전기식)를 작동시키는 출력신호를 내보내는 역할을 한다.

03 CO_2 소화설비의 주요 설계기준

1. 표면화재와 심부화재의 적용

(1) 표면화재

1) 주된 소화효과 : 질식소화
2) 불꽃연소의 화재에 해당 : 연소의 4요소 - Flaming Mode 적용
3) 설계농도 34% 이상으로서 1분 이내 소화
4) 적용대상 : B급 및 C급 화재에 적용 : 유입식 기기가 있는 전기실, 연료가 있는 발전기실, 보일러실, 차량이 있는 방호대상물(주차타워 등), 가연성 가스 및 액체의 저장・취급소

(2) 심부화재

1) 주된 소화효과 : 질식소화+냉각소화
2) A급 화재를 위주로 하는 훈소화재에 해당 : 연소의 3요소 - Glowing Mode 적용
3) 설계농도 34% 이상 및 Soaking Time 20분 이상 필요
4) 적용 : 특수가연물, 종이, 목재, 석탄, 섬유류, 합성수지류 등의 A급 가연물을 수용하는 창고, 박물관, 도서관, 통신기기실, 전자기기실, 기계실(보일러실은 제외), 몰드변압기

2. 약제량 계산

(1) 전역방출방식

$$W = V \cdot K_1 + A \cdot K_2$$

여기서, W : 약제량[kg]
V : 방호구역 체적[m^3]
A : 개구부 면적[m^2]
K_1, K_2 : 방출계수(Flooding Factor)
- K_1 : 기본량(아래 표)
- K_2 : 개구부 보정계수
  - 표면화재 : $5kg/m^2$
  - 심부화재 : $10kg/m^2$

(단, 개구부 면적은 방호구역 전체 표면적의 3% 이하로 할 것)

1) 표면화재(가연성 액체, 가연성 가스 등)

방호구역 체적[m^3]	소화약제량[kg/m^3]	최저한도의 양[kg]
$45m^3$ 미만	1.0	45kg
$45m^3$ 이상, $150m^3$ 미만	0.9	45kg
$150m^3$ 이상, $1,450m^3$ 미만	0.8	135kg
$1,450m^3$ 이상	0.75	1,125kg

2) **심부화재**(종이, 목재, 석탄, 섬유류, 합성수지류 등)

방호대상물	소화약제량 [kg/m³]	설계농도[%]
유입식 기기 없는 전기설비실	1.3	50
체적 55m³ 미만의 전기설비실	1.6	50
서고, 박물관, 전자제품의 창고, 목재가공품 창고	2.0	65
집진설비, 고무류・면화류・모피・석탄 등의 저장창고	2.7	75

단, 가연성액체 및 가연성기체인 경우(설계농도 34% 이상)에는 보정계수(N) 추가반영

$$W=(V\cdot K_1\cdot N)+(A\cdot K_2)$$

(2) 국소방출방식

1) **평면화재**(윗면이 개방된 용기의 액면화재 등에 적용)

$$W= S\times K\times h$$

여기서, W: 소화약제량[kg]

S : 방호대상물 표면적[m²]

K : 방출계수 : 13[kg/m²]

h : 할증계수 ┌ 고압식 : 1.4
└ 저압식 : 1.1

2) **입면화재**

$$W= V\times Q\times h$$

$$Q=8-6\frac{a}{A}$$

여기서, W: 소화약제량[kg]

Q : 방호공간 1m³에 대한 소화약제의 양[kg/m³]

h : 할증계수 ┌ 고압식 : 1.4
└ 저압식 : 1.1

a : 방호대상물 주위에 설치된 벽면적(좌 · 우 · 상면(5면) : 0.6m 연장)의 합계[m^2]

A : 방호공간의 벽면적 합계[m^2]
(방호공간에 벽이 없는 경우에도 있는 것으로 가정하고 적용한다. 즉 0.6m 연장된 공간의 벽을 가상하여 벽면적 계산)

V : 방호공간의 체적[m^3] : 방호대상물이 각 부분으로부터 0.6m 연장된 거리에 따라 둘러싸인 공간의 체적

3) 호스릴 CO_2 소화설비

하나의 노즐에 대하여 소화 약제량을 90kg 이상으로 한다.

04 할론 · 할로겐화합물 및 불활성기체 · 분말소화설비의 주요 설계기준

1. 할론소화설비의 소화약제량 계산

(1) 전역방출방식

1) 국내기준

$$W = V \cdot K_1 + A \cdot K_2$$

K_1(할론 1301) : 0.32~0.64[kg/m^3]
단, 특수가연물 중 면화류 · 나무부스러기 · 대팻밥 · 넝마 · 사류 · 볏집류 · 목재가공품 · 종이부스러기를 저장 · 취급하는 것은 0.52~0.64[kg/m^3]

K_2(개구부 보정계수) : 할론 1301 : 2.4[kg/m^2]
단, 특수가연물 중 면화류 · 나무부스러기 · 대팻밥 · 넝마 · 사류 · 볏집류 · 목재가공품 · 종이부스러기를 저장 · 취급하는 것은 3.9[kg/m^2]

2) NFPA 기준

$$W = \frac{V}{S} \times \left(\frac{C}{100 - C} \right)$$

여기서, W : 소화약제량[kg]
V : 방호구역의 체적[m^3]

S : 소화약제의 선형상수[m^3/kg] : $S = K_1 + K_2 \times t$[℃]
(할론 1301의 경우 : $K_1 = 0.14781$, $K_2 = 0.000567$)
C : 설계농도[Vol%]
t : 방호구역의 온도[℃]

(2) 국소방출방식

1) **평면화재**(윗면이 개방된 용기에 저장하는 경우와, 화재시 연소면이 1면에 한정되는 경우)

$$\text{약제량}(W) = S \cdot K \cdot h$$

여기서, S : 방호대상물의 표면적[m^2]
K : 방출계수(할론 1301 : 6.8kg)
h : 할증계수(할론 1301 : 1.25, 기타의 할론 : 1.10)

2) **입면화재**

$$\text{약제량}(W) = V \cdot Q \cdot h$$

$$Q = X - Y\frac{a}{A}$$

여기서, V : 방호공간의 체적[m^3] : 방호대상물의 각 부분으로부터 0.6m 연장된 거리에 따라 둘러싸인 공간의 체적
Q : 방호공간 1m^3에 대한 소화약제의 양[kg/m^3]
a : 방호대상물 주위에 설치된 벽면적의 합계[m^2]
A : 방호공간의 벽면적 합계[m^2]
h : 할증계수(할론 1301 : 1.25)
X 및 Y : 할론 1301 ┌ X : 4.0
└ Y : 3.0

3) **호스릴 할론 소화설비**

하나의 노즐에 대하여 약제량을 45kg(할론1301) 이상으로 한다.

2. 분말소화설비의 약제량 계산

분말소화설비의 소화약제량 계산방법은 위의 할론소화약제량 계산방법과 동일하다. 단, 방출계수(K값) 및 $X \cdot Y$계수가 상이하며, h(할증계수)는 1.1을 적용한다.

3. 할로겐화합물 및 불활성기체 소화설비의 소화약제량 계산

(1) 할로겐화합물계 소화약제

$$W = \frac{V}{S} \times \left(\frac{C}{100 - C} \right)$$

여기서, W : 소화약제량[kg]
V : 방호구역의 체적[m^3]
S : 소화약제별 선형상수($K_1 + K_2 \times t$)[m^3/kg]
C : 소화약제의 설계농도[%]
t : 방호구역의 최소예상온도[℃]

(2) 불활성가스계 소화약제

$$W = 2.303 \times \left(\frac{V_s}{S} \right) \times \log_{10} \left(\frac{100}{100 - C} \right) \times V$$

여기서, W : 소화약제량[m^3]
S : 소화약제별 선형상수($K_1 + K_2 \times t$)[m^3/kg]
C : 소화약제의 설계농도[%]
V_s : 20℃에서 소화약제의 비체적[m^3/kg]
t : 방호구역의 최소예상온도[℃]
V : 방호구역의 체적[m^3]

[선형상수(K)의 값]

소화약제	분자량	K_1	K_2
Inergen	34.0	0.6588 $\left(\frac{22.4}{34} \right)$	0.00239 $\left(\frac{0.658}{273} \right)$

05 청정소화약제(할로겐화합물 및 불활성기체) 관련 용어

1. ODP(Ozone Depletion Potential)

(1) 정의

오존층 파괴지수 : 어떤 물질의 오존 파괴력을 비교하는 물질에 비하여 상대적으로 나타내는 지표이다.

(2) ODP의 산정방법

기준물질로서 CFC-11($CFCl_3$)의 ODP를 1로 정하고, 상대적으로 비교하는 물질의 대기권에서의 활성염소와 브롬의 오존파괴능력을 고려하여 그 물질의 ODP를 산정한다.

$$\text{ODP} = \frac{\text{비교하는 물질 1kg이 파괴하는 오존량}}{\text{CFC}-11\ \text{1kg이 파괴하는 오존량}}$$

2. GWP(Global Warming Potential)

(1) 정의

지구온난화지수 : 어떤 물질이 지구온난화에 기여하는 정도를 비교하는 물질에 비하여 상대적으로 나타내는 지표이다.

(2) GWP의 산정방법

일정 무게의 CO_2가 대기 중에 방출되어 지구온난화에 기여하는 정도를 1로 정하였을 때 같은 무게의 비교하는 물질이 온난화에 기여하는 정도를 고려하여 그 물질의 GWP를 산정한다.

$$\text{GWP} = \frac{\text{비교하는 물질 1kg이 기여하는 온난화 정도}}{CO_2\ \text{1kg이 기여하는 온난화 정도}}$$

3. NOAEL(No Observed Adverse Effect Level)

(1) 최대허용농도

(2) 즉, 대기 중에서 약제농도를 점차 증가시켜 갈 때 인체에 악영향이 감지되지 않는 최대농도

4. LOAEL(Lowest Observed Adverse Effect Level)

(1) 최소한계농도

(2) 즉, 대기 중에서 약제농도를 점차 감소시켜 갈 때 인체에 악영향이 감지되는 최소농도

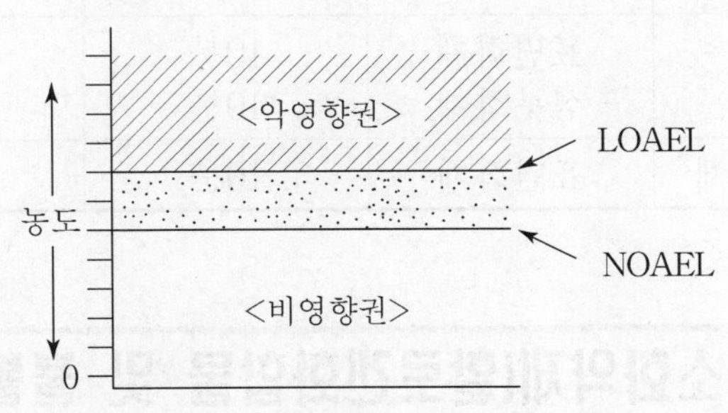

5. ALT(Atmospheric Life Time)

(1) 대기권 잔존시간

(2) 즉, 소화약제 등이 대기 중에 방출된 후 지구의 대기권에서 완전 분해되거나 소멸되기까지 걸리는 시간을 의미하며 통상 년수로 나타낸다.

6. Soaking Time

(1) 정의

1) 가스계 소화약제가 방호구역에 방사되어 설계농도에 도달하여 완전히 소화되고 재발화하지 않도록 하기 위해서는 그 설계농도 상태를 일정시간 유지하여야 한다.

2) 특히, 심부화재의 경우 소화약제가 가연물에 침투하고 공기의 접촉을 차단하여 재발화가 일어나지 아니하는 완전소화를 달성하는 데는 일정한 시간이 더 소요된다. 이때의 필요시간을 Soaking Time이라 한다.

(2) Soaking Time과 소화약제농도와의 상관성

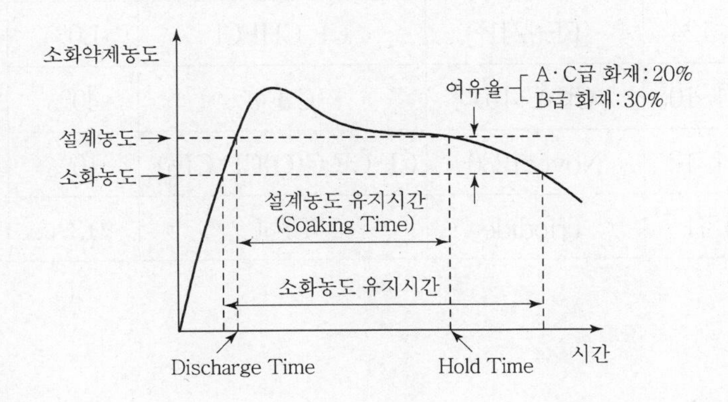

(3) 소화약제 Soaking Time의 적용 예

구분		NFPA	IRI	설계농도
CO_2	표면화재 심부화재	1분 20분	3분 20～30분	34%
할론	표면화재 심부화재	10분 10분	10분 30분	5%
청정소화약제	표면화재	10분	10분	－

06 청정소화약제(할로겐화합물 및 불활성기체)의 종류

1. 국내에서 고시된 청정소화약제(할로겐화합물 및 불활성기체)의 종류

법정명 (Designation)	상품명 (Trade Name)	화학식	최대허용 설계농도	소화원리
HCFC Blend A	NAF S-III Fine XG Clean A-One	$CHClF_2$(82%) $CHClFCF_3$(9.5%) $CHCl_2CF_3$(4.75%) $C_{10}H_{16}$(3.75%)	10%	주 : 부촉매 부 : 산소희석, 냉각
HFC-23	FE-13	CF_3H	30%	주 : 산소희석 부 : 부촉매, 냉각
HFC-125	FE-25(FS-125)	CF_3CHF_2	11.5%	주 : 부촉매 부 : 산소희석, 냉각
HFC-236fa	FE-36	$CF_3CH_2CF_3$	12.5%	
HFC-227ea	FM-200	CF_3CHFCF_3	10.5%	
HCFC-124	FE-241	CF_3CHFCl	1.0%	
FC-3-1-10	CEA-410	C_4F_{10}	40%	
FK-5-1-12	Novec1230	$CF_3CF_2C(O)CF(CF_3)_2$	10%	
FIC-13I1	Triodide	CF_3I	0.3%	

불활성가스	IG-01	Argon	Ar(100%)	43%	산소농도희석 (질식소화)
	IG-55	Argonite	N_2(50%) Ar(50%)	43%	
	IG-100	Nitrogen	N_2(100%)	43%	
	IG-541	Inergen	N_2(52%) Ar(40%) CO_2(8%)	43%	

2. 국내에서 시판되고 있는(KFI 인정된) 청정소화약제(할로겐화합물 및 불활성 기체)의 종류

법정명	HCFC Blend A	HFC-23	HFC-125
상품명	NAF S-Ⅲ Fine XG Clean A-One	FE-13	FE-25 (FS-125)
화학식	$CHClF_2$(82%) $CHClFCF_3$(9.5%) $CHCl_2CF_3$(4.75%) $C_{10}H_{16}$(3.75%)	CF_3H	CHF_2CF_3
방출시간	10초	10초	10초
최소방사압력	0.8 MPa	0.7 MPa	0.6 MPa
소화농도	A급화재 : 7.2% B급화재 : 10%	A급화재 : 10.33% B급화재 : 14.50%	A급화재 : 6.0% B급화재 : 8.7%
NOAEL(vol%)	10%	30%	7.5%
LOAEL(vol%)	10%	50%	
ODP	0.055	0	0
GWP(100년)	1,700	12,000	3,400
ALT	12년	260년	29년

법정명	HFC-227ea	IG-541	IG-100
상품명	FM-200	Inergen	Nitrogen (SN-100)
화학식	CF_3CHFCF_3	N_2(52%), Ar(40%) CO_2(8%)	N_2(100%)
방출시간	10초	60초	60초
최소방사압력	0.475MPa	Ansul : 2.28MPa TMX : 2.0MPa	2.04MPa
소화농도	A급화재 : 5.8% B급화재 : 7.3%	Ansul : 31.25% TMX : 33.40%	31.25% (A·B급화재)
NOAEL(vol%)	9.0%	43%	43%
LOAEL(vol%)	10.5%	52%	52%
ODP	0	0	0
GWP(100년)	3,500	0	0
ALT	33년	0	0

(1) HCFC Blend A

1) 특징

① 과거에는 국내에서 가장 많이 설치된 청정소화약제이었으며, 소화와 관련된 약제의 성상은 기존 Halon 1301과 유사하나 소화성능은 떨어진다.

② HCFC-22($CHClF_2$)를 주체로 하여 4가지 물질(C, Cl, F, H)이 혼합된 가스로서 설계농도는 A·C급 : 8.6%, B급 : 13%인데 NOAEL은 10%이므로, B급화재 대상의 경우 정상거주지역에는 적용이 부적합하다.

③ HCFC 계열의 물질로서 오존층 보호를 위한 몬트리올 의정서에서 경과물질로 규정되어 한국을 포함한 개발도상국에서는 2030년부터 생산을 전면 금지하도록 되어 있다.

2) 소화원리

① 연소의 연쇄반응억제효과(부촉매작용) : 주된 소화효과로서 HCFC Blend A의 열분해시 불소를 포함한 라디칼(CF_3)이 생성되는데 이것이 라디칼포착제로 작용하여 화염 중의 Chain Carrier를 포착함으로써 연쇄반응이 중단된다.

② 산소농도희석효과 : 방사된 소화가스 자체의 체적에 의해 산소와 치환

③ 냉각효과 : 약제의 열분해시 흡열반응에 의한 냉각

3) 장점

① 소화약제의 체적이 적으므로 저장용기실의 면적소요가 적다.

② 소화약제의 가격이 비교적 저렴하다.

4) 단점

① 소화농도에 문제가 있다.

㉮ NFC 2001(94년)

㉠ UL 1058 시험 : A급화재 소화농도 → 7.2% (설계농도 : 8.6%)

㉯ NFC 2001(96년)

㉠ N · MERI 시험 : B급화재 소화농도 → 9.9% (설계농도 : 12.9%)

㉡ NRL 시험 : B급화재 소화농도 → 11% (설계농도 : 14.3%)

∴ HCFC Blend A의 NOAEL이 10%이므로 B급화재 대상의 경우 정상 거주지역에는 HCFC Blend A의 사용이 불가하다는 결론임

② UL 및 FM에 인증받지 못함(단, UL Canada, NFC 2001, SNAP에는 등재됨)

③ 오존층 보호를 위한 몬트리올 의정서에서 경과물질로 규정됨

㉮ 2016년부터 생산량 동결

㉯ 2030년부터 생산금지 예정

(2) HFC-23 (FE-13)

1) 특징

① 할로겐화합물 계열의 청정소화약제 중 유일하게 화학적 소화(부촉매작용)보다는 물리적 소화효과(산소농도희석 및 냉각)가 높다.

② 포화증기압이 높은 관계로 할로겐화합물 계열의 청정소화약제 중 유일하게 질소가압을 하지 않고 자기증기압으로 방사된다.

③ UL, FM에서 인증 및 NFPA, SNAP Program에서 채택된 제품이다.

2) 소화원리

Br과 Cl를 함유하지 않으므로 화학적 소화효과보다는 물리적 소화효과가 높다.

① 산소농도희석에 의한 질식소화 : 포화증기압(4.73MPa)이 높기 때문임

② 냉각효과 : 약제의 열분해시 흡열반응에 의한 냉각

③ 연소의 연쇄반응억제효과(부촉매작용)

3) 장점

① 포화증기압이 높아 별도의 (질소)가압이 불필요하다.

② 원거리 방호에 유리하며 설비비가 저렴하다.

③ 최대방호높이가 높다 : 7.5m(기타 청정소화약제는 3.7m) : 별도로 KFI 인정 받음

④ Br과 Cl를 함유하지 않아 독성이 적다. 청정소화약제 중 가장 안전함 (NOAEL : 50%)

4) 단점

① Br이 함유되지 않아 소화성능이 기존 Halon보다 떨어진다.

② ODP는 0이지만, GWP(100년) : 12,000, ALT : 260년으로 지구환경의 유해성이 비교적 높다.

③ 고압용배관(SCH 80)을 사용해야 한다.

④ 저장용기실의 온도가 약제의 임계온도(25.9℃)보다 높은 경우에는 방사시 기체상태로 방사되므로 방사시간이 지연될 수 있다.

(3) HFC-125 (FE-25)

1) 특징

① 소화와 관련된 약제의 성상은 기존 Halon 1301과 유사하나 소화성능은 Halon 1301 보다 떨어진다.

② 설계농도는 A급 : 7.2%, B급 : 11.3%인데 NOAEL은 7.5%이므로, B급화재대상의 경우 정상거주지역에는 적용이 부적합하다.

2) 소화원리

① 연소의 연쇄반응억제효과(부촉매작용) : 주된 소화효과

② 산소농도희석효과 : 방사된 소화가스 자체의 체적에 의해 산소와 치환

③ 냉각효과 : 약제의 열분해시 흡열반응에 의한 냉각

3) 장점

① 소화약제의 체적이 적으므로 저장용기실의 면적소요가 적다.

② 지구환경에 대한 악영향이 비교적 적다.(ODP : 0, GWP : 3,400, ALT : 29년)

4) 단점

① NOAEL이 낮으므로(7.5%) 특히 B급화재 대상물의 경우 설계농도가 11.3%(소화농도 : 8.7%)이므로 사람이 상주하는 장소에는 사용이 불가하다.

② 물성은 Halon 1301과 유사하나 소화성능은 Halon 1301 보다 떨어진다.

(4) HFC-227ea (FM-200)

1) 특징

① 소화성능은 HFC계 소화약제 중 가장 우수하나 약제 및 설비 비용이 비싸다.

② 약제의 충전압력은 저압, 중압, 고압의 3종류이나, 국내에서는 중간압력(2,482 KPa)을 주로 적용하고 있는데, 낮은 압력의 단점을 보완하기 위하여 약제저장용기 외부에 별도의 질소가압용기를 부설한 PFS(Piston Flow System)을 추가로 KFI 인정을 받아 사용하고 있다.

③ UL, FM에서 인증 및 NFPA, SNAP Program에서 채택된 제품이다.

2) 소화원리

① 연소의 연쇄반응 억제효과 : 주된 소화효과

② 산소농도 희석효과 : 방사된 소화가스 자체의 체적에 의해 산소와 치환

③ 냉각효과 : 약제의 열분해시 흡열반응에 의한 냉각

3) 장점

① 소화능력이 우수함(현재의 HFC계 중 가장 우수함)

② 지구환경에 대한 악영향이 비교적 적다.(ODP : 0, GWP : 3,500, ALT : 33년)

③ 소화약제의 체적이 적으므로 저장용기실의 면적소요가 적다.

4) 단점

① 국내의 약제저장압력이 저압(2.53MPa)으로서 유효방호거리가 짧다. : 그 대책으로 PFS(Piston Flow System)를 채택하고 있다.

② 약제 및 설비 비용이 고가이다.

③ 화열에 의해 가열되면 HF 발생

(5) IG-541 (Inergen)

1) 특징

① 불활성가스 계열이므로 화학적소화가 아닌 물리적소화의 질식소화(산소농도희석) 약제이나, 주성분이 N2 및 Ar이므로 인체에 대한 질식은 되지 않는다.

② 약제의 부피가 크므로 약제저장공간이 가장 많이 소요되며, 약제의 충전압력 및 방사압력이 고압인 관계로 방호구역 내에 자동압력배출장치(Relief Venting)가 반드시 필요하다.

③ UL, FM에서 인증 및 NFPA, SNAP Program에서 채택된 제품이다.

2) 소화원리

① 산소농도 희석에 의한 질식소화

② 냉각효과 : 방출시 고압기체상태에서 저압으로 변화할 때 기체가 팽창하면서 주위온도를 약간 저하시킨다.

③ 구성분자별 소화특성

㉮ N_2 : 방출 후 산소농도를 12~14%로 내려 질식소화

㉯ Ar : 혼합기체의 비중을 공기와 같은 1로 유지시켜 방호구역에서 Inergen 가스의 누설을 최소화한다.

㉰ CO_2 : 방출 후 CO_2 농도를 4%로 증가시켜 저산소상태에서도 호흡수를 빠르게 함으로써 인체호흡을 가능하게 하는 역할을 한다.

3) 장점

① ODP, GWP, ALT 모두가 0으로서 지구환경 및 인체에 완전 무해하다.

② 기화냉각이 없으므로 결로의 피해가 없다.

③ 방호구역이 많거나 원거리 방호에 유리하다.

④ 약제 방출시 시계장애가 없다.

4) 단점

① 소화약제의 체적이 가장 크다. : 저장용기 설치공간이 크다.

② 고압설비로서 방호구역에 자동압력배출장치 및 천장(반자) 시설의 보강이 필요함

③ 방출시간이 길다.(60초)

④ 방출시 소음이 크다.

(6) IG-100 (Nitrogen)

1) 특징

① 질소 100%로 구성된 전형적인 불활성가스 소화약제이며 질소는 공기중에 78%가 포함되어 있는 천연가스이므로 지구환경 및 인체에 전혀 영향을 주지 않는다.

② 약제의 부피가 크므로 약제저장공간이 많이 소요된다.

③ 약제의 충전압력 및 방사압력이 고압인 관계로 방호구역 내에 자동압력배출장치(Relief Venting)가 반드시 필요하다.

2) 소화원리

① 산소농도 희석에 의한 질식소화

② 냉각효과 : 방출시 고압기체상태에서 저압으로 변화할 때 기체가 팽창하면서 주위온도를 약간 저하시킨다.

3) 장점

① ODP, GWP, ALT 모두가 0으로서 지구환경 및 인체에 완전 무해하다.
② 기화냉각이 없으므로 결로의 피해가 없다.
③ 약제 방출시 시계장애가 없다.
④ 최대방호높이가 높다 : 7.5m(기타 청정소화약제는 3.7m) : 별도로 KFI 인정받음

4) 단점

① 소화약제의 체적이 크다. : 저장용기 설치공간이 크다.
② 고압설비로서 방호구역에 자동압력배출장치 및 천장(반자) 시설의 보강이 필요하다.
③ 방출시간이 길다.(60초)
④ 방출시 소음이 크다.

07 가스계소화설비의 기타 중요 화재안전기준

1. 소화약제 저장용기의 설치기준

(1) 설치장소(모든 가스계소화설비 공통적용 : CO_2 · 할론 · 분말 · 할로겐화합물 및 불활성기체 소화설비)

1) 방호구역 외의 장소에 설치
다만, 방호구역 내에 설치할 경우에는 피난 및 조작이 용이하도록 피난구 부근에 설치할 것
2) 온도가 40℃ 이하이고, 온도변화가 적은 곳(단, 청정약제는 온도 55℃ 이하)
3) 직사광선 및 빗물의 침투우려가 없는 곳
4) 용기 설치장소에는 표지를 설치
5) 용기 간의 간격은 3cm 이상 유지
6) 저장용기를 방호구역 외에 설치하는 경우에는 방화문으로 구획된 실에 설치
7) 저장용기와 집합관을 연결하는 배관에 체크밸브 설치

(2) CO_2 소화약제저장용기

1) 충전비
   ① 고압식 : 1.5~1.9
   ② 저압식 : 1.1~1.4

2) 강도
   고압식은 25MPa 이상의 내압시험에 합격한 것
   저압식은 3.5MPa 이상의 내압시험에 합격한 것

3) 개방밸브
   ① 수동 및 자동(전기식 · 가스압력식 · 기계식)으로 개방되는 것으로 한다.
   ② 안전장치를 부착

4) 안전장치
   ① 저장용기와 선택밸브 또는 개폐밸브 사이에 설치
   ② 작동압력 : 내압시험 압력의 0.8배

5) 저압식 CO_2 저장용기 설치기준
   ① 안전밸브 : 내압시험압력의 0.64~0.8배의 압력에서 작동
   ② 봉판 : 내압시험의 0.8~1.0배의 압력에서 작동
   ③ 액면계 및 압력계 설치
   ④ 압력경보장치 : 1.9MPa 이하 및 2.3MPa 이상에서 작동
   ⑤ 자동냉동장치 : 용기 내부온도 −18°C 이하에서 2.1MPa의 압력을 유지할 수 있을 것

(3) 할론 소화약제저장용기(할론 1301 기준)

1) 축압식 저장용기의 질소가스 축압압력 : 20°C에서 2.5MPa 또는 4.2MPa
2) 충전비(1301) : 0.9~1.6(분말소화약제 : 0.8)
3) 개방밸브
   ① 수동 및 자동(전기식 · 가스압력식 · 기계식)으로 개방되는 것
   ② 안전장치 부착
4) 가압용 가스용기의 질소가스압력 : 2.5MPa 또는 4.2MPa
5) 별도 독립배관 기준 : 하나의 방호구역을 담당하는 소화약제 용적에 비해 그 방출경로의 배관 내용적이 1.5배 이상일 경우에는 당해 방호구역에 대한 설비는 별도 독립배관방식으로 하여야 한다.

(4) 분말소화설비 약제저장용기

1) 안전밸브
   ① 가압식 : 최고 사용압력의 1.8배 이하에서 작동
   ② 축압식 : 용기 내압시험압력의 0.8배 이하에서 작동
2) 정압작동장치 설치 : 저장용기의 내부압력이 설정압력에 도달하였을 때 주밸브를 개방하는 역할
3) 청소장치
4) 지시압력계 설치 : 사용압력의 범위를 표시함
5) 충전비 : 0.8 이상

2. 기동장치 (모든 가스계소화설비 공통적용)

(1) 수동식 기동장치

1) 설치장소
   ① 전역방출식 : 방호구역마다 설치
   국소방출식 : 방호대상물마다 설치
   ② 당해 방호구역이 출입구 부분 등 조작하는 자가 쉽게 피난할 수 있는 장소
   ③ 기동장치의 조작부 위치 : 바닥으로부터 0.8~1.5m 높이
2) 비상정지장치 설치
   ① 수동기동장치 부근에 설치하며
   ② 자동복귀형 스위치로서 기동장치의 타이머를 순간 정지시키는 기능의 스위치
3) 표지설치 : "OOOO소화설비 기동장치"로 표시한 표지를 설치
4) 전원표시등(전기방식의 기동장치에 한함) 설치
5) 약제방출표시등 : 출입구 등의 보기 쉬운 곳에 설치
6) 기동장치의 방출용 스위치는 음향경보장치와 연동하여 조치될 수 있도록 설치

(2) 자동식 기동장치

1) 자동화재탐지설비의 감지기 작동과 연동할 것
2) 수동으로도 기동하는 구조일 것(수동식 기동장치를 함께 설치)
3) 전기식 기동장치로서 7병 이상의 저장용기를 동시에 개방하는 설비는 2병 이상의 저장용기에 전자개방밸브를 부착할 것
4) 가스압력식 기동장치
   ① 기동용 가스용기 및 밸브 : 25MPa 이상의 압력에 견딜 것
   ② 기동용 가스용기의 안전장치 : 내압시험 압력의 0.8~1.0배의 압력에서 작동

③ 기동용 가스용기 (CO_2소화설비는 해당 없음)
- 용적 : 1ℓ 이상
- CO_2량 : 0.6kg 이상
- 충전비 : 1.5 이상

④ CO_2소화설비의 기동용 가스용기
- 용적 : 5ℓ 이상
- 질소 등의 비활성기체 : 6.0MPa (21℃ 기준)의 압력으로 충전
- 충전여부를 확인할 수 있는 압력 게이지 설치

5) 기계식 기동장치 : 약제저장용기를 쉽게 개방할 수 있는 구조로 할 것

6) 소화약제방출표시등 : 출입구 등의 보기 쉬운 곳에 설치

3. 분사헤드의 설치 제외장소

(1) CO_2 소화설비

1) 방재실 · 제어실 등 사람이 상시 근무하는 장소

2) 자기연소성 물질(니트로셀룰로오스 · 셀룰로이드 제품 등)을 저장 · 취급하는 장소

3) 활성금속물질(Na, K Ca 등)을 저장 · 취급하는 장소

4) 전시장 등의 관람을 위하여 다수인이 출입 · 통행하는 전시실 · 통로 등

(2) 할로겐화합물 및 불활성기체 소화설비

1) 사람이 상주하는 곳으로서 소화에 필요한 약제량이 최대허용설계농도를 초과하는 장소

2) 제3류 또는 제5류 위험물을 사용하는 장소

4. 분사헤드의 설치기준 (할로겐화합물 및 불활성기체 소화설비에 한함)

(1) 분사헤드에는 부식방지 조치를 하여야 한다.

(2) 오리피스의 크기, 제조일자, 제조업체를 표시할 것

(3) 분사헤드 개수는 방호구역에 규정 방사시간 내에 규정 소화약제농도가 충족되도록 설치

(4) 분사헤드의 방출률 및 방출압력은 제조업체에서 정한 값으로 할 것

(5) 분사헤드의 오리피스 면적은 분사헤드가 연결되는 배관 구경면적의 70%를 초과하지 아니할 것

(6) 분사헤드의 설치높이 ┌ 최소 0.2m 이상
└ 최대 3.7m 이하

5. 가스계소화설비의 부대설비

(1) 배출설비 : CO_2소화설비에만 해당
(2) 과압배출구 : CO_2소화설비 및 청정소화약제 설비에 해당
(3) 설계프로그램 적용 : 전체 가스계 소화설비에 공통으로 적용(단, 분말은 제외)

6. 자동폐쇄장치의 설치기준

(1) 환기장치를 설치한 것에 있어서는 소화약제가 방사되기 전에 당해 환기장치가 정지할 수 있도록 하여야 한다.
(2) 개구부가 있거나 천장으로부터 1m 이상의 아래부분 또는 바닥으로부터 당해층 높이의 3분의 2 이내의 부분에 통기구가 있어 소화약제의 유출에 따라 소화효과를 감소시킬 우려가 있는 것에 있어서는 소화약제가 방사되기 전에 당해 개구부 및 통기구를 폐쇄할 수 있도록 하여야 한다.
(3) 자동폐쇄장치는 방호구역 또는 방호대상물이 있는 구획의 밖에서 복구할 수 있는 구조로 하고, 그 위치를 표시하는 표지를 하여야 한다.

7. 비상전원의 설치기준

(1) 가스계소화설비용 비상전원의 종류

자가발전설비, 축전지설비, 전기저장장치

(2) 설치장소

① 점검에 편리하고 화재 및 침수 등의 재해로 인한 피해를 받을 우려가 없는 곳
② 다른 장소와의 사이에 방화구획하여야 한다.
③ 그 장소에는 비상전원의 공급에 필요한 기구나 설비 외의 것을 두어서는 아니된다.

(3) 용량 : 당해 설비를 유효하게 20분 이상 작동할 수 있어야 한다.
(4) 상용전원으로부터 전력의 공급이 중단된 때에는 자동으로 비상전원으로부터 전력을 공급받을 수 있어야 한다.
(5) 비상전원을 실내에 설치하는 경우에는 비상조명등을 설치하여야 한다.

8. 가스계소화설비의 배관 설치기준

(1) 배관은 전용으로 할 것

(2) 강관의 경우 압력배관용 탄소강관(KS D 3562) 중 스케줄(CO_2 고압식 : 80, CO_2 저압식 : 40, 할론 : 40) 이상의 것 또는 이와 동등 이상의 강도를 가진 것으로서 아연도금 등으로 방식처리된 것

(3) 동관의 경우, 이음이 없는 동 및 동합금관(KS D 5301)으로서, 고압식은 16.5MPa 이상, 저압식은 3.75MPa 이상의 압력에 견딜 수 있는 것을 사용 : (분말은 제외)

(4) 배관의 구경 : (할론 및 분말은 제외)

다음의 기준시간 내에 약제량이 방사될 수 있는 배관구경으로 할 것

1) 이산화탄소소화설비

① 전역방출식 : 표면화재 - 1분

심부화재 - 7분(단, 2분 내에 30%의 설계농도에 도달)

② 국소방출식 : 30초

2) 청정소화약제소화설비 : 10초(단, 불활성가스소화설비는 60초) 이내에 최소 설계농도의 95% 이상의 해당량이 방출될 것

(5) 배관부속 : (이산화탄소소화설비에 한함)

다음의 압력에 견딜 수 있는 배관부속을 사용하여야 한다.

1) 고압식
- 선택밸브 2차측 : 2.0MPa
- 선택밸브 1차측 : 4.0MPa

2) 저압식 : 2.0MPa의 압력에 견딜 수 있는 것을 사용할 것

(6) 배관의 두께 : (할로겐화합물 및 불활성기체 소화설비에 한함)

$$\text{배관의 두께 [mm]} = \frac{PD}{2SE} + A$$

여기서, P : 최대허용압력 [KPa]

D : 배관의 바깥지름 [mm]

SE : 최대허용응력 [KPa](배관재질 인장강도의 1/4 값과 항복점의 2/3 값 중 적은 값 × 배관이음효율 × 1.2)

A : 나사이음 · 홈이음 등의 허용값 [mm]
- 나사이음 : 나사의 높이
- 절단홈 이음 : 홈의 깊이
- 용접이음 : 0

[배관이음효율]
- 이음매 없는 배관 : 1.0
- 전기저항용접 배관 : 0.85
- 가열 및 맞대기용접 배관 : 0.60

(7) 수동잠금밸브 설치〈신설 2015.1.23〉 : (CO_2 소화설비에 한함)
소화약제 저장용기와 선택밸브사이의 집합배관에는 수동잠금밸브를 설치하되 선택밸브 직전에 설치할 것. 다만, 선택밸브가 없는 설비의 경우에는 소화약제 저장용기실 내에 설치하되 조작 및 점검이 쉬운 위치에 설치하여야 한다.

9. 호스릴 가스계소화설비 (할로겐화합물 및 불활성기체 소화설비는 제외)

(1) 설치대상(장소)

1) 지상 1층 또는 피난층으로서 수동 또는 원격 조작에 의하여 개방할 수 있는 개구부의 유효면적 합계가 바닥면적의 15% 이상 되는 부분
2) 전기설비가 설치된 부분 또는 다량의 화기를 사용하는 부분의 바닥면적이 당해 설비구획 바닥면적의 1/5 미만이 되는 부분

※ 다만, 위 1) 및 2)의 장소 중 차고 또는 주차의 용도로 사용되는 장소는 제외

(2) 설치기준

1) 방호대상물의 각 부분으로부터 하나의 호스접결구까지의 수평거리
   ① CO_2, 분말 : 15m 이하
   ② 할론 : 20m 이하
2) 노즐의 방사용량 : 20°C에서 하나의 노즐당 약제 방사량
   ① CO_2 : 60kg/min
   ② 할론1301 : 35kg/min
   ③ 분말(3종) : 27kg/min
3) 약제 저장용기는 호스릴을 설치하는 장소마다 설치
4) 약제 저장용기의 개방밸브는 호스릴 설치장소에서 수동으로 개폐할 수 있을 것
5) 표지설치 : 저장용기의 가장 가깝고 보기 쉬운 곳에 설치

중요예상문제

01

바닥면적 $100m^2$, 높이 2.5m인 통신기기실에 이산화탄소소화설비를 전역방출방식으로 설치하려고 한다. 다음과 같은 조건에서 각 물음에 답하시오.(답은 소수점 셋째 자리에서 반올림하여 둘째 자리까지 나타내시오.)

〈조건〉

(가) 약제의 방출계수(Flooding Factor)는 $K_1 = 1.3kg/m^3$이다.
(나) 개구부는 약제방출 전 자동으로 폐쇄된다.
(다) 약제의 내용적 68 ℓ 저장용기에 충전비 1.6으로 저장한다.
(라) 비체적 계산은 1기압, 20℃를 기준으로 한다.
(마) 약제는 자유유출(Free Efflux) 상태로 외부로 유출되는 것으로 가정한다.

1. 소화약제의 최소 저장용기수를 구하시오.
2. 소화약제 방출 후 통신기기실의 이산화탄소 가스농도를 구하시오.

해답 1. 소화약제의 최소 저장용기 수

$$N = \frac{V \times K_1}{B}$$

여기서, N : 용기 수[병]

V : 방호구역의 체적[m^3] $= 100m^2 \times 2.5m = 250m^3$

K_1 : 체적당 방사량[kg/m^3] $= 1.3kg/m^3$

B : 1병당 약제량[kg] $= \dfrac{68l}{1.6l/kg} = 42.5kg$

C : 충전비[l/kg] $= 1.6l/kg$

$$N = \frac{V \times K_1}{B} = \frac{250m^3 \times 1.3kg/m^3}{42.5kg} = 7.647 \fallingdotseq 8$$

[답] 소화약제의 최소 저장용기 수 = 8병

2. 통신기기실의 이산화탄소 가스농도

$$W = 2.303 \times \frac{1}{S} \times \log\left(\frac{100}{100-C}\right) \times V$$

여기서, W : 방호구역 전체 약제량[kg] = 8병 × 42.5[kg/병] = 340[kg]

S : 소화약제의 비체적[m^3/kg]

$$= \frac{22.4m^3}{44kg} + \frac{22.4m^3}{44kg} \times \frac{20K}{273K} = 0.546[m^3/kg]$$

C : 소화약제의 농도[%]

V : 방호구역의 체적[m^3] = 250[m^3]

$$340kg = 2.303 \times \frac{1}{0.546m^3/kg} \times \log\left(\frac{100}{100-C}\right) \times 250m^3$$

$$\log\left(\frac{100}{100-C}\right) = \frac{340kg \times 0.546m^3/kg}{2.303 \times 250m^3} = 0.322$$

$$\left(\frac{100}{100-C}\right) = 10^{0.322}$$

$$C = 100 - \frac{100}{10^{0.322}} = 52.3569$$

$\therefore$ 52.36[%]

[답] 이산화탄소의 가스농도 = 52.36[%]

02

가스계소화설비 중 분말소화설비의 장점 5가지를 기술하시오.

해 답

(1) 다른 소화설비보다 소화능력이 우수하고 진화시간이 짧다.
(2) 소화약제는 전기절연성이 있으므로 전기화재에도 적합하다.
(3) 소방대상물에 물 피해가 없고, 인체에 해가 없다.
(4) 소화약제가 반영구적이며, 유지관리가 용이하다.
(5) 표면화재뿐만 아니라 심부화재, 인화성액체 화재에도 적합하다.

03

다음은 저압식 이산화탄소 소화설비의 계통도이다. 상시 폐쇄되어 있는 밸브와 개방되어 있는 밸브의 번호를 열거하시오.

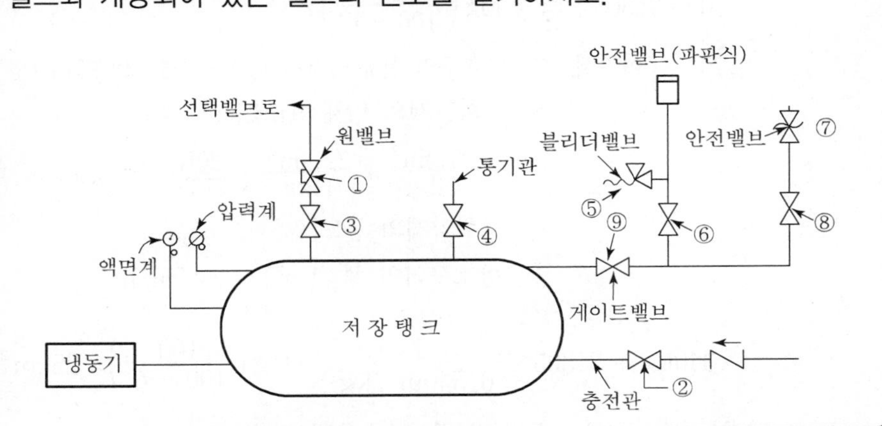

해답 (1) 상시 열려있는 밸브 : ③, ⑥, ⑧, ⑨

(2) 상시 닫혀있는 밸브 : ①, ②, ④, ⑤, ⑦

04

그림은 이산화탄소 소화설비의 소화약제 저장용기 주위의 배관계통도이다. 방호구역은 A, B 두 부분으로 나누어지고, 각 구역의 소요 약제량은 A구역은 2병, B구역은 5병이라 할 때 그림을 보고 다음 물음에 답하시오.

1. 소요약제량을 각 방호구역에 방출할 수 있도록 기동용가스관에 설치하는 체크밸브의 위치를 표시하시오.
2. ①, ②, ③, ④ 기구의 명칭은 무엇인가?

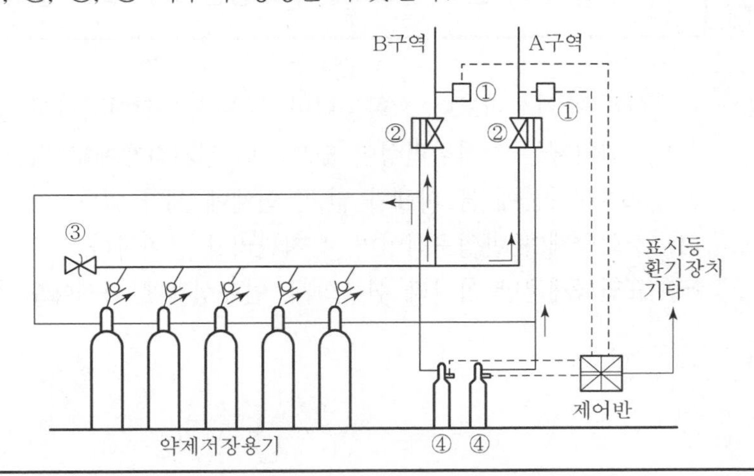

해 답 1. 체크밸브의 위치

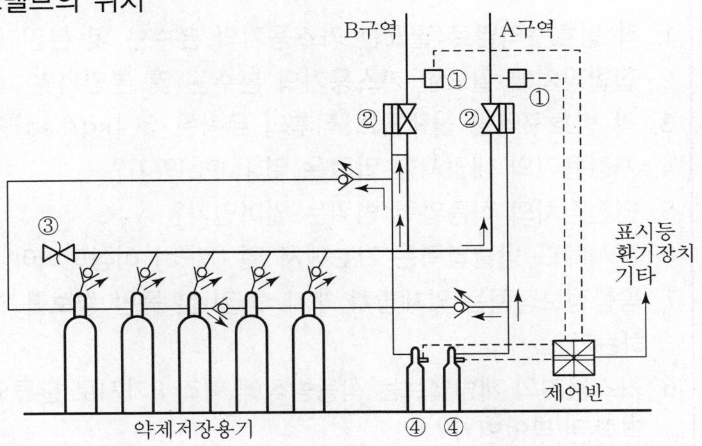

2. 기구의 명칭

① 압력 스위치 ② 선택밸브 ③ 안전밸브 ④ 기동용 가스용기

05

어떤 사무소 건물의 지하층에 있는 발전기실 및 축전지실에 전역방출방식 이산화탄소 소화설비를 설치하려고 한다. 화재안전기준과 주어진 조건에 의하여 다음 각 물음에 답하시오.

〈조건〉

① 소화설비는 고압식으로 한다.
② 발전기실의 크기 : 가로 6m × 세로 10m × 높이 5m
③ 발전기실의 개구부 크기 : 1.8m × 3m × 2개소(자동개폐장치 있음)
④ 축전지실의 크기 : 가로 5m × 세로 6m × 높이 4m
⑤ 축전지실의 개구부 크기 : 0.9m × 2m × 1개소(자동폐쇄장치 없음)
⑥ 가스용기 1본당 충전량 : 50kg
⑦ 가스저장용기는 공용으로 한다.
⑧ 가스량은 다음 표를 이용하여 산출한다.

방호구역의 체적[m^3]	소화약제의 양 [kg/m^3]	소화약제 저장량의 최저한도 [kg]
50 이상~150 미만	0.9	45
150 이상~1,500 미만	0.8	135

※ 개구부 가산량은 5[kg/m^2]으로 계산한다.

05

1. 각 방호구역별로 필요한 가스용기의 본수는 몇 본인가?
2. 집합장치에 필요한 가스용기의 본수는 몇 본인가?
3. 각 방호구역별 선택밸브 직후의 유량은 몇 [kg/sec]인가?
4. 저장용기의 내압시험 압력은 몇 [MPa]인가?
5. 안전장치의 작동압력 범위는 얼마인가?
6. 분사헤드 방출압력은 21℃에서 몇 [MPa] 이상이어야 하는가?
7. 음향정보장치는 약제방사 개시 후 몇 분 동안 경보를 계속할 수 있어야 하는가?
8. 가스용기의 개방밸브는 작동방식에 따라 3가지로 분류되는데 그 각각의 명칭은 무엇인가?

해 답

1. 각 방호구역별 가스용기 본수
   ① 발전기실
   ㉮ CO_2 저장량$=(6 \times 10 \times 5) \times 0.8 = 240$kg
   ㉯ 가스용기 본수$= \dfrac{240}{50} = 4.8 ≒ 5$본
   ② 축전지실
   ㉮ CO_2 저장량$=(5 \times 6 \times 4) \times 0.9 + (0.9 \times 2 \times 1) \times 5 = 117$kg
   ㉯ 가스용기 본수$= \dfrac{117}{50} = 2.34 ≒ 3$본
2. 집합장치에 필요한 가스용기 본수 : 5본
3. 선택밸브 직후의 유량
   ① 발전기실 : $\dfrac{50 \times 5}{60} = 4.166 ≒ 4.17$kg/s
   ② 축전지실 : $\dfrac{50 \times 3}{60} = 2.5$kg/s
4. 저장용기의 내압시험압력 : 25MPa 이상
5. 안전장치의 작동압력 : 25×0.8배$= 20$MPa
6. 분사헤드의 방출압력 : 2.1MPa 이상
7. 음향장치 경보시간 : 1분 이상
8. ① 전기식
   ② 가스압력식
   ③ 기계식

06

다음 조건에서 할로겐화합물(HFC－125)소화설비의 작동시 설계방사시간 동안 방사된 약제량을 구하시오.

〈조건〉

가. 실의 구조는 가로 4m, 세로 5m, 높이 4m이다.

나. 10초 동안 약제가 방사될 때 설계농도의 95%에 해당하는 약제가 방출된다.

다. $K_1 = 0.2413$ $K_2 = 0.00088$, 실온은 20℃이다.

라. A급 및 C급화재 발생가능장소로서, 소화농도는 8.5%이다.

해 답 약제량 계산식 : $W = \frac{V}{S} \times \left(\frac{C}{100 - C}\right)$

여기서, W : 방사 약제량[kg]

V : 방호구역의 체적[m^3]

S : 소화약제의 선형상수

C : 소화약제의 설계농도[%]

(1) 방호구역의 체적(V)＝4×5×4＝80m^3

(2) 소화약제의 선형상수(S)＝ $K_1 + K_2 \times t = 0.2413 + 0.00088 \times 20 = 0.2589$

(3) 설계농도(C)＝소화농도×1.2(안전율 : A · C급 화재)＝8.5%×1.2＝10.2%

(4) 설계농도의 95%에 해당하는 농도＝10.2%×0.95＝9.69%

∴ 방사 약제량[kg] ＝ $\frac{80}{0.2589} \times \frac{9.69}{100 - 9.69} = 33.15$[kg]

07

이산화탄소소화설비 공사에서 배관의 설치기준에 대하여 기술하시오.

해 답 1. 배관은 전용으로 할 것

2. 강관의 경우 압력배관용 탄소강관(KS D 3562) 중 스케줄 80(저압식은 스케줄 40) 이상의 것 또는 이와 동등 이상의 강도를 가진 것으로서 아연도금 등으로 방식처리된 것을 사용할 것

3. 동관의 경우, 이음이 없는 동 및 동합금관(KS D 5301)으로서, 고압식은 16.5MPa 이상, 저압식은 3.75MPa 이상의 압력에 견딜 수 있는 것을 사용

4. 배관의 구경 : 다음 기준의 시간 내에 약제량이 방사될 수 있는 것
   (1) 전역방출식 : 표면화재 – 1분
   심부화재 – 7분(단, 2분 내에 30%의 설계농도에 도달)
   (2) 국소방출식 : 30초
5. 배관부속
   다음의 압력에 견딜 수 있는 배관부속을 사용하여야 한다.
   (1) 고압식 ┌ 선택밸브 2차측 : 2.0MPa
   └ 선택밸브 1차측 : 4.0MPa
   (2) 저압식 : 2.0MPa의 압력에 견딜 수 있는 것을 사용할 것

08

불활성기체(이너젠)소화설비 설계시 다음과 같은 조건일 경우 배관의 두께를 산출하시오.(단, 반올림하여 소수점 둘째 자리까지 나타내시오.)

〈조건〉
가. 최대허용압력 : 13,000kPa
나. 배관의 바깥지름 : 76mm
다. 인장강도 : 350,000kPa
라. 항복점 : 210,000kPa
마. 이음방식 : 전기저항용접이음

해 답 1. 배관의 두께산출기준 공식

$$\text{배관의 두께[mm]} = \frac{PD}{2E} + A$$

여기서, P : 최대허용압력[kPa]
D : 배관의 바깥지름[mm]
E : 최대허용응력[kPa](배관재질 인장강도의 1/4 값과 항복점의 2/3 값 중 적은값 × 배관이음효율 × 1.2)
A : 나사이음 · 홈이음 등의 허용값[mm]
- 나사이음 : 나사의 높이
- 절단홈 이음 : 홈의 깊이
- 용접이음 : 0

[배관이음효율]

- 이음매 없는 배관 : 1.0
- 전기저항용접 배관 : 0.85
- 가열 및 맞대기용접 배관 : 0.60

2. 계산

(1) 최대허용응력(E)의 계산

최대허용응력 = 배관 인장강도의 1/4 값과 항복점의 2/3 값 중 적은 값 × 배관이음효율 × 1.2이므로, 350,000 × 1/4 = 87,500kPa와 210,000×2/3 = 140,000kPa 중 작은 값인 87,500kPa으로 선정한다.

∴ 최대허용응력(E) = 87,500 × 0.85 × 1.2 = 89,250kPa

(2) 배관의 두께 계산

$$t = \frac{13,000 \times 76}{2 \times 89,250} + 0 = 5.54\text{mm}$$

∴ 배관의 두께 = 5.54[mm]

09 소화약제의 특성을 나타내는 용어 중 ODP와 GWP의 정의와 산정방법에 대하여 기술하시오.

해 답 1. ODP

(1) ODP의 정의

Ozone Depletion Potential의 약어이며, '오존층 파괴지수'를 의미한다. 즉, 어떤 물질의 오존 파괴력을 비교하는 물질에 비하여 상대적으로 나타내는 지표이다.

(2) ODP의 산정방법

기준물질로서 CFC-11의 ODP를 1로 정하고 상대적으로 비교하는 물질의 대기권에서의 활성염소와 브름의 오존파괴능력을 고려하여 그 물질의 ODP를 산정한다.

$$\text{ODP} = \frac{\text{비교하는 물질 1kg이 파괴하는 오존량}}{\text{CFC}-11\ \text{1kg이 파괴하는 오존량}}$$

2. GWP

(1) GWP의 정의

Global Waming Potential의 약어이며, '지구온난화지수'를 의미한다.

(2) GWP의 산정방법

일정무게의 CO_2가 대기 중에 방출되어 지구온난화에 기여하는 정도를 1로 정하였을 때 같은 무게의 비교하는 물질이 온난화에 기여하는 정도를 고려하여 그 물질의 GWP를 산정한다.

$$GWP = \frac{\text{비교하는 물질 1kg이 기여하는 온난화 정도}}{CO_2 \text{ 1kg이 기여하는 온난화 정도}}$$

10 가스계소화설비에서 Soaking Time에 대하여 개념을 설명하고 CO_2, 할론 1301, 할로겐화합물 소화약제에 대한 Soaking Time 적용 예를 쓰시오.

해답 1. Soaking Time의 개념

가스계 소화약제가 방호구역에 방사되어 설계농도에 도달하여 완전히 소화되고 재발화하지 않도록 하기 위해서는 그 설계농도를 일정시간 유지하여야 한다. 특히, 심부화재의 경우 소화약제가 가연물에 침투하고 공기의 접촉을 차단하여 재발화가 일어나지 않는 완전소화를 달성하는 데는 일정한 시간이 더 소요된다. 이때의 필요시간을 Soaking Time이라 한다.

2. Soaking Time의 적용 예

구분		NFPA	IRI
CO_2	표면화재 심부화재	1분 20분	3분 20~30분
할론 1301	표면화재 심부화재	10분 10분	10분 30분
할로겐화합물	표면화재	10분	10분

11

가스계 소화약제의 독성을 나타내는 NOAEL과 LOAEL의 개념을 설명하고, 현재 국내에서 직접 시판되고 있는 할로겐화합물 및 불활성기체 소화약제의 각 종류별 NOAEL과 LOAEL의 값을 쓰시오.

해 답 1. 개요

가스계 소화약제에서 인체에 부작용이 측정되는 독성을 나타내는 척도로서 NOAEL과 LOAEL이 사용되고 있는데, 이것은 전역방출방식 소화설비의 소화약제 사용가능기준으로 사용되고 있다.

2. NOAEL(No Observed Adverse Effect Level) : 최대허용설계농도

(1) 인체에 악영향을 주지 않는 최대허용농도
(2) 즉, 대기 중에서 약제농도를 점차 증가시켜 갈 때 인체에 악영향이 감지되지 않는 최대농도로서 결국 최대허용설계농도가 된다.

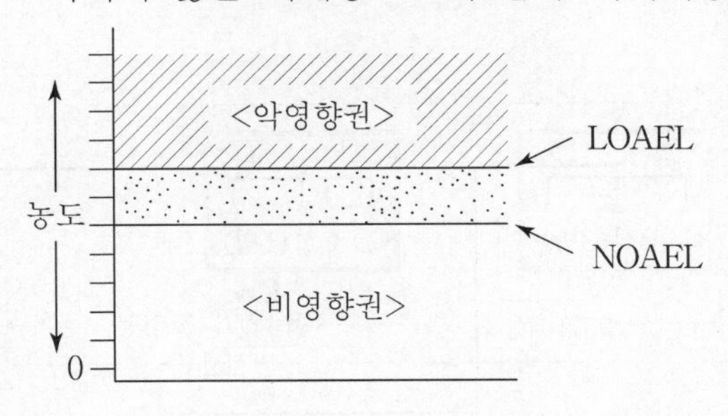

3. LOAEL(Lowest Observed Adverse Effect Level) : 최소한계농도

(1) 인체에 악영향을 주는 최소한계농도
(2) 즉, 대기 중에서 약제농도를 점차 감소시켜 갈 때 인체에 악영향이 감지되는 최소농도

4. 국내에서 시판되고 있는 할로겐화합물 및 불활성기체 소화약제의 각 종류별 NOAEL과 LOAEL의 값

법정명	상품명	NOAEL(vol%)	LOAEL(vol%)
HCFC Blend A	NAF S-III	10%	10%
HFC-23	FE-13	50%	50%
HFC-125	FE-25	7.5%	11.5%
HFC-227ea	FM-200	9.0%	10.5%

법정명	상품명	NOAEL(vol%)	LOAEL(vol%)
IG-541	Inergen	43%	52%
IG-100	Nitrogen	43%	52%

12

A구역(용기 5병, 체적 242m³), B구역(용기 3병), C구역(용기 1병)에 전역방출방식의 고압식 CO_2소화설비를 설치하고자 한다. 이 경우 저장용기는 68 ℓ/45kg, 압력스위치는 선택변 상단 배관상에 설치, CO_2제어반은 저장용기실에 설치, 저장용기 개방은 가스압력식이다. 다음 각 물음에 답하시오.

1. 상기의 조건에 맞는 CO_2소화설비의 계통도를 작도하시오.
2. A구역에 약제방출 후 CO_2가스 소화농도(%)를 계산하시오.

해 답 1. 계통도

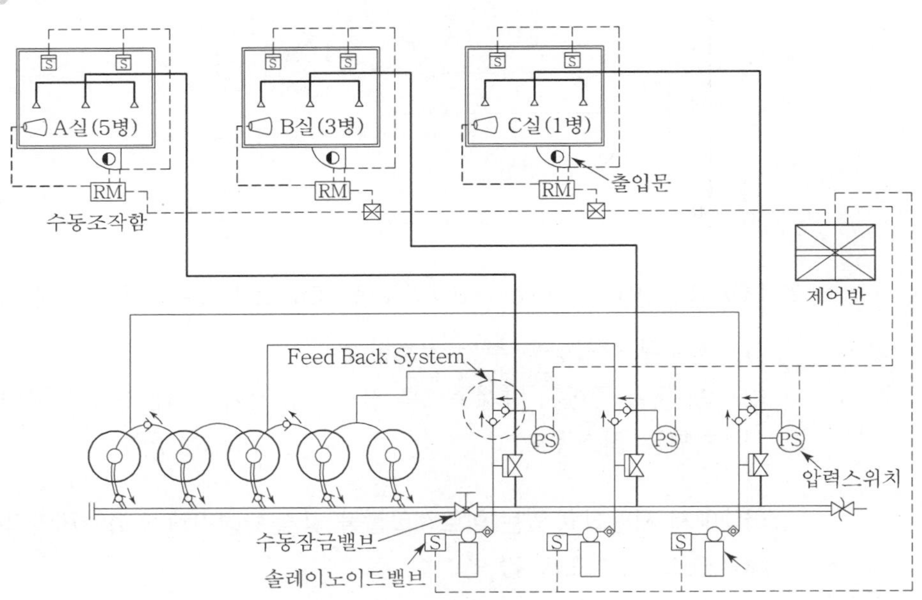

2. A구역 소화가스농도[%] 계산

① 약제량 : 45[kg]×5병 = 225[kg]

② 방호구역의 체적 : 242[m³]

$$\therefore CO_2 \text{ 농도} = \frac{CO_2\text{약제량} \times \text{비체적}[m^3/kg]}{\text{방호구역체적}[m^3] + CO_2\text{가스체적}[m^3]} \times 100[\%]$$

$$= \frac{225[kg] \times (22.4[m^3]/44[kg])}{242[m^3] + 114.54[m^3]} \times 100[\%]$$

$$= 32.13[\%]$$

13 분말소화설비의 배관 시공시의 설치기준을 기술하시오.

해 답

(1) 배관은 토너먼트 방식으로 설치하여야 한다.

(2) 강관을 사용하는 경우의 배관은 아연도금에 의한 배관용 탄소강관(KSD 3507)이나 이와 동등 이상의 강도·내식성 및 내열성을 가진 것으로 할 것. 다만, 축압식 분말소화설비에 사용하는 것 중 20[℃]에서 압력이 2.5MPa 이상 4.2MPa 이하인 것에 있어서는 압력배관용 탄소강관(KS D 3562) 중 이음이 없는 스케줄 40 이상의 것 또는 이와 동등 이상의 강도를 가진 것으로서 아연도금으로 방식처리된 것을 사용하여야 한다.

(3) 동관을 사용하는 경우의 배관은 고정압력 또는 최고 사용압력의 1.5배 이상의 압력에 견딜 수 있는 것을 사용하여야 한다.

(4) 밸브류는 개폐위치 또는 개폐방향을 표시한 것으로 하여야 한다.

(5) 배관의 관부속 및 밸브류는 배관과 동등 이상의 강도 및 내식성이 있는 것으로 하여야 한다.

14 현재 국내에서 시판되고 있는 할로겐화합물 및 불활성기체 소화약제의 법정명, 상품명, 화학식, 최대허용설계농도, 주된 소화원리를 쓰시오.

해 답

법정명 (Designation)	상품명 (Trade Name)	화학식	최대허용 설계농도	소화원리
HCFC Blend A	NAF S-Ⅲ Fine XG Clean A-One	$CHClF_2$(82%) $CHClFCF_3$(9.5%) $CHCl_2CF_3$(4.75%) $C_{10}H_{16}$(3.75%)	10%	주 : 부촉매 부 : 산소희석, 냉각

<table>
<tr><th>법정명
(Designation)</th><th>상품명
(Trade Name)</th><th>화학식</th><th>최대허용
설계농도</th><th>소화원리</th></tr>
<tr><td>HFC-23</td><td>FE-13</td><td>CF_3H</td><td>50%</td><td>주 : 산소희석
부 : 부촉매,냉각</td></tr>
<tr><td>HFC-125</td><td>FE-25(FS-125)</td><td>CF_3CHF_2</td><td>11.5%</td><td rowspan="2">주 : 부촉매
부 : 산소희석,
냉각</td></tr>
<tr><td>HFC-227ea</td><td>FM-200</td><td>CF_3CHFCF_3</td><td>10.5%</td></tr>
<tr><td>IG-100</td><td>Nitrogen</td><td>N_2(100%)</td><td>43%</td><td rowspan="2">산소농도희석
(질식소화)</td></tr>
<tr><td>IG-541</td><td>Inergen</td><td>N_2(52%)
Ar(40%)
CO_2(8%)</td><td>43%</td></tr>
</table>

15

아래 조건의 컴퓨터실에 할로겐화합물(HFC-125) 소화설비를 전역방출방식으로 설치하려고 한다. 다음 물음에 답하시오.(답은 소수점 셋째 자리에서 반올림하여 둘째 자리까지 구하시오.)(30점)

〈조건〉

가. 실의 규모 : 바닥면적 1,000m², 실의 높이 3m

나. 개구부 : 모두 약제 방사시 자동폐쇄되는 구조

다. 주요구조부 : 내화구조

라. 소화약제의 설계농도 : 11.5%

마. 소화약제의 선형상수 : 0.1895

1. HFC-125의 최소약제량[kg]을 산출하시오.(10점)
2. HFC-125의 저장용기 개수를 쓰시오.(저장용기는 50kg의 약제를 저장)(5점)
3. 약제 방출률이 2kg/sec · cm²이고, 방사 헤드 수가 40개, 노즐 1개의 방사압이 2.0MPa일 경우 노즐의 최소 오리피스 분구면적[mm²]을 구하시오.(5점)
4. 방호구역에 차동식 스포트형 1종 감지기를 설치할 경우 감지기 수를 산출하시오.(5점)
5. 감지회로의 최소 회로수는 몇 개인가?(5점)

해 답 1. HFC-125의 최소약제량[kg]

$$W = \frac{V}{S} \times \left(\frac{C}{100-C} \right)$$

여기서, W: 최소약제량[kg]

V : 방호구역의 체적[m^3]=1,000 × 3 =3,000[m^3]

S : 소화약제의 선형상수=0.1895

C : 소화약제의 설계농도[%]=11.5[%]

$$W = \frac{3000}{0.1895} \times \left(\frac{11.5}{100-11.5} \right) = 2{,}057.15[kg]$$

∴ 최소 소화약제량 = 2,057.15[kg]

2. HFC-125의 약제저장용기 개수

$$\frac{2{,}057.15}{50} = 41.14$$

∴ 약제저장용기 개수 = 42병

3. 노즐의 최소 오리피스 분구면적

$$\text{분구면적} = \frac{\dfrac{50 \times 42}{10 \times 40}}{\dfrac{2kg}{sec \cdot cm^2}} = 2.62\,cm^2 = 262\,mm^2$$

∴ 분구면적 = 262[mm^2]

4. 감지기 수량

$$\frac{1{,}000}{90} = 11.11$$

∴ 12개 × 2개 회로=24개

5. 감지기회로수

교차회로방식이므로 2개 회로

16

할로겐화합물 및 불활성기체 소화설비(가스압력식 자동기동방식)에서 화재감지기의 작동부터 분사헤드에서의 약제방출에 이르기까지 각종 전기적, 기계적 구성기기의 작동순서를 순차적으로 기술하시오.

해 답

감지기 A회로 작동 → 화재표시등 점등, 전자사이렌 작동

⇓

감지기 B회로 작동 → 자동폐쇄장치(전기식) 작동, 지연장치(타이머) 작동

⇓

기동용 가스용기의 솔레노이드밸브 작동

⇓

기동용 가스용기 개방

⇓

선택밸브 및 소화약제저장용기의 용기밸브 개방

⇓

가스방출(소화약제 배관내 이송) → 압력스위치 작동 → 방출표시등 점등

⇓

분사헤드에서 소화약제 방출

17

국가화재안전기준에서 규정하고 있는 할로겐화합물 및 불활성기체 소화설비의 저장용기 설치장소기준과 저장용기기준을 기술하시오.

해 답

1. 할로겐화합물 및 불활성기체 소화설비의 저장용기 설치장소기준

(1) 방호구역 외의 장소에 설치할 것. 다만, 방호구역 내에 설치할 경우에는 피난 및 조작이 용이하도록 피난구 부근에 설치하여야 한다.
(2) 온도가 55℃ 이하이고 온도의 변화가 작은 곳에 설치할 것
(3) 직사광선 및 빗물이 침투할 우려가 없는 곳에 설치할 것
(4) 방화문으로 구획된 실에 설치할 것
(5) 용기의 설치장소에는 당해 용기가 설치된 곳임을 표시하는 표지를 할 것
(6) 용기간의 간격은 점검에 지장이 없도록 3cm 이상의 간격을 유지할 것
(7) 저장용기와 집합관을 연결하는 연결배관에는 체크밸브를 설치할 것. 다만, 저장용기가 하나의 방호구역만을 담당하는 경우에는 그러하지 아니하다.

2. 저장용기 기준

(1) 저장용기의 충전밀도 및 충전압력은 「청정소화약제소화설비의 화재안전기준」 별표 1에 따를 것
(2) 저장용기는 약제명 · 저장용기의 자체중량과 총중량 · 충전일시 · 충전압력 및 약제의 체적을 표시할 것
(3) 집합관에 접속되는 저장용기는 동일한 내용적을 가진 것으로 충전량 및 충전압력이 같도록 할 것
(4) 저장용기에 충전량 및 충전압력을 확인할 수 있는 장치를 하는 경우에는 해당 소화약제에 적합한 구조로 할 것
(5) 저장용기의 약제량 손실이 5%를 초과하거나 압력손실이 10%를 초과할 경우에는 재충전하거나 저장용기를 교체할 것. 다만, 불활성가스 청정소화약제 저장용기의 경우에는 압력손실이 5%를 초과할 경우 재충전하거나 저장용기를 교체하여야 한다.

18 가스계소화설비에서 수동기동장치의 설치기준을 기술하시오.

해 답

(1) 수동식 기동장치의 부근에는 소화약제의 방출을 지연시킬 수 있는 비상스위치(자동복귀형 스위치로서 수동식 기동장치의 타이머를 순간정지시키는 기능의 스위치를 말한다)를 설치하여야 한다.
(2) 전역방출방식에 있어서는 방호구역마다, 국소방출방식에 있어서는 방호대상물마다 설치할 것
(3) 당해방호구역의 출입구부분 등 조작을 하는 자가 쉽게 피난할 수 있는 장소에 설치할 것
(4) 기동장치의 조작부는 바닥으로부터 높이 0.8m 이상 1.5m 이하의 위치에 설치하고, 보호판 등에 따른 보호장치를 설치할 것
(5) 기동장치에는 그 가까운 곳의 보기 쉬운 곳에 "OOO 소화설비 기동장치"라고 표시한 표지를 할 것
(6) 전기를 사용하는 기동장치에는 전원표시등을 설치할 것
(7) 기동장치의 방출용 스위치는 음향경보장치와 연동하여 조작될 수 있는 것으로 할 것
(8) 5kg 이하의 힘을 가하여 기동할 수 있는 구조로 설치하여야 한다.(청정소화약제소화설비에 한함)

19

전기실의 방호공간에 할로겐화합물 및 불활성기체 소화설비를 아래 조건에 따라 설치할 경우 다음 물음에 답하시오.

〈조건〉

가. 방호공간의 크기 : 가로 35m, 세로 30m, 높이 7m
나. HCFC Blend A의 설계농도는 8.5%임
다. HCFC Blend A 용기는 68ℓ용 50kg임
라. IG-541 용기는 80ℓ용 $12m^3$로 적용
마. IG-541의 설계농도는 37%로 한다.
바. HCFC Blend A의 $K_1=0.2413$, $K_2=0.00088$임
사. 방사시 온도는 상온(20℃)을 기준으로 한다.
아. 기타 조건은 무시한다.

1. HCFC Blend A의 약제량(kg)과 최소 약제저장용기수는 몇 병인가?
2. IG-541의 약제량(m^3)과 최소 약제저장용기수는 몇 병인가?

해 답 1. HCFC Blend A

(1) 약제량 산출공식

$$W=\frac{V}{S}\times\left(\frac{C}{100-C}\right)$$

(2) 약제량(kg) 산출

① 방호구역의 체적(V) : $V=35\times30\times7=7,350[m^3]$

② 비체적(S)

$$S=k_1+k_2t=0.2413+0.00088\times20=0.2589[m^3/kg]$$

③ 약제량(W)

$$W=\frac{V}{S}\times\left(\frac{C}{100-C}\right)=\frac{7,350}{0.2589}\times\left(\frac{8.5}{100-8.5}\right)$$
$$=2,637.3[kg]$$

∴ 약제량 = 2,637 [kg]

(3) 최소 약제저장용기수

$$N=\frac{2,637.3\,[kg]}{50\,[kg/병]}=52.75 ≒ 53$$

∴ 약제저장용기수 = 53병

2. IG-541

(1) 약제량 산출공식

$$X\,[\text{m}^3] = 2.303 \times \log\left(\frac{100}{100-C}\right) \times \frac{V_s}{S} \times V$$

문제의 조건이 상온(20℃)을 기준으로 하므로 $S = V_s$이다.

$$\therefore\ X[\text{m}^3] = 2.303 \times \log\left(\frac{100}{100-C}\right) \times V$$

(2) 약제량 계산

$$X[\text{m}^3] = 2.303 \times \log\left(\frac{100}{100-C}\right) \times V$$

$$= 2.303 \times \log\left(\frac{100}{100-37}\right) \times 7,350 = 3,396.6$$

∴ 약제량 = 3,396.6 [m³]

(3) 최소약제저장용기수

$$N = \frac{3,396.6\ [\text{m}^3]}{12\ [\text{m}^3/\text{병}]} = 283.05 \fallingdotseq 284$$

∴ 약제저장용기수 = 284병

20

실의 크기가 5[m]×5[m]×10[m]인 서고(심부화재)에 고정식의 고압식 이산화탄소소화설비를 전역방출방식으로 설치하고자 한다. 단, 개구부(2m×1m)는 화재와 동시에 닫히는 구조이다.(단, CO_2 1병당 약제량은 45kg이며, 답은 소수점 셋째 자리에서 반올림하여 둘째 자리까지 나타내시오.)

1. 요구되는 CO_2 저장량[kg]은 얼마인가?
2. 배관내 최소유량[kg/min]은 얼마인가?
3. 배관내 최소유량이 흐를 경우 방출시간[분]은 얼마인가?

해 답 1. 요구되는 CO_2 소요량

(1) 설계 체적 : 5 [m] × 5 [m] × 10 [m] = 250 [m³]

(2) CO_2 소요량 : 250 [m³] × 2 [kg/m³] = 500 [kg]

(화재안전기준 : 서고일 경우의 소화약제량은 = 2 [kg/m³])

(3) 저장용기수 : 500 [kg] ÷ 45 [kg] = 11.11 ⇒ 12병

45 [kg] × 12 병 = 540 [kg]

[답] CO_2 소요량 : 540 [kg]

2. 배관내 최소유량

(1) 심부화재의 경우 방사개시 후 최대 2분 이내에 설계농도가 30%에 도달해야 한다.

(2) 설계농도에 따른 소요약제량 증가율은 단순히 비례적 관계가 아니라, 자유유출식에 비례하여 대수적으로 증가한다.

$$\left[2.303\log_{10}\left(\frac{100}{100-C}\right)=\ln\left(\frac{100}{100-C}\right)\right]$$

(3) $x=2.303\log_{10}\left(\frac{100}{100-30}\right)\times\frac{1}{0.53}\fallingdotseq 0.673[\text{kg/m}^3]$

① 0[℃]에서 기체의 비체적 (S)

$$S=\frac{22.4[\text{m}^3]}{\text{분자량}[\text{kg}]}=\frac{22.4}{44}=0.509[\text{m}^3/\text{kg}]$$

② 심부화재 시 비체적(S)(10℃ 기준)

$$S=0.509+0.509\times\frac{10}{273}\fallingdotseq 0.53[\text{m}^3/\text{kg}]$$

(4) $250[\text{m}^3]\times 0.673[\text{kg/m}^3]=168.25[\text{kg}]$

(5) $168.25[\text{kg}]\div 2[\text{min}]=84.125[\text{kg/min}]$

[답] 배관 내 최소 유량 : 84.13 [kg/min]

3. 배관내 최소유량이 흐를 경우 방출시간

(1) CO_2 방출시간 = CO_2 소요량 ÷ 배관 내 최소유량

540 [kg] ÷ 84.13 [kg/min] = 6.418

∴ 방출시간 : 6.42 [분]

(2) 방출시간이 6.42분이므로 CO_2 소요량은 7분 이내에 도달이 가능하다.

[답] 방출시간 : 6.42 [분]

21

가로 10m, 세로 20m, 높이 3.0m인 전산실에 할로겐화합물(HFC-23)소화설비를 다음 조건으로 설계 시 다음 물음에 답하시오.(20점)

〈조건〉

가. HFC-23의 소화농도는 A·C급화재는 28%, B급화재는 25%로 한다.
나. 저장용기는 68ℓ이며 충전밀도는 720.6kg/m^3로 한다.
다. 선형상수 : $K_1 = 0.3164$, $K_2 = 0.0012$
라. 방사 시의 기준온도는 20℃로 한다.

1. HFC-23의 최소 약제저장량은 몇 kg인가?(10점)
2. HFC-23의 저장용기 수는 최소 몇 병인가?(5점)
3. 배관구경 산정의 기준이 되는 최소방사유량은 몇 kg/sec 이상인가?(5점)

해 답 1. HFC-23의 최소 약제저장량은 최소 몇 kg인가?

$$W = \frac{V}{S} \times \left[\frac{C}{(100-C)}\right] = \frac{600\text{m}^3}{0.3404\text{m}^3/\text{kg}} \times \left[\frac{33.6}{100-33.6}\right]$$

$= 891.9\text{kg}$

여기서, V : 방호구역의 체적

$V = 10\text{m} \times 20\text{m} \times 3.0\text{m} = 600\text{m}^3$

S : 선형상수

$S = K_1 + K_2 \times t = 0.3164 + 0.0012 \times 20℃ = 0.3404\text{m}^3/\text{kg}$

C : 소화약제의 설계농도

C = 소화농도 × 안전계수 = 28% × 1.2 = 33.6%

※ 여기서, 전산실은 A·C급 화재에 해당하므로 설계농도는 소화농도에 안전계수 1.2를 곱한 값을 적용한다.

2. HFC-23의 저장용기 수는 최소 몇 병인가?

(1) 저장용기 1병당 소화약제 충전량

저장용기 내용적 × 충전밀도 = 68ℓ × 720.6kg/m^3 = 68ℓ × $\frac{720.8\text{kg}}{1{,}000\,ℓ}$

= 49.0kg

(2) 전체 저장용기 수

$\frac{891.9\text{kg}}{49.0\text{kg/병}} = 18.2$ → 19병

3. 배관구경 산정의 기준이 되는 최소방사유량은 몇 kg/sec 이상인가?

배관구경 산정 시의 최소 소요약제량은 화재안전기준(제10조 제3항)에 따라, 10초 방사동안 최소설계농도의 95%가 방사되는 양이므로,

$C = 33.6\% \times 0.95 = 31.92\%$

$$W = \frac{V}{S} \times \left[\frac{C}{(100-C)}\right] = \frac{600\text{m}^3}{0.3404\text{m}^3/\text{kg}} \times \left[\frac{31.92}{100-31.92}\right]$$

$= 826.4[\text{kg}]$

$\frac{826.4\text{kg}}{10\text{sec}} = 82.64[\text{kg/sec}]$

∴ 최소방사유량 $= 82.64[\text{kg/sec}]$

22

특정소방대상물의 전기실에 불활성기체(IG-541)소화설비를 다음 조건으로 설계할 경우 물음에 답하시오.(20점)

〈조건〉

가. 방호구역의 크기는 가로 15m, 세로 15m, 높이 3.0m이다.

나. IG-541의 소화농도는 33%로 한다.

다. 저장용기는 80 ℓ, 충전압력은 19,996kPa이다.

라. 선형상수는 K_1=0.65799, K_2=0.00239이다.

마. 기준온도는 30℃로 한다.

1. IG-541의 최소 저장량은 몇 m³인가?(10점)
2. IG-541의 저장용기 수는 최소 몇 병인가?(5점)
3. 소화약제량의 방사 유량은 몇 m³/sec인가?(5점)

해 답 1. IG-541의 최소 저장량은 몇 m³ 인가?(10점)

$$X = 2.303 \times \left(\frac{V_S}{S}\right) \times Log_{10}\left[\frac{100}{(100-C)}\right] \times V$$

$$= 2.303 \times \left(\frac{0.7058}{0.7297}\right) \times Log_{10}\left[\frac{100}{(100-39.6)}\right] \times 675\text{m}^3 = 329.2\text{m}^3$$

여기서, V_S : 20℃에서의 비체적

$= K_1 + K_2 \times t = 0.65799 + 0.00239 \times 20℃ = 0.7058\text{m}^3/\text{kg}$

S : 선형상수

$= K_1 + K_2 \times t = 0.65799 + 0.00239 \times 30℃ = 0.7297\text{m}^3/\text{kg}$

V : 방호구역의 체적 = 15m × 15m × 3.0m = 675m³

C : 소화약제의 설계농도 = 소화농도 × 안전계수 = 33% × 1.2 = 39.6%

※ 여기서, 설계농도는 소화농도에 안전계수(A · C급 화재 : 1.2, B급 화재 : 1.3)를 곱한 값이다.

2. IG-541의 용기 수는 최소 몇 병인가?

(1) 저장용기 1병당 충전량

$$\frac{19{,}996\,\text{kPa}}{101.325\,\text{kPa}} \times \frac{80\,\ell}{1{,}000\,\ell/\text{m}^3} = 15.79\,\text{m}^3/\text{병}$$

(2) 전체 저장용기 개수

$$\frac{329.2\,\text{m}^3}{15.79\,\text{m}^3/\text{병}} = 20.85 \rightarrow 21\text{병}$$

3. 소화약제량의 방사 유량은 몇 m^3/sec인가?

$$\frac{21\text{병} \times 15.79\,\text{m}^3}{60\,\text{sec}} = 5.53\,[\text{m}^3/\text{sec}]$$

∴ 방사유량 = 5.53 [m^3/sec]

23

특정소방대상물의 전기실에 이산화탄소소화설비가 설치되어 있으며, 개구부에는 자동폐쇄장치가 되어 있다. 여기에 화재로 인해 이산화탄소소화설비가 작동하여 화재가 진압되었다. 이 경우 다음 조건을 이용하여 다음 물음에 답하시오.(15점)

〈조건〉

(가) 실내온도 : 20℃

(나) CO_2 방출 후 실내의 기압 : 770mmHg

(다) 실내의 크기(용적) : 가로 10m, 세로 15m, 높이 4m

1. CO_2 방출 후 산소농도는 14V%이었다. CO_2 농도 [V%]를 구하시오.(5점)
2. CO_2 방출 후 전기실 내의 CO_2량[kg]은 얼마인가?(5점)
3. 약제저장실에는 내용적 68ℓ, 충전비 1.7인 CO_2 저장용기를 몇 병 설치하여야 하는가?(5점)

해 답 1. 방출 후 CO_2 농도[V%]

$$CO_2[V\%] = \frac{21 - O_2[\%]}{21} = \frac{21 - 14}{21} \times 100 = 33.33\ [V\%]$$

$\therefore$ CO_2 농도 = 33.33 [V%]

2. 방출 후 CO_2량[kg]

이상기체상태방정식 : $PV = \frac{W}{M}RT$ 에서

P : 방출 후 실내기압 = $\frac{770mmHg}{760mmHg} \times 1atm = 1.013atm$

V : 방출된 약제의 체적 = 300 m^3

$10m \times 15m \times 4m = 600\ m^3$

$33.33[V\%] = \frac{x}{600 + x} \times 100$

$x = 300m^3$

M : CO_2의 분자량 = 44

W : 방출된 CO_2량 [kg]

R : 0.082

T : 절대온도 = 273 + 20 = 293

$$W = \frac{MPV}{RT} = \frac{44 \times 1.013 \times 300}{0.082 \times 293} = 556.55[kg]$$

$\therefore$ CO_2량 = 556.55 [kg]

3. CO_2 저장용기 수

충전비 = $\frac{\text{저장용기의 내용적}[\ell]}{\text{저장용기의 약제량}[kg/\text{병}]}$ 에서

$$1.7 = \frac{68}{x}$$

$x = 40$ [kg/병]

$\therefore$ 저장용기 병수 = $\frac{556.55\ [kg]}{40\ [kg/\text{병}]} = 13.9 \fallingdotseq 14$ [병]

24

다음은 분말소화설비에 관한 사항이다. 빈 칸에 알맞은 답을 쓰시오.

소화약제 주성분의 화학식		기타 사항		
제1종 분말	①	안전밸브 작동압력	가압식	⑤
제2종 분말	②		축압식	⑥
제3종 분말	③	저장용기 충전비	⑦	
제4종 분말	④	1개의 전자개방밸브를 사용할 수 있는 최대 용기수	⑧	

해 답 ① $NaHCO_3$: 탄산수소나트륨
② $KHCO_3$: 탄산수소칼륨
③ $NH_4H_2PO_4$: 제1인산암모늄
④ $KHCO_3+(NH_2)_2CO$: 탄산수소칼륨과 요소
⑤ 최고사용압력의 1.8배 이하
⑥ 내압시험압력의 0.8배 이하
⑦ 0.8 이상
⑧ 2병

25

할로겐화합물계 소화설비에서 소화약제 방출시간을 10초 이내로 제한하는 이유 5가지를 기술하시오.

해 답 1. 조기소화

일단 화재가 발생한 후에는 가능한 한 최 단시간 내에 소화약제가 투입되어 신속히 소화농도에 이르게 하는 것이 화재확대방지를 위한 최선의 방법이므로 방출시간을 제한한다.

2. 소화약제의 열분해 생성물의 최소화
3. 노즐에서의 충분한 방사유량의 확보

방사되는 약제의 유량이 많으면 공기와의 신속한 혼합효과가 좋아진다.

4. 배관 내에서의 충분한 유속의 확보

배관 내에서 액상과 기상의 균일한 흐름에 필요한 충분한 유속을 얻기 위함

5. 방사된 소화약제의 누설량 최소화

실내공간에 소화약제가 방출되면 실내공간의 압력이 양압으로 되어 외부의 압력보다 높아지므로 약제의 일부가 누설틈새를 통하여 외부로 누설된다. 누설되는 약제량은 시간에 비례해서 증가하므로 약제를 신속히 방출해서 소화를 완료해야 누설량을 최소화시킬 수 있다.

26

다음은 할로겐화합물 및 불활성기체 소화설비의 계통도이다. 기동용 가스용기에서부터 선택밸브, 압력스위치, 약제저장용기 사이를 연결하는 기동용 가스동관을 "Feed Back System"이 되게 표기하여 완성지으시오.

S S S S
RM A실(3병) RM B실(1병)
수동조작함
선택밸브
안전밸브
솔레노이드 밸브
PS PS
압력스위치
제어반
약제저장용기

해 답

S S S S
RM A실(3병) RM B실(1병)
수동조작함
선택밸브
안전밸브
솔레노이드 밸브
PS PS
압력스위치
제어반
약제저장용기
Feed Back System

27

방호구역의 크기가 200m³인 n-heptane을 저장하는 창고에 전역방출방식의 FC-3-1-10 할로겐화합물 소화설비를 설치할 경우 필요한 소화약제저장량을 구하시오.

〈조건〉

설계기준 온도는 20℃, 최소설계농도는 8.36%

소화약제의 비체적 상수는 $K_1 = 0.0941$, $K_2 = 0.0003$

해 답

(1) 관계식 : $W = \frac{V}{S} \times \frac{C}{100-C}$

여기서, W : 소화약제저장량[kg]

V : 방호구역의 체적[m³]

S : 소화약제별 선형상수 $(K_1 + K_2 \times t)$[m³/kg]

C : 설계농도[%]

t : 방호구역의 최소예상온도[℃]

(2) 비체적(S) : $0.0941 + 0.0003 \times 20 = 0.1001$[m³/kg]

$\therefore \ W[\text{kg}] = \left(\frac{200}{0.1001}\right) \times \left(\frac{8.36}{100-8.36}\right) = 182.27[\text{kg}]$

[답] 소화약제저장량 : 182.27[kg]

28

화재시 이산화탄소를 방출하여 산소의 농도를 13[Vol%]로 낮추어 소화하려면 공기 중의 이산화탄소의 농도는 얼마가 되어야 하는가?

해 답

(1) 관계식 : $CO_2 = \frac{21 - O_2}{21} \times 100[\%]$

(2) $CO_2 = \frac{21-13}{21} \times 100[\%] = 38.09[\%]$

[답] 공기 중에 CO_2의 농도가 38.09[%]가 되어야 소화가 된다.

29

CO_2 소화설비가 설치된 발전기실(바닥면적 50m², 천정높이 3m)에서 화재로 CO_2 소화설비가 작동되어 진화되었다. 이때 실내 온도는 200℃, 압력은 770mmHg, 방사된 CO_2의 양이 30Vol %였다면 방출 후 CO_2의 중량은 몇 kg인가를 계산하라.(단, 개구부에는 자동폐쇄장치가 설치되어 있다.)

해답 (1) CO_2 방사 후 O_2의 양[Vol %]

$$100\% : 21\% = (100\% - CO_2\%) : O_2$$

$$100 \times O_2 = 21 \times (100 - CO_2)$$

$$\therefore O_2 = \frac{21 \times (100 - CO_2)}{100} = \frac{21 \times (100 - 30)}{100} = 14.7[V\%]$$

(2) 방출 후 CO_2의 양[m³]

$$CO_2[m^3] = \frac{21 - O_2}{O_2} \times V[m^3] = \frac{21 - 14.7}{14.7} \times 150[m^3] = 64.3[m^3]$$

여기서, V : 방호구역 체적[m³]

(3) 방출 후 CO_2의 중량[kg]

이상기체상태방정식 : $PV = \frac{W}{M}RT$에서 $W = \frac{PVM}{RT}$

여기서, P : 방출 후 실내기압 $= \frac{770mmHg}{760mmHg} \times 1atm = 1.013[atm]$

V : 방출된 CO_2의 체적[m³]=64.3[m³]

M : CO_2의 분자량=44[g]

W : 방출된 CO_2의 중량[kg]

R : 기체상수=0.082

T : 절대온도=273+200=473[°K]

$$\therefore W = \frac{1.013 \times 64.3 \times 44}{0.082 \times 473} = 73.89[kg]$$

[답] 방출 후 CO_2의 중량 : 73.89[kg]

30

경유를 연료로 하는 바닥면적 100m² 이고 높이 3.5m인 발전기실에 할로겐화합물 및 불활성기체 소화설비를 설치하려고 한다. 다음 조건을 이용하여 각 물음에 알맞은 답을 기술하시오.

〈조건〉

(가) HFC-125의 A급화재 소화농도는 7.2%, B급화재 소화농도는 8%로 한다.

(나) IG-541의 A급화재 및 B급화재 소화농도는 32%로 한다.

(다) 방사시 온도는 20℃를 기준으로 한다.

(라) HFC-125 용기는 68ℓ용 50kg으로 하며, IG-541 용기는 80ℓ용 12.4m³로 적용한다.

(마) 소화약제의 선형상수

청정소화약제	분자량	K_1	K_2
HFC-125	120	0.1825	0.0007
IG-541	34.08	0.65779	0.00239

1. 발전기실에 필요한 HFC-125의 최소 용기수를 구하시오.
2. 발전기실에 필요한 IG-541의 최소 용기수를 구하시오.

해 답 1. 발전기실에 필요한 HFC-125의 최소 용기수 산출

(1) 방호구역의 체적 : $100\,[\text{m}^2] \times 3.5\,[\text{m}] = 350\,[\text{m}^3]$

(2) HFC-125의 설계농도

발전기는 경유를 연료로 하므로 B급화재로 적용하며, HFC-125의 B급화재 소화농도가 8%이므로 설계농도는 $8 \times 1.3 = 10.4\,[\%]$

(3) HFC-125의 비체적(선형상수) : $S\,[\text{m}^3/\text{kg}]$

$$S = K_1 + K_2 \times t = 0.1825 + 0.0007 \times 20 = 0.1965\,[\text{m}^3/\text{kg}]$$

(4) 소요약제량 : $W\,[\text{kg}]$

$$W = \frac{V}{S} \times \frac{C}{100 - C}$$

여기서, V : 방호구역의 체적 $= 350\,[\text{m}^3]$

S : 소화약제의 선형상수(비체적) $= 0.1965\,[\text{m}^3/\text{kg}]$

C : 소화약제의 설계농도 $= 10.4\,[\%]$

$$W = \frac{350\,[\text{m}^3]}{0.1965\,[\text{m}^3/\text{kg}]} \times \frac{10.4}{100 - 10.4} = 206.74\,[\text{kg}]$$

(5) 용기수

$$\frac{206.74\,[\text{kg}]}{50\,[\text{kg/병}]} = 4.135 \fallingdotseq 5\,[\text{병}]$$

[답] 최소용기수 : 68 ℓ 용 7 [병]

2. 발전기실에 필요한 IG-541의 최소 용기수 산출

(1) 방호구역의 체적 : 100 [m^2] × 3.5 [m] = 350 [m^3]

(2) IG－541의 설계농도

발전기실 적응화재는 B급화재이고, IG－541의 소화농도가 32%이므로, 설계농도는 32 × 1.3 = 41.6 [%]

(3) IG－541의 비체적(선형상수) : S [m^3/kg]

$$S = 0.65779 + 0.00239 \times 20 = 0.70559\,[\text{m}^3/\text{kg}]$$

(4) 소요약제량 : W [m^3]

$$W = 2.303 \times \left(\frac{V_s}{S}\right) \times \log\left(\frac{100}{100 - C}\right) \times V$$

여기서, S : 소화약제의 선형상수(비체적) = 0.70559 [m^3/kg]

V_s : 20℃에서의 소화약제의 비체적 = (방사시 온도가 20℃이므로 S와 동일함)

C : 소화약제의 설계농도 = 41.6 [%]

V : 방호구역의 체적 = 350 [m^3]

$$W = 2.303 \times \left(\frac{0.70559}{0.70559}\right) \times \log\left(\frac{100}{100 - 41.6}\right) \times 350\,[\text{m}^3]$$

$$= 188.28\,[\text{m}^3]$$

(5) 용기수

$$\frac{188.28\,[\text{m}^3]}{12.4\,[\text{m}^3/\text{병}]} = 15.18 \fallingdotseq 16\,[\text{병}]$$

[답] 최소용기수 : 80 ℓ 용 16 [병]

제 10 장

제연설비

01 거실제연설비의 주요 설계기준

1. 제연구역의 설정기준

(1) 하나의 제연구역 면적은 1,000m^2 이내
(2) 거실과 통로는 상호 제연구획할 것
(3) 하나의 제연구역은 직경 60m 원내에 들어갈 것
(4) 통로상의 제연구역은 보행중심선의 길이가 60m 이하일 것
(5) 하나의 제연구역은 2개 이상의 층에 미치지 아니할 것

2. 제연구획의 설치기준

(1) **제연구획의 구성** : 보, 제연경계, 벽(가동벽 포함), 방화셔터, 방화문
(2) **제연구획의 재료** : 내화재료, 불연재료 또는 제연경계벽으로 성능을 인정받은 것으로서 화재시 쉽게 변형·파괴되지 아니하고 연기가 새지 않는 기밀성이 있는 재료일 것
(3) **제연경계** : 폭 0.6m 이상, 수직거리 2m 이내(단, 구조상 불가피한 경우에는 2m를 초과할 수 있다.)

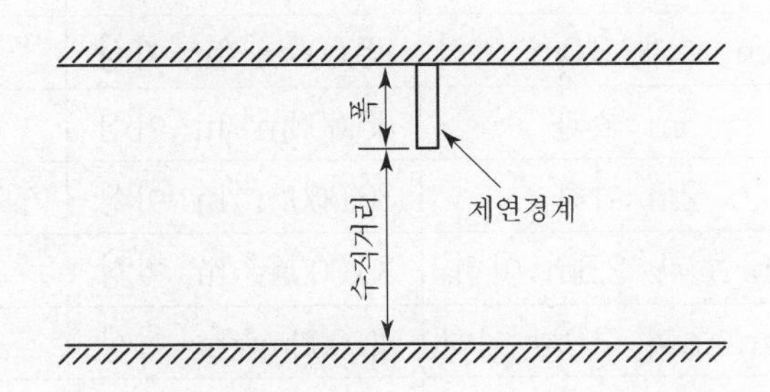

3. 배출량 계산

(1) 제연구역이 벽으로 구획되는 경우

1) 제연구역이 거실인 경우

① 바닥면적 400m^2 미만 : 바닥면적 1m^2당 1m^3/min(최저 5,000m^3/hr) 이상일 것

② 바닥면적 400m^2 이상

㉠ 직경 40m 이내 : 40,000m^3/hr 이상

㉡ 직경 40m 초과 : 45,000m^3/hr 이상

2) 제연구역이 통로인 경우 : 45,000m^3/hr 이상

(2) 제연구역이 제연경계로 구획되는 경우

수직거리	배출량	
	거실(직경 40m 이하)	거실(직경 40m 초과) 또는 통로
2m 이하	40,000m^3/hr 이상	45,000m^3/hr 이상
2m 초과, 2.5m 이하	45,000m^3/hr 이상	50,000m^3/hr 이상
2.5m 초과, 3.0m 이하	50,000m^3/hr 이상	55,000m^3/hr 이상
3m 초과	60,000m^3/hr 이상	65,000m^3/hr 이상

(3) 제연방식이 인접통로배출방식인 경우

통로에 면하는 거실로서 바닥면적 50m^2 미만인 경우에는 거실에서 직접 배출하지 아니하고 인접한 통로의 배출로 갈음할 수 있다. 이 경우의 배출기준량은 다음과 같다.(이 경우, 통로에 배기와 동시에 급기도 하여야 한다.)

통로길이	수직거리	배출량	비고
40m 이하	2m 이하	25,000m^3/hr 이상	벽으로 구획된 것 포함
	2m 초과, 2.5m 이하	30,000m^3/hr 이상	
	2.5m 초과, 3.0m 이하	35,000m^3/hr 이상	
	3m 초과	45,000m^3/hr 이상	
40m 초과 60m 이하	2m 이하	30,000m^3/hr 이상	벽으로 구획된 것 포함
	2m 초과, 2.5m 이하	35,000m^3/hr 이상	
	2.5m 초과, 3.0m 이하	40,000m^3/hr 이상	
	3m 초과	50,000m^3/hr 이상	

02 부속실제연설비의 주요 설계기준

1. 제연방식

(1) **기본누설풍량 공급** : 제연구역과 옥내외의 기준차압 유지

제연구역을 옥외의 공기로 급기 · 가압하여 제연구역의 압력을 옥내의 기타구역보다 높게 유지하게 함으로써 제연구역 내로 연기의 침투를 방지하도록 한다.

(2) **보충풍량 공급** : 출입문 개방시 방연풍속 유지

제연구역의 출입문이 일시적으로 개방되는 경우 방연풍속을 유지하도록 옥외의 공기를 제연구역 내로 보충풍량을 공급한다.

(3) **과압방지 조치**

제연설비 가동 중에 제연구역의 출입문을 개방하지 않을 경우 제연구역 내가 과압이 되는 것을 방지할 수 있는 유효한 조치를 한다.

2. 제연구역의 선정

(1) 계단실 단독제연방식
(2) 부속실 단독제연방식
(3) 계단실 및 부속실 동시제연방식
(4) 비상용승강기 승강장 단독제연방식

3. 차압기준

(1) **최소차압** : 40Pa(단, 옥내에 스프링클러가 설치된 경우 : 12.5Pa) 이상
(2) **최대차압** : 제연구역의 출입문 개방에 필요한 힘 (F)이 110N 이하가 되는 차압

$$F = f_c + \frac{W \times A \times \Delta P}{2(W - l)}$$

여기서, f_c : 도어 클로저의 마찰력[N]
W : 문의 폭[m]
A : 문의 면적[m^2]
ΔP : 차압
l : 문손잡이~문끝단 간의 거리[m]

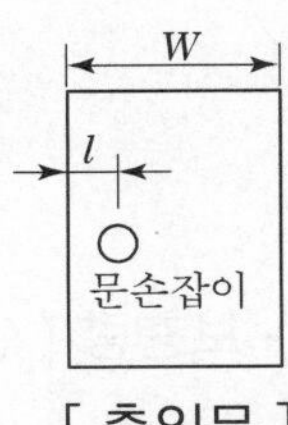

[출입문]

(3) 1개 층의 부속실 출입문 개방시, 출입문 비개방층의 부속실 차압은 최소차압의 70% 이상일 것

(4) 계단실과 부속실 동시제연시 계단실 압력

1) "부속실압력=계단실압력"으로 하거나,

2) "부속실압력≤계단실압력"인 경우의 차압은 5Pa 이하일 것

4. 급기량 계산

급기량(Q) = 누설량(Q_1) + 보충량(Q_2)

(1) 누설량(Q_1)

$$Q_1 = 0.827 \times A_p \times P^{\frac{1}{n}} \times N$$

〈누설량 (Q_1) 계산식의 유도〉

$Q = A_p \cdot V$에서

$Q_1 = C \cdot A_p \cdot V \cdot N$에서 $V = \sqrt{2g\dfrac{\Delta P}{\gamma}} = \sqrt{\dfrac{2 \cdot \Delta P}{\rho}}$

$= 0.641 \times A_p \times \sqrt{\dfrac{2 \times \Delta P}{1.2}} \times N$

$= 0.827 \times A_p \times \sqrt{\Delta P} \times N$

여기서, Q_1: 누설공기유량[m³/s]

C : 공기흐름계수 : $\dfrac{A'}{A} = 0.641$

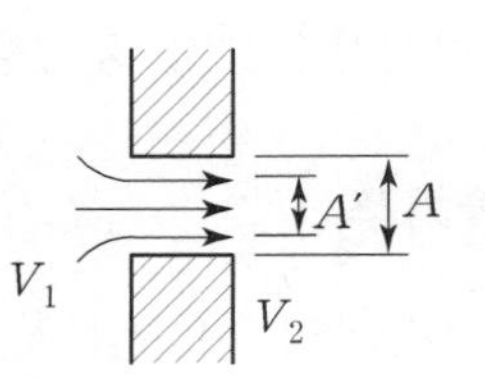

A_p : 누설틈새면적[m²]

ΔP(또는 P) : 내 · 외부 차압[Pa]

g : 중력가속도[m/s²]

γ : 공기비중량[kgf/m³]

ρ : 공기밀도=1.2[kg/m³]

N : 부속실 개수

n : 출입문=2, 창문=1.6

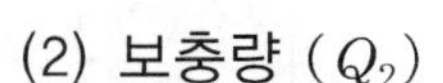

(2) 보충량 (Q_2)

(가) 계단실이 밀폐형(창문에 자동폐쇄장치 설치된 경우 포함)인 경우

$$Q_2 = Q_N - Q_0$$

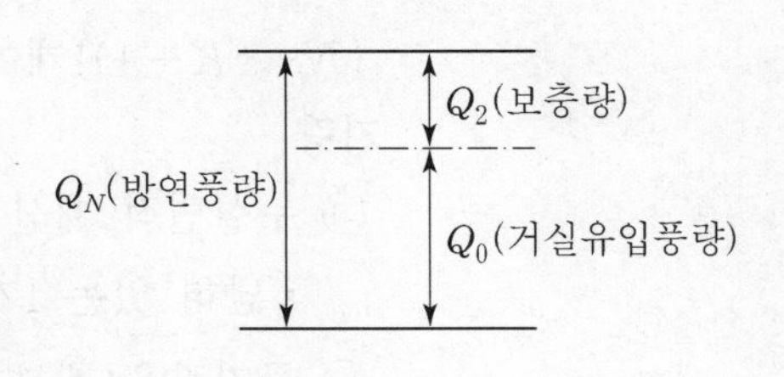

여기서, $Q_N = K\left(\dfrac{AV}{0.6}\right)$

$$Q_2 = K\left(\frac{A \times V}{0.6}\right) - Q_0$$

여기서, Q_1 : 누설풍량[m³/s]

Q_2 : 보충풍량[m³/s]

Q_N : 방연풍량[m³/s] : (부속실 문 개방 시 옥내로 유입되는 공기량)

Q_0 : 거실유입풍량[m³/s]

K : 부속실의 수 20 이하=1, 부속실의 수 20 초과=2

A : 부속실 출입문의 면적[m²]

V : 방연풍속[m/s]

1) 방연풍속(V)

① 부속실이 거실과 면하는 경우 : 0.7m/s

② 부속실이 복도와 면하는 경우 그 복도의 구조가 ┌ 방화구조 : 0.5m/s
└ 기타구조 : 0.7m/s

2) 거실유입풍량(Q_0) : (이것은 계단실에 창문이 없거나, 창문이 옥내의 연기감지기와 연동하여 자동폐쇄되는 구조일 경우에만 적용할 수 있다.)

K개의 부속실 출입문 각 2개소(옥내 출입문과 계단실 출입문)를 동시 개방시 옥내(거실)로 유입되는 공기량, 즉 K개의 부속실에 급기하는 기본(누설)급기량+각 층 계단실로의 누설공기량의 합계

① K개의 부속실에 공급하는 기본 급기량(이때, 모든 부속실은 닫혀 있다.)

$$K\frac{Q_1}{N} = K\left\{0.827 \times (A_I + A_S) \times P^{\frac{1}{2}}\right\} \cdots\cdots\cdots\cdots \text{(식1)}$$

여기서, N : 부속실의 수

K : 부속실의 수 20 이하 → 1, 부속실의 수 20 초과 → 2

A_I : 기준층(1개 층)의 거실쪽 누설틈새면적

A_S : 기준층(1개 층)의 계단실쪽 누설틈새면적

$A_I{}'$: 피난층의 거실쪽 누설틈새면적

$A_S{}'$: 피난층의 계단실쪽 누설틈새면적

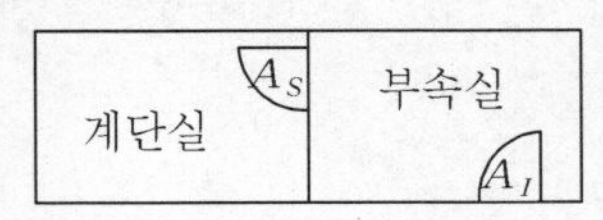

② 각 층 계단실로의 누설량 합계 : 문이 열린 직후 닫혀 있는 기타 층 $\{N-(K+1)\}$개에 가해지는 급기량 중에서 계단실로 누설되는 공기량

㉠ 누설면적 계산

• 닫혀 있는 1개의 부속실 누설면적 합계 $= A_I + A_S$

㉡ 급기량을 배분한다.

• 기준층(닫힌 층 전체)의 부속실로부터 계단실로의 누설량

$$= \frac{Q_1}{N} \times \frac{A_S}{A_S + A_I} \times \{N-(K+1)\} \cdots\cdots\cdots\cdots (\text{식}2)$$

• 피난층의 부속실로부터 계단실로의 누설량

$$= \frac{Q_1}{N} \times \frac{A_S'}{A_S' + A_I'} \times 1 \cdots\cdots\cdots\cdots\cdots\cdots\cdots\cdots (\text{식}3)$$

∴ 거실유입풍량 $(Q_0) = (\text{식}1) + (\text{식}2) + (\text{식}3)$

3) 보충량(Q_2)

$$Q_2 = Q_N - Q_0$$

$$= K\left(\frac{AV}{0.6}\right) - \left[K\left(\frac{Q_1}{N}\right) + \frac{Q_1}{N} \times \frac{A_S}{A_S + A_I} \times \{N-(K+1)\} + \frac{Q_1}{N} \times \frac{A_S'}{A_S' + A_I'}\right]$$

(나) 계단실이 개방형인 경우(창문에 자동폐쇄장치를 설치하지 않는 경우)

계단실이 개방형인 경우에는 거실유입풍량(Q_0)을 적용하지 아니하며 또, 화재안전기준에서 방연풍속 측정 시 계단실 쪽 출입문과 옥내 쪽 출입문을 동시에 개방한 상태에서 측정하도록 규정되어 있으므로, 여기서 방연풍량(Q_N)을 양쪽으로 적용해서 "$Q_N \times 2$"로 적용해야 한다. 또한, 이 경우에도 K개의 부속실에 공급하는 기본급기량 $K\left(\frac{Q_1}{N}\right)$은 계속 공급되기 때문에 방연풍량($Q_N$)에서 이 부분은 제외하여야 한다. 따라서, 계단실이 개방형인 경우 보충량(Q_2) 산출식은 다음과 같다.

$$Q_2 = (Q_N \times 2) - K\left(\frac{Q_1}{N}\right) = K\left(\frac{A \times V}{0.6}\right) \times 2 - K\left(\frac{Q_1}{N}\right)$$

5. 급기기구 설계

(1) 급기덕트 단면적[m²] $= \dfrac{\text{총 풍량}(Q \times 1.15)}{\text{덕트 내의 공기유속}}$

(2) 급기구댐퍼 크기[m²] $= \dfrac{\text{부속실 1개당 최대급기량}}{\text{공기유입속도}} = \dfrac{\frac{Q_1}{N} + Q_2}{10 \sim 14[\text{m/s}]}$

(여기서, 공기유입속도는 화재안전기준에서 제한하지 않고 있으나, 급기구댐퍼 제작 시 약 10~14m/s를 적용하여 5가지 규격으로 규격화하여 제작하고 있다)

6. 거실유입공기의 배출 설계

(1) 수직풍도에 의한 배출

1) 자연배출식

$$A_P = \frac{Q_N}{2} = \frac{A \times V}{2}$$

여기서, A_P : 수직풍도 내부 단면적[m²]

Q_N : 방연풍량 $= A$(문의 면적) $\times V$(방연풍속)

※ 다만, 수직풍도의 길이가 100m를 초과하는 경우에는 위 식으로 산출된 수치의 1.2배 이상의 수치를 기준으로 한다.

2) 기계배출식

① 송풍기의 배출풍량 : 방연풍량(Q_N) + 여유량(임의의 값)

② 수직풍도의 내부단면적[m²] : 풍속 15m/s 이하가 되게 적용

③ 배출댐퍼의 개구면적(개구율 감안한 크기) : 수직풍도의 단면적 이상의 크기

(2) 배출구에 의한 배출

배출구의 개구면적 : $A_d = \dfrac{Q_N}{2.5}$

(3) 거실제연설비에 의한 배출

소방시설법에 의한 거실제연설비가 설치되고 거실제연설비의 배출량에 부속실제연설비의 거실유입공기배출량을 합하여 배출하는 방식

7. Fan의 동력계산

$$P[\text{kW}] = \frac{P_t[\text{mmAq}] \times Q_T[\text{m}^3/\text{sec}]}{102[\text{kgf} \cdot \text{m/sec}] \times \eta} \times K$$

(1) 급기송풍기

1) P_t(송풍기 전압)＝덕트의 마찰손실＋덕트부속류의 마찰손실
＋급기구 저항(5mmAq)＋외기취입구 저항(5mmAq)
＋부속실 차압(50Pa＝5.1mmAq)

2) Q_T(총 송풍량)＝급기량(Q)×1.15

3) η = 송풍기 효율

4) K = 동력전달효율(1.1)

(2) 배기송풍기

1) P_t(송풍기 전압)＝덕트의 마찰손실＋덕트부속류의 마찰손실
＋배기구 저항(5mmAq)＋외기루버 저항(5mmAq)

2) Q_T(총 배출풍량)＝방연풍량(Q_N)＋여유량(임의의 값)

3) η = 송풍기 효율

4) K = 동력전달효율(1.1)

03 부속실제연설비의 TAB

1. 개요

(1) TAB는 Testing, Adjusting, Balancing의 약어로서 설비 시스템의 기능과 성능을 시험하고 조정하며, 정량적으로 균형이 이루어지도록 하는 과정을 말한다.

(2) 제연설비 시공에서는 제연설비를 포함한 건축공사의 모든 부분이 완성되는 시점에서 설비의 TAB를 실시하여 설계도서 및 국가화재안전기준에 적합한 성능의 설비가 되도록 하여야 한다.

2. 부속실제연설비 TAB의 절차 및 방법

(1) 제연구역의 모든 출입문의 크기와 열리는 방향이 설계도서와 동일한지 확인

〈동일하지 아니한 경우〉

1) 급기량 및 보충량을 다시 산출

2) 조정가능여부 또는 재설계·개수(改修)의 여부 등을 결정

(2) 출입문의 폐쇄력 측정 : (제연설비를 가동하지 않은 상태에서 측정)

(3) 층별로 화재감지기를 동작시킨다. : (제연설비 작동 여부의 확인)

여기서, 2개 棟 이상이 지하 주차장으로 연결된 경우에는, 주차장에서 해당 棟으로 들어가는 입구에 설치된 제연용 연기감지기의 작동에 따라 해당 棟의 해당 수직풍도에 연결된 모든 제연구역의 댐퍼가 개방되도록 한다.

(4) 차압측정

1) 계단실의 모든 개구부 폐쇄상태를 확인한다.

2) 승강기의 운행을 중단시킨다.

3) 옥내와 부속실 간의 차압을 측정하고, 기준치 이내인지 확인한다.

4) 각 층마다 차압을 측정하고 각 층별 편차를 확인한다. : (이때의 차압측정은 전 층을 측정하며, 차압측정공을 통하여 차압측정기구로 실측하는 것이 원칙이다)

5) 차압의 판정기준

① 최소차압 : 40Pa(단, 스프링클러설비가 설치된 경우 12.5Pa) 이상

② 최대차압 : 출입문의 개방력이 110N 이하 되는 차압

6) 차압 측정결과 부적합한 경우

① 자동복합댐퍼의 정상작동여부 확인 및 조정

② 송풍기측의 풍량조절댐퍼(VD) 조정

③ 플랩댐퍼의 조정(설치된 경우)

④ 송풍기의 풀리비율 조정 : 송풍기의 회전수(RPM) 조정

(5) 방연풍속 측정

1) 계단실 및 부속실의 모든 개구부 폐쇄상태와 승강기 운행의 중단상태를 확인

2) 송풍기에서 가장 먼 층의 제연구역을 기준으로 측정한다.

3) 측정하는 층의 유입공기배출장치(설치된 경우)를 작동시킨다.

4) 측정하는 층의 부속실과 면하는 옥내 출입문과 계단실 출입문을 동시에 개방한 상태에서 제연구역으로부터 옥내로 유입되는 풍속을 측정한다. 다만, 이때 부속실의 수가 20을 초과하는 경우에는 2개 층의 제연구역 출입문(4개)을 동시에 개방한 상태에서 측정한다.

5) 이때, 출입문의 개방에 따른 개구부를 아래의 그림과 같이 대칭적으로 균등 분할하는 10 이상의 지점에서 측정한 풍속의 평균치를 방연풍속으로 한다.

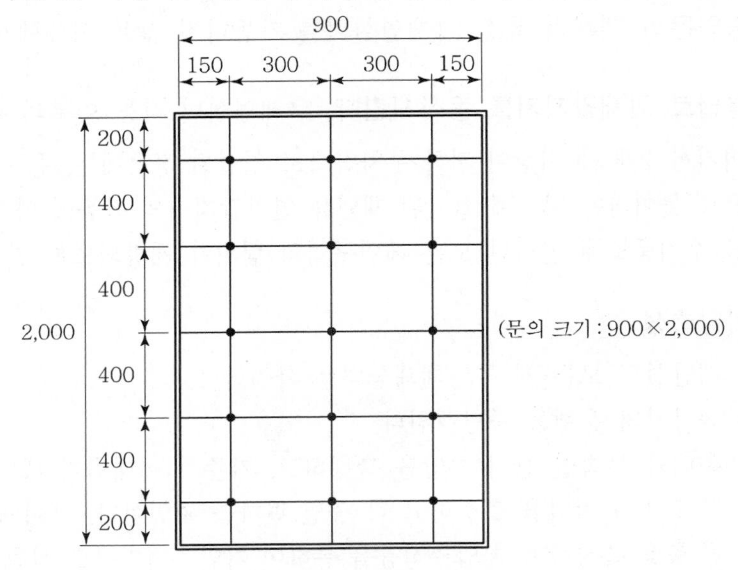

[방연풍속의 측정점 선정 예]

6) 직통계단식 공동주택일 경우에는, 출입문 개방층의 제연구역과 접하는 세대의 외기문(발코니문)을 개방한 상태에서 측정하여야 한다. 그 이유는, 공동주택에는 유입공기배출장치가 없으므로 제연구역 출입문(세대현관문)을 개방하였을 때, 세대 외기문(발코니문)이 모두 닫힌 상태에서는 제연구역과 화재실(세대 내)에 동일압력이 형성되어 공기의 흐름이 없어지므로 방연풍속이 발생되지 아니하기 때문이다.

7) 방연풍속의 판정기준
   ① 계단실 단독제연방식 및 계단실과 부속실의 동시제연방식 : 0.5m/s 이상
   ② 부속실 단독제연방식 또는 비상용승강기승강장 단독제연방식의 경우
      ㉮ 부속실(또는 승강장)과 면하는 옥내가 거실인 경우 : 0.7m/s 이상
      ㉯ 부속실(또는 승강장)과 면하는 옥내가 복도로서 그 구조가 방화구조인 것 : 0.5m/s 이상

8) 방연풍속 측정결과 부적합한 경우

① 자동복합댐퍼의 정상작동여부 확인 및 조정

② 송풍기측의 풍량조절댐퍼(VD) 조정

③ 자동차압급기댐퍼의 개구율 조정

④ 송풍기의 풀리비율 조정 : 송풍기의 회전수(RPM) 조정

※ 여기서, 송풍기의 회전수 조정은 원칙적으로 회전수의 감소 시에만 적용하지만, 실제 현장에서는 소폭의 증가 시에도 적용하고 있다. 이것은 모터의 여유동력과 기계적인 전달여유율(10%) 등이 있으므로 통상 20%까지는 증가시킬 수 있다.

(6) 출입문 비개방 제연구역의 차압변동치 확인

위의 "(6) 방연풍속 측정"의 시험상태에서 출입문을 개방하지 아니한 직상층 및 직하층의 차압을 측정하여 정상 최소차압(40Pa 이상)의 70% 이상이 되는지 확인하고 필요시 조정한다. : (이때의 비개방층 차압측정은 5개 층마다 1개소 측정을 원칙으로 한다)

(7) 출입문의 개방력 측정(제연설비 가동상태에서 측정)

1) 제연구역의 모든 출입문이 닫힌 상태에서 측정

2) 출입문 개방력이 110[N] 이하가 되는지 확인

3) 개방력이 부적합한 경우

① 자동복합댐퍼의 정상작동여부 확인 및 조정

② 송풍기측의 풍량조절댐퍼(VD) 조정

③ 플랩댐퍼의 조정(설치된 경우)

④ 송풍기의 풀리비율 조정 : 송풍기의 회전수(RPM) 조정

※ 여기서, 회전수를 감소시킨 경우에는 위의 "(5) 방연풍속 측정"으로 돌아가 방연풍속을 다시 측정해서 확인해야 한다.

(8) 출입문의 자동폐쇄상태 확인

제연설비의 가동(급기가압) 상태에서 제연구역의 일시 개방되었던 출입문이 자동으로 완전히 닫히는지 여부와 닫힌 상태를 계속 유지할 수 있는지를 확인하고 필요시 조정한다.

04 부속실제연설비의 기타 중요 화재안전기준

1. 제어반의 기능(제9회 기출문제)

(1) 급기용 댐퍼의 개폐에 대한 감시 및 원격조작기능
(2) 배출댐퍼 또는 개폐기의 작동여부에 대한 감시 및 원격조작기능
(3) 급기송풍기와 유입공기 배출용 송풍기의 작동여부에 대한 감시 및 원격 조작기능
(4) 제연구역의 출입문의 일시적인 고정·개방 및 해정에 대한 감시 및 원격조작기능(평상시 출입문을 열어놓았다가 화재감지기와 연동하여 자동으로 닫히는 방식인 경우에 한한다)
(5) 수동기동장치의 작동여부에 대한 감시기능
(6) 급기구 개구율의 자동조절장치의 작동여부에 대한 감시기능. 다만, 급기구에 차압표시계를 고정부착한 자동차압·과압조절형 댐퍼를 설치하고 당해 제어반에도 차압표시계를 설치한 경우에는 그러하지 아니한다.
(7) 감시선로의 단선에 대한 감시기능
(8) 예비전원이 확보되고 예비전원의 적합여부를 시험할 수 있어야 한다.

2. 수동기동장치의 기능

(1) 전층의 제연구역에 설치된 급기댐퍼의 개방
(2) 당해층의 배출댐퍼 또는 개폐기의 개방
(3) 급기송풍기 및 유입공기 배출용 송풍기의 작동
(4) 개방·고정된 모든 출입문(제연구역과 옥내사이의 출입문에 한함)의 개폐장치의 작동

3. 비상전원의 설치기준

(1) 제연설비용 비상전원의 종류 : 자가발전설비, 축전지설비, 전기저장장치
(2) 설치장소
① 점검에 편리하고 화재 및 침수 등의 재해로 인한 피해를 받을 우려가 없는 곳
② 다른 장소와의 사이에 방화구획하여야 한다.
③ 그 장소에는 비상전원의 공급에 필요한 기구나 설비 외의 것을 두어서는 아니된다.
(3) 용량 : 제연설비를 유효하게 20분(30층~49층 : 40분, 50층 이상 : 60분) 이상 작동할 수 있어야 한다.

(4) 상용전원으로부터 전력의 공급이 중단된 때에는 자동으로 비상전원으로부터 전력을 공급받을 수 있어야 한다.
(5) 비상전원을 실내에 설치하는 경우에는 비상조명등을 설치하여야 한다.

4. 자동차압급기댐퍼의 설치기준

(1) 두께 1.5mm 이상의 강판 또는 이와 동등 이상의 강도가 있는 것으로 설치해야 하며, 비 내식성 재료의 경우에는 부식방지 조치를 할 것
(2) 차압 범위의 수동설정기능과 설정범위의 차압이 유지되도록 개구율을 자동조절하는 기능이 있을 것
(3) 옥내와 면하는 개방된 출입문이 완전히 닫히기 전에 개구율을 자동감소시켜 과압을 방지하는 기능이 있을 것
(4) 주위 온도 및 습도의 변화에 의해 기능에 영향을 받지 않는 구조일 것
(5) 자동차압급기댐퍼가 아닌 댐퍼는 개구율을 수동으로 조절할 수 있는 구조로 할 것
(6) 옥내에 설치된 화재감지기에 따라 모든 제연구역의 댐퍼가 개방되도록 할 것. 다만, 둘 이상의 특정소방대상물이 지하에 설치된 주차장으로 연결되어 있는 경우에는 주차장에서 하나의 특정소방대상물의 제연구역으로 들어가는 입구에 설치된 제연용 연기감지기의 작동에 따라 특정소방대상물의 해당 수직풍도에 연결된 모든 제연구역의 댐퍼가 개방되도록 해야 한다.

05 송풍기의 선정 및 설치시 유의사항

1. 송풍기의 선정시 고려사항

(1) 운전시의 서어징 범위를 고려한다.

1) 송풍기의 특성곡선을 검토하여 서어징 범위에 들어가지 않는 것을 선정한다.
2) 같은 풍량에서 송풍기의 크기가 클수록 소음이 적고 효율이 높아 한 단계 크게 선정하는 경향이 많으나, 적정 풍량 범위보다 송풍기가 커질 경우 서어징 범위가 확대되므로 주의를 요한다.

(2) 가급적 Airfoil형 송풍기 채택을 권장한다.

1) 제연설비의 송풍기로는 일반적으로 Sirocco Fan을 많이 사용하고 있으나, 이것은 효율(40~60%)이 낮고, 풍량증가에 따라 소요동력이 급상승하는 Over Load가 걸리는 단점도 있다.
2) Airfoil형 송풍기는 효율(60~80%)이 높고, Over Load가 걸리지 않는 Limit Load형으로서 고효율, 고정압, 고속회전이 가능하고 소음도 적어 지극히 이상적이지만 제작비가 비싼 것이 단점이다.

(3) 최악 조건의 사용온도를 고려하여 선정한다.

1) 혹한기의 급기용 송풍기
   통상적으로 20℃를 기준으로 설계를 하고 있지만, 혹한기 -10℃에서 운전할 경우 공기밀도가 10% 이상 증가하므로 소요동력 또한 10% 이상 상승하게 되는바 이러한 조건을 감안하여 설계하여야 한다.
2) 화재시의 배연용 송풍기
   특히, 축류형은 모터가 배연 열기류에 직접 노출되기 쉬우므로 모터는 절연등급(H) 및 내열조건에 대하여 제조사의 보증을 받아야 한다. 그러나 고무벨트는 내열성능 보증을 받지 못하므로 주의를 요한다.

2. 송풍기의 설치시 유의사항

(1) 풍량조절장치 설치

1) 특히 Limit Load형이 아닌 송풍기에서 풍량이 과다하도록 운전할 경우 모터 과부하의 원인이 되므로 반드시 풍량조절장치를 설치하여야 한다.
2) 풍량조절댐퍼는 토출측 보다는 흡입측에 설치하는 것이 더욱 효율적이다.

(2) 급기용 송풍기의 설치위치

옥상에 설치하는 것 보다는 가급적 지상에 설치하는 것이 바람직하다.
이것은 옥상의 설비용 배기구 등에서 배출되는 연기 등의 오염된 공기가 급기용 송풍기를 통하여 급기구로 재공급되는 것을 방지하기 위한 것이다.

(3) 배연용 송풍기의 설치위치

가급적 옥상 등의 높은 위치가 좋으나, 반드시 바람을 차폐할 수 있는 장소에 설치하거나 또는 차폐장치를 설치하여야 한다.

(4) 모터의 설치 위치

1) 모터의 회전방향과 송풍기의 토출방향에 따라 선정한다.
2) 운전시 모터의 Pully가 벨트의 잡아당김력이 아래쪽으로 향하도록 설치한다.

(5) 전동기축과 송풍기축은 직결시에 편심되지 않도록 하고, 두 축의 중심선이 어긋나지 않도록 한다.

(6) 기초(Pad)

기초(Pad)는 송풍기용과 전동기용을 단일체로 설치하고, 적정한 방진장치를 설치하여야 한다.

06 송풍기의 풍량 측정방법

1. 기본사항

(1) 측정방식 :「피토관 이송에 의한 측정」 방식이 가장 정밀한 방식이다. 다만, 풍속이 5m/s 이하인 경우에는 동압이 낮아 판독이 어려우므로 「풍속계에 의한 측정」 방식으로 하여야 한다.

(2) 측정점 :「동일면적분할법」으로서 16~64점의 측정점 방식이 널리 사용되고 있다.

(3) 피토관 이송은 덕트 단면의 동일 평면 내에서 실시한다.

(4) 동압측정 시 피토관의 전압 측정구가 기류방향의 정면으로 향하도록 한다.

2. 측정위치 선정

(1) 풍량의 측정위치는 송풍기의 흡입측 또는 토출측 덕트에서 정상류가 형성되는 지점을 선정한다.

(2) 덕트의 엘보 등 방향변환지점을 기준으로 상류쪽은 덕트직경(장방향 덕트의 경우 상당지름)의 2.5배 이상, 하류쪽은 7.5배 이상의 지점에서 측정하여야 한다. 다만, 현장여건상 부득히 직관길이가 미달하는 경우에는 그 중에서 최적위치를 선정하여 측정하고 측정기록지에 측정지점을 기록한다.

3. 측정점(피토관 이송점) 선정

원형덕트 또는 송풍기 흡입구 피토관 이송 측정점	장방형 덕트 피토관 이송 측정점

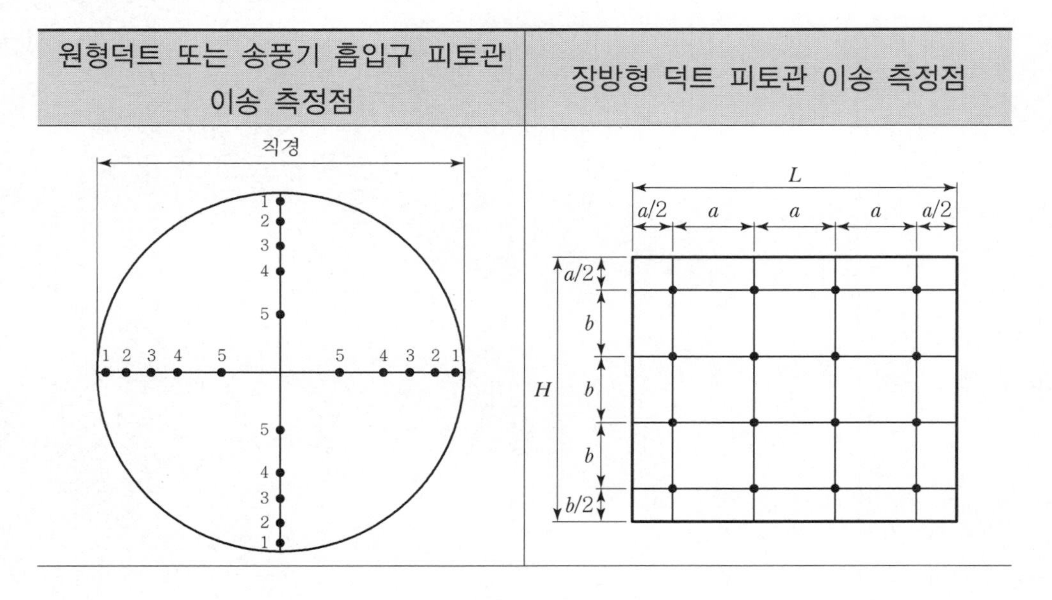

<table>
<tr>
<td>

• 350mm 이상인 경우 총 20개 지점 측정
• 측정점 위치

측정점1	측정점2	측정점3	측정점4	측정점5
0.0257D	0.0817D	0.1465D	0.2262D	0.3419D

(D : 원형덕트의 직경)

</td>
<td>

• 최소 16점이며 64점 이상을 넘지 않도록 한다.
• 64점 이하 측정 시 $a \cdot b$의 간격은 150mm 이하일 것
• L=1,100일 경우
1,100/150=7.33, 측정점은 8개소
a=1,100/8=137.5mm

</td>
</tr>
</table>

[동일면적분할법의 측정점 사례]

4. 동압 측정방법

[900 × 600 덕트에서의 측정 사례]

(1) 측정점(피토관 이송점) 분할
- 가로 : 900/150=6개소
- 세로 : 600/150=4개소

∴ 측점점 합계 : 6×4=24개소

(2) 세로방향의 A · B · C · D점에 직경 8mm 이상의 구멍을 뚫은 후 플러그 등으로 밀봉처리한다.

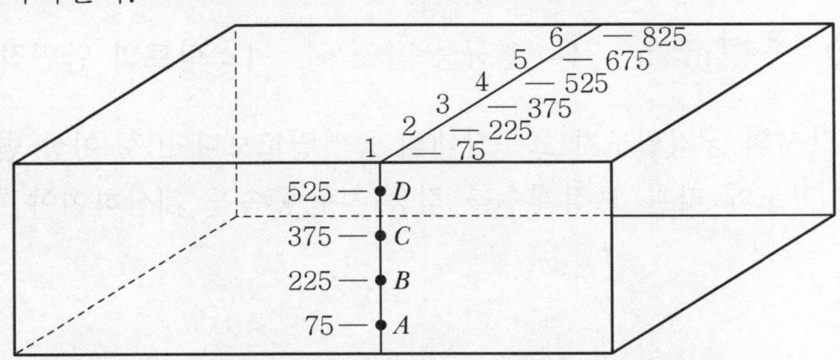

[장방형 덕트의 피토관 이송 측정점 사례]

(3) 피토관을 A점에 삽입하여 75mm 깊이로 밀어 넣어 A-1점의 동압을 측정한다. 계속하여 225mm를 밀어 넣어 A-2점의 동압을 측정한다. 이렇게 하여 A점의 6개소 측정이 완료되면 피토관을 빼서 B점에 삽입한다. 동일한 방법으로 D점까지 모두 측정한다.

5. 피토관 사용방법

피토관의 전압측정구를 차압계의 [+압력]부와 연결하고, 정압측정구를 차압계의 [-압력]부와 연결하여 압력을 측정하면 차압계에 표시되는 압력이 동압을 나타내는 것이다.

6. 풍량 산정

(1) 각 측정점에서 판독된 동압은 반드시 풍속으로 환산하여 기록하고, 이 풍속을 평균하여 전체 풍량을 산정한다. (여기서, 동압의 평균을 먼저 구해서 풍속으로 환산할 경우에는 풍량이 부정확하게 산정될 수 있으므로 반드시 먼저 각각의 동압을 적용하여 풍속을 구해야 한다.)

- 풍속환산 공식

$$V = 1.29\sqrt{P_v}$$

(V : 풍속[m/s], P_v : 동압[Pa])

- 풍량환산 공식

$$Q = 3600\,VA$$

(Q : 풍량[m^3/h], V : 평균풍속[m/s], A : 덕트의 단면적[m^2])

(2) 측정 당시의 공기밀도가 표준상태의 공기밀도보다 10% 이상 변화가 있다면 온도 및 고도에 따른 보정계수를 적용하여 풍속을 계산하여야 한다.

07 송풍기의 풍량 조절방법

1. 풍량을 감소시키는 방법

(1) 송풍기의 흡입측 댐퍼 또는 베인의 개도를 줄이는 방법

송풍기 흡입측에 설치된 댐퍼나 베인의 개도를 줄이면 송풍기가 흡입측의 공기를 빨아들일 때 흡입측의 압력이 줄어드는데, 이때에도 송풍기의 가압능력은 일정하므로 송풍기의 토출압력이 그만큼 감소하게 된다. 토출압력이 감소하면 그 압력에 대응하는 저항곡선과의 교점풍량도 감소하게 된다.

(2) 송풍기의 토출측 댐퍼의 개도를 줄이는 방법

송풍기의 토출측에 설치된 댐퍼의 개도를 줄이면 관로의 저항이 커져서 풍량이 감소한다. 이 방법은 단순하기는 하나 효율성 측면에서는 불리한 방법이다.

(3) 송풍기의 인버터를 조절하여 회전수를 줄이는 방법

가장 간단하고 편리하지만 설비비가 비싼 방법이다.

(4) 송풍기의 날개 각도를 변화시키는 방법

축류형 송풍기에만 적용가능하며 제작비가 비싸므로 특수한 용도에만 사용된다.

2. 풍량을 증가시키는 방법

송풍기의 크기를 그대로 둔 채 풍량을 증가시키기 위해서는 회전수를 증가시키는 방법 뿐이다. 즉, 시스템의 조절만으로 풍량을 증가시키는 방법은 회전수를 증가시키는 것으로서 그 방법은 다음과 같다.

(1) 인버터로 제어하는 방법 : 동력 주파수의 여유가 있을 때만 가능하다.

(2) 송풍기 Pully의 감속비를 변화시키는 방법

(3) 송풍기 모터의 극수를 바꾸는 방법

08 송풍기의 Surging 방지방법

송풍기 운전시의 Surging현상이란, 송풍기를 너무 저풍량으로 운전하여 운전점(풍량의 제어범위)이 특성곡선의 우향상승 부분까지 감소할 경우 공기유동에 격심한 맥동과 진동이 발생하여 불안정 운전이 되는 현상을 말하며, 그 방지책으로는 다음과 같다.

(1) 풍량의 제어범위가 특성곡선상의 우상향 범위에 들어가지 않도록 운전한다.

즉, 아래 그림의 특성곡선에서 운전영역이 A~B일 경우 서어징이 발생되나, 운전영역이 B~C가 되도록 하면 서어징이 발생되지 않는다.

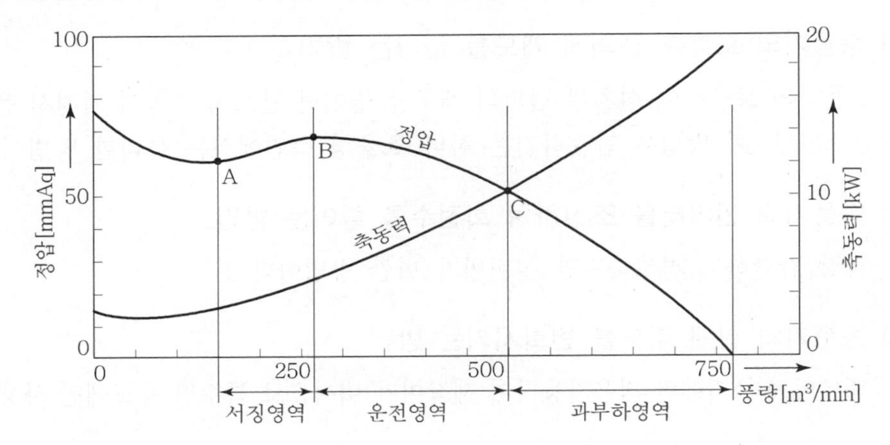

(2) 방출밸브에 의한 방법

필요 풍량이 서어징범위 내에 있을 경우 송풍기의 토출풍량의 일부를 외부로 방출시켜 서어징범위를 벗어나게 하는 방법이다.
이 방식은 축동력의 여분이 필요하며, 또 동력 절감을 위해서는 방출풍량을 송풍기의 흡입측으로 By-pass시켜 다시 흡입되도록 설계할 수도 있다.

(3) 풍량조절댐퍼를 송풍기에 근접하여 설치

토출댐퍼가 송풍기에 근접하여 있으면 송풍기 운전시 공기의 맥동을 감쇄시키는 효과가 있으므로 서어징의 범위 및 그 진폭이 작게 된다.

(4) 풍량조절댐퍼를 송풍기의 흡입측에 설치

토출측 보다는 흡입측에서 흡입댐퍼나 흡입베인 등으로 풍량을 제어하면 송풍기 날개차 입구의 압력저하에 의한 공기밀도감소 효과를 얻을 수 있으므로 서어징 방지 효과가 우수하다.

(5) 송풍기의 특성곡선을 변화시키는 방법

(1) 송풍기의 날개 각도를 조절

(2) 송풍기의 회전수를 조절

중요예상문제

01

다음 A실에서 실외부와의 압력차를 50[Pa]로 유지하려면 A실에 급기하여야 할 풍량은 얼마인가?(답은 소수점 셋째 자리에서 반올림하여 둘째 자리까지 나타내시오.)

〈조건〉

모든 출입문의 누설 틈새면적은 각각 $0.01m^2$이다.

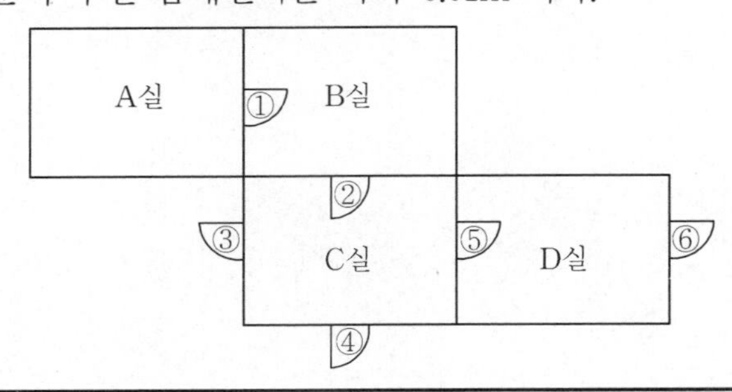

해답 1. 누설면적

(1) ⑤+⑥의 직렬합산

$$\frac{1}{\sqrt{\frac{1}{(0.01)^2}+\frac{1}{(0.01)^2}}}=0.00707m^2 \cdots\cdots ⓐ$$

(2) ③+④+ⓐ의 병렬합산

$$0.01+0.01+0.00707=0.02707m^2 \cdots\cdots ⓑ$$

(3) ①+②+ⓑ의 직렬합산

$$\frac{1}{\sqrt{\frac{1}{(0.01)^2}+\frac{1}{(0.01)^2}+\frac{1}{(0.02707)^2}}}=0.00684m^2$$

∴ A실의 총 누설등가면적=0.00684[m^2]

2. 급기풍량

$$Q=0.827\times A_T\times P^{\frac{1}{2}}$$

$$=0.827\times 0.00684\times \sqrt{50}$$

$= 0.0399 \fallingdotseq 0.04[m^3/sec]$

3. 결론

∴ A실에 50[Pa]을 유지할 때의 급기풍량 = 0.04[m^3/sec]

02

다음 그림에서 A실에 급기량 0.1m^3/sec를 급기할 때 차압[Pa]은 얼마인가?
(답은 소수점 둘째 자리에서 반올림하여 첫째 자리까지 나타내시오.)

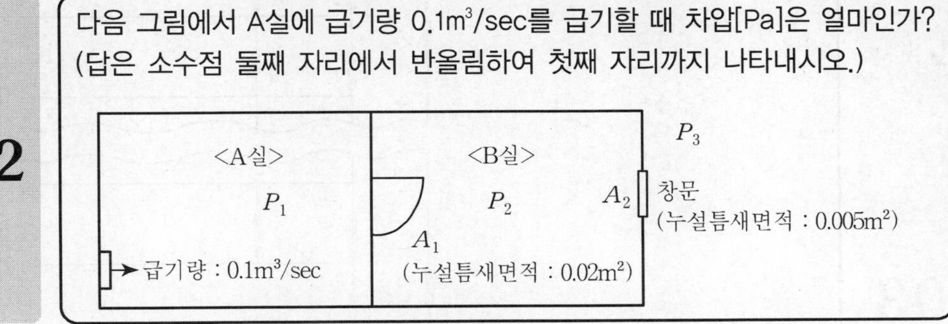

해답 급기량 $(Q\,m^3/sec) = K \times A\,m^2 \times P^{\frac{1}{n}}$ 에서

$$Q = K \times A_1 \times (P_1 - P_2)^{\frac{1}{n}} = K \times A_2 \times (P_2 - P_3)^{\frac{1}{n}}$$

$$0.1 = 0.827 \times 0.02 \times (P_1 - P_2)^{\frac{1}{2}}$$

$$0.1 = 0.827 \times 0.005 \times (P_2 - P_3)^{\frac{1}{1.6}}$$

$$(P_1 - P_2)^{\frac{1}{2}} = \frac{0.1}{0.827 \times 0.02} = 6.046$$

$$(P_2 - P_3)^{\frac{1}{1.6}} = \frac{0.1}{0.827 \times 0.005} = 24.184$$

$P_1 - P_2 = (6.046)^2 = 36.554$ ······························ ①

$P_2 - P_3 = (24.184)^{1.6} = 163.548$ ······························ ②

∴ ①+② = 36.554+163.548 = 200.102 ≒ 200.10[Pa]

→ $(P_1 - P_3)$: A실에서 외기와의 차압

[결론]

∴ A실과 외기와의 압력차는 200.10[Pa]이 된다.

03

다음 그림의 부속실 제연설비에서 다음 사항을 계산하시오.
(답은 소수점 셋째 자리에서 반올림하여 둘째 자리까지 나타내시오.)

1. 부속실의 총 누설면적[m^2]
2. 총 누설공기량[m^3/sec]
3. 각 층당 급기량[m^3/sec]
4. 급기구의 크기[m^2]

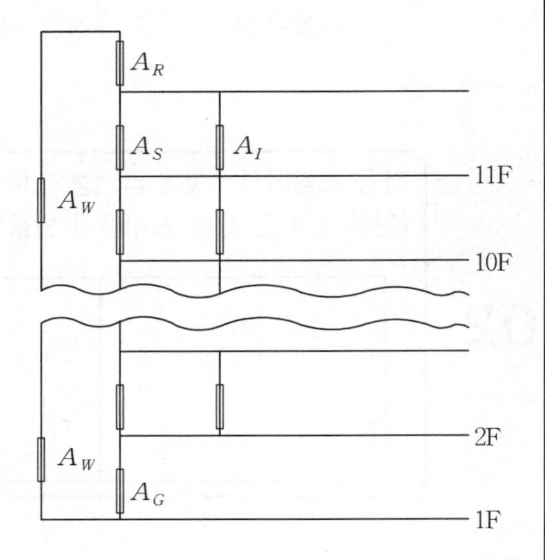

〈조건〉

- 제연방식 : 부속실 단독가압방식
- 부속실의 개수 : 10개
- 계단실 개구부 면적 : 0.5m^2 × 2개(개방상태)
- 급기구 유속 : 5[m/sec]
- 보충 공기량 : 2[m^3/sec]
- 차압 : 50[Pa]
- 부속실 출입문의 누설틈새면적 : A_S : 0.06[m^2]
  A_I : 0.01[m^2]
  A_R : 0.02[m^2]
  A_G : 0.02[m^2]

해답 1. 개요

급기량 (Q) = 누설량 (Q_1) + 보충량 (Q_2)

(1) 누설량 (Q_1) = $0.827 \times A_T \times P^{\frac{1}{2}} \times N$

여기서, A_T : 부속실의 총 누설면적[m^3]

P : 부속실 내·외부간의 차압[Pa]

N : 부속실 수

(2) 1개층의 최대 급기량 (q)

$$q = \frac{총누설량(Q_1)}{N} + Q_2$$

(3) 급기구의 크기(면적)

$q = A \cdot V$에서

$$A = \frac{1개층의\ 최대급기량(q)}{급기구\ 유속(V)}$$

2. 계산

(1) 부속실의 총 누설면적

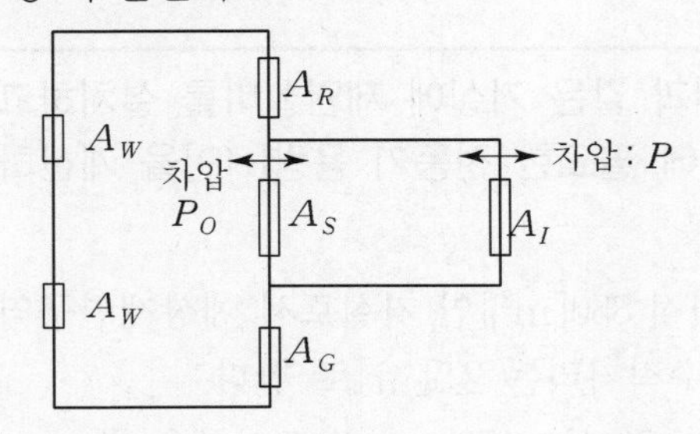

1) $A_R + A_G + A_W$의 병렬 합산

$0.02 + 0.02 + (0.5 \times 2) = 1.04[m^2]$ ………………………………………… ①

2) ① + $N \cdot A_S$의 직렬 합산

$$\left(\frac{1}{1.04^2} + \frac{1}{(10 \times 0.06)^2}\right)^{-\frac{1}{2}} = 0.5197[m^2]$$ ……………………… ②

3) ②+ $N \cdot A_I$의 병렬 합산

$0.5197 + (10 \times 0.01) = 0.6197[m^2] \fallingdotseq 0.62$

∴ 부속실의 총 누설면적=$0.62[m^2]$

(2) 총 누설공기량 (Q_1)

$$Q_1 = 0.827 \times A_T \times P^{\frac{1}{2}}$$

여기서, A_T : 부속실의 총 누설면적$[m^3]$

P : 부속실 내 · 외부 간의 차압[Pa]

$Q_1 = 0.827 \times 0.62 \times \sqrt{50} = 3.625 \fallingdotseq 3.63[m^3/s]$

∴ 총 누설공기량=$3.63[m^3/s]$

(3) 각 층당 급기량

$$\frac{Q_1}{N} + Q_2 = \frac{3.62}{10} + 2 = 2.362 \fallingdotseq 2.36[m^3/sec]$$

∴ 각 층당 급기량 : 2.36[m^3/sec]

(4) 급기구 면적 (A)

$$A = \frac{\text{1개층의 최대 급기량}}{\text{급기구 유속}} = \frac{2.36[m^3/sec]}{5[m/sec]} = 0.472[m^2]$$

∴ 급기구 면적 : 0.47[m^2]

04

다음 조건과 같은 거실에 제연설비를 설치하고자 한다. 본 설비의 배기 Fan 구동에 필요한 전동기 용량[HP]을 계산하시오.

〈조건〉

가. 바닥면적 850[m^2]인 거실로서 예상제연구역은 직경 50[m]이고, 경계벽의 수직거리는 2.5[m]로 한다.

나. 덕트의 길이는 170[m] 덕트저항은 8[mmAq], 배기구(그릴)저항은 4mmAq, 기타 부속류의 저항은 덕트저항의 60%, 효율은 55%, 전달계수 1.1로 한다.

해 답

(1) 송풍기의 동력을 계산하는 식

$$P[kW] = \frac{P_T[mmAq] \times Q[m^3/sec]}{102[kg \cdot m/sec] \times \eta} \times k$$

여기서, P_T : 전압[mmAq] = [kgf/m^2]

η : 송풍기 효율

Q : 풍량 m^3/sec

k : 동력전달계수(1.1)

(2) 문제에서 주어진 조건을 정리해 보면 다음과 같다.

(화재안전기준에 의해, 예상제연구역이 직경 40m를 초과하고, 제연경계의 수직거리가 2m 초과 2.5m 이하인 것은 배출량(Q)을 50,000m^3/h 이상으로 하여야 한다.)

Q = 50,000[m^3/h] = 13.89[m^3/sec]

P_T = 8 + (8 × 0.6) + 4 = 16.8[mmAq]

송풍기 효율=0.55

k =1.1

(3) 위의 값들을 공식에 대입해서 계산하면

$$P=\frac{16.8\times13.89}{102\times0.55}\times1.1=4.575[kW]=6.1305[HP]$$

∴ 전동기의 용량 : 6.13[HP]

05

거실제연설비의 설계에서 거실의 면적이 300m²이고 다른 거실의 피난을 위한 경유거실인 경우의 제연설비에 대해 다음 물음에 답하시오.(답은 소수점 셋째 자리에서 반올림하여 둘째 자리까지 나타내시오)

1. 거실의 소요 배출량[CMH]을 산출하시오.
2. 흡입측 풍도(Duct)의 높이를 500mm로 할 때 풍도의 최소 폭은 얼마[mm]인가?(단, 풍도 내 최대풍속은 화재안전기준을 근거로 한다.)
3. 송풍기의 전압이 60mmAq이고 효율이 55%인 다익송풍기 사용시 축동력[kW]을 구하시오.(단, 동력전달여유율은 10%로 한다.)
4. 제연설비의 회전차 크기를 변경하지 않고 배출량을 20% 증가시키고자 할 때 회전수[rpm]를 구하시오.(단, 송풍기의 당초 회전수는 1,200rpm)
5. 4.항의 회전수[rpm]로 운전할 경우 전압[mmAq]을 구하시오.
6. 5.항에서의 계산결과를 근거로 15kW 전동기를 설치 후 풍량의 20%를 증가시켰을 경우 전동기의 사용가능 여부를 증명하시오.

해답 1. 거실의 소요 배출량[CMH]을 산출

소요배출량[CMH] = $300m^2\times1m^3/min\times1.5\times60=27{,}000$CMH

∴ 거실의 소요배출량=27,000[CMH]

2. 흡입측 풍도(Duct)의 높이를 500mm로 할 때 풍도의 최소 폭[mm]

$Q=AV$에서, $A=\frac{Q}{V}$

$0.5b=\frac{Q}{V}$ (폭을 b라 하면)

$$b=\frac{Q}{0.5V}=\frac{27{,}000/3{,}600}{0.5\times15}=1.0m=1{,}000mm$$

∴ 풍도의 최소폭=1,000[mm]

3. 송풍기의 전압이 60mmAq이고 효율이 55%인 다익송풍기 사용시 축동력 [kW]

$$\text{축동력[kW]} = \frac{P_t Q}{102\eta}$$

$$= \frac{60 \times \frac{27,000}{3,600}}{102 \times 0.55} \times 1.1 = 8.823 \doteqdot 8.82\text{kW}$$

∴ 송풍기의 축동력=8.82[kW]

4. 제연설비의 회전차 크기를 변경하지 않고 배출량을 20% 증가시키고자 할 때 회전수[rpm]

$$\frac{Q_2}{Q_1} = \frac{N_2}{N_1}$$

$$N_2 = \frac{Q_2}{Q_1} \times N_1 = \frac{27,000 \times 1.2}{27,000} \times 1,200 = 1,440\,\text{rpm}$$

∴ 증가된 후의 회전수=1,440[rpm]

5. 위의 4.항의 회전수[rpm]로 운전할 경우 전압[mmAq]

$$P_2 = \left(\frac{N_2}{N_1}\right)^2 \times P_1$$

$$= \left(\frac{1,440}{1,200}\right)^2 \times 60 = 86.40\,\text{mmAq}$$

∴ 전압=86.40[mmAq]

6. 위의 5.항에서의 계산결과를 근거로 15kW 전동기를 설치 후 풍량의 20%를 증가시켰을 경우 전동기의 사용가능 여부를 증명

$$\text{전동기용량(kW)} = \frac{P_1 Q}{102\eta} \times K$$

$$= \frac{86.4 \times \frac{27,000}{3,600} \times 1.2}{102 \times 0.55} \times 1.1 = 15.247\,\text{kW}$$

∴ 따라서, 15kW 전동기를 사용할 수 없다.

06

부속실제연설비의 작동 시 다음의 조건을 이용하여 부속실과 거실 사이의 차압[Pa]을 구하고 화재안전기준에의 적합 여부를 설명하시오.

〈조건〉

가. 평상시 거실과 부속실의 출입문 개방에 필요한 힘 F_1=40N이다.

나. 화재시 거실과 부속실의 출입문 개방에 필요한 힘 F_2=100N이다.

다. 출입문 폭(w)=0.9m, 높이(h)=2m

라. 손잡이는 출입문 끝에 있다고 가정한다.

마. 스프링클러설비는 설치되지 않았다.

해 답

1. 제연구역의 가압상태에서 출입문을 개방하기 위한 개방력 계산식

$$F = F_c + \frac{W \cdot A \cdot \Delta P}{2(W - \ell)}$$

여기서, F : 문을 개방하는데 필요한 전체 힘[N]

F_c : 문의 개방시 도어클로져의 저항력[N] : (소수이므로 여기서는 무시한다.)

W : 출입문의 폭[m]

A : 출입문의 면적[m²]

ΔP : 비제연구역과의 차압[Pa]

ℓ : 손잡이에서 문의 끝까지의 거리[m]

2. 위 식을 이용하여 부속실과 거실 사이의 차압(Pa)을 구하면 다음과 같다.

$$F_T = F_1 + F_2$$

여기서, F_T : 화재시 출입문 개방에 필요한 힘

F_1 : 평상시 출입문 개방에 필요한 힘

F_2 : 차압에 의한 개방력[힘]

$$F_2 = F_T - F_1 = 100 - 40 = 60$$

$$60 = \frac{0.9 \times 1.8 \times \Delta P}{2 \times (0.9 - 0)} \text{ 에서}$$

$$\therefore \Delta P = \frac{60 \times 2 \times 0.9}{0.9 \times 1.8} = 66.6666 \fallingdotseq 66.67[\text{Pa}]$$

3. 화재안전기준에의 적합 여부 설명

화재안전기준상 최소 차압은 40Pa(스프링클러설비가 설치된 경우에는 12.5Pa) 이상이며, 위의 조건에 따라 차압을 계산하면 66.67Pa이 나오므로 화재안전기준을 만족한다.

또한, 최대차압은 제연설비 가동시 출입문의 개방에 필요한 힘이 100N으로서 화재안전기준에서 규정한 110N 미만이므로 적합하다.

07 부속실제연설비에서 제어반이 보유하여야 할 기능 6가지를 기술하시오.

해 답 (1) 급기용 댐퍼의 개폐에 대한 감시 및 원격조작기능

(2) 배출댐퍼 또는 개폐기의 작동 여부에 대한 감시 및 원격조작기능

(3) 급기송풍기와 유입공기 배출용 송풍기의 작동 여부에 대한 감시 및 원격조작기능

(4) 제연구역의 출입문의 일시적인 고정·개방 및 해정에 대한 감시 및 원격조작기능 : (평상시 출입문을 열어놓았다가 화재감지기와 연동하여 자동으로 닫히는 방식인 경우에 한한다.)

(5) 수동기동장치의 작동 여부에 대한 감시기능

(6) 급기구 개구율의 자동조절장치의 작동 여부에 대한 감시기능. 다만, 급기구에 차압표시계를 고정부착한 자동차압·과압조절형 댐퍼를 설치하고 당해 제어반에도 차압표시계를 설치한 경우에는 그러하지 아니한다.

(7) 감시선로의 단선에 대한 감시기능

08 제연설비에서 일반적으로 사용하는 송풍기의 형식(명칭)과 주요특징을 기술하시오.

해 답 1. 송풍기의 형식

다익(전곡)형(Sirocco Fan)

2. 주요특징

(1) 전곡 다익형팬으로 소형이므로 설치공간이 작고 효율이 낮다.
(2) 다익팬의 풍량이 증가하면 구동동력이 급격히 증가하므로 사용범위 이상으로 풍량이 커지면 전동기에 과부하가 걸려 Over Load 현상이 발생한다.
(3) 소형이면서 회전수가 적다.
(4) 크기에 비해 풍량이 많다. : 날개 폭이 넓고 날개 수가 많다.

09 거실제연설비에서 제연구역의 설정기준과 제연구획의 설치기준을 기술하시오.

해 답 1. 제연구역의 설정기준

(1) 하나의 제연구역 면적은 1,000m^2 이내로 하여야 한다.
(2) 거실과 통로는 상호 제연구획하여야 한다.
(3) 하나의 제연구역은 직경 60m 원내에 들어가야 한다.
(4) 통로상의 제연구역은 보행중심선의 길이가 60m 이하이어야 한다.
(5) 하나의 제연구역은 2개 이상의 층에 미치지 않아야 한다.

2. 제연구획의 설치기준

(1) 제연구획의 구성 : 보, 제연경계, 벽(가동벽 포함), 방화셔터, 방화문
(2) 제연구획의 재료 : 내화재료, 불연재료 또는 제연경계벽으로 성능을 인정받은 것으로서 화재시 쉽게 변형·파괴되지 아니하고 연기가 새지 않는 기밀성이 있는 재료이어야 한다.
(3) 제연경계 : 폭 0.6m 이상, 수직거리 2m 이내로 하여야 한다.
(4) 제연경계벽은 배연 시 기류에 따라 그 하단이 쉽게 흔들리지 아니하여야 하며, 또한 가동식의 경우에는 급속히 하강하여 인명에 위해를 주지 아니하는 구조일 것

10

다음 조건의 거실제연설비에서 바닥면적 350m², 높이 5m, 전압 75mmAq, 효율 65%, 전달계수 1.1인 경우 송풍기의 동력을 [kW]로 산정하시오. (답은 소수점 셋째 자리에서 반올림하여 둘째 자리까지 나타내시오.)

해 답 1. 송풍기의 풍량 계산

$$Q = 350\,\mathrm{m}^2 \times 1\mathrm{m}^3/\mathrm{min}/\mathrm{m}^2 = 350\,\mathrm{m}^3/\mathrm{min}$$

2. 송풍기의 동력 계산

$$P = \frac{P_t Q}{102 \times 60 \times \eta} \times K = \frac{75 \times 350}{102 \times 60 \times 0.65} \times 1.1 = 7.258 \fallingdotseq 7.26[\mathrm{kW}]$$

∴ 송풍기의 동력 = 7.26[kW] 이상

11

부속실제연설비 자동차압급기댐퍼의 설치기준에 대하여 기술하시오.

해 답

1. 두께 1.5mm 이상의 강판 또는 이와 동등 이상의 강도가 있는 것으로 설치해야 하며, 비내식성 재료의 경우에는 부식방지 조치를 할 것
2. 차압 범위의 수동설정기능과 설정범위의 차압이 유지되도록 개구율을 자동조절하는 기능이 있을 것
3. 옥내와 면하는 개방된 출입문이 완전히 닫히기 전에 개구율을 자동감소시켜 과압을 방지하는 기능이 있을 것
4. 주위 온도 및 습도의 변화에 의해 기능에 영향을 받지 않는 구조일 것
5. 자동차압급기댐퍼가 아닌 댐퍼는 개구율을 수동으로 조절할 수 있는 구조로 할 것
6. 옥내에 설치된 화재감지기에 따라 모든 제연구역의 댐퍼가 개방되도록 할 것. 다만, 둘 이상의 특정소방대상물이 지하에 설치된 주차장으로 연결되어 있는 경우에는 주차장에서 하나의 특정소방대상물의 제연구역으로 들어가는 입구에 설치된 제연용 연기감지기의 작동에 따라 특정소방대상물의 해당 수직풍도에 연결된 모든 제연구역의 댐퍼가 개방되도록 해야 한다.

12

방호대상공간의 바닥면적이 1,000m²인 내부공간에 둘레가 5m인 가연물을 연소시켜 30초 후에 연기 층이 바닥으로부터 2m 높이까지 하강하였다. 이 연기 층이 더 이상 하강하지 않도록 유지하기 위하여 필요한 분당 연기배출량[m³/min]은? (단, 방호대상공간의 천장높이는 4m이고, 불의 둘레(화원의 둘레)는 가연물 둘레와 동일하며 Hinkley공식을 이용하고, 기타 조건은 무시하며, 답은 소수점 셋째 자리에서 반올림하여 둘째 자리까지 나타낸다.)

해 답

Hinkley 관계식 : $t=\dfrac{20A}{P_f\sqrt{g}}\left(\dfrac{1}{\sqrt{y}}-\dfrac{1}{\sqrt{H}}\right)$ ······· ①

여기서, P_f : 불의 둘레[m]

g : 중력가속도(9.8m/sec²)

H : 천장높이[m]

y : 청결층[m]

t : 연기층이 청결층까지 도달하는 시간[sec]

연기의 발생량을 Qm³/min라 하면

$Q=AV$[m³/s]

여기서, A : 바닥면적[m²]

V : 연기가 차 내려가는 속도[m/s]

$V=\dfrac{H-y}{t}$ [m/s]

$\therefore\ Q=A\dfrac{(H-y)}{t}\times 60$ ······································· ②

식①을 식②에 대입하면,

$$Q=\frac{A(H-y)\times 60}{\dfrac{20A}{P_f\sqrt{g}}\left[\dfrac{1}{\sqrt{y}}-\dfrac{1}{\sqrt{H}}\right]}=\frac{1,000\times(4-2)\times 60}{\dfrac{20\times 1,000}{5\sqrt{9.8}}\left[\dfrac{1}{\sqrt{2}}-\dfrac{1}{\sqrt{4}}\right]}=453.461$$

$\therefore$ 1분당 연기배출량(m³/min) = 453.46[m³/min]

13

특별피난계단의 부속실에 설치하는 급기가압방식 제연설비의 설치 시 고려할 사항에 대하여 기술하시오.

해 답

(1) 동일 수직선상의 모든 부속실은 하나의 전용 수직풍도를 따라 동시에 급기하도록 하여야 한다.

(2) 하나의 수직풍도마다 전용의 송풍기로 급기하도록 하여야 한다.

(3) 실외와 접하는 공기유입구는 지상부에 설치하여야 한다.

(4) 급기 가압되는 부속실과 인접실의 출입문을 통한 누출공기(거실유입공기)를 배출시켜 적정차압을 유지하도록 하여야 한다.

(5) 피난을 위하여 제연구역의 출입문이 일시적으로 개방되는 경우 옥내로부터 제연구역 내로의 연기유입을 방지할 수 있는 방연풍속을 유지하도록 하여야 한다.

(6) 피난을 위하여 일시 개방된 출입문이 다시 닫히는 경우 제연구역의 과압을 방지할 수 있는 플랩댐퍼를 설치하여야 한다.

14

제연설비에 대하여 다음 도면을 보고 각 물음에 답하시오.(단, 각 실은 독립배연방식이고, 각 제연구역은 벽으로 구획되었다.)(15점)

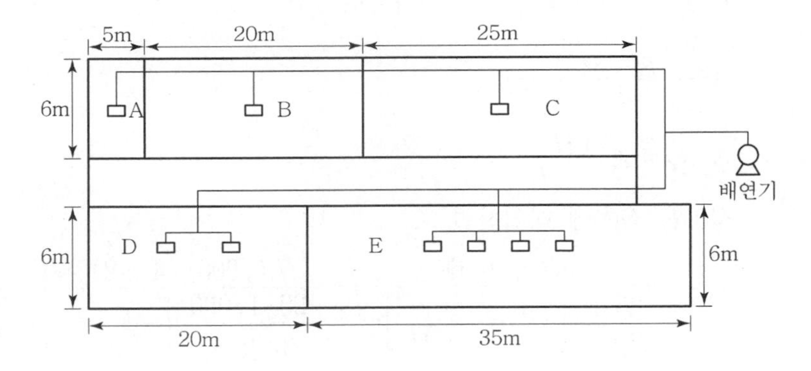

1. Damper의 설치위치를 도면에 표기하시오.(단, 댐퍼 표시기호는 ⊘로 한다.)(5점)
2. 각 실의 배출량[m^3/h]을 계산하시오.(5점)
3. 배연기의 배출용량[m^3/h]을 계산하시오.(5점)

해 답 1. Damper의 설치위치

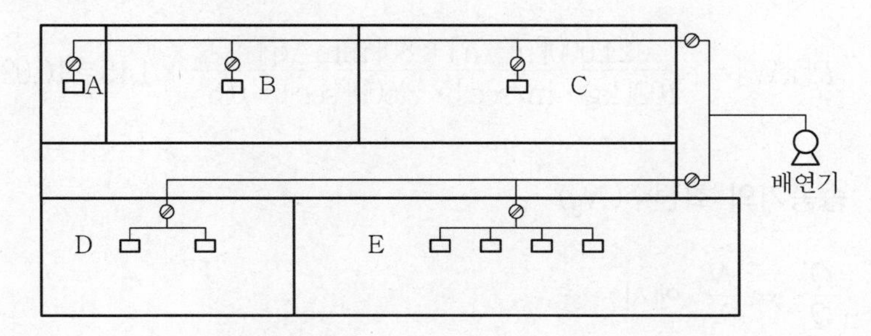

2. 각실의 배출량

※ 화재안전기준에서, 제연구역이 벽으로 구획된 것으로서 바닥면적이 400m² 미만인 경우 배출량은 바닥면적 1m²당 1m³/min(단, 최소 5,000m³/h) 이상으로 규정하고 있다.

(1) A실 : $5m \times 6m \times 1m^3/min/m^2 = 30m^3/min = 1{,}800[m^3/h]$이나, 최소 $5{,}000[m^3/h]$ 이상으로 하여야 한다.

(2) B실 : $20m \times 6m \times 1m^3/min/m^2 = 120m^3/min = 7{,}200[m^3/h]$

(3) C실 : $25m \times 6m \times 1m^3/min/m^2 = 150m^3/min = 9{,}000[m^3/h]$

(4) D실 : $20m \times 6m \times 1m^3/min/m^2 = 120m^3/min = 7{,}200[m^3/h]$

(5) E실 : $35m \times 6m \times 1m^3/min/m^2 = 210m^3/min = 12{,}600[m^3/h]$

3. 배연기의 배출용량$[m^3/h]$

$35m \times 6m \times 1m^3/min/m^2 = 210m^3/min = 12{,}600[m^3/h]$

∴ 배연기의 배출용량 $= 12{,}600[m^3/h]$

15

제연설비에 사용되는 송풍기에 대한 다음 물음에 답하시오.(10점)

1. 덕트의 소요전압이 80mmAq, 송풍기 효율 60%, 여유율 15%, 풍량 $24{,}000m^3/h$인 경우 전동기의 동력[kW]은 얼마인가?(5점)
2. 상기 송풍기를 현장에 설치하여 시운전한 결과 풍량이 $18{,}000m^3/hr$로 용량이 부족하여 송풍기 풀리를 교환하고자 한다. 이때 송풍기의 [rpm]을 측정하니 600rpm이었다면 [rpm]을 얼마로 올리면 되겠는가?(5점)

해 답 1. 전동기의 동력(P)

$$P[\mathrm{kW}] = \frac{24{,}000[\mathrm{m^3/h}] \times 80[\mathrm{mmAq}]}{102[\mathrm{kg \cdot m/sec}] \times 3{,}600[\mathrm{sec}] \times 0.6} \times 1.15 = 10.02[\mathrm{kW}]$$

2. 송풍기의 회전수(N_2)

$\frac{Q_2}{Q_1} = \frac{N_2}{N_1}$ 에서

$$N_2 = \frac{Q_2}{Q_1} \times N_1 = \frac{24,000}{18,000} \times 600 = 800[\mathrm{rpm}]$$

16

어떤 지하상가에 거실제연설비를 화재안전기준과 다음 조건에 따라 설치하고자 한다. 다음 물음에 답하시오.(15점)

〈조건〉

(가) 주덕트의 높이 제한은 600mm이다.(단, 강관두께, 덕트 플랜지 및 보온두께는 고려하지 않는다.)

(나) 배출기는 원심다익형이다.

(다) 각종 효율은 무시한다.

(라) 예상제연구역의 설계배출량은 45,000m³/h이다.

1. 배출기의 흡입측 주덕트의 최소폭은 얼마인가?(5점)
2. 배출기의 토출측 주덕트의 최소폭은 얼마인가?(5점)
3. 완공 후 풍량시험을 한 결과 풍량은 36,000m³/h, 회전수는 600rpm, 축동력 7.5kW로 측정되었다. 배출량 45,000m³/h를 만족시킬 경우의 예상 축동력[kW]은 얼마인가?(5점)

해 답 1. 흡입측 주덕트의 최소폭

$Q = AV$에서, 흡입측 허용최대풍속(V)이 15m/sec이므로

$$45{,}000[\mathrm{m^3/h}] = A \times 15[\mathrm{m/sec}] \times \frac{3{,}600[\mathrm{sec}]}{1[\mathrm{hour}]}$$

$$A = \frac{4,500}{15 \times 3,600} = 0.833[\mathrm{m^2}]$$

$$\therefore\ D = \frac{0.833\mathrm{m}}{0.6\mathrm{m}} = 1.39[\mathrm{m}]$$

2. 토출측 주덕트의 최소폭

$Q = AV$에서, 토출측 허용최대풍속(V)이 20m/sec이므로

$$45{,}000[\mathrm{m^3/h}] = A \times 20[\mathrm{m/sec}] \times \frac{3{,}600[\mathrm{sec}]}{1[\mathrm{hour}]}$$

$$A = \frac{4{,}500}{20 \times 3{,}600} = 0.625[\mathrm{m^2}]$$

$$\therefore\ D = \frac{0.625\mathrm{m}}{0.6\mathrm{m}} = 1.04[\mathrm{m}]$$

3. 배출량 45,000[m³/h]을 만족시키는 예상 축동력

(1) 토출량 : $\dfrac{Q_2}{Q_1} = \dfrac{N_2}{N_1}$ 에서

$$N_2 = \frac{Q_2}{Q_1} \times N_1 = \frac{45{,}000}{36{,}000} \times 600 = 750[\mathrm{rpm}]$$

(2) 축동력 : $\dfrac{P_2}{P_1} = \left(\dfrac{N_2}{N_1}\right)^3$ 에서

$$\therefore\ P_2 = \left(\frac{N_2}{N_1}\right)^3 \times P_1 = \left(\frac{750}{600}\right)^3 \times 7.5 = 14.65[\mathrm{kW}]$$

17

다음 그림은 건축물의 평면도이다. 이 실들 중 A실을 급기 가압하고자 한다. 주어진 조건을 이용했을 때 A실에 급기하여야 할 풍량[m³/sec]은 얼마인가? (답은 소수점 넷째 자리에서 반올림하여 셋째 자리까지 나타내시오)

[조건]

(가) 실 외부 대기의 기압은 절대압력으로 101.3kPa로 일정하다.

(나) A실에 유지하고자 하는 가압은 절대압력으로 101.4kPa이다.

(다) 각 실 문(door)의 틈새면적은 0.01m²이다.

(라) 어느 실을 급기가압할 때 그 실의 문틈 사이를 통해 누출되는 공기의 양은 다음의 식을 따른다.

17

$$Q = 0.827 \times A \times P^{\frac{1}{2}}$$

여기서, Q : 누출되는 공기의 양[m³/s]

A : 문의 틈새면적[m²]

P : 문을 경계로 한 실내외의 기압차[Pa]

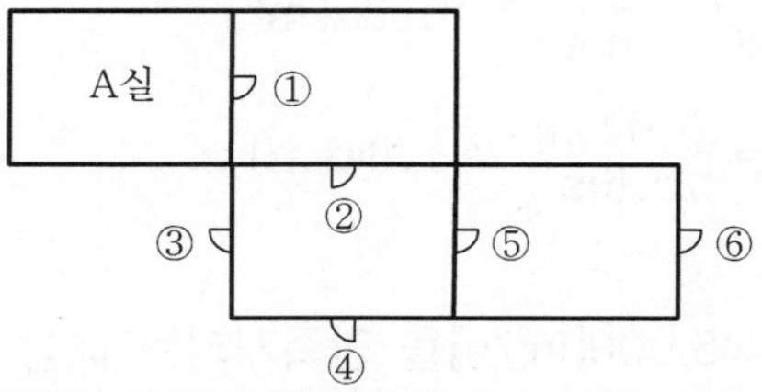

A실 ① ② ③ ④ ⑤ ⑥

해 답 1. A실의 총누설등가면적(A)

1) ⑤+⑥의 직렬합산

$$\frac{1}{\sqrt{\frac{1}{(0.01)^2} + \frac{1}{(0.01)^2}}} = 0.00707\text{m}^2 \cdots\cdots ⓐ$$

2) ③+④+ⓐ의 병렬합산

$0.01 + 0.01 + 0.00707 = 0.02707\text{m}^2$ ⋯⋯ ⓑ

3) ①+②+ⓑ의 직렬합산

$$\frac{1}{\sqrt{\frac{1}{(0.01)^2} + \frac{1}{(0.01)^2} + \frac{1}{(0.02707)^2}}} = 0.00684\text{m}^2$$

∴ A실의 총누설등가면적(A) $= 0.00684\text{m}^2$

2. 실내의 차압(P)

$P = 101{,}400\text{Pa} - 101{,}300\text{Pa} = 100\text{Pa}$

3. 누설공기량(Q)

$$Q = 0.827 \times A \times P^{\frac{1}{2}} = 0.827 \times 0.00684 \times \sqrt{100} = 0.0566 \doteqdot 0.057$$

4. A실에 급기하여야 할 풍량[m³/sec]

∴ 급기공기량=누설공기량=0.057[m³/sec]

제 11 장

자동화재탐지설비

01 자동화재탐지설비의 경계구역

1. 정의

(1) 자동화재탐지설비에서 "경계구역"이라 함은 소방대상물 내에서 화재를 유효하게 감지하고 또 화재신호를 유효하게 제어(발신 및 수신)할 수 있는 구역의 범위를 말한다.

(2) "1경계구역"은 자동화재탐지설비의 1회로(1회선)가 화재를 유효하게 감시하고 화재신호를 제어할 수 있는 구역을 말한다.
즉, 경계구역의 수=수신기의 회로선(지구선) 수=종단저항의 수

2. 경계구역의 설정기준

(1) 하나의 경계구역이 2개 이상의 건축물에 미치지 아니할 것

(2) 하나의 경계구역이 2개 이상의 층에 미치지 아니할 것
다만, 바닥면적 500m² 이하의 범위 내에서는 2개층으로 가능함

(3) 하나의 경계구역의 면적은 600m² 이하 및 한변의 길이 50m 이하
다만, 주된 출입구에서 내부 전체가 보이는 것은 한변의 길이 50m의 범위 내에서 1,000m² 이하

(4) 도로터널의 경우 하나의 경계구역의 길이는 100m 이하

(5) 계단, 경사로, 파이프 피트 및 덕트, 엘리베이터 승강로(권상기실이 있는 경우에는 권상기실) 등은 별도로 경계구역을 설정하되, 하나의 경계구역의 높이를 45m 이하(계단 및 경사로에 한한다)로 할 것 〈개정 2015.1.23〉
다만, 이 중에서도 지하층의 계단 및 경사로는 별도의 경계구역으로 설정(지하층 수가 1개인 경우는 제외)

(6) 외기에 면하여 상시 개방된 차고, 창고, 주차장 등에서 외기에 면하는 5m 미만의 범위안에 있는 부분은 경계구역의 면적에 산입하지 아니한다.
(7) 스프링클러설비 · 물분무등소화설비 또는 제연설비의 화재감지장치의 감지기를 설치한 경우 당해 소화설비의 방사구역 또는 제연구역과 동일하게 설정할 수 있다.

3. 경계구역 설정시 유의사항

(1) 건물의 용도 및 유지관리상 관련이 있는 장소는 동일 경계구역으로 설정한다.
(2) 경계구역이 가급적 동일 방화구획 내가 되도록 설정한다.
(3) 화재감지기 설치가 면제되는 장소(목욕탕, 샤워시설이 있는 화장실 등)도 경계구역의 면적에 포함하여 산출한다.
(4) 경계구역의 경계는 실내의 중앙을 경계선으로 하는 것을 피하고, 벽 · 복도 등을 따라 설정한다.
(5) 복도, 통로, 방화벽으로 설정한 경계구역마다 경계선 및 번호를 부여한다.
(6) 경계구역의 번호는 수신기에서 가까운 장소로부터 먼 장소의 순서로 부여한다.

02 화재감지기의 설치 제외장소

(1) 천장 또는 반자의 높이가 20m 이상인 장소
(2) 헛간 등 외부와 기류가 통하는 장소로서 감지기에 의하여 화재발생을 유효하게 감지할 수 없는 장소
(3) 부식성 가스가 체류하는 장소
(4) 고온도 또는 저온도로서 감지기의 기능이 정지되기 쉽거나 감지기의 유지관리가 어려운 장소
(5) 목욕실 · 욕조나 샤워시설이 있는 화장실 기타 이와 유사한 장소
(6) 파이프 덕트 등 그 밖의 이와 유사한 것으로서 2개 층마다 방화구획되거나 수평 단면적이 $5m^2$ 이하인 것
(7) 먼지 · 가루 또는 수증기가 다량 체류하는 장소 또는 주방 등 평시에 연기가 발생하는 장소(연기감지기에 한한다.)
(8) 프레스공장 · 주조공장 등 화재발생 위험이 적은 장소로서 감지기의 유지관리가 어려운 장소

03 수신기의 설치기준

(1) 해당 특정소방대상물이 경계구역을 각각 표시할 수 있는 회선수 이상의 수신기를 설치할 것
(2) 수신기가 설치된 장소에는 경계구역 일람도를 비치할 것(단, 주수신기에 한한다.)
(3) 수위실 등 상시 사람이 근무하는 장소에 설치할 것. 다만 사람이 상시 근무하는 장소가 없는 경우에는 관계인이 쉽게 접근할 수 있고 관리가 용이한 장소에 설치할 수 있다.
(4) 음향기구는 그 음량 및 음색이 다른 기기의 소음 등과 명확히 구별될 수 있을 것
(5) 감지기 · 중계기 · 발신기가 작동하는 경계구역을 표시할 수 있을 것
(6) 하나의 경계구역을 하나의 표시등 또는 문자로 표시되도록 할 것
(7) 조작스위치는 바닥으로부터 높이 0.8~1.5m일 것
(8) 하나의 소방대상물에 2 이상의 수신기를 설치하는 경우에는 수신기를 상호 간 연동하여 화재발생 상황을 각 수신기마다 확인할 수 있을 것
(9) 화재 · 가스 · 전기 등의 종합 방재반을 설치한 경우에는 당해 조작반에 수신기의 작동과 연동하여 감지기 · 발신기 · 중계기가 작동하는 경계구역을 표시할 수 있는 것으로 할 것
(10) 화재로 인하여 하나의 층의 지구음향장치 배선이 단락되어도 다른 층의 화재통보에 지장이 없도록 각 층 배선상에 유효한 조치를 할 것 〈신설 2022.5.9〉

04 자동화재탐지설비 전원의 설치기준

1. 상용전원

(1) 전원은 축전지, 전기저장장치(외부 전기에너지를 저장해 두었다가 필요한 때 전기를 공급하는 장치) 또는 교류전압의 옥내 간선으로 하고, 전원까지의 배선은 전용으로 할 것
(2) 개폐기에는 “자동화재탐지설비용”이라고 표시한 표지를 할 것

2. 비상전원

(1) 그 설비에 대한 감시상태를 60분간 지속한 후 유효하게 10분(건축법에 의한 고층건축물은 30분) 이상 경보할 수 있는 축전지설비(수신기에 내장하는 경우를 포함한다)

또는 전기저장장치(외부 전기에너지를 저장해 두었다가 필요한 때 전기를 공급하는 장치)를 설치하여야 한다.

(2) 다만, 상용전원이 축전지설비인 경우에는 그러하지 아니하다(이 경우에는 별도의 비상전원을 설치하지 않아도 된다.

05 자동화재탐지설비 배선의 설치기준

(1) 전원회로의 배선 : 내화배선

(2) 그 밖의 배선 : 내화 또는 내열배선
단, 감지기 상호 간의 배선은 600V 비닐절연전선도 가능하다.

(3) 아날로그식·다신호식감지기나 R형수신기용으로 사용되는 감지기회로의 배선은 전자파 방해를 받지 아니하는 쉴드선 등을 사용하여야 하며, 광케이블의 경우에는 전자파 방해를 받지 아니하고 내열성이 있는 경우 사용할 수 있다. 〈개정 2015.1.23〉

(4) 감지기회로 및 부속회로의 전로와 대지 사이 및 배선 상호간의 절연저항은 1경계구역마다 직류 250V의 절연저항측정기로 측정한 절연저항이 0.1MΩ 이상일 것

(5) 자동화재탐지설비의 배선은 다른 전선과는 별도의 관·덕트·몰드 또는 풀박스 등에 설치

(6) 감지기 회로의 배선방식은 송배전식으로 한다.

(7) P형 및 GP형 수신기의 감지기회로 배선 : 하나의 공통선에 접속할 수 있는 경계구역은 7개 이하로 한다.

(8) 감지기회로의 전로저항은 50Ω 이하 되게 한다.

(9) 종단저항의 설치기준
1) 점검 및 관리가 쉬운 장소에 설치할 것
2) 전용함 : 바닥으로부터 1.5m 높이 이내 설치
3) 감지기회로의 끝부분에 설치

(10) 50층 이상인 건축물에 설치하는 통신·신호배선 중 다음의 것은 이중배선으로 설치하고, 단선 시에도 고장표시가 되며 정상 작동할 수 있는 성능을 갖도록 설비를 하여야 한다.
1) 수신기와 수신기 사이의 통신배선
2) 수신기와 중계기 사이의 신호배선
3) 수신기와 감지기 사이의 신호배선

06 청각장애인용 시각경보장치의 설치기준

시각경보장치는 소방청장이 정하여 고시한 「시각경보장치의 성능인정 및 제품검사의 기술기준」에 적합한 것으로서 다음 각목의 기준에 따라 설치하여야 한다.

(1) 복도 · 통로 · 청각장애인용 객실 및 공용으로 사용하는 거실(로비, 회의실, 강의실, 식당, 휴게실, 오락실, 대기실, 체력단련실, 접객실, 안내실, 전시실, 기타 이와 유사한 장소)에 설치하며, 각 부분으로부터 유효하게 경보를 발할 수 있는 위치에 설치할 것
(2) 공연장 · 집회장 · 관람장 또는 이와 유사한 장소에 설치하는 경우에는 시선이 집중되는 무대부 등의 부분에 설치할 것
(3) 설치높이 : 바닥으로부터 2~2.5m(단, 천장의 높이가 2m 이하인 경우에는 천장으로부터 0.15m) 이내에 설치
(4) 하나의 소방대상물에 2 이상의 수신기가 설치된 경우에는 어느 수신기에서도 시각경보장치를 작동할 수 있을 것
(5) 전원 : 시각경보기의 광원은 전용의 축전지설비에 의하여 점등하도록 할 것
다만, 시각경보기에 작동전원을 공급할 수 있도록 형식승인을 얻은 수신기를 설치한 경우에는 그러하지 아니하다.

07 일반 화재감지기의 설치기준

1. 열식감지기(스포트형)

(1) 감지기 설치위치

1) 천장 또는 반자의 옥내에 면하는 부분
2) 공기유입구로부터 1.5m 이상 떨어진 위치(단, 분포형은 예외)

(2) 보상식 및 정온식 감지기

정온점이 주위 최고온도보다 20℃ 이상 높은 것으로 설치

(3) 정온식감지기

주방 · 보일러실 등 다량의 화기를 취급하는 장소에 설치

(4) 부착 높이별 감지기 1개당 바닥면적[m^2]

부착 높이	구조	차동식 · 보상식		정온식		
		1종	2종	특종	1종	2종
4m 미만	내화구조	90	70	70	60	20
4m 이상 8m 미만	내화구조	45	35	35	30	–

2. 연기감지기

(1) 연기감지기의 법정설치장소

1) 계단 및 경사로 : 수직거리 15m 이상
2) 복도 : 길이 30m 이상
3) 천장 또는 반자의 높이 : 15m 이상, 20m 미만의 장소
4) 엘리베이터 승강로(권상기실), 린넨슈트, 파이프 덕트, 기타 이와 유사한 장소
5) 다음 각 목의 어느 하나에 해당하는 특정소방대상물의 취침 · 숙박 · 입원 등 이와 유사한 용도로 사용되는 거실 〈개정 2015.1.23〉
   ① 공동주택, 오피스텔, 숙박시설, 노유자시설, 수련시설
   ② 교육연구시설 중 합숙소
   ③ 의료시설, 근린생활시설 중 입원실이 있는 의원 · 조산원
   ④ 교정 및 군사시설
   ⑤ 근린생활시설 중 고시원

(2) 설치위치

1) 복도 및 통로 : 보행거리 30m마다 1개 이상 설치
2) 계단 및 경사로 : 수직거리 15m마다 1개 이상 설치
3) 천장 또는 반자가 낮은 실내 또는 좁은 실내 : 출입구 가까운 부위에 설치
4) 천장 또는 반자 부근에 배기구가 있는 경우 : 그 부근에 설치
5) 벽 또는 보로부터 0.6m 이상 이격하여 설치
6) 감지기 1개당 바닥면적[m^2]

부착 높이	1종 · 2종	3종
4m 미만	150	50
4m 이상, 20m 미만	75	–

08 특수감지기의 종류 및 적응장소

1. 개요

국가화재안전기준에는 비화재보의 발생률이 낮은 특수한 감지기 8가지를 규정하고, 비화재보 발생의 우려가 높은 장소에는 이 8가지 감지기 중에서 적응성 있는 감지기를 설치하도록 하여 신뢰성있는 화재정보를 수신할 수 있도록 하고 있다.

2. 특수감지기의 종류

(1) 불꽃감지기
(2) 분포형 감지기
(3) 복합형 감지기
(4) 광전식 분리형 감지기
(5) 정온식 감지선형 감지기
(6) 다신호방식의 감지기
(7) 아날로그방식의 감지기
(8) 축적방식의 감지기

3. 특수감지기의 적응장소

(1) 다음 각 항목에 적용할 수 있는 감지기

- 교차회로방식을 갈음할 수 있는 감지기
- 지하구 또는 터널에 적용하는 감지기
- 비화재보 발생 우려장소에 적용하는 감지기

(여기서, 비화재보 발생 우려장소란 다음 각 호 중 어느 하나의 경우로서 일시적인 열·연기·먼지의 발생에 의해 화재신호를 발신할 우려가 있는 장소를 말한다.)

㉮ 지하층·무창층 등으로서 환기가 잘 되지 아니하거나 실내면적이 40m² 미만인 장소

㉯ 감지기 부착면과 실내 바닥과의 거리가 2.3m 이하인 곳

1) 불꽃감지기
2) 분포형 감지기
3) 복합형 감지기
4) 광전식 분리형 감지기
5) 정온식 감지선형 감지기

6) 아날로그방식의 감지기
7) 다신호방식의 감지기
8) 축적방식의 감지기

(2) 화학공장, 제련소, 격납고에 적용할 수 있는 감지기

1) 불꽃감지기
2) 광전식 분리형 감지기

(3) 전산실 또는 반도체공장에 적용할 수 있는 감지기

1) 광전식 공기흡입형 감지기

(4) 지하구 또는 터널에 적용할 수 있는 감지기

상기 제(1)항 각 호의 감지기 중에서 먼지·습기 등의 영향을 받지 아니하고 발화지점을 확인할 수 있는 감지기

(5) 층수가 30층 이상인 특정소방대상물에 설치하는 감지기

아날로그방식의 감지기로서 감지기의 작동 및 설치 지점을 수신기에서 확인할 수 있는 것으로 설치하여야 한다. 다만, 공동주택의 경우에는 감지기별로 작동 및 설치지점을 수신기에서 확인할 수 있는 아날로그방식 외의 감지기로 설치할 수 있다.

4. 특수감지기 설치가 부적합한 장소(모든 특수감지기 공통)

(1) 현저한 고온 연기 또는 부식성 가스의 발생 우려가 있는 장소
(2) 평상시 다량의 연기 또는 수증기·결로가 체류하는 장소(이 경우 차동식 분포형 또는 보상식 감지기 사용가능)
(3) 평상시 화염에 노출되는 장소

5. 부착높이별 적응 감지기

8m 이상~15m 미만	15m 이상~20m 미만	20m 이상
① 차동식 분포형 ② 이온화식 1종 또는 2종 ③ 광전식(스포트형·분리형·공기흡입형) 1종 또는 2종 ④ 연기복합형 ⑤ 불꽃감지기	① 이온화식 1종 ② 광전식(스포트형·분리형·공기흡입형) 1종 ③ 연기복합형 ④ 불꽃감지기	① 불꽃감지기 ② 광전식(분리형·공기흡입형) 중 아날로그 방식

09 특수감지기의 설치기준

1. 정온식 감지선형 감지기

(1) 감지선형 감지기와 감지구역 각 부분과의 수평거리 한계

주요구조부	1종	2종
내화구조	4.5m	3m
기타구조	3m	1m

(2) 보조선이나 고정금구를 사용하여 감지선이 늘어지지 않도록 설치

(3) 단자부와 마감 고정금구와의 설치간격 : 10cm 이내

(4) 감지선의 굴곡반경 : 5cm 이상

(5) 케이블 트레이에 설치하는 경우 : 케이블 트레이 받침대에 마감금구를 사용하여 설치하고, Sine Wave 형태로 설치

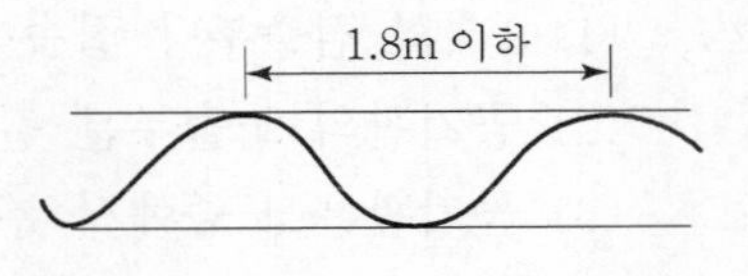

(6) 지하구나 창고의 천장 등에 지지물이 적당하지 않은 장소에서는 보조선을 설치하고 그 보조선에 설치

(7) 분전반 내부에 설치하는 경우 : 접착제를 이용, 돌기를 바닥에 고정시키고 그 곳에 감지기 설치

(8) 그 밖의 설치방법은 형식승인 내용에 따르며 형식승인 사항이 아닌 것은 제조사의 시방에 따라 설치

2. 불꽃 감지기

(1) 공칭감시거리 및 공칭시야각은 형식승인 내용에 따를 것

(2) 공칭감시거리 및 공칭 시야각을 기준으로 감시구역이 모두 포용될 수 있도록 설치

(3) 감지기의 설치위치 : 화재감지를 유효하게 할 수 있는 벽면 또는 모서리

(4) 천장에 설치하는 경우 : 감지기가 바닥을 향하도록 설치

(5) 수분이 많이 발생할 우려가 있는 장소 : 방수형 설치

(6) 그 밖의 설치기준은 형식승인 내용에 따르며, 형식승인 사항이 아닌 것은 제조사의 시방에 따라 설치할 수 있다.

3. 광전식 분리형 감지기

(1) 감지기의 수광면은 햇빛을 직접 받지 않도록 설치
(2) 광축 : 나란한 벽면으로부터 0.6m 이상 이격하여 설치
(3) 광축의 길이 : 공칭 감시거리 범위 이내일 것
(4) 광축의 높이 : 천장높이의 80% 이상일 것
(5) 송광부 및 수광부 : 설치된 뒷벽면으로부터 1m 이내 위치에 설치

10 차동식분포형감지기의 설치기준

1. 공기관식

(1) 1개의 검출부당 접속하는 공기관의 길이 : 100m 이하
(2) 공기관의 노출부분 길이 : 감지구역마다 20m 이상
(3) 공기관은 도중에서 분기하지 아니할 것
(4) 검출부는 5° 이상 경사되지 않게 부착
(5) 검출부는 바닥으로부터 0.8～1.5m 위치에 설치
(6) 공기관의 설치간격

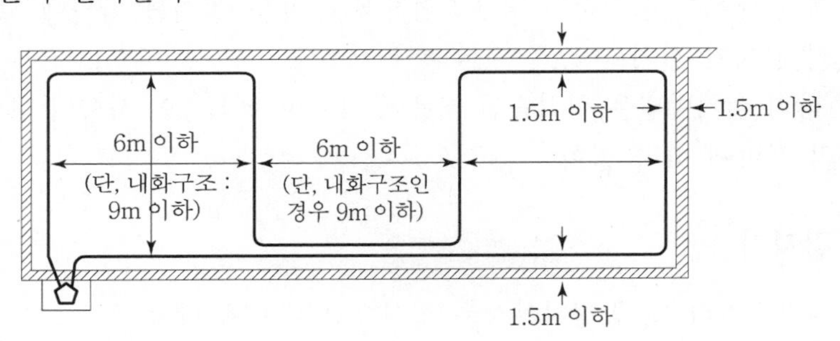

2. 열전대식

(1) 1개의 검출부에 접속하는 열전대부는 20개 이하
(2) 감지구역의 바닥면적 $18m^2$(내화구조 : $22m^2$)마다 열전대부 1개 이상. 다만 바닥면적이 $72m^2$(내화구조 : $88m^2$) 이하인 경우에는 4개 이상으로 한다.

3. 열반도체식

(1) 1개의 검출부에 접속하는 감지부는 2～15개

(2) 감지부는 부착 높이에 따라 다음의 바닥면적마다 1개 이상으로 설치

부착높이별 구분		열반도체식(단위 : m^2)	
		1종	2종
8m 미만	내화구조	65	36
	기타구조	40	23
8m 이상 15m 미만	내화구조	50	36
	기타구조	30	23

11 축적형 수신기의 적용

1. 축적형 수신기를 적용하는 장소

일시적으로 발생하는 열·연기·먼지 등에 의하여 화재신호를 발신할 우려가 있는 장소로서 다음 각 호의 1에 해당하는 장소(다만, 위의 제7절의 특수감지기를 설치한 경우는 제외)

(1) 지하층, 무창층으로서 환기가 잘 되지 않는 장소

(2) 실내면적이 $40m^2$ 미만인 장소

(3) 감지기 부착면과 바닥과의 거리가 2.3m 이하인 장소

2. 비축적형 감지기만 적용하는 장소

(1) 감지기를 교차회로방식으로 적용하는 장소

(2) 급속한 연소확대가 우려되는 장소

(3) 축적형 수신기에 연결하여 사용하는 감지기

12 우선경보방식의 적용기준

1. 우선경보방식(구분명동방식)의 적용대상

층수가 11층(지하층은 제외, 공동주택은 16층) 이상인 특정소방대상물 또는 그 부분

2. 우선경보방식 기준

(1) 2층 이상의 층에서 발화한 때 : 발화층 및 그 직상 4개층에 경보

(2) 1층에서 발화한 때 : 발화층 · 그 직상 4개층 및 지하층에 경보

(3) 지하층에서 발화한 때 : 발화층 · 그 직상층 및 기타의 지하층에 경보

중요예상문제

01

그림의 소방대상물에서 경계구역의 수 및 설치하는 감지기의 종류별 수량을 구하시오.

〈조건〉

① 주요구조부는 내화구조이다.

② 지하 2층에서 6층까지의 직통계단은 1개소이다.

③ 각 층은 차동식 스포트형(1종)을 설치한다.

④ 5층 이하는 바닥면적이 $620m^2$이며, 화장실 면적(샤워시설 있음)은 각 층별로 $30m^2$이다.

⑤ B1, 1층은 반자높이가 4m이며, 기타 층은 반자높이가 4m 미만이다.

⑥ 복도는 없는 구조이며, 6층의 바닥면적은 $200m^2$이다.

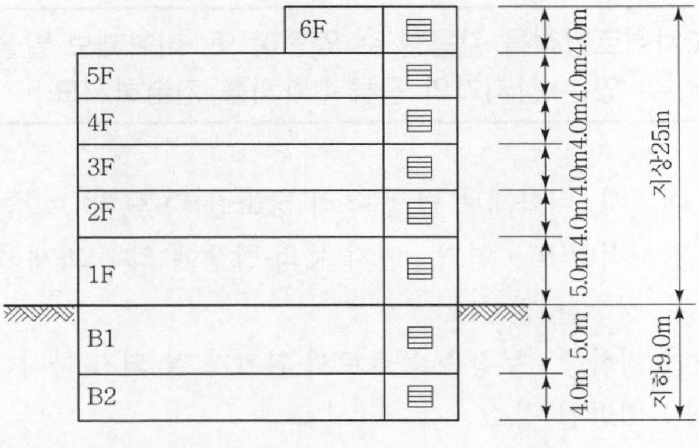

해 답 1. 경계구역 수＝경계구역 수는 각 층의 바닥면적으로 산정한다.

(1) 5층 이하 : $620m^2 \div 600m^2 \fallingdotseq 2$회로 : 층별 2회로×7개층＝14회로

(2) 6층 : $200m^2 \div 600m^2 \fallingdotseq 1$회로

(3) 계단 : 지상층1＋지하층1＝2회로(계단은 45m까지 1회로이나 지하 2층 이상인 경우에는 지하층 계단을 별개회로로 하여야 한다.)

∴ 회로수 합계＝14＋1＋2＝17회로

2. 감지기 수량＝감지기 설치면적으로 산정한다. 단, 화장실에 샤워시설이 있

으므로 화장실 면적을 제외한다.

즉, 5층 이하는 620m^2 – 화장실 30m^2 = 590m^{2}로 산정한다.

(1) 차동식

① 4m 미만(B2층, 2층, 3층, 4층, 5층) : 590 ÷ 90 ≒ 7개 : 층별 7개 × 5개층 = 35개

② 4m 이상(B1층, 1층) : 590 ÷ 45 ≒ 14개 : 층별 14개 × 2개층 = 28개

③ 6층 : 200 ÷ 90 ≒ 3개

차동식 합계 : 66개

(2) 연기식

계단 : 지상 2개(연기), 지하 1개(연기)

연기식 합계 : 3개

∴ 감지기 총 수량 : 차동식 66개 + 연기식 3개 = 69개

02

교차회로방식을 갈음할 수 있으며 또, 비화재보 발생 우려 장소에도 적용할 수 있는 감지기의 종류 8가지를 기술하시오.

해답

여기서, 비화재보 발생 우려 장소란 다음 각 호 중 어느 하나의 경우로서 일시적인 열·연기·먼지 등의 발생에 의해 화재신호를 발신할 우려가 있는 장소를 말한다.

㉮ 지하층·무창층 등으로서 환기가 잘 되지 아니하거나 실내면적이 40m^2 미만인 장소

㉯ 감지기 부착면과 실내 바닥과의 거리가 2.3m 이하인 곳

(1) 불꽃 감지기
(2) 분포형 감지기
(3) 복합형 감지기
(4) 광전식 분리형 감지기
(5) 정온식 감지선형 감지기
(6) 다신호방식의 감지기
(7) 아날로그방식의 감지기
(8) 축적방식의 감지기

03

자동화재탐지설비의 화재안전기준에서 규정하고 있는 직상발화층 우선경보방식으로 하여야 하는 대상과 화재시 경보층을 기술하시오.(층수 29층)

해 답 1. 직상발화층 우선경보방식의 대상

지상 5층 이상으로서 연면적이 3,000m²를 초과하는 특정소방대상물 또는 그 부분

2. 직상발화층 우선경보방식의 설치기준(경보층)

발화층	경보층
2층 이상	발화층 및 그 직상층
1층	지하 전체층, 1층, 2층
지하 1층	지하 전체층, 1층
지하 2층 이하	지하 전체층

04 화재감지기 중 보상식 · 복합식 · 다신호식 감지기에 대하여 동작원리 및 특성을 상호비교하여 설명하시오.

해 답 1. 보상식 감지기

(1) 정온식+차동식의 개념
(2) 출력방식 : OR회로 방식
(3) 신호 : 단신호

2. 복합식 감지기

(1) 감지특성이 다른 2종류 이상의 감지기능 보유
(2) 출력방식 : AND회로 방식
(3) 신호 : 단신호

3. 다신호식 감지기

(1) 2종류 이상의 감지기능 또는 감도기능을 보유
(2) 출력방식 : OR회로 방식
(3) 신호 : 다신호(2신호 이상)
[예] 공칭작동온도 또는 연기농도에 따라 단계별로 신호를 송신

4. 결론

종류	신호출력방식	신호출력수	감지 기능
보상식	OR	1	2
복합식	AND	1	2
다신호식	OR	2	2

05

주요구조부가 내화구조이고 다음 그림과 같은 크기의 실이 있는 건축물에 차동식 스포트형 감지기(1종)를 설치할 경우 필요한 감지기의 수량과 경계구역의 수를 산출하시오.(감지기의 부착높이는 4.5m이다.)

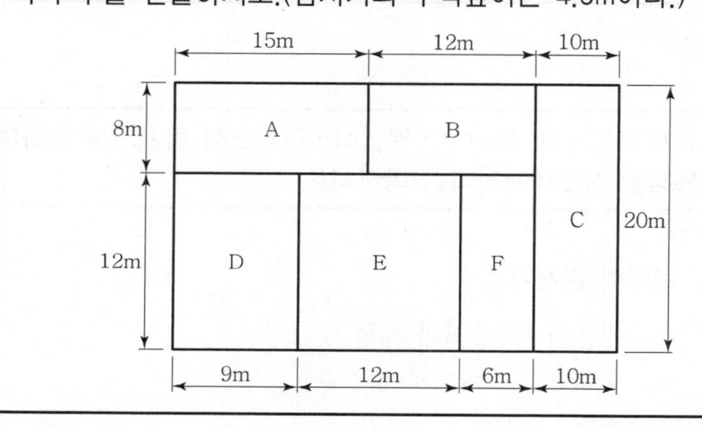

해 답 1. 감지기 수량 산출

A실 : $15 \times 8 = 120m^2$ → $120 \div 45 = 2.67 ≒ 3$개

B실 : $12 \times 8 = 96m^2$ → $96 \div 45 = 2.13 ≒ 3$개

C실 : $10 \times 20 = 200m^2$ → $200 \div 45 = 4.44 ≒ 5$개

D실 : $12 \times 9 = 108m^2$ → $108 \div 45 = 2.4 ≒ 3$개

E실 : $12 \times 12 = 144m^2$ → $144 \div 45 = 3.2 ≒ 4$개

F실 : $12 \times 6 = 72m^2$ → $72 \div 45 = 1.6 ≒ 2$개

∴ 감지기 총 개수 $= 3+3+5+3+4+2 = 20$개

2. 경계구역 수량 산출

바닥면적 합계 : $20 \times 37 = 740m^2$

740 ÷ 600 = 1.23 ≒ 2회로

∴ 경계구역 수 = 2회로

06 자동화재탐지설비에서 다중전송방식(Multiplexing)의 특징을 기술하시오.

해 답 (1) 선로수가 적게 들어 경제적이다.

(2) 선로의 길이를 길게 만들 수 있다.

(3) 증설 또는 이설이 비교적 용이하다.

(4) 신호표시방식이 디지털 표시방식이므로 화재발생지구를 선명하게 숫자로 표시할 수 있다.

(5) 신호의 전달이 정확하다.

(6) 고층 또는 대체로 분산된 건물에도 효율적으로 적용할 수 있다.

07 연기감지기 중 광전식감지기의 구조원리를 설명하시오.

해 답 1. 개요

광전식감지기란 산란광의 변화에 의한 광전소자의 전기저항의 변화를 이용하여 화재신호를 송신하는 방식이다.

2. 구조 및 동작원리

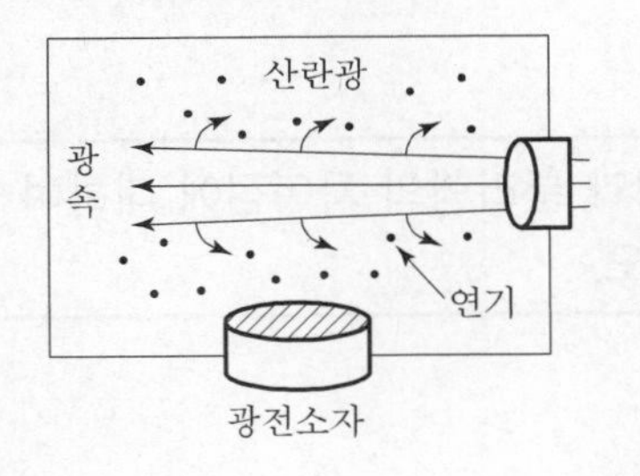

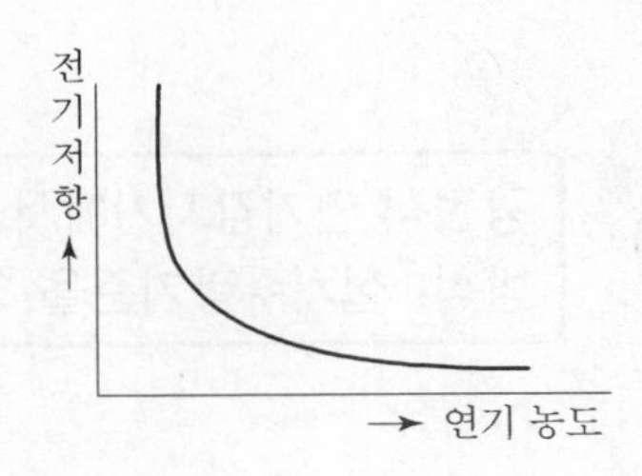

(1) 연기가 감지기 내부로 유입

(2) 광원으로부터의 빛이 연기 입자에 의해 난반사되어 산란광 발생

(3) 광전소자는 이 산란광을 받아 전기저항이 감소된다.
(4) 전기저항 감소에 따라 전류의 흐름이 증가한다.
(5) 이때의 전류흐름 증가를 검출하여 화재신호를 전송하게 된다.

08

연기감지기 중 광전식과 이온화식 감지기의 차이점을 상호 비교하여 기술하시오.

해답

적응성	이온화식	광전식
적용 화재	표면화재(B급 화재)	심부화재(A급 화재)
연기 입자	작은 입자(0.3 μm 이하)	큰 입자(0.3~15 μm)
연기 색상	연기색상과 무관 : 이온에 연기입자가 흡착되는 것에 관계되므로	밝은회색 : 밝은 색일수록 빛을 많이 반사함
적용 장소	1) 환경이 깨끗한 장소 2) 비가시성 연기가 발생할 수 있는 곳 3) 컴퓨터실 등 4) B급 화재 등 불꽃화재	1) 훈소화재가 예상되는 장소(A급 화재) 2) 주방 부근 등
비화재보	1) 온도·습도·바람에 민감하다. 2) 전자파에 의한 영향이 없다.	1) 분광 특성상 다른 파장의 빛에 의해 동작할 수 있다. 2) 전자파에 의한 오동작의 우려가 있다.

09

광전식 연기감지기에서 스포트형과 분리형의 차이점에 대하여 구조, 감지방식, 설치수량기준을 기술하시오.

해답

	스포트형	분리형
구조	송광부와 수광부가 통합됨	송광부와 수광부가 분리됨

	스포트형			분리형
감지방식	수광량의 증가를 검출하는 산란광식			수광량의 감소를 검출하는 감광식
설치수량 기준	면적기준	4m 미만	1·2종 : 1개/150m²	거리기준 : 공칭감시거리 5m 이상~100m 이하
			3종 : 1개/50m²	
		4~20m : 1·2종 : 1개/75m²		

10

자동화재탐지설비에 대하여 다음 물음에 답하시오.

1. 그림의 계통도에서 간선(a~f)의 최소 전선수를 명기하시오.(단, 감지기와 경종·표시등의 공통선은 별개로 하며, 직상층 우선경보방식임)

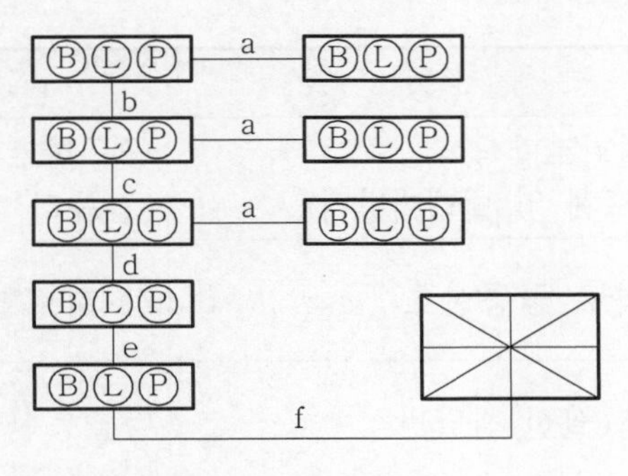

2. 중계기의 설치기준에 대하여 기술하시오.

해 답 1. 전선수

(1) a 전선수 : 7선(회로, 회로공통, 전화, 응답, 경종, 표시등, 경종·표시등의 공통)
(2) b 전선수 : 8선(회로선 1선 추가, 경종선은 동일층이므로 추가 없음)
(3) c 전선수 : 11선(회로선 2선, 경종선 1선 추가)
(4) d 전선수 : 14선(회로선 2선, 경종선 1선 추가)
(5) e 전선수 : 16선(회로선 1선, 경종선 1선 추가)
(6) f 전선수 : 19선(회로선 1선, 회로공통선 1선, 경종선 1선 추가)

2. 중계기의 설치기준

(1) 수신기에서 직접 감지기회로의 도통시험을 행하지 아니하는 것에 있

어서는 수신기와 감지기 사이에 설치할 것

(2) 조작 및 점검에 편리하고 방화상 유효한 장소에 설치할 것

(3) 수신기에 의하여 감지되지 아니하는 배선을 통하여 전력을 공급받는 것에 있어서는 전원 입력측의 배선에 과전류차단기를 설치하고 당해 전원의 정전 시 즉시 수신기에 표시되는 것으로 하며, 상용전원 및 예비전원의 시험을 할 수 있도록 할 것

11

자동화재탐지설비에서 P형과 R형 수신기의 차이점을 비교하여 기술하시오.

해 답

	P형	R형
회로방식	개별회로방식 (반도체 및 릴레이방식)	공통회로방식 (컴퓨터 처리방식)
신호종류	전회로 공통신호	각 회로별 고유신호
신호전달방식	개별(실선)전달방식	다중통신방식(Multiplexing)
신호표시방식	지구창의 점등방식	디지털 표시방식(CRT)
구성	중계기 불필요	중계기 필요
배선	Local 기기 $\xrightarrow{\text{실선}}$ 수신기	Local $\xrightarrow{\text{실선}}$ 중계기 $\xrightarrow{\text{신호선}}$ 수신기
도통시험	감지기 말단까지 시험	중계기까지 시험 (단, 분산형은 말단까지)
선로전압강하	선로 길이에 따라 전압강하 발생	전압강하 없다.
경제성	시설비 과다 소요(배선수 과다 소요)	시설비 대폭 절감

증설 · 이설	별도의 수신반 또는 대용량 수신기로 교체	1) 수신기 확장카드 추가 및 중계기 증설 2) 선로 길이를 길게 할 수 있으므로 증설이 용이함
신뢰성	수신기 고장시 자동화재탐지 설비 전체 기능 마비	1) 수신기가 고장이 나도 중계기는 독자적으로 운용 가능 2) 특정 중계기 고장시 다른 중계기는 동작하므로 전체시스템 마비는 없다.
회로수용 능력	1면당 180회로 수용	1면당 1,000회로 수용
대상 규모	소규모 건물(10층 이하)	고층 또는 대규모 건물, 분산된 건물

12

자동화재탐지설비의 수신기 설치와 관련하여 수신기의 전원선을 배선전용실(EPS)을 이용하여 시공할 경우 다음 물음에 답하시오.(20점)

1. 수신기의 전원선으로 전선관에 수납하여 설치할 수 있는 사용전선의 종류 12가지를 기술하시오.(10점)
2. 배선전용실 내에 전원선을 설치하고자 할 경우 이와 관련된 화재안전기준의 규정 3가지를 기술하시오.(10점)

해답 1. 수신기의 전원선으로 전선관에 수납하여 설치할 수 있는 사용전선의 종류 12가지 (수신기의 전원용 배선은 내화배선이므로 내화배선용으로 사용할 수 있는 전선을 기술하면 된다)

(1) 450/750V 저독성 난연 가교 폴리올레핀 절연전선
(2) 0.6/1kV 가교 폴리에틸렌 절연 저독성 난연 폴리올레핀 시스 전력케이블
(3) 6/10kV 가교 폴리에틸렌 절연 저독성 난연 폴리올레핀 시스 전력케이블
(4) 가교 폴리에틸렌 절연 비닐시스 트레이용 난연 전력케이블
(5) 0.6/1kV EP 고무절연 클로로프렌 시스케이블
(6) 300/500V 내열성 실리콘 고무 절연전선(180℃)
(7) 내열성 에틸렌-비닐 아세테이트 고무 절연케이블
(8) 버스덕트(Bus Duct)

(9) 기타 전기용품안전관리법 및 전기설비기술기준에 따라 동등 이상의 내화성능이 있다고 주무부장관이 인정하는 것

2. 배선전용실 내에 전원선을 설치하고자 할 경우 이와 관련된 화재안전기준의 규정 2가지

(1) 배선전용실은 내화성능을 갖는 구조이어야 한다.
(2) 배선전용실 내에 다른 설비용 배선이 있는 경우 이로부터 15cm 이상 이격하거나, 가장 굵은 전선관 직경의 1.5배 높이 이상의 불연성 격벽을 설치하여야 한다.

13 자동화재탐지설비에서 감지기회로를 송배전식으로 하고, 종단저항을 설치하는 이유를 기술하시오.

해 답 1. 송배전방식으로 하는 이유

송배전방식이란 배선의 도중에서 분기하지 아니하도록 하는 배선방식, 즉 일명 보내기 배선방식으로 시공하는 것을 말하며, 도통시험을 확실하게 하기 위하여 송배전방식으로 설치한다.

2. 종단저항을 설치하는 이유

감지기회로의 말단에 저항을 설치하면 배선의 단선 유무를 확인하는 도통시험을 용이하게 할 수 있다.

14 화재안전기준(NFSC 203)에 의하여 이온화식스포트형감지기 및 광전식분리형감지기의 환경상태별 적응장소를 기술하시오.

해 답 1. 이온화식 스포트형감지기

이온화식 연기감지기는 환경이 깨끗하고 비가시성 연기가 발생할 수 있는 알코올저장소, 취침시설, 복도·통로 등에 적용하면 유용하다.

(1) 취침시설로 사용하는 장소 : 호텔객실, 여관, 수면실 등
(2) 연기 이외의 미분이 떠다니는 장소 : 복도, 통로 등 있는 곳

2. 광전식분리형감지기

광전식분리형감지기는 비화재보 우려가 적고, 감도를 가변시킬 수 있어 설치장소의 환경에 맞는 S/N비(신호대 잡음비)를 유지할 수 있으며, 특히 높은 천장의 건물 등에 적용하면 대단히 유용하다.

(1) 흡연에 의해 연기가 체류하며 환기가 잘 되지 않는 장소 : 회의실, 응접실, 휴게실, 노래연습실, 오락실, 다방, 음식점, 대합실, 카바레 등의 객실, 집회장, 연회장 등
(2) 취침시설로 사용하는 장소 : 호텔객실, 여관, 수면실 등
(3) 연기 이외의 미분이 떠다니는 장소 : 복도, 통로 등
(4) 바람의 영향을 받기 쉬운 장소 : 로비, 교회, 관람장, 옥탑의 기계실
(5) 연기가 멀리 이동해서 감지기에 도달하는 장소 : 계단, 경사로
(6) 훈소화재의 우려가 있는 장소 : 전화기기실, 통신기기실, 전산실, 기계제어실
(7) 넓은 공간으로 천장이 높아 열 및 연기가 확산하는 장소 : 체육관, 항공기 격납고, 높은 천장의 공장 · 창고, 관람석 상부 등 감지기 부착높이가 8m 이상인 장소

15

차동식 스포트형 열감지기의 종류 3가지를 나열하고, 각 감지기의 구조 중 차동식의 기능을 실행하는 부분의 구조 및 그 부분에 대한 동작원리를 각각 설명하시오.

해 답 1. 개요

(1) 차동식스포트형감지기는 주위온도의 변화가 일정한 상승률 이상이 되는 경우에 동작하는 것으로서 일정 국소에서의 온도상승률에 의하여 동작하는 감지기를 말한다.
(2) 그 종류는 차동식의 기능을 실행하는 감지소자의 종류에 따라 공기식, 열전대식, 열반도체식이 있다.

2. 차동식스포트형감지기의 종류별 동작원리

(1) 공기식

① 화재 등에 의해 온도가 상승하면 감지기 감열실 내의 공기가 팽창

하여 다이어프램을 압박하므로 이 다이어프램이 밀려 올라가 접점이 닫힘으로써 화재신호를 수신기로 송출하게 된다.

② 화재 이외의 완만한 온도상승의 경우에는 팽창공기가 Leak 구멍을 통하여 외부로 빠져나가므로 접점이 닫히지 않아 화재신호를 발신하지 않는다.

(2) 열전대식

① 열전대를 감지소자로 사용하며, 화재시 열전대부에서 온도차에 의한 Seebeck 효과로 인해 발생하는 열기전력을 이용하여 미터릴레이를 작동시켜 화재신호를 발신하게 된다.

② Seebeck 효과란

두 종류의 금속선을 서로 접합하여 폐회로를 만들고 두 접합점에 대하여 서로 다른 온도로 유지하면 기전력이 발생하여 폐회로에 전류가 흐르는 현상을 말한다.

(3) 열반도체식

① 일반적인 금속도체는 온도가 상승하면 전기저항값이 증가한다. 그러나 반도체는 온도가 상승하면 전기저항값이 감소하는데 이러한 반도체를 서미스터라고 한다.

② 화재 등으로 온도가 급상승할 때 이러한 반도체의 특성을 이용하여 반도체 소자에 전기저항이 감소하면 전류가 흘러 검출부의 미터릴레이를 작동시키게 되어 화재신호를 송출한다.

③ 그러나 화재가 아닌 난방 등으로 온도가 완만하게 상승할 때에는 열기전력이 작아 미터릴레이가 작동하지 않는다.

16

동일층에서는 칸막이 없이 개방되어 있는(단, 출입구에서 내부 전체가 보이는 구조는 아님) 지상10층·지하2층의 아래 건축물에 대하여 다음의 각 물음에 답하시오.

1. 지하1층에서 화재감지기가 작동하였을 경우 비상방송설비가 연동되어 비상방송이 송출되는 층을 쓰시오.
2. 자동화재탐지설비의 최소 경계구역의 수를 산출하시오.(단, 각 층의 바닥면적은 동일함)

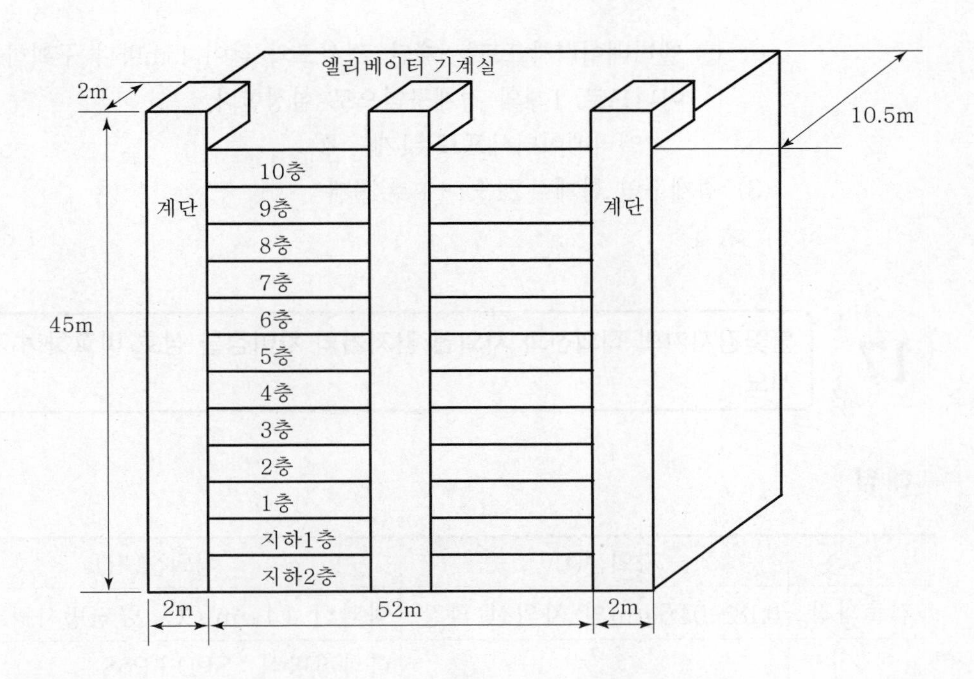

해 답

1. 지하 1층에서 화재감지기가 작동하였을 경우 비상방송설비가 연동되어 비상방송이 송출되는 층

지하층에서 발화한(감지기가 작동한) 경우에는 발화층 · 그 직상층 및 기타의 지하층에 우선적으로 경보를 발하도록 규정하고 있다.

∴ 지상 1층, 지하 1층, 지하 2층

2. 자동화재탐지설비의 최소 경계구역의 수

(1) 1개 층당 경계구역 개수 산정

① $56m \times 10.5 = 588m^2 - $(계단 2개소 + E/V샤프트)

$= 588 - 2 \times 2 \times 3 = 576m^2$

이므로 하나의 경계구역에 해당하지만 한 변의 길이가 50m를 초과(56m)하므로 하나의 층은 각각 2개의 경계구역으로 산정한다.

② 경계구역 2개 × 12개층 = 24개

(2) 계단 및 엘리베이터샤프트 경계구역의 개수 산정

① 좌측 및 우측의 계단실은 지하 2층 이상이므로 지상층 계단실과 지하층 계단실은 별도의 경계구역으로 산정한다.

∴ 2개 경계구역 × 계단실 2개 = 4개

② 엘리베이터샤프트는 계단, 경사로와 같이 45m마다 구획하는 것이 아니므로, 1개의 경계구역으로 설정한다.
∴ 엘리베이터샤프트=1개

(3) 경계구역 합계 = 24+4+1 = 29개

17

불꽃감지기의 적외선과 자외선 감지기의 차이점을 상호 비교하여 기술하시오.

해 답

	자외선(UV)	적외선(IR)
검출파장	0.18~0.26 μm의 자외선 파장	적외선 4.4 μm(CO_2 공명방사방식)
검출소자	방전관(가이거뮬러관)	다파장방식 : SPD+PbS CO_2 공명방사식 : 세렌화납(PbSe) 정방사방식 : ① SPD ② Photo Transister
기능(감도)	감도가 빠르나 비화재보의 우려가 높다.	감도가 늦으나 비화재보의 우려가 낮다.
연기영향	연기·분진 증가시 급격하게 감도 저하	파장이 길므로 연기·분진의 영향이 적다.
오동작(오보)	조명, 진동, X-ray선, 태양광선, 용접시의 광선에 의한 오보 요인이 있다.	백열전구, 열기구 등 변동하는 열원에 의한 오보의 우려가 있다. X선, 용접광선 등의 영향은 적다.
적응성	온도, 습도, 압력, 바람 등의 영향을 받지 않으므로 (옥외용)으로 적합	건물의 (옥내용)으로 높은 천장 또는 넓은 공간에 적합
관리적 측면	투과창이 오손되면 감도가 저하되므로 수시로 청소를 요함	투과창이 오손되어도 감도기능의 저하가 적다. 즉 창의 더러워짐에 강하다.

18

자동화재탐지설비에서 축적형 감지기를 적용하여야 하는 경우와 적용하지 않아야 하는 경우에 대하여 기술하시오.

해 답 1. 축적형 감지기를 적용하여야 하는 경우

다음 각 호 중 1의 경우로서 일시적인 열 · 연기 · 먼지의 발생에 의해 화재신호를 발신할 우려가 있는 장소

(1) 지하층 · 무창층 등으로서 환기가 잘 되지 아니하거나 실내면적이 $40m^2$ 미만인 장소

(2) 감지기 부착면과 실내 바닥과의 거리가 2.3m 이하인 곳

2. 축적형 감지기를 적용하지 않아야 하는 경우

(1) 축적기능이 있는 수신기에 연결하여 설치되는 감지기

(2) 교차회로방식에 사용되는 감지기

(3) 급속한 연소확대의 우려가 있는 장소에 설치되는 감지기

19

다음 조건의 건축물에 자동화재탐지설비를 설치하려고 할 경우 다음 각 물음에 답하시오.(30점)

〈조건〉

가. 주요구조부가 내화구조이고, 지하1층/지상7층인 일반업무용 건축물

나. 각 층의 바닥면적은 $580m^2$이고, 층고는 4.0m

다. 수신기는 지상1층에 설치

다. 종단저항은 발신기 세트에 내장 설치

라. 계단은 각 층마다 2개씩 설치되고, 엘리베이터는 1개소 설치

1. 화재감지기는 차동식스포트형감지기(2종)로 설치(계단 및 엘리베이터 기계실은 제외)할 경우 그 총수량을 산정하시오.(5점)
2. 계단과 엘리베이터기계실에 설치되는 감지기의 종류와 그 수량을 산정하시오.(5점)
3. 자동화재탐지설비의 계통도를 그리고 각 간선의 전선수(가닥수)를 표시하시오.(20점)

해 답 1. 차동식스포트형감지기(2종)의 수량

각 층의 바닥면적 $35m^2$당 감지기 1개 이상 설치하므로,

580 ÷ 35 = 16.57 ≒ 17개

17 × 8개층 = 136개

∴ 차동식감지기 수량 : 136개

2. 계단 감지기 수량

(1) 감지기 종류 : 연기감지기

(2) 감지기 수량 : 수직거리 15m 마다 1개 이상 설치하므로,

$(4.0 \times 8) \div 15 = 2.13 \fallingdotseq 3$개

계단이 2개소 이므로 3×2개$=6$개

∴ 연기감지기 수량 : 6개+1개(엘리베이터기계실)=7개

3. 계통도 작성 및 각 간선의 전선수 표기

건축물의 연면적 : $580 \times 8 = 4{,}640\text{m}^2$으로서 $3{,}000\text{m}^2$을 초과하므로 직상층 우선경보방식으로 설계하여야 한다.

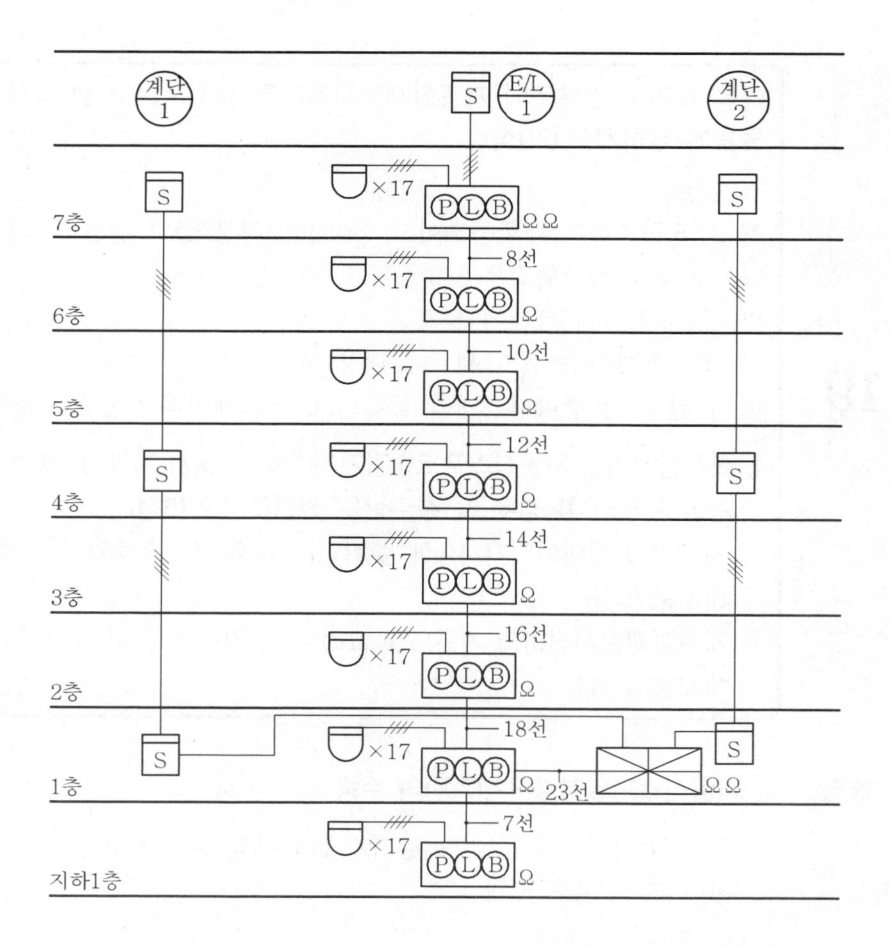

20

자동화재탐지설비에서 부착높이에 따라 설치할 수 있는 감자기의 종류를 다음의 표에 기재하시오.

부착높이	감지기의 종류
8m 이상 15m 미만	
15m 이상 20m 미만	
20m 이상	

해 답

부착높이	감지기의 종류
8m 이상 15m 미만	• 차동식 분포형, 이온화식 1종 또는 2종 불꽃감지기 • 광전식(스포트형, 분리형, 공기흡입형)의 1종 또는 2종, 연기복합형
15m 이상 20m 미만	• 이온화식 1종, • 광전식(스포트형, 분리형, 공기흡입형) 1종, 연기복합형, 불꽃감지기
20m 이상	불꽃감지기, 광전식(분리형, 공기흡입형)중 아나로그방식

제 12 장

기타 소방전기설비

01 비상방송설비

1. 음향장치

(1) 확성기

1) 확성기의 음성 입력 : 3W(실내의 경우 1W) 이상

2) 확성기는 각 층마다 설치하되, 해당 층의 각 부분으로부터 하나의 확성기까지의 수평거리는 해당 층의 각 부분에 유효하게 경보를 발할 수 있는 거리 이하가 되도록 설치

(2) 음량조정기 : 음량조정기의 배선은 3선식으로 한다.

(3) 조작부(조작스위치) : 바닥으로부터 0.8~1.5m 이하의 높이에 설치

(4) 층수가 11층(공동주택의 경우에는 16층) 이상인 특정소방대상물은 발화층에 따라 경보하는 층을 달리하여 경보를 발할 수 있도록 할 것

(5) 다른 방송설비와 공용하는 경우에는 화재 시 비상경보 외의 방송을 차단할 수 있는 구조로 할 것

(6) 다른 전기회로에 따라 유도장애가 생기지 않도록 할 것

(7) 둘 이상의 조작부가 설치된 경우에는 상호간에 동시통화와 어느 조작부에서도 해당 특정소방대상물의 전 구역에 방송을 할 수 있도록 할 것

(8) 화재신호를 수신한 후 방송 개시까지의 소요시간 : 10초 이하

(9) 음향장치의 성능기준

1) 정격전압의 80% 전압에서 음향을 발할 수 있는 것으로 할 것
2) 자동화재탐지설비의 작동과 연동하여 작동할 수 있는 것으로 할 것

2. 배선

(1) 적용배선의 종류

1) 전원회로의 배선 : 내화배선
2) 그 밖의 배선 : 내화배선 또는 내열배선

(2) 배선방식

화재로 인하여 하나의 층의 확성기 또는 배선이 단락 또는 단선되어도 다른 층의 화재통보에 지장이 없도록 할 것

(3) 배선회로의 절연저항

1) 전원회로의 전로와 대지 사이 및 배선 상호 간의 절연저항 : 전기사업법 제67조의 규정에 따른 기술기준이 정하는 바에 따른다.
2) 부속회로의 전로와 대지 사이 및 배선 상호 간의 절연저항 : 하나의 경계구역마다 직류 250V의 절연저항 측정기를 사용하여 측정한 절연저항이 0.1MΩ 이상일 것

(4) 배선의 결선방식

확성기의 배선방식은 2선식 결선방식과 3선식 결선방식이 있으며, 3선식은 평상시에 일반방송설비로 사용하고, 화재 등의 비상시에는 자동으로 비상상황을 방송할 수 있도록 한 설비이다.

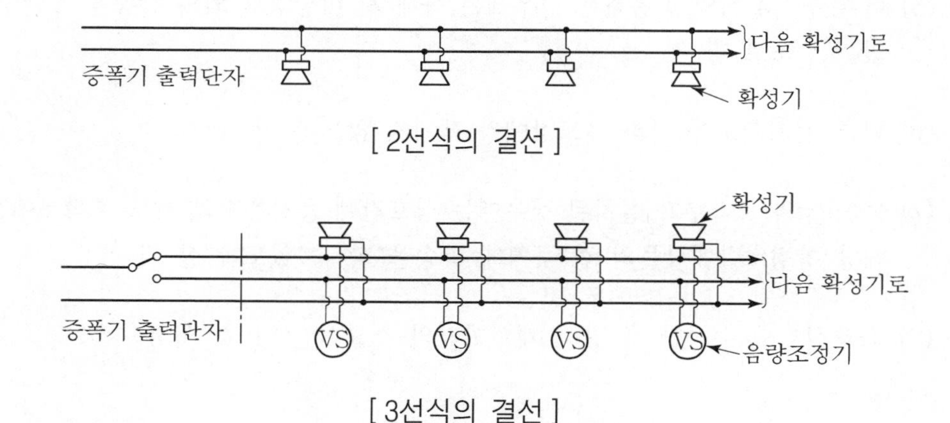

[2선식의 결선]

[3선식의 결선]

3. 전원 : (자/탐설비 · 비상방송설비 · 비상경보설비가 동일함)

(1) 상용전원

1) 축전지설비, 전기저장장치 또는 교류전압의 옥내 간선으로 하고, 전원까지의 배선은 전용으로 할 것
2) 개폐기에는 "비상방송설비용"이라고 표시한 표지를 할 것

(2) 비상전원

비상전원은 다음 중 어느 하나의 설비로 하여야 한다.

1) 그 설비에 대한 감시상태를 60분간 지속한 후 유효하게 10분(건축법에 의한 고층건축물은 30분) 이상 경보할 수 있는 축전지설비(수신기에 내장하는 경우를 포함한다.) 또는 전기저장장치를 설치
2) 2 이상의 변전소에서 전력을 동시에 공급받을 수 있도록 상용전원을 설치
3) 하나의 변전소로부터 전력의 공급이 중단되는 때에는 자동으로 다른 변전소로부터 전력을 공급받을 수 있도록 상용전원을 설치

02 비상경보설비 및 단독경보형감지기

1. 비상경보설비의 종류

(1) 비상벨설비

화재발생 상황을 경종으로 경보하는 설비

(2) 자동식사이렌설비

화재발생 상황을 사이렌으로 경보하는 설비

2. 설치기준

(1) 설치장소

비상경보설비는 부식성가스 또는 습기 등으로 인하여 부식의 우려가 없는 장소에 설치

(2) 지구음향장치

1) 설치거리

① 소방대상물의 층마다 설치
② 소방대상물의 각 부분으로부터 하나의 음향장치까지의 수평거리가 25m 이하 되게 설치
③ 해당층의 각 부분에 유효하게 경보를 발할 수 있도록 설치

2) 음향장치의 정격전압

정격전압의 80% 전압에서 음향을 발할 수 있도록 할 것(다만, 건전지를 주 전원으로 사용하는 음향장치는 그러하지 아니하다)

3) 음향장치의 음량

음향장치의 중심으로부터 1m 떨어진 위치에서 90dB 이상일 것

(3) 발신기

1) 설치거리

① 소방대상물의 층마다 설치
② 소방대상물의 각 부분으로부터 하나의 발신기까지의 수평거리가 25m 이하 되게 설치
③ 다만, 복도 또는 별도로 구획된 실로서 보행거리가 40m 이상일 경우에는 추가로 설치

2) 설치장소

① 조작이 쉬운 장소에 설치
② 조작스위치는 바닥으로부터 0.8m 이상 1.5m 이하의 높이에 설치

(4) 발신기의 위치표시등

1) 발신기함의 상부에 설치
2) 위치표시등의 불빛은 부착 면으로부터 15° 이상의 범위 안에서 부착지점으로부터 10m 이내의 어느 곳에서도 쉽게 식별할 수 있는 적색등으로 할 것

(5) 배선

1) 배선회로 방식

① 전원회로의 배선 : 내화배선
② 그 밖의 배선 : 내화배선 또는 내열배선

2) 배선회로의 절연저항

① 전원회로의 전로와 대지 사이 및 배선 상호간의 절연저항 : 전기사업법

제67조의 규정에 따른 기술기준이 정하는 바에 따른다.

② 부속회로의 전로와 대지 사이 및 배선 상호간의 절연저항 : 하나의 경계구역마다 직류 250V의 절연저항측정기를 사용하여 측정한 절연저항이 0.1MΩ 이상일 것

(6) 전원 : (자/탐설비 · 비상방송설비 · 비상경보설비가 동일함)

1) 상용전원

① 축전지, 전기저장장치 또는 교류전압의 옥내 간선으로 하고, 전원까지의 배선은 전용으로 할 것

② 개폐기에는 "비상벨설비" 또는 "자동식사이렌설비"이라고 표시한 표지를 할 것

2) 비상전원

설비에 대한 감시상태를 60분간 지속한 후 10분 이상 경보할 수 있는 축전지설비(수신기에 내장하는 경우를 포함) 또는 전기저장장치를 설치할 것. 다만, 상용전원이 축전지설비인 경우 또는 건전지를 주전원으로 사용하는 무선식 설비인 경우에는 그러하지 아니하다.

3. 단독경보형감지기

(1) 설치장소 및 수량

1) 각 실(이웃하는 실내의 바닥면적이 각각 $30m^2$ 미만이고 벽체 상부의 전부 또는 일부가 개방되어 이웃하는 실내의 공기가 상호 유통되는 경우에는 이를 1개의 실로 본다)마다 설치하되, 바닥면적이 $150m^2$를 초과하는 경우에는 $150m^2$마다 1개 이상 설치할 것

2) 최상층 계단실의 천장에 설치

(2) 전원

1) 건전지를 주전원으로 사용하는 경우

정상적인 작동상태를 유지할 수 있도록 주기적으로 건전지를 교환할 것

2) 상용전원을 주전원으로 사용하는 경우

단독경보형감지기의 2차전지는 소방시설법 제39조 규정에 따른 성능시험에 합격한 것을 사용할 것

03 자동화재속보설비

1. 설비의 개요

(1) 자동화재탐지설비로부터 화재신호를 받아 관할 소방관서에 자동적으로 화재발생된 장소를 신속하게 통보해 주는 설비이다.

(2) 자동화재속보기에 당해 소방대상물의 소재지, 상호(명칭) 등을 미리 녹음 해 놓았다가 화재시 통신망을 통하여 소방관서로 즉시 보내어져 녹음된 음성이 자동으로 3회 이상 플레이 되므로, 화재신고시간을 최대한 단축시킬 수 있는 장점이 있다.

2. 설비의 구성

화재감지기 ⟶ 수신기 ⟶(화재신호) 자동화재속보기 ⟶(통신망) 전화국 ⟶(통신망) 소방관서

3. 설치기준

(1) 자동화재탐지설비와 연동으로 작동하여 자동적으로 화재발생 상황이 소방관서에 전달되는 것으로 할 것

(2) 스위치는 바닥으로부터 0.8m 이상 1.5m 이하의 높이에 설치하고, 그 보기 쉬운 곳에 스위치 임을 표시한 표지를 할 것

(3) 속보기는 소방관서에 통신망으로 통보하도록 하며, 데이터 또는 코드전송방식을 부가적으로 설치할 수 있다. 단, 데이터 및 코드전송방식의 기준은 소방방재청장이 정한다.

(4) 문화재에 설치하는 자동화재속보설비는 위 (1)의 기준에 불구하고 속보기에 감지기를 직접 연결하는 방식(자동화재탐지설비 1개의 경계구역에 한한다)으로 할 수 있다

(5) 관계인이 24시간 상시 근무하고 있는 경우에는 자동화재속보설비를 설치하지 아니할 수 있다. 다만, 노유자 생활시설과 층수가 30층 이상(공동주택은 제외)의 특정소방대상물은 그러하지 아니하다.

04 누전경보기

1. 설비의 개요

누전경보기는 주요구조부가 非내화구조이면서 벽·바닥·반자의 일부나 전부에 대하여 불연재료 또는 준불연재료가 아닌 재료에 철망을 넣어 만든 건축물의 전기설비로부터 누설전류를 감지하여 경보를 발하는 장치로, 영상 변류기, 수신부, 경보음향장치로 구성된다.

2. 법정설치대상

(1) 설치대상

최대계약전류용량이 100A를 초과하는 특정소방대상물로서 주요구조부가 非내화구조이면서 벽·바닥·반자의 일부나 전부에 대하여 불연재료 또는 준불연재료가 아닌 재료에 철망을 넣어 만든 건축물

(2) 설치면제대상

1) 가스시설, 지하구, 지하가 중의 터널
2) 누전경보기의 법정 설치대상물 중 아크경보기 또는 지락차단장치를 설치한 경우

3. 작동원리

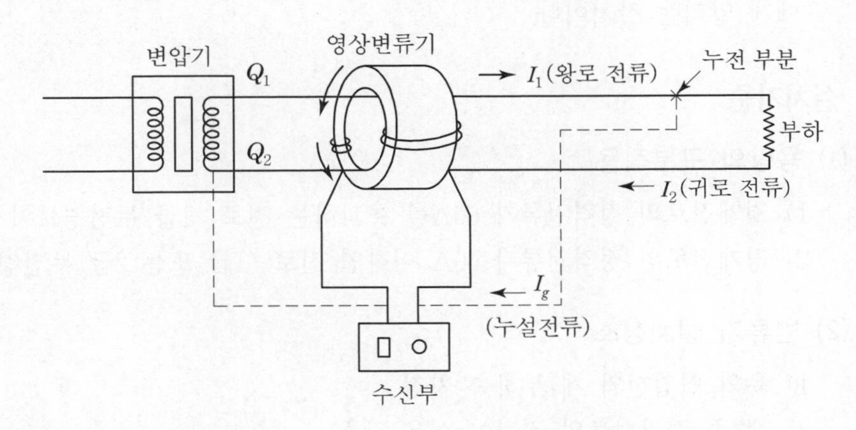

(1) 누설전류가 없는 경우

1) 귀로전류 (I_2) = 왕로전류 (I_1)

2) I_2에 의한 자속 $(Q_2) = I_1$에 의한 자속 (Q_1)

∴ $Q_1 = Q_2$가 되어 서로 상쇄한다.

(2) 누설전류가 있는 경우

1) 귀로전류 (I_2) = 왕로전류 (I_1) − 누설전류 (I_g)
2) 즉, 누설전류에 의한 자속이 생기게 되어 변류기에 유기전압을 유도시킨다.
3) 수신기에서 이 전압을 증폭하고, 이것을 입력신호로 하여 계전기 릴레이를 동작시켜 경보를 발하도록 한다.

4. 주요구성부

(1) 영상변류기

1) 누설전류를 검출하여 이를 수신부에 송신하는 장치
2) 환상의 철심에 검출용 2차 코일을 감은 것으로, 종류로는 관통형과 분할형이 있다.

(2) 수신부

영상변류기로부터 검출된 신호를 수신하여 계전기를 동작시켜 음향장치가 경보를 발하도록 하는 것

(3) 음향장치

수신기에서 보내오는 신호에 의해 경보음을 발하는 것으로, 누전발생을 관계자에게 알리는 장치이다.

5. 설치기준

(1) 용량의 구분적용

1) 경계전로의 정격전류가 60A를 초과하는 전로 : 1급 누전경보기 적용
2) 경계전로의 정격전류가 60A 이하인 전로 : 1급 또는 2급 누전경보기 적용

(2) 변류기 설치장소

1) 옥외 인입선의 제1부하측 지점
2) 제2종 접지선측의 점검이 쉬운 장소
3) 변류기를 옥외의 전로에 설치하는 경우에는 옥외형의 것을 설치한다.

(3) 음향장치

1) 음량 및 음색이 다른 기기의 것과 명확히 구별될 것
2) 수위실 등 사람이 상시 근무하는 장소에 설치

(4) 전원

1) 분전반으로부터 전용회로로 설치
2) 각 극에는 개폐기 및 과전류 차단기(15A 이하) 설치
3) 전원의 개폐기에는 '누전경보기용'의 표지 부착

(5) 수신부

옥내의 점검이 편리한 장소에 설치하되, 다음 각 호의 장소 이외의 장소에 설치한다.

1) 가연성 또는 부식성의 증기·가스·먼지 등이 다량 체류하는 장소
2) 화약류를 제조하거나, 저장 또는 취급하는 장소
3) 습도가 높은 장소
4) 온도변화가 급격한 장소
5) 대전류회로, 고주파발생회로 등의 영향을 받을 수 있는 장소

05 비상콘센트설비

1. 전원회로

(1) 상용전원의 배선 분기방식

1) 저압수전 : 인입개폐기의 직후에서 분기하여 전용배선으로 할 것
2) 특별고압수전 또는 고압수전 : 전력용변압기 2차측의 주차단기 1차측 또는 2차측에서 분기하여 전용배선으로 할 것

(2) 전원회로

1) 단상교류 220V : 공급 용량 1.5KVA 이상
2) 전원회로는 각 층에 있어서 2 이상이 되도록 설치할 것. 다만 설치하여야 할 층의 비상콘센트가 1개인 때에는 1개의 회로로 할 수 있다.
3) 전원회로는 주배전반에서 전용회로로 할 것

(3) 비상전원

자가발전기설비, 비상전원수전설비 또는 전기저장장치를 비상전원으로 설치

2. 콘센트 등

(1) 하나의 전용회로에 설치하는 비상콘센트는 10개 이하로 할 것. 이 경우 전선의 용량은 각 비상콘센트(비상콘센트가 3개 이상인 경우에는 3개)의 공급용량을 합한 용량 이상의 것으로 하여야 한다.

(2) 비상콘센트의 설치기준

1) 바닥으로부터 높이 0.8~1.5m의 위치에 설치
2) 비상콘센트의 배치
   ① 바닥면적 1,000m^2 미만인 층 또는 아파트의 전층 : 1개 이상의 계단실 출입구로부터 5m 이내에 설치
   ② 바닥면적 1,000m^2 이상인 층 : 2개 이상의 각 계단실 출입구로부터 5m 이내에 설치
   ③ 단, 비상콘센트로부터 그 층의 각 부분까지의 거리가 다음 각목의 기준을 초과하는 경우에는 그 기준 이하가 되도록 비상콘센트를 추가하여 설치할 것
      ㉠ 지하상가 또는 지하층의 바닥면적의 합계가 3,000m^2 이상인 것 : 수평거리 25m

㉡ 기타 위의 ㉠에 해당하지 아니하는 것 : 수평거리 50m

3) 전원으로부터 각 층의 비상콘센트로 분기되는 경우에는 분기배선용 차단기를 보호함 안에 설치할 것

4) 개폐기에는 "비상콘센트"라고 표시한 표지를 설치할 것

3. 보호함

(1) 보호함에는 쉽게 개폐할 수 있는 문을 설치할 것

(2) 보호함 표면에 "비상콘센트"라고 표시한 표지를 할 것

(3) 보호함 상부에 적색의 표시등을 설치할 것

4. 배선

(1) 전원회로의 배선 : 내화배선

(2) 그 밖의 배선 : 내화배선 또는 내열배선

06 비상전원수전설비

1. 인입선 및 인입구 배선의 시설

(1) 인입구배선 : 내화배선으로 설치

(2) 인입선 : 특정소방대상물에 화재가 발생할 경우에도 화재로 인한 손상을 받지 않도록 할 것

2. 저압으로 수전하는 경우

전용배전반(1 · 2종), 전용분전반(1 · 2종) 또는 공용분전반(1 · 2종)으로 하여야 한다.

(1) 제1종 배전반 및 제1종 분전반

1) 외함 : 두께 1.6mm(전면판 및 문은 2.3mm) 이상의 강판 또는 이와 동등 이상의 강도와 내화성능이 있는 것으로 설치

2) 외함의 내부 : 외부의 열에 의해 영향을 받지 않도록 내열성 및 단열성이 있는 재료를 사용하여 단열할 것

3) 외함에 노출하여 설치할 수 있는 것
① 표시등
② 전선의 인입구 및 인출구

4) 공용배전반 및 공용분전반의 경우 소방회로와 일반회로에 사용하는 배선 및 배선용 기기 사이를 불연재료로 구획하여야 한다.

(2) 제2종 배전반 및 제2종 분전반

1) 외함 : 두께 1mm 이상의 강판과 이와 동등 이상의 강도와 내화성능이 있는 것
2) 단열을 위해 배선용 불연 전용실 내에 설치할 것
3) 공용배전반 및 공용분전반의 경우 소방회로와 일반회로에 사용하는 배선 및 배선용 기기 사이를 불연재료로 구획하여야 한다.

(3) 그 밖의 배전반 및 분전반의 설치

1) 일반회로에서 과부하, 지락사고 또는 단락사고가 발생한 경우에도 이에 영향을 받지 아니하고 계속하여 소방회로에 전원을 공급시켜 줄 수 있어야 한다.
2) 소방회로용 개폐기 및 과전류차단기에는 "소방시설용"이라는 표시를 할 것

(4) 전기회로 결선방식

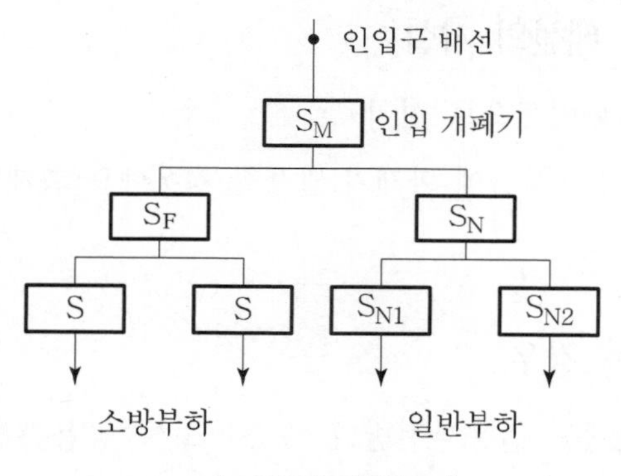

[저압수전회로]

(주)1. 일반회로의 과부하 또는 단락사고 시 S_M이 S_N, S_{N1} 및 S_{N2}보다 먼저 차단되어서는 아니 된다.
(주)2. S_F는 S_N과 동등 이상의 차단용량일 것

3. 특별고압 또는 고압으로 수전하는 경우

방화구획형, 옥외개방형 또는 큐비클(Cubicle)형으로 하여야 한다.

(1) 방화구획형

1) 전용의 방화구획 내에 설치할 것
2) 소방회로 배선은 일반회로 배선과 불연성 격벽으로 구획할 것(다만, 소방회로 배선과 일반회로 배선을 15cm 이상 떨어져 설치한 경우에는 그러하지 아니 하다.)
3) 일반회로에서 과부하, 지락사고 또는 단락사고가 발생한 경우에도 이에 영향을 받지 아니하고 계속하여 소방회로에 전원을 공급시켜 줄 수 있어야 한다.
4) 소방회로용 개폐기 및 과전류차단기에는 "소방시설용"이라 표시할 것

(2) 옥외개방형

1) 건축물의 옥상에 설치하는 경우 : 그 건축물에 화재가 발생한 경우에도 화재로 인한 손상을 받지 않도록 설치할 것
2) 공지에 설치하는 경우 : 인접 건축물에서 화재가 발생한 경우에도 화재로 인한 손상을 받지 않도록 설치할 것
3) 그 밖의 옥외개방형의 설치에 관하여는 제(1)항(방화구획형)과 동일함

(3) 큐비클형

1) 전용큐비클 또는 공용큐비클식으로 설치할 것
2) 외함
   ① 두께 2.3mm 이상의 강판과 이와 동등 이상의 강도와 내화성능이 있는 것
   ② 개구부 : 갑종방화문 또는 을종방화문을 설치
   ③ 외함은 건축물의 바닥 등에 견고하게 고정할 것
3) 환기장치
   ① 내부의 온도가 상승하지 않도록 환기장치를 할 것
   ② 자연환기구의 개구부 면적 합계는 외함의 한 면에 당해 면적의 3분의 1 이하로 할 것(이 경우 하나의 통기구의 크기는 직경 10mm, 이상의 둥근 막대가 들어가서는 아니 된다.)
   ③ 자연환기구에 따라 충분히 환기할 수 없는 경우에는 환기설비를 설치할 것
   ④ 그 밖의 큐비클형의 설치에 관하여는 제(1)항(방화구획형)과 동일함

(4) 전기회로 결선방식

[고압 또는 특별고압 수전회로]

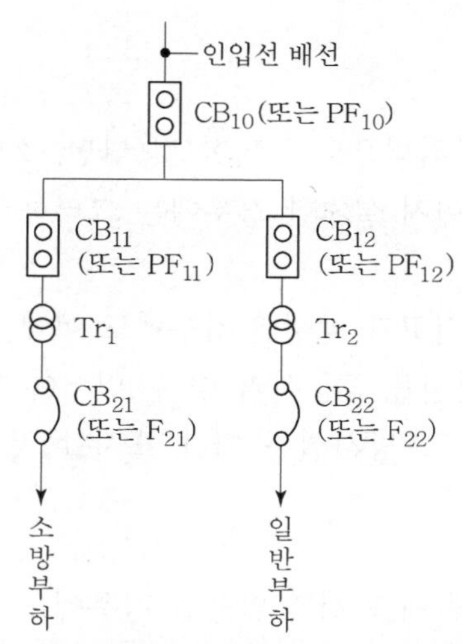

〈전용의 전력용 변압기에서 소방부하에 전원을 공급하는 형식〉

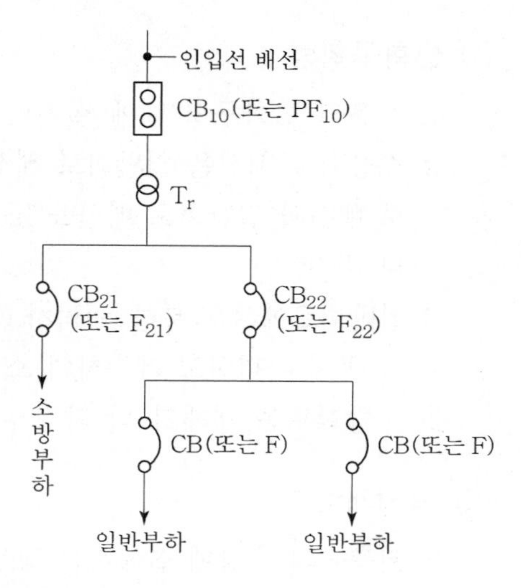

〈공용의 전력용 변압기에서 소방부하에 전원을 공급하는 형식〉

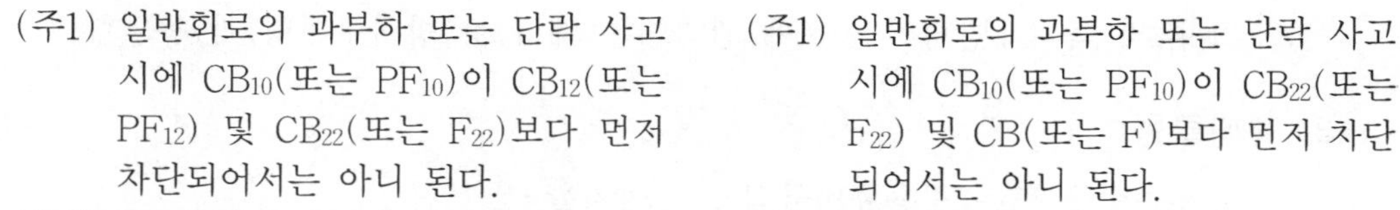

(주1) 일반회로의 과부하 또는 단락 사고 시에 CB_{10}(또는 PF_{10})이 CB_{12}(또는 PF_{12}) 및 CB_{22}(또는 F_{22})보다 먼저 차단되어서는 아니 된다.

(주2) CB_{11}(또는 PF_{11})은 CB_{12}(또는 PF_{12})와 동등 이상의 차단용량일 것

(주1) 일반회로의 과부하 또는 단락 사고 시에 CB_{10}(또는 PF_{10})이 CB_{22}(또는 F_{22}) 및 CB(또는 F)보다 먼저 차단되어서는 아니 된다.

(주2) CB_{21}(또는 F_{21})은 CB_{22}(또는 F_{22})와 동등 이상의 차단용량일 것

약호	명칭
CB	전력차단기
PF	전력퓨즈(고압 또는 특별고압용)
F	퓨즈(저압용)
Tr	전력용 변압기

07 유도등설비

1. 개요

유도등은 화재시 피난을 유도하기 위한 녹색표시등으로서 피난설비의 일종이며, 정상 상태에서는 상용전원에 의해 점등되고, 상용전원이 정전되는 경우에는 비상전원으로 자동전환되어 점등되는 등화장치이다.

2. 피난구유도등

(1) 정의 : 피난구 또는 피난경로로 사용되는 출입구의 상부에 설치하는 유도등

(2) 설치대상

1) 옥내로부터 직접 지상으로 통하는 출입구 및 그 부속실의 출입구
2) 직통계단 · 직통계단의 계단실 및 그 부속실의 출입구
3) 상기 1)호 및 2)호의 출입구에 이르는 복도 · 통로로 통하는 출입구
4) 안전구획된 거실로 통하는 출입구

(3) 설치제외

1) 바닥면적 1,000m^2 미만인 층으로서 옥내로부터 직접 지상으로 통하는 출입구
2) 대각선 길이가 15m 이내인 구획된 실의 출입구
3) 거실의 각 부분으로부터 하나의 출입구에 이르는 보행거리가 20m 이하이고, 비상조명등과 유도표지가 설치된 거실의 출입구
4) 출입구가 3개소 이상 있는 거실로서 그 거실 각 부분으로부터 하나의 출입구에 이르는 보행거리가 30m 이하인 경우에는 주된 출입구 2개소 외의 출입구(유도표지가 부착된 출입구를 말한다.) 다만, 공연장 · 집회장 · 관람장 · 전시장 · 판매시설 및 영업시설 · 숙박시설 · 노유자시설 · 의료시설의 경우에는 그러하지 아니하다.

(4) 설치기준

1) 설치높이 : 바닥으로부터 1.5m 이상으로서 출입구에 인접하도록 설치
2) 조명도기준 : 상용전원으로 등을 켜는 경우(주위 조도를 10~13Lx로 한다)에는 직선거리 30m의 위치에서, 비상전원으로 등을 켜는 경우(주위 조도를 0~1Lx로 한다)에는 직선거리 20m의 위치해서 각기 보통시력으로 피난유도표시에 대한 식별이 가능하여야 한다.

3) 추가설치 : 피난층으로 향하는 피난구의 위치를 안내할 수 있도록 계단실 또는 그 부속실의 출입구 인근 천장에 설치된 피난구유도등의 면과 수직이 되도록 피난구유도등을 추가로 설치하여야 한다. 다만, 피난구유도등이 입체형인 경우에는 그러하지 아니하다.

3. 통로유도등

(1) 정의

복도 · 거실 · 계단의 피난경로상에 당해 장소의 조도가 피난상 유효하도록 설치하는 유도등으로서 복도통로유도등, 거실통로유도등, 계단통로유도등으로 분류한다.

(2) 설치대상

1) 각 거실과 그로부터 지상에 이르는 복도 또는 계단의 통로에 설치한다.
2) 복도통로유도등은 복도에, 거실통로유도등은 거실의 통로에, 계단통로유도등은 계단참 또는 경사로 참마다 설치한다. 다만, 복도통로유도등은 계단실 또는 그 부속실의 피난구유도등이 설치된 출입구의 맞은편 복도에 입체형으로 설치하거나, 바닥에 설치할 것

(3) 설치제외

1) 구부러지지 않은 복도 또는 통로로서, 길이가 30m 미만인 것
2) 제1)호에 해당되지 아니하는 복도 또는 통로로서, 보행거리가 20m 미만이고 이와 연결되는 출입구에 피난구유도등이 설치된 것

(4) 설치기준

1) 설치높이
   ① 복도통로유도등 및 계단통로유도등 : 바닥으로부터 1.0m 이하
   ② 거실통로유도등 : 바닥으로부터 1.5m 이상(단, 기둥에는 1.5m 이하)
2) 조도 : 다음 거리에서 1Lux 이상

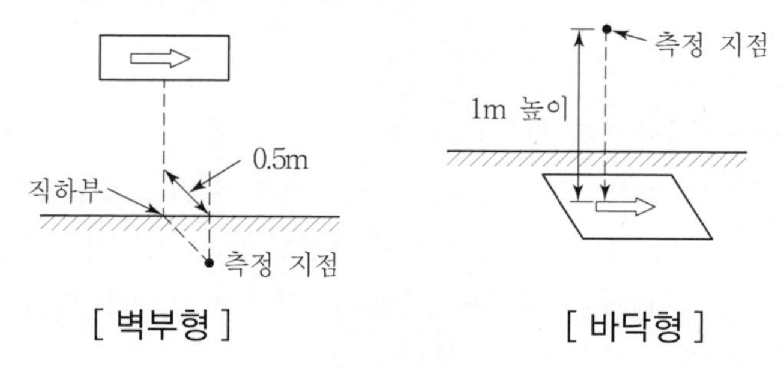

[벽부형]　　[바닥형]

3) 계단통로유도등 : 각 층의 계단참 또는 경사로참마다 설치
4) 복도통로유도등 및 거실통로유도등 : 구부러진 모퉁이 및 보행거리 20m 마다 설치
5) 주위에 이와 유사한 등화광고물, 게시물 등을 설치하지 아니할 것
6) 통행에 지장이 없도록 설치할 것

4. 객석유도등

(1) 관람장, 집회시설 등에서 화재시 관객이 쉽게 피난방향을 인지할 수 있도록 객석 통로의 바닥면에 유효한 조도로 설치하는 유도등

(2) 설치대상
1) 문화·집회 및 운동시설
2) 유흥음식점(무대가 설치된 카바레·나이트클럽에 한한다.)

(3) 설치제외
1) 주간에만 사용하는 장소로서 채광이 충분한 객석
2) 거실 등의 각 부분으로부터 출입구에 이르는 보행거리가 20m 이하인 객석으로서 그 통로에 통로유도등이 설치된 경우

(4) 설치기준
1) 객석통로의 바닥 또는 벽에 설치
2) $\text{설치개수} = \dfrac{\text{객석통로의 직선부분 길이}}{4} - 1$
3) 조도 : 통로바닥의 중심선 0.5m의 높이에서 측정하여 0.2Lux 이상

5. 피난유도선

(1) 피난유도선의 정의

햇빛이나 전등불에 따라 축광하거나 전류에 따라 빛을 발하는 유도체로서 어두운 상태에서 피난을 유도할 수 있도록 띠 모양의 형태로 설치된 피난유도시설을 말한다.

(2) 피난유도선의 설치기준

1) 축광방식의 피난유도선

① 구획된 각 실로부터 주출입구 또는 비상구까지 설치

② 바닥으로부터 높이 50cm 이하의 위치 또는 바닥 면에 설치
③ 피난유도 표시부는 50cm 이내의 간격으로 연속되도록 설치
④ 부착대에 의하여 견고하게 설치
⑤ 외광 또는 조명장치에 의하여 상시 조명이 제공되거나 비상조명등에 의한 조명이 제공되도록 설치

2) 광원점등방식의 피난유도선

① 구획된 각 실로부터 주출입구 또는 비상구까지 설치
② 피난유도 표시부는 바닥으로부터 높이 1m 이하의 위치 또는 바닥 면에 설치
③ 피난유도 표시부는 50cm 이내의 간격으로 연속되도록 설치하되, 실내장식물 등으로 설치가 곤란할 경우에는 1m 이내의 간격으로 설치
④ 수신기로부터의 화재신호 및 수동조작에 의하여 광원이 점등되도록 설치
⑤ 비상전원이 상시 충전상태를 유지하도록 설치
⑥ 바닥에 설치되는 피난유도 표시부는 매립하는 방식을 사용할 것
⑦ 피난유도 제어부는 조작 및 관리가 용이하도록 바닥으로부터 0.8m 이상 1.5m 이하의 높이에 설치

3) 고층건축물의 피난유도선 설치기준

① 피난안전구역이 설치된 층의 계단실 출입구에서 피난안전구역 주 출입구 또는 비상구까지 설치
② 계단실에 설치하는 경우 계단 및 계단참에 설치
③ 피난유도 표시부의 너비는 최소 25mm 이상으로 설치
④ 광원점등방식으로 설치하되, 60분 이상 유효하게 작동할 것

6. 유도등의 전원 및 배선

(1) 전원

1) 상용전원

축전지, 전기장치 또는 교류전원의 옥내 간선으로 하고, 전원까지의 배선은 전용으로 함

2) 비상전원

① 축전지로 할 것
② 용량

㉮ 60분 이상의 점등 용량

• 지상 11층 이상인 층

• 지하층 또는 무창층으로서 용도가 도매시장 · 소매시장 · 여객자동차 터미널 · 지하역사 · 지하상가인 것

㉯ 20분 이상의 점등 용량

기타(㉮항 이외)의 소방대상물

(2) 배선

1) 유도등용 인입배선과 옥내배선을 직접 연결할 것(즉, 배선도중에 개폐기를 설치할 수 없다.)
2) 유도등 회로에 점멸기를 설치하지 아니할 것. 즉, 2선식 배선으로 할 것. 다만, 아래 제3)호에 해당하는 경우는 예외
3) 유도등 회로에 점멸기를 설치할 수 있는 경우(즉, 소등할 수 있는 구조)
   다음 각호의 1에 해당하는 장소로서 3선식 배선에 의해 상시 충전되는 구조인 것
   ① 공연장 · 암실 등으로서 어두워야 할 필요가 있는 장소
   ② 외부광에 의해 피난구 또는 피난방향을 쉽게 식별할 수 있는 장소
   ③ 관계인 또는 종사원이 주로 사용하는 장소
4) 3선식 배선은 내화배선 또는 내열배선으로 사용할 것

08 유도등의 배선방식

1. 2선 배선방식

(1) 배선구조

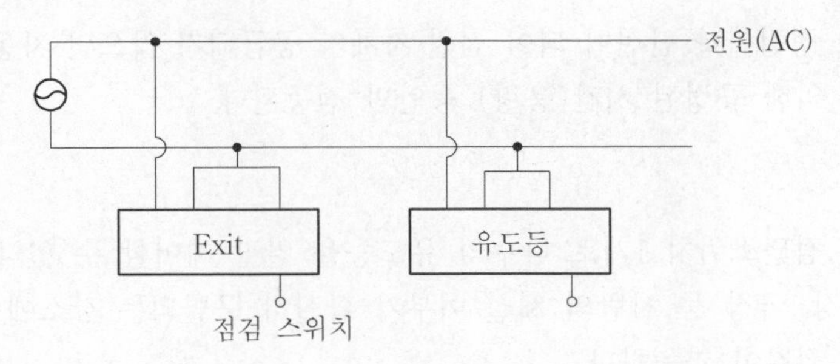

(2) 동작특성

1) 상시 점등하는 방식 : 점멸기 없음
2) 소등상태에서는 예비전원에 충전이 되지 않는다.

3) 만약 점멸기로 소등하게 되면 예비전원 용량만큼만 점등이 지속된 후에 소등되며, 그 후부터는 점등을 보장할 수 없다.
그 이유는 소등상태에서는 예비전원에 충전이 되지 않기 때문이다.

(3) 문제점(단점)

1) 평상시에도 점등상태이므로 전력소모가 많다.
2) 점멸기에 의해 소등된 상태에서는 예비전원에 충전되지 않는다.

2. 3선 배선방식

(1) 배선구조

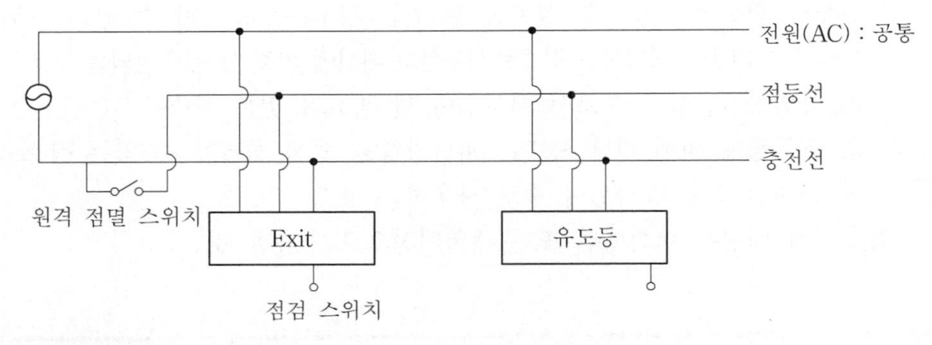

(2) 동작특성

1) 평상시 소등상태로 있다가 화재 또는 소방시설의 작동시에 자동으로 점등하는 방식
2) 점멸기로 소등하면 유도등은 꺼지나, 예비전원에 충전은 지속되고 있는 상태가 된다.
3) 다만, 정전이나 단선이 되어 전원 자체가 공급되지 않으면 자동으로 예비전원에 의해 규정된 시간(용량) 동안만 점등된다.

(3) 장점

1) 원격 점멸스위치 1개로 다수의 유도등을 일괄 제어할 수 있다.
2) 공연장, 극장 등 사람의 재실 여부가 확실히 구별되는 장소에 사용할 경우 전력 절감이 가능하다.

(4) 단점

평상시 소등상태로 있으므로, 거주자가 평소 비상구 위치에 대해 무관심하게 된다.

(5) 3선 배선방식에서 다음 각호 중 어느 하나의 경우에도 자동으로 유도등이 점등되어야 한다.

1) 자동화재탐지설비의 감지기 또는 발신기 작동
2) 비상경보설비의 발신기 작동
3) 자동소화설비의 작동
4) 상용전원의 정전 또는 전원선의 단선
5) 방재센터 또는 전기실의 배전반에서 수동으로 점등

09 무선통신보조설비

1. 개요

(1) 소방대상물의 지하층, 지하가 및 고층부 등에서 소화활동시 소방대 무선통신의 원활한 이용 환경을 만들기 위하여 누설동축케이블 등으로 설치한 소화활동설비의 일종이다.

(2) 법규적 설치대상

1) 지하가(터널은 제외) : 연면적 1,000m² 이상
2) 지하가 중 터널 : 길이 500m 이상
3) 지하층의 바닥면적 합계 : 3,000m² 이상
4) 지하층 수가 3 이상으로서 지하층 바닥면적 합계 1,000m² 이상
5) 지상층 수가 30층 이상인 것으로서 16층 이상 부분의 전층 <신설 2012.2.3>
6) 지하구로서 국토의 계획 및 이용에 관한 법률 제2조 9호에 따른 공동구

2. System의 종류

(1) 누설동축케이블 방식(LCX) : Leaky Coaxial Cable

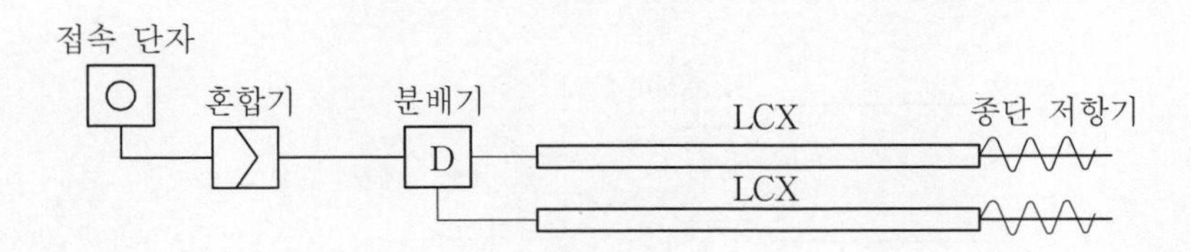

1) 케이블 자체에서 전파가 방사되는 방식
2) 지하철 홈 등 가늘고 긴 건축물에 적합

(2) 공중선(안테나) 방식

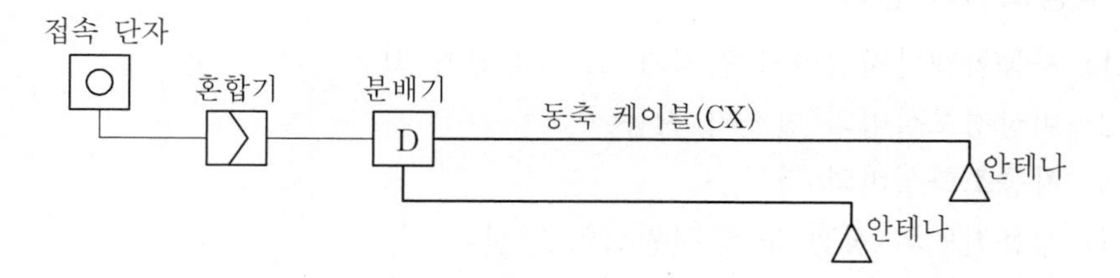

1) 장애물이 적은 대공간, 극장, 강당 등에 적합
2) 말단에서 전파강도가 떨어지는 단점이 있다.

(3) 복합방식

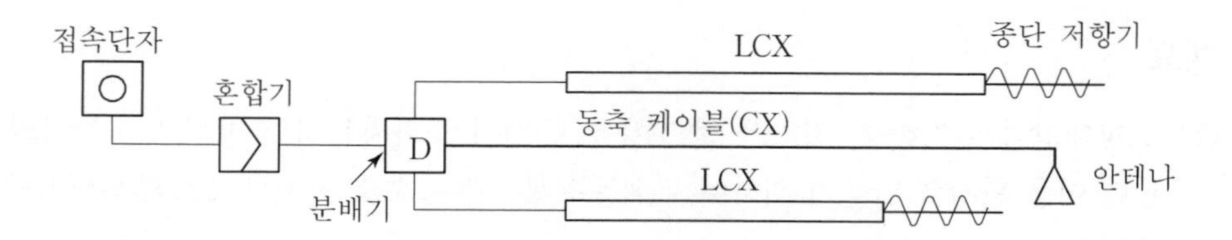

3. 구성요소

(1) 동축케이블(Coaxial Cable)

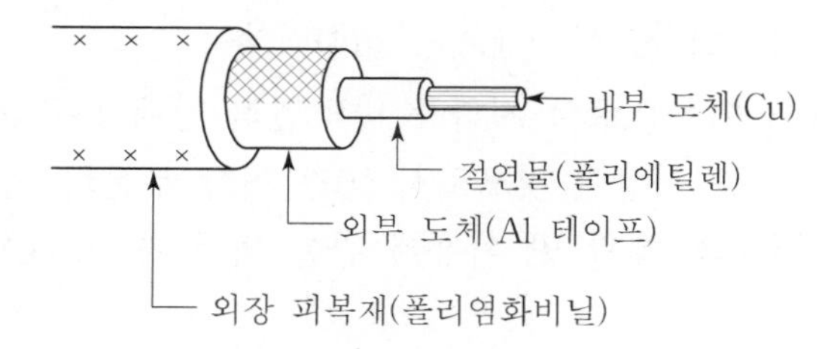

외부 잡음의 영향을 받지 않으므로 고주파 전선용 회로의 도체로 많이 사용된다.

(2) 누설동축케이블(Leaky Coaxial Cable)

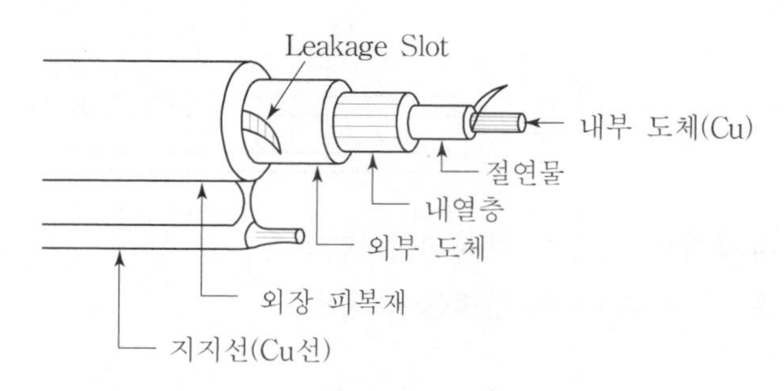

1) 동축케이블의 외부도체에 가느다란 홈(Slot)을 만들어 이곳을 통하여 전파가 외부로 새어나갈 수 있도록 한 케이블
2) 동축케이블과 안테나의 특성을 함께 갖는다.
3) 누설동축케이블을 통하여 전송되는 전자파의 일부가 외부 도체의 Slot을 통하여 공기 중에 방사되어, 케이블의 축을 따라서 밀도가 높은 전자계를 형성함으로써 무선교신이 용이하게 된다.

(3) 증폭기(Amplifier)

신호전송시 전기신호가 약해져 수신이 곤란해지는 것을 방지하기 위해서 전기신호의 진폭을 증대시키는 장치

(4) 분배기(Allotter)

신호 전원의 전력을 각 부하에 균등하게 배분하는 장치로서, 신호의 전송로가 분기되는 장소에 설치한다.

(5) 분파기(Branching Filter)

주파수가 다른 신호가 공존하는 경우 그 신호들을 효율적으로 분리 또는 결합하기 위한 장치

(6) 혼합기(Mixer)

2개 이상의 입력신호를 원하는 비율로 조합한 출력이 발생하도록 하는 장치

(7) 공중선(안테나)

전파의 원활한 송·수신을 위하여 동축케이블의 말단에 설치한 공중 도체

4. 설치기준

(1) 누설동축케이블

1) 고압 전로로부터 1.5m 이상 이격하여 설치
2) 말단에는 무반사 종단저항 설치
3) 임피던스 : 50Ω
4) 재질 : 불연성 또는 난연성의 것
5) 지지금구 : 금속재 또는 자기재로서 4m 이내마다 설치

(2) 무선기기 접속단자

1) 설치높이 : 0.8~1.5m
2) 화재층으로부터 지면으로 떨어지는 유리창 등에 의한 지장을 받지 않고 지상에서 유효하게 소방활동을 할 수 있는 장소 또는 수위실 등 사람이 상시 거주하는 곳에 설치
3) 지상의 접속 단자 : 보행거리 300m 이내마다 설치

(3) 증폭기

1) 전원 : 축전지, 전기저장치 또는 교류전원의 옥내간선으로 하고, 전원까지의 배선은 전용으로 할 것
2) 전면에는 표시등 및 전압계 설치
3) 비상전원 부착(축전지) : 30분 이상의 용량

(4) 분배기, 분파기, 혼합기

1) 임피던스 : 50Ω
2) 먼지, 습기, 부식 등에 의하여 기능에 이상이 없도록 설치
3) 점검이 편리하고, 화재 등의 피해 우려가 없는 장소에 설치

10 비상조명등설비

1. 개요

화재 등의 재해시 상용전원이 차단될 경우 재실자의 피난안전성을 확보하고, 인명구조 및 소화활동의 원활을 위해 필요한 최소한의 조도 이상을 확보하기 위한 조명장치이다.

2. 법규적 설치대상

(1) 설치대상

1) 지하층을 포함한 층수가 5층 이상인 건축물 : 연면적 3,000m^2 이상
2) 지하층 · 무창층 : 바닥면적 450m^2 이상
3) 지하가 중 터널 : 길이 500m 이상
4) 휴대용 비상조명등
   ① 숙박시설

② 수용인원 100인 이상의 영화상영관, 지하역사, 백화점, 대형할인점, 쇼핑센터, 지하상가

(2) 면제대상

1) 비상조명등설비 전체의 면제

피난구유도등 또는 통로유도등을 기준에 맞게 설치한 경우, 그 유효범위 내의 면제

2) 비상조명등 개별등의 면제

① 거실의 각 부분에서 출입구까지 보행거리가 15m 이내인 부분

② 의원 · 경기장 · 공동주택 · 의료시설 · 학교의 거실

③ 지상 1층 또는 피난층으로서 복도 · 통로 또는 창문 등의 개구부를 통하여 피난이 용이한 경우

④ 숙박시설로서 복도에 비상조명등을 설치한 경우 : 휴대용비상조명등 설치 제외

3. 설계시 고려사항

(1) 등기구 형식

소방대상물의 용도에 따라 등기구 형상, 조명도, 광원 형태 등을 결정

1) 전용형 : 상용전원의 광원과 예비전원의 광원을 분리

2) 겸용형 : 하나의 광원으로 상용전원, 예비전원을 겸용

(2) 등기구 배치

피난유도에 최적의 위치 및 장소를 결정

(3) 적정 초기 조명성능

1) 최저 1Lux 이상

2) 경년변화에 따른 광도의 감소를 고려

4. 설치기준

(1) 설치장소

각 거실과 그로부터 지상에 이르는 복도 · 통로 · 계단

(2) 조도

각 부분의 바닥에서 1Lux 이상

(3) 비상전원

1) 예비전원 내장형

① 20분 이상 작동용량의 축전지 내장형
(단, 지상 11층 이상의 층과, 지하층 또는 무창층으로서 도매·소매시장, 터미널, 지하역사 또는 지하상가인 곳은 그 부분에서 피난층에 이르는 부분의 비상조명등을 60분 이상 작동시킬 수 있는 용량일 것)

② 평상 시 점등여부를 확인할 수 있는 점검스위치 설치

③ 예비전원 충전장치 내장

2) 예비전원 비내장형

① 20분 이상 용량의 축전지설비, 자가발전설비 또는 전기저장장치
(단, 비상전원 용량은 위의 "1) 예비전원 내장형" 단서의 내용과 동일함)

② 상용전원 정전시 비상전원으로 자동 절환될 것

③ 비상전원 설치장소에는 다른 장소와 방화구획할 것. 이 경우 그 장소에는 비상전원의 공급에 필요한 기구나 설비 외의 것을 두어서는 아니된다.

11 휴대용 비상조명등

1. 설치대상

(1) 숙박시설

(2) 수용인원 100인 이상의 영화상영관, 판매시설 중 대규모점포, 철도 및 도시철도시설 중 지하역사, 지하가 중 지하상가

(3) 다중이용업소의 영업장 안의 구획된 각 실

2. 설치제외 대상

(1) 지상1층 또는 피난층으로서 복도·통로 또는 창문 등의 개구부를 통하여 피난이 용이한 경우

(2) 숙박시설로서 복도에 비상조명등을 설치한 경우

3. 설치기준

(1) 객실 또는 영업장 안의 구획된 실마다 잘 보이는 곳에 1개 이상 설치

(2) 대규모점포(지하상가 및 지하역사는 제외) 및 영화상영관 : 보행거리 50m 이

내마다 3개 이상

(3) 지하역사, 지하상가 : 보행거리 25m 이내마다 3개 이상 설치

(4) 설치 높이 : 바닥으로부터 0.8～1.5m

(5) 사용 시 자동으로 점등되는 구조일 것

(6) 어둠속에서도 위치 확인이 가능할 것

(7) 외함은 난연성일 것

(8) 건전지식 : 방전방지조치를 할 것
충전배터리식 : 상시 충전방식일 것

(9) 건전지 및 배터리의 용량 : 20분 이상 사용할 수 있는 용량

중요예상문제

01

지상6층 건축물에 비상콘센트를 설치하였다. 각 층마다 비상콘센트 1개씩 설치되고 전원반은 지상1층에 설치되어 있을 경우, 사용전압이 단상 220[V] 및 3상 380[V]일 경우 다음 물음에 답하시오. (답은 소수점 셋째 자리에서 반올림하여 둘째 자리까지 나타낸다.)

1. 단상일 때 전원반과 첫번째 콘센트 간의 간선에 걸리는 정격전류[A] 및 허용전류[A]는 얼마인가?
2. 3상일 때 전원반과 첫번째 콘센트 간의 간선에 걸리는 정격전류[A] 및 허용전류[A]는 얼마인가?

해 답 1. 단상일 때 간선에 걸리는 전류

(1) 정격전류

$$P = EI$$

여기서, P : 단상전력[VA], E : 전압[V], I : 전류(정격전류)[A]

$$\therefore \ I = \frac{P}{E} = \frac{(1.5 \times 10^3) \times 3}{220} = 20.454[A]$$

(2) 허용전류

$$\therefore \ I \times 1.25 = 20.454 \times 1.25 = 25.567 \doteqdot 25.57[A]$$

2. 3상일 때 간선에 걸리는 전류

(1) 정격전류

$$P = \sqrt{3}EI$$

여기서, P : 3상전력[VA], E : 전압[V], I : 전류(정격전류)[A]

$$\therefore \ I = \frac{P}{\sqrt{3}E} = \frac{(3 \times 10^3) \times 3}{\sqrt{3} \times 380} = 13.674[A]$$

(2) 허용전류

$$\therefore \ I \times 1.25 = 13.674 \times 1.25 = 17.092 \doteqdot 17.09[A]$$

02 피난설비 중 휴대용비상조명등의 설치대상과 설치장소 및 설치기준에 대하여 비상조명등의 화재안전기준(NFSC 304)에 근거하여 기술하시오.

해답 1. 설치대상

(1) 숙박시설

(2) 수용인원 100인 이상의 영화상영관, 판매시설 중 대규모점포, 철도 및 도시철도 시설 중 지하역사, 지하가 중 지하상가

2. 설치장소

(1) 숙박시설 또는 다중이용업소에는 객실 또는 영업장 안의 구획된 실마다 잘 보이는 곳에 1개 이상 설치(외부에 설치시 출입문 손잡이로부터 1m 이내에 설치)

(2) 대규모점포(지하상가 및 지하역사는 제외) 및 영화상영관에는 보행거리 50m 이내마다 3개 이상 설치

(3) 지하상가 및 지하역사에는 보행거리 25m 이내마다 3개 이상 설치

3. 설치제외 대상

(1) 지상1층 또는 피난층으로서 복도·통로 또는 창문 등의 개구부를 통하여 피난이 용이한 경우

(2) 숙박시설로서 복도에 비상조명등을 설치한 경우

4. 설치기준

(1) 설치높이는 바닥에서 0.8m 이상, 1.5m 이하의 높이에 설치

(2) 어둠 속에서 위치를 확인할 수 있도록 할 것

(3) 사용시 자동으로 점등되는 구조일 것

(4) 외함은 난연성능이 있을 것

(5) 건전지를 사용하는 경우에는 방전방지조치를 하여야 하고, 충전식 밧데리의 경우 상시 충전되도록 할 것

(6) 건전지 및 충전식 밧데리의 용량은 20분 이상 유효하게 사용할 수 있는 것으로 할 것

03

청정소화약제소화설비가 설치되어 있는 건축물에 설치되는 복합형 수신기(소화설비의 감시제어반 겸용)의 비상전원용 연축전지의 용량을 다음 조건에 의하여 산정하시오.

〈조건〉

평상시 동작기기의 소비전류는 1.5A, 화재시 동작기기의 소비전류는 4.5A, 보수율은 0.8, 용량환산시간은 법규적 방전시간을 적용하고, 축전지의 용량은 정수로 선정한다. 기타 조건은 무시한다.

해 답 1. 법규적 동작(방전)시간 검토

(1) 자동화재탐지설비의 평상시 감시시간 : 60분

(2) 청정소화약제소화설비의 유효동작시간 : 20분

2. 예상부하특성곡선 작성

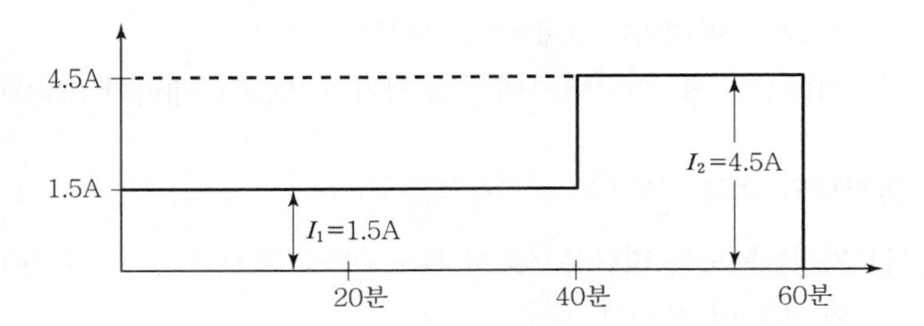

3. 용량 계산

$$C=\frac{1}{L}[K_1I_1+K_2(I_2-I_1)+\cdots K_n(I_n-I_{n-1})][AH]$$ 에서,

여기서, L : 보수율=0.8

K : 용량환산시간($K_1=\frac{60}{60}$ 시간, $K_2=\frac{20}{60}$ 시간)

I : 소비전류[A]

$$C=\frac{1}{0.8}\times[1.5A\times\frac{60}{60}\text{시간}+(4.5-1.5)\times\frac{20}{60}\text{시간}][AH]$$

$$=3.125[AH]\fallingdotseq 4[AH]$$

4. 축전지의 용량 결정

문제의 조건에서 축전지 용량을 정수로 선정하라고 하였으므로 축전지 용량은 4[AH]로 결정한다.

04

아래 조건과 같이 자동화재탐지설비가 설치될 경우 수신기의 축전지 용량을 국가화재안전기준과 아래 조건에 의하여 계산하시오.

〈조건〉

가. 기기별 소요전류

기기	수량	개당 감시전류	개당 경보전류
수신기	1개	0.12	1.5
광전식 연감지기	42개	0.0005	0.001
이온화식 연감지기	16개	0.0005	0.001
시각경보기	32개	–	0.095
사이렌	6개	–	0.072
릴레이	4개	0.007	

나. 보수율 : 0.8

다. 용량환산시간

시간(분)	10분	20분	30분	40분	50분	60분	120분
K값	0.66	0.87	1.1	1.27	1.40	1.65	2.75

해 답

1. 자동화재탐지설비의 축전지는 감시상태를 60분간 지속한 후 10분 이상 경보할 수 있는 용량이어야 한다. 그 기기별 소요전류의 합계를 계산하면 다음 표와 같다.

기기	수량	기기별 감시전류	기기별 경보전류
수신기	1개	0.12	1.5
광전식 연감지기	42개	0.021	0.042
이온화식 연감지기	16개	0.008	0.016
시각경보기	32개	–	3.04
사이렌	6개	–	0.432
릴레이	4개	0.028	–
합계		0.177	5.03

이 축전지는 60분간 0.177[A]의 감시전류를 소비한 후에 10분간 5.03[A]의 경보전류를 내 보낼 수 있는 용량이어야 한다.

2. 용량계산

$$축전지\ 용량(C) = \frac{1}{L}[K_1 I_1 + K_2(I_2 - I_1)]$$

여기서, L : 보수율=0.8

K : 용량환산시간($K_1 = 1.65$, $K_2 = 0.66$)

I : 소비전류[A]

$$C = \frac{1}{0.8}[1.65 \times 0.177 + 0.66 \times (5.03 - 0.177)] = 4.37 \fallingdotseq 5[AH]$$

[답] 축전지 용량 : 5[AH]

05

시각경보기(소비전류 200mA) 5개를 수신기로부터 각각 50m 간격으로 직렬로 설치했을 경우 마지막 시각경보기에 공급되는 전압이 얼마인지 계산하시오.(전선은 2mm², 사용전원은 DC 24V이다. 기타 조건은 무시한다.)

해 답 1. 전압강하 계산식

$$e[V] = \frac{0.0356LI}{S}$$

여기서, S : 전선의 단면적[mm²]

L : 시각경보기에서 수신기까지 전선의 길이[m]

I : 소비전류[A]

2. 계산

(1) 각 구간별로 전압강하 계산

$$e_1 = \frac{0.0356LI}{S} = \frac{0.0356 \times 50 \times (0.2 \times 5)}{2} = 0.89[V]$$

$$e_2 = \frac{0.0356LI}{S} = \frac{0.0356 \times 50 \times (0.2 \times 4)}{2} = 0.712[V]$$

$$e_3 = \frac{0.0356LI}{S} = \frac{0.0356 \times 50 \times (0.2 \times 3)}{2} = 0.534[V]$$

$$e_4 = \frac{0.0356LI}{S} = \frac{0.0356 \times 50 \times (0.2 \times 2)}{2} = 0.356[V]$$

$$e_5 = \frac{0.0356LI}{S} = \frac{0.0356 \times 50 \times 0.2}{2} = 0.178[V]$$

(2) 전체 구간에서의 전압강하는

$0.89 + 0.712 + 0.534 + 0.356 + 0.178 = 2.67$[V]이다.

∴ 마지막 시각경보기에서의 전압은 $24 - 2.67 = 21.33$[V]이다.

[답] 21.33[V]

06

다음 그림은 광전식 분리형 감지기의 설치 입면도이다. 도면을 참고하여 다음 각 물음에 답하시오.

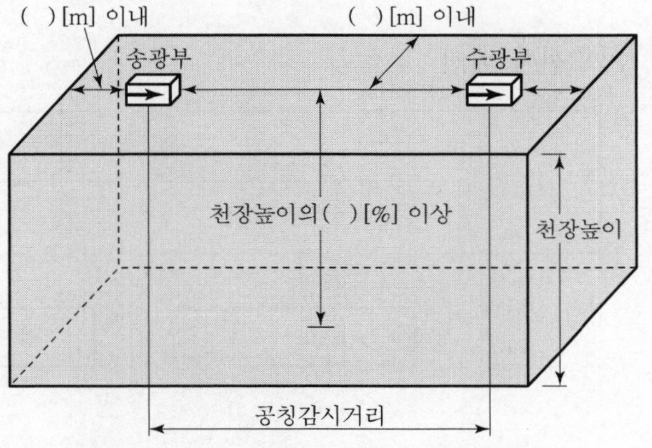

(1) 감지기의 송광부와 수광부는 설치된 뒷벽면으로부터 ( )[m] 이내에 설치할 것
(2) 광축의 높이는 천장 높이의 ( )[%] 이상일 것
(3) 광축은 나란한 벽면으로부터 ( )[m] 이상 이격하여 설치할 것

해답 (1) 1[m]
(2) 80[%]
(3) 0.6[m]

07

유도등설비의 2선식 배선과 3선식 배선의 결선도(배선구조)를 간략하게 그리고 각각의 동작특성을 3가지씩 기술하시오.

해 답 1. 결선도(배선구조)

(1) 2선식 배선

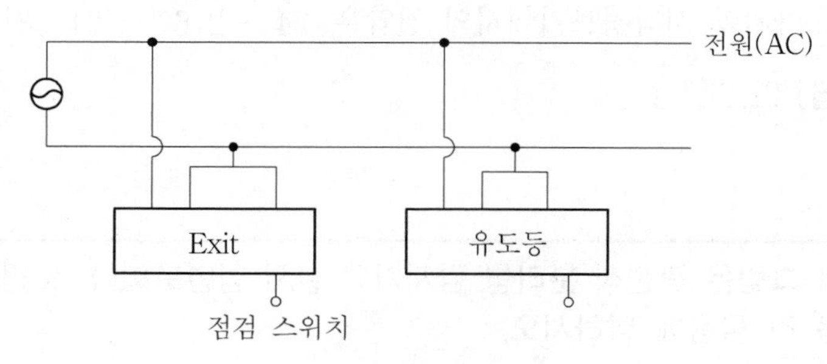

(2) 3선식 배선

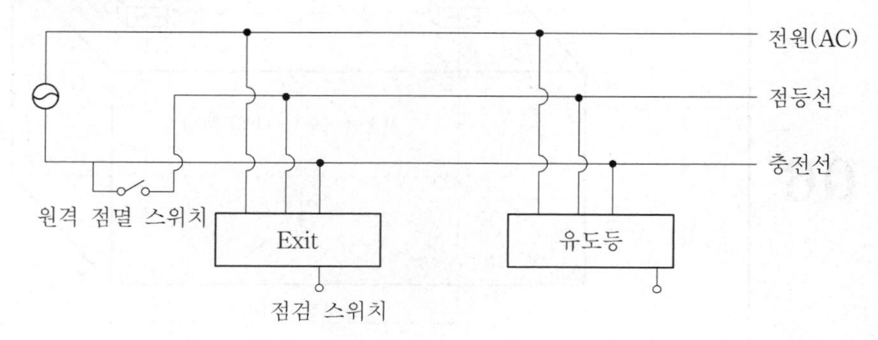

2. 동작특성

(1) 2선식 배선

① 상시 점등하는 방식 : 점멸기 없음

② 소등상태에서는 예비전원에 충전이 되지 않는다.

③ 만약 점멸기로 소등하게 되면 예비전원 용량만큼만 점등이 지속된 후에 소등되며, 그 후부터는 점등을 보장할 수 없다. 그 이유는 소등상태에서는 예비전원에 충전이 되지 않기 때문이다.

(2) 3선식 배선

① 평상시 소등상태로 있다가 화재 또는 소방시설의 작동시에 자동으로 점등하는 방식

② 점멸기로 소등하면 유도등은 꺼지나, 예비전원에 충전은 지속되고 있는 상태가 된다.

③ 다만, 정전이나 단선이 되어 전원 자체가 공급되지 않으면 자동으로 예비전원에 의해 규정된 시간(용량) 동안만 점등된다.

08

3선식 배선방식의 유도등에서 평상시 소등상태로 있다가 자동으로 점등되어야 하는 경우 5가지를 기술하시오.

해 답

(1) 자동화재탐지설비의 감지기 또는 발신기 작동
(2) 비상경보설비의 발신기 작동
(3) 자동소화설비의 작동
(4) 상용전원의 정전 또는 전원선의 단선
(5) 방재센터 또는 전기실의 배전반에서 수동으로 점등

09

비상조명등설비에서 비상전원의 설치기준을 예비전원 내장형과 비내장형으로 구분하여 기술하시오.

해 답

1. 예비전원 내장형

(1) 20분 이상 작동용량의 축전지 내장형
(단, 지상 11층 이상의 층 전체와 지하층·무창층으로서 도매·소매시장, 터미널, 지하역사, 지하상가인 곳은 그 부분으로부터 피난층에 이르는 경로의 비상조명등을 60분 이상 작동시킬 수 있는 용량일 것)
(2) 평상시 점등여부를 확인할 수 있는 점검스위치 설치
(3) 예비전원 충전장치 내장

2. 예비전원 비내장형

(1) 20분 이상 용량의 축전지설비 또는 자가발전설비
(단, 지상 11층 이상의 층 전체와 지하층·무창층으로서 도매·소매시장, 터미널, 지하역사, 지하상가인 곳은 그 부분으로부터 피난층에 이르는 경로의 비상조명등 60분 이상 작동시킬 수 있는 용량일 것)
(2) 상용전원 정전시 비상전원으로 자동 절환될 것
(3) 비상전원 설치장소에 다른 장소와 방화구획 할 것. 이 경우 그 장소에는 비상전원의 공급에 필요한 기구나 설비 외의 것을 두어서는 아니된다.
(4) 비상전원을 실내에 설치하는 때에는 그 실내에 비상조명등을 설치할 것

10

다음 그림은 준비작동식 스프링클러설비의 Super visory panel에서 수신기까지의 내부결선도이다. 결선도를 완성시키고 ①~⑨의 용도(명칭)를 쓰시오.

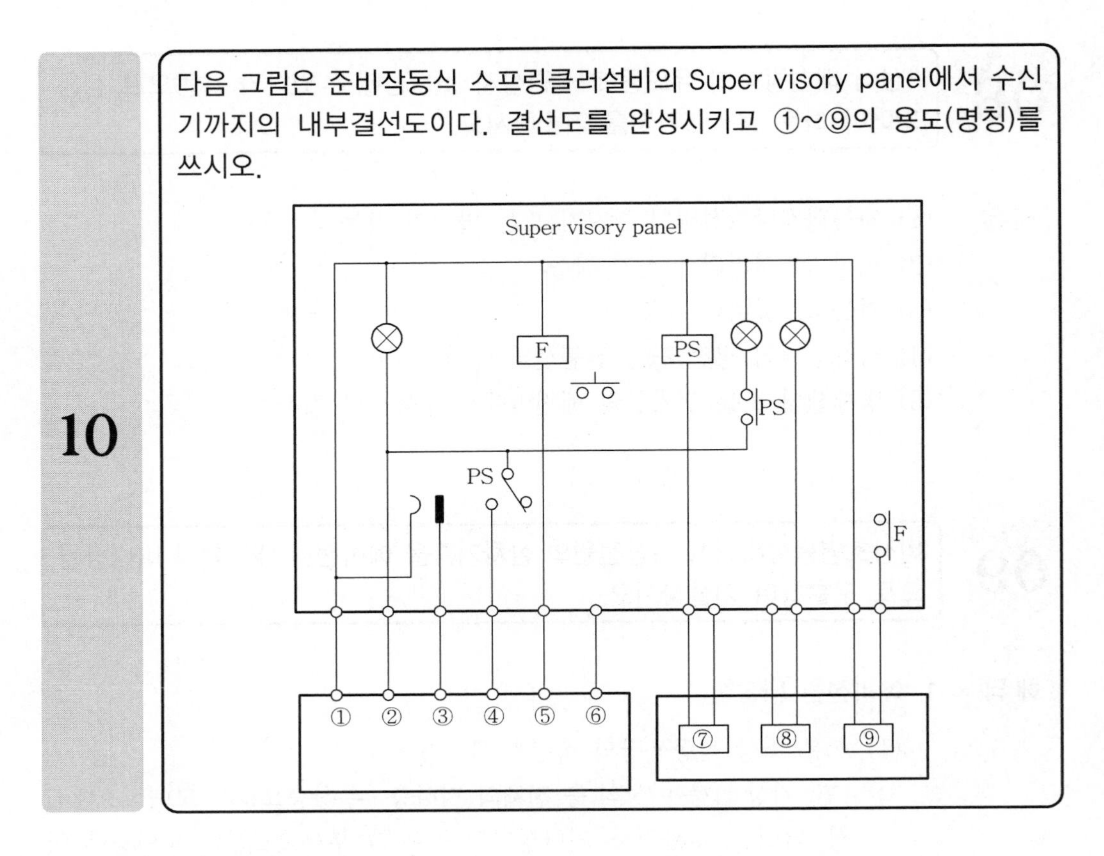

해 답

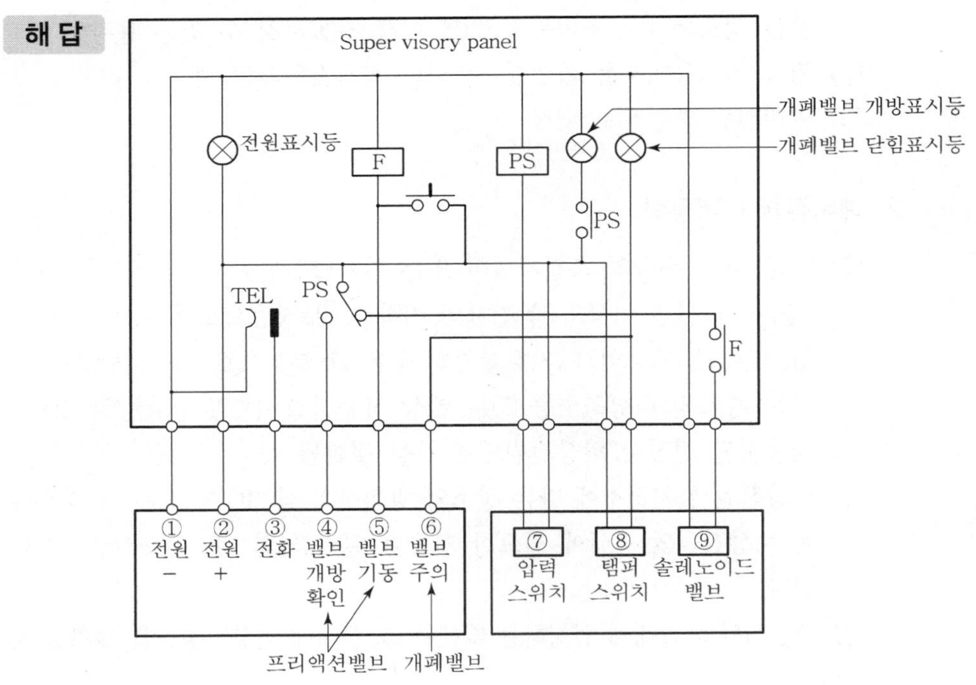

11

아래 표와 같이 구획된 3개의 실에 단독경보형 감지기를 설치하고자 한다. 각 실에 필요한 최소 설치수량과 그 적용 근거를 쓰시오.(10점)

실	휴게실	사무실	창고
바닥면적	50[m²]	100[m²]	200[m²]

해 답

1. 적용근거

비상경보설비의 화재안전기준 제5조 1호 : 각 실마다 설치하되, 바닥면적이 150m²를 초과하는 경우에는 150m²마다 1개 이상 설치한다.

2. 각 실별 최소설치수량

(1) 휴게실 : $\frac{50m^2}{150m^2} = 0.333$ ∴ 1개

(2) 사무실 : $\frac{100m^2}{150m^2} = 0.666$ ∴ 1개

(3) 창고 : $\frac{200m^2}{150m^2} = 1.333$ ∴ 2개

12

다음은「축광표지의 성능인증 및 제품검사의 기술기준」중 유도표지의 식별도 시험 기준이다. ( ) 안에 들어가야 할 내용을 쓰시오.

축광 유도표지는 200[lx] 밝기의 광원으로 20분간 조사시킨 상태에서 다시 주위조도를 0[lx]로 하여 (①)간 발광 후 직선거리 (②) 떨어진 위치에서 보통 시력으로 식별되어야 하고 (③) 거리에서 표시면의 (④) 또는 화살표 등을 쉽게 식별할 수 있는 것으로 할 것

해 답

① 60분
② 20m
③ 3m
④ 문자

13

지하 3층, 지상 5층 연면적 3,500m²인 특정소방대상물에서 지하 3층에 화재가 발생하였을 경우 비상방송설비가 작동하여 우선적으로 경보하여야 하는 층은 어느 층인가?

해 답 우선경보방식에서 우선경보하여야 하는 층

(1) 지상 2층 이상의 층에서 발화한 경우 : 발화층 및 그 직상층

(2) 지상 1층에서 발화한 경우 : 발화층 · 그 직상층 및 지하층 전체층

(3) 지하층에서 발화한 경우 : 발화층 · 그 직상층 및 기타의 지하층

∴ 지하 3층에서 발화한 경우 : 지하 3층 · 지하 2층 · 지하 1층에서 우선경보하여야 한다.

14

길이 22m의 통로에 객석유도등을 설치하려고 한다. 이때 필요한 객석유도등의 수량은 최소 몇 개인가?

해 답

$$\text{객석유동등 설치개수} = \frac{\text{객석통로의 직선부분의 길이[m]}}{4} - 1$$

$$= \frac{22}{4} - 1 = 4.5 \fallingdotseq 5\text{개}$$

∴ 객석유도등의 수량산정에서 소수점 이하는 절상하므로 5개를 설치한다.

15

다음은 자동화재속보설비의 설치기준이다. ( ) 안에 알맞은 내용을 쓰시오.

1. 자동화재 탐지설비와 연동으로 작동하여 자동적으로 화재발생 상황을 (①)에 전달되는 것으로 할 것
2. 스위치는 바닥으로부터 (②) 이상 (③) 이하의 높이에 설치하고, 보기 쉬운 곳에 스위치임을 표시한 표지를 할 것
3. 속보기는 (④)에 통신망으로 통보하도록 하며, (⑤) 또는 코드전송방식을 부가적으로 설치할 수 있다. 단, 데이터 및 코드전송방식의 기준은 소방청장이 정한다.
4. (⑥)에 설치하는 자동화재속보설비는 제1호의 기준에 불구하고 속보기에 (⑦)를 직접 연결하는 방식(자동화재탐지설비 1개의 경계구역에 한한다.)으로 할 수 있다.

해 답 ① 소방관서 ② 0.8m ③ 1.5m ④ 소방관서
⑤ 데이터 ⑥ 문화재 ⑦ 감지기

16

다음은 피난유도선의 설치기준이다. ( ) 안에 들어가야 할 내용을 쓰시오.

1. 광원점등방식 피난유도선의 설치기준
   (1) 구획된 각 실로부터 (①) 또는 비상구까지 설치할 것
   (2) 피난유도 표시부는 바닥으로부터 높이 (②) 이하의 위치 또는 바닥면에 설치할 것
   (3) 피난유도 표시부는 (③) 이내의 간격으로 연속되도록 설치하되 실내장식물 등으로 설치가 곤란할 경우 (④) 이내로 할 것
   (4) 수신기로부터의 (⑤) 및 수동조작에 의하여 광원이 점등되도록 설치할 것
   (5) (⑥)이 상시 충전상태를 유지하도록 설치할 것
   (6) 바닥에 설치되는 피난유도표시부는 (⑦) 방식을 사용할 것
   (7) 피난유도 제어부는 조작 및 관리가 용이하도록 바닥으로부터 (⑧) 이상 (⑨) 이하의 높이에 설치할 것
2. 축광방식 피난유도선의 설치기준
   (1) 구획된 각 실로부터 (①) 또는 비상구까지 설치할 것
   (2) 바닥으로부터 높이 (②) 이하의 위치 또는 바닥면에 설치할 것
   (3) 피난유도 표시부는 (③) 이내의 간격으로 연속되도록 설치할 것
   (4) (④)에 의하여 견고하게 설치할 것
   (5) (⑤) 또는 조명장치에 의하여 상시 조명이 제공되거나 (⑥)에 의한 조명이 제공되도록 설치할 것

해 답 1. 광원점등방식 피난유도선의 설치기준

① 주출입구 ② 1m ③ 50cm ④ 1m ⑤ 화재신호
⑥ 비상전원 ⑦ 매립하는 ⑧ 0.8m ⑨ 1.5m

2. 축광방식 피난유도선의 설치기준

① 주출입구 ② 50cm ③ 50cm
④ 부착대 ⑤ 외광 ⑥ 비상조명등

17

아래 조건의 P형 1급 수신기와 감지기의 배선회로에 관하여 다음 각 물음에 답하시오.(10점)

〈조건〉
가. 배선회로의 저항 : 90Ω
나. 릴레이 저항 : 900Ω
다. 회로의 전압 : DC24V
라. 상시 감시전류 : 3mA
※ 이 외의 조건은 무시한다.

1. 감지기의 종단저항은 몇 Ω인지 계산과정과 답을 쓰시오.(5점)
2. 감지기 동작 시 회로에 흐르는 전류는 몇 mA인가?(5점)
   (답은 소수점 셋째 자리에서 반올림하여 둘째 자리까지 구하시오.)

해 답 1. 감지기의 종단저항[Ω]

$$감시전류[A] = \frac{회로\ 전압}{릴레이저항 + 배선회로저항 + 종단저항}$$

$$3 \times 10^{-3}[A] = \frac{24}{900 + 90 + 종단저항}$$

$$종단저항 = \frac{24}{3 \times 10^{-3}} - (900 + 90) = 7,010[Ω]$$

[답] 종단저항 : 7,010[Ω]

2. 감지기 동작 시의 회로전류[mA]

$$동작전류[A] = \frac{회로\ 전압}{릴레이저항 + 배선회로저항}$$

$$= \frac{24}{900 + 90} = 0.02424[A] = 24.24[mA]$$

[답] 감지지 동작전류 : 24.24[mA]

제 13 장

소방설비용 배선회로

01 내화배선 · 내열배선

1. 내화배선

(1) 사용전선의 종류

1) 내화전선(FR-8)
2) 450/750V 저독성 난연 가교 폴리올레핀 절연전선
3) 0.6/1KV 가교 폴리에틸렌 절연 저독성 난연 폴리올레핀 시스 전력케이블
4) 6/10kV 가교 폴리에틸렌 절연 저독성 난연 폴리올레핀 시스 전력케이블
5) 가교 폴리에틸렌 절연 비닐시스 트레이용 난연 전력케이블
6) 0.6/1kV EP 고무절연 클로로프렌 시스케이블
7) 300/500V 내열성 실리콘 고무 절연전선(180℃)
8) 내열성 에틸렌-비닐 아세테이트 고무 절연케이블
9) 버스덕트(Bus Duct)
10) 기타 「전기용품 및 생활용품 안전관리법」 및 「전기설비기술기준」에 따라 동등 이상의 내화성능이 있다고 산업통상자원부장관이 인정하는 것

(2) 공사방법

1) 내화전선 : 케이블 공사방법에 따라 설치한다.
2) 기타전선 : 다음 「표」의 공사방법에 따라 설치한다.

	매립할 경우	非매립의 경우
사용 전선관	금속관, 합성수지관 2종 금속제 가요전선관	금속관 2종 금속제 가요전선관
공사 방법	위의 전선관에 전선・케이블을 수납하여, 내화구조의 벽 또는 바닥에 25mm 이상의 깊이로 매설한다.	① 배선을 내화성능의 배선전용실 또는 배선용 샤프트・피트・덕트 등에 설치하며, ② 다른 설비용 배선과는 15cm 이상 이격하거나, 가장 굵은 배선 지름의 1.5배 이상 높이의 불연성 격벽을 설치한다.

(3) 내화전선의 성능기준

내화전선의 내화성능은 KS C IEC 60331-1과 2(온도 830℃ / 가열시간 120분) 표준 이상을 충족하고, 난연성능 확보를 위해 KS C IEC 60332-3-24 성능 이상을 충족할 것

(4) 내화전선의 사용 예 : FR-8

1) 상용 전원회로 : 비상콘센트설비, 자동화재탐지설비, 비상경보설비, 비상방송설비에 한함
2) 비상용 전원회로 : 모든 소방설비의 비상전원회로에 해당 됨
3) 기타 방재용 전선

2. 내열배선의 종류

(1) 사용전선

(내열배선의 사용전선 종류는 위 1항의 '내화배선의 사용전선 종류'와 동일함)

(2) 공사방법

1) 내열전선(FR-3), 내화전선(FR-8) : 케이블 공사방법에 따라 설치
2) 기타전선 : 다음 「표」의 공사방법에 따라 설치

	전선관 공사	非전선관(노출배선) 공사
사용 전선관	금속관, 금속덕트, 금속제 가요전선관	-
공사 방법	1) 위의 전선관에 전선·케이블을 수납하여 설치하거나 2) 케이블 공사방법(불연성 덕트에 설치하는 경우에 한한다.)에 따라 설치한다.	배선을 내화성능의 배선전용실 또는 배선용 샤프트·피트·덕트 등에 설치하되, 다른 설비용 배선과는 15cm 이상 이격하거나, 가장 굵은 배선지름의 1.5배 높이 이상의 불연성 격벽을 설치한다.

(3) 내열전선의 사용 예 : FR-3

1) 각종 소방설비용 약전선로

2) 즉, 유도등 및 자동화재탐지설비 등의 제어·신호회로용의 배선

3. 내열·내화배선의 설비적용

(1) 소화설비(수계 및 가스계소화설비 일체)

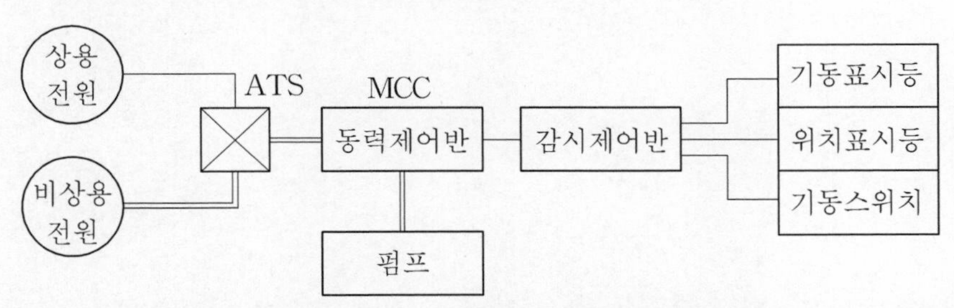

(단, 단일 실내에 설치되는 경우 발전기에서 제어반까지의 전원회로는 예외)

〈범례〉 ══════ : 내화배선
──────── : 내열배선 또는 내화배선
---------- : 600V 비닐절연전선(IV)
========== : 내열배선·내화배선 또는 Shield 배선
(Shield 배선 : 아날로그식·다신호식감지기 또는 R형 수신기용 배선회로의 경우에 한하여 적용함)

(2) 자동화재탐지설비, 비상방송설비, 비상경보설비

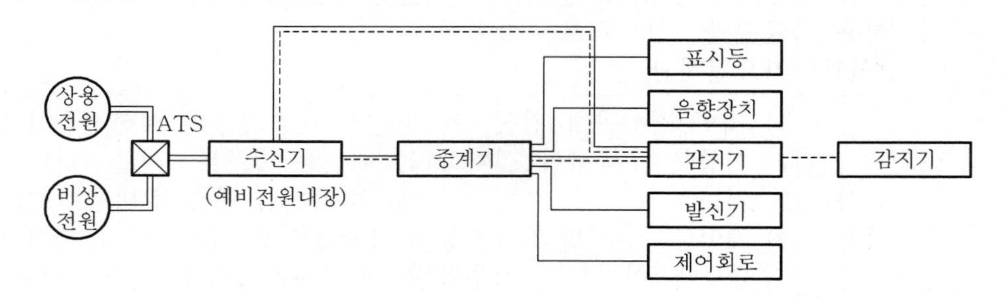

(3) 비상콘센트설비

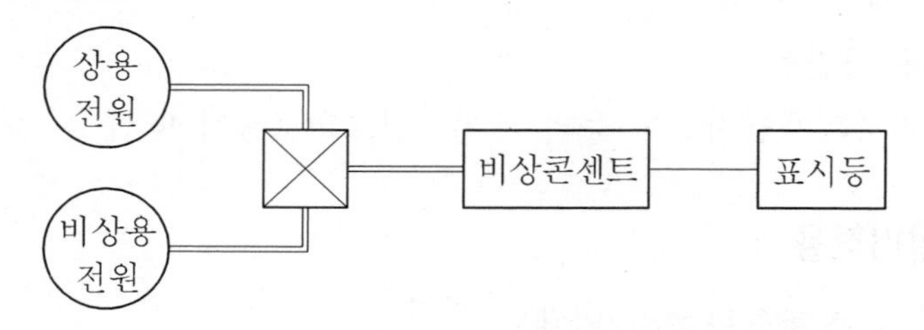

02 각 설비별 배선회로도

1. 옥내소화전설비

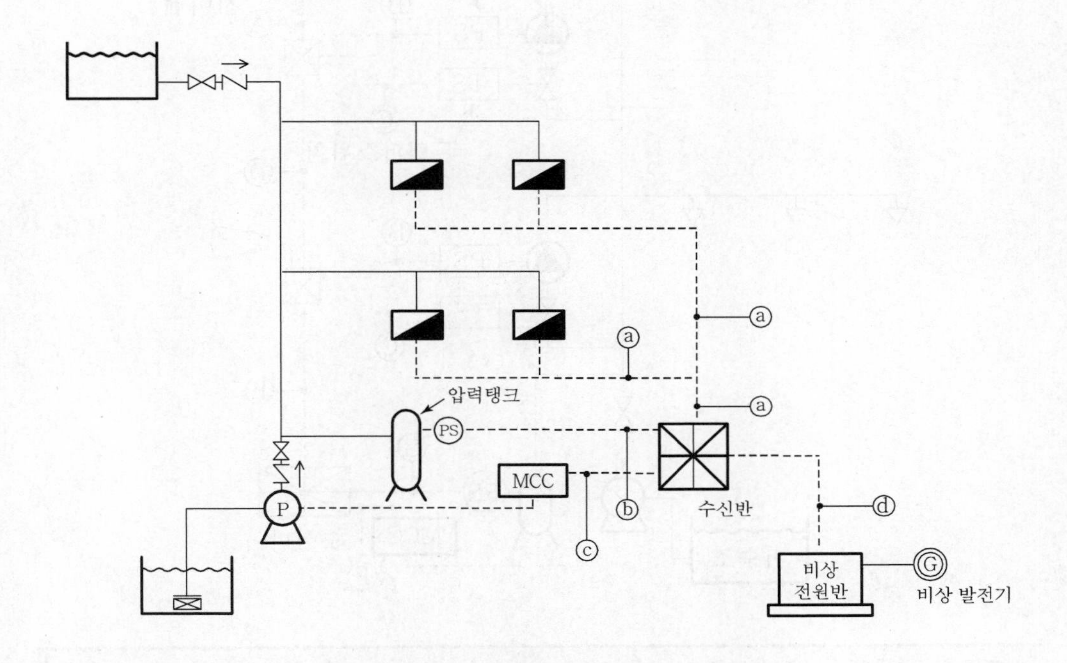

기호	구분		배선수	배선굵기	배선용도
a	소화전함 ↕ 수신반	수동 기동식	5	$2.5mm^2$	공통, 기동, 정지, 표시등(2)
		자동수압 개폐식	2	$2.5mm^2$	표시등(2)
b	압력탱크 ↔ 수신반		2	$2.5mm^2$	압력스위치(2)
c	MCC ↔ 수신반		5	$2.5mm^2$	공통, 기동, 정지, 전원감시, 기동표시
d	수신반 ↔ 비상전원반		6	$2.5mm^2$	상용전원표시등(2), 비상전원표시등(2), 비상발전기원격자동(2)

2. 습식 스프링클러설비

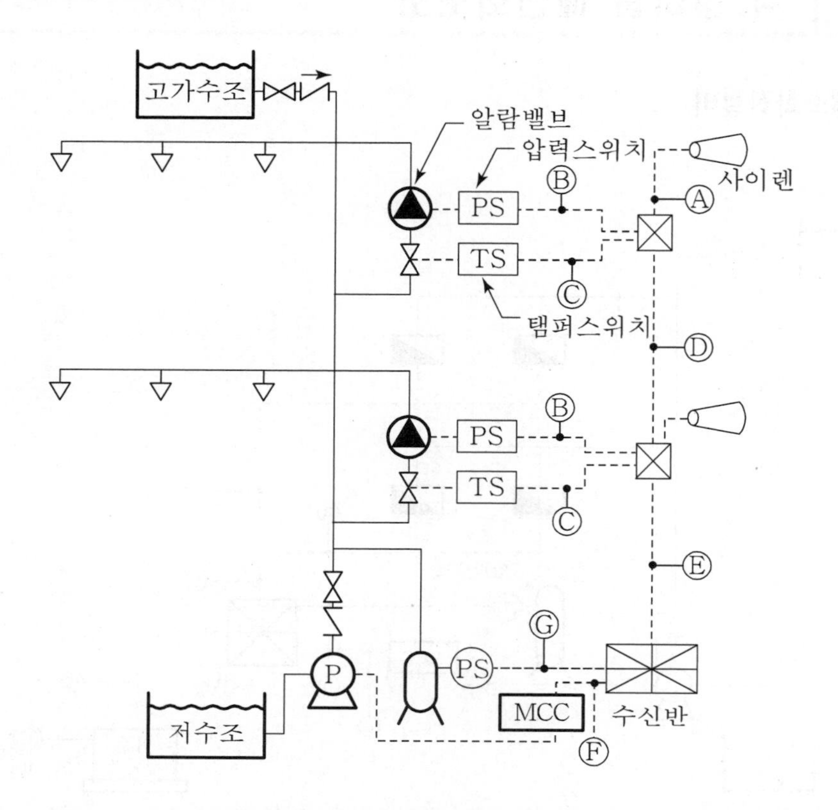

기호	배선수	배선굵기	배선용도
A	2	$2.5mm^2$	사이렌(2)
B	2	$2.5mm^2$	PS(2)
C	2	$2.5mm^2$	TS(2)
D	4	$2.5mm^2$	공통, PS, TS, 사이렌
E	7	$2.5mm^2$	공통, PS(2), TS(2), 사이렌
F	5	$2.5mm^2$	공통, 기동(2), 전원표시등, 기동표시등
G	2	$2.5mm^2$	PS(2)

PS : 압력스위치(유수검지장치의 작동을 감시)

TS : 탬퍼스위치(개폐밸브의 감시)

3. 준비작동식 스프링클러설비

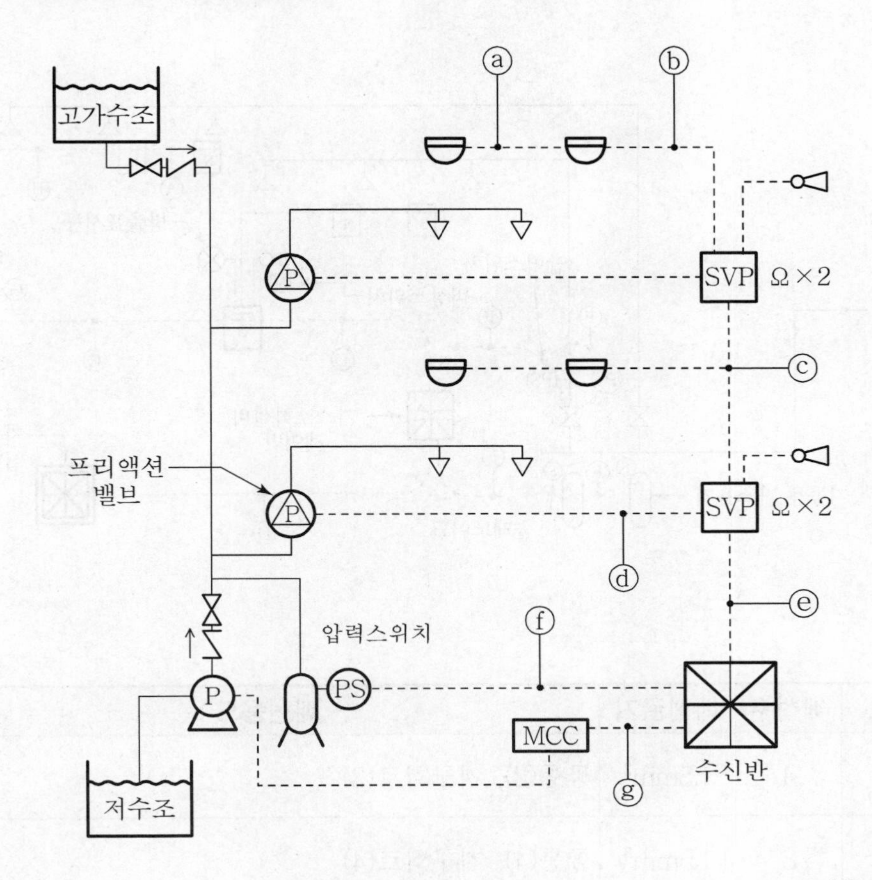

단위 : [mm]

기호	배선수	배선굵기	배선용도
a	4	$1.5mm^2$	공통(2), 지구회로(2)
b	8	$1.5mm^2$	공통(4), 지구회로(4)
c	8	$4.0mm^2$ $2.5mm^2$	전원(+, −) 밸브기동, PS, TS, 사이렌, 감지기(A : B)
d	6	$2.5mm^2$	밸브기동(2), PS(2), TS(2)
e	14	$4.0mm^2$ $2.5mm^2$	전원(+, −) 밸브기동(2), PS(2), TS(2), 사이렌(2), 감지기(A · B)
f	2	$2.5mm^2$	PS(2)
g	5	$2.5mm^2$	공통, On, Off, 전원감시, 자동 · 수동 표시

PS : 압력스위치(프리액션밸브 개방감시), TS : 탬퍼스위치(개폐밸브 개방감시)

4. 가스계 소화설비

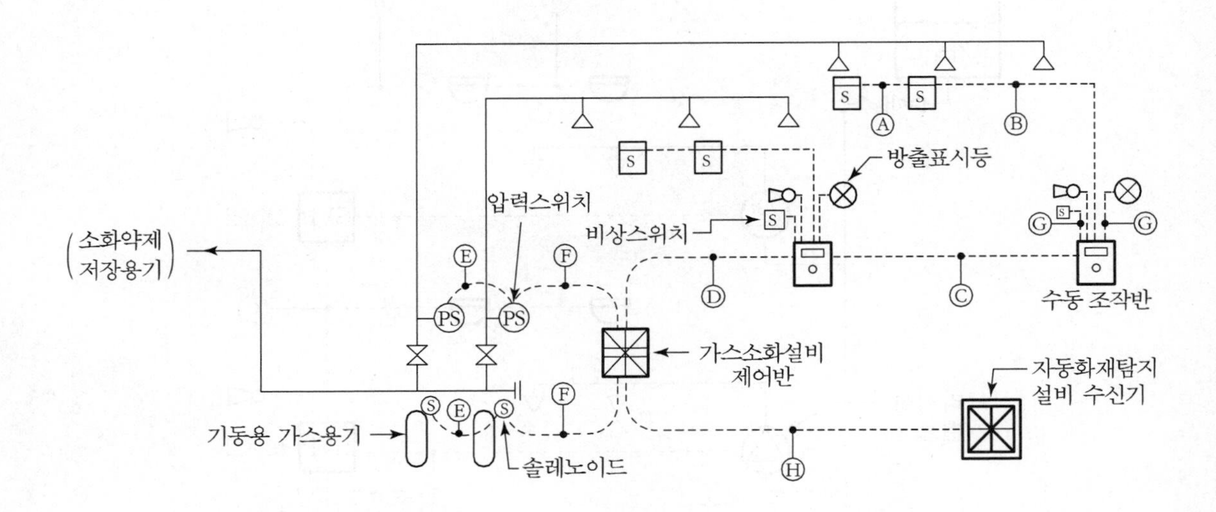

기호	배선수	배선굵기	배선용도
A	4	1.5mm²	공통(2), 지구회로(2)
B	8	1.5mm²	공통(4), 지구회로(4)
C	8	4.0mm² 2.5mm²	전원(+, −), 기동, 방출표시, 사이렌, 감지기(A · B), 비상스위치
D	14	4.0mm² 2.5mm²	전원2(+, −), 비상스위치(2) 기동(2), 방출표시(2), 사이렌(2), 감지기(A · B) × 2
E	2 2	2.5mm² 2.5mm²	공통, 압력스위치 공통, 솔레노이드밸브
F	3 3	2.5mm² 2.5mm²	공통, 압력스위치(2) 공통, 솔레노이드밸브(2)
G	2 2	2.5mm² 2.5mm²	공통, 사이렌 공통, 방출표시등
H	7	2.5mm²	공통, 방출표시(2) 감지기(A · B) × 2

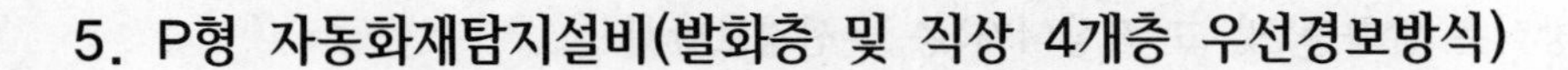

5. P형 자동화재탐지설비(발화층 및 직상 4개층 우선경보방식)

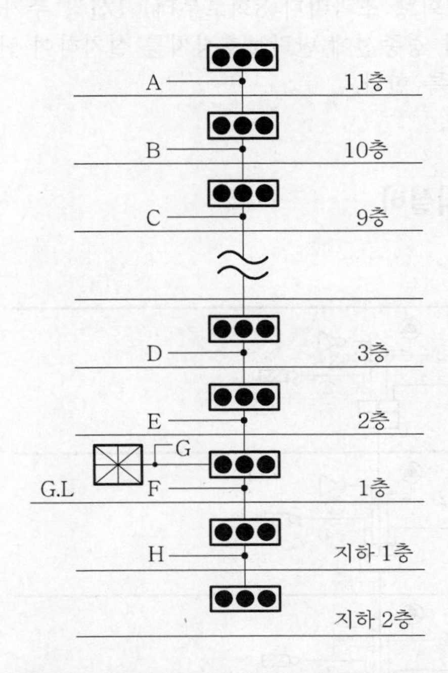

기호	배선수	배선굵기	배선용도
A	6	2.5mm²	회로공통선, 회로선, 응답선, 경종 · 표시등의 공통선, 경종선, 표시등선
B	8	2.5mm²	회로공통선, 회로선(2), 응답선, 경종 · 표시등의 공통선, 경종선(2), 표시등선
C	10	2.5mm²	회로공통선, 회로선(3), 응답선, 경종 · 표시등의 공통선, 경종선(3), 표시등선
D	23	2.5mm²	회로공통선(2), 회로선(9), 응답선, 경종 · 표시등의 공통선, 경종선(9), 표시등선
E	25	2.5mm²	회로공통선(2), 회로선(10), 응답선, 경종 · 표시등의 공통선, 경종선(10), 표시등선
F	7	2.5mm²	회로공통선, 회로선(2), 응답선, 경종 · 표시등의 공통선, 경종선, 표시등선
G	27	2.5mm²	회로공통선(2), 회로선(11), 응답선, 경종 · 표시등의 공통선, 경종선(11), 표시등선
H	6	1.6mm²	회로공통선, 회로선, 응답선, 경종 · 표시등의 공통선, 경종선, 표시등선

(주)1. 경보방식은 발화층 및 그 직상(4개)층 우선경보방식
(주)2. 회로공통선은 7회로 초과마다(8회로부터) 1선씩 추가한다.
(주)3. 각 층(구역)마다 경종선에 단락보호장치를 설치하여 단락 시 다른 층의 화재통보에 지장이 없도록 한다.

6. R형 자동화재탐지설비

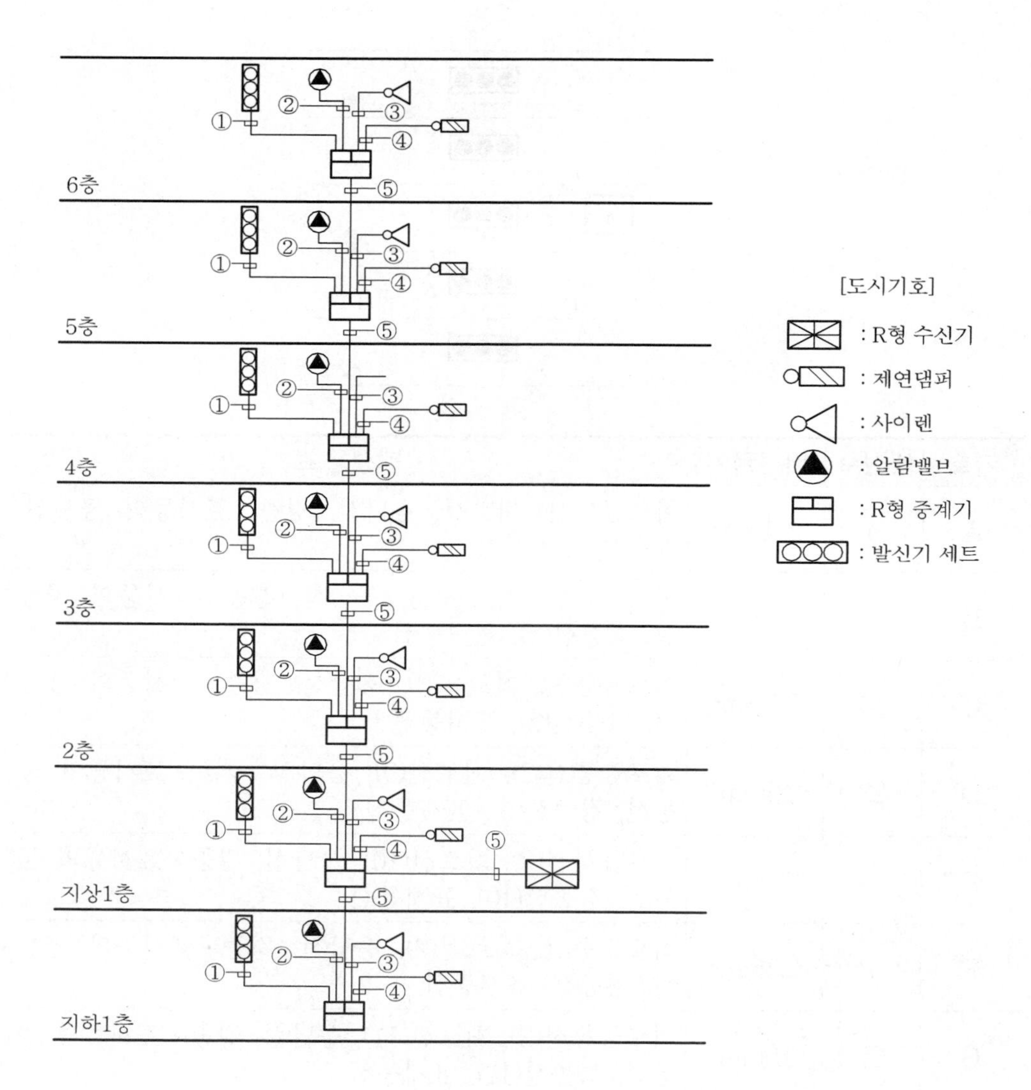

기호	배선수	배선굵기	배선용도
①	6	2.5mm²	회로선1, 회로공통선1, 응답선1, 경종선1, 표시등선1, 경종·표시등의 공통선
②	3	2.5mm²	PS(압력스위치)선1, TS(탬퍼스위치)선1, 공통선1
③	2	2.5mm²	사이렌선1, 공통선1
④	4	4.0mm² 2.5mm²	전원선(+, −)2 댐퍼기동1, 공통선1
⑤	7	4.0mm² 2.5mm²	전원선(+, −)2 신호선2, 응답선1, 표시등1, 공통선1

7. 발신기 회로도

(1) 발신기 내부 회로도

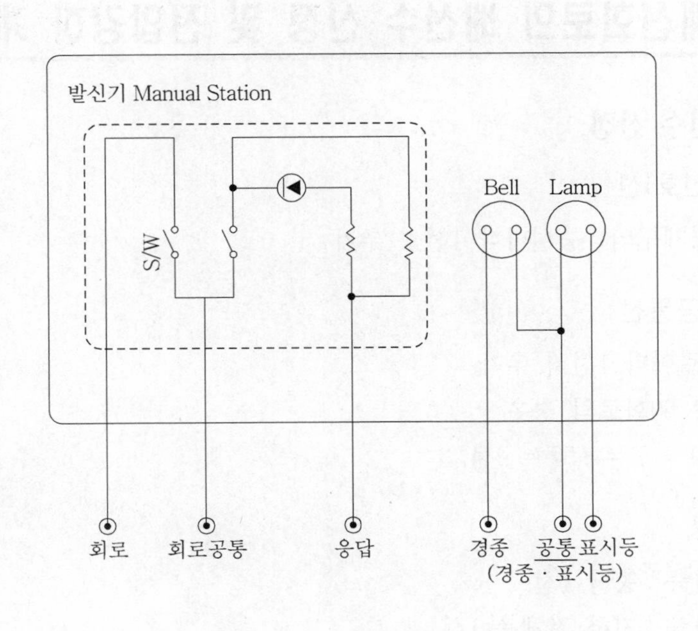

(2) 발신기 주변 결선도

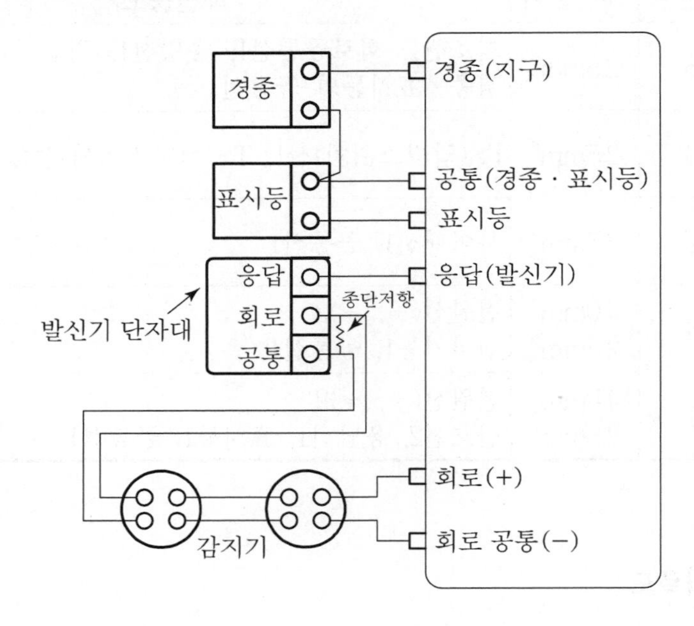

03 배선회로의 배선수 산정 및 전압강하 계산

1. 기본 배선수 산정

(1) 회로(신호)선

회로(경계구역) 증설마다 1선씩 추가

(2) 회로 공통선

매 7회로마다 1선씩 추가

(예) 총 60회로의 경우

$60 \div 7 = 8.57 \fallingdotseq 9$선

(3) 경종선

1) 지상층 : 층당 1선
2) 지하층 : 지하 전체층 1선

(4) 기본선

4선 : 다음의 각각 1선씩(경계구역 수와 무관함)

표시등선, 공통선(경종 · 표시등), 응답선

2. 배선수 산정의 예

지하 5층, 지상 20층인 건물에서 지상층은 층별 2회로, 지하층은 층별 4회로일 경우, 자동화재탐지설비의 간선수를 구하라.

(1) P형 자동화재탐지설비

1) 회로선 : 지상 40선(20층 × 2회로) + 지하 20선(5층 × 4회로) = 60선
2) 회로공통선 : 60 ÷ 7 ≒ 9선
   - 지상 : 40 ÷ 7 ≒ 6선
   - 지하 : 20 ÷ 7 ≒ 3선
3) 경종선 : 지상 20 + 지하 1 = 21선
4) 기본선 : 응답, 표시등, 경종 · 표시등의 공통선

∴ 합계 : 60+9+21+3=93선

(2) R형 자동화재탐지설비

1) 중계기 : 2선
2) 표시등 : 2선
3) 신호전송선 : 2선
4) 발신기 응답 : 1선

∴ 합계 : 2+2+2+1=7선

3. 배선회로의 전압강하 계산

$$E = \frac{0.0356 \times I \times L}{A}$$

여기서, E : 전압강하량[V]

A : 전선의 단면적[mm^2]

I : 소요전류[A]

L : 전선의 길이[m]

04 각 설비별 배선 결선도

1. P형 자동화재탐지설비 결선도

(1) 일제경보방식

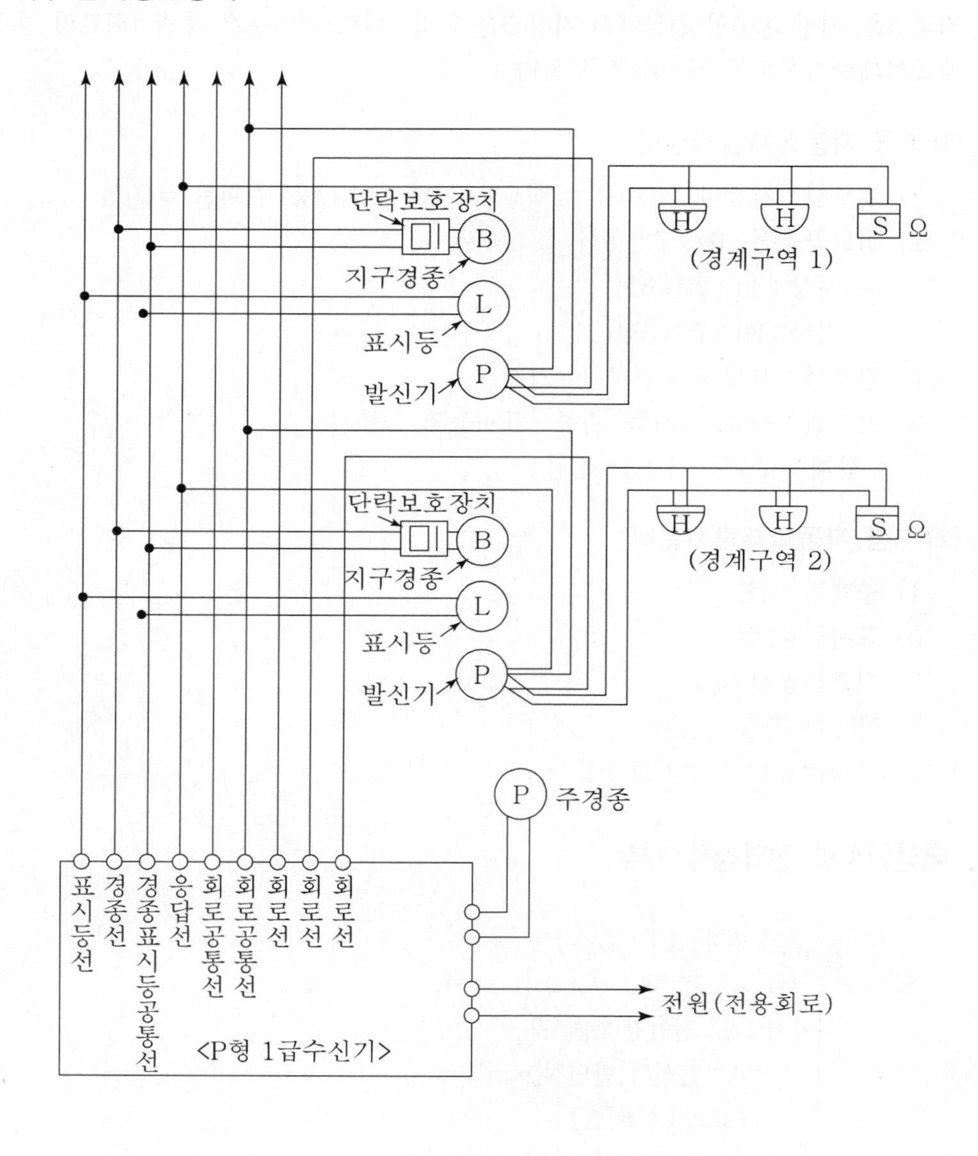

(2) 발화층 및 직상(4개)층 우선경보방식

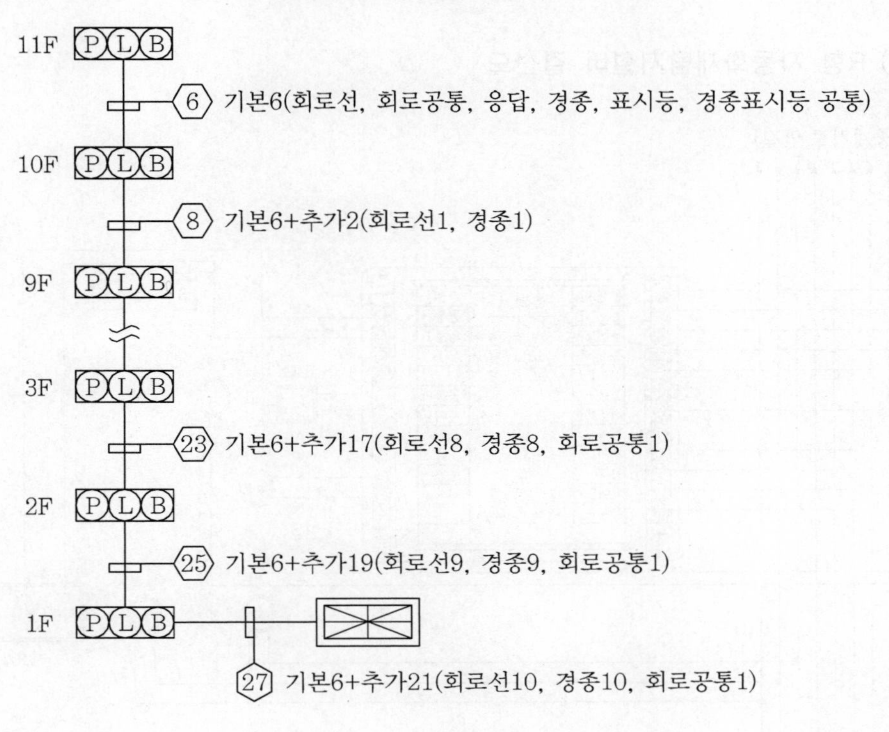

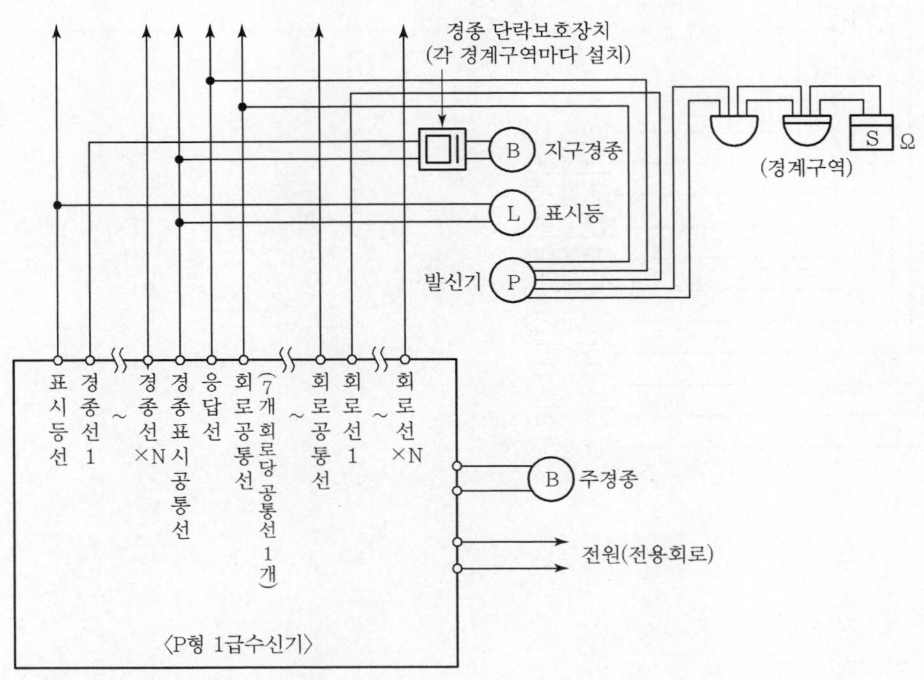

2. R형 자동화재탐지설비 시스템과 각 설비와의 결선도

(1) R형 자동화재탐지설비 결선도

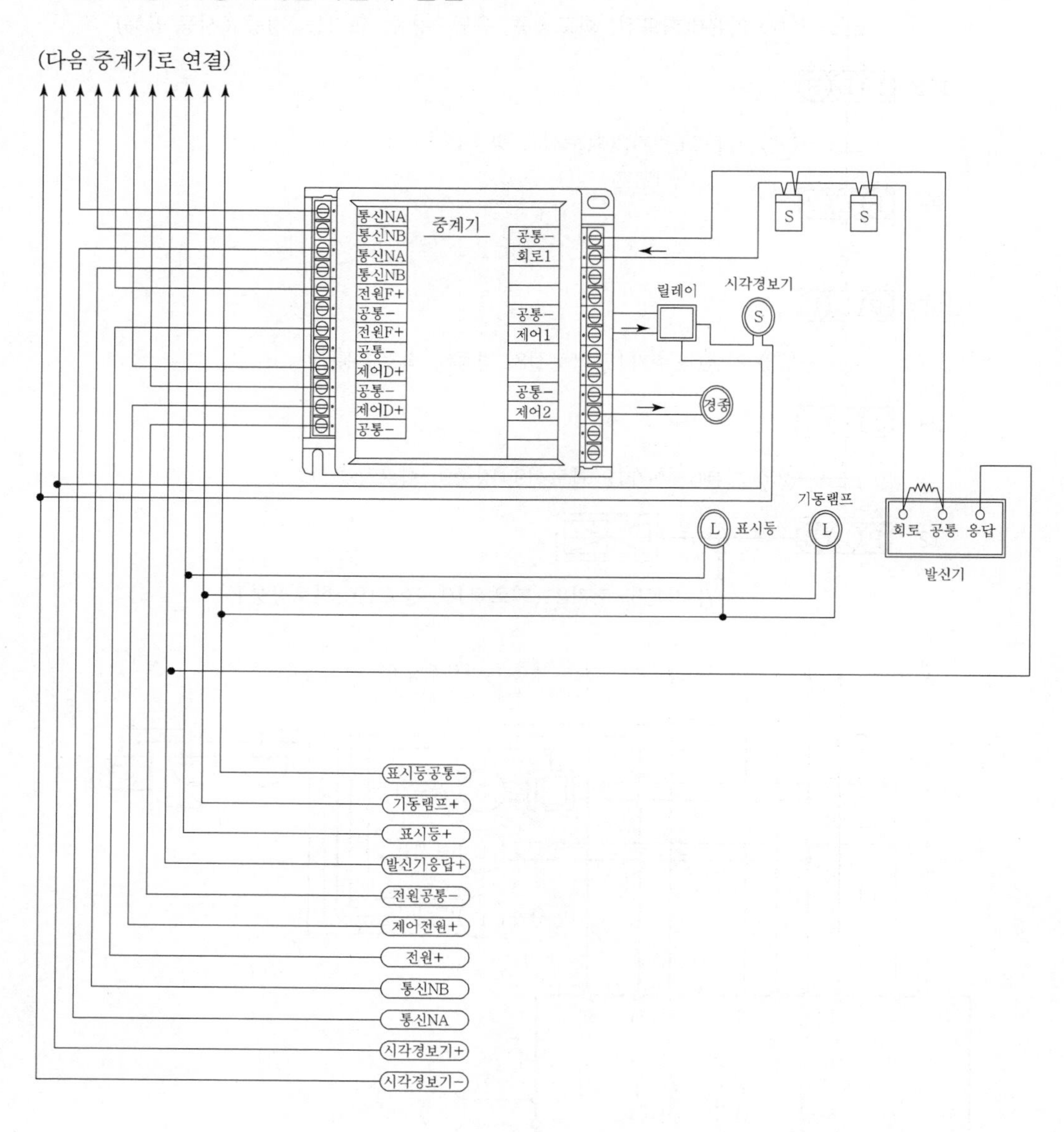

(2) 습식 스프링클러설비 결선도

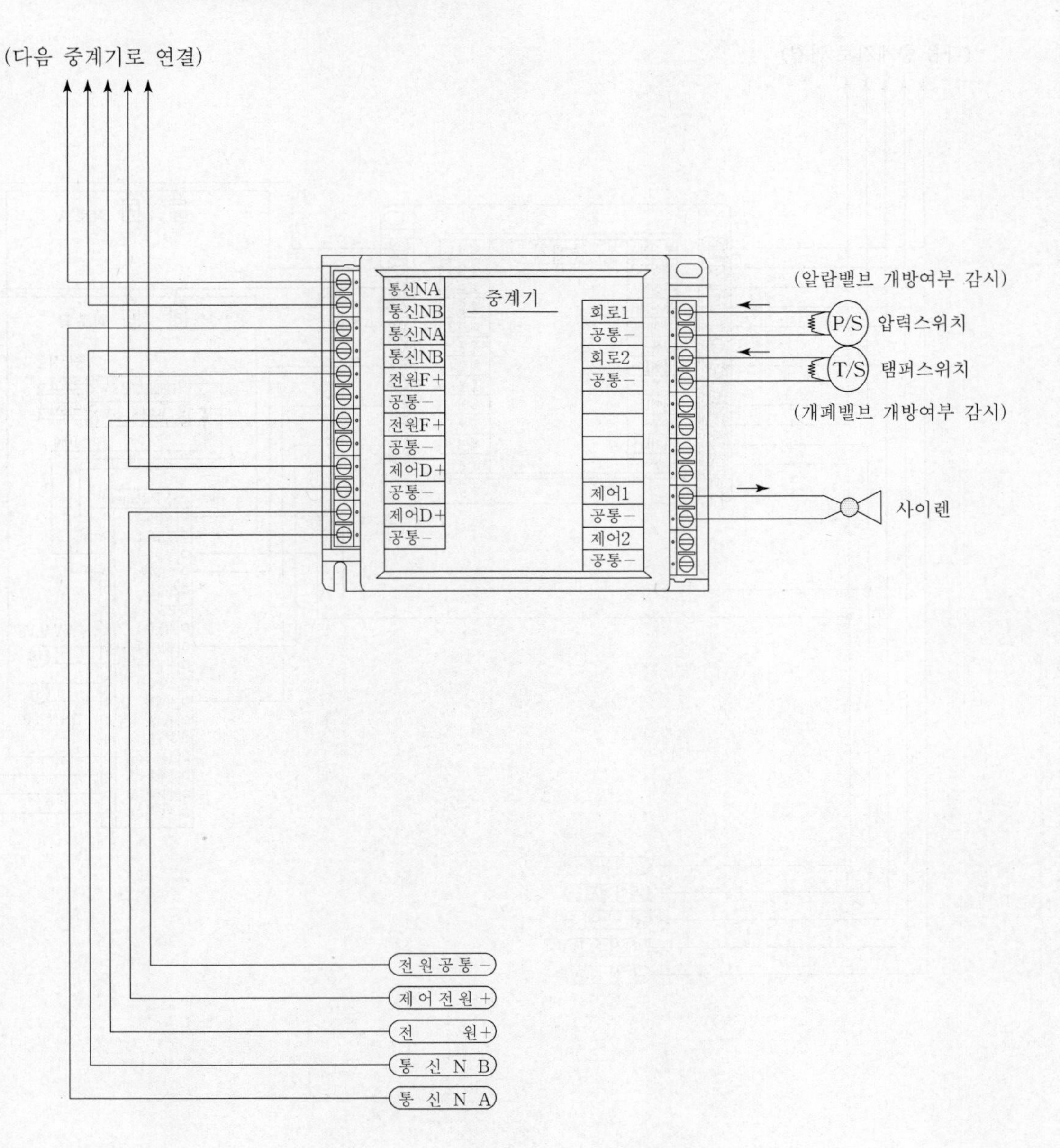

(3) 준비작동식스프링클러설비의 SVP 결선도

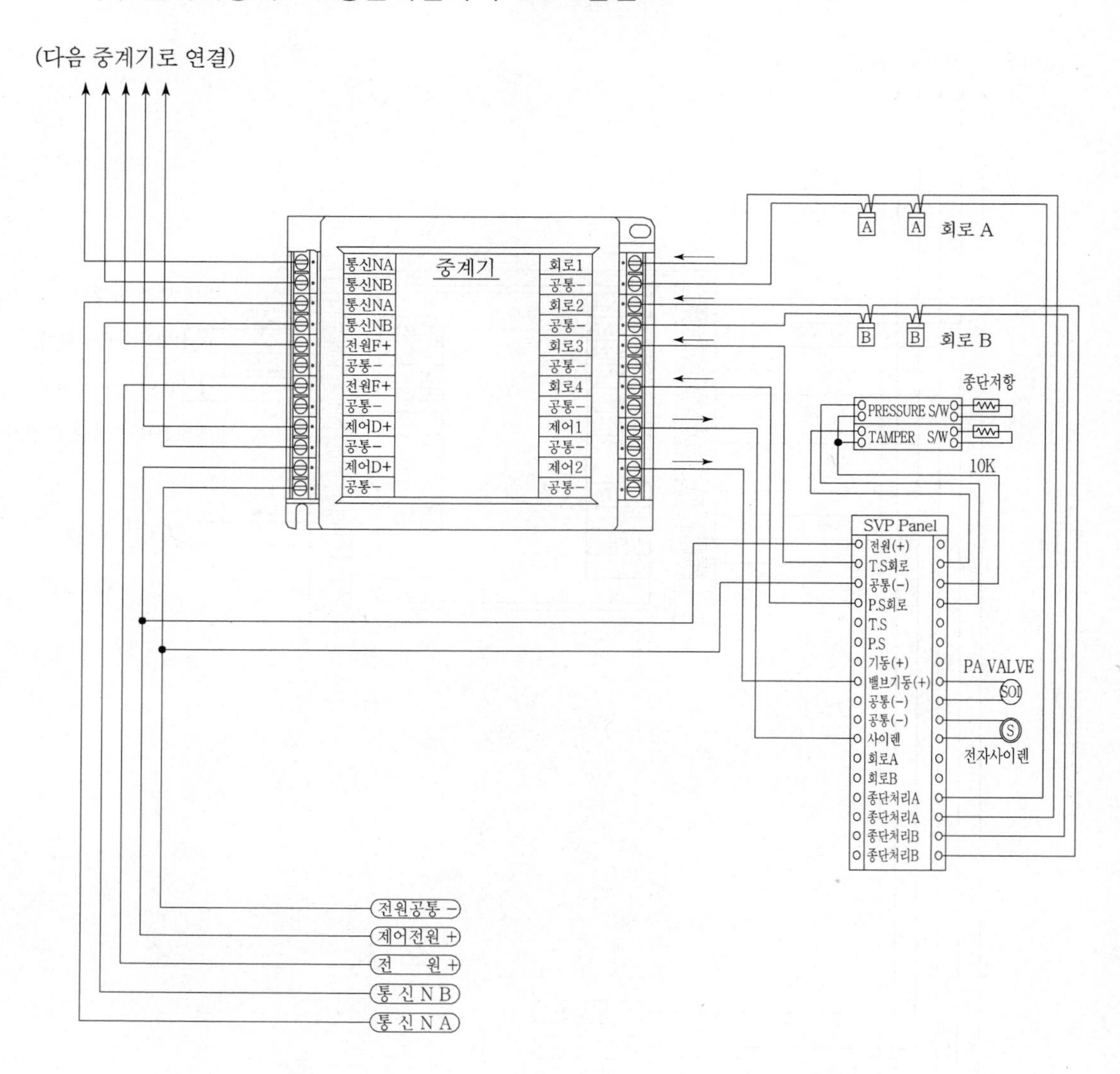

(4) 가스계소화설비 결선도(전용 제어반이 있는 시스템의 경우)

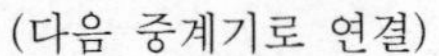

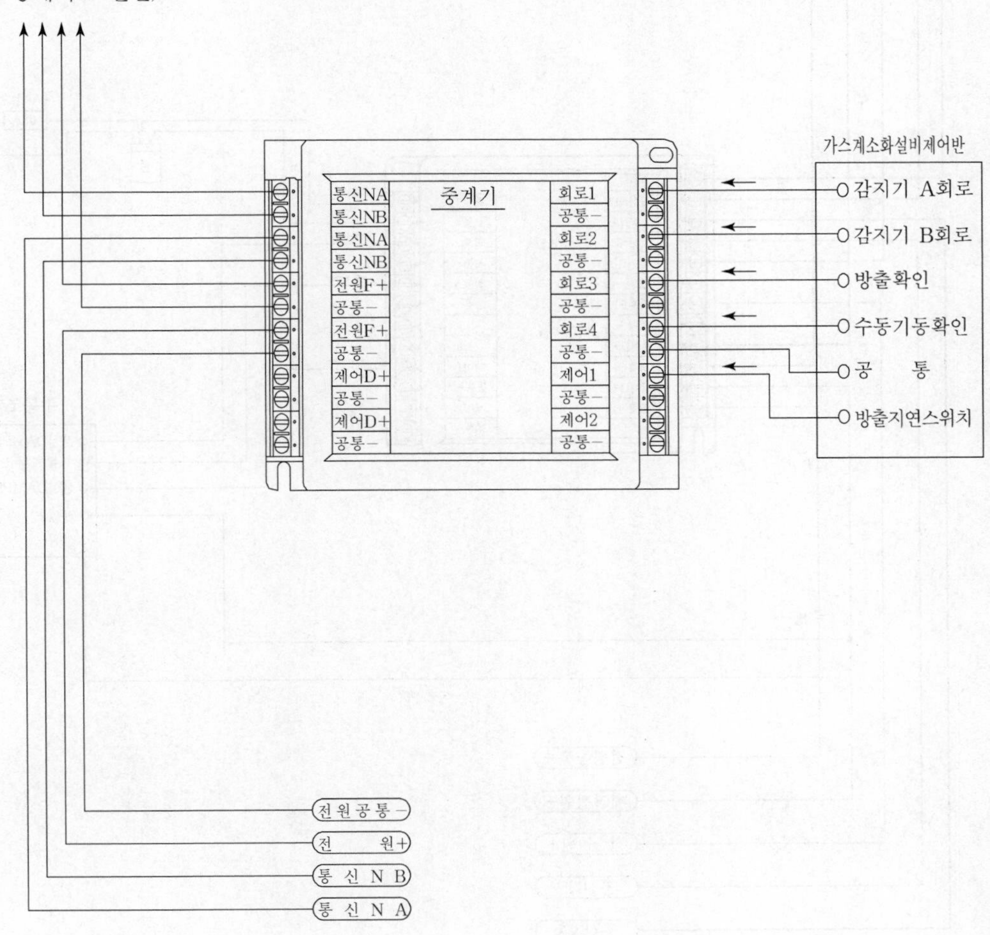

(5) 부속실제연설비 결선도

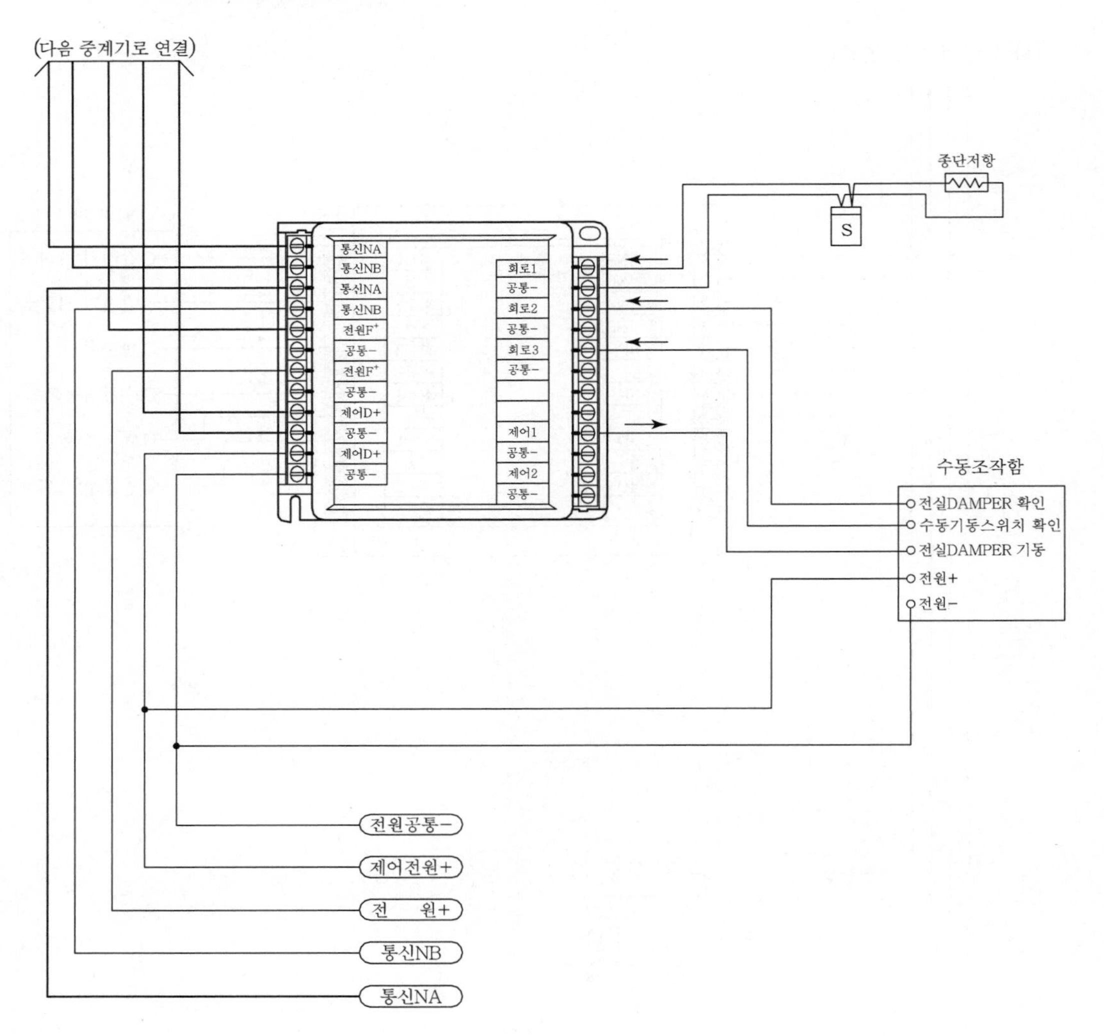

(6) 방화셔터 결선도

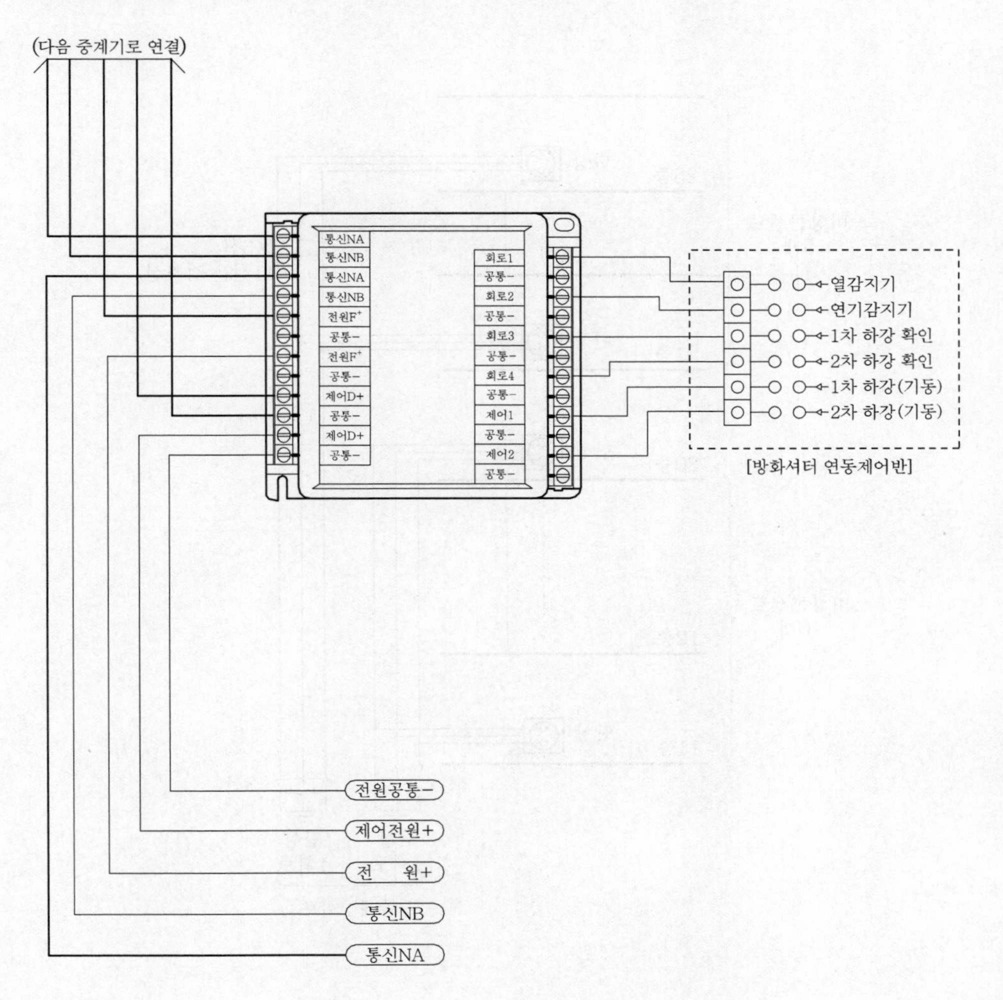
(다음 중계기로 연결)
통신NA
통신NB
통신NA
통신NB
전원F+
공통-
전원F+
공통-
제어D+
공통-
제어D+
공통-
회로1
공통-
회로2
공통-
회로3
공통-
회로4
공통-
제어1
공통-
제어2
공통-
열감지기
연기감지기
1차 하강 확인
2차 하강 확인
1차 하강(기동)
2차 하강(기동)
[방화셔터 연동제어반]
전원공통-
제어전원+
전 원+
통신NB
통신NA

(7) 비상콘센트설비 결선도

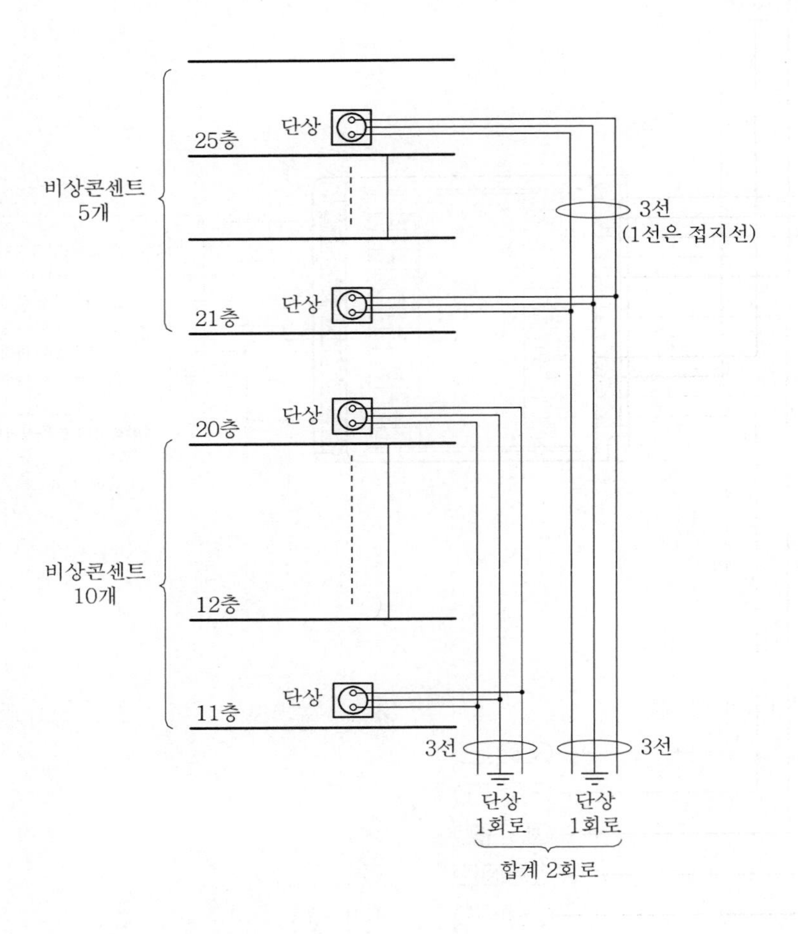

05 R형 시스템에서 각 설비의 입·출력 회로수 산출

설비 종류	회로 구분	입력	출력	내용
자동화재 탐지설비	감지기 (발신기)	1	–	• 입력 : 경계구역수와 입력회로수가 동일함 (경계구역마다 1개의 입력회로) • 출력 : 발신기(경종) 수량과 출력수가 동일함 시각경보기 1
	경종 시각경보기	–	2	
스프링 클러설비	습식	2	1	• 입력 : 알람밸브 개방감시 1(P/S : 압력스위치) 개폐밸브 개방감시 1(T/S : 탬퍼스위치) [각 스위치 1개당 입력수 1개] • 출력 : 사이렌 1
	준비작동식	4	2	• 입력 : 감지기 A회로 1 감지기 B회로 1 프리액션밸브 개방감시(P/S) 1 개폐밸브 개방감시(T/S) 1 • 출력 : 사이렌 1 준비작동밸브 기동(S/V) 1
	건식	2	1	• 입력 : 드라이밸브 개방감시(P/S) 1 개폐밸브 개방감시(T/S) 1 • 출력 : 사이렌 1
가스계 소화설비	팩케이지식 및 전역방출식 (공통적용)	5	3	• 입력 : 감지기 A회로 1 감지기 B회로 1 방출 확인 1 수동기동 확인 1 지연스위치 1 • 출력 : 사이렌 1 솔레노이드 1 방출표시등 1 (단, 전용제어반이 설치된 시스템에서는 R형 수신기에서의 출력은 없음)

설비 종류	회로 구분	입력	출력	내용
제연설비	부속실제연	4	2	• 입력 : 감지기 회로 1 급기댐퍼상태 확인 1 거실유입공기 배출댐퍼상태 확인 1 수동기동스위치 확인 1 • 출력 : 급기댐퍼 기동 1 거실유입공기 배출댐퍼 기동 1
	거실제연	3	2	• 입력 : 감지기 회로 1 급기댐퍼상태 확인 1(자연급기방식인 경우 제외) 배기댐퍼상태 확인 1 • 출력 : 급기댐퍼 기동 1(자연급기방식인 경우 제외) 배기댐퍼 기동 1 ※ 제연구역별로 감지기는 1회로이며 댐퍼수에 비례하여 입력과 출력이 1개씩 증가함
	방화셔터	4	2	• 입력 : 감지기 회로 2(단, 전용감지기 회로 있을 경우에 한함) 셔터상태 확인 2 • 출력 : 셔터 기동 2 ※ 관계법령에 따라 감지기 2회로(열·연기감지기)에 의한 셔터동작을 2단계로 동작되게 함
	제연스크린	2	1	• 입력 : 감지기 회로 1(단, 전용감지기 회로 없을 경우 제외) 스크린상태 확인 1 • 출력 : 스크린 기동 1
	방화문	2	1	• 입력 : 감지기 회로 1(단, 전용감지기 회로 없을 경우 제외) 문 상태 확인 1(문 1개마다 입력수 1개, 단, 쌍문은 입력수 2개) • 출력 : 문 개폐 기동 1(문 1개마다 출력수 1개, 단, 쌍문일 경우에도 출력수 1개)
	배연창	1	1	• 입력 : 배연창 상태 확인 1(자동화재탐지설비와 연동) • 출력 : 배연창 기동 1

중요예상문제

01

그림은 지상 12층, 지하 1층인 건물에 설치할 자동화재탐지설비(P형) 계통도이다. A~F의 전선 수를 산정하여 아래 표의 빈칸에 써 넣으시오. 여기서, 직상・발화층 우선경보방식을 적용하며, 계단감지기는 2층, 5층, 8층, 11층에 설치하고 계단감지기의 회로는 각각 별개의 회로로 구성한다. 또, 각 경종마다 단락보호장치를 설치하여 단락 시 다른 층의 화재통보에 지장이 없도록 구성한다.

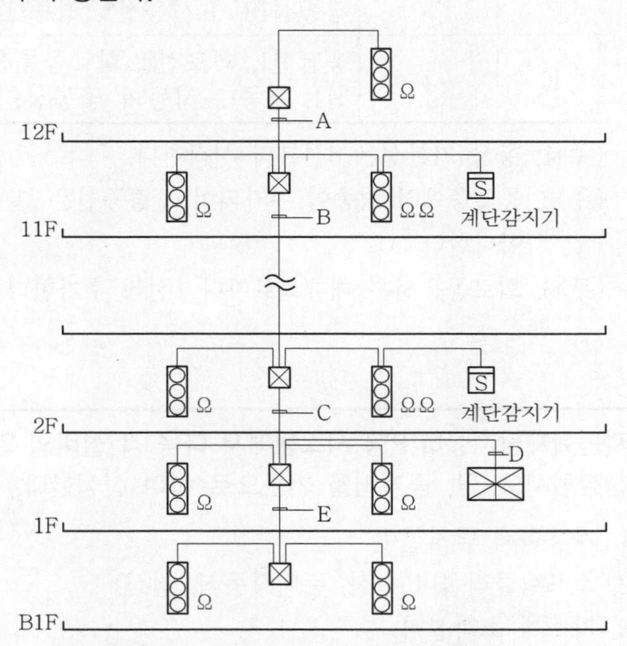

다음 빈 칸에 전선의 수와 전선의 용도를 쓰시오.

기호	전선수	전선의 용도
A		
B		
C		
D		
E		

해 답

기호	전선수	전선의 용도
A	6	응답선1, 회로선1, 회로공통선1, 경종선1, 표시등선1, 경종·표시등의 공통선1
B	10	응답선1, 회로선3, 회로공통선3, 계단회로선1, 경종선2, 표시등선1, 경종·표시등의 공통선1
C	43	응답선1, 회로선21, 회로공통선4, 계단회로선4, 경종선11, 표시등선1, 경종·표시등의 공통선1
D	50	응답선1, 회로선25, 회로공통선5, 계단회로선4, 경종선13, 표시등선1, 경종·표시등의 공통선1
E	7	응답선1, 회로선2, 회로공통선1, 경종선1, 표시등선1, 경종·표시등의 공통선1

(주)1. 항상 기본선은 6선부터 시작한다.
(주)2. 동일층에서 경종이 추가되어도 경종선은 그 층에서 추가로 더하지 아니한다.
(주)3. 회로공통선은 매 7회로마다 1선씩 추가한다.

02

자동화재탐지설비 R형 시스템에서 다음 각 설비의 입력 · 출력 회로수를 산정하시오.(단, 중계기를 기준으로 하여 산정한다.)

1. 자동화재 탐지설비
2. 스프링클러설비(습식, 준비작동식, 건식)
3. 가스계 소화설비
4. 부속실 제연설비

해 답

설비 종류	회로 구분	입력	출력	내용
자동화재 탐지설비	감지기 (발신기)	1	-	1) 입력 : 경계구역수와 입력회로수가 동일함 (경계구역마다 1개의 입력회로) 2) 출력 : 발신기(경종) 수량과 출력수가 동일함
	경종	-	1	

설비 종류	회로 구분	입력	출력	내용
스프링클러 설비	습식	2	1	1) 입력 : 알람밸브 개방감시 1(P/S : 압력스위치) 개폐밸브 개방감시 1(T/S : 탬퍼스위치) [각 스위치 1개당 입력수 1개] 2) 출력 : 사이렌 1
	준비작동식	4	2	1) 입력 : 감지기 A회로 1 감지기 B회로 1 프리액션밸브 개방감시(P/S) 1 개폐밸브 개방감시(T/S) 1 2) 출력 : 사이렌 1 준비작동밸브 기동(S/V) 1
	건식	2	1	1) 입력 : 드라이밸브 개방감시(P/S) 1 개폐밸브 개방감시(T/S) 1 2) 출력 : 사이렌 1
가스계 소화설비	팩케이지식 및 전역방출식 (공통 적용)	4	-	1) 입력 : 감지기 A회로 1 감지기 B회로 1 방출 확인 1 수동기동 확인 1 2) 출력 : 없음 (가스계소화설비 전용 제어반에서 출력제어를 하므로 R형 수신기에서의 출력은 없음)
제연설비	부속실제연	3	2	1) 입력 : 감지기 회로 1 급기댐퍼 상태확인 1 거실유입공기 배출댐퍼 상태확인 1 수동기동스위치 확인 1 2) 출력 : 급기댐퍼 기동 1 거실유입공기 배출댐퍼 기동 1

03

아래 그림은 상가 건축물의 매장에 설치되어 있는 제연설비의 전기관련 계통도이다. Ⓐ~Ⓕ까지의 배선수와 각 배선의 용도를 쓰시오.(단, 별도의 복구선이 있으며 모든 댐퍼는 모터 구동방식이고, 배선수는 운전조작상 필요한 최소전선수를 쓰는 것으로 한다.)

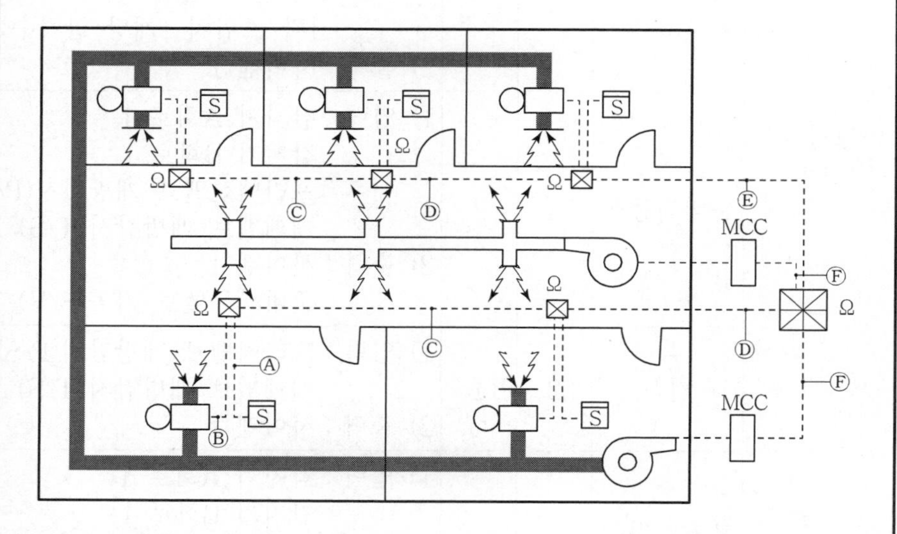

기호	구 간	배선수	용도
Ⓐ	감지기 ↔ 수동조작함		
Ⓑ	댐퍼 ↔ 수동조작함		
Ⓒ	수동조작함 ↔ 수동조작함		
Ⓓ	수동조작함 ↔ 수동조작함		
Ⓔ	수동조작함 ↔ 수신반		
Ⓕ	MCC ↔ 수신반		

해 답

기호	구 간	배선수	용 도
Ⓐ	감지기 ↔ 수동조작함	4	감지기선2, 공통선2
Ⓑ	댐퍼 ↔ 수동조작함	5	전원선2(+ · −), 복구1, 기동1, 기동표시1
Ⓒ	수동조작함 ↔ 수동조작함	6	전원선2(+ · −), 복구1, 감지기1, 기동1, 기동표시1
Ⓓ	수동조작함 ↔ 수동조작함	9	전원선2(+ · −), 복구1, 감지기2, 기동2, 기동표시2
Ⓔ	수동조작함 ↔ 수동조작함	12	전원선2(+ · −), 복구1, 감지기3, 기동3, 기동표시3
Ⓕ	MCC ↔ 수동조작함	5	기동1, 정지1, 기동표시1, 공통1, 전원표시1

04

자동화재탐지설비의 배선 시공에 대하여 다음 물음에 답하시오.(25점)

1. 내화배선 및 내열배선으로 시공해야 할 부분(10점)
2. 내화배선 및 내열배선의 시공방법(15점)

해 답 1. 내화배선 및 내열배선으로 시공해야 할 부분

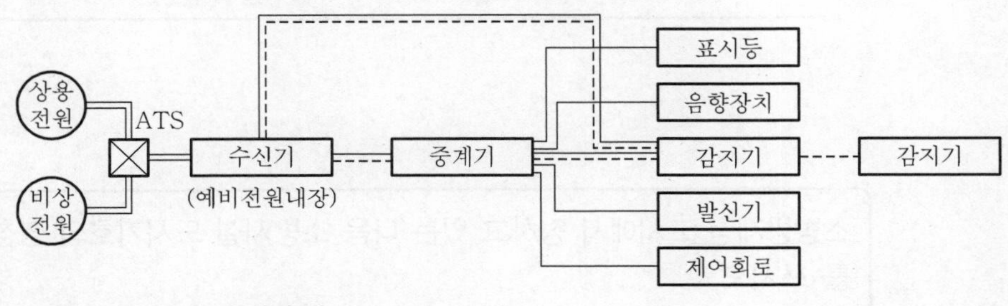

══════ : 내화배선

══════ : 내열배선, 내화배선 또는 Shield 배선
(단, Shield 배선은 아날로그식 · 다신호식 감지기 또는 R형 수신기용 배선회로에 한함)

────── : 내열배선 또는 내화배선

------------ : 600V 비닐절연전선(IV)

2. 내화배선 및 내열배선의 시공방법

(1) 내화배선의 시공방법

	매립할 경우	非매립의 경우
사용 전선관	금속관, 합성수지관 2종 금속제 가요전선관	금속관 2종 금속제 가요전선관
공사 방법	위의 전선관에 전선・케이블을 수납하여, 내화구조의 벽・바닥에 25mm 이상의 깊이로 매설한다.	위의 전선관에 전선을 수납하여 ① 내화성능의 배선전용실, 배선용 Shaft, Duct 내에 설치하며, ② 다른 설비용 배선과는 15cm 이상 이격하거나, 가장 굵은 전선관 직경의 1.5배 높이 이상의 불연성 격벽을 설치한다.

2) 내열배선의 시공방법

	전선관 공사	非전선관(노출배선) 공사
사용 전선관	금속관, 금속덕트, 금속제 가요전선관	–
공사 방법	① 위의 전선관에 전선・케이블을 수납하여 설치하거나 ② 케이블 공사방법(불연성 덕트에 설치하는 경우에 한한다.)에 따라 설치한다.	전선・케이블을 내화성능의 배선 전용실 또는 배선용 Shaft, Pit, Duct에 설치하되, 다른 설비용 배선과는 15cm 이상 이격하거나, 가장 굵은 배선 직경의 1.5배 이상의 높이의 불연성 격벽을 설치한다.

05

소방방재청 고시에서 정하고 있는 다음 소방시설 도시기호의 명칭과 용도를 쓰시오.

1. 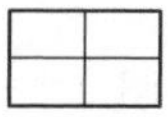
2. 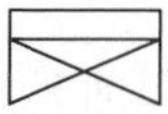
3. 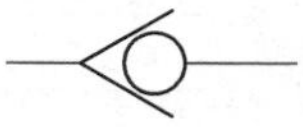
4. 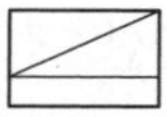
5.

해 답

1. 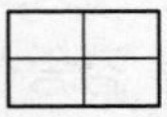 (symbol)

(1) 명칭 : 부수신기

(2) 용도 : 수신기 2대 이상이 Network 되어 있을 경우 그 중 1대가 메인에 설치되어 주수신기의 역할을 하고 나머지 수신기는 Local에 설치되어 보조수신기의 역할을 한다.

2.  (symbol)

(1) 명칭 : 선택밸브

(2) 용도 : 설비작동시 각 방호구역을 담당하는 약제이송용 배관라인을 제어하는 역할을 한다. 즉, 화재시 화재실 당해 방호구역의 선택밸브만 개방하므로서 그 방호구역에만 소화약제가 방출되도록 하는 역할을 한다.

3. 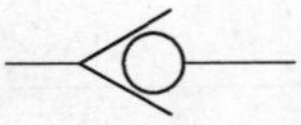 (symbol)

(1) 명칭 : 가스용 체크밸브

(2) 용도 : 기동용가스 또는 소화약제이송가스의 배관 내 역류를 방지하는 기능

4. (symbol)

(1) 명칭 : 연동제어기

(2) 용도 : 방화셔터 등 감지기와 연동하는 각종 설비의 제어에 사용

5. (symbol)

(1) 명칭 : 물분무헤드(평면도)

(2) 용도 : 물분무소화설비의 물분사용 노즐

06

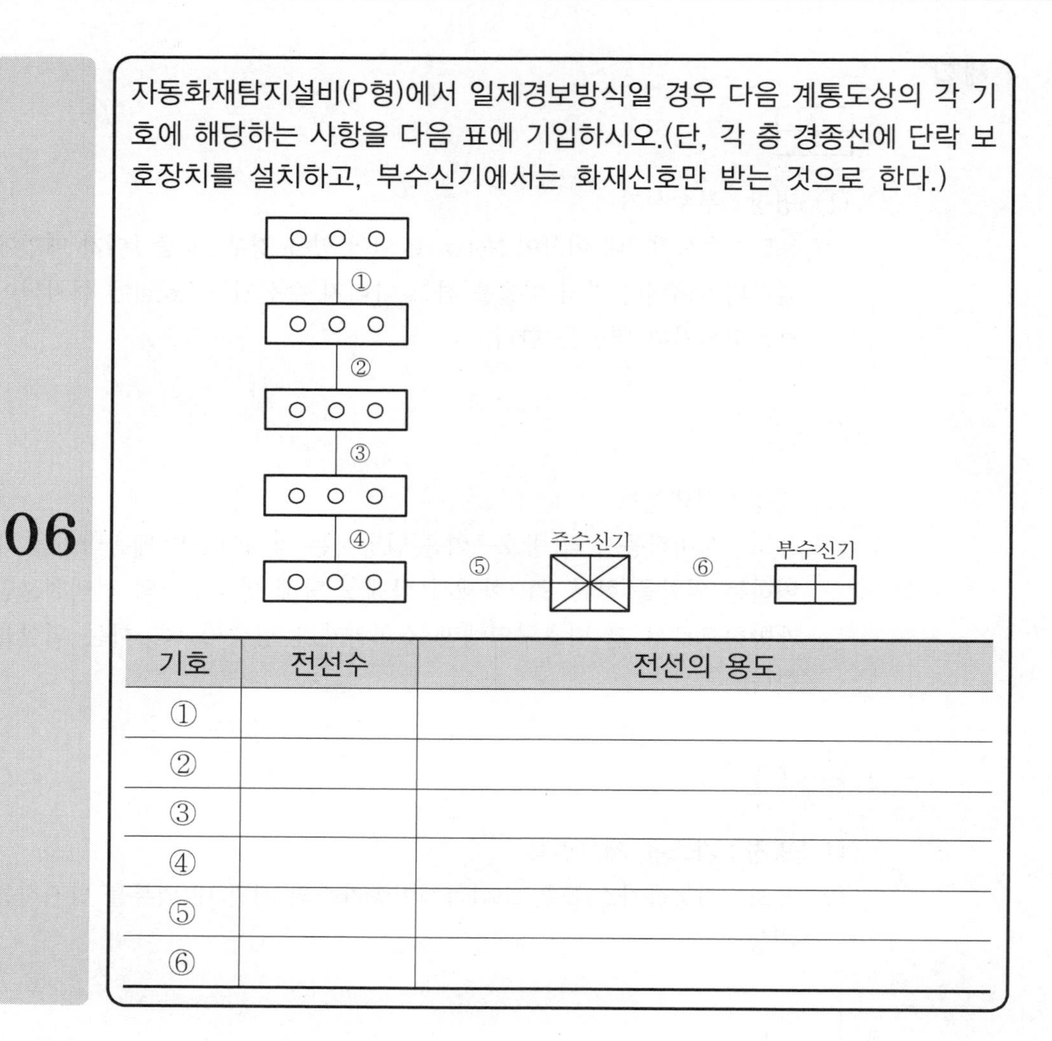

자동화재탐지설비(P형)에서 일제경보방식일 경우 다음 계통도상의 각 기호에 해당하는 사항을 다음 표에 기입하시오.(단, 각 층 경종선에 단락 보호장치를 설치하고, 부수신기에서는 화재신호만 받는 것으로 한다.)

기호	전선수	전선의 용도
①		
②		
③		
④		
⑤		
⑥		

해 답

기호	전선수	전선의 용도
①	6	회로선1, 회로공통선1, 응답선1, 경종선1, 표시등선1, 경종・표시등의 공통선1
②	7	회로선2, 회로공통선1, 응답선1, 경종선1, 표시등선1, 경종・표시등의 공통선1
③	8	회로선3, 회로공통선1, 응답선1, 경종선1, 표시등선1, 경종・표시등의 공통선1
④	9	회로선4, 회로공통선1, 응답선1, 경종선1, 표시등선1, 경종・표시등의 공통선1

⑤	10	회로선5, 회로공통선1, 응답선1, 경종선1, 표시등선1, 경종·표시등의 공통선1
⑥	2	경종선1, 경종공통선1

07

다음 그림은 수압개폐장치를 이용한 자동기동방식의 옥내소화전설비와 P형 1급 수동발신기를 사용하는 자동화재탐지설비의 계통도이다. 다음 각 물음에 답하시오.(30점)

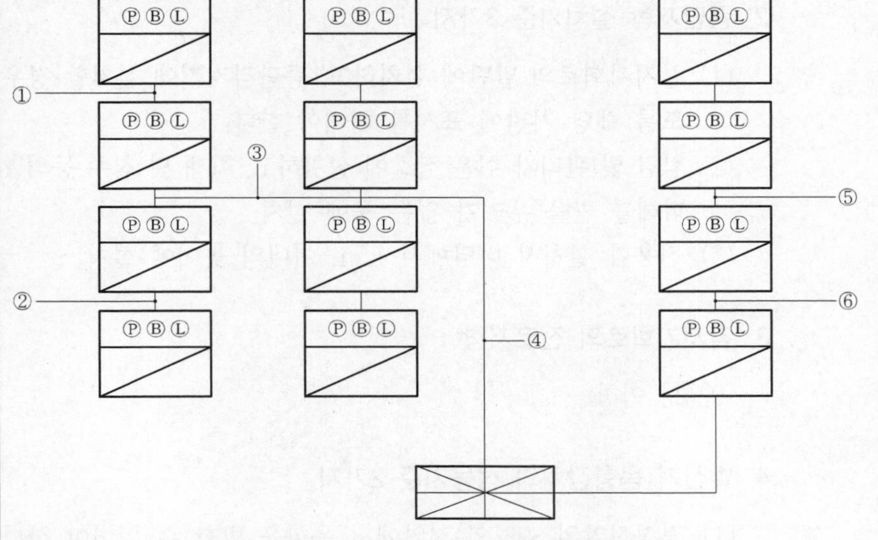

1. 기호 ①~⑥의 전선가닥수와 전선용도를 쓰시오.(15점)
2. 종단저항 설치기준 3가지를 쓰시오.(5점)
3. 감지기회로의 전로저항은 몇 [Ω] 이하이어야 하는가?(5점)
4. 발신기 음향장치의 성능기준 2가지를 쓰시오.(5점)

해 답 1. 기호 ①~⑥의 배선가닥수와 배선용도

기호	전선수	전선의 용도
①	8	회로선1, 회로공통선1, 응답선1, 경종선1, 표시등선1, 경종·표시등의 공통선1, 기동표시등2
②	8	회로선1, 회로공통선1, 응답선1, 경종선1, 표시등선1, 경종·표시등의 공통선1, 기동표시등2

③	11	회로선4, 회로공통선1, 응답선1, 경종선1, 표시등선1, 경종·표시등의 공통선1, 기동표시등2
④	16	회로선8, 회로공통선2, 응답선1, 경종선1, 표시등선1, 경종·표시등의 공통선1, 기동표시등2
⑤	9	회로선2, 회로공통선1, 응답선1, 경종선1, 표시등선1, 경종·표시등의 공통선1, 기동표시등2
⑥	10	회로선3, 회로공통선1, 응답선1, 경종선1, 표시등선1, 경종·표시등의 공통선1, 기동표시등2

2. 종단저항 설치기준 3가지

(1) 감지기회로의 말단에 설치하고, 종단감지기에 설치할 경우 구별이 쉽도록 해당 기판에 표시를 하여야 한다.
(2) 점검 및 관리가 쉬운 장소에 설치하고, 화재 및 침수 등의 재해로 인한 피해를 받을 우려가 없는 곳에 설치
(3) 전용함 설치시 바닥에서 1.5m 이내의 높이에 설치

3. 감지기회로의 전로저항

50[Ω] 이하

4. 발신기 음향장치의 성능기준 2가지

(1) 정격전압의 80%의 전압에서 음향을 발할 수 있어야 한다.
(2) 음량은 음향장치의 중심으로부터 1m 떨어진 위치에서 90[dB] 이상일 것

08

다음 그림은 청정소화약제소화설비의 기동용 감지기회로를 잘못 결선한 그림이다. 잘못 결선된 이유를 설명하고, 잘못된 부분을 바로잡아 옳은 결선도를 그리시오.

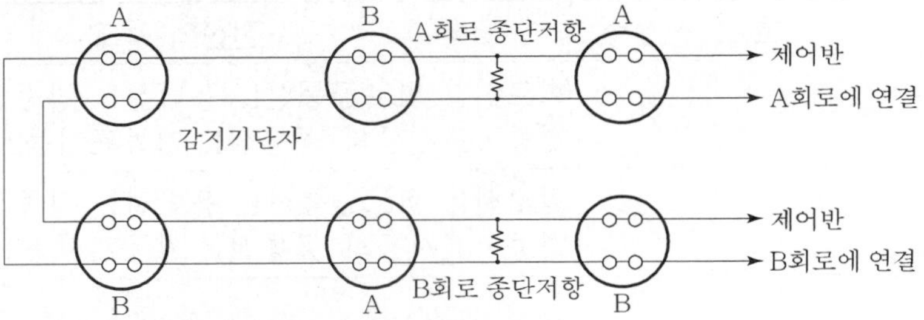

해 답 1. 잘못 결선된 이유

(1) 가스계소화설비의 기동용 감지기회로는 교차회로방식으로서 A회로와 B회로를 구분하여 결선하여야 하는데, 그림에서는 A · B회로를 구분하지 아니하고 결선하였다.

(2) 회로의 종단저항이 회로도통시험을 용이하게 할 수 있는 위치에 설치되지 않았는데, 이를 제어반 내에 설치하는 것이 옳은 방법이다.

2. 정정 결선도

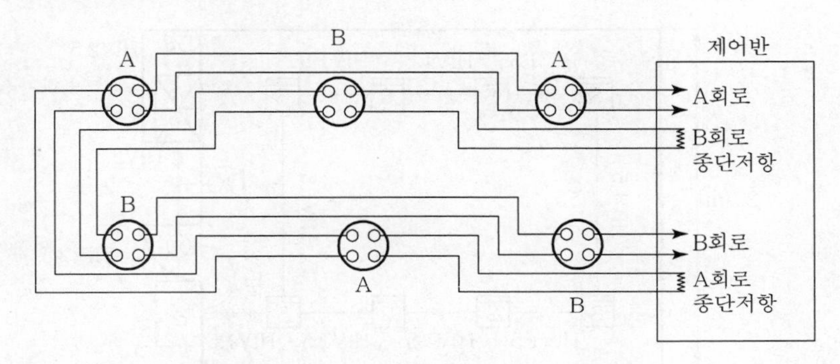

09

전산실에 청정소화약제소화설비를 설치하려고 한다. 건축물의 주요구조부는 내화구조이고 실내높이 3.6m, 실내면적 600m²일 경우 다음 각 물음에 답하시오.

1. 이에 적합한 화재감지기의 종류와 감지기의 설치수량을 산정하시오.
2. 이와 관련하여 다음 배선회로 도면을 완성하시오.(단, 이에 해당하는 각 전선의 규격과 가닥수를 표기하고, 도면에 표기되는 도시기호들의 명칭을 별도로 기재할 것)

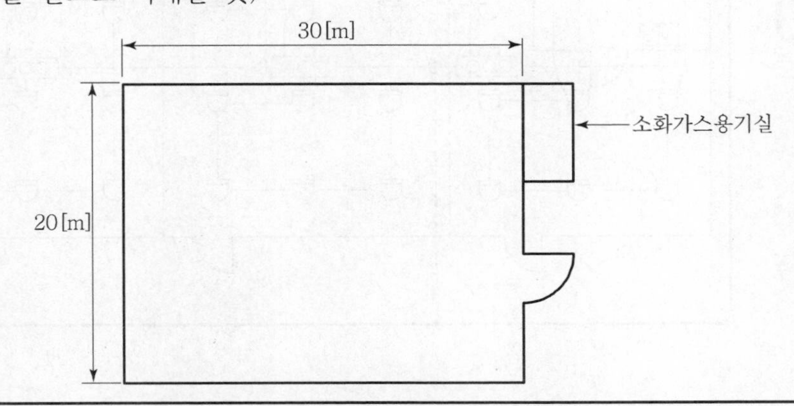

해 답 1. 적합한 화재감지기의 종류와 감지기의 설치수량

(1) 적합한 감지기의 종류 : 연기감지기(2종)

(2) 감지기의 설치수량 : $\frac{(30\times20)}{150}$ = 4개, 4×2회로=8개

∴ 감지기 수량=8개

2. 배선회로 도면

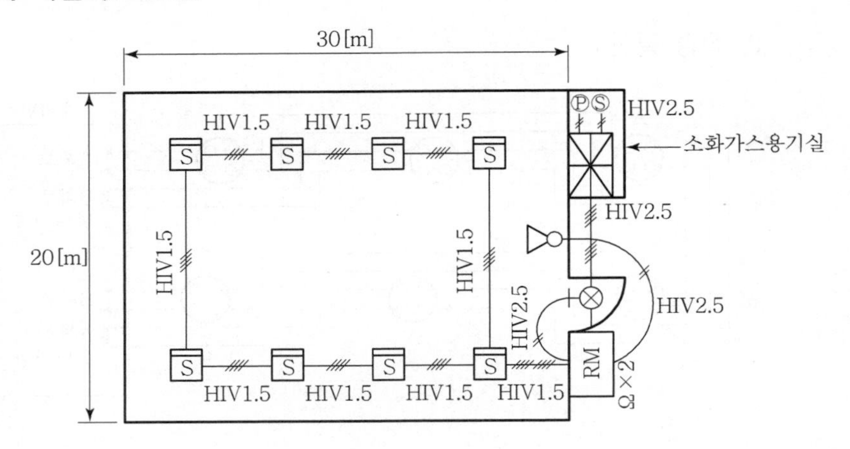

10

다음 그림은 자동화재탐지설비의 평면도이다. 도면상의 각 배선에 전선가닥수를 표기하고, ①~③의 전선규격과 전선관의 규격을 쓰시오.

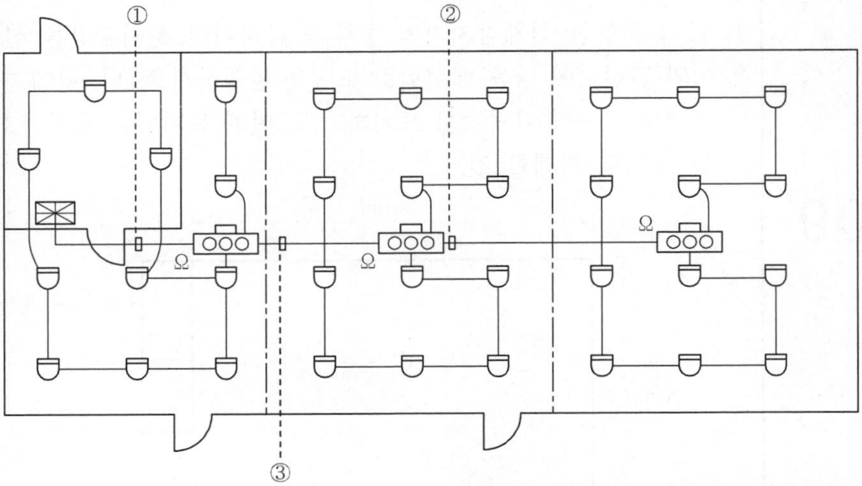

해 답

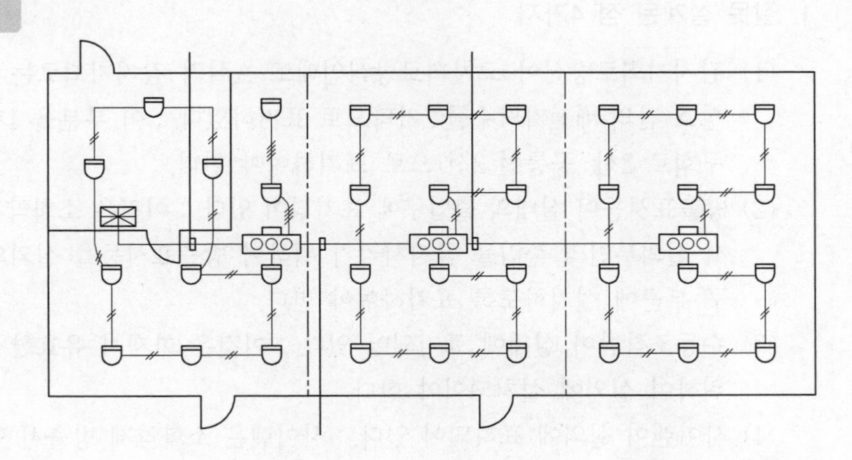

(　　　↔수신기)의 증가에서 경종선은 동일층 내에서는 증가되지 않으므로, 이 경우에는 회로수(경계구역)만 증가함으로 위의 그림에서 간선수가 7 · 8 · 9선으로 증가하는 것이다.

11

다음 그림은 청정소화약제소화설비의 부대전기설비를 설계한 도면이다. 이와 관련하여 다음 물음에 답하시오.(20점)

1. 잘못 설계된 점 4가지를 지적하고 그 이유를 설명하시오.(10점)
2. 도면상의 ①~③의 전선규격과 전선의 가닥수 및 배선의 용도를 쓰시오.(10점)

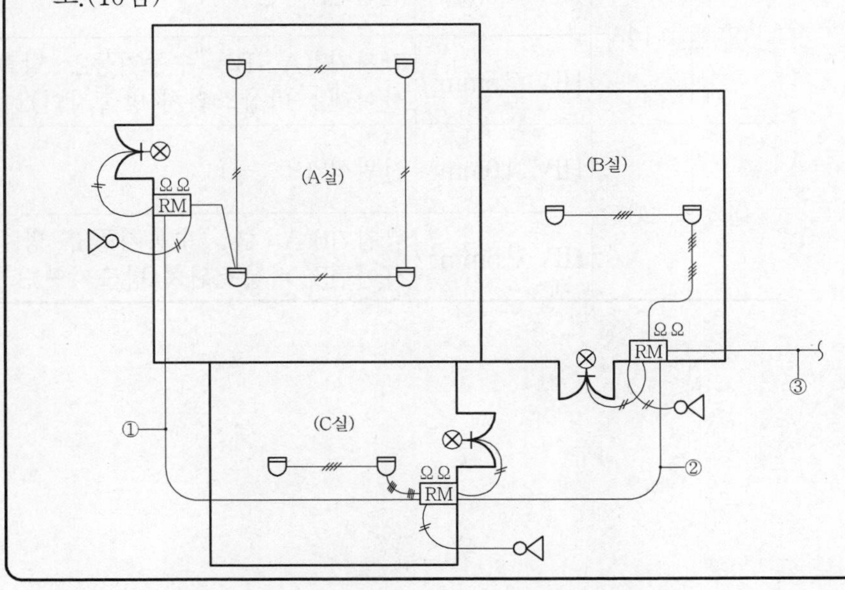

해 답 1. 잘못 설계된 점 4가지

(1) 감지기회로방식이 교차회로방식인데도 A실의 감지기회로는 감지기 상호 간의 배선가닥수를 2가닥으로 표기하였다. : 이 부분을 4가닥(지구회로 2선, 공통선 2선)으로 표기하여야 한다.

(2) 방출표시등이 실내의 출입구에 표기되어 있다. : 이것은 소화약제 방출시 실외부인의 출입을 금지시키기 위하여 방출표시등을 실외의 출입구 부근에 설치하도록 표기하여야 한다.

(3) 수동조작함이 실내에 표기되어 있다. : 이것은 화재시 유효한 조작을 위하여 실외에 설치되어야 한다.

(4) 사이렌이 실외에 표기되어 있다. : 사이렌은 소화약제 방출시 당해 실내에 있는 인명을 대피시키기 위하여 사용하는것이므로 실내에 설치되어야 한다.

2. ①~③의 전선규격과 전선의 가닥수 및 배선의 용도

기호	전선수	전선규격	전선의 용도
①	8	HIV 4.0mm²	전원선2(+, −)
		HIV 2.5mm²	감지기2(A · B), 수동기동1, 방출표시등1, 사이렌1, 비상스위치(방출지연)1
②	14	HIV 4.0mm²	전원선2(+, −)
		HIV 2.5mm²	감지기4(A · B), 수동기동2, 방출표시등2, 사이렌2, 비상스위치(방출지연)2
③	20	HIV 4.0mm²	전원선2(+, −)
		HIV 2.5mm²	감지기6(A · B), 수동기동3, 방출표시등3, 사이렌3, 비상스위치(방출지연)3

12

소방설비용 내화배선용으로 사용할 수 있는 전선의 종류 11가지를 쓰시오.

〈주의〉 이 부분의 화재안전기준 개정 : 2015.1.23

해 답

(1) 450/750V 저독성 난연 가교 폴리올레핀 절연 전선
(2) 0.6/1kV 가교 폴리에틸렌 절연 저독성 난연 폴리올레핀 시스 전력 케이블
(3) 6/10kV 가교 폴리에틸렌 절연 저독성 난연 폴리올레핀 시스 전력용 케이블
(4) 가교 폴리에틸렌 절연 비닐시스 트레이용 난연 전력케이블
(5) 0.6/1kV EP 고무절연 클로로프렌 시스 케이블
(6) 300/500V 내열성 실리콘 고무 절연전선(180℃)
(7) 내열성 에틸렌-비닐 아세테이트 고무 절연 케이블
(8) 버스덕트(Bus Duct)
(9) 기타 전기용품안전관리법 및 전기설비기술기준에 따라 동등 이상의 내화성능이 있다고 주무부장관이 인정하는 것

13

지하1층 지상6층인 특정소방대상물에 발신기 1회로, 알람밸브 1회로, 제연댐퍼 1회로가 설치되고, 층별로 R형 중계기가 1대씩 설치되는 경우, 이 건물의 소방설비 간선계통도를 그리고 전선의 가닥수와 각 전선의 용도를 쓰시오. 단, R형 수신기는 지상1층에 설치하고, R형수신기 1대에는 R형 중계기 10대를 연결할 수 있으며, R형 중계기와 수신기 간의 선로는 신호선 2선, 전원선 2선을 연결한다. 도시기호는 아래의 기호를 이용하여 나타내시오.

〈도시기호〉

- R형 수신기 :
- R형 중계기 :
- 알람밸브 :
- 사이렌 :
- 제연댐퍼 :
- 수동발신기 :

해 답 1. 소방설비 간선계통도

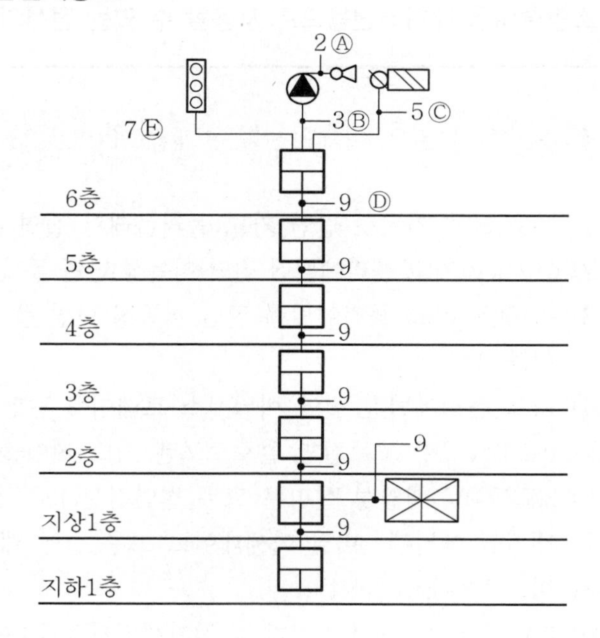

2. 전선의 가닥수 및 용도

〈주의〉 신호선을 사용하므로 층간 중계기의 증가에 따라 회선이 증가하지 않는다.

기호	가닥수	용도
Ⓐ	2	사이렌2
Ⓑ	4	유수검지스위치1, 사이렌1, 탬퍼스위치1, 공통선1
Ⓒ	4	전원2(⊕ · ⊖), 기동스위치1, 기동표시등1
Ⓓ	9	신호선2, 전원선2, 응답선1, 표시등1, 댐퍼1, 제어선2, 공통선1
Ⓔ	6	회로선1, 회로공통선1, 경종선1, 경종표시등공통선1, 응답선1, 표시등선1

제 14 장

기타시설의 소방 · 방화시설

01 도로터널의 소방시설 설치기준

<table>
<tr><th colspan="3">방재시설</th><th>설치대상</th><th>설치간격</th><th>설치방법</th></tr>
<tr><td rowspan="3">소화설비</td><td colspan="2">수동식 소화기</td><td>모든 터널</td><td>50m 이내</td><td>2개 1조로 설치</td></tr>
<tr><td colspan="2">옥내소화전설비</td><td>1,000m 이상</td><td>50m 이내</td><td></td></tr>
<tr><td colspan="2">물분무소화설비</td><td>지하가 중 예상 교통량, 경사도 등 터널의 특성을 고려하여 총리령으로 정하는 터널</td><td>방수구역 : 터널길이 방향으로 25m 이상</td><td>동시에 3개 방수구역 이상 방수되게 설치</td></tr>
<tr><td rowspan="4">소화활동설비</td><td colspan="2">제연설비</td><td>500m 이상</td><td>-</td><td>환기설비와 병용 가능</td></tr>
<tr><td colspan="2">무선통신보조설비</td><td>500m 이상</td><td>-</td><td>라디오 재방송설비와 병용 가능</td></tr>
<tr><td colspan="2">연결송수관설비</td><td>1,000m 이상</td><td>50m 이내</td><td>송수구 : 터널 입·출구부에 설치
방수구 : 옥내소화전과 병설</td></tr>
<tr><td colspan="2">비상콘센트설비</td><td>500m 이상</td><td>50m 이내</td><td>소화전함에 병설</td></tr>
<tr><td rowspan="2">경보설비</td><td colspan="2">비상경보설비</td><td>500m 이상</td><td>50m 이내</td><td>-</td></tr>
<tr><td colspan="2">자동화재탐지설비</td><td>1,000m 이상</td><td>경계구역 100m 이내</td><td>정온식 감지선형 감지기 설치</td></tr>
<tr><td>피난설비</td><td colspan="2">비상조명등</td><td>500m 이상</td><td>-</td><td>-</td></tr>
<tr><td rowspan="2">피난시설</td><td>피난 연락갱</td><td rowspan="2">(소방법에서는 제외)</td><td>500m 이상</td><td>250~300m 이내</td><td>쌍굴터널에서 양쪽 터널 사이에 차단문 설치</td></tr>
<tr><td>비상 주차대</td><td>1,000m 이상</td><td>피난연락갱마다 (단, 대면통행터널 : 750m 이내)</td><td>피난연락갱 맞은 편(주행차선 갓길)에 설치</td></tr>
</table>

1. 수동식소화기

(1) 능력단위

1) A급 : 3단위 이상
2) B급 : 5단위 이상
3) C급 : 적응성이 있는 것

(2) 중량 : 7kg 이하

(3) 설치간격 : 50m 이내(각 소화기 함마다 2개 이상씩 설치)

(4) 설치높이 : 바닥면으로부터 1.5m 이하의 높이

(5) 설치위치 : 주행차로 우측 측벽에 설치. 단, 편도 2차로 이상의 양방향 터널 또는 4차로 이상의 일방향 터널의 경우에는 양쪽 측벽에 각각 50m 이내의 간격으로 엇갈리게 설치(이하 다른 소방설비에도 동일하게 적용)

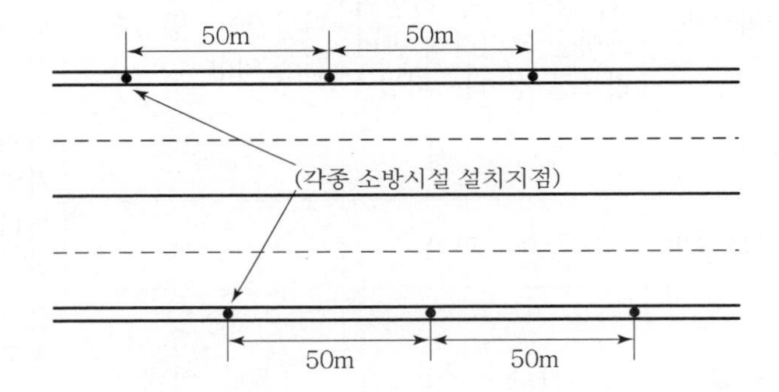

[4차로 이상 터널의 소화기 및 각종 소방시설의 설치지점]

2. 옥내소화전설비

(1) 설치간격 : 50m 이내
(2) 설치위치 : 주행차로 우측 측벽에 설치(단, 편도 2차로 이상의 양방향 터널이나 4차로 이상의 일방향 터널의 경우에는 양쪽 측벽에 각각 50m 이내의 간격으로 엇갈리게 설치)
(3) 수원량 : 소화전 2개(단, 4차로 이상의 터널은 3개)의 방수량 × 40분 이상의 방수량
(4) 가압송수장치 : 소화전 2개 동시에 방수 시 노즐선단의 방수압력 0.35MPa 이상 및 방수량 190 ℓ/min 이상

(5) 주펌프와 동등 이상인 별도의 예비펌프 설치(단, 압력수조 또는 고가수조인 경우에는 제외)
(6) 방수구 : 40mm 구경의 단구형을 1.5m 이하의 높이에 설치
(7) 비상전원 : 40분 이상의 작동용량

3. 물분무소화설비

(1) 방수구역 : 하나의 방수구역을 터널길이 방향으로 25m 이상 되게 설치
(2) 수원량 : 방수구역 3개 × 40분 이상의 수량을 확보
(3) 살수밀도 : 6 ℓ/m^2 · min 이상. 즉, 물분무헤드는 도로면 1m^2당 6 ℓ/min 이상의 수량을 균일하게 방수할 수 있도록 할 것
(4) 비상전원 : 40분 이상의 기능을 유지할 수 있도록 할 것

4. 연결송수관설비

(1) 방수압력 : 0.35MPa 이상
(2) 방수량 : 400 ℓ/min 이상
(3) 방수구 설치위치 : 50m 이내의 간격으로 옥내소화전함에 병설하거나 또는 독립적으로 터널출입구와 피난연결통로에 설치
(4) 방수기구함 : 50m 이내의 간격으로 옥내소화전함에 병설하거나 독립적으로 설치하고, 하나의 방수기구함 내에는 65mm 방수노즐 1개와 15m 이상의 호스 3본을 설치
(5) 연결송수구 위치 : 터널의 입 · 출구 부근 및 피난연결통로에 설치

5. 제연설비

(1) 배출용량

1) 설계화재강도 적용 : 20MW
2) 연기발생률 적용 : 80m^3/s
3) 배출량 : 발생된 연기와 혼합된 공기를 충분히 배출할 수 있는 용량 이상일 것
4) 화재강도가 설계화재강도보다 높을 경우, 위험도 분석을 통하여 설계화재강도를 재설정

(2) 설치기준

1) 환기설비와 병용 가능함. 단, 화재발생을 자동으로 감지하여 제연기능으로 전환될 수 있도록 할 것

2) 종류식 환기방식의 경우 예비용 제트팬도 설치
3) 송풍기의 전원공급배선 및 그 부품 등은 250℃ 온도에서 60분 이상 운전상태를 유지할 것
4) 비상전원 : 60분 이상 작동 용량 확보

(3) 제연설비의 기동

1) 화재감지기가 동작되는 경우
2) 발신기의 스위치 또는 자동소화설비의 기동장치를 동작
3) 화재수신기 또는 감시제어반의 수동 스위치를 동작

6. 비상경보설비

(1) 발신기 및 음향장치

1) 설치간격 : 50m 이내
2) 설치위치 : 0.8~1.5m의 높이에 설치하되 주행차로 우측 측벽에 설치한다. 단, 양방향터널 또는 4차로 이상의 일방향터널의 경우에는 양쪽 측벽에 엇갈리게 설치한다.
3) 음향장치 : 터널 내부 전체에서 동시에 경보를 발하도록 설치

(2) 시각경보기

1) 주행차로 한쪽 측벽에 50m 이내의 간격으로 비상경보설비 상부 직근에 설치
2) 전체 시각경보기가 동기방식에 의해 작동되도록 할 것

7. 비상조명등

(1) 조도기준

1) 상시 조명이 소등된 상태에서 차도 및 보도의 바닥면 조도 : 10Lux 이상
2) 그 외 모든 지점의 조도 : 1Lux 이상

(2) 비상전원

상용전원 차단시 비상조명등이 자동으로 60분 이상 점등될 것

(3) 충전방법

내장된 예비전원이나 축전지설비에는 상시 충전상태를 유지할 것

8. 자동화재탐지설비

(1) 경계구역

하나의 경계구역 길이 : 100m 이하

(2) 적응감지기 종류

1) 차동식 분포형 감지기
2) 아날로그방식 정온식 감지선형 감지기
3) 중앙기술심의위원회의 심의에서 터널화재의 적응성이 인정된 감지기

(3) 감지기 설치기준

1) 감지기의 감열부와 감열부 사이의 간격 : 10m 이하
2) 감지기와 터널 좌・우측 벽면과의 이격거리 : 6.5m 이하

(4) 발신기 및 지구음향장치

비상경보설비의 기준과 동일하게 설치한다.

9. 무선통신보조설비

(1) 무선기 접속단자 설치위치 : 방재실, 터널의 입구 및 출구, 피난연결통로
(2) 라디오 재방송설비와 겸용으로 설치 가능

10. 비상콘센트설비

(1) 설치위치 : 주행차로의 우측 측벽에 50m 이내의 간격으로 설치
(2) 설치높이 : 바닥으로부터 0.8m～1.5m의 높이
(3) 전원회로 : 단상교류 220V인 것으로서 공급용량이 1.5kVA 이상인 것
전원회로는 주배전반에서 전용회로로 할 것. 다만, 다른 설비의 회로 사고에 따른 영향을 받지 아니하도록 되어 있는 것에 있어서는 그러하지 아니하다.
(4) 콘센트마다 배선용 차단기(KS C 8321)를 설치하여야 하며, 충전부가 노출되지 아니하도록 할 것

02 지하구의 소방·방화시설

1. 정의

(1) 전력·통신용의 전선이나 가스·냉난방용의 배관 또는 이와 비슷한 것을 집합 수용하기 위하여 설치한 지하 인공구조물로서 사람이 점검 또는 보수를 하기 위하여 출입이 가능한 것 중 다음의 어느 하나에 해당하는 것

1) 전력 또는 통신사업용 지하 인공구조물로서 전력구(케이블 접속부가 없는 경우에는 제외한다) 또는 통신구 방식으로 설치된 것

2) 1) 외의 지하 인공구조물로서 폭이 1.8m 이상이고 높이가 2m 이상이며 길이가 50m 이상인 것

(2) 「국토의 계획 및 이용에 관한 법률」 제2조제9호에 따른 공동구

2. 법규적 소방·방화시설의 설치기준

(1) 자동화재탐지설비

1) 경계구역 : (지하구의 화재안전기준 제12조에 따라 자/탐설비 화재안전기준의 경계구역 기준을 준용)

2) 적응감지기

자동화재탐지설비의 화재안전기준 제7조제1항 각 호의 감지기(본 교재 P.351의 특수감지기 8종) 중 먼지·습기 등의 영향을 받지 않고 발화지점(1m 단위)과 온도를 확인할 수 있는 것

(2) 연소방지설비

1) 설치대상

전력 또는 통신사업용의 지하구

2) 살수구역

① 소방대원의 출입이 가능한 환기구·작업구마다 지하구의 양쪽(길이) 방향으로 살수헤드를 설정하되, 환기구 사이의 간격이 700m를 초과할 경우에는 700m 이내마다 살수구역을 설정

② 하나의 살수구역의 길이 : 3.0m 이상

3) 방수헤드

① 헤드 설치위치 : 천장 또는 벽면

② 헤드 간의 수평거리

㉮ 연소방지설비 전용 헤드 : 2.0m 이하

㉯ 스프링클러헤드 : 1.5m 이하

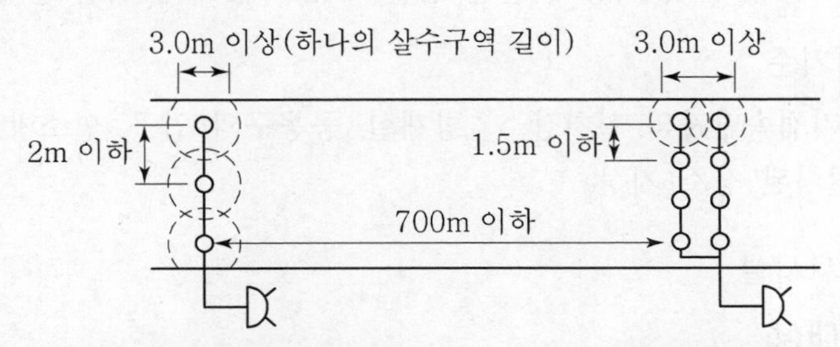

[연소방지설비 전용헤드방식] [스프링클러헤드방식]

(3) 연소방지재(연소방지용 도료)의 도포

1) 대상

지하구 내에 설치된 케이블 · 전선 등으로서 다음 각 목의 어느 하나에 해당하는 부분

① 분기구

② 지하구의 인입부 또는 인출부

③ 절연유 순환펌프 등이 설치된 부분

④ 기타 화재발생 위험이 우려되는 부분

2) 제외대상

케이블 · 전선 등을 한국산업표준(KS C IEC 60332-3-24)에서 정한 난연성능 이상의 제품으로 설치한 경우

(4) 방화벽

1) 설치대상

전력 또는 통신 사업용의 지하구

2) 설치기준

① 내화구조로서 홀로 설 수 있는 구조일 것

② 방화벽의 출입문은 60분방화문 또는 60+ 방화문으로 설치할 것

③ 방화벽을 관통하는 케이블 · 전선 등에는 국토교통부 고시(내화구조의 인정 및 관리기준)에 따라 내화채움구조로 마감할 것

④ 방화벽의 설치위치는 지하구의 분기구 및 국사 · 변전소 등의 건축물과 지하구가 연결되는 부위(건축물로부터 20m 이내)에 설치할 것

(5) 무선통신보조설비

1) 설치대상

「국토의 계획 및 이용에 관한 법률」 제2조제9호에 의한 공동구

2) 설치기준

무전기접속단자의 설치장소 : 방재실, 공동구의 입구, 연소방지설비 송수구가 설치된 장소(지상)

(6) 통합감시시설

1) 설치대상

소방법령에 의한 지하구

2) 설치기준

① 소방관서와 공동구 통제실 간의 정보통신망을 구축할 것
② 정보통신망은 광케이블 또는 이와 유사한 성능을 가진 선로일 것
③ 수신기는 지하구의 통제실에 설치하되 화재신호, 경보, 발화지점 등 수신기에 표시되는 정보가 관할 소방관서의 119상황실 정보통신장치에 표시되도록 할 것

03 다중이용업소의 소방·방화시설

1. 다중이용업의 범위

(1) 식품위생법에 따른 휴게음식점영업·제과점영업 또는 일반음식점영업으로서 영업장의 바닥면적 합계가 100m²(영업장이 지하층인 것은 66m²) 이상인 것. 단, 영업장이 지상 1층 또는 지상과 직접 접하는 층에 설치되고, 그 영업장의 주된 출입구가 건축물 외부의 지면과 직접 연결되는 곳에서 하는 영업을 제외한다.
(2) 단란주점영업, 유흥주점영업
(3) 영화상영관, 비디오물감상실업, 비디오물소극장업, 복합영상물제공업
(4) 수용인원 300인 이상의 학원
(5) 수용인원 100인 이상 300인 미만의 학원으로서 다음 각 목의 어느 하나에 해당하는 것. 다만, 학원부분과 다른 용도의 부분 간에 방화구획된 것은 제외한다.
1) 하나의 건축물에 학원과 기숙사가 함께 있는 학원

2) 하나의 건축물에 학원이 둘 이상 있는 경우로서 전체 학원의 수용인원 합계가 300인 이상인 경우
3) 하나의 건축물에 학원과 기타의 다중이용업소가 함께 있는 경우

(6) 목욕장업 중 불가마시설을 갖춘 업소로서 수용인원 100인 이상인 것
(7) 게임제공업, 노래연습장업, 산후조리업, 고시원업, 실내권총사격장업, 실내골프연습장업, 안마시술소
(8) 화재위험평가 결과 위험유발지수가 D등급~E등급에 해당하거나 화재발생 시 인명피해발생 우려가 높은 불특정 다수인이 출입하는 영업으로서 소방청장이 관계 중앙행정기관의 장과 협의하여 행정안전부령으로 정하는 영업 : (전화방업, 화상대화방업, 수면방업, 콜라텍업 등)

2. 법규적 소방·방화시설

(1) 소방시설

1) 소화설비

① 소화기 또는 자동확산소화기 : 다중이용업소 영업장 안의 구획된 각 실마다 설치

② 간이스프링클러설비(캐비넷형 포함) 설치대상
㉮ 지하층에 설치된 영업장
㉯ 밀폐구조의 영업장
㉰ 산후조리업 · 고시원업 · 권총사격장의 영업장

2) 경보설비

① 비상벨설비
② 자동화재탐지설비
(이 중에 하나 이상을 설치하되, 노래반주기 등 영상음향장치를 사용하는 영업장에는 자/탐설비를 의무적으로 설치)

㉮ 자동화재탐지설비를 설치하는 경우에는 감지기와 지구음향장치는 구획된 실마다 설치
㉯ 영상음향차단장치가 설치된 영업장에는 자동화재탐지설비의 수신기를 별도로 설치

③ 가스누설경보기 : 가스시설을 사용하는 주방이나 난방시설이 있는 영업장에만 설치

3) 피난설비

① 피난기구(미끄럼대, 피난사다리, 구조대. 완강기) : 4층 이하 영업장의 비상구(발코니 또는 부속실)에 설치

② 피난유도선 : 영업장 내부 피난통로 또는 복도가 있는 다음의 영업장에만 설치한다.

㉮ 단란주점영업 · 유흥주점영업 · 영화상영관 · 비디오물감상실업 · 노래연습장업 · 산후조리업 · 고시원업 영업장

㉯ 피난유도선은 전류에 의하여 빛을 내는 방식으로 할 것

③ 유도등, 유도표지 또는 비상조명등 : 이 중에 하나 이상을 설치하며, 영업장 안의 구획된 실마다 설치

④ 휴대용 비상조명등 : 영업장 안의 구획된 각 실마다 잘 보이는 곳(실 외부에 설치할 경우에는 출입문 손잡이로부터 1m 이내 부분)에 1개 이상 설치

(2) 비상구

1) 설치대상

다중이용업소의 영업장(2개 이상의 층이 있는 경우에는 각 층별 영업장)마다 주된 출입구 외에 비상구를 1개 이상 설치

2) 설치제외대상

① 주된 출입구 외에 해당 영업장 내부에서 피난층 또는 지상으로 통하는 직통계단이 주된 출입구로부터 영업장 긴 변 길이의 1/2 이상 떨어진 위치에 별도로 설치된 경우

② 피난층에 설치된 영업장(바닥면적 $33m^2$ 이하로서 영업장 내부에 구획된 실이 없고 영업장 전체가 개방된 구조를 말한다)으로서 그 영업장의 각 부분으로부터 출입구까지의 수평거리가 10m 이하인 경우

3) 설치기준

① 설치위치 : 주된 출입구의 반대방향에 설치하되, 주된 출입구로부터 영업장의 긴 변 길이의 1/2 이상 떨어진 위치에 설치

② 비상구의 규격 : 가로 75cm 이상, 세로 150cm 이상 (문틀은 제외)

③ 문의 열림 방향 : 피난방향으로 열리는 구조일 것. 다만, 주된 출입구의 문이 피난계단 또는 특별피난계단의 문이 아니거나 방화구획이 아닌 곳에 위치한 경우로서 다음 요건을 충족하는 경우에는 비상구를 자동문[미서기(슬라이딩) 문을 말한다]으로 설치할 수 있다.

㉮ 화재감지기와 연동하여 개방되는 구조

㉯ 정전 시 자동으로 개방되는 구조

㉰ 정전 시 수동으로 개방되는 구조

④ 문의 재질 : 주요구조부가 내화구조인 경우 비상구 및 주된 출입구의 문을 방화문으로 설치. 다만, 다음 어느 하나에 해당하는 경우에는 불연재료로 설치할 수 있다.

㉮ 주요구조부가 내화구조가 아닌 경우

㉯ 비상구 또는 주된 출입구의 문이 지표면과 접하는 경우로서 화재의 연소확대 우려가 없는 경우

㉰ 비상구 또는 주된 출입구의 문이 「건축법 시행령」 제35조에 따른 피난계단 또는 특별피난계단의 설치기준에 따라 설치하여야 하는 문이 아니거나 같은 법 시행령 제46조에 따라 설치되는 방화구획이 아닌 곳에 위치한 경우

⑤ 비상구의 기타구조

㉮ 비상구는 구획된 실 또는 천장으로 통하는 구조가 아닐 것. 다만, 영업장 바닥에서 천정까지 불연재료·준불연재료의 것으로 구획된 부속실(전실)은 그러하지 아니하다.

㉯ 비상구는 다른 영업장 또는 다른 용도의 시설(주창장은 제외)을 경유하는 구조가 아니어야 하며, 층별 영업장은 다른 영업장 또는 다른 용도의 시설과 불연재료·준불연재료의 차단벽이나 칸막이로 분리되어야 함

㉰ 영업장 위치가 지상 4층 이하인 경우 : 피난시에 유효한 발코니(75cm×150cm×높이 100cm 이상의 난간을 설치한 것) 또는 부속실(준불연재료 이상의 것으로 바닥에서 천정까지 구획된 실로서 75cm×150cm 이상의 크기인 것)을 설치하고, 그 장소에 적합한 피난기구를 설치할 것

4) 복층구조 영업장의 비상구 설치기준

영업장 구조	설치기준	특례기준
각각 다른 2개 이상의 층에 내부계단 또는 통로가 설치되어 하나의 층의 내부에서 다른 층으로 출입할 수 있도록 되어 있는 구조	1. 각 층마다 영업장 외부의 계단 등으로 피난할 수 있는 비상구를 설치할 것 2. 비상구 문은 방화문의 구조로 설치할 것 3. 비상구 문의 열림 방향은 실내에서 외부로 열리는 구조로 할 것	영업장의 위치·구조가 다음에 해당하는 경우에는 그 영업장으로 사용하는 어느 하나의 층에만 비상구를 설치할 수 있다. 1. 건축물의 주요구조부를 훼손하는 경우 2. 옹벽 또는 외벽이 유리로 설치된 경우 등

(3) 영업장 내부 피난통로

1) 설치대상

구획된 실이 있는 단란주점영업 · 유흥주점영업 · 비디오물감상실업 · 복합영상물제공업 · 노래연습장업 · 산후조리업 · 고시원업의 영업장

2) 설치기준

① 통로의 폭 : 120cm 이상. 다만, 양옆에 구획된 실이 있는 영업장으로서 구획된 실 출입문의 열리는 방향이 피난통로 방향일 경우에는 150cm 이상

② 구획된 실에서부터 주된 출입구 또는 비상구까지 이르는 내부 피난통로의 구조는 세 번 이상 구부러지는 형태가 아닌 구조일 것

(4) 그 밖의 안전시설

1) 영상음향차단장치

① 설치대상 : 노래반주기 등의 영상음향차단장치를 사용하는 영업장

② 설치기준

㉮ 화재 시 감지기에 의하여 자동으로 음향 및 영상이 정지될 수 있는 구조로 설치하되, 수동으로도 조작할 수 있도록 설치

㉯ 수동차단스위치를 설치하는 경우에는 관계인이 일정하게 거주하거나 일정하게 근무하는 장소에 설치. 이 경우 그로부터 가장 가까운 곳에 "영상음향차단스위치"라는 표지를 부착

㉰ 전기로 인한 화재발생 위험을 예방하기 위하여 부하용량에 알맞은 누전차단기(과전류차단기를 포함)를 설치

㉱ 영상음향차단장치의 작동으로 실내등의 전원이 차단되지 않는 구조로 설치

2) 누전차단기

3) 창문

① 설치대상 : 고시원업의 영업장

② 설치기준

㉮ 영업장 층별로 가로 50cm 이상, 세로 50cm 이상 열리는 창문을 1개 이상 설치

㉯ 영업장 내부 피난통로 또는 복도에 바깥 공기와 접하는 부분에 설치(단, 구획된 실에 설치하는 것은 제외)

4) 보일러실과 영업장 사이의 방화구획

보일러실과 영업장 사이의 출입문은 방화문으로 설치하고 개구부에는 자동 방화댐퍼를 설치

04 연소방지재의 설치기준

1. 개요

연소방지용 도료란 건축물의 마감재료나 케이블 · 전선 등에 도포하여 화열을 차단하는 것으로서, 도포한 부위를 가열할 경우 도료가 발포하거나 단열의 효과가 있어 착화를 지연시킬 수 있는 도료를 말한다.

2. 법규적 설치 대상

소방법령상의 지하구 내에 설치된 케이블 · 전선 등에 도포하며, 다음 각 목에 해당하는 부분에 해당 시험성적서에 명시된 길이 이상으로 설치하되, 연소방지재 간의 간격은 350m를 넘지 않도록 하여야 한다.

(1) 분기구

(2) 지하구의 인입부 또는 인출부

(3) 절연유 순환펌프 등이 설치된 부분

(4) 기타 화재발생 위험이 우려되는 부분

3. 설치 제외 대상

지하구 내의 케이블 · 전선 등을 한국산업표준(KS C IEC 60332-3-24)에서 정한 난연성능 이상의 제품으로 설치한 경우

4. 성능기준 및 시험방법

(1) 인체에 유해한 석면 등이 함유되지 아니할 것

(2) 건조에 대한 시험

1) 시험방법 : KSM 5,000 중 시험방법 2511, 2512

2) 건조방법

① 가열건조 : 65±2°C에서 24시간 건조

② 7일간 자연건조 : 고화 · 경화 · 불접착 · 완전건조 중 하나에 해당할 것

(3) 산소지수

1) 산소지수 평균 30 이상(단, 난연 테이프는 28 이상)

2) 산소지수 $= \dfrac{Q_2}{Q_2 + N_2} \times 100$

여기서, Q_2 : 시료의 연소 중 최저 산소유량[ℓ/분]

N_2 : 시료의 연소 중 최저 질소유량[ℓ/분]

5. 문제점

국내 연소방지용 도료는 대부분 수성형태이며 국내 지하구 특성상 곡선설치 구간이 많고, 잦은 보수공사를 하므로 케이블 도료의 굴곡특성의 강화가 요구된다.

05 연소방지설비

1. 개요

소방법령에 의한 지하구에서의 소화활동설비로서 화재시 소방차량으로부터 소화용수를 공급받아 지하구 내의 방수헤드를 통하여 방사함으로써 지하구 내의 화재전파를 지연·차단시키기 위한 설비이다.

2. 설비의 구조 및 설치기준

(1) 살수구역

1) 하나의 살수구역의 길이 : 3.0m 이상

2) 소방대원의 출입이 가능한 환기구·작업구마다 지하구의 양쪽(길이) 방향으로 살수헤드를 설정하되, 환기구 사이의 간격이 700m를 초과할 경우에는 700m 이내마다 살수구역을 설정

(2) 방수헤드

헤드 간의 수평거리

1) 연소방지설비 전용 헤드 : 2.0m 이하

2) 스프링클러 헤드 : 1.5m 이하

(3) 송수구

1) 구경 65mm의 쌍구형

2) 송수구로부터 1m 이내에 살수구역의 안내표지 설치
3) 소방차량이 쉽게 접근할 수 있는 노출된 장소에 설치하되, 눈에 띄기 쉬운 보도 또는 차도에 설치
4) 지면으로부터 높이가 0.5m 이상 1m 이하의 위치에 설치
5) 송수구의 가까운 부분에 자동배수밸브(또는 직경 5mm의 배수공)를 설치
6) 송수구로부터 주배관에 이르는 연결배관에는 개폐밸브를 설치하지 않을 것
7) 송수구에는 이물질을 막기 위한 마개를 씌워야 한다.

(4) 연소방지설비의 계통도

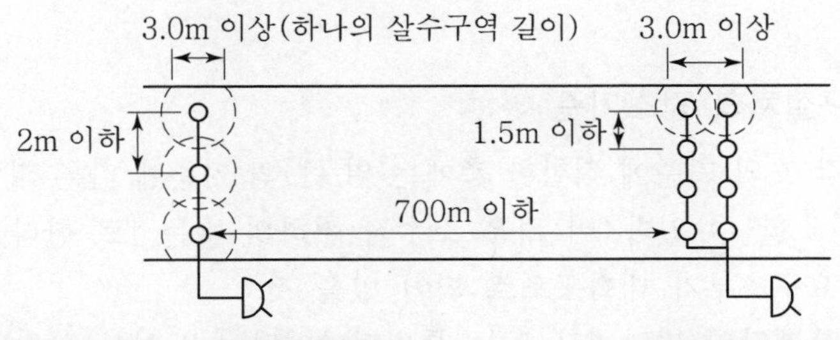

[연소방지설비 전용헤드방식] [스프링클러헤드방식]

06 피난기구

1. 개요

피난기구는 화재시 건물 내의 거주 · 출입하는 사람들이 정상적인 통로를 통하여 대피하지 못할 경우 대신 피난용 기구를 이용하여 안전한 장소로 피난시킬 수 있는 기계 · 기구를 말한다.

2. 법규적 설치대상

(1) 설치대상 및 설치수량 (NFSC 301 제4조제2항)

1) 아파트 : 각 세대마다 1개 이상
2) 노유자시설 · 의료시설 · 숙박시설 용도의 층 : 그 층의 바닥면적 500m^{2}마다 1개 이상
3) 문화 및 집회시설 · 운동시설 · 위락시설 · 판매시설 용도의 층 또는 복합용도의 층 : 그 층의 바닥면적 800m^{2}마다 1개 이상

4) 그 밖의 용도의 층 : 그 층의 바닥면적 1,000m²마다 1개 이상

(2) 추가설치수량

1) 숙박시설(휴양 콘도미니엄은 제외) : 객실마다 완강기 또는 둘 이상의 간이 완강기 추가 설치
2) 아파트 : 하나의 관리주체가 관리하는 아파트 구역마다 공기안전매트 1개 이상 추가 설치
3) 4층 이상의 층에 설치된 노유자시설 중 장애인 관련시설로서 주된 사용자 중 스스로 피난이 불가한 자가 있는 경우에는 층마다 구조대를 1개 이상 추가 설치

(3) 피난기구설치의 감소기준

1) 다음 각 호의 기준에 적합한 층에는 위 (1)의 기준에 따른 피난기구의 2분의 1을 감소할 수 있다.(이 경우 소수점 이하의 수는 1로 한다)
   ① 주요구조부가 내화구조로 되어 있을 것
   ② 직통계단인 피난계단 또는 특별피난계단이 2 이상 설치되어 있을 것
2) 피난기구를 설치하여야 할 소방대상물 중 주요구조부가 내화구조이고 다음 각 호의 기준에 적합한 건널 복도가 설치되어 있는 층에는 위 (1)의 기준에 따른 피난기구의 수에서 해당 건널 복도의 수의 2배의 수를 뺀 수로 한다.
   ① 내화구조 또는 철골조로 되어 있을 것
   ② 건널복도 양단의 출입구에 자동폐쇄장치를 한 갑종방화문(방화셔터는 제외)이 설치되어 있을 것
   ③ 피난 · 통행 또는 운반의 전용 용도일 것
3) 피난기구를 설치하여야 할 소방대상물 중 다음 각 호에 기준에 적합한 노대가 설치된 거실의 바닥면적은 위 (1)의 기준에 따른 피난기구의 설치개수 산정을 위한 바닥면적에서 이를 제외한다.
   ① 노대를 포함한 소방대상물의 주요구조부가 내화구조일 것
   ② 노대가 거실의 외기에 면하는 부분에 피난 상 유효하게 설치될 것
   ③ 노대가 소방사다리차가 쉽게 통행할 수 있는 도로 또는 공지에 면하여 설치되어 있거나, 또는 거실부분과 방화구획되어 있거나 또는 노대에 지상으로 통하는 계단 그 밖의 피난기구가 설치되어 있어야 할 것

(4) 피난기구설치의 제외기준

다음 각 호의 어느 하나에 해당하는 소방대상물 또는 그 부분에는 피난기구를

설치하지 아니할 수 있다. 다만, 숙박시설(휴양콘도미니엄은 제외)에 설치되는 완강기 및 간이완강기의 경우에는 그러하지 아니하다.

1) 다음 각 목의 기준에 적합한 층
   ① 주요구조부가 내화구조로 되어 있어야 할 것
   ② 실내의 면하는 부분의 마감이 불연재료 · 준불연재료 또는 난연재료로 되어 있고 방화구획이 「건축법 시행령」 제46조의 규정에 적합하게 구획되어 있어야 할 것
   ③ 거실의 각 부분으로부터 직접 복도로 쉽게 통할 수 있어야 할 것
   ④ 복도에 2 이상의 특별피난계단 또는 피난계단이 「건축법 시행령」 제35조에 적합하게 설치되어 있어야 할 것
   ⑤ 복도의 어느 부분에서도 2 이상의 방향으로 각각 다른 계단에 도달할 수 있어야 할 것
2) 다음 각 목의 기준에 적합한 소방대상물 중 그 옥상의 직하층 또는 최상층(관람집회 및 운동시설 또는 판매시설을 제외한다)
   ① 주요구조부가 내화구조로 되어 있어야 할 것
   ② 옥상의 면적이 1,500m^2 이상이어야 할 것
   ③ 옥상으로 쉽게 통할 수 있는 창 또는 출입구가 설치되어 있어야 할 것
   ④ 옥상이 소방사다리차가 쉽게 통행할 수 있는 도로(폭 6m 이상의 것) 또는 공지(공원 또는 광장 등을 말한다)에 면하여 설치되어 있거나 옥상으로부터 피난층 또는 지상으로 통하는 2 이상의 피난계단 또는 특별피난계단이 「건축법 시행령」 제35조의 규정에 적합하게 설치되어 있어야 할 것
3) 주요구조부가 내화구조이고 지하층을 제외한 층수가 4층 이하이며 소방사다리차가 쉽게 통행할 수 있는 도로 또는 공지에 면하는 부분에 영 제2조제1호 각 목의 기준에 적합한 개구부가 2 이상 설치되어 있는 층(문화집회 및 운동시설 · 판매시설 및 영업시설 또는 노유자시설의 용도로 사용되는 층으로서 그 층의 바닥면적이 1,000m^2 이상인 것을 제외한다)
4) 갓복도식 아파트 또는 「건축법 시행령」 제46조제5항에 해당하는 구조 또는 시설을 설치하여 인접(수평 또는 수직)세대로 피난할 수 있는 아파트
5) 주요구조부가 내화구조로서 거실의 각 부분으로부터 직접 복도로 피난할 수 있는 학교(강의실 용도로 사용되는 층에 한한다)
6) 무인공장 또는 자동창고로서 사람의 출입이 금지된 장소(관리를 위하여 일시적으로 출입하는 장소를 포함한다)
7) 건축물의 옥상부분으로서 거실에 해당하지 아니하고 「건축법 시행령」 제119

조제1항제9호에 해당하여 층수로 산정된 층으로 사람이 근무하거나 거주하지 아니하는 장소

(5) 각 층별 피난기구의 적용 〈개정 2022.9.8〉

설치층 대상물	1층	2층	3층	4층~10층
노유자시설	미끄럼대 구조대 피난교 다수인피난장비 승강식피난기	미끄럼대 구조대 피난교 다수인피난장비 승강식피난기	미끄럼대 구조대 피난교 다수인피난장비 승강식피난기	구조대 피난교 다수인피난장비 승강식피난기
의료시설 · 근린생활시설중 입원실이 있는 의원 · 접골원 · 조산원			미끄럼대 구조대 피난교 피난용트랩 다수인피난장비 승강식피난기	구조대 피난교 피난용트랩 다수인피난장비 승강식피난기
영업장의 위치가 4층 이하인 다중이용업소		미끄럼대 피난사다리 구조대 완강기 다수인피난장비 승강식피난기	미끄럼대 피난사다리 구조대 완강기 다수인피난장비 승강식피난기	미끄럼대 피난사다리 구조대 완강기 다수인피난장비 승강식피난기
그 밖의 것			미끄럼대 피난사다리 구조대 완강기 피난교 피난용트랩 간이완강기 공기안전매트 다수인피난장비 승강식피난기	피난사다리 구조대 완강기 피난교 간이완강기 공기안전매트 다수인피난장비 승강식피난기

※ 간이완강기는 숙박시설(휴양콘도미니엄은 제외)의 객실(3층 이상)에 한하여 적용
※ 공기안전매트는 공동주택에 한하여 적용

3. 피난기구의 설치기준

(1) 피난기구는 계단 · 피난구로부터 적당한 거리에 있는 피난 · 소화활동상 유효한 개구부(0.5×1m 이상)에 고정하여 설치하거나, 필요한 때에 신속하게 설치할 수 있는 상태로 둘 것

(2) 피난기구를 설치하는 개구부는 서로 동일 수직선상이 아닌 위치에 있을 것(단,

피난교 · 피난용트랩 · 간이완강기 및 아파트에 설치되는 피난기구에 있어서는 그러하지 아니하다.)

(3) 피난기구는 소방대상물의 기둥, 바닥, 보, 기타 구조상 견고한 부분에 볼트조임 · 매입 · 용접 기타의 방법으로 견고하게 부착할 것

(4) 4층 이상의 층에 피난사다리를 설치하는 경우, 금속성 고정사다리와 쉽게 피난할 수 있는 구조의 노대를 설치할 것

(5) **완강기**는 강하시 로프가 소방대상물에 접촉하지 아니하도록 할 것

(6) **완강기** 로프의 길이는 부착면에서부터 지면, 기타 착지면까지의 길이로 할 것

(7) 미끄럼대는 안전한 강하속도를 유지하도록 하고, 전락방지를 위한 안전조치를 할 것

(8) **구조대**의 길이는 피난상 지장이 없고 안전한 강하속도를 유지할 수 있는 길이로 할 것

(9) **다수인피난장비**는 다음 각 목에 적합하게 설치할 것

1) 피난에 용이하고 안전하게 하강할 수 있는 장소에 적재 하중을 충분히 견딜 수 있도록 「건축물의 구조기준 등에 관한 규칙」 제3조에서 정하는 구조안전의 확인을 받아 견고하게 설치할 것

2) 다수인피난장비 보관실은 건물 외측보다 돌출되지 아니하고, 빗물 · 먼지 등으로부터 장비를 보호할 수 있는 구조일 것

3) 사용 시에 보관실 외측 문이 먼저 열리고 탑승기가 외측으로 자동으로 전개될 것

4) 하강 시에 탑승기가 건물 외벽이나 돌출물에 충돌하지 않도록 설치할 것

5) 상 · 하층에 설치할 경우에는 탑승기의 하강경로가 중첩되지 않도록 할 것

6) 하강 시에 안전하고 일정한 속도를 유지하도록 하고, 전복 · 흔들림 · 경로이탈 등의 방지를 위한 안전조치를 할 것

7) 보관실의 문에는 오작동 방지조치를 하고, 문 개방 시에는 당해 소방대상물에 설치된 경보설비와 연동하여 유효한 경보음을 발하도록 할 것

8) 피난층에는 해당 층에 설치된 피난기구가 착지에 지장이 없도록 충분한 공간을 확보할 것

9) 한국소방산업기술원 또는 법 제42조 제1항에 따라 성능시험기관으로 지정받은 기관에서 그 성능을 검증받은 것으로 설치할 것

(10) **승강식피난기** 및 **하향식 피난구용 내림식사다리**는 다음 각 목에 적합하게 설치할 것

1) 설치경로가 설치층에서 피난층까지 연계될 수 있는 구조로 설치할 것. 단, 건축물 규모가 지상 5층 이하로서 구조 및 설치 여건상 불가피한 경우는 그러하지 아니 한다.

2) 대피실의 면적은 2m²(2세대 이상일 경우에는 3m²) 이상으로 하고, 「건축법 시행령」 제46조제4항의 규정에 적합하여야 하며 하강구(개구부) 규격은 직경 60cm 이상일 것. 단, 외기와 개방된 장소에는 그러하지 아니 한다.
3) 하강구 내측에는 기구의 연결 금속구 등이 없어야 하며 전개된 피난기구는 하강구 수평투영면적 공간 내의 범위를 침범하지 않는 구조이어야 할 것. 단, 직경 60cm 크기의 범위를 벗어난 경우이거나, 직하층의 바닥 면으로부터 높이 50cm 이하의 범위는 제외 한다.
4) 대피실의 출입문은 갑종방화문으로 설치하고, 피난방향에서 식별할 수 있는 위치에 "대피실" 표지판을 부착할 것. 단, 외기와 개방된 장소에는 그러하지 아니 한다.
5) 착지점과 하강구는 상호 수평거리 15cm 이상의 간격을 둘 것
6) 대피실 내에는 비상조명등을 설치 할 것
7) 대피실에는 층의 위치표시와 피난기구 사용설명서 및 주의사항 표지판을 부착 할 것
8) 대피실 출입문이 개방되거나, 피난기구 작동 시 해당층 및 직하층 거실에 설치된 표시등 및 경보장치가 작동되고, 감시제어반에서는 피난기구의 작동을 확인 할 수 있어야 할 것
9) 사용 시 기울거나 흔들리지 않도록 설치할 것
10) 승강식피난기는 한국소방산업기술원 또는 법 제42조제1항에 따라 성능시험기관으로 지정받은 기관에서 그 성능을 검증받은 것으로 설치할 것

07 인명구조기구

1. 정의

인명구조기구란 소방대상물에서 화재 시의 열·연기·유독가스 등으로부터 인명을 구조하거나 보호하는데 사용하는 기구로서 그 구성품으로는 방열복, 공기호흡기, 인공소생기로 구성하고 있다.

(1) 방열복

화재 등에서 고온의 복사열에 가까이 접근하여 소방활동을 수행할 수 있는 내열성능을 가진 피복이며 방열상의, 방열하의, 방열장갑, 방열두건 등으로 구성된다.

(2) 방화복

화재진압 등의 소방활동을 수행할 수 있는 피복이며 헬멧, 보호장갑, 안전화도 포함된다.

(3) 공기호흡기

소화활동 시에 화재로 인하여 발생하는 연기 및 각종 유독가스 중에서 일정 시간동안 사용할 수 있도록 제작된 압축공기식 개인호흡장비(보조마스크 포함)이며, 고압공기용기, 공급밸브, 배기밸브, 감압밸브, 압력계, 경보장치, 급기호스, 면체, 등지게 등으로 구성된다.

(4) 인공소생기

화재발생 또는 위험물질로부터 발생한 연기·유독성가스 등에 의해 질식되었거나 중독 등으로 심폐기능이 약화되어 호흡부전상태(정상적으로 호흡할 수 없는 상태)인 사람에게 인공호흡을 시켜 환자를 보호하거나 구급하는 기구

2. 설치대상 및 수량

특정소방대상물	인명구조기구의 종류	설치수량
지하층을 포함하는 층수가 7층 이상인 관광호텔 및 5층 이상인 병원	방열복 또는 방화복(헬멧, 보호장갑, 안전화 포함) 공기호흡기 인공소생기	각 2개 이상 비치할 것. 다만, 병원의 경우에는 인공소생기를 설치하지 않을 수 있다.
• 문화 및 집회시설 중 수용인원 100명 이상의 영화상영관 • 판매시설 중 대규모 점포 • 운수시설 중 지하역사 • 지하가 중 지하상가	공기호흡기	각 층마다 2개 이상 비치할 것. 다만, 각 층마다 갖추어 두어야 할 공기호흡기 중 일부를 직원이 상주하는 인근 사무실에 갖추어 둘 수 있다.
물분무등소화설비 중 이산화탄소소화설비를 설치하여야 하는 특정소방대상물	공기호흡기	이산화타소소화설비가 설치된 장소의 출입구 외부 인근에 1대 이상 비치할 것

08 공동주택의 화재안전기준

※ 아래에서 밑줄 친 부분은 이 전의 개별 화재안전기준에 비해 변경된 부분임

1. 소화기구 및 자동화장치

(1) 바닥면적 $100m^2$마다 1단위 이상의 능력단위로 설치할 것

(2) 각 세대 및 공용부(승강장, 복도 등)마다 설치할 것

(3) 세대 내에 설치된 보일러실이 방화구획되거나, 스프링클러설비 · 간이스프링클러설비 · 물분무등소화설비 중 하나가 설치된 경우에는 「소화기구의 화재안전기준」의 '부속용도별 추가능력단위' 규정을 적용하지 않을 수 있다.

(4) 「소화기구의 화재안전기준」의 '소화기의 감소' 규정은 적용하지 않을 것

(5) 주거용 주방자동소화장치는 아파트등의 주방에 열원(가스 · 전기)의 종류에 적합한 것으로 설치하고, 열원을 차단할 수 있는 차단장치를 설치할 것

2. 옥내소화전설비

(1) 호스릴 방식으로 설치할 것

(2) 복층형 구조인 경우 : 출입구가 없는 층에 방수구 설치제외 가능함

(3) 감시제어반 전용실 : 피난층 또는 지하 1층에 설치 (다만, 상시 사람이 근무하는 장소 또는 관계인이 쉽게 접근할 수 있고 관리가 용이한 장소에 감시제어반 전용실을 설치할 경우에는 지상 2층 또는 **지하 2층**에 설치할 수 있다)

3. 스프링클러설비

(1) 수원량 산출 (폐쇄형스프링클러헤드를 사용하는 아파트등의 경우)

수원량 = 헤드 기준개수(10개) × $1.6m^3$

※ 다만, 아파트등의 각 동이 주차장으로 서로 연결된 구조인 경우 해당 주차장 부분의 기준개수는 30개로 적용한다.

(2) 화장실 반자 내부에는 소방용 합성수지배관으로 설치할 수 있다. (다만, 배관 내부에 항상 소화수가 채워진 상태를 유지할 것)

(3) 하나의 방호구역은 2개 층에 미치지 아니하도록 할 것 (다만, 복층형 구조의 공동주택에는 3개 층 이내로 할 수 있다)

(4) 스프링클러헤드의 살수반경(수평거리) : 2.6m 이하

(5) 외벽에 설치된 창문에서 0.6m 이내에 스프링클러헤드를 배치하고, 배치된 헤드의 수평거리 이내에 창문이 모두 포함되도록 할 것 (다만, 다음 각 목의 어느 하나에 해당하는 경우에는 그렇지 않다)

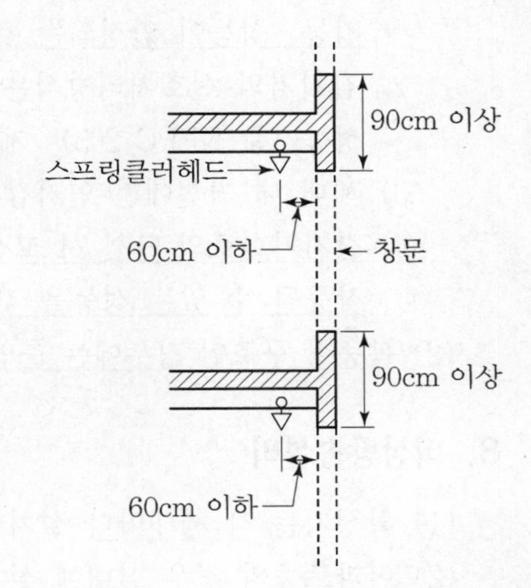

1) 창문에 드렌처설비가 설치된 경우
2) 창문과 창문 사이의 수직부분이 내화구조로 90cm 이상 이격되어 있거나, 건축법령에서 정하는 구조와 성능의 방화판 또는 방화유리창을 설치한 경우
3) 발코니가 설치된 부분

(6) 거실에는 조기반응형 스프링클러헤드를 설치할 것
(여기서, "거실"이란, 취침용도로 사용될 수 있는 통상적인 방 및 거실 등을 말한다)
(7) 감시제어반 전용실의 설치장소 : (위의 옥내소화전설비와 동일함)
(8) 건축법령에 따라 설치된 대피공간에는 헤드를 설치하지 않을 수 있다.
(9) 세대 내 실외기실 등 소규모 공간에서 헤드와 장애물 사이에 60cm 반경을 확보하지 못하거나 장애물 폭의 3배를 확보하지 못하는 경우에는 살수방해가 최소화되는 위치에 설치할 수 있다.

4. 물분무소화설비

감시제어반 전용실의 설치장소 : (위의 옥내소화전설비와 동일함)

5. 포소화설비

감시제어반 전용실의 설치장소 : (위의 옥내소화전설비와 동일함)

6. 옥외소화전설비

(1) 감시제어반 전용실의 설치장소 : (위의 옥내소화전설비와 동일함)
(2) 기동장치는 기동용수압개폐장치 또는 이와 동등 이상의 성능이 있는 것을 설치

7. 자동화재탐지설비

(1) 감지기의 설치기준
1) 아날로그방식의 감지기, 광전식 공기흡입형 감지기 또는 이와 동등 이상의

기능 · 성능이 인정되는 것으로 설치할 것

2) 감지기의 신호처리방식은 「자동화재탐지설비 및 시각경보장치의 화재안전성능기준(NFPC 203)」 제3조2에 따른다.

3) 세대 내 거실에는 연기감지기를 설치할 것

4) 감지기회로의 단선 시 고장표시가 되며, 해당 회로에 설치된 감지기가 정상 작동될 수 있는 성능을 갖도록 할 것

(2) 복층형 구조인 경우에는 출입구가 없는 층에 발신기를 설치하지 않을 수 있다.

8. 비상방송설비

(1) 확성기는 각 세대마다 설치할 것

(2) 아파트등의 경우 실내에 설치하는 확성기 음성입력은 2W 이상일 것

9. 피난기구

(1) 피난기구의 설치기준

1) 아파트등의 경우 각 세대마다 설치할 것

2) 피난기구를 설치하는 개구부는 동일 직선상이 아닌 위치에 있을 것 (다만, 수직 피난방향으로 동일 직선상인 세대별 개구부에 피난기구를 엇갈리게 설치하여 피난장애가 발생하지 않는 경우에는 그렇지 않다)

3) 「공동주택관리법」에 따른 "의무관리대상 공동주택"의 경우에는 하나의 관리주체가 관리하는 공동주택 구역마다 공기안전매트 1개 이상을 추가로 설치할 것 (다만, 옥상으로 피난이 가능하거나 수평 또는 수직 방향의 인접세대로 피난할 수 있는 구조인 경우에는 추가로 설치하지 않을 수 있다)

(2) 피난기구의 설치제외 : 갓복도식 공동주택 또는 「건축법 시행령」 제46조제5항에 해당하는 구조 또는 시설을 설치하여 수평 또는 수직 방향의 인접세대로 피난할 수 있는 아파트는 피난기구를 설치하지 않을 수 있다.

(3) 승강식 피난기 및 하향식 피난구용 내림식 사다리가 건축법령에 따라 방화구획된 장소(세대 내부)에 설치될 경우에는 해당 방화구획된 장소를 대피실로 간주하고, 대피실의 면적규정과 외기에 접하는 구조로 대피실을 설치하는 규정을 적용하지 않을 수 있다.

10. 유도등

(1) 모든 층(주차장은 제외)에 소형 피난구유도등을 설치할 것 (다만, 세대 내에는 유도등 설치제외 가능함)

(2) 주차장으로 사용되는 부분은 중형 피난구유도등을 설치할 것
(3) 건축법령에 따른 비상문자동개폐장치가 설치된 옥상 출입문에는 대형 피난구유도등을 설치할 것
(4) 내부구조가 단순하고 복도식이 아닌 층에는 「유도등의 화재안전성능기준」 제5조제3항(수직형유도등) 및 제6조제1항제1호가목(입체형유도등) 기준을 적용하지 아니할 것

11. 비상조명등

비상조명등은 각 거실로부터 지상에 이르는 복도·계단 및 그 밖의 통로에 설치할 것 (다만, 세대 내에는 출입구 인근 통로에 1개 이상 설치한다)

12. 특별피난계단의 계단실 및 부속실 제연설비

특별피난계단의 계단실 및 부속실 제연설비는 「특별피난계단의 계단실 및 부속실 제연설비의 화재안전기술기준」 2.22(시험, 측정 및 조정 등)의 기준에 따라 성능확인을 해야 한다. (다만, 부속실을 단독으로 제연하는 경우에는 부속실과 면하는 옥내 출입문만 개방한 상태로 방연풍속을 측정할 수 있다)

13. 연결송수관설비

(1) 방수구의 설치기준
  1) 층마다 설치할 것 [다만, 아파트등의 1층과 2층(또는 피난층과 그 직상층)에는 설치하지 않을 수 있다]
  2) 계단의 출입구(계단부속실을 포함하며 계단이 2개 이상 있는 경우에는 그중 1개의 계단을 말한다)로부터 5m 이내에 방수구를 설치하되, 그 방수구로부터 해당 층의 각 부분까지 수평거리가 50m를 초과하는 경우에는 방수구를 추가로 설치할 것
  3) 쌍구형으로 할 것 (다만, 아파트등의 용도로 사용되는 층에는 단구형으로 설치할 수 있다)
  4) 송수구는 동별로 설치하되, 소방차량의 접근 및 통행이 용이하고 잘 보이는 장소에 설치할 것
(2) 펌프의 토출량은 분당 2,400ℓ 이상(계단식 아파트의 경우에는 분당 1,200ℓ 이상)으로 하고, 방수구 개수가 3개를 초과(방수구가 5개 이상인 경우에는 5개)하는 경우에는 1개마다 분당 800ℓ(계단식 아파트의 경우에는 분당 400ℓ 이상)를 가산해야 한다.

14. 비상콘센트

계단의 출입구(계단 부속실을 포함하며 계단이 2개 이상 있는 경우에는 그 중 1개의 계단을 말한다)로부터 5m 이내에 비상콘센트를 설치하되, 그 비상콘센트로부터 해당 층의 각 부분까지 수평거리가 50m를 초과하는 경우에는 비상콘센트를 추가로 설치해야 한다.

[공동주택 화재안전기준에서 과거 개별 화재안전기준과의 차이점]

※ 아래 표 내용 이외의 기준은 모두 과거(개별기준)의 기준과 동일함

설비종류	항목	개별(변경 전) 기준	현행 공동주택 기준
소화기구	보일러실의 부속용도별 추가 능력단위	스프링클러설비(간이 포함)가 설치되면 자동확산소화기만 면제	스프링클러설비(간이 포함)가 설치되면 **부속용도별 추가 능력단위 규정 전체 면제**
자동소화장치	주거용 주방자동 소화장치	(신설)	아파트 주방에 열원(가스·전기)의 종류에 적합한 것으로 설치하고, 열원을 차단할 수 있는 차단장치 설치
옥내소화전 설비	호스릴 방식	(신설)	호스릴 방식을 **의무 채용**
	감시제어반 전용실 설치장소	피난층 또는 지하 1층에 설치할 것. 다만, 다음의 어느 하나에 해당하는 경우에는 지상 2층에 설치하거나 지하 1층 외의 지하층에 설치할 수 있다. ① 특별피난계단이 설치되고 그 계단 출입구로부터 보행거리 5m 이내에 전용실의 출입구가 있는 경우 ② 아파트의 관리동에 설치하는 경우	피난층 또는 지하 1층에 설치할 것. 다만, 상시 사람이 근무하는 장소 또는 관계인이 쉽게 접근할 수 있고 관리가 용이한 장소에 감시제어반 전용실을 설치할 경우에는 **지상 2층 또는 지하 2층**에 설치할 수 있다.
스프링클러 설비	수원량 산정 시 헤드 기준개수 적용	기준개수 : 10개	각 동이 주차장으로 서로 연결된 구조인 경우 해당 주차장 부분의 기준개수 : **30개**

설비종류	항목	개별(변경 전) 기준	현행 공동주택 기준
스프링클러 설비	소방용 합성수지배관	(신설)	화장실 반자 내부에 소방용 합성수지배관으로 설치 가함
	세대 내의 헤드 살수반경	살수반경 : 3.2m 이하	살수반경 : **2.6m** 이하
	외벽 창문용 스프링클러헤드	(신설)	외벽에 설치된 창문에서 0.6m 이내에 스프링클러헤드 배치
	세대 내 소규모 공간에서의 헤드 설치기준	(신설)	세대 내 실외기실 등 소규모공간에서 헤드와 장애물 사이에 60cm 반경을 확보하지 못하거나 장애물 폭의 3배를 확보하지 못하는 경우에는 살수방해가 최소화되는 위치에 설치 가함
스프링클러·물분무소화·포소화·옥외소화전설비	감시제어반 전용실 설치장소	(위의 옥내소화전설비 기준과 동일함)	(위의 옥내소화전설비 기준과 동일하게 변경됨)
자동화재 탐지설비	감지기 설치기준	(신설)	• 아날로그방식 감지기, 광전식 공기흡입형 감지기 또는 이와 동등 이상의 기능·성능이 인정되는 것으로 설치 • 감지기회로 단선 시 고장표시가 되며, 해당 회로에 설치된 감지기가 정상 작동될 수 있는 성능을 갖도록 할 것
	발신기 설치기준	(신설)	복층형 구조인 경우에는 출입구가 없는 층에 발신기 설치제외 가함
비상방송 설비	확성기 설치기준	확성기는 층마다 설치하되 수평거리 25m 이하 되게 설치	확성기는 **각 세대마다** 설치
		확성기 음성입력은 3W (실내의 경우 1W) 이상	실내에 설치하는 확성기의 음성입력은 **2W** 이상

설비종류	항목	개별(변경 전) 기준	현행 공동주택 기준
피난기구	피난기구 설치기준	계단실형 아파트는 각 세대마다 설치	**모든 아파트등은** 각 세대마다 설치
		피난기구를 설치하는 개구부는 동일 직선상이 아닌 위치에 있을 것. 다만, 아파트에 설치되는 피난기구 기타 피난상 지장이 없는 것에 있어서는 그렇지 않다.	피난기구를 설치하는 개구부는 동일 직선상이 아닌 위치에 있을 것. **다만, 수직 피난 방향으로 동일 직선상인 세대별 개구부에 피난기구를 엇갈리게 설치하여 피난장애가 발생하지 않는 경우에는 그렇지 않다.**
	승강식 피난기 및 하향식 피난구용 내림식 사다리	(신설)	승강식 피난기 및 하향식 피난구용 내림식 사다리가 건축법령에 따라 방화구획된 장소(세대 내)에 설치될 경우에는 해당 방화구획된 장소를 대피실로 간주하고, 대피실의 면적규정과 외기에 접하는 구조로 대피실을 설치하는 규정의 적용제외 가함
유도등	피난구유도등의 설치기준	• 10층 이하 : 소형 피난구유도등 설치 • 11층 이상 : 중형 피난구유도등 설치	모든 층(주차장은 제외)에 소형 피난구유도등 설치 다만, 세대 내에는 유도등 설치제외 가함
		(신설)	주차장 : 중형 피난구유도등 설치
		(신설)	건축법령에 따른 비상문 자동개폐장치가 설치된 옥상 출입문 : 대형 피난구유도등 설치
		(신설)	내부구조가 단순하고 복도식이 아닌 층 : 수직형(입체형) 유도등 설치제외 가함
비상조명등	비상조명등의 설치장소	각 거실과 그로부터 지상에 이르는 복도·계단 및 그 밖의 통로에 설치	**각 거실로부터** 지상에 이르는 복도·계단 및 그 밖의 통로에 설치 **다만, 세대 내에는 출입구 인근 통로에 1개 이상 설치**

설비종류	항목	개별(변경 전) 기준	현행 공동주택 기준
부속실 제연설비	방연풍속 측정 시 출입문 개방기준	부속실과 면하는 옥내 및 계단실의 출입문을 동시에 개방한 상태로 방연풍속 측정	다만, 부속실을 단독으로 제연하는 경우에는 부속실과 면하는 **옥내 출입문만 개방한 상태**로 방연풍속 측정
연결송수관설비	방수구 배치기준	지하층 바닥면적 합계 3,000m² 이상인 것은 수평거리 25m 이하, 기타는 수평거리 50m 이하	**지하층과 지상층 (모두 면적에 관계없이) 수평거리 50m 이하**로 설치
비상콘센트	비상콘센트 배치기준	지하층 바닥면적 합계 3,000m² 이상인 것은 수평거리 25m 이하, 기타는 수평거리 50m 이하	**지하층과 지상층 (모두 면적에 관계없이) 수평거리 50m 이하**로 설치

09 창고시설의 화재안전기준

※ 아래에서 밑줄 친 부분은 이 전의 개별 화재안전기준에 비해 변경된 부분임

1. 소화기구 및 자동화장치

창고시설 내 배전반 및 분전반마다 가스자동소화장치 · 분말자동소화장치 · 고체에어로졸자동소화장치 또는 소공간용 소화용구를 설치해야 한다.

2. 옥내소화전설비

(1) 수원량

수원량 = 소화전이 가장 많은 층의 소화전개수(최대 2개) × 5.2m³

(2) 가압송수장치의 기동장치 설치기준

사람이 상시 근무하는 물류창고 등 동결의 우려가 없는 경우에는 「옥내소화전설비의 화재안전성능기준」 제5조제1항제9호의 단서(동결의 우려가 있는 장소에 있어서는 기동스위치에 보호판을 부착하여 옥내소화전함 내에 설치할 수 있다)를 적용하지 않는다.

(3) 비상전원

자가발전설비, 축전지설비(내연기관에 따른 펌프를 사용하는 경우에는 내연기관의 기동 및 제어용 축전지를 말함) 또는 전기저장장치로서 옥내소화전설비를 유효하게 40분 이상 작동할 수 있어야 한다.

3. 스프링클러설비

(1) 수원량

수원량=스프링클러헤드가 가장 많은 방호구역의 헤드개수(최대 30개) ×3.2(랙식 창고의 경우 9.6)m^3

(다만, 화재조기진압용 스프링클러설비를 설치하는 경우 「화재조기진압용 스프링클러설비의 화재안전성능기준」 제5조제1항에 따를 것)

(2) 가압송수장치의 송수량

1) 송수량은 0.1MPa의 방수압력 기준으로 160ℓ/min 이상의 방수성능을 가진 기준개수의 모든 헤드로부터의 방수량을 충족시킬 수 있는 양 이상일 것
2) 화재조기진압용 스프링클러설비를 설치하는 경우 「화재조기진압용 스프링클러설비의 화재안전성능기준」 제6조제1항제9호에 따를 것

(3) 스프링클러설비의 설치방식

1) 스프링클러설비는 라지드롭형 스프링클러헤드를 습식으로 설치. 다만, 다음 각 목의 어느 하나에 해당하는 경우 건식스프링클러설비로 설치할 수 있다.
   ① 냉동창고 또는 영하의 온도로 저장하는 냉장창고
   ② 창고시설 내에 상시 근무자가 없어 난방을 하지 않는 창고시설
2) 랙식 창고의 경우 : 라지드롭형 스프링클러헤드를 랙 높이 3m 이하마다 설치. 이 경우 수평거리 15cm 이상의 송기공간이 있는 랙식 창고에는 랙 높이 3m 이하마다 설치하는 스프링클러헤드를 송기공간에 설치할 수 있다.
3) 적층식 랙을 설치하는 경우 : 랙의 각 단 바닥면적을 방호구역 면적에 포함
4) 천장 높이가 13.7m 이하인 랙식 창고 : 화재조기진압용 스프링클러설비로 설치할 수 있다.
5) 한쪽 가지배관에 설치되는 헤드의 개수 : 4개 이하 (다만, 화재조기진압용 스프링클러설비를 설치하는 경우에는 그렇지 않다)

(4) 스프링클러헤드의 설치기준

1) 스프링클러헤드의 살수반경(수평거리)

① 특수가연물을 저장 또는 취급하는 창고 : 1.7m 이하

② 그 외의 창고 : 2.1m(내화구조로 된 경우 2.3m) 이하

2) 화재조기진압용 스프링클러헤드는 「화재조기진압용 스프링클러설비의 화재안전성능기준」 제10조에 따라 설치할 것

(5) 드렌처설비 설치대상

물품의 운반 등에 필요한 고정식 대형기기·설비의 설치를 위해 방화구획이 적용되지 아니하거나 완화 적용되어 연소할 우려가 있는 개구부

(6) 비상전원

자가발전설비, 축전지설비(내연기관에 따른 펌프를 사용하는 경우에는 내연기관의 기동 및 제어용 축전지를 말함) 또는 전기저장장치로서 스프링클러설비를 유효하게 20분(랙식 창고의 경우 60분) 이상 작동할 수 있어야 한다.

4. 비상방송설비

(1) 확성기의 음성입력 : 3W(실내에 설치하는 것 포함) 이상일 것

(2) 창고시설에서 발화한 때에는 전 층에 경보를 발해야 한다.

(3) 비상전원 : 그 설비에 대한 감시상태를 60분간 지속한 후 유효하게 30분 이상 경보할 수 있는 축전지설비(수신기에 내장하는 경우를 포함한다) 또는 전기저장장치를 설치해야 한다.

5. 자동화재탐지설비

(1) 감지기 작동 시 해당 감지기의 위치가 수신기에 표시되도록 해야 한다.

(2) 「개인정보 보호법」 제2조제7호에 따른 영상정보처리기기를 설치하는 경우 수신기는 영상정보의 열람 · 재생 장소에 설치해야 한다.

(3) 스프링클러설비를 설치하는 창고시설의 감지기 설치기준

1) 아날로그방식의 감지기, 광전식 공기흡입형 감지기 또는 이와 동등 이상의 기능 · 성능이 인정되는 감지기를 설치할 것

2) 감지기의 신호처리 방식은 「NFPC 203」 제3조의2에 따를 것

(4) 창고시설에서 발화한 때에는 전 층에 경보를 발해야 한다.

(5) 비상전원 : 그 설비에 대한 감시상태를 60분간 지속한 후 유효하게 30분 이상 경보할 수 있는 비상전원으로서 축전지설비 또는 전기저장장치를 설치해야 한다. (다만, 상용전원이 축전지설비인 경우에는 그렇지 않다)

6. 유도등

(1) 피난구유도등과 거실통로유도등은 대형으로 설치해야 한다.

(2) 피난유도선

1) 설치대상 : 연면적 15,000m² 이상인 창고시설의 지하층 및 무창층

2) 설치기준

① 광원점등방식으로 바닥으로부터 1m 이하의 높이에 설치할 것

② 각 층 직통계단 출입구로부터 건물 내부 벽면으로 10m 이상 설치할 것

③ 화재 시 점등되며 비상전원 30분 이상 확보할 것

④ 피난유도선은 소방청장이 정해 고시하는「피난유도선 성능인증 및 제품검사의 기술기준」에 적합한 것으로 설치할 것

7. 소화수조 및 저수조

$$\text{저수량} = (\text{특정소방대상물의 연면적} \div 5{,}000\text{m}^2) \times 20\text{m}^3$$

중요예상문제

01 길이가 3,000m인 터널로서 총리령으로 정하는 위험등급에 해당하는 터널인 경우 소방법령상 설치해야 하는 소방시설의 종류를 모두 쓰시오.

해답 수동식소화기, 옥내소화전설비, 물분무등소화설비, 제연설비, 연결송수관설비, 비상콘센트설비, 무선통신보조설비, 비상경보설비, 자동화재탐지설비, 비상조명등

02 소방법령상의 지하구에 설치하여야 할 법정 소방·방화시설의 종류와 각각의 설치기준을 간략하게 기술하시오.

해답 1. 자동화재탐지설비

(1) 경계구역 : 길이 700m 이하마다 1경계구역

(2) 적응감지기

① 정온식 감지선형 감지기

② 광케이블 광센서 감지선형 감지기

③ 기타 먼지 · 습기 등의 영향을 받지 아니하고 발화지점을 확인할 수 있는 감지기

2. 연소방지설비

(1) 설치대상

전력 또는 통신사업용의 지하구

(2) 살수구역

① 환기구 등을 기준으로 지하구의 길이방향으로 350m 이내마다 1개 이상 설치

② 하나의 살수구역의 길이 : 3.0m 이상

(3) 방수헤드

① 헤드 설치위치 : 천장 또는 벽면

② 헤드 간의 수평거리
㉮ 연소방지설비 전용 헤드 : 2.0m 이하
㉯ 스프링클러헤드 : 1.5m 이하

3. 연소방지용 도료의 도포

(1) 대상
지하구 안에 설치된 케이블 · 전선

(2) 제외대상
내화배선방식으로 설치한 경우

4. 방화벽

(1) 설치대상
전력 또는 통신 사업용의 지하구

(2) 설치기준
① 방화벽의 위치는 분기구 및 환기구 등의 구조를 고려하여 설치
② 내화구조로서 홀로 설 수 있는 구조
③ 방화벽에 출입문을 설치하는 경우에는 방화문으로 할 것
④ 케이블 · 전선 등이 방화벽을 관통하는 부위에는 내화성이 있는 화재차단재로 마감

5. 무선통신보조설비

설치대상 : 국토 계획 · 이용법률 제2조 9호에 의한 공동구

6. 통합감시시설

(1) 설치대상 : 소방시설법 시행령 별표2에 의한 지하구
(2) 설치기준
① 소방관서와 공동구 통제실 간의 정보통신망 구축
② 정보통신망은 광케이블 또는 이와 유사한 성능의 선로로서 원격제어가 가능할 것
③ 주수신기 : 공동구 통제실에 설치
보조수신기 : 관할소방관서에 설치
(각 수신기에는 원격제어기능이 있을 것)
④ 비상용 예비선로를 구축하여야 한다.

03 2 이상의 특정소방대상물이 복도·통로로 연결된 경우 이를 하나의 소방대상물로 볼 수 있는 기준에의 적용대상과 적용제외대상을 기술하시오.

해 답 1. 적용 대상

2 이상의 특정소방대상물이 다음 각목의 1에 해당되는 구조의 복도 · 통로로 연결된 경우에는 이를 하나의 소방대상물로 본다.

(1) 내화구조로 된 연결통로가 다음의 1에 해당하는 경우
  ① 벽이 없는 구조로서 그 길이가 6m 이하인 것
  ② 벽이 있는 구조로서 그 길이가 10m 이하인 것(단, 벽 높이가 바닥과 천장 사이 높이의 1/2 이상인 경우에 한함)
(2) 내화구조가 아닌 연결통로로 연결된 경우
(3) 컨베이어 또는 플랜트설비 배관 등으로 연결되어 있는 경우
(4) 지하보도, 지하상가, 지하가로 연결된 경우
(5) 방화셔터 또는 갑종방화문이 설치되지 아니한 피트로 연결된 경우
(6) 지하구로 연결된 경우

2. 적용 제외 대상

연결 통로의 양쪽 말단과 소방대상물 간의 연결 부분이 다음 각목의 1에 적합한 경우에는 별개의 소방대상물로 본다.

(1) 화재시 경보설비 또는 자동소화설비와 연동하여 자동으로 닫히는 방화셔터 또는 갑종방화문이 설치된 경우
(2) 화재시 자동 방수되는 방식의 드렌처설비 또는 개방형 스프링클러헤드가 설치된 경우

04 소방법령상의 다중이용업소에 설치하여야 할 법정 소방·방화시설의 종류와 각 시설별 설치대상 장소를 기술하시오.

해 답 1. 소방시설

(1) 소화설비
  ① 소화기 또는 자동확산소화기 : 다중이용업소 영업장 안의 구획된 각 실마다 설치

② 간이스프링클러설비(캐비넷형 포함) 설치대상
　㉮ 지하층에 설치된 영업장
　㉯ 밀폐구조의 영업장
　㉰ 산후조리업 · 고시원업 · 권총사격장의 영업장

(2) 경보설비
　① 비상벨설비
　② 자동화재탐지설비 } (이 중에 하나 이상을 설치하되, 노래반주기 등 영상음향장치를 사용하는 영업장에는 자/탐설비를 의무적으로 설치)
　㉮ 자동화재탐지설비를 설치하는 경우에는 감지기와 지구음향장치는 구획된 실마다 설치
　㉯ 영상음향차단장치가 설치된 영업장에는 자동화재탐지설비의 수신기를 별도로 설치
　③ 가스누설경보기 : 가스시설을 사용하는 주방이나 난방시설이 있는 영업장에만 설치

(3) 피난설비
　① 피난기구(미끄럼대, 피난사다리, 구조대. 완강기) : 4층 이하 영업장의 비상구(발코니 또는 부속실)에 설치
　② 피난유도선 : 영업장 내부 피난통로 또는 복도가 있는 다음의 영업장에만 설치한다.
　　㉮ 단란주점영업 · 유흥주점영업 · 영화상영관 · 비디오물감상실업 · 노래연습장업 · 산후조리업 · 고시원업 영업장
　　㉯ 피난유도선은 전류에 의하여 빛을 내는 방식으로 할 것
　③ 유도등, 유도표지 또는 비상조명등 : 이 중에 하나 이상을 설치하되, 영업장안의 구획된 실마다 설치
　④ 휴대용 비상조명등 : 영업장 안의 구획된 각 실마다 잘 보이는 곳(실 외부에 설치할 경우 출입문 손잡이로부터 1m 이내 부분)에 1개 이상 설치

2. 비상구

(1) 설치대상
다중이용업소의 영업장(2개 이상의 층이 있는 경우에는 각 층별 영업장)마다 주된 출입구 외에 비상구를 1개 이상 설치

(2) 설치제외대상
　① 주된 출입구 외에 해당 영업장 내부에서 피난층 또는 지상으로 통

하는 직통계단이 주된 출입구로부터 영업장 긴 변 길이의 1/2 이상 떨어진 위치에 별도로 설치된 경우

② 피난층에 설치된 영업장(바닥면적 33m² 이하로서 영업장 내부에 구획된 실이 없고 영업장 전체가 개방된 구조에 한함)으로서 그 영업장의 각 부분으로부터 출입구까지의 수평거리가 10m 이하인 경우

(3) 영업장의 내부 피난통로

구획된 실이 있는 단란주점영업·유흥주점영업·비디오물감상실업·노래연습장업·산후조리업·고시원업의 영업장에 설치

(4) 영업장의 창문

고시원업 영업장에 설치

(5) 그 밖의 안전시설

① 영상음향차단장치

노래반주기 등의 영상음향차단장치를 사용하는 영업장에 설치

② 누전차단기

③ 보일러실과 영업장 사이의 방화구획

보일러실과 영업장 사이의 출입문을 방화문으로 설치하고 개구부에는 자동방화댐퍼를 설치

05

지하2층/지상15층 규모의 관광호텔을 신축할 경우 여기에 법규적(소방시설법)으로 적용할 수 있는 층별 피난기구의 종류와 각 층별 피난기구의 최소 수량에 대하여 기술하시오.(단, 각 층의 바닥면적은 1,050m²이며, 객실은 지상2층~15층에 각 층당 20개이다.)

해답 1. 각 층별 피난기구의 적용

종별 \ 설치층	3층	4~10층
기본 피난기구	미끄럼대 피난사다리 구조대 완강기 간이완강기 피난교	피난사다리 구조대 완강기 간이완강기 피난교 공기안전매트

기본 피난기구	공기안전매트 피난용트랩 다수인피난장비 승강식피난기	다수인피난장비 승강식피난기
추가 피난기구	객실마다 완강기 또는 2개 이상의 간이완강기 추가설치	

2. 피난기구의 최소 설치수량

(1) 기본설치 피난기구 수량

숙박시설은 각 층 바닥면적 $500m^2$마다 피난기구 1개씩 설치하므로,

1,050 ÷ 500 = 2.1 ≒ 3개

3개 × (지하 2개층 + 지상 8개층) = 30개

[답] 기본 피난기구 : 30개

(2) 추가설치 피난기구 수량

위의 기본피난기구 외에 추가로 3층 이상의 각 객실마다 완강기 1개 이상 또는 간이완강기를 2개 이상 씩 설치해야 하므로,

20(1층당 객실수) × 8개층(3~10층) = 160개

[답] 추가 피난기구 : 완강기 160개 또는 간이완강기 320개

06 소방법령상의 지하구에 설치하는 연소방지설비의 설치기준에 대하여 기술하시오.

해답 1. 살수구역

(1) 하나의 살수구역의 길이 : 3.0m 이상

(2) 소방대원의 출입이 가능한 환기구 · 작업구마다 지하구의 양쪽(길이) 방향으로 살수헤드를 설정하되, 환기구 사이의 간격이 700m를 초과할 경우에는 700m 이내마다 살수구역을 설정

2. 방수헤드

헤드 간의 수평거리

(1) 연소방지설비 전용 헤드 : 2.0m 이하

(2) 스프링클러 헤드 : 1.5m 이하

3. 송수구

(1) 소방차가 쉽게 접근할 수 있는 노출된 장소에 설치하되, 눈에 띄기 쉬운 보도 또는 차도에 설치할 것
(2) 구경 65mm의 쌍구형
(3) 송수구로부터 1m 이내에 살수구역의 안내표지 설치
(4) 지면으로부터 높이가 0.5m 이상 1m 이하의 위치에 설치할 것
(5) 송수구의 가까운 부분에 자동배수밸브(또는 직경 5mm의 배수공)를 설치할 것
(6) 송수구로부터 주배관에 이르는 연결배관에는 개폐밸브를 설치하지 아니할 것
(7) 송수구에는 이물질을 막기 위한 마개를 씌워야 한다.

4. 연소방지설비의 계통도

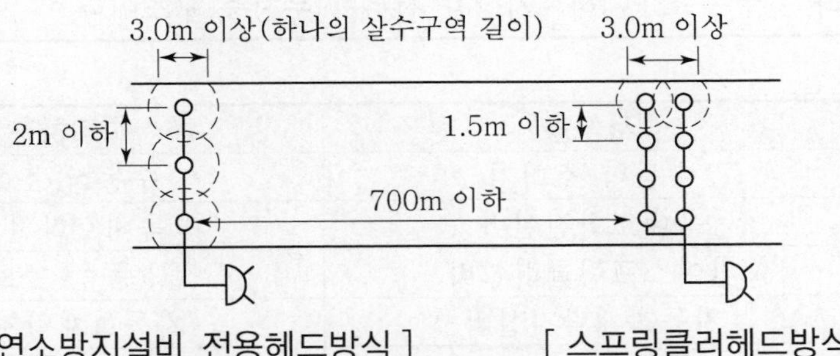

[연소방지설비 전용헤드방식]　　[스프링클러헤드방식]

07 「다중이용업소의 안전관리에 관한 특별법」에서 규정하고 있는 고시원 영업장의 내부 피난통로 및 창문의 설치기준에 대하여 기술하시오.

해 답 1. 고시원 영업장의 복도·통로

(1) 내부 피난통로의 구조 : 구획된 실에서부터 주 출입구 또는 비상구까지 이르는 내부 피난통로는 3개소 이상 구부러지는 형태가 아닐 것
(2) 통로의 폭 : 120cm 이상. 다만, 양옆에 구획된 실이 있는 영업장으로서 구획된 실 출입문의 열리는 방향이 피난통로 방향일 경우에는 150cm 이상

2. 고시원 영업장의 창문

(1) 영업장 층별로 가로 50cm 이상, 세로 50cm 이상 열리는 창문을 1개 이상 설치

(2) 영업장 내부 피난통로 또는 복도의 바깥 공기와 접하는 부분(구획된 실에 설치하는 것은 제외)에 설치

08

다음 조건의 특정소방대상물에 대한 소방시설 설계 시 소방법령상 적용하여야 할 소방시설의 종류를 지하층과 지상층으로 구분하여 기술하시오.

〈조건〉

가. 층수 : 지하3층/지상6층

나. 바닥면적 : 지하층＝각 층당 900m^2, 지상층＝각 층당 800m^2

다. 용도 : 지하층＝주차장

지상층＝근린생활시설(최대수용인원 : 400인)

라. 창문구조 : 지하·지상층 전부가 무창층 구조이다.

해 답

지상층	지하층
수동식 소화기	수동식 소화기
옥내소화전설비	옥내소화전설비
간이스프링클러설비	물분무등 소화설비
자동화재탐지설비	자동화재탐지설비
시각경보기	–
피난기구	–
유도등	유도등
비상조명등	비상조명등
비상방송설비	비상방송설비
연결송수관설비	연결송수관설비
–	비상콘센트설비
–	무선통신보조설비
–	부속실 제연설비
상수도소화용수설비	

09

특정소방대상물의 규모, 용도 및 수용인원 등을 고려하여 갖추어야 하는 소방시설을 결정할 때 소방법령에서 정하고 있는 수용인원 산정기준에 대하여 다음 물음에 각각 답하시오.(15점)

1. 수용인원의 산정방법에 대한 기준을 기술하시오.(10점)
2. 수용인원에 따라 적용되는 소방시설의 종류 5가지를 쓰시오.(5점)

해 답 1. 수용인원의 산정방법

(1) 숙박시설이 있는 특정소방대상물
① 침대가 있을 경우 : 침대 수(2인용은 2명)+종사자의 수
② 침대가 없을 경우 : 숙박시설의 바닥면적의 합계 ÷ $3m^2$ + 종사자의 수

(2) 숙박시설이 없는 특정소방대상물
① 강의실 · 교무실 · 상담실 · 실습실 · 휴게실 용도로 쓰이는 특정소방대상물 : 당해 용도로 사용하는 바닥면적의 합계 ÷ $1.9m^2$
② 강당, 문화 및 집회시설, 운동시설, 종교시설 : 당해 용도로 사용하는 바닥면적의 합계 ÷ $4.6m^2$, 다만 관람석이 있는 경우에는 다음과 같이 산정한다.
㉠ 고정식 의자를 설치한 부분 : 당해 부분의 의자 수
㉡ 긴 의자의 경우 : 의자의 정면너비 ÷ 0.45m
③ 그 밖의 특정소방대상물 : 당해 용도로 사용하는 바닥면적의 합계 ÷ $3m^2$

(3) 바닥면적의 산정 시 면제되는 부분
① 복도(준불연재료 이상의 것을 사용하여 바닥에서 천장까지 벽으로 구획한 것)
② 계단실
③ 화장실

2. 수용인원에 따라 적용되는 소방시설의 종류 5가지

① 스프링클러설비
② 비상경보설비
③ 자동화재탐지설비
④ 공기호흡기, 휴대용 비상조명등
⑤ 제연설비

10

다음은 도로터널에 설치하는 물분무소화설비의 설치기준이다. ( ) 안의 알맞은 내용을 쓰시오.

1. 물분무헤드는 도로면에 $1m^2$ 당 (①) 이상의 수량을 균일하게 방수할 수 있도록 할 것
2. 물분무설비의 하나의 방수구역은 (②) 이상으로 하며, (③) 방수구역을 동시에 (④) 이상 방수할 수 있는 수량을 확보할 것
3. 물분무설비의 비상전원은 (⑤) 이상 기능을 유지할 수 있도록 할 것

해 답 ① 6ℓ/min ② 25m ③ 3개 ④ 40분 ⑤ 40분

11

아래 조건에 따라 도로터널의 화재안전기준(NFSC 603)에 대한 다음의 각 물음에 답하시오.

〈조건〉

가. 도로터널의 길이는 1,000m이다.

나. 편도 2차선이며, 양방향 터널이다.

다. 「화재예방, 소방시설설치유지 및 안전관리에 관한 법률 시행령」 별표 5에 따라 소방시설을 설치한다.

1. 터널에 설치하는 연결송수관설비에서 방수구의 최소설치수량 및 하나의 방수기구함에 설치하여야 하는 소방기구의 품명, 규격 및 수량을 쓰시오.
2. 터널에 설치하는 수동식소화기의 최소 설치수량을 구하시오.
3. 터널에 설치하는 자동화재탐지설비의 최소 경계구역의 수량과 설치 가능한 화재감지기 종류 3가지를 쓰시오.
4. 터널에 설치하는 옥내소화전설비에서 방수구의 최소 설치수량 및 수원의 양[m^3]을 구하시오.

해 답 1. 터널에 설치하는 연결송수관설비에서 방수구의 최소설치수량 및 하나의 방수기구함에 설치하여야 하는 소방기구의 품명, 규격 및 수량

(1) 방수구의 최소 설치수량

1) 설치기준

터널 내의 연결송수관설비용 방수구는 50m 이내의 간격으로 설치하며, 옥내소화전함에 병설하거나 독립적으로 설치할 수 있다.

2) 방수구 수량 산출

터널입구로부터의 50m 지점부터 50m 이내의 간격으로 설치하여 터널출구 50m 전까지 설치=19개

즉, $\dfrac{1{,}000\text{m}(\text{터널길이})}{50\text{m}/\text{개}} - 1\text{개} = 19\text{개}$가 된다.

[답] 방수구 수량 : 19개 이상

(2) 하나의 방수기구함에 설치하여야 하는 소방기구의 품명, 규격 및 수량

1) 방수노즐 : 호칭구경 65mm, 1개

2) 호스 : 호칭구경 65mm, 길이 15m 이상, 3본

2. 터널에 설치하는 수동식소화기의 최소 설치수량

(1) 설치기준

터널 내의 수동식소화기는 주행차로 우측 측벽을 따라 50m 이내의 간격으로 2개 이상씩 설치하며, 편도 2차로 이상의 양방향 터널이나 4차로 이상의 일방향 터널의 경우에는 양쪽 측벽에 각각 50m 이내의 간격으로 엇갈리게 설치한다.

(2) 소화기의 수량 산출

- 한쪽(좌측) 측벽 : 터널입구로부터의 50m 지점부터 설치하여 터널출구 50m 전까지 설치=19개소(38개)
- 한쪽(우측) 측벽 : 터널입구로부터의 25m 지점부터 설치하여 터널출구 25m 전까지 설치=20개소(40개)

∴ 38개+40개=78개

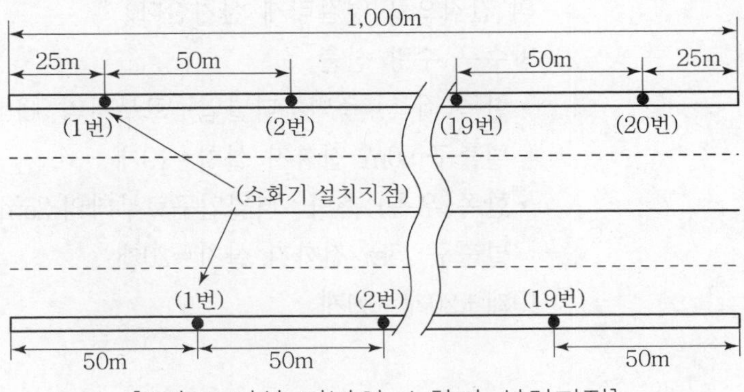

[4차로 이상 터널의 소화기 설치지점]

즉, $\frac{1,000\text{m}(\text{터널길이})}{25\text{m}/\text{개소}} - 1\text{개소} = 39\text{개소} \times 2\text{개} = 78\text{개}$가 된다.

[답] 소화기 수량 : 78개 이상

3. 터널에 설치하는 자동화재탐지설비의 최소 경계구역의 수량과 설치 가능한 화재감지기 종류 3가지

(1) 경계구역의 수량

하나의 경계구역의 길이는 100m 이하로 하여야 하므로,

$$\text{경계구역의 수량} = \frac{1,000\text{m}}{100\text{m}} = 10\text{개}$$

[답] 경계구역의 수량 : 10개

(2) 적응 화재감지기의 종류 3가지

1) 차동식분포형감지기
2) 정온식 감지선형감지기(아날로그식에 한한다.)
3) 중앙기술심의위원회의 심의를 거쳐 터널화재에 적응성이 있다고 인정된 감지기

4. 터널에 설치하는 옥내소화전설비에서 방수구의 최소 설치수량 및 수원의 양[m^3]

(1) 옥내소화전 방수구의 최소 설치수량

1) 설치기준

터널 내의 옥내소화전 방수구는 주행차로 우측 측벽을 따라 50m 이내의 간격으로 설치하며, 편도 2차로 이상의 양방향 터널이나 4차로 이상의 일방향 터널의 경우에는 양쪽 측벽에 각각 50m 이내의 간격으로 엇갈리게 설치한다.

2) 방수구 수량 산출

- 한쪽(좌측) 측벽 : 터널입구로부터의 50m 지점부터 설치하여 터널출구 50m 전까지 설치=19개
- 한쪽(우측) 측벽 : 터널입구로부터의 25m 지점부터 설치하여 터널출구 25m 전까지 설치=20개

∴ 19개+20개=39개

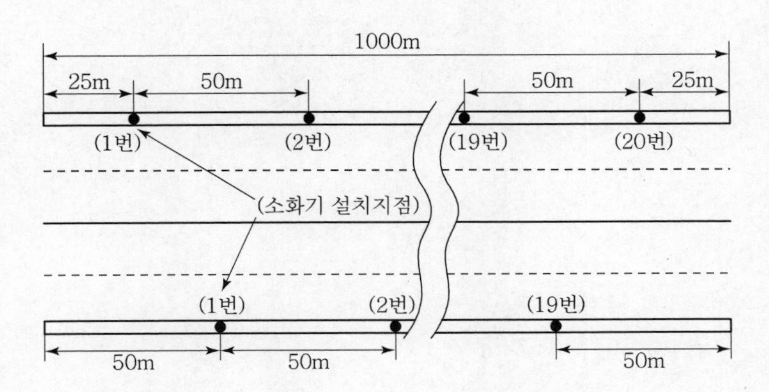

[4차로 이상 터널의 방수구 설치지점]

즉, $\dfrac{1,000\text{m}(\text{터널길이})}{25\text{m/개}} - 1\text{개} = 39\text{개}$가 된다.

[답] 방수구 수량 : 39개 이상

(2) 옥내소화전설비의 수원량[m^3]

1) 설치기준

수원량은 옥내소화전 2개(4차로 이상 터널의 경우 3개)를 동시에 40분 이상 사용할 수 있는 양 이상을 확보하여야 한다.

2) 수원량 계산

$190\ \ell/\text{min} \times 3\text{개} \times 40\text{min} = 22{,}800\ \ell = 22.8\text{m}^3$

[답] 수원량 : 22.8[m^3]

제 15 장

소방시설의 내진설계

01 소방시설의 내진설계 계통도

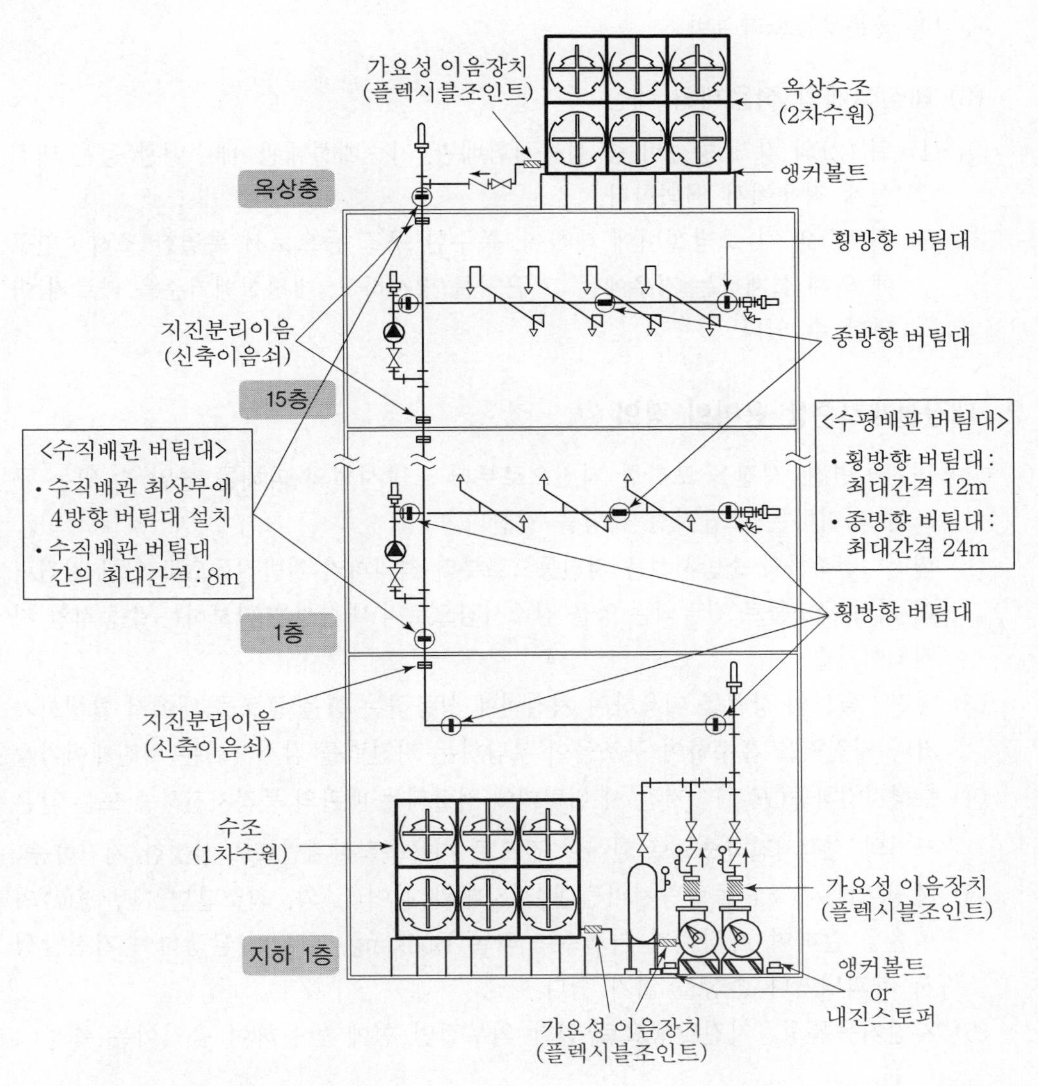

02 소방시설의 내진설계기준

1. 내진설계 소방시설의 적용범위

(1) 내진설계대상 특정소방대상물의 범위

「건축법」 제2조제1항제2호에 따른 건축물로서 「지진 · 화산재해대책법 시행령」 제10조제1항 각 호에 해당하는 시설

(2) 내진설계대상 소방시설의 범위

「소방시설법 시행령」 제15조의 2 제2항에 따른 옥내소화전설비, 스프링클러설비, 물분무등소화설비

(3) 내진설계의 적용제외 대상

1) 위 (2)의 각 소방설비 중 성능시험배관, 지중매설배관, 배수배관 등은 내진설계 적용에서 제외한다.
2) 위 (2)의 각 소방설비에 대하여, 특수한 구조 등으로서 특별한 조사 · 연구에 의해 설계하는 경우에는 그 근거를 명시하고, 내진설계기준을 따르지 아니할 수 있다.

2. 내진설계기준상 용어의 정의

(1) 내진 : 면진, 제진을 포함한 지진으로부터 소방시설의 피해를 줄일 수 있는 구조를 의미하는 포괄적인 개념을 말한다.
(2) 면진 : 건축물과 소방시설을 지진동으로부터 격리시켜 지반진동으로 인한 지진력이 직접 구조물로 전달되는 양을 감소시킴으로써 내진성을 확보하는 수동적인 지진제어기술
(3) 제진 : 별도의 장치를 이용하여 지진력에 상응하는 힘을 구조물 내에서 발생시키거나 지진력을 흡수하여 구조물이 부담하는 지진력을 감소시키는 지진제어기술
(4) 수평지진하중(F_{pw}) : 지진 시 버팀대에 전달되는 배관의 동적지진하중 또는 같은 크기의 정적지진하중으로 환산한 값으로 허용응력설계법으로 산정한 지진하중
(5) 세장비(L/r) : 흔들림방지버팀대 지지대의 길이(L)와, 최소단면2차반경(r)의 비율을 말하며, 세장비가 커질수록 좌굴(Buckling) 현상이 발생하여 지진발생 시 파괴되거나 손상을 입기 쉽다.
(6) 지진거동특성 : 지진발생으로 인한 외부적인 힘에 반응하여 움직이는 특성

(7) 지진분리이음 : 지진으로 인한 진동이 배관에 손상을 주지 않고 배관의 축방향 변위, 회전, 1° 이상의 각도변위를 허용하는 이음. 단, 구경 200mm 이상의 배관은 허용하는 각도변위를 0.5° 이상으로 한다.

(8) 지진분리장치 : 지진발생 시 건축물 지진분리이음 설치위치 및 지상에 노출된 건축물과 건축물 사이 등에서 발생하는 상대변위 발생에 대응하기 위해 모든 방향에서의 변위를 허용하는 커플링, 플렉시블조인트, 관부속품 등의 집합체를 말한다.

(9) 가요성이음장치 : 지진 시 수조 또는 가압송수장치와 배관 사이 등에서 발생하는 상대변위 발생에 대응하기 위해 수평 및 수직 방향의 변위를 허용하는 플렉시블조인트 등을 말한다.

(10) 가동중량(W_p) : 수조, 가압송수장치, 함류, 제어반등, 가스계 및 분말소화설비의 저장용기, 비상전원, 배관의 작동상태를 고려한 무게를 말하며, 다음 각 목의 기준에 따른다.

가. 배관의 작동상태를 고려한 무게란, 배관 및 기타 부속품의 무게를 포함하기 위한 중량으로 용수가 충전된 배관 무게의 1.15배를 적용한다.

나. 수조, 가압송수장치, 함류, 제어반등, 가스계 및 분말소화설비의 저장용기, 비상전원의 작동상태를 고려한 무게란, 유효중량에 안전율을 고려하여 적용

(11) 근입깊이 : 앵커볼트가 벽면 또는 바닥면 속으로 들어가 인발력에 저항할 수 있는 구간의 길이

(12) 내진스토퍼 : 지진하중에 의해 과도한 변위가 발생하지 않도록 제한하는 장치

(13) 구조부재 : 건축설계에 있어 구조계산에 포함되는 하중을 지지하는 부재

(14) 지진하중 : 지진에 의한 지반운동으로 구조물에 작용하는 하중

(15) 편심하중 : 하중의 합력방향이 그 물체의 중심을 지나지 않을 때의 하중

(16) 지진동 : 지진 시 발생하는 진동

(17) 단부 : 직선배관에서 방향 전환하는 지점과 배관이 끝나는 지점

(18) S : 재현주기 2400년을 기준으로 정의되는 최대고려 지진의 유효수평지반가속도로서 「건축물 내진설계기준」(KDS 41 17 00)의 지진구역에 따른 지진구역계수(Z)에 2400년 재현주기에 해당하는 위험도계수(I) 2.0을 곱한 값

(19) Ss : 단주기 응답지수로서 유효수평지반가속도 S를 2.5배한 값

(20) 영향구역 : 흔들림방지버팀대가 수평지진하중을 지지할 수 있는 예상구역

(21) 상쇄배관(offset) : 영향구역 내의 직선배관이 방향전환한 후 다시 같은 방향으로 연속될 경우, 중간에 방향전환된 짧은 배관은 단부로 보지 않고 상쇄하여 직선으로 볼 수 있는 것을 말하며, 짧은 배관의 합산길이는 3.7m 이하여야 한다.

(22) 수직직선배관 : 중력방향으로 설치된 주배관, 교차배관, 가지배관 등으로서 어떠한 방향전환도 없는 직선배관 단, 방향전환부분의 배관길이가 상쇄배관 길이 이하인 경우 하나의 수직직선배관으로 간주한다.

(23) 수평직선배관 : 수평방향으로 설치된 주배관, 교차배관, 가지배관 등으로서 어떠한 방향전환도 없는 직선배관 단, 방향전환부분의 배관길이가 상쇄배관 길이 이하인 경우 하나의 수평직선배관으로 간주한다.

(24) 가지배관 고정장치 : 지진거동특성으로부터 가지배관의 움직임을 제한하여 파손, 변형 등으로부터 가지배관을 보호하기 위한 와이어타입, 환봉타입의 고정장치

(25) 제어반등 : 수신기(중계반 포함), 동력제어반, 감시제어반 등을 말한다.

(26) 횡방향 흔들림방지버팀대 : 수평직선배관의 진행방향과 직각방향(횡방향)의 수평지진하중을 지지하는 버팀대

(27) 종방향 흔들림방지버팀대 : 수평직선배관의 진행방향(종방향)의 수평지진하중을 지지하는 버팀대

(28) 4방향 흔들림방지버팀대 : 건축물 평면상에서 종방향 및 횡방향 수평지진하중을 지지하거나, 종·횡 단면상에서 전·후·좌·우 방향의 수평지진하중을 지지하는 버팀대

3. 내진설계의 주요기준

(1) 공통적인 사항

1) 지진하중 계산

$$F_{pw} = C_p \times W_p$$

여기서, F_{pw} : 수평지진하중, W_p : 가동중량, C_p : 지진계수

여기서, 「건축물 내진설계기준」 중 '비구조요소의 설계지진력 산정방법'을 따르되, 허용응력설계법을 적용하는 경우에는 허용응력설계법 외의 방법으로 산정된 설계지진력에 0.7을 곱한 값을 수평지진하중(F_{pw})으로 적용한다.

2) 앵커볼트

① 수조, 가압송수장치, 함, 제어반등, 비상전원, 가스계 및 분말소화설비의 저장용기 등은 「건축물 내진설계기준」 중 '비구조요소의 정착부의 기준'에 따라 앵커볼트를 설치

② 흔들림방지버팀대 앵커볼트의 최대허용하중 = 제조사가 제시한 설계하중 값 × 0.43

③ 소방시설을 팽창성 · 화학성 또는 부분적으로 현장타설된 건축부재에 정착할 경우에는 수평지진하중을 1.5배 증가시켜 적용

3) 기초(패드)

수조 · 가압송수장치 · 제어반등 및 비상전원 등을 바닥에 고정하는 경우에는 기초(패드 포함)부분의 구조안전성을 확인해야 한다.

(2) 수원

1) 수조는 기초(패드 포함), 본체 및 연결부분의 구조안전성을 확인해야 한다.

2) 수조는 건축물의 구조부재나 구조부재와 연결된 수조 기초부(패드)에 고정하여 지진 시 파손(손상), 변형, 이동, 전도 등이 발생하지 않아야 한다.

3) 수조와 연결되는 소화배관에는 가요성이음장치를 설치

(3) 가압송수장치

1) 가압송수장치에 방진장치가 있어 앵커볼트로 지지 및 고정을 할 수 없는 경우에는 다음 각 호의 기준에 따라 내진스토퍼 등을 설치해야 한다. 다만, 방진장치에 이 기준에 따른 내진성능이 있는 경우는 제외한다.

① 내진스토퍼와 본체 사이에 최소 3mm 이상 이격하여 설치

② 내진스토퍼는 제조사에서 제시한 허용하중이 위의 (1)-1)에 따른 지진하중 이상을 견딜 수 있는 것으로 설치. 단, 내진스토퍼와 본체 사이의 이격거리가 6mm를 초과하는 경우에는 수평지진하중의 2배 이상을 견딜 수 있는 것으로 설치

2) 가압송수장치의 흡입측 및 토출측에는 가요성이음장치를 설치

(4) 배관

1) 배관 내진설계의 기본기준

① 건축물 구조부재 간의 상대변위에 의한 배관의 응력을 최소화하기 위하여 지진분리이음 또는 지진분리장치를 사용하거나 이격거리를 유지해야 한다.

② 건축물 지진분리이음 설치위치 및 건축물 간의 연결배관 중 지상노출배관이 건축물로 인입되는 위치의 배관에는 관경에 관계없이 지진분리장치를 설치

③ 천장과 일체 거동을 하는 부분에 배관이 지지되어 있을 경우 배관을 단단히 고정시키기 위해 흔들림방지버팀대를 사용해야 한다.
④ 배관의 흔들림을 방지하기 위하여 흔들림방지버팀대를 사용해야 한다.
⑤ 흔들림방지버팀대와 그 고정장치는 소화설비의 동작 · 살수를 방해하지 않을 것

2) 관의 수평지진하중 계산법

① 흔들림방지버팀대의 수평지진하중 산정 시 배관의 중량은 가동중량(W_p)으로 산정
② 흔들림방지버팀대에 작용하는 수평지진하중은 위의 (1)-1)에 따라 산정
③ 수평지진하중(F_{pw})은 배관의 횡방향과 종방향에 각각 적용돼야 한다.

3) 벽, 바닥 또는 기초를 관통하는 배관 주위의 이격기준

다음 각 호의 기준에 따라 이격거리를 확보해야 한다. 다만, 벽, 바닥 또는 기초의 각 면에서 300mm 이내에 지진분리이음을 설치하거나, 내화성능이 요구되지 않는 석고보드나 이와 유사한 부서지기 쉬운 부재를 관통하는 배관은 그러하지 아니하다.

① 관통구 및 배관 슬리브의 호칭구경
㉮ 배관의 호칭구경이 25mm 내지 100mm 미만인 경우 : 배관의 호칭구경보다 50mm 이상 커야 한다. 다만, 배관의 호칭구경이 50mm 이하인 경우에는 배관의 호칭구경보다 50mm 미만의 더 큰 관통구 및 배관 슬리브를 설치할 수 있다.
㉯ 배관의 호칭구경이 100mm 이상인 경우 : 배관의 호칭구경보다 100mm 이상 클 것
② 방화구획을 관통하는 배관의 틈새는 「건축물의 피난 · 방화구조 등의 기준에 관한 규칙」 제14조제2항에 따라 인정된 내화충전구조 중 신축성이 있는 것으로 메울 것

(5) 지진분리이음

1) 배관의 변형을 최소화하고 소화설비 주요 부품 사이의 유연성을 증가시킬 필요가 있는 위치에 설치
2) 구경 65mm 이상의 배관에는 지진분리이음을 다음 각 호의 위치에 설치
① 모든 수직직선배관은 상부 및 하부의 단부로부터 0.6m 이내에 설치. 다만, 길이가 0.9m 미만인 수직직선배관은 지진분리이음을 생략할 수 있으며,

0.9~2.1m 사이의 수직직선배관은 하나의 지진분리이음을 설치할 수 있다.

② 2층 이상의 건물인 경우 각 층의 바닥으로부터 0.3m, 천장으로부터 0.6m 이내에 설치

③ 수직직선배관에서 티분기된 수평배관 분기지점이 천장 아래 설치된 지진분리이음보다 아래에 위치한 경우, 분기된 수평배관에 지진분리이음을 다음 각 목의 기준에 적합하게 설치

㉮ 티분기 수평직선배관으로부터 0.6m 이내에 지진분리이음을 설치

㉯ 티분기 수평직선배관 이후 2차측에 수직직선배관이 설치된 경우 1차측 수직직선배관의 지진분리이음 위치와 동일선상에 지진분리이음을 설치하고, 티분기 수평직선배관의 길이가 0.6m 이하인 경우에는 그 티분기된 수평직선배관에 ㉮목에 따른 지진분리이음을 설치하지 아니한다.

④ 수직직선배관에 중간 지지부가 있는 경우에는 지지부로부터 0.6m 이내의 윗부분 및 아랫부분에 설치

3) 위의 (4)-3)-①에 따른 이격거리 규정을 만족하는 경우에는 지진분리이음을 설치하지 아니할 수 있다.

[지진분리이음]

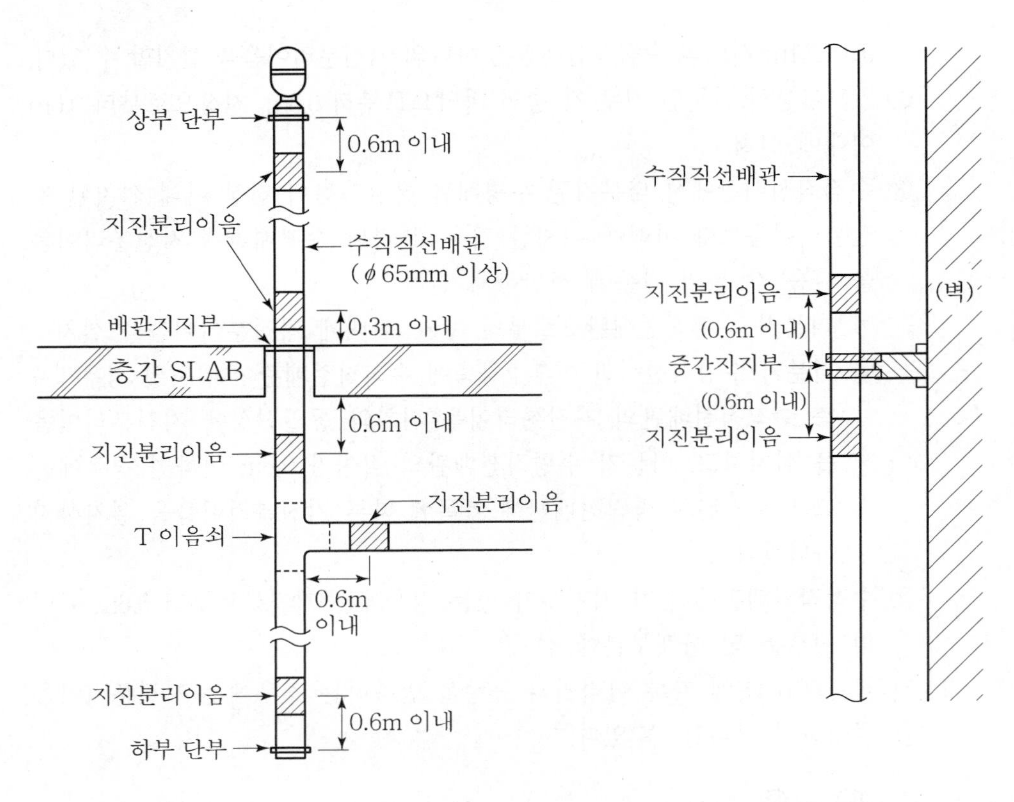

〈2층 이상의 건축물인 경우〉 〈중간 지지부가 설치된 경우〉

※ 다만, 수직직선배관의 길이가 0.9m 미만인 경우 지진분리이음(신축이음쇠)을 생략할 수 있으며, 0.9~2.1m인 경우에는 하나의 지진분리이음(신축이음쇠)으로 설치할 수 있다.

[지진분리이음의 설치기준]

(6) 지진분리장치

1) 지진분리장치는 배관의 구경에 관계없이 지상층에 설치된 배관으로 건축물 지진분리이음과 소화배관이 교차하는 부분 및 건축물 간의 연결배관 중 지상노출배관이 건축물로 인입되는 위치에 설치

2) 지진분리장치는 건축물 지진분리이음의 변위량을 흡수할 수 있도록 전후좌우 방향의 변위를 수용할 수 있도록 설치

3) 지진분리장치의 전단과 후단의 1.8m 이내에 4방향 흔들림방지버팀대 설치 버팀대는 지진분리장치 자체에 설치할 수 없다.

4) 지진분리장치 자체에는 흔들림방지버팀대를 설치할 수 없다.

[지진분리이음과 지진분리장치의 차이점]

구분	지진분리이음	지진분리장치
설치 개념	지진으로 인한 지진동이 전달되지 않도록 진동을 흡수한다.	지진으로 인한 지진하중이 전달되지 않도록 지진동을 격리시킨다.
변위의 허용 범위	• 작은 변위를 흡수한다. • 축방향, 회전방향 및 소폭의 각도(1° 이상) 변위만 허용됨	• 큰 변위를 흡수한다. • 모든 방향(4방향)으로의 변위 및 큰 각도의 변위가 허용됨
설치 대상	배관구경 65mm 이상인 것으로서 수직직선배관 및 이로부터 티분기된 수평직선배관	• 건축물의 지진분리이음과 소화배관이 교차하는 부분 • 건축물 간의 연결배관 중 지상 노출배관이 건축물로 인입되는 부분
구성품	신축이음쇠(커플링장치) : 그루브형조인트, 플렉시블조인트 등	2개 이상 신축이음쇠(커플링장치)의 집합체장치(Assembly) : 스윙조인트, 익스펜션루프 등

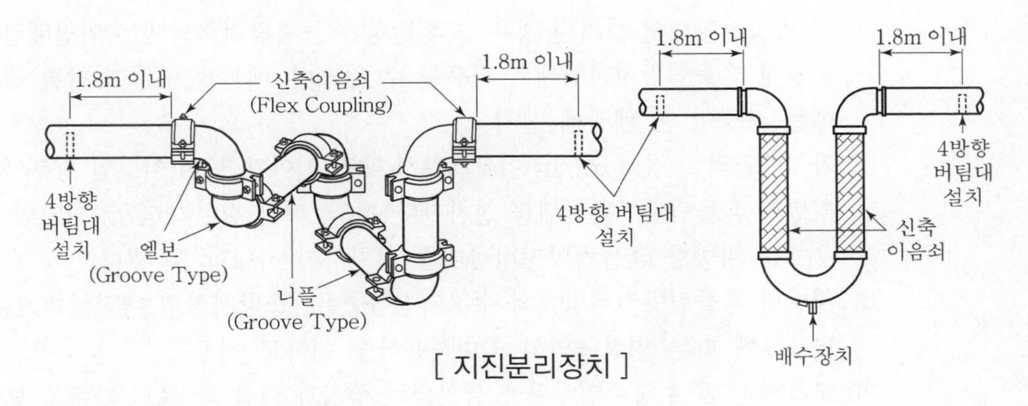

[지진분리장치]

(7) 흔들림방지버팀대

1) 흔들림방지버팀대는 내력을 충분히 발휘할 수 있도록 견고하게 설치
2) 배관에는 「수평지진하중의 산정 계산법」에서 산정된 횡방향 및 종방향의 수평지진하중에 모두 견디도록 흔들림방지버팀대를 설치
3) 흔들림방지버팀대가 부착된 건축 구조부재는 소화배관에 의해 추가된 지진하중을 견딜 수 있을 것
4) 흔들림방지버팀대의 세장비(L/r)는 300을 초과하지 아니할 것
5) 4방향 흔들림방지버팀대는 횡방향 및 종방향 흔들림방지버팀대의 역할을 동시에 할 수 있을 것

(8) 수평직선배관 흔들림방지버팀대

1) 횡방향 흔들림방지버팀대

① 배관 구경에 관계없이 모든 수평주행배관 · 교차배관 및 옥내소화전설비의 수평배관에 설치해야 하고, 가지배관 및 기타배관에는 구경 65mm 이상인 배관에 설치. 다만, 옥내소화전설비의 수직배관에서 분기된 구경 50mm 이하의 수평배관에 설치되는 소화전함이 1개인 경우에는 횡방향 흔들림방지버팀대를 설치하지 않을 수 있다.

② 횡방향 흔들림방지버팀대의 설계하중은 설치된 위치의 좌우 6m를 포함한 12m 이내의 배관에 작용하는 횡방향 수평지진하중으로 영향구역 내의 수평주행배관, 교차배관, 가지배관의 하중을 포함하여 산정

③ 흔들림방지버팀대의 간격은 중심선을 기준으로 최대간격이 12m 이하일 것

④ 마지막 흔들림방지버팀대와 배관 단부 사이의 거리는 1.8m 이하일 것

⑤ 영향구역 내에 상쇄배관이 설치되어 있는 경우 배관의 길이는 그 상쇄배관 길이를 합산하여 산정

⑥ 횡방향 흔들림방지버팀대가 설치된 지점으로부터 600mm 이내에 그 배관이 방향전환되어 설치된 경우 그 횡방향 흔들림방지버팀대는 인접배관의 종방향 흔들림방지버팀대로 사용할 수 있으며, 배관의 구경이 다른 경우에는 구경이 큰 배관에 설치

⑦ 가지배관의 구경이 65mm 이상으로서 배관 길이가 3.7m 이상인 경우에는 횡방향 흔들림방지버팀대를 설치한다. 다만, 배관 길이가 3.7m 미만인 경우에는 횡방향 흔들림방지버팀대를 설치하지 아니할 수 있다.

⑧ 횡방향 흔들림방지버팀대의 수평지진하중은 「소방시설의 내진설계기준」 별표 2에 따른 영향구역의 최대허용하중 이하로 적용

⑨ 교차배관 및 수평주행배관에 설치되는 행거가 다음 각 목의 기준을 모두 만족하는 경우 횡방향 흔들림방지버팀대를 설치하지 아니할 수 있다.

㉮ 건축물 구조부재 고정점으로부터 배관 상단까지의 거리가 150mm 이내

㉯ 배관에 설치된 모든 행거의 75% 이상이 ㉮목의 기준을 만족할 것

㉰ 교차배관 및 수평주행배관에 연속하여 설치된 행거는 ㉮목의 기준을 연속하여 초과하지 않을 것

㉱ 지진계수(C_p) 값이 0.5 이하일 것

㉲ 수평주행배관의 구경은 150mm 이하이고, 교차배관의 구경은 100mm 이하일 것

㉳ 행거는 「스프링클러설비의 화재안전기준」 제8조제13항에 따라 설치

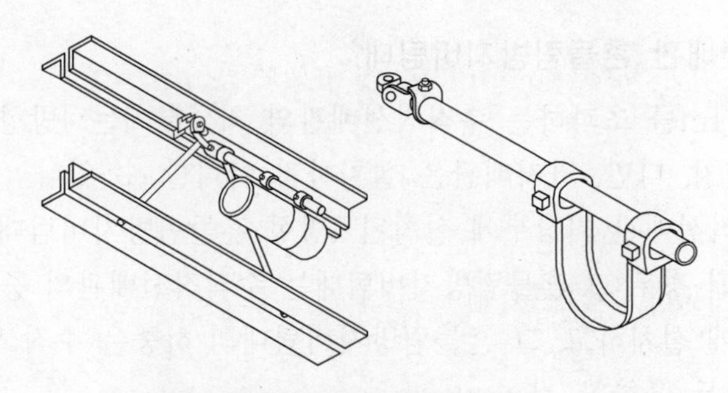

[횡방향 흔들림방지버팀대]

2) 종방향 흔들림방지버팀대

① 배관 구경에 관계없이 모든 수평주행배관 · 교차배관 및 옥내소화전설비의 수평배관에 설치. 다만, 옥내소화전설비의 수직배관에서 분기된 구경 50mm 이하의 수평배관에 설치되는 소화전함이 1개인 경우에는 종방향 흔들림방지버팀대를 설치하지 않을 수 있다.

② 종방향 흔들림방지버팀대의 설계하중은 설치된 위치의 좌우 12m를 포함한 24m 이내의 배관에 작용하는 수평지진하중으로 영향구역 내의 수평주행배관, 교차배관 하중을 포함하여 산정하며, 가지배관의 하중은 제외한다.

③ 수평주행배관 및 교차배관에 설치된 종방향 흔들림방지버팀대의 간격은 중심선을 기준으로 24m 이하일 것

④ 마지막 흔들림방지버팀대와 배관 단부 사이의 거리는 12m 이하일 것

⑤ 영향구역 내에 상쇄배관이 설치되어 있는 경우 배관 길이는 그 상쇄배관 길이를 합산하여 산정

⑥ 종방향 흔들림방지버팀대가 설치된 지점으로부터 600mm 이내에 그 배관이 방향전환되어 설치된 경우 그 종방향 흔들림방지버팀대는 인접배관의 횡방향 흔들림방지버팀대로 사용할 수 있으며, 배관의 구경이 다른 경우에는 구경이 큰 배관에 설치

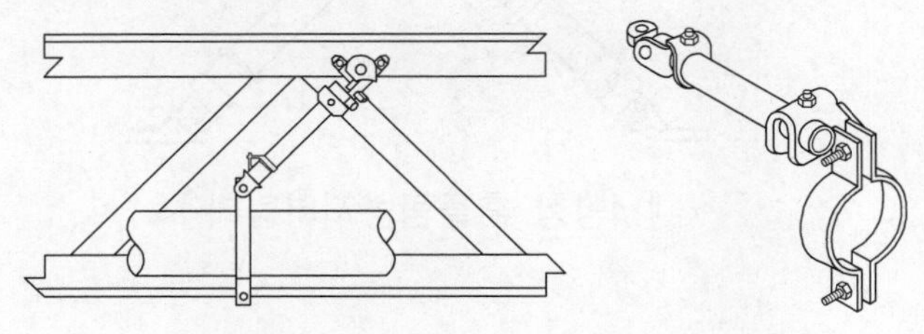

[종방향 흔들림방지버팀대]

(9) 수직직선배관 흔들림방지버팀대

1) 길이 1m를 초과하는 수직직선배관의 최상부에는 4방향 흔들림방지버팀대를 설치. 다만, 가지배관은 설치하지 아니할 수 있다.
2) 수직직선배관 최상부에 설치된 4방향 흔들림방지버팀대가 수평직선배관에 부착된 경우 그 흔들림방지버팀대는 수직직선배관의 중심선으로부터 0.6m 이내에 설치하고, 그 흔들림방지버팀대의 하중은 수직 및 수평방향의 배관을 모두 포함할 것
3) 수직직선배관 4방향 흔들림방지버팀대 사이의 거리는 8m 이하일 것
4) 소화전함의 아래 또는 위쪽으로 설치되는 65mm 이상의 수직직선배관은 다음 각 목의 기준에 따라 설치
   ① 수직직선배관의 길이가 3.7m 이상인 경우 : 4방향 흔들림방지버팀대를 1개 이상 설치하고, 말단에 U볼트 등의 고정장치를 설치
   ② 수직직선배관의 길이가 3.7m 미만인 경우 : 4방향 흔들림방지버팀대를 설치하지 아니할 수 있고, U볼트 등의 고정장치를 설치
5) 수직직선배관에 4방향 흔들림방지버팀대를 설치하고 수평방향으로 분기된 수평직선배관의 길이가 1.2m 이하인 경우 수직직선배관에 수평직선배관의 지진하중을 포함하는 경우에는 수평직선배관의 흔들림방지버팀대를 설치하지 않을 수 있다.
6) 수직직선배관이 다층건물의 중간층을 관통하며, 관통구 및 슬리브의 구경이 위의 (4)-3)-①에 따른 배관구경별 관통구 및 슬리브구경 미만인 경우에는 4방향 흔들림방지버팀대를 설치하지 않을 수 있다.

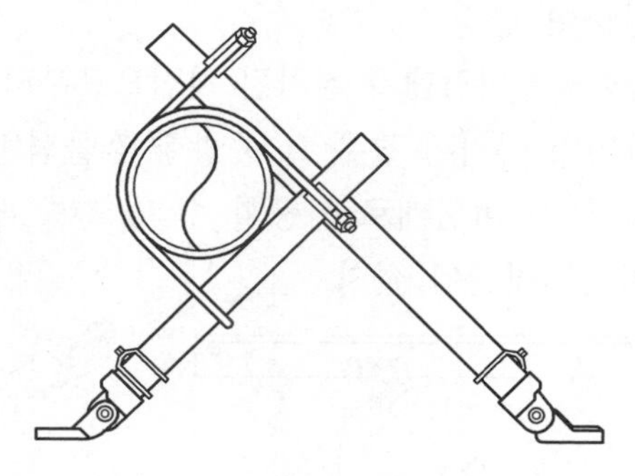

[4방향 흔들림방지버팀대]

(10) 제어반등

1) 제어반등의 지진하중은 위의 4-(1)-1)에 따라 계산하고, 앵커볼트는 4-(1)-2)에 따라 설치. 단, 제어반등의 하중이 450N 이하이고 내력벽 또는 기둥에 설치하는 경우 직경 8mm 이상의 고정용 볼트 4개 이상으로 고정할 수 있다.
2) 건축물의 구조부재인 내력벽 · 바닥 또는 기둥 등에 고정하여야 하며, 바닥에 설치하는 경우 지진하중에 의해 전도가 발생하지 않도록 설치
3) 제어반등은 지진발생 시 기능이 유지되어야 한다.

(11) 소화전함

1) 지진 시 파손 및 변형이 발생하지 않아야 하며, 개폐에 장애가 발생하지 않을 것
2) 건축물의 구조부재인 내력벽 · 바닥 또는 기둥 등에 고정하여야 하며, 바닥에 설치하는 경우 지진하중에 의해 전도가 발생하지 않도록 설치
3) 소화전함의 지진하중은 위의 4-(1)-1)에 따라 계산하고, 앵커볼트는 4-(1)-2)에 따라 설치. 단, 소화전함의 하중이 450N 이하이고 내력벽 또는 기둥에 설치하는 경우 직경 8mm 이상의 고정용 볼트 4개 이상으로 고정할 수 있다.

(12) 비상전원

1) 자가발전설비의 지진하중은 위의 4-(1)-1)에 따라 계산하고, 앵커볼트는 4-(1)-2)에 따라 설치
2) 비상전원은 지진발생 시 전도되지 않도록 설치해야 한다.

(13) 가스계 및 분말소화설비

1) 가스계 및 분말소화설비의 저장용기는 지진하중에 의해 전도가 발생하지 않도록 설치하고, 지진하중은 위의 4-(1)-1)에 따라 계산하고 앵커볼트는 4-(1)-2)에 따라 설치
2) 가스계 및 분말소화설비의 제어반등은 위 '(10) 제어반등'의 기준에 따라 설치
3) 가스계 및 분말소화설비의 기동장치 및 비상전원은 지진으로 인한 오동작이 발생하지 않도록 설치해야 한다.

중요예상문제

01

소방시설의 내진설계에서 아래 그림(흔들림방지버팀대)에 대한 세장비를 계산하고, 그 사용가능 여부를 판단하시오.

〈조건〉

가. 버팀대의 길이 : 3.2m

나. 좌굴길이의 계수 : 1.2

다. 버팀대의 양단은 Pin으로 지지한다.

라. 각 계산과정에서 소수점 셋째 자리에서 반올림하여 둘째 자리까지 적용한다.

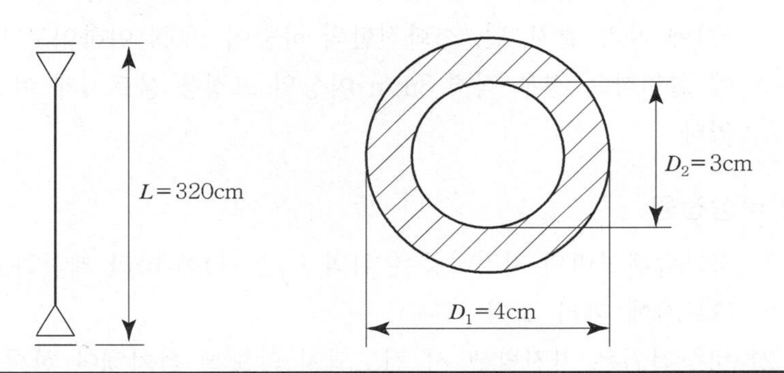

해 답

세장비(λ) $= \dfrac{kL}{r}$

여기서, r : 최소회전반경[m] $= \sqrt{\dfrac{I}{A}}$ $\left\{ \begin{array}{l} A : \text{버팀대의 단면적}[cm^2] \\ I : \text{단면2차모멘트}[cm^4] \end{array} \right.$

k : 좌굴길이의 계수

L : 버팀대의 길이[cm]

(1) 최소회전반경(r) 계산

① $A = \dfrac{\pi D^2}{4} = \dfrac{\pi(4^2 - 3^2)}{4} = 5.50[cm^2]$

② $I = \dfrac{\pi({D_1}^4 - {D_2}^4)}{64} = \dfrac{\pi(4^4 - 3^4)}{64} = 8.59[cm^4]$

$$\therefore \text{ 최소회전반경}(r) = \sqrt{\frac{I}{A}} = \sqrt{\frac{8.59[\text{cm}^4]}{5.50[\text{cm}^2]}} = 1.25[\text{cm}]$$

(2) 세장비(λ) 계산

$$\lambda = \frac{kL}{r} = \frac{1.2 \times 320[\text{cm}]}{1.25[\text{cm}]} = 307.20$$

(3) 사용가능여부 판단

① 세장비 = 307.2

② 「소방시설의 내진설계기준」 제9조에 따라 버팀대의 세장비가 300을 초과하면 적용할 수 없다.

③ 보완방법 : 버팀대의 규격을 증대시키거나 길이를 단축시켜 세장비가 300 이하 되게 하여야 한다.

02

다음 그림 및 조건과 같은 스프링클러설비에 대하여 내진설계를 적용할 경우 고시된 「소방시설의 내진설계기준」에 따라 다음 물음에 답하시오.

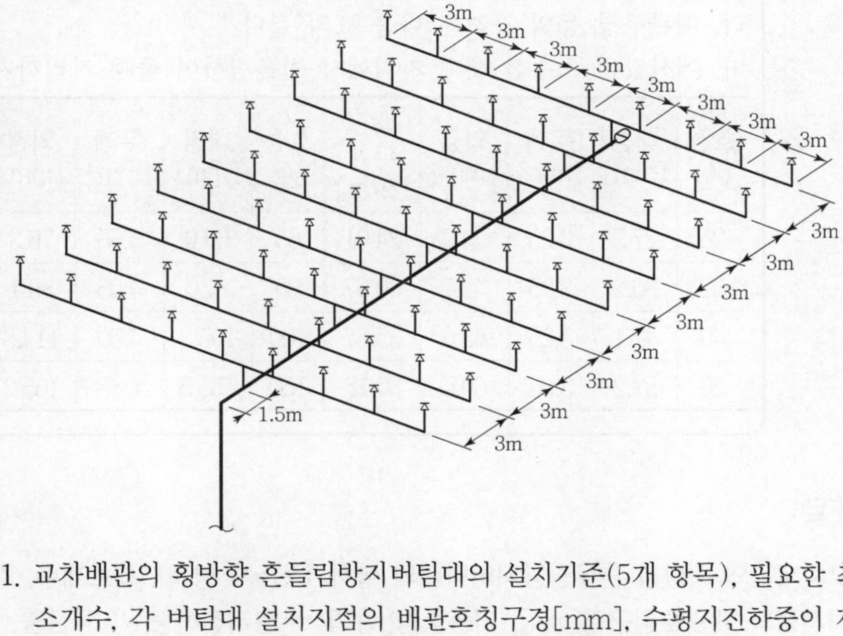

3m 3m 3m 3m 3m 3m 3m 3m
3m 3m 3m 3m 3m 3m 3m 3m
1.5m

1. 교차배관의 횡방향 흔들림방지버팀대의 설치기준(5개 항목), 필요한 최소개수, 각 버팀대 설치지점의 배관호칭구경[mm], 수평지진하중이 제일 큰 지점의 가동중량[N] 및 수평지진하중[N]을 산출하시오.

02

2. 교차배관의 종방향 흔들림방지버팀대의 설치기준(5개 항목), 필요한 최소개수, 각 버팀대 설치지점의 배관호칭구경[mm], 수평지진하중이 제일 큰 지점의 가동중량[N] 및 수평지진하중[N]을 산출하시오.
3. 흔들림방지버팀대의 규격이 다음과 같은 경우 적용할 수 있는 버팀대의 최대길이[m]를 산출하시오.

버팀대의 형상 및 크기[in]		최소회전반경 [mm]	버팀대의 최대길이 [m]
파이프	2	20.0	
앵글	3×3×1/4	15.0	
봉(전산형)	1/2	2.6	
봉(끝단나사형)	3/4	4.8	

〈조건〉
가. 수평지진하중 계산 시 입상배관 및 기타 수직배관은 포함하지 않는다.
나. 소화배관의 지진계수는 0.5를 적용한다.
다. 스프링클러헤드 수별 배관구경은 「스프링클러설비의 화재안전기준」 별표 1에 따른다.
라. 배관구경 등의 규격은 다음 표와 같다.
마. 계산값은 소수점 셋째 자리에서 반올림하여 둘째 자리까지 구한다.

호칭 (A)	내경 [mm]	두께 [mm]	외경 [mm]	배관 무게 [N/m]	호칭 (A)	내경 [mm]	두께 [mm]	외경 [mm]	배관 무게 [N/m]
25	27.5	3.25	34.0	24.01	65	69.0	3.65	76.3	64.09
32	36.2	3.25	42.7	30.97	80	81.0	4.05	89.1	83.20
40	42.1	3.25	48.6	35.57	100	105.3	4.50	114.3	119.56
50	53.2	3.65	60.5	50.18	150	155.5	4.85	165.2	188.16

해 답

1. 교차배관의 횡방향 흔들림방지버팀대의 설치기준(5개 항목), 최소개수, 각 버팀대 설치지점의 배관호칭구경[mm], 가동중량[N] 및 수평지진하중[N]의 산출

(1) 횡방향 흔들림방지버팀대의 설치기준

1) 배관 구경에 관계없이 모든 수평주행배관 · 교차배관 및 옥내소화전설비의 수

평배관에 설치하고, 가지배관 및 기타 배관에는 배관구경 65mm 이상인 배관에 설치

2) 설계하중은 설치된 위치의 좌우 6m를 포함한 12m 내의 배관에 작용하는 횡방향 수평지진하중으로 영향구역 내의 수평주행배관, 교차배관, 가지배관의 하중을 포함하여 산정한다.
3) 흔들림방지버팀대의 간격은 중심선 기준 최대간격 12m 초과하지 않을 것
4) 마지막 흔들림방지버팀대와 배관 단부 사이의 거리는 1.8m 초과하지 않을 것
5) 영향구역 내에 상쇄배관이 설치되어 있는 경우 배관의 길이는 그 상쇄배관 길이를 합산하여 산정한다.

(2) 횡방향 흔들림방지버팀대의 최소개수 및 각 버팀대 설치지점의 배관구경[mm]

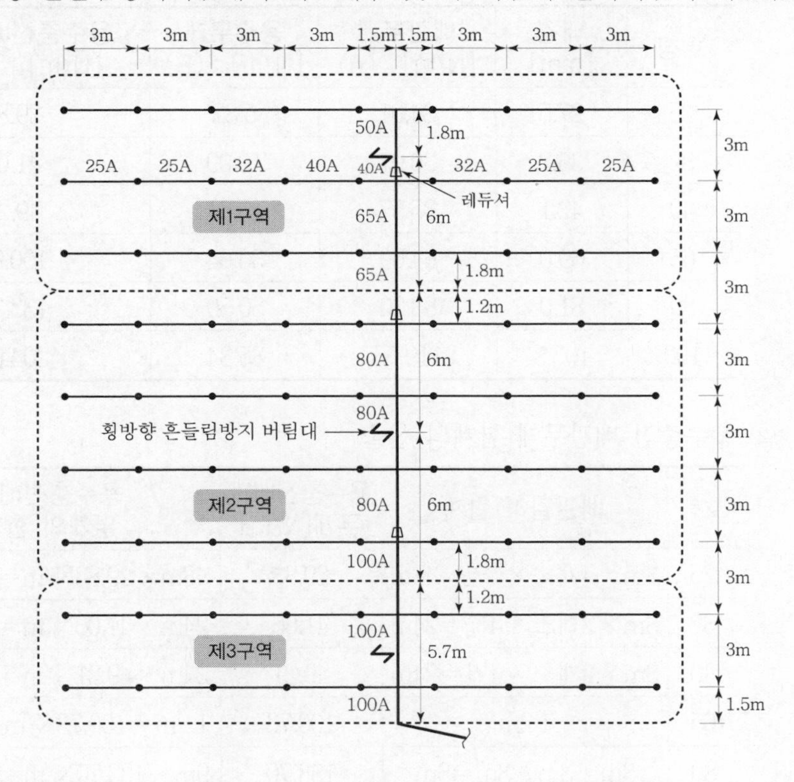

[답]

횡방향 버팀대의 최소 개수 : 3개	버팀대 위치 이 후 위치의 헤드 개수	버팀대 설치지점의 배관호칭구경[mm]
제1구역 : 1개	9	50A
제2구역 : 1개	45	80A
제3구역 : 1개	72	100A

(3) 횡방향 흔들림방지버팀대의 가동중량 및 수평지진하중 산출

지문에서, "수평지진하중이 제일 큰 지점의 가동중량[N]을 산출하라"고 하였으므로, 제2구역을 기준으로 수평지진하중을 산출한다. 따라서, 제2구역에 해당하는 교차배관 및 가지배관 4개열에 대하여 계산한다.

1) 가동중량 산출

가동중량[N] = 용수가 충전된 배관무게 × 1.15

① 용수가 충전된 배관무게 산출

물의 비중량(γ) = 9,800[N/m³]이므로,

배관의 단위길이 당 용수무게 = 단위길이 당 배관 내 체적 × 9,800[N/m³]

호칭	내경 [mm]	배관무게 [N/m] : (A)	용수무게 [N/m] : (B)	용수충전배관무게 [N/m] : (A+B)
25	27.5	24.01	5.82	29.83
32	36.2	30.97	10.09	41.06
40	42.1	35.57	13.64	49.21
65	69.0	64.09	36.64	100.74
80	81.0	83.20	50.50	133.70
100	105.3	119.56	85.34	204.90

② 용수충전 배관무게 합계의 산출

호칭	배관길이 합계	용수충전배관 무게[N/m]	용수충전배관 무게의 합계
25	3m × 4개소 × 4열=48m	29.83	48m × 29.83N/m=1,431.84N
32	3m × 2개소 × 4열=24m	41.06	24m × 41.06N/m=985.44N
40	3m × 2개소 × 4열=24m	49.21	24m × 49.21N/m=1,181.04N
65	1.2m	100.73	1.2m × 100.73N/m=120.88N
80	3m + 3m + 3m=9m	133.70	9m × 133.70N/m=1,203.30N
100	1.8m	204.90	1.8m × 204.9N/m=368.82N
용수충전 배관무게의 총계			5,291.32[N]

∴ 가동중량 = 용수충전배관 무게 × 1.15 = 5,291.32[N] × 1.15 = 6,085.02[N]

[답] 가동중량 : 6,085.02[N]

2) 수평지진하중 산출

$F_{pw} = 0.5 \times W_p$

여기서, F_{pw} : 수평지진하중[N]

0.5 : 지진계수

W_p : 가동중량[N] = 용수가 충전된 배관무게 × 1.15

∴ 수평지진하중 = 0.5 × 가동중량 = 0.5 × 6,085.02[N] = 3,042.51[N]

[답] 수평지진하중 : 3,042.52[N]

2. 교차배관의 종방향 흔들림방지버팀대의 설치기준, 최소개수, 각 버팀대 설치지점의 배관호칭구경[mm], 수평지진하중이 제일 큰 지점의 가동중량[N] 및 수평지진하중[N]의 산출

(1) 종방향 흔들림방지버팀대의 설치기준

1) 배관 구경에 관계없이 모든 수평주행배관 · 교차배관 및 옥내소화전설비의 수평배관에 설치하여야 한다.
2) 설계하중은 설치된 위치의 좌우 12m를 포함한 24m 내의 배관에 작용하는 수평지진하중으로 영향구역 내의 수평주행배관, 교차배관 하중을 포함하여 산정하며, 가지배관의 하중은 제외한다.
3) 수평주행배관 및 교차배관에 설치된 종방향 흔들림방지버팀대의 간격은 중심선을 기준으로 24m를 넘지 않아야 한다.
4) 마지막 흔들림방지버팀대와 배관 단부 사이의 거리는 12m를 초과하지 않을 것
5) 영향구역 내에 상쇄배관이 설치되어 있는 경우 배관 길이는 그 상쇄배관 길이를 합산하여 산정한다.

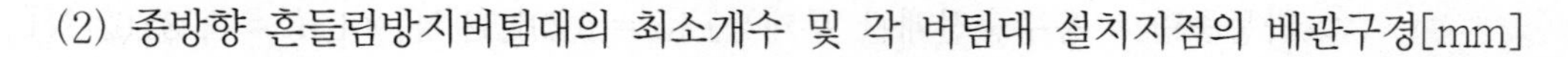

(2) 종방향 흔들림방지버팀대의 최소개수 및 각 버팀대 설치지점의 배관구경[mm]

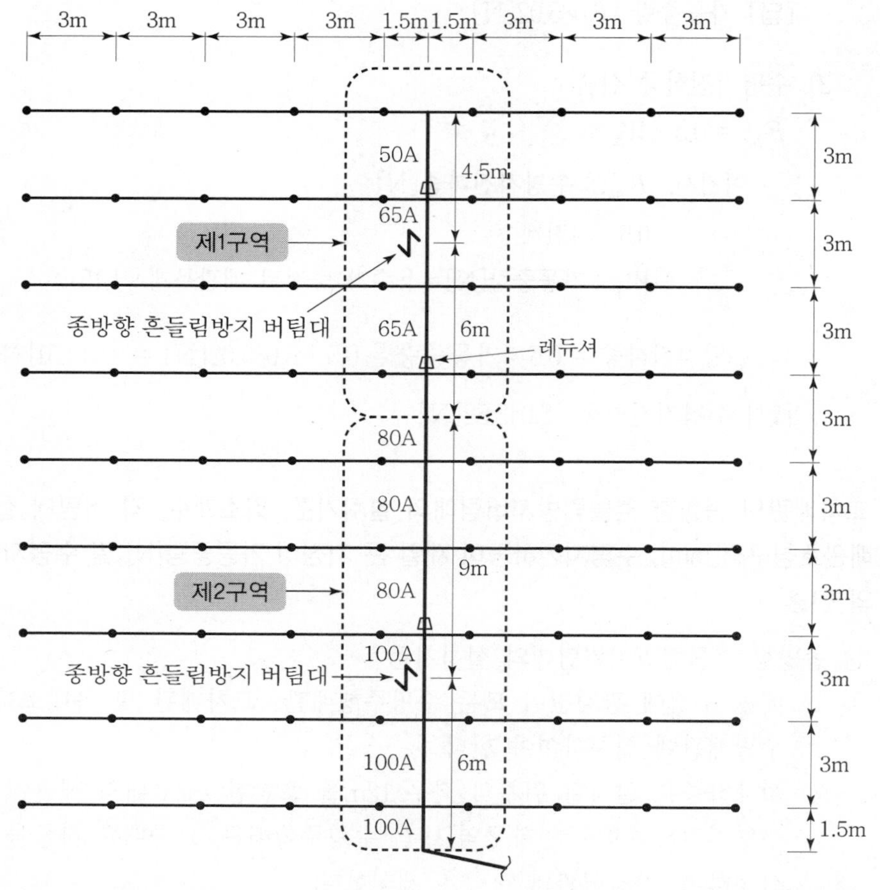

※ 위 도면에서, 교차배관의 전체 길이가 25.5m로서, 종방향버팀대를 1개 설치할 경우 24m(좌 · 우 12m)를 초과하므로 종향버팀대는 2개를 설치하여야 한다.

[답]

종방향 버팀대의 최소 개수 : 2개	버팀대 위치 이 후 위치의 헤드 개수	버팀대 설치지점의 배관호칭구경[mm]
제1구역 : 1개	18	65A
제2구역 : 1개	63	100A

(3) 종방향 흔들림방지버팀대의 가동중량 및 수평지진하중 산출

지문에서, "수평지진하중이 제일 큰 지점의 가동중량[N]을 산출하라"고 하였으므로, 제2구역을 기준으로 수평지진하중을 산출한다. 따라서, 제2구역에 해당하는 교차배관 및 가지배관 5열에 대하여 계산한다.

1) 가동중량 산출

가동중량[N] = 용수가 충전된 배관무게 × 1.15

① 용수가 충전된 배관무게 산출

물의 비중량(γ) =9,800[N/m³]이므로,

배관의 단위길이 당 용수무게 = 단위길이 당 배관 내 체적 × 9,800[N/m³]

호칭	내경 [mm]	배관무게 [N/m] : (A)	용수무게 [N/m] : (B)	용수충전배관무게 [N/m] : (A+B)
25	27.5	24.1	5.82	29.83
32	36.2	30.97	10.09	41.06
40	42.1	35.57	13.64	49.21
80	81.0	83.20	50.50	133.70
100	105.3	119.56	85.34	204.90

② 용수충전 배관무게 합계의 산출

호칭	배관길이 합계	용수충전배관 무게[N/m]	용수충전 배관 무게의 합계
25	3m × 4개소 × 5열=60m	29.83	60m × 29.83N/m=1,789.8N
32	3m × 2개소 × 5열=30m	41.06	30m × 41.06N/m=1,231.8N
40	3m × 2개소 × 5열=30m	49.21	30m × 49.21N/m=1,476.3N
80	1.5m + 3m + 3m=7.5m	133.7	7.5m × 133.7N/m=1,002.75N
100	3m + 3m + 1.5m=7.5m	204.9	7.5m × 204.9N/m=1,536.75N
용수충전 배관무게의 총계			7,037.40[N]

∴ 가동중량 = 용수충전 배관 무게 × 1.15 = 7,037.4[N] × 1.15 = 8,093.01[N]

[답] 가동중량 : 8,093.01[N]

2) 수평지진하중 산출

$F_{pw} = 0.5 \times W_p$

여기서, F_{pw} : 수평지진하중[N]

0.5 : 지진계수

W_p : 가동중량[N] = 용수가 충전된 배관무게 × 1.15

∴ 수평지진하중 = 0.5 × 가동중량 = 0.5 × 8,093.01[N] = 4,046.505[N]

[답] 수평지진하중 : 4,046.51[N]

3. 흔들림방지버팀대의 규격이 다음과 같은 경우 적용할 수 있는 버팀대의 최대길이[m]

버팀대의 세장비 = L/r

여기서, L : 버팀대의 길이

r : 최소회전반경

※ 세장비는 최대 300 이하로 하도록 규정하고 있다.

버팀대의 형상 및 크기[in]		최소회전반경 [mm]	버팀대의 최대길이 [m]
파이프	2	20.0	0.02 × 300 = 6 ∴ 6.0m
앵글	3×3×1/4	15.0	0.015 × 300 = 4.5 ∴ 4.5m
봉(전산형)	1/2	2.6	0.0026 × 300 = 0.78 ∴ 0.78m
봉(끝단나사형)	3/4	4.8	0.0048 × 300 = 1.44 ∴ 1.44m

03

다음 그림 및 조건과 같은 스프링클러설비 배관에 대하여 내진설계를 적용할 경우 고시된 「소방시설의 내진설계 기준」에 따라 다음 물음에 답하시오.

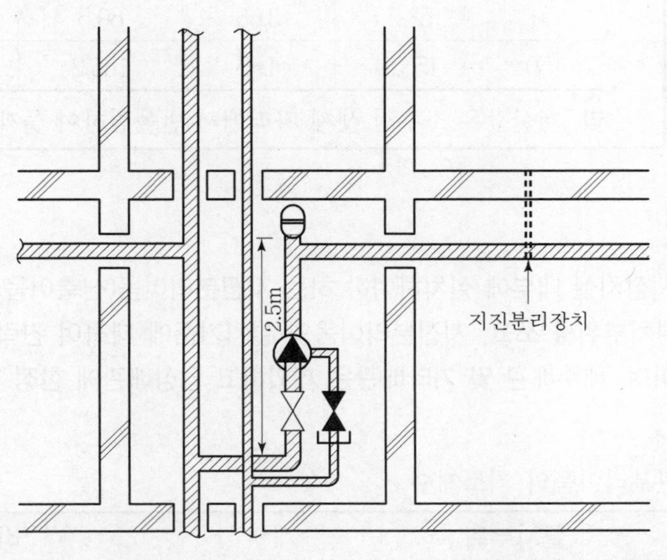

1. 유수검지장치실 내부에 설치하여야 하는 지진분리이음(신축이음쇠)의 필요 최소개수와 각 설치부위를 쓰고, 지진분리이음의 설치기준에 대하여 간략한 그림(지상 2층인 건축물이며, 배수배관 및 기타배관은 제외하고 입상배관에 한정 함)을 그려서 나타내시오.
2. 지진분리장치에 대한 내진설계 시 고려하여야 할 사항을 쓰고, 지진분리장치와 지진분리이음의 차이점(정의, 구성품, 변위의 허용범위)에 대하여 쓰시오.
3. 그림 상의 입상배관에 대한 흔들림방지버팀대의 설치기준을 쓰고, 이에 대한 가동중량 및 수평지진하중[N]을 산출하시오. 다만, 버팀대와 버팀대 사이의 길이는 고시된 「소방시설의 내진설계기준」상의 최대길이로 적용하며, 유수검지장치와 연결되는 배관은 하중계산에서 제외한다.

〈조건〉

가. 배수배관의 구경이 50mm이며, 기타의 모든 배관구경은 150mm이다.
나. 벽, 배관을 관통하는 모든 배관 주위에는 고시된 「소방시설의 내진설계기준」에 따른 크기 이상의 슬리브가 설치된다.
다. 배관구경 등의 규격은 다음 표와 같다.

03

호칭(A)	내경[mm]	두께[mm]	외경[mm]	배관무게[N/m]
50	53.2	3.65	60.5	50.18
150	155.5	4.85	165.2	188.16

라. 계산값은 소수점 셋째 자리에서 반올림하여 둘째 자리까지 구한다.

해 답

1. 유수검지장치실 내부에 설치하여야 하는 지진분리이음(신축이음쇠)의 필요 최소개수와 각 설치부위를 쓰고, 지진분리이음의 설치기준에 대하여 간략한 그림(지상 2층인 건축물이며, 배수배관 및 기타배관은 제외하고 입상배관에 한정 함)을 그려서 나타내시오.

(1) 지진분리이음의 최소개수

설치부위	개수	비고
입상배관의 상·하부 (천정 및 바닥)	2	
입상배관의 티 분기부의 수평주행배관 시작점	1	
유수검지장치부 수직배관의 상·하 단부	2	수직배관의 길이가 2.1m를 초과함으로 2개 이상 설치대상임
유수검지장치 2차측 분기부의 수평주행배관 시작점	1	
합계	6	

※ 위에서, 배수배관은 관경 65mm 미만이므로 지진분리이음 설치대상에서 제외된다.

(2) 지진분리이음의 설치기준

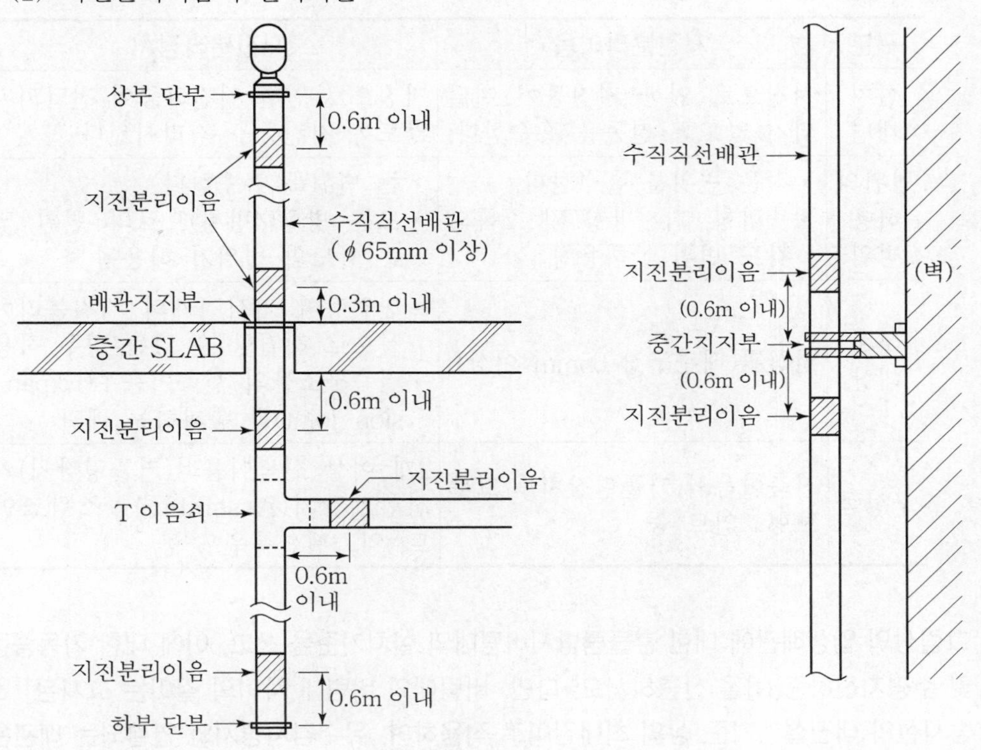

〈2층 이상의 건축물인 경우〉 〈중간 지지부가 설치된 경우〉

(1층으로서, 입상관의 길이가 0.9m 미만인 경우 신축이음쇠를 생략할 수 있으며, 0.9~2.1m인 경우에는 하나의 신축이음쇠로 설치할 수 있다.)

2. 지진분리장치에 대한 내진설계 시 고려하여야 할 사항을 쓰고, 지진분리장치와 지진분리이음의 차이점(정의, 구성품, 변위의 허용범위)에 대하여 쓰시오.

(1) 지진분리장치에 대한 내진설계 시 고려하여야 할 사항

1) 지진분리장치는 전후좌우 방향의 변위를 수용할 수 있도록 설치하여야 한다.

2) 지진분리장치 1.8m 이내에는 4방향 버팀대를 설치하여야 한다.

3) 버팀대는 지진분리장치 자체에 설치할 수 없다.

(2) 지진분리장치와 지진분리이음의 차이점

구분	지진분리이음	지진분리장치
설치 개념	지진으로 인한 지진동이 전달되지 않도록 진동을 흡수한다.	지진으로 인한 지진하중이 전달되지 않도록 지진동을 격리시킨다.
변위의 허용 범위	• 작은 변위를 흡수한다. • 축방향, 회전방향 및 소폭의 각도 변위만 허용함	• 큰 변위를 흡수한다. • 모든 방향(4방향)으로의 변위 및 큰 각도의 변위가 허용됨
설치 대상	입상관(배관구경 65mm 이상)	• 변위량이 커서 1개의 지진분리이음으로 해결할 수 없는 경우 적용 • 건축구조물의 신축이음부(Expansion Joint)를 통과하는 배관
구성품	신축이음쇠(커플링장치) : 그루브형조인트 등	2개 이상 신축이음쇠(커플링장치)의 집합체장치(Assembly) : 스윙조인트, 익스펜션루우프 등

3. 그림상의 입상배관에 대한 흔들림방지버팀대의 설치기준을 쓰고, 이에 대한 가동중량 및 수평지진하중[N]을 산출하시오. 다만, 버팀대와 버팀대 사이의 길이는 고시된 「소방시설의 내진설계기준」상의 최대길이로 적용하며, 유수검지장치와 연결되는 배관은 하중계산에서 제외한다.

(1) 입상관 흔들림방지버팀대의 설치기준

1) 길이 1m를 초과하는 주배관의 최상부에는 4방향 버팀대를 설치하여야 한다.

2) 입상관상의 관 연결부위는 4방향 버팀대를 생략하여도 된다.

3) 입상관 최상부의 4방향 버팀대가 수평배관에 부착된 경우 입상관의 중심선으로부터 0.6m 이내이어야 하며 버팀대의 하중은 수직 및 수평방향의 배관을 모두 포함하여야 한다.

4) 입상관 4방향 버팀대 사이의 거리는 8m를 초과하지 않아야 한다.

(2) 입상배관에 대한 가동중량 및 수평지진하중[N] 산출

1) 수평지진하중(버팀대에 작용하는 수평력)

$F_{pw} = 0.5\ W_p$

여기서, F_{pw} : 수평지진하중[N]

0.5 : 지진계수

W_p : 가동중량[N] = 용수가 충전된 배관무게 × 1.15

① 용수가 충전된 배관무게

물의 비중량(γ) =9,800[N/m³]이므로,

배관의 단위길이 당 용수무게 = 단위길이 당 배관 내 체적 × 9,800[N/m³]

호칭	내경 [mm]	배관무게 [N/m](A)	용수무게 [N/m](B)	용수충전배관무게 [N/m] : (A+B)
150	155.5	188.16	186.11	374.27

② 배관의 가동중량 및 수평지진하중

호칭	배관길이 합계	용수충전배관 무게[N/m]	용수충전 배관 무게의 합계
150	8m	374.27	8m × 374.27N/m = 2,994.16N
용수충전 배관무게의 총계			2,994.16[N]

㉮ 가동중량

= 용수충전 배관무게 × 1.15 = 2,994.16[N] × 1.15 = 3,443.28[N]

[답] 가동중량 : 3,443.28[N]

㉯ 수평지진하중

= 0.5 × 가동중량 = 0.5 × 3,443.28[N] = 1,721.64[N]

[답] 수평지진하중 : 1,721.64[N]

04

소방시설의 내진설계에서 단면적이 9cm²로 동일한 정사각형, 정삼각형, 원형인 버팀대가 있으며, 이들의 세장비가 300일 경우 버팀대의 최소회전반경[cm]과 길이[cm]를 계산하시오.

해 답

1. 적용공식

$$세장비(\lambda) = \frac{버팀대길이(L)}{최소회전반경(r)}$$

$$최소회전반경(r) = \sqrt{\frac{단면2차모멘트(I)}{단면적(A)}}$$

2. 버팀대의 단면2차모멘트 계산

단면종류	단면적 (A)	도형	치수[cm]	단면2차모멘트 (I) [cm^4]
정사각형	$9cm^2$	h, b(=h)	$bh=9 \rightarrow b^2=9$ $\therefore\ b=h=3cm$	$I=\frac{bh^3}{12}$ $=\frac{3\times3^3}{12}$ $=6.75cm^4$
정삼각형	$9cm^2$	b, b, h, b	$b^2=\left(\frac{1}{2}b\right)^2+h^2$ $\therefore\ h=\frac{\sqrt{3}}{2}b$ $A=\frac{bh}{2}=\frac{\sqrt{3}b^2}{4}$ $=9$ $\therefore\ b=4.56cm$ $\therefore\ h=\frac{\sqrt{3}}{2}b$ $=3.95cm$	$I=\frac{bh^3}{36}$ $=\frac{4.56\times3.95^3}{36}$ $=7.81cm^4$
원형	$9cm^2$	D	$\frac{\pi D^2}{4}=9$ $\therefore\ D=3.39\,cm$	$I=\frac{\pi D^4}{64}$ $=\frac{\pi\times3.39^4}{64}$ $=6.48cm^4$

3. 최소회전반경[cm]과 버팀대길이[cm] 계산

단면종류	최소회전반경(r)	버팀대길이(L)
정사각형	$r=\sqrt{\frac{I}{A}}=\sqrt{\frac{6.75}{9}}=0.87cm$	버팀대길이(L) $=\lambda\times r$ $L=300\times0.87=261cm$
정삼각형	$r=\sqrt{\frac{I}{A}}=\sqrt{\frac{7.81}{9}}=0.93cm$	$L=300\times0.93=279cm$
원형	$r=\sqrt{\frac{I}{A}}=\sqrt{\frac{6.48}{9}}=0.85cm$	$L=300\times0.85=255cm$

과년도 출제문제 및 해설

소방시설의 설계 및 시공

제 1 회

소방시설관리사 출제문제

소방시설의 설계 및 시공

[문제1] 자동화재탐지설비에서 다중전송방식(Multiplexing)의 특징을 기술하시오.

해답 (1) 선로수가 적게 들어 경제적이다.
(2) 선로의 길이를 길게 만들 수 있다.
(3) 증설 또는 이설이 비교적 용이하다.
(4) 신호표시방식이 디지털 표시방식이므로 화재발생지구를 선명하게 숫자로 표시할 수 있다.
(5) 신호의 전달이 정확하다.
(6) 고층 또는 대체로 분산된 건물에도 효율적으로 적용할 수 있다.

[문제2] 포소화설비의 약제 혼합방식에 대하여 설명하시오.

해답 공기포 소화약제의 혼합장치
(1) Pump Proportioner Type
① 구조 원리 : 그림과 같이 펌프에서 송수되는 물(가압수)의 일부를 바이패스시켜 혼합기로 보내어 약제와 혼합하는 방식

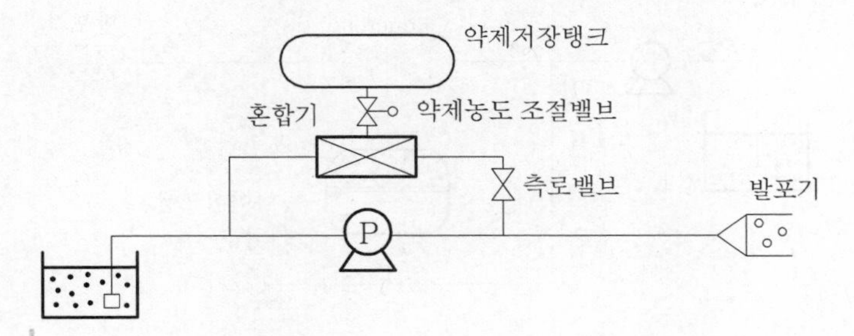

② 특징

㉮ 펌프 흡입측 배관에 압력이 거의 없어야 하며, 압력이 있으면 물이 약제저장탱크 쪽으로 역류할 수 있다.

㉯ 약제 흡입 가능 높이 : 1.8m 이하

㉰ 현재 NFPA Code에서 삭제됨

(2) Line Proportioner Type

① 구조 원리 : 펌프에서 발포기로 가는 관로 중에 설치된 벤투리관의 벤투리 작용에 의해 약제를 물과 혼합하는 방식

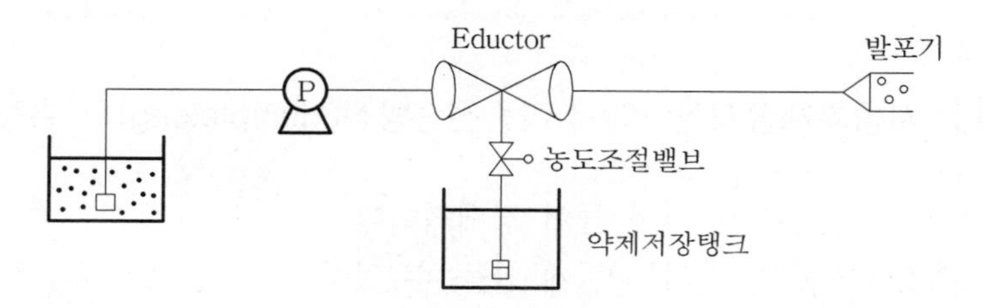

② 특징

㉮ 혼합 가능한 유량범위가 좁다.

㉯ 혼합장치를 통한 압력손실이 크다.

㉰ 설비비가 저렴하다.

㉱ 혼합 가능 높이 : 1.8m 이하

(3) Pressure Proportioner Type(가압혼합방식)

① 구조 원리 : 펌프와 발포기 간의 관로 중에 설치된 벤투리관의 벤투리 원리에 의한 흡입과 펌프 가압수의 포약제 탱크에 대한 가압에 의한 압입을 동시에 이용하여 약제를 혼합하는 방식

㉮ 격막식(비례혼합저장조 방식)

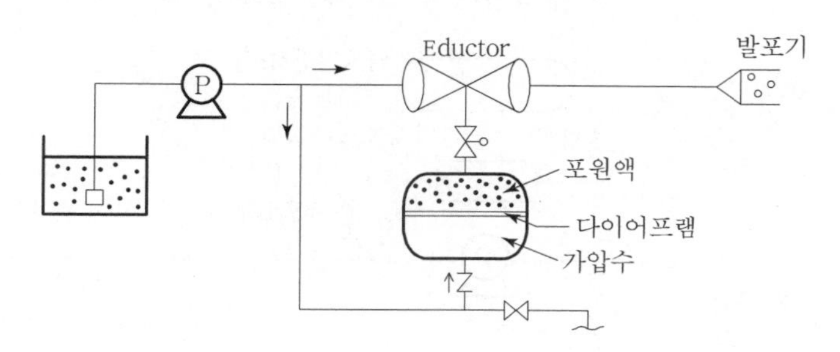

㉯ 비격막식

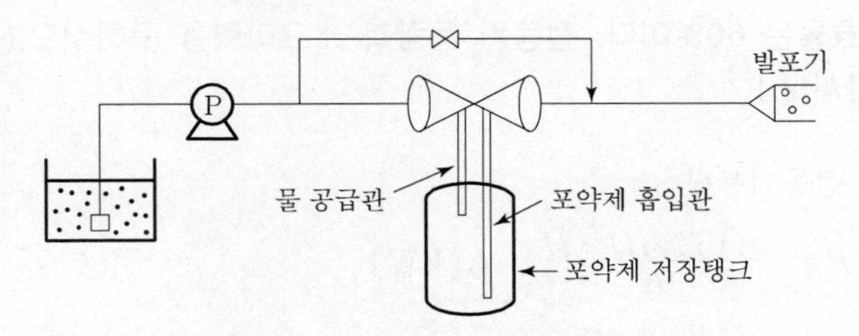

② 특징

㉮ 혼합장치를 통한 압력손실이 적다.

㉯ 혼합비에 도달하는 시간이 길다.

㉠ 소형 : 2~3분

㉡ 대형 : 15분

㉰ 비격막식의 경우

한 번 사용한 후에는 포약제 잔량을 모두 비우고 재충전하여야 한다.

(4) Pressure Side Proportioner Type(Balanced Pressure Proportioner)

① 구조 원리

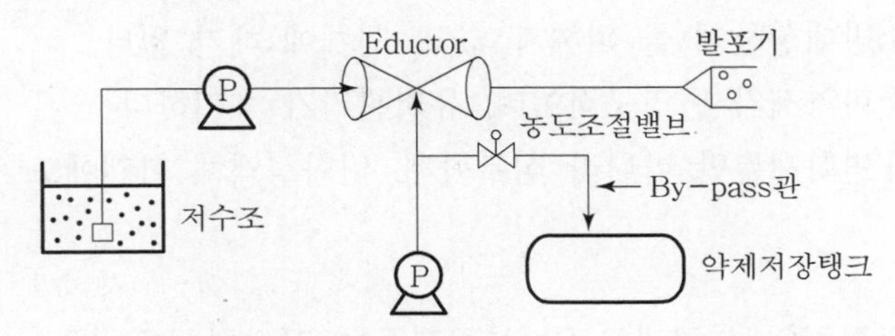

가압송수용 펌프 외에 별도의 포원액 압입펌프를 설치하고, 가압용수 배관 내의 압력에 따라 포원액저장탱크로 By-Pass되는 양을 자동조절하여 일정 비율로 혼합되게 한다.

② 특징

㉮ 혼합 가능한 유량범위가 가장 넓다.

㉯ 혼합기를 통한 압력손실이 적다. : 0.5~3.4kg/cm^2

㉰ 소화용수가 약제탱크로 역류될 위험이 없다. : 장기 보존 가능

㉱ 원액펌프의 토출압력이 가압수펌프의 토출압력보다 낮을 경우 원액이 혼합기에 공급되지 못한다.

[문제3] 1개 층의 옥내소화전이 6개이다. 실양정이 50m이며 전달계수는 1.1 펌프의 효율은 60%이다. 전동기 용량과 소요마력을 구하시오.(계산식을 쓰고 답하시오.)

해답 (1) 전동기용량

$$P = \frac{0.163 \times Q \times H}{E} \times K[\text{kW}]$$

$$= \frac{0.163 \times 0.65 \times (50+17)}{0.6} \times 1.1 = 13.0\,[\text{kW}]$$

(2) 소요마력

$$P = \frac{0.163 \times Q \times H}{0.746 \times \eta} \times K[\text{HP}]$$

$$= \frac{0.163 \times 0.65 \times 67}{0.6 \times 0.746} \times 1.1 = 17.45\,[\text{HP}]$$

[문제4] 물분무등소화설비 중 분말소화설비의 5가지 장점을 기술하시오.

해답 (1) 다른 소화설비보다 소화능력이 우수하고 진화시간이 짧다.
(2) 소화약제는 전기절연성이 있으므로 전기화재에도 적합하다.
(3) 소방대상물에 물 피해가 없고, 인체에 해가 없다.
(4) 소화약제가 반영구적이며, 유지관리가 용이하다.
(5) 표면화재뿐만 아니라 심부화재, 인화성액체 화재에도 적합하다.

[문제5] 물올림장치의 설치개요 및 설치기준을 기술하시오.

해답 (1) 개요

수원의 수위가 펌프보다 낮은 위치에 있을 때 설치하는 것으로 펌프흡입측의 후드밸브 및 배관, 패킹 등에 의한 누수로 펌프기동 시 공회전 및 공동현상 등으로 인한 펌프기능이 상실되는 것을 방지하기 위함이다. 즉, 후드밸브에서부터 펌프임펠러까지 항시 물을 충전시켜 주어 펌프 가동 즉시 물을 송수할 수 있도록 해주는 부속설비이며 수평회전축 펌프에 필요하다.

(2) 설치기준

① 물올림장치에는 전용의 탱크를 설치할 것

② 탱크의 유효수량은 100[l] 이상으로 하되 구경 15mm 이상의 급수배관에 의하여 당해 탱크에 물이 계속 보급되도록 할 것
③ 물올림탱크에 물을 공급하는 급수관의 말단에는 적정 수위가 되면 물의 공급을 차단하는 장치(볼탭 등)를 설치할 것
④ 물올림탱크 내의 수위가 감소되었을 때 경보를 발할 수 있는 감수경보장치를 설치할 것
⑤ 물올림탱크로부터 주펌프 측으로 연결되는 물공급 관(25mm 이상)에는 체크밸브를 설치하여 펌프의 운전시 물이 역류되지 않도록 할 것
⑥ 물올림탱크에는 오버플로우관(50mm 이상) 및 배수밸브를 설치할 것

[문제6] 소화펌프 운전시 발생할 수 있는 공동현상에 대하여 설명하시오.

해답 (1) 개요

공동현상이란 펌프의 흡입압력이 액체의 포화증기압보다 낮으면 물이 증발되고 물속에 용해되어 있던 공기가 물과 분리되어 기포가 발생하는 현상이다. 즉, 공기 고임현상을 말한다.

(2) 발생원인

① 펌프의 흡입측 수두가 클 경우
② 펌프의 마찰손실이 과대할 경우
③ 펌프의 임펠러 속도가 과대할 경우
④ 펌프의 흡입관경이 작을 경우
⑤ 펌프의 설치위치가 수원보다 높을 때
⑥ 펌프의 흡입압력이 유체의 증기압보다 낮을 때
⑦ 배관 내의 유체가 고온일 때

(3) 발생현상

① 소음과 진동발생
② 임펠러의 침식발생
③ 펌프의 성능감소(토출량, 양정, 효율)
④ 심하면 양수불능 상태가 된다.

(4) 방지대책

① 펌프의 설치위치를 수원보다 낮게 한다.
② 펌프의 흡입측 수두 및 마찰손실을 적게 한다.
③ 펌프의 임펠러 속도를 작게 한다.

④ 펌프의 흡입관경을 크게 한다.
⑤ 양흡입 펌프를 사용한다.
⑥ 펌프를 2대 이상 설치한다.

[문제7] 연기감지기 중 광전식감지기의 구조원리를 설명하시오.

해답 (1) 개요

광전식감지기란 산란광의 변화에 의한 광전소자의 전기저항의 변화를 이용하여 화재신호를 송신하는 방식이다.

(2) 구조 및 동작원리

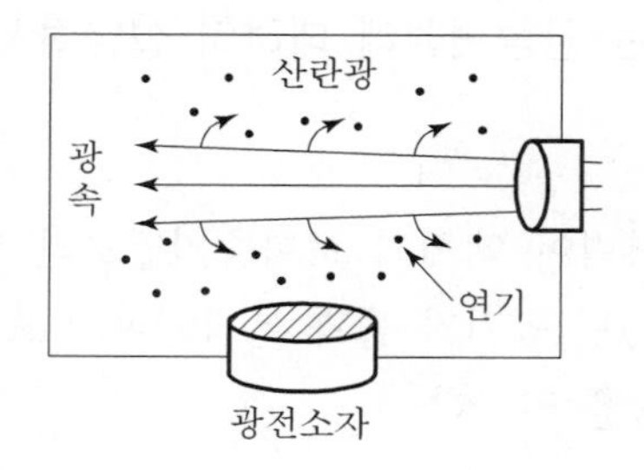

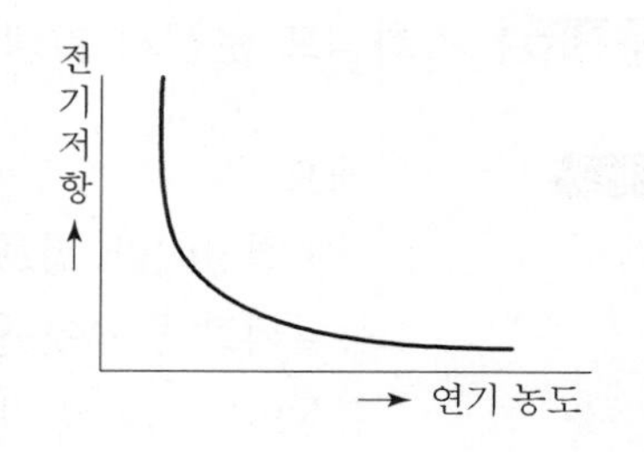

① 연기가 감지기 내부로 유입
② 광원으로부터의 빛이 연기 입자에 의해 난반사되어 산란광 발생
③ 광전소자는 이 산란광을 받아 전기저항이 감소된다.
④ 전기저항 감소에 따라 전류의 흐름이 증가한다.
⑤ 이 때의 전류흐름 증가를 검출하여 화재신호를 전송하게 된다.

[문제8] 건식 스프링클러설비에서 Quick-Opening Devices 종류 2가지를 설명하시오.

해답 (1) 엑셀러레이터(Accelerator)

건식 스프링클러설비에서 화재시 스프링클러헤드의 개방으로 2차측(헤드 측) 배관 내에 채워 있던 압축공기나 압축질소의 방출이 늦어져 1차측(송수펌프 측)의 가압수가 늦게 방수되므로 2차측 배관 내의 압축공기나 압축질소의 방출속도를 빠르게 해주는 장치로서 2차측의 압축공기를 클래퍼 1차측으로 보내어 건식밸브의 신속한 개방을 유도한다.

(2) 익죠스터(Exhauster)

건식 스프링클러설비에서 건식밸브 클래퍼 2차측의 압축공기나 압축질소를 신속히 대기 중으로 배출시켜 2차측의 공기압력을 감소시킴으로써 클래퍼를 작동시켜서 1차측의 가압수가 헤드까지 빨리 송수되어 방사되도록 해준다.

[문제9] 일제개방밸브의 감압방식과 가압방식에 대하여 비교 설명하시오.

해답 (1) 감압개방식 : 관로 상에 전자밸브(솔레노이드밸브) 또는 수동개방밸브를 설치하여 화재시 화재감지기가 감지되어 전자밸브를 개방 또는 수동으로 수동개방밸브를 개방함으로써 일제개방밸브의 실린더실이 감압되어 밸브가 개방되는 방식

(2) 가압개방식 : 관로 상에 전자밸브(솔레노이드밸브)또는 수동개방밸브를 설치하여 화재시 화재감지기가 감지되어 전자밸브를 개방 또는 수동으로 수동개방밸브를 개방하게 되면 가압수가 밸브 피스톤을 밀어올려 일제개방밸브가 열리는 방식

[문제10] 준비작동식 스프링클러설비의 작동과정을 2단계로 구분하여 설명하시오.

해답 (1) 1단계 : 화재가 발생하면 화재감지기의 동작으로 솔레노이드밸브가 작동되면서 준비작동밸브를 개방하여 1차측의 가압수를 각 헤드까지 송수시켜 놓는다.

(2) 2단계 : 화재의 열에 의하여 폐쇄형 헤드가 감열되어 개방되면 물이 방사되어 소화한다.

제 2 회

소방시설관리사 출제문제

소방시설의 설계 및 시공

[문제1] 자동화재탐지설비에 대하여 다음 물음에 답하시오.

(1) 그림의 계통도에서 간선(a~f)의 최소 전선수를 명기하시오.
(단, 감지기와 경종 표시등의 공통선은 별개로 하며, 직상층 우선경보방식임)

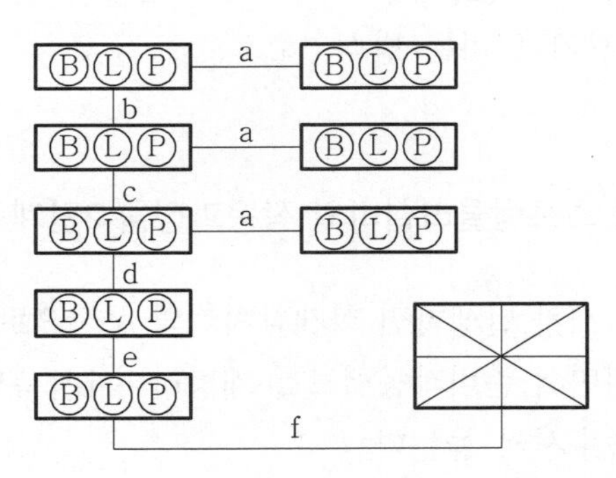

(2) 중계기의 설치기준에 대하여 기술하시오.

해답 (1) 전선수

- a전선수 : 7선
- b 전선수 : 8선
- c전선수 : 11선
- d전선수 : 14선
- e전선수 : 16선
- f전선수 : 19선

(2) 중계기의 설치기준

① 수신기에서 직접 감지기회로의 도통시험을 행하지 아니하는 것에 있어서는 수신기와 감지기 사이에 설치할 것

② 조작 및 점검에 편리하고 방화상 유효한 장소에 설치할 것

③ 수신기에 의하여 감지되지 아니하는 배선을 통하여 전력을 공급받는 것에 있어서는 전원 입력측의 배선에 과전류차단기를 설치하고 당해 전원의 정전 시 즉시 수신기에 표시되는 것으로 하며, 상용전원 및 예비전원의 시험을 할 수 있도록 할 것

[문제2] 스프링클러 소화설비에 대하여 다음 질문에 답하시오.

(1) 펌프 토출량이 3,600ℓ/min일 때 토출유속이 5m/sec이라면 배관의 내경은 몇 mm인가?

(2) 스프링클러헤드의 배치방식에 대해 분류하고 헤드 설치시 유의사항에 대하여 기술하시오.

(3) 폐쇄형 습식 스프링클러설비의 특징에 대하여 기술하시오.

해답 (1) 배관의 내경[mm]

토출량$(Q)=A\cdot V=\dfrac{\pi D^2}{4}\cdot V$에서 배관내경 $D=\sqrt{\dfrac{4Q}{\pi V}}$

$$\therefore D=\sqrt{\dfrac{4\times\left(\dfrac{3.6}{60}\right)\mathrm{m^3/sec}}{\pi\times 5[\mathrm{m/sec}]}}=0.1236[\mathrm{m}]=123.6[\mathrm{mm}]$$

$\therefore$ 125[mm]

여기서, Q : 펌프토출량[m³/sec]
A : 배관의 단면적[m²]
D : 배관의 내경[m]
V : 배관 내 유속[m/sec]

(2) 스프링클러헤드 설치관련사항

1) 헤드배치방식

① 정사각형(정방형)형 : 헤드와 헤드 간의 거리가 가지배관과 가지배관 사이의 거리와 같은 헤드배치형태

즉, 헤드 간의 간격 : $S=2R\cos 45°$

여기서, L : 가지배관 간격
S : 헤드 간격
R : 수평거리[m]

• 1.7[m]의 경우 : $2 \times 1.7 \times \cos 45° = 2.4$[m]
• 2.1[m]의 경우 : $2 \times 2.1 \times \cos 45° = 2.97$[m]
• 2.3[m]의 경우 : $2 \times 2.3 \times \cos 45° = 3.25$[m]

② 직사각형(장방형) : 헤드 간의 거리가 가지배관 간의 거리와 동일하지 않은 헤드배치형태

즉, 대각선방향의 헤드간격 : $L = 2R$

• 1.7[m]의 경우 : $2 \times 1.7 = 3.4$[m]
• 2.1[m]의 경우 : $2 \times 2.1 = 4.2$[m]
• 2.3[m]의 경우 : $2 \times 2.3 = 4.6$[m]

③ 지그재그형(나란히꼴) 형 : 헤드 간의 간격 a방향간격과 b방향의 간격이 동일하지 아니한 경우의 배치형태

㉮ 헤드의 간격(a)

• 1.7[m]의 경우 : $(2r\cos\theta) = 2 \times 1.7 \times \cos 30° = 2.9$[m]
• 2.1[m]의 경우 : $2 \times 2.1 \times \cos 30° = 3.6$[m]
• 2.3[m]의 경우 : $2 \times 2.3 \times \cos 30° = 3.9$[m]

㉯ 헤드의 간격(b)

• 1.7[m]의 경우 $(2a\cos\theta)$: $2 \times 2.9 \times \cos 30° = 5$[m]
• 2.1[m]의 경우 $(2a\cos\theta)$: $2 \times 3.6 \times \cos 30° = 6.2$[m]
• 2.3[m]의 경우 $(2a\cos\theta)$: $2 \times 3.9 \times \cos 30° = 6.7$[m]

2) 스프링클러헤드 설치시 유의사항

① 스프링클러헤드와 그 부착면과의 거리는 30cm 이하로 할 것

② 배관, 전선케이블 및 조명기구 등 살수를 방해하는 것이 있는 경우에는 제1호의 규정에 불구하고 그로부터 아래에 설치하여 살수에 장애가 없도록 한다. 다만, 스프링클러헤드와 장애물과의 이격거리를 장애물 폭의 3배 이상 확보한 경우에는 그러하지 아니한다.(장애물 아래에는 설치하지 않아도 된다.)

③ 스프링클러헤드로부터 반경 60cm 이상의 공간을 보유할 것. 다만, 벽과 스프링클러헤드 간의 공간은 10cm 이상으로 한다.

④ 스프링클러헤드의 반사판은 그 부착면과 평행하게 설치할 것

⑤ 습식 스프링클러설비 외의 설비에는 상향식 스프링클러헤드를 설치할 것 다만, 다음 각목의 1에 해당하는 경우에는 그러하지 아니한다.

㉮ 드라이펜던트형 스프링클러헤드를 사용하는 경우
㉯ 스프링클러헤드 설치장소가 동파의 우려가 없는 곳인 경우
㉰ 개방형 스프링클러헤드를 사용하는 경우

⑥ 측벽형 스프링클러헤드를 설치하는 경우 긴 변의 한쪽 벽에 일렬로 설치하고 3.6m 이내마다 설치한다. 다만, 폭이 4.5m 이상 9m 이하인 실에 있어서는 긴 변의 양쪽에 각각 일렬로 설치하되 마주 보는 스프링클러헤드가 나란히꼴이 되도록 설치한다.
⑦ 상부에 설치된 헤드의 방출수에 따라 감열부에 영향을 받을 우려가 있는 헤드에는 방출수를 차단할 수 있는 유효한 차폐판을 설치할 것

(3) 폐쇄형 습식스프링클러설비의 특징

배관 내에 가압수가 충전되어 있어서 감열에 의하여 헤드가 개방되면 가압수가 살수됨에 따라 유수검지장치가 작동되어 경보를 발하고, 가압송수장치가 가동되어 수원의 물이 헤드를 통하여 연속 살수되는 방식이며, 특히 한랭지역에 이 시설을 설치할 경우에는 보온조치가 필요하므로 동파의 우려가 있는 외기에 노출되는 장소에는 적용을 지양하여야 한다.

[문제3] 이산화탄소 소화설비공사시 배관의 시공기준 및 배관재료의 사용기준에 대하여 기술하시오.

해답 (1) 배관의 시공기준

① 배관은 전용으로 할 것
② 이산화탄소가스가 배출된 다음 배관 내에는 수분이 남게 되므로 이것이 배수될 수 있도록 조치할 것
③ 이산화탄소가스 방출시 그 압력에 의한 반동이 극심하므로 배관의 지지대가 진동 등에 견딜 수 있도록 할 것

(2) 재료사용기준

① 강관을 사용하는 경우 : 압력배관용 탄소강관(KS D 3562) 중 스케줄 80 이상(저압식은 스케줄 40 이상)의 것 또는 이와 동등 이상의 강도를 가진 것으로서 아연도금 등으로 방식처리된 것을 사용할 것
② 동관을 사용하는 경우 : 이음이 없는 동 및 동합금관(KS D 5301)으로서 고압식은 16.5[MPa] 이상, 저압식은 3.75[MPa] 이상의 압력에 견딜 수 있는 것을 사용할 것

[문제4] 소방기술기준에 관한 규칙 제9조의 규정에 의한 옥내소화전, 스프링클러 설비 상용전원회로(저압수전) 계통도를 도해하시오.

해답

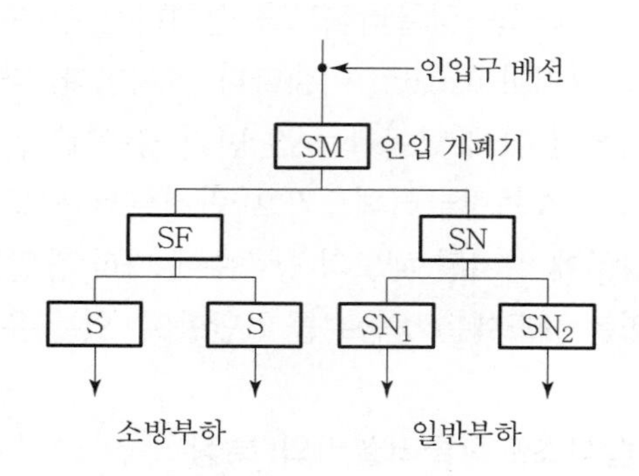

SF : 소방용 개폐기　　　　　SN : 일반용 개폐기

S : 저압용 개폐기 및 과전류차단기

(주) 1. 일반회로의 과부하 또는 단락사고 시 SM이 SN, SN_1, SN_2보다 먼저 차단되어서는 아니 된다.

(주) 2. SF는 SN과 동등 이상의 차단용량일 것

[문제5] 지상 4층 건물에 옥내소화전을 설치하려고 한다. 각 층에 130ℓ/min씩 송출하는 옥내소화전 3개씩을 배치하며, 이때 실양정은 40m, 배관의 압력손실수두는 실양정의 25%라고 본다. 또 호스의 마찰손실수두가 3.5m, 노즐선단의 마찰손실수두는 17m, 펌프효율이 75%, 동력전달계수(k값)는 1.2이고, 30분간 연속 방수되는 것으로 하였을 때 다음 사항을 구하시오.

(1) 펌프의 토출량[m^3/min]

(2) 전양정[m]

(3) 펌프의 용량[kW]

(4) 수원의 용량[m^3]

해답 (1) 펌프의 토출량[m^3/min]

$$Q = N \times 0.13[m^3/min] = 3 \times 0.13[m^3/min] = 0.39[m^3/min]$$

(2) 펌프의 전양정[m]

$$H = h_1 + h_2 + h_3 + 17$$

$$= 3.5[\mathrm{m}] + (40[\mathrm{m}] \times 0.25) + 40[\mathrm{m}] + 17[\mathrm{m}] = 70.5[\mathrm{m}]$$

(3) 펌프용량[kW]

$$P = \frac{0.163 \times Q \times H}{E} \times K = \frac{0.163 \times 0.39 \times 70.5}{0.75} \times 1.2$$

$= 7.17[\mathrm{kW}]$ 이상

(4) 수원의 용량[m³]

$Q = N \times 3.9[\mathrm{m}^3] = 3 \times 3.9[\mathrm{m}^3] = 11.7[\mathrm{m}^3]$ 이상

제 3 회

소방시설관리사 출제문제

소방시설의 설계 및 시공

[문제1] A구역(용기 5병, 체적 242m³), B구역(용기 3병), C구역(용기 1병)에 전역방출방식의 고압식 CO_2소화설비를 설치하고자 한다. 이 경우 저장용기는 68ℓ/45kg, 압력스위치는 선택변 상단 배관상에 설치, CO_2제어반은 저장용기실에 설치, 저장용기 개방은 가스압력식이다. 각 물음에 답하시오.

(1) CO_2 저장용기실을 포함한 시스템 전체의 계통도를 작도하시오.

(2) A구역에 약제방출 후 CO_2가스의 소화농도(%)를 계산하시오.

해답 (1) 계통도

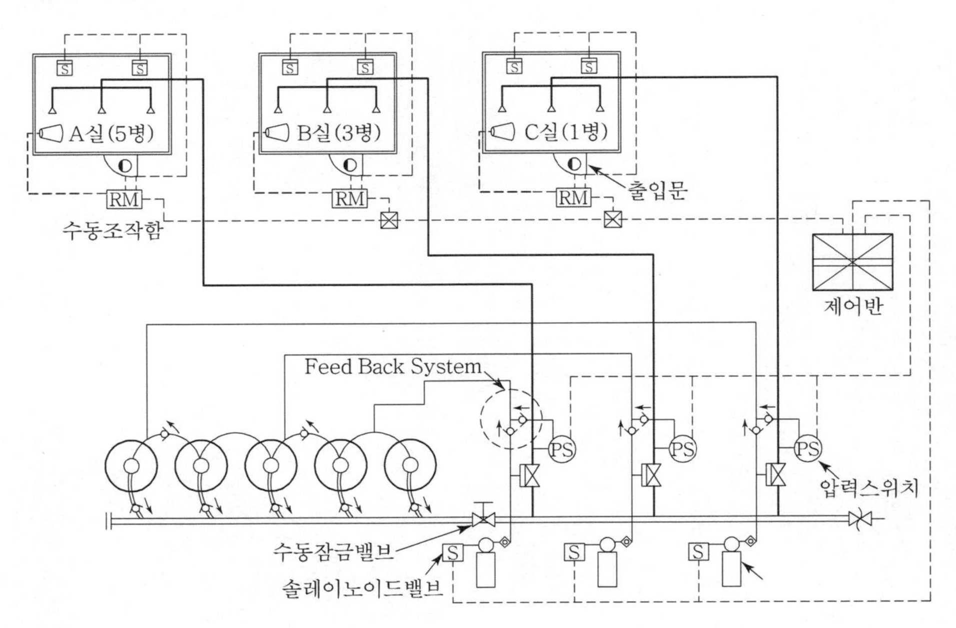

(2) A구역 소화가스농도[%] 계산

① 약제량 : 45[kg] × 5병 = 225[kg]

② 방호구역의 체적 : 242[m³]

$$\therefore \ CO_2 \text{ 농도} = \frac{CO_2\text{약제량} \times \text{비체적}[m^3/kg]}{\text{방호구역체적}[m^3] + CO_2\text{가스체적}[m^3]} \times 100[\%]$$

$$= \frac{225[kg] \times (22.4[m^3]/44[kg]}{242[m^3] + 114.545[m^3]} \times 100[\%]$$

$$= 32.13[\%]$$

[문제2] P형과 R형 수신기를 설명하고 그 차이점을 간략히 비교(대용량회로 기준)하시오.

해답

	P형	R형
회로 방식	개별회로방식 (반도체 및 릴레이 방식)	공통회로방식 (컴퓨터 처리 방식)
신호 종류	전회로 공통신호	각 회로별 고유신호
신호 전달 방식	개별(실선)전달방식	다중통신방식(Multiplexing)
신호 표시 방식	지구창의 점등방식	디지털 표시방식(CRT)
구성	중계기 불필요	중계기 필요
배선	Local 기기 —실선→ 수신기	Local —실선→ 중계기 —신호선→ 수신기
도통시험	감지기 말단까지 시험	중계기까지 시험 (단, 분산형은 말단까지)
선로 전압 강하	선로 길이에 따라 전압강하 발생	전압강하 없다.
경제성	시설비 과다 소요(배선 수 과다 소요)	시설비 대폭 절감
증설 · 이설	별도의 수신반 또는 대용량 수신기로 교체	1) 수신기 확장카드 추가 및 중계기 증설 2) 선로 길이를 길게 할 수 있으므로 증설이 용이함

	P형	R형
신뢰성	수신기 고장시 자동화재탐지설비 전체 기능 마비	1) 수신기가 고장이 나도 중계기는 독자적으로 운용 가능 2) 특정 중계기 고장시 다른 중계기는 동작하므로 전체 시스템 마비는 없다.
회로 수용 능력	1면당 180회로 수용	1면당 1,000회로 수용
종단 저항	필요	불필요
대상 규모	소규모 건물(10층 이하)	고층 또는 대규모 건물, 분산된 건물

[문제3] 물계통 소화설비의 가압펌프에 대하여 다음 사항을 기술하시오.

(1) 정격 토출량 및 양정이 각각 800ℓ/min 및 80m인 표준 수직원심펌프의 성능특성곡선을 그리고 체절점, 설계점, 150% 유량점 등을 명시하시오.
(2) 소화펌프의 수온상승 방지장치를 2종류 이상 기술하고 그 구조원리를 설명하시오.

해답 (1) 펌프의 성능 특성 곡선

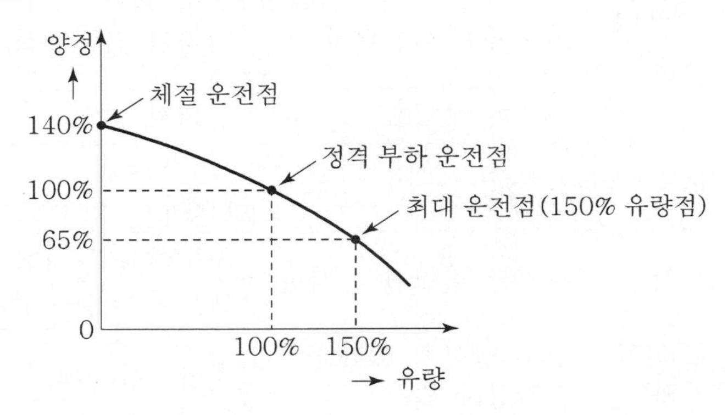

① 체절점

토출유량 0(Zero) 상태에서 정격토출양정의 140%(112m) 이하인 양정 지점

② 설계점

정격토출유량의 100% 상태에서 정격토출양정의 100% 이상인 지점

∴ 토출유량 800ℓ/min에서 토출양정 80m 이상인 지점

③ 150% 유량 운전점
정격토출유량의 150% 상태에서 정격토출양정의 65% 이상인 지점
∴ 토출유량 1,200 ℓ/min에서 토출양정 52m 이상인 지점

(2) 소화펌프의 수온상승방지장치
가압송수장치의 체절운전시 수온상승을 방지하기 위하여 체크밸브와 펌프 사이에서 분기한 구경 20[mm] 이상의 순환배관에 다음과 같은 안전장치를 설치한다.
① 체절압력 미만에서 작동하는 릴리프밸브를 설치한다. 성능시험에서 최고사용 압력의 115~125[%] 범위에서 작동이 가능하여야 한다.
② 오리피스를 설치하는 경우 소화펌프, 정격토출유량의 2~3[%]가 흐를 수 있도록 탭(Tap)을 조정한다.
③ 서미스터밸브를 사용하는 경우 수온이 30[°C] 이상이 되면 순환배관상에 설치된 리모트(Remote)밸브가 작동하여 서미스트밸브의 벨로즈가 팽창되어 밸브가 개방되면 순환배관을 통하여 수조로 배수된다.

[문제4] 다음은 스프링클러 가압송수장치 설치기준이다. 다음 ( ) 안에 알맞은 답을 쓰시오.

(1) 가압송수장치의 정격토출압력은 하나의 헤드 선단에 (a) 이상 (b) 이하의 방수압력이 될 수 있게 하는 크기일 것
(2) 가압송수장치의 송수량은 (c)의 방수압력기준으로 (d) 이상의 방수성능을 가진 기준개수의 모든 헤드로부터의 (e)을 충족시킬 수 있는 양 이상으로 할 것. 이 경우 (f)는 계산에 포함하지 아니할 수 있다.
(3) 고가수조에는 (g), (h), (i), (j) 및 (k)를 설치할 것
(4) 압력수조에는 (l), (m), (n), (o), (p), (q), (r) 및 압력저하 방지를 위한 (s)를 설치할 것

해답

(1) a : 0.1[MPa], b : 1.2[MPa]
(2) c : 0.1[MPa], d : 80[l/min], e : 방수량, f : 속도수두
(3) g : 급수관, h : 배수관, i : 수위계, j : 오버플로우관, k : 맨홀
(4) l : 수위계, m : 급수관, n : 배수관, o : 급기관, p : 맨홀, q : 압력계, r : 안전장치, s : 자동식 Air Compressor

[문제5] 어느 소방대상물에 스프링클러설비와 분말소화설비를 설치하고자 한다. 이때 폐쇄형 스프링클러헤드의 설치 및 취급시 주의사항과 분말소화설비의 배관 시공 시 주의사항을 기술하시오.

해답 (1) 폐쇄형 스프링클러헤드의 설치기준

① 헤드방수 시 살수가 방해되지 아니하도록 스프링클러헤드로부터 60[cm] 이상의 공간을 보유할 것

② 헤드와 부착면과의 거리는 30[cm] 이하로 할 것

③ 배관, 행거 및 조명기구 등 살수를 방해하는 것이 있는 경우 제②항에 불구하고, 그로부터 아래에 헤드를 설치하여 살수장애가 없도록 한다.

④ 헤드의 반사판이 그 부착면과 평행하게 설치할 것

⑤ 경사천장(천장의 기울기가 1/10을 초과하는 경우)에 설치하는 경우 천장의 최상부에 설치하는 헤드는 그 부착면에서 수직거리가 90[cm] 이하가 되도록 설치할 것

⑥ 연소할 우려가 있는 개구부에는 그 상・하・좌・우에 2.5[m] 간격으로 헤드를 설치할 것

⑦ 측벽형헤드 설치기준

㉮ 폭 4.5[m] 미만인 실 : 긴 변의 한쪽 벽에 일렬로 헤드 설치를 할 것

㉯ 폭 4.5[m]~9[m]인 실 : 긴 변의 양쪽에 헤드를 설치하되 마주보는 헤드가 나란한 꼴이 되도록 3.6[m] 이내마다 설치할 것

(2) 폐쇄형 스프링클러헤드는 그 설치장소의 평상시 최고 주위온도에 따라 아래 표에 의한 표시온도의 것으로 설치하여야 한다.

설치장소의 최고 주위온도	표시온도
39[°C] 미만	79[°C] 미만
39[°C] 이상 64[°C] 미만	79[°C] 이상 121[°C] 미만
64[°C] 이상 106[°C] 미만	121[°C] 이상 162[°C] 미만
106[°C] 이상	162[°C] 이상

다만, 높이가 4[m] 이상인 공장 및 창고(랙크식 창고를 포함)에 설치하는 스프링클러헤드는 그 설치장소의 평상시 최고 주위온도에 관계없이 표시온도 121[°C] 이상의 것으로 할 수 있다.

(3) 분말소화설비 배관설치 시 주의사항

① 배관은 토너먼트방식으로 설치하여야 한다.

② 강관을 사용하는 경우의 배관은 아연도금에 의한 배관용 탄소강관(KS D3507)이나 이와 동등 이상의 강도·내식성 및 내열성을 가진 것으로 할 것. 다만, 축압식 분말소화설비에 사용하는 것 중 20[℃]에서 압력이 2.5[MPa] 이상 4.2[MPa] 이하인 것에 있어서는 압력배관용 탄소강관(KS D 3562) 중 이음이 없는 스케줄 40 이상의 것 또는 이와 동등 이상의 강도를 가진 것으로서 아연도금으로 방식처리된 것을 사용하여야 한다.

③ 동관을 사용하는 경우의 배관은 고정압력 또는 최고 사용압력의 1.5배 이상의 압력에 견딜 수 있는 것을 사용할 것

④ 밸브류는 개폐위치 또는 개폐방향을 표시한 것으로 할 것

⑤ 배관의 관부속 및 밸브류는 배관과 동등 이상의 강도 및 내식성이 있는 것으로 할 것

제 4 회

소방시설관리사 출제문제

소방시설의 설계 및 시공

[문제1] 근린생활시설로 사용되는 8층 건물에 스프링클러설비를 설치하고자 한다. 다음의 조건과 그림을 참고하여 물음에 답하시오.

(1) 펌프의 전양정

(2) 펌프의 분당 토출량[m^3/min]

(3) 펌프의 동력

[조건]

① 배관의 마찰손실은 실양정의 35%로 한다.

② 펌프 흡입측의 연성계는 355mmHg를 지시하고 있으며, 이때의 대기압은 $1.03kg/cm^2$이다.

③ 펌프의 수력효율 90%, 체적효율 80%, 기계효율 95%이다.

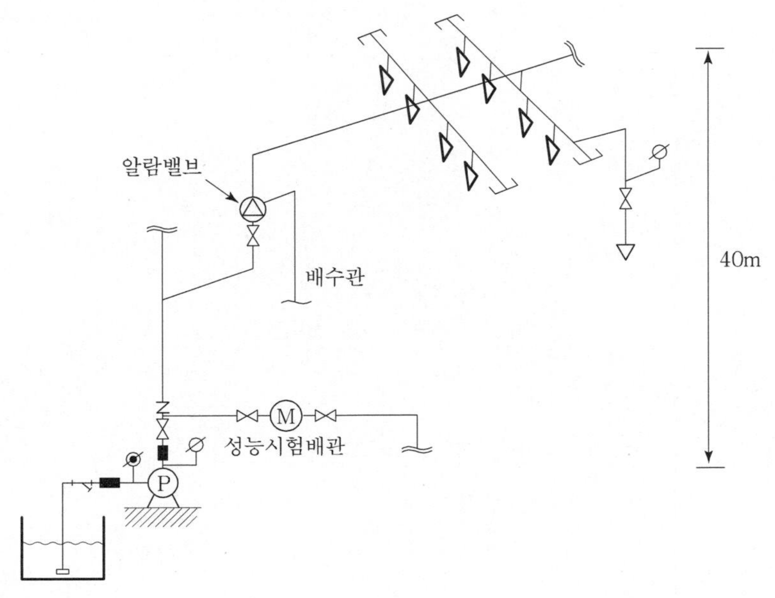

해답 (1) 펌프의 전양정

전양정(H) = 실양정(H_1) + 마찰손실수두(H_2) + 방사압력수두(H_3)

$$H_1 = 40\,\text{m} + \frac{355\text{mmHg}}{760\text{mmHg}} \times 10.3\text{m} = 44.81\text{m}$$

$H_2 = 44.8 \times 0.35 = 15.68\text{m}$

$H_3 = 1\text{kg/cm}^3 = 10\text{m}$

∴ 전양정(H) $= 44.81\text{m} + 15.68\text{m} + 10\text{m} = 70.49\text{m}$

(2) 펌프의 분당 토출량[m^3/min]

10층 이하의 근린생활시설은 스프링클러헤드 기준개수 20개를 적용
(다만, 조건에서 스프링클러헤드의 층당 최대 설치개수는 주어지지 아니함)
20개 × 80[ℓ/min] = 1.6[m^3/min]

(3) 펌프의 동력

$$P[\text{kW}] = \frac{\gamma \cdot \text{Q} \cdot \text{H}}{102 \times \text{n}}$$ 에서

n(펌프의 전효율) $= (0.8 \times 0.9 \times 0.95) \times 100 = 68.4\%$

$$P[\text{kW}] = \frac{1,000[\text{kgf/m}^3] \times \text{Q}[\text{m}^3/\text{min}] \times \text{H}[\text{m}]}{102[\text{kgf} \cdot \text{m/sec}] \times 60 \times \text{n}} \times 1.1$$

$$= \frac{1,000 \times 1.6 \times 70.49}{102 \times 60 \times 0.684} \times 1.1 = 29.64[\text{kW}]$$

∴ 펌프의 동력 = 29.64[kW]

[문제2] 다음의 조건을 참고하여 경계구역의 수와 감지기의 개수를 산출하시오.

[조건]
① 지하 2층에서 지상 7층 : 800m²(한 변의 길이는 50m이다.)
② 지상 8층 400m²
③ 계단은 2개소 설치되어 있고 별도의 경계구역으로 한다.
④ 사용 감지기는 차동식 스포트형 1종형이다.
⑤ 주요구조부는 내화구조이다.
⑥ 계단에는 연기감지기 2종을 설치한다.
⑦ 지하 2층에서부터 지상 7층까지에는 화장실(면적 : 30m²)이 설치되어 있다.

계단	층	계단	높이
계단	F8		4.5m
	F7	계단	3.5m
	F6		3.5m
	F5		3.5m
	F4		3.5m
	F3		3.5m
	F2		3.5m
	F1		3.5m
	B1		4.5m
	B2		4.5m

해답 (1) 경계구역의 수

[경계구역 설치기준]

- 층별(바닥면적)기준 : 면적 $600m^2$ 이하 및 한 변의 길이 50m 이하
- 계단 및 경사로 기준 : 높이 45m 이하. 지하층의 계단은 별도의 경계구역으로 함(단, 지하층의 층수가 1인 경우는 제외)

가) 층별(바닥면적) 경계구역

① 지하 2층~지상 7층

$$\frac{800\,m^2}{600\,m^2}=1.33 \fallingdotseq 2$$

1층당 경계구역 2→(지하 2+지상 7)×2=18 → 18 경계구역

② 8층

$$\frac{400\,m^2}{600\,m^2}=0.67 \fallingdotseq 1$$ → 1 경계구역

나) 계단

① 지상계단

$$\frac{(3.5m\times7)+4.5m}{45\,m}=0.64$$ →1×2개소 → 2 경계구역

② 지하계단

$$\frac{4.5\times2}{45}=0.2$$ →1×2개소 → 2 경계구역

다) 경계구역 합계

18+1+2+2=23

∴ 경계구역의 합계 수량 : 23 경계구역

(2) 감지기의 수량

[감지구역의 면적]

• 지하 2층~지상 7층 : $800m^2 - 30m^2 = 770m^2$

• 지상 8층 : $400m^2$

가) 차동식 스포트형 1종

① 층고 4m 미만 : 지상 1층~7층

$\frac{770\,m^2}{90\,m^2} = 8.55 \rightarrow 9$개 ∴ 9개×7개층=63개

② 층고 4m 이상 8m 미만

· 지상 8층 : $\frac{400\,m^2}{45\,m^2} = 8.89 \rightarrow 9$개 ∴ 9개×1개층=9개

· 지하 1, 2층 : $\frac{770\,m^2}{45\,m^2} = 17.11 \rightarrow 8$개 ∴ 18개×2개층=36개

∴ 차동식 감지기 합계 수량 : 63+9+36=108개

나) 연기감지기 2종

① 지상층 계단

· 좌측계단 : $\frac{29\,m}{15\,m} = 1.93 \rightarrow 2$개

· 우측계단 : $\frac{24.5\,m}{15\,m} = 1.63 \rightarrow 2$개

② 지하층계단

$\frac{9\,m}{15\,m} = 0.6 \rightarrow 1$개 ∴ 1개×2개소=2개

∴ 연기식 감지기 합계 수량 : 2+2+2=6개

[문제3] 다음은 준비작동식 스프링클러설비의 부대전기설비 계통도이다. 다음 각 물음에 답하시오.

(1) 각 번호에 해당하는 전선수에 대한 다음의 표를 완성하시오.

구간	①	②	③	④	⑤	⑥
전선수						

(2) 준비작동식에서 교차회로방식으로 설치하지 않아도 되는 감지기의 종류 5가지를 쓰시오.

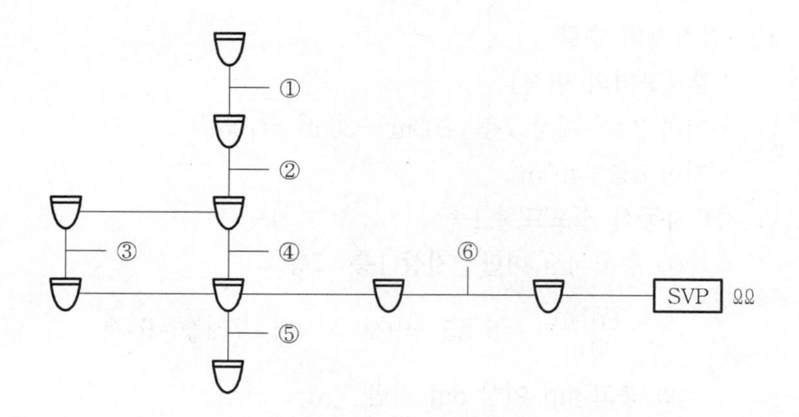

해답 (1) 각 구간별 전선 수량

① 4 ② 8 ③ 4 ④ 4 ⑤ 4 ⑥ 8

(2) 교차회로 방식으로 하지 않아도 되는 감지기 종류

① 복합형 감지기
② 광전식 분리형 감지기
③ 아날로그방식의 감지기
④ 다신호방식의 감지기
⑤ 축적방식의 감지기
⑥ 분포형 감지기
⑦ 정온식 감지선형 감지기
⑧ 불꽃감지기

[문제4] 소화약제의 특성을 나타내는 용어 중 ODP와 GWP에 대하여 쓰고, 현재 국내에서 시판되고 있는 청정소화약제의 상품명, 주된 소화원리에 대하여 쓰시오.

해답 (1) ODP의 설명

① ODP의 정의

Ozone Depletion Potential의 약어이며, '오존층 파괴지수'를 의미한다. 즉, 어떤 물질의 오존파괴력을 비교하는 물질에 비하여 상대적으로 나타내는 지표이다.

② ODP의 산정방법

기준물질로서 CFC-11의 ODP를 1로 정하고 상대적으로 비교하는 물질의 대기권에서의 활성염소와 브롬의 오존파괴능력을 고려하여 그 물질의 ODP를 산정한다.

$$\text{ODP} = \frac{\text{비교하는 물질 1kg이 파괴하는 오존량}}{\text{CFC}-11\ \text{1kg이 파괴하는 오존량}}$$

(2) GWP의 설명

① GWP의 정의

Global Waming Potential의 약어이며, '지구온난화지수'를 의미한다.

② GWP의 산정방법

일정무게의 CO_2가 대기 중에 방출되어 지구온난화에 기여하는 정도를 1로 정하였을 때 같은 무게의 비교하는 물질이 온난화에 기여하는 정도를 고려하여 그 물질의 GWP를 산정한다.

$$\text{GWP} = \frac{\text{비교하는 물질 1kg이 기여하는 온난화 정도}}{CO_2\ \text{1kg이 기여하는 온난화 정도}}$$

(3) 국내에서 시판되고 있는 청정소화약제에 대한 설명

Trade name	화학식	방출 시간	소화원리
Inergen	N_2(52%), Ar(40%), CO_2(8%)	60초	질식소화 : 산소농도 희석
FE-13	CF_3H	10초	① 질식소화 : 산소농도 희석 ② 냉각효과 : 열분해시 흡열반응
FM-200	CF_3CHFCF_3	10초	① 부촉매효과 : 연소의 연쇄반응 억제 ② 산소농도 희석 ③ 냉각효과 : 열분해시 흡열반응
NAF S-Ⅲ	$CHClF_2$(82%) $CHClFCF_3$(9.5%) $CHCl2CF_3$(4.75%) $C10H_{16}$(3.75%)	10초	① 부촉매효과 : 연소의 연쇄반응 억제 ② 산소농도 희석 ③ 냉각효과 : 열분해시 흡열반응

[문제5] 스프링클러헤드의 선정시 유의사항, 설치시 유의사항 및 배관 시공시 유의사항(화재안전기준 외의 사항)에 대하여 기술하시오.

해답 (1) 스프링클러 헤드의 선정시 유의사항

① 감도특성(RTI) 선정

소방대상물의 용도, 구조(실내높이), 화재하중 등을 고려하여 조기에 화재진화가 요구되는 곳에는 RTI가 낮은 헤드로 선정한다.

(예) - 주거용 스프링클러헤드 : RTI 26$(m \cdot sec)^{1/2}$
- 화재조기진압용 스프링클러헤드 : RTI 28$(m \cdot sec)^{1/2}$
- 표준형 스프링클러헤드 : RTI 80~350$(m \cdot sec)^{1/2}$

② Orifice 구경의 선정

화재강도 및 화재하중이 높으면서 급속한 화재확산 위험이 높은 곳에는 방사 된 물방울이 강력한 화세를 뚫고 침투할 수 있도록 큰 물방울과 충분한 양의 물이 방사될 수 있도록 Orifice 구경이 큰 헤드를 선정하여야 한다.

(예) - Large Drop Sprinkler Head
- ESFR Sprinkler Head

(2) 스프링클러헤드 설치시 유의사항(화재안전기준 외의 사항)

① 스프링클러헤드를 배관에 설치하거나 탈거할 경우에는 반드시 규정된 헤드취부렌치를 사용하여야 한다. 그러하지 아니하면 헤드의 손상·변형으로 누수의 원인이 될 수 있다.

② 스프링클러헤드의 조립시 헤드의 나사부분이 손상되지 않도록 처음에는 손으로 조금 조인 후에 헤드취부렌치로 완전히 조여야 한다.

③ 스프링클러헤드의 취급 도중에 바닥에 떨어 뜨리거나 심하게 충격이 가해진 것은 사용하지 말고 폐기처분하여야 한다. 이것은 헤드의 감열부분이나 Dflector에 무리한 힘이 가해지면 헤드의 기능이 손상될 수 있기 때문이다.

④ 보, 배관, 케이블트레이 등의 살수장애물로 인하여 스프링클러헤드와 그 직상부 천장과의 거리가 멀게(30cm 초과) 설치되는 경우에는 헤드 위에 집열판을 설치하여야 화재시 스프링클러헤드의 감열개방 지연을 방지할 수 있다.

⑤ 스프링클러 헤드와 헤드 간의 거리가 너무 짧으므로(약 1.6m 이하) 인해 헤드 방수시 헤드의 방출수에 따라 인접 헤드의 감열부에 영향을 미칠 우려가 있는 헤드에는 인접 헤드의 Skipping 방지를 위해 헤드와 헤드 사이에 방출수를 차단할 수 있는 유효한 차폐판을 설치하여야 한다.

(3) 스프링클러설비 배관 시공시 유의사항

① 내화구조의 벽체 또는 바닥 슬래브를 관통하는 배관은 그 관통부위에 Sleeve를 매설하고 그 Sleeve를 통하여 배관이 관통되도록 설치하여야 한다.

② 방화구획 또는 방연구획을 통과하는 배관은 건축구조물과의 틈새가 없도록 내화충진재 등으로 밀실하게 시공한다.

③ 내화구조의 벽이나 방화벽 등으로 완벽하게 구획된 공간에는 그 공간용으로 별도의 입상관을 설치하는 것이 효과적이다. 이것은 방화구획 관통배관을 최소한으로 줄일 수 있기 때문이다.

④ 배관 이음부의 용접시 이음면의 모서리를 그라인더 등으로 갈아내고 용접하여야 한다.

⑤ 건식배관은 적정한 구배가 필요하며, 배관의 구조상 기울기를 줄 수 없는 경우에는 배수를 원활하게 할 수 있도록 배수밸브를 설치한다.

⑥ 습식배관은 수평으로 설치하며 다만, 배관의 구조상 소화수가 남아있는 부위에는 배수밸브를 설치하여야 한다.

⑦ 배관의 고정 · 지지는 수격작용에 의한 진동, 지진 및 기타 외력을 받아도 움직이지 않도록 견고하게 고정 · 지지하여야 한다.

제 5 회

소방시설관리사 출제문제

소방시설의 설계 및 시공

[문제1] 자동화재탐지설비의 배선에 대하여 다음 물음에 답하시오.

(1) 내화배선의 시공방법
(2) 내화배선으로 시공해야 할 부분
(3) 감지기회로를 송배전식으로 하고, 종단저항을 설치하는 이유

해답 (1) 내화배선의 시공방법

사용전선의 종류	공사방법
300/500V 기기배선용 단심(또는 유연성) 비닐절연전선(90℃)·가교폴리에틸렌 절연비닐외장케이블·클로로플렌외장케이블·강대외장케이블·버스덕트·알루미늄피복케이블·CD 케이블·하이파론절연전선·4불화에틸레절연전선·실리콘절연전선·연피케이블	금속관, 2종 금속제 가요전선관 또는 합성수지관에 수납하여 내화구조로 25mm 이상의 깊이로 매설하여야 한다. 다만, 다음 각목의 기준에 적합하게 설치하는 경우에는 그러하지 아니하다. (1) 배선을 금속관에 수납하여 내화성능을 갖는 배선전용실 또는 배선용 샤프트·피트·덕트 등에 설치하여야 한다. (2) 배선전용실 또는 배선용 샤프트·피트·덕트 등에 다른 설비의 배선에 있는 경우에는 이로부터 15cm 이상 떨어지게 설치하거나 당해 설비의 배선과 이웃하는 다른 설비의 배선 사이에 전선관지름(배선의 지름이 다른 경우에는 가장 큰 것을 기준한다)의 1.5배 이상의 높이의 불연성 격벽을 설치하는 경우
내화전선·MI케이블	케이블공사의 방법에 의하여 설치하여야 한다.

(2) 내화배선으로 시공하여야 할 부분

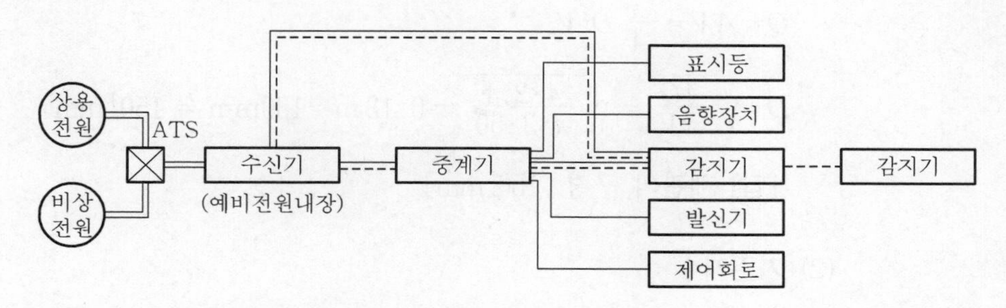

═══════ : 내화배선

═══════ : 내열배선, 내화배선 또는 Shield 배선

(단, Shield 배선은 아날로그식 · 다신호식 감지기 또는 R형 수신기용 배선회로에 한함)

─────── : 내열배선 또는 내화배선

- - - - - - : 600V 비닐절연전선(IV)

(3) 감지기회로를 송배전식으로 하고, 종단저항을 설치하는 이유

① 송배전방식으로 하는 이유

송배전방식이란, 배선의 도중에서 분기하지 아니하도록 하는 배선방식 즉, 일명 보내기 배선방식으로 시공하는 것을 말하며, 이것은 도통시험을 확실하게 하기 위한 배선방식이다.

② 종단저항을 설치하는 이유

감지기회로의 말단에 저항을 설치하면 배선의 단선 유무를 확인하는 도통시험을 용이하게 할 수 있다.

[문제2] 스프링클러 소화설비에서 토출량이 2.4m³/min, 유속이 3m/sec일 경우 다음 물음에 답하시오.

(1) 토출측 배관의 구경을 계산하시오.

(2) 조건상의 토출량을 방사할 경우의 기준개수는 몇 개로 계산되는가?

(3) 달시-웨이바흐의 수식을 적용하여 입상관에서의 마찰손실수두[m]를 계산하시오.(단, 입상관의 구경 150mm, 마찰손실계수 0.02, 높이 60m, 유속 3m/sec)

해답 (1) 토출측 배관의 구경

$$Q = AV = \frac{\pi}{4} D^2 V$$

$$D = \sqrt{\frac{4Q}{\pi V}} = \sqrt{\frac{4\times2.4}{\pi\times3\times60}} = 0.13\,\text{m} = 130\text{mm} \fallingdotseq 150[\text{mm}]$$

[답] 배관의 구경 : 150[mm]

(2) 기준개수

2,400 ℓ/min ÷ 80 ℓ/min = 30개

[답] 기준개수 : 30개

(3) 입상관에서의 마찰손실수두[m]

$$\Delta H = f\frac{V^2}{2gD}\times L = 0.02\times\frac{3^2}{2\times9.8\times0.15}\times60 = 3.673\,\text{m}$$

[답] 마찰손실수두 : 3.673[m]

[문제3] 포소화설비의 설계시 다음의 조건을 참고하여 물음에 답하시오.

[조건]
① Ⅱ형 포방출구 사용
② 직경 35m, 높이 15m인 휘발유탱크이다.
③ 6%형 수성막포 사용
④ 보조 포소화전은 5개가 설치되어 있다.
⑤ 설치된 송액관의 구경 및 길이는 150mm : 100m, 125mm : 80m, 80mm : 70m, 65mm : 50m이다.

(1) 포소화약제 저장량[m³]은 얼마인가?
(2) 고정포방출구의 개수를 산출하시오.
(3) 혼합장치의 방출량[m³/min]을 구하시오.

해답 (1) 포소화약제 저장량

다음의 양을 합한 양 이상으로 한다.

① 고정포방출구에서 방출하기 위하여 필요한 양

$$Q = A \times Q_1 \times T \times S$$

$$= \frac{\pi}{4} \times 35^2 \times 4 \times 55\text{분} \times 0.06 = 12.700\ \ell$$

② 보조포소화전에서 방출하기 위하여 필요한 양

$$Q = N \times S \times 8,000 = 3\text{개} \times 0.06 \times 8,000 = 1,440\ \ell$$

③ 가장 먼 탱크까지의 송액관에 충전하기 위하여 필요한 양

$$Q = A \times L \times 1,000 \times S$$

$$= \frac{\pi}{4} \times (0.15^2 \times 100\text{m} + 0.125^2 \times 80\text{m} + 0.08^2 \times 70\text{m})$$

$$\times 1,000 \times 0.06 = 186\ \ell$$

$$\therefore\ 12{,}700\ \ell + 1{,}440\ \ell + 186\ \ell = 14{,}326\ \ell = 14.326\text{m}^3$$

[답] 포소화약제 저장량 : 14.326[m^3]

> 포소화설비의 화재안전기준 제8조제2항제1호제다목에서, "가장 먼 탱크까지의 송액관(내경 75mm 이하의 송액관은 제외한다)……"으로 규정하고 있기 때문에 65mm 송액관은 75mm 이하에 해당하므로 제외하고 계산한다.

(2) 고정포방출구의 개수 : 3개

(3) 혼합장치의 방출량[m^3/min]

$$Q = A \times Q_1 + N \times 400 = \frac{\pi}{4} \times 35^2 \times 4 + 3\text{개} \times 400$$

$$= 5{,}048.46\ \ell/\text{min} = 5.048\text{m}^3/\text{min}$$

[답] 혼합장치의 방출량 : 5.048[m^3/min]

제 6 회

소방시설관리사 출제문제

소방시설의 설계 및 시공

[문제1] 드렌처설비를 시공하고자 한다. 일반적인 사항을 간단히 기술하고, 배관 설치시 유의사항과 헤드의 방수량 및 수원량, 헤드배치기준에 대하여 기술하시오.

해답 (1) 일반적인 사항

① 드렌처설비는 건축물의 위치나 구조상 화재확산의 위험이 높은 곳이나, 가연성 액체·가스를 취급하는 옥외설비 또는 이와 인접한 건물로의 화재확산을 방지하기 위한 설비로서, 방호하여야 할 건축물의 외벽·지붕·처마·개구부 등에 개방형 헤드를 설치한 일종의 일제살수식 스프링클러설비이다.

② 현행 국가화재안전기준에서는 연소할 우려가 있는 개구부 등에 드렌처설비를 설치한 경우 당해 개구부에 한하여 스프링클러헤드 설치를 면제하고 있다.

③ 시스템 구성

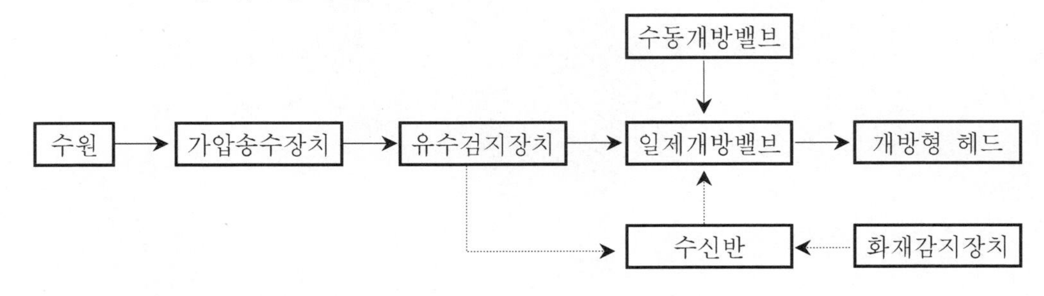

(2) 헤드방수량 및 수원량

① 헤드방수량

최대방수구역의 모든 헤드를 동시에 방수하는 경우 각 헤드의 방수 압력 1kg/cm^2 이상이고, 방수량 80ℓ/min 이상일 것

② 수원량

펌프의 정격토출량 = 최대방수구역의 헤드 설치개수 × 80ℓ/min 이상

∴ 수원량 = 펌프의 정격토출량 × 20분 이상

(3) 헤드배치기준

개구부 위측에 2.5m 이내마다 1개씩 설치

(4) 배관 설치시 유의사항

① 내화구조의 벽체 또는 바닥 슬래브를 관통하는 배관은 그 관통부위에 Sleeve를 매설하고 그 Sleeve를 통하여 배관이 관통되도록 설치한다.

② 방화구획 또는 방연구획을 통과하는 배관은 건축구조물과의 틈새가 없도록 내화충진재 등으로 밀실하게 시공한다.

③ 내화구조의 벽이나 방화벽 등으로 완벽하게 구획된 공간에는 그 공간용으로 별도의 입상관을 설치하는 것이 효과적이다. 이것은 방화구획 관통배관을 최소한으로 줄일 수 있게 된다.

④ 배관 이음부 용접 시 이음면의 모서리를 그라인더 등으로 갈아내고 용접한다.

⑤ 건식배관은 적정한 구배가 필요하며, 배관의 구조상 기울기를 줄 수 없는 경우에는 배수를 원활하게 할 수 있도록 배수밸브를 설치한다.

⑥ 습식배관은 수평으로 설치하며 다만, 배관의 구조상 소화수가 남아있는 부위에는 배수밸브를 설치한다.

⑦ 배관의 고정 · 지지는 수격작용에 의한 진동, 지진 및 기타 외력을 받아도 움직이지 않도록 견고하게 고정 · 지지하여야 한다.

[문제2] 소화펌프 성능시험배관의 시공방법을 기술하시오.

해답 (1) 배관

재질은 배관용 탄소강관 또는 압력배관용 탄소강관을 사용할 것

(2) 유량계 설치

수평배관에 수직으로 설치

(3) 배관의 구경

유량계의 구경과 성능시험배관의 구경은 동일하게 한다.

(4) 밸브 설치
유량계를 기준으로 1차측에 개폐밸브를, 2차측에 유량조절밸브를 설치한다.

(5) 직관부 설치
유량계를 중심으로 상류 측에 배관지름의 8배 이상, 하류 측에 5배 이상의 직관부 설치 : 유량계 전후의 물 흐름의 안정을 위함

(6) 유량계의 용량
정격토출량의 175% 이상의 유량을 측정할 수 있는 용량 이상의 것으로 설치

[문제3] 면적이 380m²인 경유거실의 제연설비에 대해 다음 물음에 답하시오.

(1) 소요 배출량(CMH)을 산출하시오.
(2) 흡입측 풍도(Duct)의 높이를 600mm로 할 때 풍도의 최소 폭은 얼마(mm)인가?(단, 풍도 내 풍속은 기술기준을 근거로 한다.)
(3) 송풍기의 전압이 50mmAq이고 효율이 55%인 다익송풍기 사용시 축동력[kW]을 구하시오.(단, 여유율은 20%)
(4) 제연설비의 회전차 크기를 변경하지 않고 배출량을 20% 증가시키고자 할 때 회전수[rpm]를 구하시오.(단, 송풍기의 당초 회전수는 1,200rpm)
(5) (4)항의 회전수[rpm]로 운전할 경우 전압[mmAq]을 구하시오.
(6) (3)항에서의 계산결과를 근거로 15kW 전동기를 설치 후 풍량의 20%를 증가시켰을 경우 전동기의 사용가능 여부를 설명하시오.(계산과정을 나타낼 것)
(7) 배연용 송풍기와 전동기의 연결방법에 대하여 설명하시오.
(8) 제연설비에서 일반적으로 사용하는 송풍기의 명칭과 주요특징을 설명하시오.

해답 (1) 소요배출량(CMH) = $380\text{m}^2 \times 1\text{m}^3/\text{min} \times 1.5 \times 60 = 34{,}200$CMH

(2) $Q = AV$에서

$$A = \frac{Q}{V}$$

$$0.6b = \frac{Q}{V}$$ (폭을 b라 하면)

$b=\frac{Q}{0.6V}=\frac{34,200/3,600}{0.6\times 15}=1.05556\text{ m}=1,055.56\text{mm}$

(3) 축동력(kW) $=\frac{P_tQ}{102\eta}=\frac{50\times(34,200/3,600)}{102\times 0.55}\times 1.2=10.16\text{ kW}$

(4) $\frac{Q_2}{Q_1}=\frac{N_2}{N_1}$

$\therefore N_2=\frac{Q_2}{Q_1}\times N_1=\frac{34,200\times 1.2}{34,200}\times 1,200=1,440\text{ rpm}$

(5) $P_2=\left(\frac{N_2}{N_1}\right)^2\times P_1=\left(\frac{1,440}{1,200}\right)^2\times 50=72\text{ mmAq}$

(6) 전동기용량(kW) $=\frac{P_1Q}{102\eta}\times K=\frac{72\times\frac{34,200}{3,600}\times 1.2}{102\times 0.55}\times 1.1$

$=16.09\text{ kW}$

따라서, 풍량을 20% 증가시켰을 경우에는 15kW 전동기를 사용할 수 없다.

(7) 배출기의 전동기 부분과 배풍기 부분은 분리하여 설치하여야 하며, 배풍기 부분은 유효한 내열처리를 할 것

(8) 송풍기의 명칭 : 다익팬(Sirocco Fan)

[주요특징]

① 전곡 익형팬으로 소형이므로 설치공간이 작고 효율이 낮다.

② 다익팬의 구동동력은 풍량이 증가하면 급격히 증가하며, 사용범위 이상으로 풍량이 커지면 전동기에 과부하가 걸린다.

[문제4] 동일 방호구역 내에 층별로 옥내소화전이 최대 3개씩 설치된 소방대상물이 있다. 최고위층에서 방수량을 측정하고자 한다. 다음 물음에 답하시오.

(1) 피토게이지를 이용하여 노즐선단에서의 방수압을 측정하고자 한다. 측정위치에 대하여 설명하시오.

(2) 피토게이지를 이용한 방수압 측정방법(순서)을 구체적으로 기술하시오.

(3) 옥내소화전 방수량 공식 $Q=0.653D^2\sqrt{P}$ (Q : ℓ/min, D : mm, P : kgf/cm²)의 유도과정을 쓰시오.

(4) 규정방수압 초과시 발생할 수 있는 문제점 2가지를 쓰시오.

(5) 소화전 노즐에서 규정방수압 초과시의 감압방식 4가지를 쓰고 간단히 설명하시오.

해답 (1) 노즐 방수압력의 측정위치

방수시의 노즐 선단으로부터 노즐 구경의 1/2 거리만큼 떨어진 위치

(2) 측정방법

방수시의 노즐 선단으로부터 노즐 구경의 1/2 거리만큼 떨어진 위치에서 피토관(방수압력측정계)의 선단 중심선과 방수류의 중심선이 일치하는 위치에 피토관의 선단이 오도록 하고, 압력계를 방수류의 직각이 되도록 하여 압력계 지침을 읽는다.

(3) $Q = 0.653D^2\sqrt{P}$의 유도

$$Q = AV$$

$$Q = \frac{\pi \times D^2}{4} \times \sqrt{2 \times g \times \frac{p}{\gamma}} \times Cv$$

$$Q = \frac{\pi \times D^2}{4} \times \sqrt{2 \times 9.8 \times \frac{p}{1,000} \times 10^4} \times Cv$$

$$Q = \frac{\pi \times D^2}{4} \times 14\sqrt{p} \times Cv$$

(Q의 단위 m^3/s를 ℓ/min로, D의 단위 m를 mm로 단위변화하면)

$$Q = \frac{60 \times 1,000 \times \pi}{4 \times 10^6} \times 14 \times 0.99 \times D^2\sqrt{p}$$

$$\therefore Q = 0.653D^2\sqrt{P}\,[\ell/min]$$

(4) 규정방수압 초과시 발생할 수 있는 문제점

① 큰 반동력으로 인해 소화작업이 어려워진다.

② 초과압력은 배관 및 배관부속류의 수명을 단축시키며 누수 등의 원인이 된다.

③ 초과압력으로 인한 소방호스의 파손 우려가 있다.

(5) 소화전 노즐에서 규정방수압 초과시의 감압방식의 종류

① 감압밸브방식

소화전 방수구에 감압밸브를 설치하는 방식

② 중계펌프방식

고층부에 별도의 수원 및 중계펌프를 설치

③ 고가수조방식

중층부용 및 저층부용 저수조를 별도로 설치

④ 구간별 전용배관방식

고층부 및 저층부에 별도의 전용배관 및 전용펌프를 설치

[문제5] 바닥면적이 1,000m², 실의 높이가 3m, 컴퓨터실에 할론 1301 소화설비를 전역방출방식으로 하려고 한다. 다음 물음에 답하시오.(소수점 둘째 자리까지 구하시오.)(내화구조이며, 3m × 2m의 자동폐쇄되지 않는 개구부 1개소가 있다.)

(1) 할론 1301의 최소약제량[kg]을 산출하시오.
(2) 할론 1301 소화약제 저장용기 개수를 쓰시오.(저장용기는 50kg의 약제를 저장한다.)
(3) 방호구역에 차동식 스포트형 1종 감지기를 설치할 경우 감지기 수를 산출하시오.
(4) 감지회로의 최소 회로수는 몇 개인가?
(5) Soaking Time에 대하여 쓰시오.
(6) 배관으로 강관을 사용할 경우 배관설치기준을 쓰시오.
(7) 약제 방출률이 2kg/sec · cm²이고, 방사 헤드 수가 25개, 노즐 1개의 방사압이 20kg/cm²일 경우 노즐의 최소 오리피스 분구면적[mm²]을 구하시오.

해답

(1) 약제량(kg)

$1{,}000 \times 3 \times 0.32 + 3 \times 2 \times 2.4 = 974.4\text{kg}$

(2) 저장용기수

$\frac{974.4}{50} = 19.49 \fallingdotseq 20$병

(3) 감지기수

$\frac{1{,}000}{90} = 11.11$

∴ 12개 × 2개 회로 = 24개

(4) 감지기회로수

교차회로방식이므로 2개 회로

(5) Soaking Time

가스계 소화약제가 방호구역에 방사되어 설계농도에 도달하여 완전히 소화되고 재발화하지 않도록 하기 위해서는 그 설계농도를 일정시간 유지하여야 한다. 특히, 심부화재의 경우 소화약제가 가연물에 침투하고 공기의 접촉을 차단하여 재발화가 일어나지 않는 완전소화를 달성하는 데는 일정한 시간이 더 소요된다. 이 때의 필요시간을 Soaking Time이라 한다.

NFPA에서는 할론 1301 및 일반 청정소화약제의 Soaking Time을 10분으로 적용하고 있다.

(6) 배관의 설치기준

강관을 사용하는 경우의 배관은 압력배관용 탄소강관(KS D 3562) 중 스케줄 40 이상의 것 또는 이와 동등 이상의 강도를 가진 것으로서 아연도금 등에 의하여 방식처리된 것을 사용할 것

(7) 분구면적 $= \dfrac{\dfrac{50\text{kg} \times 20}{10 \times 25}}{\dfrac{2\text{kg}}{\text{sec} \cdot \text{cm}^2}} = 2.0\text{cm}^2 = 200\text{mm}^2$

제 7 회

소방시설관리사 출제문제

소방시설의 설계 및 시공

[문제1] 다음 각각의 물음에 답하시오.(30점)

(1) 제연설비 설치장소의 제연구역 설정기준 5가지를 열거하시오.

(2) 옥내소화전 노즐선단에서의 방수압력이 7kg/cm^{2}를 초과하는 경우 시공상 감압방식을 4가지 이상 기술하시오.

(3) 배관의 외기온도변화나 충격 등에 따른 신축작용에 의한 손상방지용 신축이음의 종류를 3가지 이상 기술하시오.

(4) 포소화설비 혼합장치의 종류 4가지를 열거하고 간략히 설명하시오.

(5) 습식 외의 스프링클러설비에는 상향식 스프링클러헤드를 설치하여야 하나 하향식 헤드를 사용할 수 있는 경우 3가지를 쓰시오.

해답

(1) 제연구역기준 5가지

① 하나의 제연구역 면적은 1,000m^2 이내로 할 것

② 거실과 통로(복도를 포함하며, 이하 같다.)는 상호 제연구획할 것

③ 통로상의 제연구역은 보행중심선의 길이가 60m를 초과하지 아니할 것

④ 하나의 제연구역은 직경 60m 원 내에 들어갈 수 있을 것

⑤ 하나의 제연구역은 2개 이상 층에 미치지 아니하도록 할 것. 다만, 층의 구분이 불분명한 부분은 다른 부분과 별도로 제연구획하여야 한다.

(2) 감압방식 4가지

① 중계펌프에 의한 방법

② 가압송수장치와 배관계통의 저 · 고층부 분리에 의한 방법

③ 고가수조의 저 · 고층부 분리에 의한 방법

④ 감압밸브 또는 오리피스 등에 의한 방법

(3) 신축이음 종류 3가지

① 슬리브형 ② 벨로즈형 ③ 스위블형

(4) 혼합장치의 종류 4가지

① 펌프 프로포셔너 방식

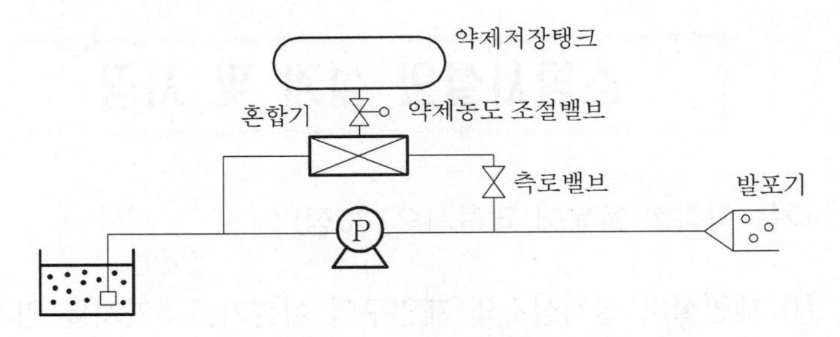

펌프의 토출관과 흡입관 사이의 배관 도중에 설치한 흡입기에 펌프에서 토출된 물의 일부를 보내고, 농도조정밸브에서 조정된 포소화약제의 필요량을 포소화약제 탱크에서 펌프 흡입측으로 보내어 이를 혼합하는 방식을 말한다.

② 프레셔 프로포셔너 방식

㉮ 격막식(비례혼합저장조 방식)

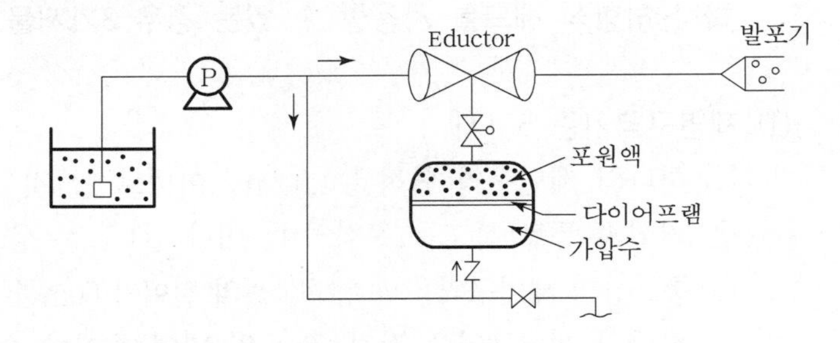

㉯ 비격막식

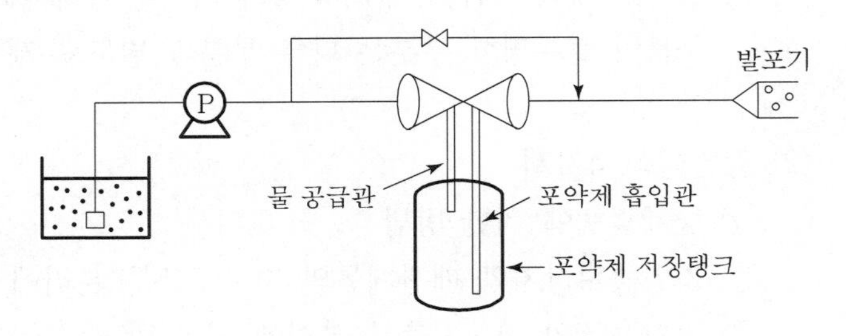

펌프와 발포기의 중간에 설치된 벤투리관의 벤투리 작용과 펌프 가압수의 포소화약제 저장탱크에 대한 압력에 따라 포소화약제를 흡입·혼합하는 방식을 말한다.

③ 라인 프로포셔너 방식

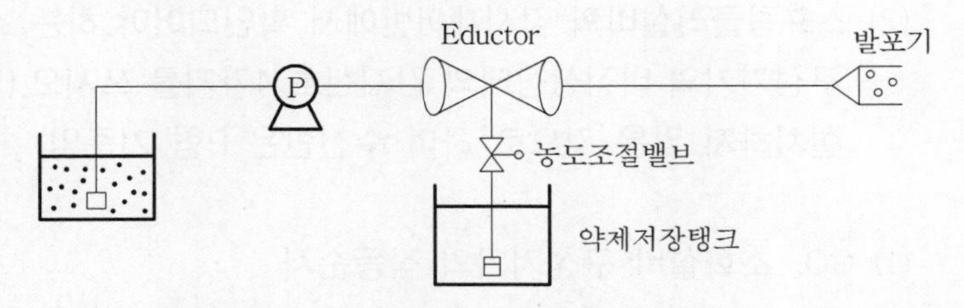

펌프와 발포기의 중간에 설치된 벤투리관의 벤투리작용에 의해 포소화약제를 흡입·혼합하는 방식을 말한다.

④ 프레셔사이드 프로포셔너 방식

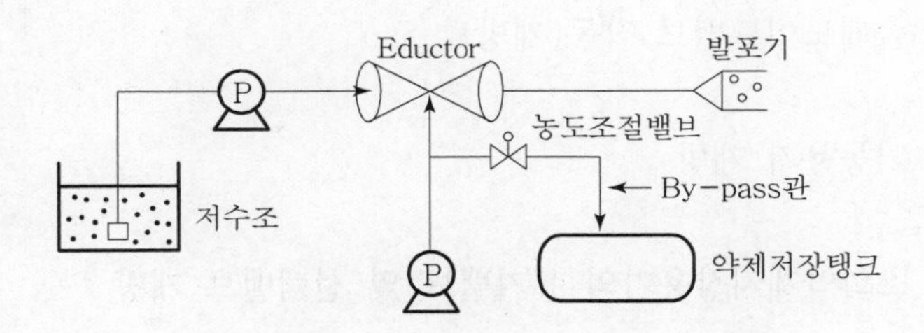

펌프의 토출관에 압입기를 설치하여 포소화약제 압입용 펌프로 포소화약제를 압입시켜 혼합하는 방식을 말한다.

(5) 하향식 헤드를 사용할 수 있는 경우 3가지

① 드라이펜던트형 스프링클러헤드를 사용하는 경우

② 스프링클러헤드의 설치장소가 동파의 우려가 없는 곳인 경우

③ 개방형 스프링클러헤드를 사용하는 경우

[문제2] 다음 각각의 물음에 답하시오.(30점)

(1) 선택밸브 등을 이용하여 전기실 등을 방호하는 CO_2소화설비(연기감지기와 가스압력식 기동장치를 채용한 자동기동방식)의 각종 전기적, 기계적 구성기기의 작동순서를 연기감지기(감지기 A, B)의 작동부터 분사헤드에서의 약제방출에 이르기까지 순차적으로 기술하시오.(단, 종합수

신반과의 연동은 고려하지 않으며 감지기 A, B 중 감지기 A가 먼저 작동하고 전자사이렌의 기동은 하나의 감지기 작동 후 이루어지며, 압력스위치는 선택밸브 2차측에 설치되는 조건임. 기기의 명칭은 일반적인 용어를 사용하되 화재안전기준에서 사용되는 용어도 가능함)

(2) 스프링클러설비의 감시제어반에서 확인되어야 하는 스프링클러설비의 구성기기의 비정상상태의 감지신호 4가지를 쓰시오.(단, 물올림탱크는 설치하지 않은 것으로 하며 수신반은 P형 기준임)

해답 (1) CO_2 소화설비 구성기기의 작동순서

A회로 감지기 작동 – 화재표시등 점등, 전자사이렌 기동

↓

B회로 감지기 작동 – 자동폐쇄장치(전기식) 작동, 지연장치(타이머) 작동

↓

솔레노이드밸브 작동(개방)

↓

기동용기 개방

↓

소화약제저장용기의 용기밸브 및 선택밸브 개방

↓

가스방출 → 압력스위치 작동 → 방출표시등 점등

↓

분사헤드에서 소화약제 방출

(2) 스프링클러설비의 비정상상태 감지신호 4가지

① 기동용 수압개폐장치의 압력스위치회로 – 각 펌프로 작동 여부 확인
② 수조의 저수위 감시회로 – 수조의 저수위 확인
③ 유수검지장치 또는 일제개방밸브의 압력스위치 회로 – 유수검지장치 또는 일제개방밸브의 작동 여부 확인
④ 일제개방밸브를 사용하는 설비의 화재감지기회로 – 화재감지기의 작동 여부 확인
⑤ 개폐표시형 개폐밸브의 폐쇄상태 확인회로 – 탬퍼스위치의 작동 여부 확인

[문제3] 지상 25층 지하 1층의 계단실형 APT에 옥내소화전과 스프링클러설비를 설치할 경우 다음 각각의 물음에 답하시오.(40점)(단, 지상층－층당 바닥면적은 320m², 옥내소화전 2개/층, 폐쇄형 습식스프링클러헤드 28개/층 지하층－바닥면적 6,300m²로 방화구획 완화규정 적용, 옥내소화전 9개와 준비작동식 스프링클러설비가 혼합 설비되고, 소화펌프－옥내소화전과 스프링클러 겸용)

(1) 소화펌프의 토출량[ℓ/min]과 전동기의 동력[kW]을 구하시오.
실양정 70m, 손실수두 25m, 전달계수 1.1, 효율 65%로 하며, 방수압은 옥내소화전을 기준으로 하되 안전율 10m를 고려함
(2) 수원을 전량 지하수조로만 적용하고자 할 때 화재안전기준(NFSC)에 의한 조치방법을 제시하시오.
(3) 소화펌프의 토출측 주배관[mm]의 수리계산방식에 의한 최소값을 구하시오.(배관 내 유속은 옥내소화전 화재안전기준－NFSC 102에 의한 상한값 사용)
(4) 하나의 계단으로부터 출입할 수 있는 세대수가 층당 2세대일 경우 스프링클러설비의 방호구역 설정(지하주차장 포함)
(5) 옥내소화전설비와 호스릴옥내소화전설비의 차이점(수원, 방수압, 방수량, 배관, 수평거리)을 기술하시오.

해답 (1) 소화펌프의 토출량과 전동기의 동력

① 소화펌프의 토출량[ℓ/min]

5개 × 130 ℓ/min + 10개 × 80 ℓ/min = 1,450 ℓ/min

② 전양정

$$h_2 + h_2 + h_3 + 17\,\text{m} = 70\text{m} + 25\text{m} + 17\text{m} + 10\text{m} = 122\text{m}$$

③ 전동기의 동력[kW]

$$\frac{0.163QH}{\eta} \times K = \frac{0.163 \times 1.45 \times 122}{0.65} \times 1.1 = 48.8 = 49[\text{kW}]$$

(2) 고가수조의 설치 제외시 조치방법

내연기관의 기동에 따른 펌프 또는 주펌프와 동등 이상의 성능이 있는 별도의 펌프에 비상전원을 연결하여 설치한다.

(3) 주배관의 최소구경

$$Q = \frac{3.14}{4} D^2 V \text{에서 } D = \sqrt{\frac{4Q}{3.14V}} = \sqrt{\frac{4 \times 1,450\,\ell/\text{min}}{3.14 \times 4 \times 1,000 \times 60}}$$

$$= 0.0877\,\text{m} = 87.7\,\text{mm}$$

(4) 스프링클러설비의 방호구역 수

28구역(지상층은 층당 1구역, 지하층은 3,000m²마다 구획되므로 3구역)

(5) 옥내소화전설비와 호스릴옥내소화전설비의 차이점

	옥내소화전	호스릴 옥내소화전
수원	옥내소화전의 설치개수가 가장 많은 층의 설치개수(5개 이상 설치된 경우에는 5개)에 2.6m³를 곱한 양 이상	호스릴옥내소화전의 설치개수가 가장 많은 층의 설치개수(5개 이상 설치된 경우에는 5개)에 2.6m³를 곱한 양 이상
방수압	1.7kg/cm² 이상	1.7kg/cm² 이상
방수량	130ℓ/min 이상	130ℓ/min 이상
배관	가지배관 : 40mm 이상 주배관 중 수직배관 : 50mm 이상	가지배관 : 25mm 이상 주배관 중 수직배관 : 32mm 이상
수평거리	방수구까지의 수평거리 : 25m 이하	방수구까지의 수평거리 : 25m 이하

제 8 회

소방시설관리사 출제문제

소방시설의 설계 및 시공

[문제1] 옥외소화전설비에 대하여 아래조건을 참고하여 문제에 답하시오.(30점)

[조건] 부압흡입방식, 기동장치는 기동용 수압개폐장치 사용, 지상식 옥외소화전 2개 설치

(1) 펌프의 흡입측과 토출측의 주위배관을 도시하고 밸브 및 기구 등의 이름을 쓰시오.(12점)

(2) 안전밸브와 릴리프밸브의 차이점을 쓰시오.(6점)

(3) 릴리프밸브의 압력설정방법을 쓰시오.(6점)

(4) 소화전의 동파방지를 위하여 시공시 유의해야 할 사항 2가지(단, 동파방지기구 등을 추가적으로 설치하는 것은 고려하지 않음)

해답 (1) 펌프의 흡입측과 토출측의 주위 배관

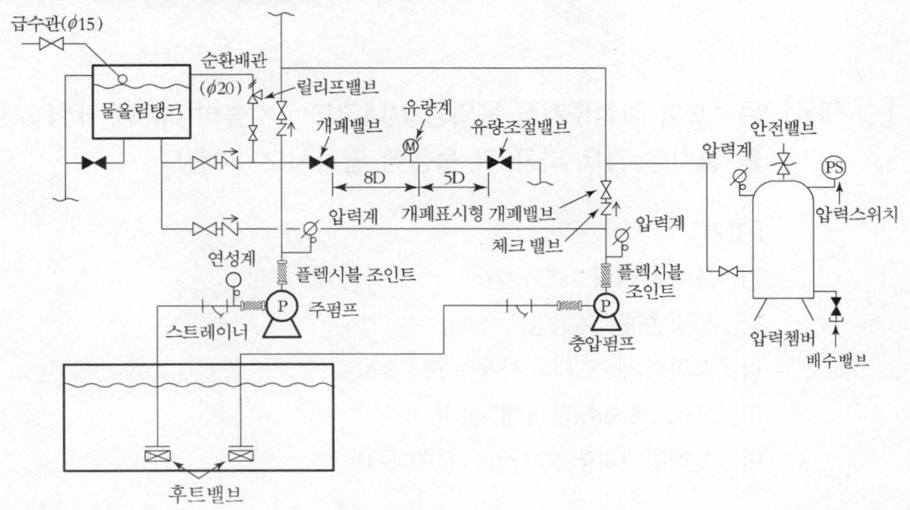

(2) 안전밸브와 릴리프밸브의 차이점

안전밸브	릴리프밸브
가스나 증기용	액체용
제조시 공장에서 작동압력을 설정	현장에서 임의로 작동압력의 설정 가능
설정압력 초과시 순간적으로 완전 개방	설정압력에서 개방되기 시작하여 압력증가에 비례하여 개방됨

(3) 릴리프밸브의 압력설정방법

① 제어반에서 주펌프, 보조펌프의 운전스위치를 「수동」의 위치로 한다.

② 주펌프의 토출측 밸브를 폐쇄한다.

③ 주펌프를 수동으로 기동한다.

④ 릴리프밸브의 위 뚜껑을 열고 스패너 등으로 릴리프밸브를 반시계방향으로 서서히 돌려서 물이 흐르기 시작할 때 멈춘다.

⑤ 릴리프밸브의 위 뚜껑을 닫고 고정시킨다.

(4) 동파방지를 위한 시공시 유의할 사항 2가지

① 보온재의 이음새 부위와 배관부속류 부위에 보온재로 기밀성 있게 보온하고, 특히 밸브류 등도 완전하게 감싸서 보온한다.

② 보온재의 재질 및 두께를 배관크기와 주위 최저기온을 고려하여 선정한다.

③ 배관을 지하에 매설할 경우에는 동결심도 아래로 매설한다. 이 경우, 배수가 잘될 수 있도록 모래, 자갈 등으로 주변을 채운다.

[문제2] 콘루프형 위험물저장 옥외탱크(내경15m × 높이10m)에 II형 포방출구 2개를 설치할 경우 다음 각 물음에 답하시오.(30점)

[조건]

가. 포수용액량 : 220 ℓ/m²

나. 포방출률 : 4 ℓ/m² · min

다. 소화약제(포)의 사용농도 : 3%

라. 보조 포소화전 4개 설치

마. 송액관 내경 100mm, 길이 500m

(1) 고정포방출구에서 방출하기 위하여 필요한 포소화약제 저장량(15점)
(2) 보조 포소화전에서 방출하기 위하여 필요한 포소화약제 저장량(5점)
(3) 탱크까지 송액관에 충전하기 위하여 필요한 포소화약제 저장량(5점)
(4) 그 합을 구하라.(5점)

해답 (1) 고정포방출구용 포소화약제 저장량

$$A \times \text{포수용액량} \times S = \frac{\pi}{4} \times 15^2 \times 220 \times 0.03 = 1,166.316\ \ell$$

(2) 보조 포소화전용 포소화약제 저장량
N S 8,000=3개 × 0.03 × 8,000=720 ℓ

(3) 송액관 충전용 포소화약제 저장량

$$\frac{\pi}{4} D^2 L \times 1,000 \times S = \frac{\pi}{4} \times 0.1^2 \times 500 \times 1,000 \times 0.03 = 117.81\ \ell$$

(4) 포소화약제 저장량의 합계
1,166.316+720+117.81=2,004.13 ℓ

[문제3] 한 개의 방호구역으로 구성된 가로 15m, 세로 15m, 높이 6m의 래크식 창고에 특수가연물을 저장하고 있고, 표준형 스프링클러헤드 폐쇄형을 정방형으로 설치하려고 한다. (40점)

(1) 헤드 설치 수(15점)
(2) 총 헤드를 담당하는 최소배관의 구경(스케줄방식 배관)(15점)
(3) 헤드 1개당 80ℓ/min으로 방출시 옥상수조를 포함한 수원의 양(ℓ)(10점)

해답 (1) 헤드 설치 수
특수가연물을 저장하는 장소이므로 수평거리 1.7m를 적용
15m ÷ S(헤드 간의 간격)
=15m ÷ (2 × 1.7m × cos45)
=6.24이므로 헤드 7개
가로 7개 × 세로 7개=49개

특수가연물을 저장하는 것에 있어서는 래크높이 4m 이하마다 스프링클러헤드를 설치하므로 49개 × 2열 = 98개

(2) 주배관의 최소구경

특수가연물을 저장하는 경우로서 폐쇄형 스프링클러헤드를 설치하는 설비의 배관구경은 [별표1의 '다']에 따르므로 150mm이다.

(3) 수원의 양

특수가연물을 저장하는 창고이므로 기준개수는 30개를 적용한다.

$$30개 \times 80\ \ell/\text{min} \times 20\text{min} \times 1\frac{1}{3} = 64{,}000\ \ell$$

제 9 회

소방시설관리사 출제문제

소방시설의 설계 및 시공

[문제1] 다음 조건에서 할로겐화합물 청정소화약제소화설비에서 10초 동안 방사된 약제량을 구하시오.(25점)

[조건]

가. 10초 동안 약제가 방사될시 설계농도의 95%에 해당하는 약제가 방출된다.

나. 실의 구조는 가로 4m, 세로 5m, 높이 4m이다.

다. $K_1 = 0.2413$ $K_2 = 0.00088$, 실온은 20℃이다.

라. A급 및 C급화재 발생가능장소로서, 소화농도는 8.5%이다.

해답

(1) $S = K_1 + K_2 \times t = 0.2413 + 0.00088 \times 20 = 0.2589$

(2) 설계농도(C)

$= 소화농도 \times 1.2(안전율 : A \cdot C급\ 화재) = 8.5\% \times 1.2 = 10.2\%$

(3) 설계농도의 95%에 해당하는 농도 $= 10.2\% \times 0.95 = 9.69\%$

(4) 방호구역 체적 $= 4 \times 5 \times 4 = 80m^3$

∴ 방사된 약제량 : $W = \frac{V}{S} \times \frac{C}{100 - C}$

$$= \frac{80}{0.2589} \times \frac{9.69}{100 - 9.69} = 33.15[kg]$$

[문제2] 다음 물음에 각각 답하시오.(40점)

(1) 바닥면적 $350m^2$, 높이 5m, 전압 75mmAq, 효율 65%, 전달계수 1.1인 Fan의 동력을 마력[HP]으로 산정하시오.(10점)

(2) 길이가 3,000m인 터널이 있다. 소방법령상 설치해야 하는 소방시설의 종류를 모두 쓰시오.(10점)

(3) 부속실 제연설비의 제어반 기능 5가지를 쓰시오.(20점)

해답 (1) Fan의 동력[HP]

① 풍량 $Q = 350\,m^2 \times 1m^3/min/m^2 = 350\,m^3/min$ 이상

② $P = \dfrac{P_t Q}{76 \times 60 \times \eta} \times K = \dfrac{75 \times 350}{76 \times 60 \times 0.65} \times 1.1 = 9.74[HP]$ 이상

(2) 터널의 소방시설 종류

수동식 소화기, 옥내소화전설비, 비상경보설비, 자동화재탐지설비, 비상조명등, 제연설비, 연결송수관설비 비상콘센트설비, 무선통신보조설비 (소방시설설치유지법 시행령 별표4 기준)

(3) 부속실제연설비 제어반의 기능

① 급기용 댐퍼의 개폐에 대한 감시 및 원격조작기능
② 배출댐퍼 또는 개폐기의 작동여부에 대한 감시 및 원격조작기능
③ 급기송풍기와 유입공기 배출용 송풍기의 작동여부에 대한 감시 및 원격 조작기능
④ 제연구역의 출입문의 일시적인 고정·개방 및 해정에 대한 감시 및 원격조작기능 : (평상시 출입문을 열어놓았다가 화재감지기와 연동하여 자동으로 닫히는 방식인 경우에 한한다.)
⑤ 수동기동장치의 작동여부에 대한 감시기능
⑥ 급기구 개구율의 자동조절장치의 작동여부에 대한 감시기능. 다만, 급기구에 차압표시계를 고정부착한 자동차압·과압조절형 댐퍼를 설치하고 해당 제어반에도 차압표시계를 설치한 경우에는 그러하지 아니한다.
⑦ 감시선로의 단선에 대한 감시기능

[문제3] 그림과 같은 지상10층, 지하2층에 대하여 다음의 각 물음에 답하시오. 내부는 방화구획이나 칸막이가 되어 있지 않다.(35점)

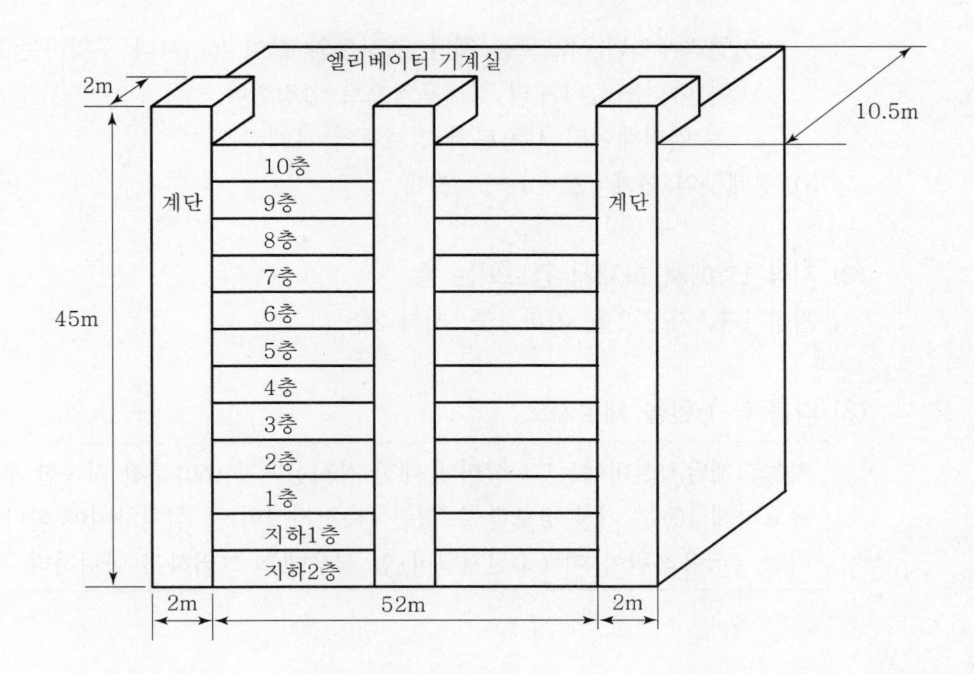

(1) 자동화재탐지설비의 경계구역 수를 산출하시오.(단, 산출과정을 상세히 설명할 것)(15점)

(2) 지상1층에서 화재 발생시 경보되어야 할 층을 쓰시오.(10점)

(3) 다음 ( ) 안을 채우시오.(10점)

해답 (1) 자동화재탐지설비의 경계구역 수

1) 1개 층당 경계구역 개수 산정

① $56\text{m} \times 10.5 = 588\text{m}^2 - $(계단 2개소 + E/V샤프트)

$= 588 - 2 \times 2 \times 3 = 576\text{m}^2$

이므로 하나의 경계구역에 해당하지만 한 변의 길이가 50m를 초과(56m)하므로 하나의 층은 각각 2개의 경계구역으로 산정한다.

② 경계구역 2개 × 12개층 = 24개

※ 주된 출입구에 대한 조건 제시가 없고 내부 전체가 보이는 구조가 아니므로 면적(600m^2)과 한 변의 길이(50m)기준에 의해 산정한다.

2) 계단 및 엘리베이터 샤프트 경계구역의 개수 산정

① 좌측 및 우측의 계단실은 지하 2층 이상이므로 지상층 계단실과 지하층 계단실은 별도의 경계구역으로 산정한다.

∴ 계단실 2개 × 2개의 경계구역 = 4개

② 엘리베이터 샤프트는 계단, 경사로와 같이 45m마다 구획하는 것이 아니므로, 1개의 경계구역으로 설정한다.
∴ 엘리베이터 샤프트의 경계구역=1개

3) 경계구역 합계=24+4+1=29개

(2) 지상 1층에서 화재시 경보되는 층

지상 1층, 지상 2층, 지하 1층, 지하 2층

(3) 다음 ( ) 안을 채우시오.

자동화재탐지설비에는 그 설비에 대한 감시상태를 (60)분간 지속한 후 유효하게(10)분 이상 경보할 수 있는 (축전지설비)를 설치하여야 한다. 다만, (상용전원이)이 (축전지설비)인 경우에는 그러하지 아니하다.

제 10 회

소방시설관리사 출제문제

소방시설의 설계 및 시공

[문제1] 다음의 청정소화약제에 대하여 답하시오.(30점)

(1) 다음 용어의 정의를 설명하시오.(6점)
① 청정소화약제
② 할로겐화합물청정소화약제
③ 불활성가스소화약제
(2) 청정소화약제소화설비를 설치해서는 안되는 장소를 쓰시오.(4점)
(3) 최대허용설계농도가 가장 높은 약제(3점)
(4) 최대허용설계농도가 가장 낮은 약제(3점)
(5) 과압배출구의 설치장소를 쓰시오.(6점)
(6) 자동폐쇄장치의 설치기준을 쓰시오.(4점)
(7) 저장용기 재충전 또는 교체기준을 쓰시오.(4점)

해답 (1) 용어의 정의
① 청정소화약제
할로겐화합물(할론1301 · 할론2402 · 할론1211은 제외)및 불활성기체로서 전기적으로 비전도성이며 휘발성이 있거나 증발 후 잔여물을 남기지 않는 소화약제
② 할로겐화합물청정소화약제
불소, 염소, 브롬 또는 요오드 중 하나 이상의 원소를 포함하고 있는 유기화합물을 기본성분으로 하는 소화약제
③ 불활성가스소화약제
헬륨, 네온, 아르곤 또는 질소가스 중 하나 이상의 원소를 기본성분으

로 하는 소화약제

(2) 청정소화약제소화설비를 설치해서는 안 되는 장소

① 사람이 상주하는 곳으로서 화재안전기준(제7조 제2항)에서 정한 최대허용설계농도를 초과하는 장소

② 위험물안전관리법 시행령 [별표1]의 제3류위험물 또는 제5류위험물을 사용하는 장소 다만, 소화성능이 인정되는 위험물은 제외한다.

(3) 최대 허용설계농도가 가장 높은 약제

HFC-23 : 50%

(4) 최대 허용설계농도가 가장 낮은 약제

FIC-13I1 : 0.3% (개정 2008. 12. 15)

(5) 과압배출구의 설치장소

방호구역에 소화약제 방출시 과압으로 인하여 구조물 등에 손상이 생길 우려가 있는 장소

(6) 자동폐쇄장치의 설치기준

① 환기장치를 설치한 것에 있어서는 청정소화약제가 방사되기 전에 해당 환기장치가 정지할 수 있도록 할 것

② 개구부가 있거나 천장으로부터 1m 이상의 아래부분 또는 바닥으로부터 해당 층 높이의 3분의 2 이내의 부분에 통기구가 있어 청정소화약제의 유출에 따라 소화효과를 감소시킬 우려가 있는 것에 있어서는 청정소화약제가 방사되기 전에 해당 개구부 및 통기구를 폐쇄할 수 있도록 할 것

③ 자동폐쇄장치는 방호구역 또는 방호대상물이 있는 구획의 밖에서 복구할 수 있는 구조로 하고, 그 위치를 표시하는 표지를 할 것

(7) 저장용기의 재충전 또는 교체기준

① 할로겐화합물청정소화약제

저장용기의 약제량 손실이 5%를 초과하거나 압력손실이 10%를 초과할 경우에는 재충전하거나 저장용기를 교체할 것

② 불활성가스청정소화약제
저장용기의 압력손실이 5%를 초과하는 경우 재충전하거나 저장용기를 교체할 것

[문제2] 특별피난계단의 계단실 및 부속실제연설비에 대하여 설명하시오.(40점)

[조건]
1. 평상시 거실과 부속실의 출입문 개방에 필요한 힘 F_1=50N이다.
2. 화재시 거실과 부속실의 출입문 개방에 필요한 힘 F_T=90N이다.
3. 출입문 폭(w)=0.9m, 높이(h)=2.0m
4. 손잡이는 출입문 끝에 있다고 가정한다.
5. 스프링클러설비 미설치

(1) 제연방식 기준 3가지를 쓰시오.(12점)
(2) 제연구역의 선정기준 3가지를 쓰시오.(12점)
(3) 다음의 조건을 이용하여 부속실과 거실 사이의 차압(Pa)을 구하고 화재안전기준에 의한 최소차압 40Pa과 비교하여 설명하시오.(16점)

해답 (1) 제연방식 기준 3가지
① 제연구역에 옥외의 신선한 공기를 공급하여 제연구역의 기압을 제연구역 이외의 옥내보다 높게 하되 일정한 기압의 차이(차압)를 유지하게 함으로써 옥내로부터 제연구역 내로 연기가 침투하지 못하도록 할 것
② 피난을 위하여 제연구역의 출입문이 일시적으로 개방되는 경우 방연풍속을 유지하도록 옥외의 공기를 제연구역 내로 보충공급하도록 할 것
③ 피난을 위하여 일시 개방된 출입문이 다시 닫히는 경우 제연구역의 과압을 방지할 수 있는 유효한 조치를 하여 차압을 유지할 것

(2) 제연구역의 선정기준 3가지
① 계단실 및 그 부속실을 동시에 제연하는 것
② 부속실만을 단독으로 제연하는 것
③ 계단실을 단독 제연하는 것
④ 비상용승강기 승강장을 단독 제연하는 것

(3) 부속실과 거실 사이의 차압 계산

1) 제연구역의 가압상태에서 출입문(방화문)을 개방하기 위한 개방력은 다음 식에 의해 구한다.

$$F = F_c + \frac{W \cdot A \cdot \Delta P}{2(W - \ell)}$$

여기서, F : 문을 개방하는데 필요한 전체 힘(N)

F_c : 문의 개방시 도어클로져의 저항력(N) : (소수이므로 여기서는 무시한다)

W : 출입문의 폭(m)

A : 출입문의 면적(m^2)

ΔP : 비제연구역과의 차압(Pa)

ℓ : 문의 손잡이에서 문 끝까지의 거리(m)

2) 위 식을 이용하여 부속실과 거실 사이의 차압(Pa)을 구하면 다음과 같다.

$$F_T = F_1 + F_2$$

여기서, F_T : 화재시 출입문 개방에 필요한 힘

F_1 : 평상시 출입문 개방에 필요한 힘

F_2 : 차압에 의한 개방력(힘)

$$F_2 = F_T - F_1 = 90 - 50 = 40$$

$$40 = \frac{0.9 \times 1.8 \times \Delta P}{2 \times (0.9 - 0)}$$

$$\therefore \Delta P = \frac{40 \times 2 \times 0.9}{0.9 \times 1.8} = 44.44(Pa)$$

3) 화재안전기준에 의한 최소차압 40Pa과의 비교 설명

화재안전기준상 최소차압은 40Pa(스프링클러설비가 설치된 경우에는 12.5Pa)이나, 위의 조건에 따라 차압을 계산하면 44.44Pa가 나오므로 화재안전기준을 만족한다.

또한 최대차압은 제연설비 가동시 출입문의 개방에 필요한 힘이 90N으로서 화재안전기준에서 규정한 110N 미만이므로 적합하다.

[문제3] 말단헤드의 방수압력이 0.1MPa일 때 방수량이 80ℓ/min인 폐쇄형 스프링클러설비의 수리계산에 대하여 다음 물음에 답하시오.(30점)

(1) A지점의 필요최소압력은 몇 MPa인가?(10점)
(2) 각 헤드에서의 방수량은 몇 ℓ/min인가?(5점)
(3) A－B구간에서의 유량은 몇 ℓ/min인가?(5점)
(4) A－B구간에서의 최소내경은 몇 mm인가?(10점)

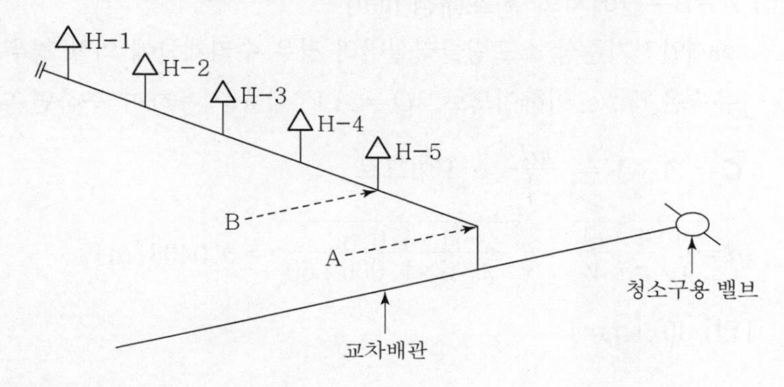

[조건]
1. H－1～H－5까지의 각 헤드마다의 방수압력 차이는 0.02MPa이다
2. A～B구간의 마찰손실은 0.03MPa이다
3. H－1 헤드에서의 방수량은 80ℓ/min 이다.

해답 (1) A지점의 필요 최소압력[MPa]

0.1＋0.02＋0.02＋0.02＋0.02＋0.03＝0.21

[답] 0.21[MPa]

(2) 각 헤드에서의 방수량[ℓ /min]

1kg/cm² ＝0.1MPa으로 보고 계산하면

$Q = K\sqrt{P}$에서

$$\therefore\ K = \frac{Q}{\sqrt{P}} = \frac{80}{\sqrt{1}} = 80$$

H－1 : $q = 80\sqrt{1} = 80$ ∴ 80[ℓ/min]

H－2 : $q = 80\sqrt{1.2} = 87.635$ ∴ 87.64[ℓ/min]

H－3 : $q = 80\sqrt{1.4} = 94.657$ ∴ 94.66[ℓ/min]

H－4 : $q = 80\sqrt{1.6} = 101.192$ ∴ 101.19[ℓ/min]

H-5 : $q=80\sqrt{1.8}=107.331$　　$\therefore$ 107.33[ℓ/min]

(3) A-B구간에서의 유량[ℓ /min]

80+87.64+94.66+101.19+107.33=470.82

[답] 470.82[ℓ/min]

(4) A-B구간에서의 최소내경[mm]

화재안전기준상 스프링클러설비의 경우 수리계산에 의할 경우 가지배관의 유속은 6m/s 이하이므로, $Q=AV$ 식을 적용하여 구하면 다음과 같다.

$Q=A\cdot V=\dfrac{\pi d^2}{4}\cdot V$이므로

$$d=\sqrt{\frac{4\cdot Q}{\pi\cdot V}}=\sqrt{\frac{4\times 470.82}{\pi\times 6\times 1,000\times 60}}=0.0408[\text{m}]$$

[답] 40.8[mm]

[적용] A-B 구간에서의 최소내경은 50mm(50A)배관으로 적용한다.

제 11 회

소방시설관리사 출제문제

소방시설의 설계 및 시공

[문제1] 다음은 소화펌프의 흡입계통 설계도면이다. 다음 조건을 참고하여 다음 각 물음에 답하시오.(40점)

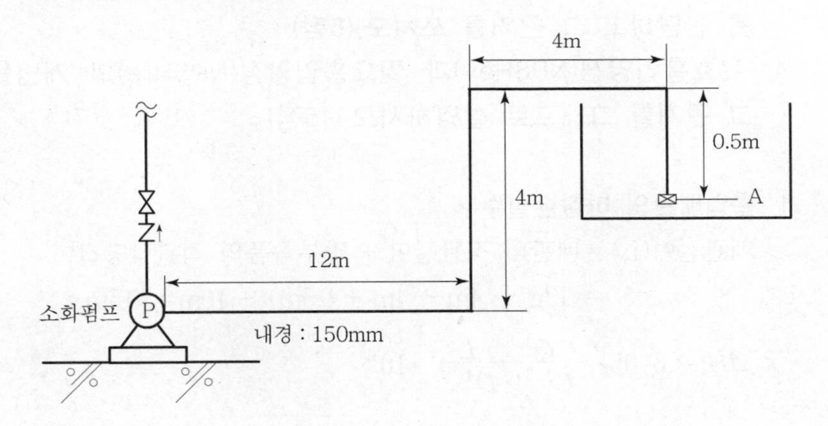

[조건]

가. 펌프의 토출량은 $180m^3/hr$이다

나. 소화펌프의 토출압은 0.8MPa이다.

다. 흡입배관상의 관부속품(엘보 등) 직관 상당길이는 10m로 적용한다.

라. 소화수 증기압은 $0.0238kg/cm^2$, 대기압은 1atm으로 적용한다.

마. 유효흡입양정의 기준점은 A로 한다.

바. 배관의 압력손실은 아래의 Hazen－Williams식으로 계산한다.(단, 속도수두는 무시한다.)

$$\Delta H = 6.05 \times \frac{Q^{1.85} \times L}{C^{1.85} \times D^{4.87}} \times 10^6 [m]$$

여기서, ΔH : 압력손실[mH_2O]
Q : 유량[ℓ/min]
C : 마찰계수(100)
L : 배관길이[m]
D : 배관내경[mm]

1. 흡입배관에서의 마찰손실수두[mH_2O]를 계산하시오.(10점)
   (단, 계산과정을 쓰고 답을 소수점 넷째 자리에서 반올림해서 셋째 자리까지 구하시오.)
2. 유효흡입양정(NPSHav)을 계산하시오.(10점)
   (단, 계산과정을 쓰고 답을 소수점 넷째 자리에서 반올림해서 셋째 자리까지 구하시오.)
3. 필요흡입양정(NPSHre)이 $7mH_2O$일 때 정상적인 흡입운전 가능여부를 판단하고 그 근거를 쓰시오.(5점)
4. 유효흡입양정(NPSHav)과 필요흡입양정(NPSHre)의 개념을 쓰고, 그 관계를 그래프로 설명하시오.(15점)

해답

1. 흡입배관의 마찰손실수두

배관길이(L) = 배관의 직관길이 + 관부속품의 직관상당길이
= (12m + 4m + 4m + 0.5m) + 10m = 30.5m

$$\Delta H = 6.05 \times \frac{Q^{1.85} \times L}{C^{1.85} \times D^{4.87}} \times 10^6$$

$$= 6.05 \times \frac{(180,000/60)^{1.85} \times 30.5}{100^{1.85} \times 150^{4.87}} \times 10^6 = 2.5186\text{m}$$

[답] 2.519[mH_2O]

2. 유효흡입양정(NPSHav)

$$NPSHav = Ha - Hv - Hf \pm Hh$$

여기서, NPSHav : 유효흡입수두[mH_2O]
Ha : 대기압환산수두[mH_2O] = 1atm = 10.332mH_2O
Hv : 포화증기압수두[mH_2O] = 0.0238kg/cm^2 = 0.238mH_2O
Hf : 마찰손실수두[mH_2O] = 2.519mH_2O
Hh : 낙차환산수두[mH_2O] = 4m − 0.5m = 3.5m

∴ $NPSHav = 10.332mH_2O - 0.238m - 2.519[mH_2O] + 3.5m$
$= 11.075mH_2O$

[답] $11.075[mH_2O]$

3. 필요흡입양정이 $7mH_2O$일 때 정상적인 흡입운전 가능여부의 판단

(1) 판단근거

펌프 운전 시 '$NPSHav > NPSHre$'이 성립되면 Cavitation(공동현상)이 발생하지 않으므로 펌프는 정상적인 흡입운전이 가능하다.

(2) 판단

$NPSHav = 11.075m > NPSHre = 7m$이므로 정상적인 흡입운전이 가능하다.

4. 필요흡입양정과 유효흡입양정의 개념과 관계

(1) 필요흡입양정($NPSHre$; required NPSH)

펌프운전시 Cavitation(공동현상)이 발생하지 않고 정상 작동되기 위해 필요로 하는 흡입양정으로서 펌프의 구조 및 형태에 따라 결정되는 값이다.

(2) 유효흡입양정($NPSHav$; available NPSH)

펌프 흡입시 Cavitation이 발생되지 않고 실제 유효하게 흡입할 수 있는 유효흡입수두

즉, 흡입 전양정에서 해당 수온에서의 포화증기압을 뺀 값을 $NPSHav$라 한다.

∴ $NPSHav = P_a - P_v - H_f \pm H_s$

여기서, P_a : 대기압$[kgf/m^2] = 10mAq = 10^4[kgf/m^2]$

P_v : 포화증기압$[kgf/m^2]$

H_f : 흡입측 마찰손실수두$[m] = f \cdot \dfrac{v^2}{2g} \times \dfrac{l}{d}$

H_s : 낙차(펌프 설치면 - 수원의 높이)

(3) 필요흡입양정(NPSHre)과 유효흡입양정(NPSHav)의 관계

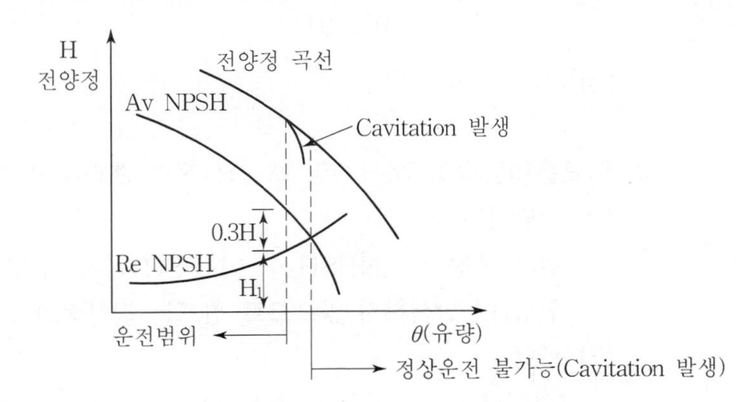

Av NPSH > Re NPSH이면
이론상으로는 캐비테이션이 발생하지 않으나, 유체의 온도, 펌프설치 장소의 고도(해발), 유체마찰손실 등을 고려하는 여유분을 감안하여 보통 1.3배로 본다.
∴ Cavitation이 발생하지 않는 운전조건은
Av NPSH ≧ Re NPSH × 1.3 이다.

[문제2] 물분무소화설비의 화재안전기준(NFSC104)에 관하여 다음 각 물음에 답하시오.(30점)

1. 아래 그림과 같이 바닥면이 자갈로 되어있는 절연유 봉입변압기에 물분무소화설비를 설치하고자 한다.(단, 계산과정을 쓰시오)(15점)

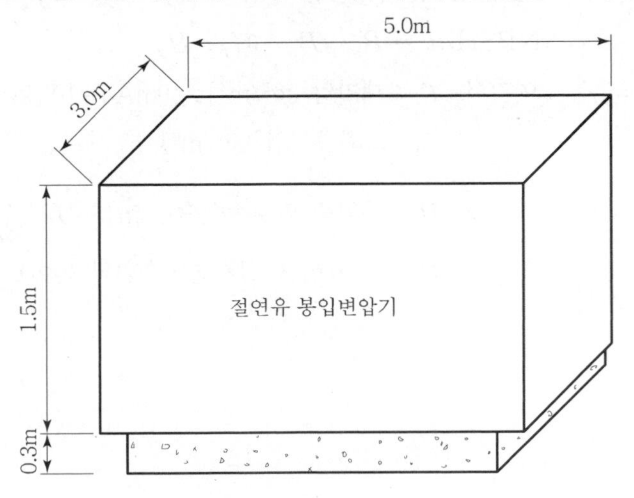

(1) 소화펌프의 최소 토출량[ℓ/min]을 구하시오.(10점)

(2) 필요한 최소 수원의양 [m^3]을 구하시오.(5점)

2. 고압의 전기기기가 있을 경우 물분무헤드와 전기기기의 이격기준인 아래의 표를 완성하시오.(7점)

3. 차고 또는 주차장에 물분무소화설비를 설치하는 경우, 배수설비의 설치기준 4가지를 쓰시오.(8점)

해답 1. 소화펌프의 최소 토출량 및 수원량

(1) 물분무소화설비의 화재안전기준 제4조 1항 3호에 따른 1분당 방출량은 절연유 봉입변압기의 바닥부분을 제외한 표면적을 합한 면적 1㎡에 대하여 10ℓ/min로 20분간 방수할 수 있는 양 이상으로 규정하고 있다.

1) 바닥부분을 제외한 표면적의 합계

표면적＝윗면적 + (측면×2면) + (전면×2면)

＝(3m×5m) + (3m×1.5m×2면) + (5m×105m×2면)

＝$39m^2$

2) 분당 토출량[ℓ/min]

$39m^2$×10ℓ/min·m^2＝390[ℓ/min]

[답] 소화펌프의 최소 토출량 : 390[ℓ/min]

(2) 수원[m^3]＝소화펌프의 최소 토출량[ℓ/min]×20[min]

＝390ℓ/min×20min

＝7,800ℓ＝7.8[m^3]

[답] 최소 수원의 양 : 7.8[m^3]

2. 물분무헤드와 고압전기기기 간의 이격거리 기준

전압[KV]	거리[cm]	전압[KV]	거리[cm]
66이하	70 이상	154초과 181이하	180 이상
66초과 77이하	80 이상	181초과 220이하	210 이상
77초과 110이하	110 이상	220초과 275이하	260 이상
110초과 154이하	150 이상		

3. 배수설비의 설치기준
   (1) 차량이 주차하는 장소의 적당한 곳에 높이 10cm 이상의 경계턱으로 배수구를 설치할 것
   (2) 배수구에는 새어나온 기름을 모아 소화할 수 있도록 길이 40m 이하마다 집수관·소화핏트 등 기름분리장치를 설치할 것
   (3) 차량이 주차하는 바닥은 배수구를 향하여 100분의 2 이상의 기울기를 유지할 것
   (4) 배수설비는 가압송수장치의 최대송수능력의 수량을 유효하게 배수할 수 있는 크기 및 기울기로 할 것

[문제3] 특정소방대상물에 소방시설설치유지 및 안전관리에 관한 법률과 국가화재안전기준(NFSC)을 적용하여 경보설비를 설치 및 시공하고자 한다. 다음 각 물음에 답하시오.(30점)

1. 아래 표와 같이 구획된 3개의 실에 단독경보형 감지기를 설치하고자 한다. 각 실에 필요한 최소 설치수량과 그 근거를 쓰시오.(6점)

실	A실	B실	C실
바닥면적[m^2]	28	150	350

2. 자동화재탐지설비의 화재안전기준(NFSC203)과 관련하여 다음 각 물음에 답하시오.(14점)
   (1) 지하층·무창층 등으로서 환기가 잘 되지 아니하거나 실내면적이 $40m^2$ 미만인 장소, 감지기 부착면과 실내 바닥과의 거리가 2.3m 이하인 곳으로서 일시적으로 발생한 열·연기 또는 먼지 등으로 인하여 화재신호를 발신할 우려가 있는 장소에 설치가능한 적응성 있는 화재감지기 종류 8가지를 쓰시오.(8점)
   (2) 위의 장소에서 적응성 있는 감지기를 제외한 일반감지기를 설치할 수 있는 조건을 쓰시오.(6점)

3. P형 1급수신기와 감지기의 배선회로에 관한 각 물음에 답하시오.(10점)

   [조건]

   가. 배선회로 저항 : 100Ω

   나. 릴레이 저항 : 800Ω

다. 회로의 전압 : DC24V
라. 상시 감시전류 : 2mA
※ 이외 조건은 무시한다.

(1) 감지기회로의 종단저항은 몇 Ω인지 계산과정과 답을 쓰시오.(5점)
(2) 감지기 동작 시 회로에 흐르는 전류는 몇 mA인가?(5점)
(계산과정을 쓰고 소수점 셋째 자리에서 반올림하여 둘째 자리까지 구하시오.)

해답 1. 단독경보형감지기의 설치수량 및 적용근거

(1) 적용근거
비상경보설비의 화재안전기준 제5조 1호 : 각 실(이웃하는 실내의 바닥면적이 각각 $30m^2$ 미만이고 벽체 상부의 전부 또는 일부가 개방되어 이웃하는 실내와 공기가 상호 유통되는 경우에는 이를 1개의 실로 본다.)마다 설치하되, 바닥면적이 $150m^2$를 초과하는 경우에는 $150m^2$마다 1개 이상 설치한다.

(2) 각 실별 최소설치수량

1) A실 : $\dfrac{28m^2}{150m^2} = 0.186$ ∴ 1개

2) B실 : $\dfrac{150m^2}{150m^2} = 1$ ∴ 1개

3) C실 : $\dfrac{350m^2}{150m^2} = 2.33$ ∴ 3개

2. 자동화재탐지설비의 화재안전기준

(1) 특수감지기 종류 8가지
① 불꽃감지기 ② 정온식감지선형감지기
③ 분포형감지기 ④ 복합형감지기
⑤ 광전식분리형감지기 ⑥ 아날로그방식의 감지기
⑦ 다신호방식의 감지기 ⑧ 축적방식의 감지기

(2) 위의 특수감지기 대신 일반감지기를 설치할 수 있는 조건
① 교차회로방식에 사용되는 감지기의 경우
② 축적기능이 있는 수신기에 연결하여 사용하는 감지기의 경우

3. P형 1급수신기와 감지기의 배선회로

(1) 감지기회로의 종단저항

$$감시전류[A] = \frac{회로\ 전압}{릴레이저항 + 배선회로저항 + 종단저항}$$

$$2 \times 10^{-3} = \frac{24}{800 + 100 + 종단저항}$$

$$종단저항 = \frac{24}{2 \times 10^{-3}} - (800 + 100) = 11,100[\Omega]$$

[답] 종단저항 : 11,100[Ω]

(2) 감지기 동작 시의 회로전류

$$동작전류[A] = \frac{회로\ 전압}{릴레이저항 + 배선회로저항} = \frac{24}{800 + 100}$$

$$= 0.02666[A]$$

[답] 동작전류 : 26.67[mA]

제 12 회

소방시설관리사 출제문제

소방시설의 설계 및 시공

[문제1] 아래 조건에 따라 다음 물음에 답하시오. (40점)

> [조건]
> ① 계단식형 아파트로서 지하2층(주차장), 지상12층(아파트 각 층별 2세대)
> ② 각 층에 옥내소화전 및 스프링클러설비가 설치되어 있다.
> ③ 지하층에 옥내소화전 방수구가 3조 설치되어 있다.
> ④ 아파트의 각 세대별로 설치된 스프링클러헤드의 설치수량은 12개
> ⑤ 각 설비가 설치되어 있는 장소는 방화구획·불연재료로 구획되어 있지 아니하고, 저수조, 펌프 및 입상배관은 겸용으로 설치되어 있다.
> ⑥ 옥내소화전설비의 경우 실양정 48m, 배관마찰손실수두는 실 양정의 15%, 호스의 마찰손실수두는 실양정의 30%를 적용한다.
> ⑦ 스프링클러설비의 경우 실양정 50m, 배관마찰손실수두는 실양정의 35%를 적용한다.
> ⑧ 펌프의 효율은 체적효율 90%, 기계효율 80%, 수력효율 75%이다.
> ⑨ 동력전달계수는 1.1을 적용한다.

1. 주펌프의 전양정[m] 및 수원의 양[m^3]을 구하시오.(5점)
2. 주펌프의 토출량[ℓ/min] 및 동력[kW]을 구하시오.(10점)
3. 옥상수조에 설치하여야 하는 부속장치 5가지를 쓰시오.(5점)
4. 옥내소화전 방수구 설치제외대상 5가지를 쓰시오.(10점)
5. 스프링클러설비에서 감시제어반과 동력제어반을 구분하여 설치하지 않아도 되는 경우 4가지를 쓰시오.(10점)

해답 1. 주펌프의 전양정[m] 및 수원의 양[m²]

(1) 주펌프 전양정의 계산

1) 옥내소화전설비

전양정 : $H = h_1 + h_2 + h_3 + 17$[m]

① h_1(호스의 마찰손실수두) = 48 × 0.3 = 14.4 m

② h_2(배관의 마찰손실수두) = 48 × 0.15 = 7.2 m

③ h_3(실양정) = 48 m

$\therefore H = h_1 + h_2 + h_3 + 17 = 14.4 + 7.2 + 48 + 17 = 86.6$ m

2) 스프링클러설비

전양정 : $H = h_1 + h_2 + 10$[m]

① h_1(배관의 마찰손실수두) = 50 × 0.35 = 17.5 m

② h_2(실양정) = 50

$\therefore H = h_1 + h_2 + h_3 + 10 = 50 + 17.5 + 10 = 77.5$ m

※ 2종류 이상 겸용설비의 전양정은 각 설비의 전양정 중 큰 값을 적용한다.

[답] 주펌프의 전양정 : 86.6 [m]

(2) 수원의 양

1) 옥내소화전설비

옥내소화전방수구가 3조 설치되어 있으므로 기준개수를 3으로 적용한다.

$Q_1 = N \times 2.6 = 3 \times 2.6 = 7.8$ m³

2) 스프링클러설비

스프링클러헤드가 각 세대마다 12개씩 설치되어 있으므로 기준개수를 10으로 적용한다.

$Q_2 = N \times 1.6 = 10 \times 1.6 = 16$ m³

※ 2종류 이상 겸용설비의 수원양은 각 설비의 수원양을 합한 값으로 적용한다.

$Q = Q_1 + Q_2 = 7.8 + 16 = 23.8$ m³

[답] 수원의 양 : 23.8 [m³]

2. 주펌프의 토출량[ℓ/min] 및 동력[kW]

(1) 주펌프의 토출량

1) 옥내소화전설비

$$Q_1 = N \times 130 = 3 \times 130 = 390\ \ell/\text{min}$$

2) 스프링클러설비

$$Q_2 = N \times 80 = 10 \times 80 = 800\ \ell/\text{min}$$

∴ 2종류 이상 겸용설비의 펌프토출량은 각 설비의 토출량을 합한 값으로 적용한다.

즉, $Q = Q_1 + Q_2 = 390 + 800 = 1,190\ \ell/\text{min}$이 된다.

[답] 주펌프의 토출량 : 1,190 [ℓ/min]

(2) 주펌프의 동력

동력 : $P = \dfrac{\gamma QH}{102\eta} \times K$에서,

H(전양정) = 86.6m

Q(토출량) = 1,190 ℓ/min

η(전효율) = 수력효율 × 체적효율 × 기계효율

= 0.9 × 0.8 × 0.75 = 0.54

K(동력전달계수) = 1.1

$$\therefore\ P = \frac{\gamma QH}{102\eta} \times K \times \frac{1,000 \times 1,190 \times 86.6}{102 \times 0.54} \times 1.1$$

$$\times \frac{1\text{m}^3}{1,000\ \ell} \times \frac{1\ \text{min}}{60\ \text{sec}} = 34.3[\text{kW}]$$

[답] 주펌프의 동력 : 34.3[kw]

3. 옥상수조에 설치하여야 하는 부속장치 5가지

(1) 급수관 (2) 배수관 (3) 오버플로우관

(4) 수위계 (5) 맨홀

4. 옥내소화전 방수구 설치제외대상 5가지

(1) 냉장창고의 냉장실 또는 냉동창고의 냉동실

(2) 고온의 노가 설치된 장소 또는 물과 격렬하게 반응하는 물품의 저장 또는 취급 장소

(3) 발전소 · 변전소 등으로서 전기시설이 설치된 장소
(4) 식물원 · 수족관 · 목욕실 · 수영장(관람석 부분은 제외) 또는 그 밖의 이와 비슷한 장소
(5) 야외극장 · 야외음악당 또는 그 밖의 이와 비슷한 장소

5. 스프링클러설비에서 감시제어반과 동력제어반을 구분하여 설치하지 않아도 되는 경우 4가지
(1) 내연기관에 따른 가압송수장치를 사용하는 스프링클러설비
(2) 고가수조에 따른 가압송수장치를 사용하는 스프링클러설비
(3) 가압수조에 따른 가압송수장치를 사용하는 스프링클러설비
(4) 다음 각 목의 어느 하나에도 해당하지 아니하는 소방대상물에 설치되는 스프링클러설비
1) 지하층을 제외한 층수가 7층 이상으로서 연면적이 2,000m^2 이상인 것
2) 제1호에 해당하지 아니하는 소방대상물로서 지하층의 바닥면적 합계가 3,000m^2 이상인 것. 다만, 차고 · 주차장 또는 보일러실 · 기계실 · 전기실 및 이와 유사한 장소의 면적은 제외한다.

[문제2] 다음 각 물음에 답하시오.(30점)

1. 아파트의 주방에 설치하는 자동식소화기의 설치기준을 모두 쓰시오.(10점)
2. 바닥면적 660m^2의 의료시설에 능력단위 2단위의 소화기를 설치할 경우 그 소화기의 설치수량을 구하시오.(10점)

[조건]
① 주요구조부는 내화구조이고 실내마감재료는 난연재료이다.
② 보행거리에 따른 소화기 설치분은 산정에서 제외한다.

3. 특정소방대상물로부터 180m 이내에 구경 75mm 이상의 수도배관이 없는 경우 소화수조 및 저수조에 대한 다음 물음에 답하시오.

[조건]
① 연면적 38,500m^2, 지하1층 지상3층인 1개동의 특정소방대상물
② 층별 바닥면적 지하1층 : 2,000m^2, 지상1층 : 13,500m^2, 지상2층 : 13,500m^2 지상3층 : 9,500m^2

(1) 소화수조 또는 저수조를 설치하는 경우 확보하여야 할 소화용수의 저수량(m^3)을 구하시오.(5점)

(2) 저수조에 설치하여야 할 흡수관투입구 및 채수구의 최소 설치수량을 구하시오.(5점)

해답 1. 아파트의 주방에 설치하는 자동식소화기의 설치기준

(1) 소화약제 방출구 : 환기구의 청소부분과 분리되게 설치하며, 가스사용장소의 중앙에 설치할 것

(2) 감지부 : 형식승인된 유효한 높이 및 위치에 설치

(3) 가스차단장치 : 주방용 가스배관의 개폐밸브로부터 2m 이내에 위치하고, 상시 확인·점검이 가능하도록 설치

(4) 가스 탐지부의 위치

- 공기보다 가벼운 가스를 사용하는 장소 : 천장면으로부터 30cm 이내 설치
- 공기보다 무거운 가스를 사용하는 장소 : 바닥면으로부터 30cm 이내 설치

(5) 수신부 : 주위의 열기류·습기·온도에 영향을 받지 아니하고 사용자가 상시 볼 수 있는 장소에 설치할 것

2. 바닥면적 660m^2의 의료시설에 능력단위 2단위의 소화기를 설치할 경우 그 소화기의 설치수량

(1) 소방대상물의 바닥면적당 소화기 능력단위 산출

1) 의료시설로서 당해 용도의 바닥면적 50m^2마다 능력단위 1단위 이상이나, 주요구조부가 내화구조이고 실내마감재료는 난연재료이므로 기준 바닥면적의 2배인 100m^2를 적용한다.

2) 능력단위 산출 : $\dfrac{660\,m^2}{100\,m^2} = 6.6$단위

(2) 소화기의 수량 산출

$\dfrac{6.6}{2} = 3.3 \fallingdotseq 4$개

[답] 소화기 수량 : 4개 이상

3. 특정소방대상물로부터 180m 이내에 구경 75mm 이상의 수도배관이 없는 경우 소화수조 및 저수조에 대한 다음 물음에 답하시오.

(1) 소화수조 또는 저수조를 설치하는 경우 확보하여야 할 소화용수의 저수량(m^3)

1) 지상1 · 2층의 바닥면적 합계 = $13,500m^2 + 13,500m^2 = 27,000m^2$

2) 기준면적

특정소방대상물	기준면적
① 지상1층과 2층의 바닥면적 합계가 $15,000m^2$ 이상	$7,500m^2$
② 위의 1호에 해당하지 아니하는 특정소방대상물	$12,500m^2$

3) 소화용수의 저수량 계산

특정소방대상물의 연면적을 위의 해당 기준면적으로 나누어 얻은 수(단, 소수점 이하는 1로 함)에 $20m^3$를 곱한 양을 구한다.

연면적 ÷ 기준면적 = $38,500 \div 7,500 = 5.13 \fallingdotseq 6$

$\therefore\ 6 \times 20m^3 = 120m^3$

[답] 소화용수의 저수량 : $120m^3$ 이상

(2) 저수조에 설치하여야 할 흡수관투입구 및 채수구의 최소 설치수량

1) 흡수관 투입구의 수량

[답] 2개 이상(법정 소화용수량이 $80m^3$ 미만인 경우에는 1개 이상, $80m^3$ 이상인 경우에는 2개 이상 설치하여야 한다.)

2) 채수구의 수량

소요 수량[m³]	20 이상~40 미만	40 이상~100 미만	100 이상
채수구의 수	1개	2개	3개

[답] 3개

[문제3] 조건에 따라 도로터널의 화재안전기준(NFSC 603)에 대한 다음의 각 물음에 답하시오.(30점)

> [조건]
> ① 도로터널의 길이는 2,500m이다.
> ② 편도 4차선이며, 일방향 터널이다.
> ③ 소방시설설치유지 및 안전관리에 관한 법률 시행령 별표4에 따라 소방시설을 설치한다.

1. 터널에 설치하는 옥내소화전설비에서 방수구의 최소 설치수량 및 수원의 양[m^3]을 구하시오.(10점)
2. 터널에 설치하는 옥내소화전설비 및 연결송수관설비의 노즐선단에서의 최소 방수압[MPa] 및 방수량[ℓ/min]을 쓰시오.(6점)
3. 터널 내에 자동화재탐지설비를 설치할 경우 최소 경계구역의 수와 설치 가능한 화재감지기 종류 3가지를 쓰시오.(단, 경계구역은 다른 설비와의 연동은 없다.)(6점)
4. 터널 내 비상콘센트의 최소 설치수량을 산출하고 설치기준을 쓰시오.(8점)

해답

1. 터널에 설치하는 옥내소화전설비에서 방수구의 최소 설치수량 및 수원의 양 [m^3]

(1) 옥내소화전 방수구의 최소 설치수량

1) 설치기준

터널내의 옥내소화전 방수구는 주행차로 우측 측벽을 따라 50m 이내의 간격으로 설치하며, 편도 2차선 이상의 양방향 터널이나 4차로 이상의 일방향 터널의 경우에는 양쪽 측벽에 각각 50m 이내의 간격으로 엇갈리게 설치한다.

2) 방수구 수량 산출

- 한쪽(좌측) 측벽 : 터널입구로부터의 50m 지점부터 설치하여 터널출구 50m 전까지 설치=49개
- 한쪽(우측) 측벽 : 터널입구로부터의 25m 지점부터 설치하여 터널출구 25m 전까지 설치=50개

∴ 49개 + 50개=99개

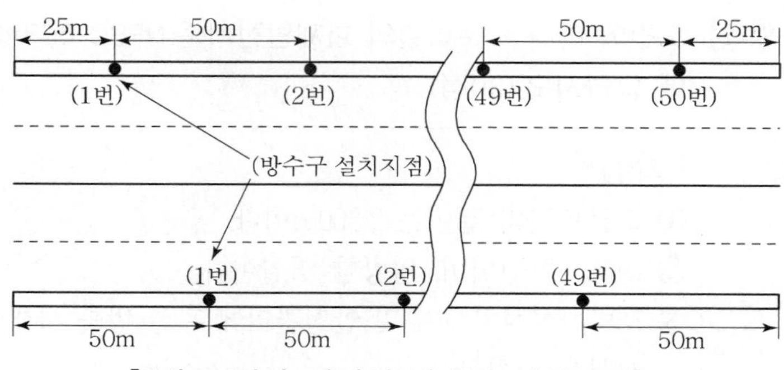

[4차로 이상 터널의 방수구 설치지점]

즉, $\dfrac{\text{터널길이}(2{,}500\text{m})}{25\text{m/개}} - 1\text{개} = 99\text{개}$가 된다.

[답] 방수구 수량 : 99개 이상

(2) 옥내소화전설비의 수원량 [m^3]

1) 설치기준

수원량은 옥내소화전 2개(4차로 이상 터널의 경우 3개)를 동시에 40분 이상 사용할 수 있는 양 이상을 확보하여야 한다.

2) 수원량 계산

$190\,\ell/\text{min} \times 3\text{개} \times 40\text{min} = 22{,}800\,\ell = 22.8\text{m}^3$

[답] 수원량 : 22.8 [m^3]

2. 터널에 설치하는 옥내소화전설비 및 연결송수관설비의 노즐선단에서의 최소 방수압[MPa] 및 방수량[ℓ/min]

(1) 옥내소화전설비

1) 방수압력 : 0.35 [MPa] 이상

2) 방수량 [ℓ/min] : 190 [ℓ/min] 이상

(2) 연결송수관설비

1) 방수압력 : 0.35 [MPa] 이상

2) 방수량[ℓ/min] : 400[ℓ/min] 이상

3. 터널 내에 자동화재탐지설비를 설치할 경우 최소 경계구역의 수와 설치 가능한 화재감지기 종류 3가지(단, 경계구역은 다른 설비와의 연동은 없다.)

(1) 경계구역의 수

하나의 경계구역의 길이는 100m 이하로 하여야 하므로,

경계구역의 수 = $\frac{2,500\,m}{100\,m}$ = 25개

[답] 경계구역의 수 : 25개

(2) 적응 화재감지기의 종류 3가지

1) 차동식분포형감지기
2) 정온식 감지선형감지기(아날로그식에 한한다.)
3) 중앙기술심의위원회의 심의를 거쳐 터널화재에 적응성이 있다고 인정된 감지기

4. 터널 내 비상콘센트의 최소 설치수량을 산출하고 설치기준을 쓰시오.

(1) 설치수량 산출

터널의 비상콘센트는 주행차로 우측 측벽에 50m 이내의 간격으로 설치하므로, 터널입구로부터 50m 지점부터 설치하여 터널출구 50m 전까지 설치하면 총 설치개수는 49개가 된다.

즉, $\frac{\text{터널길이(2,500m)}}{\text{50m/개}}$ − 1개 = 49개가 된다.

[답] 비상콘센트 수량 : 49개 이상

(2) 설치기준

1) 설치위치 : 주행차로의 우측 측벽에 50m 이내의 간격으로 설치
2) 설치높이 : 바닥으로부터 0.8~1.5m의 높이에 설치
3) 전원회로 : 단상교류 100V 또는 220V인 것으로서, 공급용량이 1.5kVA 이상인 것으로 할 것
   전원회로는 주배전반에서 전용회로로 할 것. 다만, 다른 설비의 회로 사고에 따른 영향을 받지 아니하도록 되어 있는 것에 있어서는 그러하지 아니하다.
4) 콘센트마다 배선용 차단기(KS C 8321)를 설치하여야 하며, 충전부가 노출되지 아니하도록 할 것

제 13 회

소방시설관리사 출제문제

소방시설의 설계 및 시공

[문제1] 다음 물음에 답하시오.(40점)

1. 이산화탄소소화설비의 화재안전기준에서 정하고 있는 소화약제 저장용기의 설치기준 5가지를 쓰시오.(5점)
2. 이산화탄소소화설비의 화재안전기준에서 정하고 있는 분사헤드의 설치 제외장소 4가지를 쓰시오.(5점)
3. 모피창고, 서고, 에탄올 저장창고에 고압식 전역방출방식의 이산화탄소설비를 아래의 조건에 따라 설계하려고 한다. 다음 각 물음에 답하시오.(30점)

[조건]

가. 모피창고의 크기가 8m × 6m × 3m, 개구부의 크기가 2m × 1m이고, 자동폐쇄장치가 설치되어 있으며, 설계농도는 75%이다.

나. 서고의 크기가 5m × 6m × 3m, 개구부의 크기가 1m × 1m이고, 자동폐쇄장치가 설치되어 있지 않으며, 설계농도는 65%이다.

다. 에탄올 저장창고의 크기가 5m × 4m × 2m, 개구부의 크기가 1m × 1.5m이고, 자동폐쇄장치가 설치되어 있으며, 보정계수는 1.2로 한다.

라. 충전비가 1.511, 저장용기의 내용적은 68ℓ이다.

마. 하나의 집합관에 3개의 선택밸브가 설치되어 있다.

(1) 모피창고 및 서고의 최소 소화약제 저장량[kg]을 구하시오.(8점)
(2) 에탄올 저장창고의 최소 소화약제 저장량[kg]을 구하시오.(5점)
(3) 저장용기 1병당 소화약제 저장량[kg]을 각각 구하시오.(8점)

(4) 각 실별 최소 소화약제 저장용기 개수와 저장용기실에 설치할 전체 최소 저장용기 개수를 각각 구하시오.(5점)

(5) 모피창고 및 에탄올 저장창고의 산소농도가 10[%]일 때 이산화탄소의 농도[%]와 방출된 체적[m³]을 각각 구하시오.(단, 방호구역에 방출되는 이산화탄소가 누출되지 않는다.)(9점)

해답 1. 이산화탄소소화설비의 화재안전기준에서 정하고 있는 소화약제 저장용기의 설치기준 5가지

(1) 저장용기의 충전비는 고압식은 1.5 이상 1.9 이하, 저압식은 1.1 이상 1.4 이하로 할 것

(2) 저압식 저장용기에는 내압시험압력의 0.64배부터 0.8배까지의 압력에서 작동하는 안전밸브와 내압시험압력의 0.8배부터 내압시험압력에서 작동하는 봉판을 설치할 것

(3) 저압식 저장용기에는 액면계 및 압력계와 2.3MPa 이상 1.9MPa 이하의 압력에서 작동하는 압력경보장치를 설치할 것

(4) 저압식 저장용기에는 용기 내부의 온도가 섭씨 영하 18℃ 이하에서 2.1MPa의 압력을 유지할 수 있는 자동냉동장치를 설치할 것

(5) 저장용기는 고압식은 25MPa 이상, 저압식은 3.5MPa 이상의 내압시험압력에 합격한 것으로 할 것

2. 이산화탄소소화설비의 화재안전기준에서 정하고 있는 분사헤드의 설치 제외 장소 4가지

(1) 방재실·제어실 등 사람이 상시 근무하는 장소

(2) 니트로셀룰로스·셀룰로이드 제품 등 자기연소성 물질을 저장·취급하는 장소

(3) 나트륨·칼륨·칼슘 등 활성금속물질을 저장·취급하는 장소

(4) 전시장 등의 관람을 위하여 다수인이 출입·통행하는 통로 및 전시실 등

3. 모피창고, 서고, 에탄올 저장창고에 고압식 전역방출방식의 이산화탄소설비를 다음의 조건에 따라 설계하려고 한다. 다음 각 물음에 답하시오.

[조건]
가. 모피창고의 크기가 8m × 6m × 3m, 개구부의 크기가 2m × 1m이고, 자동폐쇄장치가 설치되어 있으며, 설계농도는 75%이다.
나. 서고의 크기가 5m × 6m × 3m, 개구부의 크기가 1m × 1m이고, 자동폐쇄장치가 설치되어 있지 않으며, 설계농도는 65%이다.
다. 에탄올 저장창고의 크기가 5m × 4m × 2m, 개구부의 크기가 1m × 1.5m이고, 자동폐쇄장치가 설치되어 있으며, 보정계수는 1.2로 한다.
라. 충전비가 1.511, 저장용기의 내용적은 68ℓ이다.
마. 하나의 집합관에 3개의 선택밸브가 설치되어 있다.

(1) 모피창고 및 서고의 최소 소화약제 저장량[kg]

〈공식〉 소화약제의 저장량[kg] = 방호구역의 체적[m^3] × 소화약제량[kg/m^3] + 개구부 면적[m^2] × 개구부 가산량[kg/m^2]

1) 모피창고의 최소 소화약제 저장량[kg]
= $8m \times 6m \times 3m \times 2.7kg/m^3 = 388.8kg$
[답] 388.8[kg]

2) 서고의 최소 소화약제 저장량[kg]
= $5m \times 6m \times 3m \times 2.0kg/m^3 + 1m \times 1m \times 10kg/m^2 = 190kg$
[답] 190[kg]
※ 문제에서 최소량을 구하라고 하였으므로 [답]에서 "이상"을 기재하지 아니한다.

(2) 에탄올 저장창고의 최소 소화약제 저장량[kg]

1) 기본량 : 방호체적[m^3] × 단위 소화약제의 양[kg/m^3]
= $5m \times 4m \times 2m \times 1.0kg/m^3 = 40kg$
여기서, 최저한도의 양(45kg)보다 적으므로 45kg을 기본 소화약제량으로 한다.

2) 보정계수 적용량 : $45kg \times 1.2 = 54kg$

3) 개부부 가산량 : 개구부에 자동폐쇄장치가 설치되어 있으므로 개구부 가산량은 없음

∴ 소화약제의 최소 저장량 = 54[kg]

[답] 54[kg] 이상

(3) 저장용기 1병당 소화약제 저장량[kg]

$$충전비 = \frac{저장용기의\ 내용적}{1병당\ 소화약제량\ [kg]}$$ 이므로,

$$1.511 = \frac{68\ \ell}{x}$$ 에서 $x = 45kg$

[답] 45[kg]

(4) 각 실별 최소 저장용기 개수와 저장용기실의 전체 최소 저장용기 개수

1) 각 실별 최소 저장용기 개수

① 모피창고 : 388.8kg ÷ 45kg/병 = 8.64병

[답] 9병

② 서고 : 190kg ÷ 45kg/병 = 4.22병

[답] 5병

③ 에탄올 저장창고 : 54kg ÷ 45kg/병 = 1.2병

[답] 2병

2) 저장용기실의 전체 최소 저장용기 개수

[답] 9병

(5) 모피창고 및 에탄올 저장창고의 산소농도가 10[%]일 때 이산화탄소의 농도[%]와 방출된 체적[m³](단, 방호구역에 방출되는 이산화탄소는 누출되지 않는다.)

$$CO_2\% = \frac{Vg}{V+Vg} \times 10\% = \frac{21-O_2\%}{21} \times 100\%,\quad Vg = V \times \frac{21-O_2}{O_2}\ [m^3]$$

여기서, Vg : 방출된 가스량[m³]

V : 방호구역 체적[m³]

O_2 : 측정된 산소농도[%]

1) 모피창고 및 에탄올 저장창고 내 산소농도가 10%일 때 CO_2농도[%]

$$CO_2\% = \frac{21-O_2\%}{21} \times 100\% = \frac{21-10}{21} \times 100\% = 52.38\%$$

[답] 52.38[%]

2) 모피창고 내 CO_2 방출체적[m³]

실의 크기는 8m × 6m × 3m = 144m³이므로,

$$V \times \frac{21-O_2}{O_2} = 144 \times \frac{21-10}{10} = 158.4m^3$$

[답] 158.4[m³]

3) 에탄올 저창창고 내 CO_2 방출체적[m^3]

실의 크기는 5m × 4m × 2m = 40m^3이므로,

$$= V \times \frac{21 - O_2}{O_2} = 40 \times \frac{21 - 10}{10} = 44\text{m}^3$$

[답] 44[m^3]

[문제2] 다음 각 물음에 답하시오.(30점)

1. 부속실제연설비의 제연구역에 대한 급기기준 4가지를 쓰시오.(8점)
2. 부속실제연설비의 급기송풍기 설치기준을 쓰시오.(8점)
3. 제연설비의 화재안전기준 및 아래 조건에 의거하여 다음 물음에 답하시오.(14점)

> [조건]
> ① 예상제연구역의 거실바닥 면적은 500[m^2], 직경은 50[m], 제연경계벽의 수직거리는 3.2[m]이다.
> ② 송풍기의 효율은 50[%]이고, 전압은 65[mmAq]이다.
> ③ 배출기의 흡입측 풍도의 높이는 600[mm]이다.

(1) 배출량[m^3/min](4점)
(2) 전동기 용량[kW](4점)
(3) 흡입측 풍도의 최소폭(4점)
(4) 흡입측 풍도 강판두께[mm](2점)

해답 1. 부속실제연설비의 급기기준 4가지

(1) 부속실을 제연하는 경우
동일 수직선상의 모든 부속실은 하나의 전용 수직풍도를 통해 동시에 급기할 것

(2) 계단실 및 부속실을 동시에 제연하는 경우
계단실에 대하여는 그 부속실의 수직풍도를 통해 급기할 수 있다.

(3) 계단실만 제연하는 경우
전용 수직풍도를 설치하거나 계단실에 급기풍도 또는 급기송풍기를 직접 연결하여 급기하는 방식으로 할 것

(4) 하나의 수직풍도마다 전용의 송풍기로 급기할 것

2. 부속실제연설비의 급기송풍기 설치기준

(1) 송풍기 송풍능력은 송풍기가 담당하는 제연구역에 대한 급기량의 1.15배 이상으로 할 것. 다만, 풍도에서의 누설을 실측하여 조정하는 경우에는 그러하지 아니한다.

(2) 송풍기의 배출 측에는 풍량조절용 댐퍼 등을 설치하여 풍량조절을 할 수 있도록 할 것

(3) 송풍기의 배출 측에는 풍량을 실측할 수 있는 유효한 조치를 할 것

(4) 송풍기는 인접장소의 화재로부터 영향을 받지 아니하고 접근이 용이한 곳에 설치할 것

(5) 송풍기는 옥내의 화재감지기의 동작에 따라 작동하도록 할 것

(6) 송풍기와 연결되는 캔버스는 내열성(석면재료를 제외한다)이 있는 것으로 할 것

3. 제연설비의 화재안전기준 및 아래 조건에 의거하여 다음 물음에 답하시오.

> [조건]
> ① 예상제연구역의 거실바닥 면적은 500[m^2], 직경은 50[m], 제연경계벽의 수직거리는 3.2[m]이다.
> ② 송풍기의 효율은 50[%]이고, 전압은 65[mmAq]이다.
> ③ 배출기의 흡입측 풍도의 높이는 600[mm]이다.

(1) 배출량[m^3/min]

65,000m^3/h = 65,000m^3/h ÷ 60min/h = 1,083.333[m^3/min]

[답] 1,083.333[m^3/min] 이상

(2) 전동기의 용량[kW](단, 전달계수는 1.2)

$$Lm = \frac{P_r Q_s}{102\eta_f} \times K = \frac{65 \times 65,000}{102 \times 0.5 \times 3,600} \times 1.2 = 27.614[\text{kW}]$$

[답] 27.61[kW] 이상

(3) 흡입측 풍도의 최소폭[mm]

65,000m^3/h = 65,000m^3/h ÷ 3,600s/h = 18.06[m^3/s]

배출기의 흡입측 풍도 안의 풍속은 15m/s 이하로 되게 하여야 하므로,

Q = A × V = W × H × V

W = 18.06/(0.6 × 15) = 2.006.67m = 2,006.67[mm]

[답] 2,006.67[mm]

(4) 흡입측 풍도의 강판두께[mm]

[답] 1[mm] 이상

[문제3] 다음 물음에 답하시오.(30점)

1. 미분무소화설비의 폐쇄형 미분무헤드의 표시온도가 79℃일 때 그 설치 장소의 평상시 최고 주위온도[℃]를 구하시오.(5점)
2. 다음 조건에서 미분무소화설비의 수원량[m²]을 구하시오.(7점)

[조건]	
가. 헤드개수 : 30개	나. 헤드 1개당 방수량 : 50ℓ/min
다. 설계방수시간 : 1시간	라. 배관의 총 체적 : $0.07m^3$

3. 수신기로부터 소비전류 250mmA인 시각경보기 4개를 60m 간격으로 직렬로 설치하였을 경우 마지막 시각경보기에 공급되는 전압[V]을 구하시오.(단, 선로의 전선굵기는 $2.0mm^2$, 수신기에서의 출력전압은 DC 24V이며, 각 시각경보장치는 동시에 동작한다.)(10점)
4. 옥내소화전설비에서의 내화배선 공사방법을 쓰시오.(단, 내화전선, MI케이블을 사용하는 경우는 제외한다.)(8점)

해답

1. 미분무소화설비의 폐쇄형 미분무헤드의 표시온도가 79℃일 때 그 설치장소의 평상시 최고 주위온도[℃]

$T_a = 0.9T_m - 27.3℃$

여기서, T_a : 최고 주위온도

T_m : 헤드의 표시온도

$T_a = 0.9T_m - 27.3℃ = 0.9 \times 79℃ - 27.3℃ = 43.8℃$

[답] 43.8[℃]

2. 다음 조건에서 미분무소화설비의 수원량[m²]

[조건]	
① 헤드 개수 : 30개	② 헤드 1개당 방수량 : 50ℓ/min
③ 설계방수시간 : 1시간	④ 배관의 총 체적 : $0.07m^2$

$Q = N \times D \times T \times S + V$

여기서, Q : 수원의 양[m^3]

N : 방호구역(방수구역) 내 헤드의 개수=30개

D : 설계유량[m^3/min]=50 $l/min = 0.05m^3/min$

T : 설계방수시간[min]=60min

S : 안전율=1.2

V : 배관의 총 체적[m^3]=$0.07m^3$

Q=30개 × $0.05m^3/min$ × 60min × 1.2 + $0.7m^3 = 108.7m^3$

[답] 108.7[m^3]

3. 수신기로부터 소비전류 250mmA인 시각경보기 4개를 60m 간격으로 직렬로 설치하였을 경우 마지막 시각경보기에 공급되는 전압[V]을 구하시오.(단, 선로의 전선굵기는 $2.0mm^2$, 수신기에서의 출력전압은 DC 24V이며, 각 시각경보장치는 동시에 동작한다.)

(1) 전압강하(e) 공식

$$e = \frac{35.6LI}{1,000A}[V]$$

여기서, L : 길이(m), I : 전류(A), A : 전선의 굵기(mm^2)

(2) 각 시각경보기의 전압강하 계산

1) 시각경보기-1 까지 전압강하 계산

$$e_1 = \frac{35.6 \times 60m \times (0.25A \times 4개)}{1,000 \times 2mm^2} = \frac{2,136}{2,000} = 1.068[V]$$

2) 시각경보기-2 까지 전압강하 계산

$$e_2 = \frac{35.6 \times 60m \times (0.25A \times 3개)}{1,000 \times 2mm^2} = 0.801[V]$$

3) 시각경보기-3 까지 전압강하 계산

$$e_3 = \frac{35.6 \times 60m \times (0.25A \times 2개)}{1,000 \times 2mm^2} = 0.534[V]$$

4) 시각경보기-4 까지 전압강하 계산

$$e_4 = \frac{35.6 \times 60m \times (0.25A)}{1,000 \times 2mm^2} = 0.267[V]$$

∴ 전압강하 합계=1.068+0.801+0.534+0.267=2.67[V]

(3) 마지막 시각경보기 공급전압

V = 24[V]-2.67[V] = 21.33[V]

[답] 21.33[V]

4. 옥내소화전설비에서의 내화배선 공사방법을 쓰시오.(단, 내화전선, MI케이블을 사용하는 경우는 제외한다.)

금속관 · 2종 금속제 가요전선관 또는 합성수지관에 수납하여 내화구조로 된 벽 또는 바닥 등에 벽 또는 바닥의 표면으로부터 25mm 이상의 깊이로 매설하여야 한다. 다만, 다음 각 목의 기준에 적합하게 설치하는 경우에는 그러하지 아니하다.

㉮ 내화성능을 갖는 배선전용실 또는 배선을 배선용 샤프트 · 피트 · 덕트 등에 설치하는 경우

㉯ 배전전용실 또는 배선용 샤프트 · 피트 · 덕트 등에 다른 설비의 배선이 있는 경우에는 이로 부터 15cm 이상 떨어지게 하거나 소화설비의 배선과 이웃 설비의 배선 사이에 배선지름(배선의 지름이 다른 경우에는 가장 큰 것을 기준으로 한다)의 1.5배 이상 높이의 불연성 격벽을 설치하는 경우

제 14 회

소방시설관리사 출제문제

소방시설의 설계 및 시공

[문제1] 다음 각 물음에 답하시오.(40점)

1. 아래의 조건과 같이 주상복합건축물의 각 층에 A급 2단위, B급 3단위, C급 적응성의 소화기를 설치할 경우 다음 각 물음에 답하시오.(단, 보행거리에 따른 설치는 무시한다.)(15점)

(1) 지하 3층 ~ 지하 1층에 층별로 설치하는 소화기의 수량을 주용도별 및 부속용도별로 산출하시오.(6점)

(2) 지상 1층 ~ 지상 5층에 층별로 설치하는 소화기의 수량을 주용도별 및 부속용도별로 산출하시오.(7점)

(3) 지상 6층 ~ 지상 33층에 설치할 소화기 수량의 합계를 용도별로 산출하시오.(2점)

> [조건]
>
> ① 지하 3층 ~ 지하 1층 : 주차장 용도로서 층별 면적은 3,500m^2(단, 지하 3층 바닥면적 중 발전기실 80m^2, 변전실 250m^2, 보일러실 200m^{2}가 구획되어 있다.)
>
> ② 지상 1층 ~ 지상 5층 : 판매시설로서 층별 면적 2,800m^2(단, 지상 5층은 80m^{2}의 음식점(각 음식점에는 주방 35m^2, 나머지는 영업장으로 상호구획)이 6개로 구획되어 있고, 각 주방에는 LNG를 사용하며, 연소기구로부터 보행거리 65m 이내에 있다.)
>
> ③ 지상 6층 ~ 지상 33층 : 공동주택으로 각 층 540m^2(4세대)이고, 2세대별로 각각의 피난계단과 비상용승강기(부속실 겸용)가 있으며 내화구조로 구획됨

④ 발전기실, 변전실을 제외한 전 층에 옥내소화전설비와 스프링클러설비가 설치됨
⑤ 주요구조부는 내화구조, 내장재는 불연재료임

해답 [주의] 위와 같이 법규적인 수량을 구하는 문제에서는 "법정 최소수량"으로 구하고 답안기재 시 "~이상"으로 기재하여야 한다. 따라서, 위 문제에 대한 계산에서 화재안전기준상 소화기의 감소기준을 모두 적용시켜 법규적으로 의무설치하여야 하는 최소수량을 산출하여야 한다.

(1) 지하 3층 ~ 지하 1층에 층별로 설치하는 소화기의 수량

1) 주용도(주차장)의 소화기 수량

- 바닥면적 3,500m², 기준면적 200m²이므로,

$$\frac{3,500\text{m}^2}{200\text{m}^2} = 17.5\text{단위}$$

- 주화재의 종류가 B급 화재(주차장)이므로,

17.5단위 ÷ 3단위(B급 화재)/개 = 5.83개 ≒ 6개

∴ 층당 6개 × 3개 층 = 18개

참고 국민안전처 중앙소방본부 질의회신 : 주차장의 적응소화기 능력단위 적용관련 질의(2014. 11. 28)
답변 : 주차장의 소화기 능력단위 산정기준은 B급 화재를 기준으로 산정함

[주의] 소화기구의 화재안전기준 제5조 제1항 단서의 규정에 따라, 위의 주차장은 자동차관련시설에 해당되므로 옥내소화전설비 또는 스프링클러설비 등이 설치되어도 소화기감소대상에서 제외된다.

2) 부속용도의 소화기 수량

① 발전기실(바닥면적 80m²) : 80m² ÷ 50m²/개 = 1.6 ≒ 2개
② 변전실(바닥면적 250m²) : 250m² ÷ 50m²/개 = 5개
③ 보일러실(바닥면적 200m²) : 200m² ÷ 25m²/단위 = 8단위
보일러실의 소화기 수량 = 8단위 ÷ 3단위/개 = 2.66개 ≒ 3개

∴ 2개 + 5개 + 3개 = 10개

[답] 주용도용 소화기 : 18개 이상
부속용도용 소화기 : 10개 이상

[주의]

가. 소화기구의 화재안전기준 [별표 4]에 의하면 발전기실과 변전실에 대하여 "바닥면적 50m²마다 소화기 1개 이상 설치"로 규정하고 있다. 즉, 능력단위에 관계없이 바닥면적만 고려하여 소화기 수량을 산출하면 된다. 그러나 보일러실에 대하여는 "바닥면적 25m²마다 능력단위 1단위 이상의 소화기"로 규정하고 있다. 즉, 능력단위를 먼저 산출하여 해당 화재종류(보일러실은 B급 화재)의 능력단위에 맞는 소화기 수량을 산출하여야 한다.

나. 문제의 조건에서 보일러실(부속용도)에 스프링클러가 설치되는 것으로 되어 있으므로 소화기능력단위 2/3 감소대상에 해당하는 것으로 생각할 수도 있겠으나, 이 감소규정은 주용도에 대하여 적용시키기 위한 것으로서 부속용도에 대하여는 적용하지 아니한다.

(2) 지상 1층 ~ 지상 5층에 층별로 설치하는 소화기의 수량

1) 주용도(판매시설)의 소화기 수량

① 바닥면적당 소화기 수량

- 바닥면적 $2{,}800m^2$, 기준면적 $200m^2$이므로,
  $2{,}800m^2 \div 200m^2 = 14$단위
- 주화재의 종류 : A급 화재(판매시설)
  14단위 ÷ 2단위(A급 화재)/개 = 7개
  ∴ 층당 7개 × 5개 층 = 35개

② 구획거실의 추가배치 소화기 수량

구획거실 개수 = 음식영업장($45m^2$) 6개 + 주방($35m^2$) 6개

∴ 구획거실의 추가배치 소화기 : 6개 + 6개 = 12개

[주의]

가. 위의 주방도 건축법상 거실에 해당되며, 문제의 〈조건〉에서 음식점의 주방과 영업장은 상호구획된다 하였으므로 주방도 구획거실에 해당된다.

나. 소화기구의 화재안전기준 제4조 1항 4호 나목에 의하면, "2 이상의 거실로 구획된 경우에는 가목의 규정에 따라 각 층마다 설치하는 것 외에 바닥면적이 33m² 이상으로 구획된 각 거실에도 배치할 것"으로 규정하고 있다. 이것은 화재안전기준 제4조 1항 4호 가목의 규정에 따른 각 층별(바닥면적당)로 설

치하는 소화기 외에 추가로 각 구획된 거실에도 소화기 1개 이상을 배치하라는 것이다. 따라서, 실제 소방시설 설계에서도 위의 각 층별로 산정된 소화기 수량 전체를 복도, 통로 등에 배치하고, 이 외에 추가로 구획된 각 거실에 1개 이상씩 배치하고 있다.

2) 부속용도(음식점, 주방)의 소화기 수량

[주의] 소화기의 화재안전기준 [별표 4]에 의하면, 주방에 대하여는 "바닥면적 25m²마다 능력단위 1단위 이상의 소화기"로 규정하고 있다. 즉, 능력단위를 먼저 산출하여 해당 화재종류(주방은 A급 화재)의 능력단위에 맞는 소화기 수량을 산출하여야 한다.

① 주방(바닥면적 $35m^2$) 6개소
$35m^2 \div 25m^2$/단위 = 1.4단위 ≒ 2단위 → A급 2단위 소화기 1개
(주방은 A급 화재에 해당하므로 능력단위 2단위의 소화기를 설치)
∴ 소화기 1개 × 6개소 = 6개

② LNG 사용 연소기 6개소
각 연소기로부터 보행거리 10m 이내에 능력단위 3단위 이상의 소화기 1개 이상 배치
∴ 소화기 1개(3단위) × 6개소 = 6개

[답] 주용도용 소화기 : 35개 + 12개 = 47개 이상
부속용도용 소화기 : 6개 + 6개 = 12개 이상

(3) 지상 6층 ~ 지상 33층에 층별로 설치하는 소화기의 수량

1) 주용도(공동주택)의 소화기 수량

① 바닥면적당 소화기 수량
바닥면적 $540m^2$, 기준면적 $200m^2$이므로,
$540m^2 \div 200m^2$/단위 = 2.7단위
2.7단위 ÷ 2단위/개 = 1.35개 ≒ 2개
∴ 층당 2개 × 28개 층 = 56개

② 구획거실(세대)의 추가배치 소화기 수량
세대 수 : 각 층 4세대 × 28개층 = 112세대
∴ 구획거실(세대)의 추가배치 소화기 : 112개

2) 부속용도의 소화기 수량

문제의 조건에서 지상 6층 ~ 지상 33층(공동주택)에는 부속용도의 제시가 없으므로 이에 대한 소화기 배치도 없다.

[답] 주용도용 소화기 : 56개 + 112개 = 168개 이상

부속용도용 소화기 : 0개

2. 스프링클러설비의 소화수가 입상배관을 통해 "①" 지점에서 13[m] 위에 있는 "②" 지점으로 송수된다. "①" 지점에서의 배관내경은 80[mm]이며, 설치된 압력계의 압력은 5[kg/cm²]이다. "②" 지점에서 배관내경이 65[mm]로 줄어들어 "①" 지점에서 "②" 지점까지 배관 및 관부속품의 전체 마찰손실수두는 13[m]이다. 이때 송수유량이 5,200[ℓ/min]인 경우 "②" 지점에서의 압력[Pa]을 구하시오.(6점)

해답 (1) "①"지점과 "②"지점 사이에 베르누이 정리식을 적용하면,

$$H = \frac{P_1}{\gamma} + \frac{V_1^{\,2}}{2g} + Z_1 = \frac{P_2}{\gamma} + \frac{V_2^{\,2}}{2g} + Z_2 + \Delta H$$

여기서, H : 전수두[m]

P_1, P_2 : 압력[Pa]

γ : 비중량[N/m³](물의 비중량=9,800N/m³)

V_1, V_2 : 속도[m/sec]

g : 중력가속도(9.8[m/sec²])

Z_1, Z_2 : 위치수두[m]

ΔH : 마찰손실수두[m]

(2) 단위를 정리하면

$$P_1 = 5[\text{kg}_f/\text{cm}^2] = \frac{5[\text{kg}_f/\text{cm}^2]}{1.0332[\text{kg}_f/\text{cm}^2]} \times 101,325[\text{Pa}]$$

$$= 490,345.53[\text{Pa}]$$

$Z_1 = 0[\text{m}]$, $Z_2 = 13[\text{m}]$, $\Delta H = 13[\text{m}]$

$D_1 = 80[\text{mm}] = 0.08[\text{m}]$, $D_2 = 65[\text{mm}] = 0.065[\text{m}]$,

$$Q = 5,200[\ell/\text{min}] = 5.2[\text{m}^3/\text{min}] \times \frac{1[\text{min}]}{60[\text{s}]}$$

(3) 유속을 산출

$Q = A_1 V_1 = A_2 V_2$

여기서, Q : 유량[m^3/s]

A_1, A_2 : 배관 내부의 단면적($\frac{\pi}{4}D^2[m^2]$)

V_1, V_2 : 유속[m/s]

$A_1 = \frac{\pi}{4} \times 0.08^2[m^2]$, $A_2 = \frac{\pi}{4} \times 0.065^2[m^2]$이므로

$$V_1 = \frac{Q}{A_1} = \frac{5.2[m^3/min] \times \frac{1[min]}{60[s]}}{\frac{\pi}{4} \times 0.08^2[m^2]} = 17.241 \quad \therefore 17.24[m/s]$$

$$V_2 = \frac{Q}{A_2} = \frac{5.2[m^3/min] \times \frac{1[min]}{60[s]}}{\frac{\pi}{4} \times 0.065^2[m^2]} = 26.117 \quad \therefore 26.12[m/s]$$

(4) 압력 P_2 "②"지점의 압력을 산출

$$\frac{P_1}{\gamma} + \frac{V_1^2}{2g} + Z_1 = \frac{P_2}{\gamma} + \frac{V_2^2}{2g} + Z_2 + \Delta H$$

$$\frac{P_2}{\gamma} = \frac{P_1}{\gamma} + \frac{V_1^2 - V_2^2}{2g} + Z_1 - Z_2 - \Delta H$$

$$P_2 = P_1 + \gamma \times \left\{ \frac{V_1^2 - V_2^2}{2g} + Z_1 - Z_2 - \Delta H \right\}$$

$$= 490,345.528[Pa] + 9,800[N/m^3] \times \left\{ \frac{(17.24[m/s])^2 - (26.12[m/s])^2}{2 \times 9.8[m/s^2]} + 0[m] - 13[m] - 13[m] \right\} = 43,027.13[Pa]$$

[답] "②"지점의 압력 : 43,027.13[Pa]

3. 다음 그림과 같이 화살표 방향으로 "가"지점에서 "나"지점으로 1,250[ℓ/min]의 소화수가 흐르고 있다. "가", "나" 사이의 분기관의 내경이 65[mm]라고 할 때, 각 분기관에 흐르는 유량[ℓ/min]을 계산하시오.(배관은 스테인레스 강관이며,

엘보 1개의 상당길이는 2.5[m]로 하고, 분기되는 두 지점 사이의 마찰손실은 무시한다)(7점)

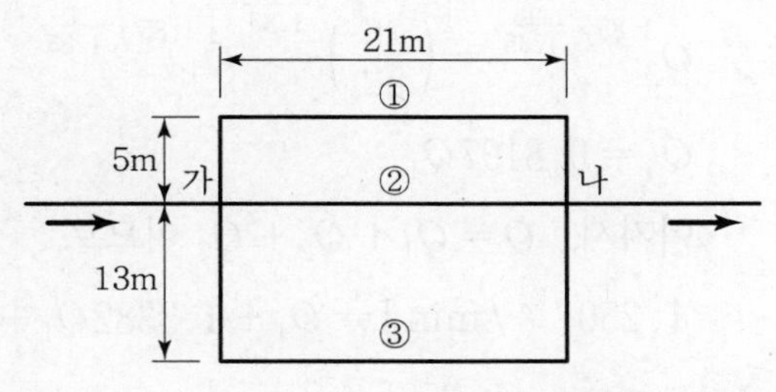

해답 (1) 연속방정식을 적용

$Q(1,250\ \ell\ /\text{mim}) = Q_1 + Q_2 + Q_3$

여기서, 배관 및 관부속류의 상당길이와 유량의 비율에 따른 마찰손실수두는 동일하므로,

$\Delta P_1 = \Delta P_2 = \Delta P_3$가 된다.

$$6.174 \times 10^5 \times \frac{{Q_1}^{1.85}}{C^{1.85} \times D^{4.87}} \times L_1$$

$$= 6.174 \times 10^5 \times \frac{{Q_2}^{1.85}}{C^{1.85} \times D^{4.87}} \times L_2$$

$$= 6.174 \times 10^5 \times \frac{{Q_3}^{1.85}}{C^{1.85} \times D^{4.87}} \times L_3$$

위 식에서, 동일한 부분을 모두 소거하고 공식을 정리하면

${Q_1}^{1.85} \times L_1 = {Q_2}^{1.85} \times L_2 = {Q_3}^{1,85} \times L_3$이 된다.

(2) 각 분기배관의 직관길이 및 관부속물의 상당길이 산출

$L_1 = 5\text{m} + 21\text{m} + 5\text{m} + 2.5\text{m} + 2.5\text{m} = 36\text{m}$

$L_2 = 21\text{m}$

$L_3 = 13\text{m} + 21\text{m} + 13\text{m} + 2.5\text{m} + 2.5\text{m} = 52\text{m}$

$\therefore\ 36{Q_1}^{1.85} = 21{Q_2}^{1.85} = 52{Q_3}^{1.85}$ 가 성립된다.

(3) $Q_1 \cdot Q_2 \cdot Q_3$의 비교관계식

1) Q_1과 Q_2의 관계식

$${Q_2}^{1.85 \times \frac{1}{1.85}} = \left(\frac{36}{21}\right)^{\frac{1}{1.85}} {Q_1}^{1.85 \times \frac{1}{1.85}}$$

$$Q_2 = 1.3382 Q_1$$

2) Q_1과 Q_3의 관계식

$$Q_3^{1.85 \times \frac{1}{1.85}} = \left(\frac{36}{52}\right)^{\frac{1}{1.85}} Q_1^{1.85 \times \frac{1}{1.85}}$$

$$Q_3 = 0.8197 Q_1$$

여기서, $Q = Q_1 + Q_2 + Q_3$ 이므로,

$$1,250[\ell/\min] = Q_1 + 1.3382 Q_1 + 0.8197 Q_1$$

$$Q_1 = \frac{1,250[\ell/\min]}{(1+1.3382+0.8197)} = 395.83[\ell/\min]$$

$$Q_2 = 1.3382 Q_1 = 1.3382 \times 395.8326 = 529.70[\ell/\min]$$

$$Q_3 = 1,250 - (395.8326 + 529.7031) = 324.46[\ell/\min]$$

[답] $Q_1 = 395.83[\ell/\min]$

$Q_2 = 529.70[\ell/\min]$

$Q_3 = 324.46[\ell/\min]$

4. 펌프에 직결된 전동기에 공급되는 저원의 주파수가 50[Hz]이며, 전동기의 극수는 4극, 펌프의 전양정이 110[m], 펌프의 토출량은 180[ℓ /s]의 펌프의 운전 시 미끄럼(Slip)률이 3[%]인 전동기가 부착된 편흡입 1단펌프, 편흡입 2단펌프 및 양흡입 1단펌프의 비속도(단위표기 포함)를 각각 계산하라.(12점)

해답 (1) 비속도 산출공식 적용

$$N_s = N \frac{\sqrt{Q}}{\left(\frac{H}{n}\right)^{0.75}}$$

여기서, N_s : 비교회전도[$rpm \cdot m^{0.75}/\min^{0.5}$]

N : 펌프의 회전속도[rpm]

Q : 유량[$m^3/\min$]

H : 양정[m]

n : 단수

1) H=110[m]

2) $Q = 180[\ell/s] = 0.18[m^3/s] \times \frac{60s}{1[\min]} = 10.8[m^3/\min]$

3) $N(\text{회전수}) = \frac{120f}{P}(1-s)$

여기서, N : 회전수[rpm]

f : 주파수[Hz] = 50[Hz]

P : 극수 = 4[극]

s : 미끄럼(slip)률 = 3[%] = 0.33

$$N = \frac{120f}{P}(1-s) = \frac{120 \times 50\,\text{Hz}}{4\text{극}} \times (1-0.03) = 1,455$$

∴ 1,455[rpm]

(2) 비속도 계산

1) 편흡입 1단펌프

$$N_s = N\frac{\sqrt{Q}}{\left(\frac{H}{n}\right)^{0.75}} = 1,455[\text{rpm}] \times \frac{\sqrt{10.8[\text{m}^3/\text{min}]}}{\left(\frac{110[\text{m}]}{1}\right)^{0.75}}$$

$= 140.78[\text{r/min, m}^3\text{/min, m}]$

2) 편흡입 2단펌프

$$N_s = N\frac{\sqrt{Q}}{\left(\frac{H}{n}\right)^{0.75}} = 1,455[\text{rpm}] \times \frac{\sqrt{10.8[\text{m}^3/\text{min}]}}{\left(\frac{110[\text{m}]}{2}\right)^{0.75}}$$

$= 236.76[\text{r/min, m}^3\text{/min, m}]$

3) 양흡입 1단펌프(양 흡입일 경우 유량은 1/2로 적용)

$$N_s = N\frac{\sqrt{Q}}{\left(\frac{H}{n}\right)^{0.75}} = 1,455[\text{rpm}] \times \frac{\sqrt{10.8[\text{m}^3/\text{min}] \times 0.5}}{\left(\frac{110[\text{m}]}{1}\right)^{0.75}}$$

$= 99.54[\text{r/min, m}^3\text{/min, m}]$

[답] 편흡입 1단펌프 : 140.78[rpm, m^3/min, m]
편흡입 2단펌프 : 236.76[rpm, m^3/min, m]
양흡입 1단펌프 : 99.54[rpm, m^3/min, m]

[문제2] 다음 각 물음에 답하시오.(30점)

1. 아래 조건의 건축물에 자동화재탐지설비 설계 시 최소 경계구역 수를 계산하시오.(단, 모든 감지기는 광전식 스포트형 연기감지기 또는 차동식 스포트형

감지기로서 표준 감시거리 및 감지면적을 가진 감지기로 설치하고 자동식 소화설비의 경계구역은 제외)(8점)

> [조건]
> ① 바닥면적 : 28m × 42m = 1,176m²
> ② 연면적 : 1,176m² × 8개층 + 300m²(옥탑층) = 9,708m²
> ③ 층수 : 지하 2층, 지상 6층, 옥탑층
> ④ 층고 : 4m
> ⑤ 건물높이 : 4m × 9개층(지하 2층 ~ 옥탑층) = 36m
> ⑥ 주용도 : 판매시설
> ⑦ 층별 부속용도
> - 지하 2층 : 주차장
> - 지하 1층 : 주차장 및 근리생활시설
> - 지상 1층 ~ 지상 6층 : 판매시설
> - 옥탑층 : 계단실, 엘리베이터 권상기실, 기계실, 물탱크실
>
> ⑧ 직통계단 : 지하 2층 ~ 지상 6층 1개, 지하 2층 ~ 옥탑층 1개, 총 2개소
> ⑨ 엘리베이터 : 1개소

해답 (1) 수평적 경계구역의 수

1) 지하 2층 ~ 지상 6층

$$\frac{1,176\text{m}^2}{600\text{m}^2} = 1.96 \fallingdotseq 2$$

8개층 × 층당 2개 구역 = 총 16개 경계구역

2) 옥탑층

$$\frac{300\text{m}^2}{600\text{m}^2} = 0.5 \fallingdotseq 1$$

∴ 수평적 경계구역의 합계 : 16개 + 1개 = 17개

(2) 수직적 경계구역의 수

1) (계단 지하층의 1경계구역 + 계단 지상층의 1경계구역) × 2개소 = 4 경계구역

2) 엘리베이터 : 1경계구역

(3) 합계

17경계구역 + 5경계구역 = 22경계구역

[답] 총 경계구역의 수 : 22개 구역

2. R형 자동화재탐지설비의 신호전송선로에 트위스트 쉴드선을 사용하는 이유와 트위스트 선로의 종류 및 원리를 설명하시오.

해답 (1) 트위스트 쉴드선을 사용하는 이유

신호전송선로 등에서 신호전송 중에 외부 전자파 방해를 방지하기 위하여 즉, 신호전송 중에 정전유도, 자기유도 등의 외부 자력선에 의한 유도작용으로 인해 데이터가 변하거나 신호가 감소하는 등의 전자파 방해현상을 방지하기 위하여 차폐기능이 있는 트위스트 쉴드선을 사용한다.

(2) 트위스트 선로의 종류

1) STP(Shield Twisted Pair) : 케이블 피복의 안쪽 면과 내선에 차폐처리를 한 케이블
2) FTP(Foil Screened Twisted Pair) : 케이블 피복의 안쪽에만 차폐처리를 한 케이블
3) UTP(Unshield Twisted Pair) : 非차폐케이블 즉, 차폐처리를 하지 아니한 무차폐케이블로서 이중와선(쌍케이블)으로 된 케이블

〈트위스트쉴드선(STP)의 종류〉

기호	전선명칭	차폐 방식
CCV-S	제어용 가교 폴리에틸렌 비닐절연 쉬스 케이블	동테이프 차폐
CCV-SB	제어용 가교 폴리에틸렌 비닐절연 쉬스 케이블	동선 편조 차폐
FR-CVV-SB	난연성 비닐절연 비닐쉬스 케이블	동선 편조 차폐
H-CVV-SB	내열성 비닐절연 내열성 비닐쉬스 케이블	동선 편조 차폐
HFCCO-SB	가교 폴리에틸렌 절연 저독성 난연 폴리올레핀 쉬스 케이블	동선 편조 차폐

(3) 트위스트 선로의 원리

트위스트 선로를 통하여 신호전송 중에 한쪽 선로에 방해를 주는 자계가 형성되면, 오른 나사의 법칙에 따라 다음 그림의 화살표 방향으로 기전력이 발생되고, 이때 다른(반대편) 선로에서도 화살표 방향으로 기전력이 발생되어 이 양쪽 선로의 기전력이 서로 상쇄되므로 인해 전자유도의 방해를 받지 않게 된다.

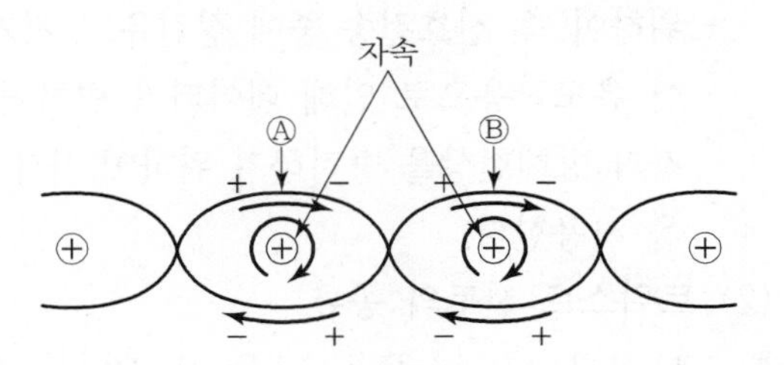

3. 아래의 조건을 참고하여 발전기의 용량[kVA]을 계산하시오.(10점)

부하의 종류	출력 (kW)	전부하 특성				기동 특성		기동 순서	비고
		역률 (%)	효율 (%)	입력 (kVA)	입력 (kW)	역률 (%)	입력 (kVA)		
비상 조명등	8	100	-	8	8	-	8	1	
스프링클러펌프	45	85	88	60.1	51.1	40	140	2	Y-△ 기동
옥내소화전펌프	22	85	86	30.1	25.6	40	46	3	Y-△ 기동
제연급기 팬	7.5	85	87	10.1	8.6	40	61		직입 기동
합계	82.5	-	-	108.3	93.3	-	255		

[조건]

① 발전기 용량계산은 PG방식을 적용하고, 고조파 부하는 고려하지 않음

② 기동방식에 따른 계수는 1.0 적용

③ 표준역률 : 0.8, 허용전압강하 : 25%, 발전기 리액턴스 : 20%, 과부하 내량 : 1.2

해답 (1) 정격 운전상태에서 부하설비의 가동에 필요한 발전기 용량

$$PG_1 = \frac{\sum W_L \times L}{\cos\theta}$$

여기서, PG_1 : 발전기 용량[kVA]

$\sum W_L$: 부하입력 합계[kW] = 93.3[kW]

L : 부하수용률(1.0 적용 → 조건 ②)

$\cos\theta_G$: 부하역률(보통 0.8 적용 → 조건 ③)

$$PG_1 = \frac{\sum W_L \times L}{\cos\theta} = \frac{93.3[\text{kW}] \times 1}{0.8} = 116.625[\text{kVA}]$$

(2) 최대부하용량의 전동기를 기동할 때 허용전압 강하를 고려한 발전기 용량

$$PG_2 = \frac{1-\Delta E}{\Delta E} \times X_d \times Q_L$$

여기서, PG_2 : 발전기 용량[kVA]

ΔE : 허용전압 강하율(통상 0.25 적용)

X_d : 발전기 직축 과도 리액턴스(0.2 적용 → 조건 ③)

Q_L : 기동입력이 가장 큰 전동기의 기동 시 돌입용량[kVA]=140[kVA]

$$PG_2 = \frac{1-\Delta E}{\Delta E} \times X_d \times Q_L = \frac{1-0.25}{0.25} \times 0.2 \times 140\,[\text{kVA}]$$
$$= 84[\text{kVA}]$$

(3) 최대부하 용량의 전동기를 기동순서상 마지막으로 기동할 때 필요한 발전기 용량

$$PG_3 = \frac{\sum W_0 + (Q_L \times \cos\theta_{QI})}{K \times \cos\theta_G}$$

여기서, PG_3 : 발전기 용량[kVA]

$\sum W_0$: 기저부하(Base Load)의 입력 합계[kW] =51.1[kW]

Q_L : 기동입력이 가장 큰 전동기의 기동 시 돌입용량[kVA]=140[kVA]

$\cos\theta_{QI}$: 기동돌입부하 기동역률(0.4 적용)

K : 원동기 과부하 내량(1.2 적용 → 조건 ③)

$\cos\theta_G$: 발전기 역률(0.8 적용 → 조건 ③)

$$PG_3 = \frac{\sum W_0 + (Q_L \times \cos\theta_{QI})}{K \times \cos\theta_G}$$

$$= \frac{51.1[\mathrm{kW}] + (140[\mathrm{kVA}] \times 0.4)}{1.2 \times 0.8} = 116.562[\mathrm{kVA}]$$

∴ 발전기 용량은 위의 세 가지 계산 값 중 가장 큰 값인 116.63[kVA]로 선정한다.

[답] 발전기 용량 : 116.63[kVA]

4. 금속마그네슘 화재에 대하여 다음 소화설비가 적응성이 없는 이유를 기술하고, 반응식을 쓰시오.(4점)

해답

(1) 이산화탄소소화설비(2점)

이산화탄소와 마그네슘(활성금속물질)이 접촉하면 서로 반응하여 탈탄작용을 일으키므로 다량의 열과 가연성 물질인 탄소를 생성하므로 오히려 화재를 확대시키게 된다.

$2Mg + CO_2 \rightarrow 2MgO + C$

(2) 물분무소화설비(2점)

마그네슘은 제2류 위험물로서 물과 접촉하면 서로 반응하여 가연성 가스인 수소(Hg)가 다량 발생되므로 오히려 화재가 확대 내지는 폭발 분위기가 형성될 수도 있다.

$Mg + 2H_2O \rightarrow Mg(OH)_2 + H_2$

[문제3] 다음 각 물음에 답하시오.(30점)

1. 청정소화약제 HCFC Blend－A 화학식과 조성비를 쓰시오.(5점)

해답

(1) HCFC－123($CHCl_2CF_3$) : 4.75%
(2) HCFC－22($CHClF_2$) : 82%
(3) HCFC－124($CHClFCF_3$) : 9.5%
(4) $C_{10}H_{16}$: 3.75%

2. IG－541 청정소화약제에 관한 것이다. 다음 각 물음에 답하시오.(15점)

(1) 소화약제량 산출식을 쓰고, 각 기호를 설명하시오.(3점)

(2) IG-541의 선형상수 K_1과 K_2를 구하시오.(3점)
(3) IG-541의 소화약제량[m^3]을 구하시오.(3점)
(4) IG-541의 최소 저장용기 수를 구하시오.(3점)
(5) 선택밸브 통과 시 최소유량[m^3/s]을 구하시오.(3점)

[조건]
① 실면적 : $300m^2$, 층고 : 3.5m, 소화농도 : 35.84%
② 노즐에서 소화약제 방사 시 온도 : 20℃
③ 전기실로서 최소예상온도 : 10℃
④ 1병당 80L, 충전압력 : 19,965kPa

해답

(1) 소화약제량 산출식을 쓰고, 각 기호를 설명하시오.(3점)

$$X = 2.303(Vs/S) \times Log_{10}[100/(100-C)]$$

여기서, X : 공간체적당 더해진 소화약제의 부피[m^3/m^3]
S : 소화약제별 선형상수($K_1 + K_2 \times t$)[m^3/kg]
C : 체적에 따른 소화약제의 설계농도[%]
Vs : 20℃에서 소화약제의 비체적[m^3/kg]
t : 방호구역의 최소예상온도[℃]

(2) IG-541의 선형상수 K_1과 K_2를 구하시오.(3점)

1) IG-541의 조성(N_2 : 52%, Ar : 40%, CO_2 : 8%)에 따른 분자량을 산출

- 질소(N_2)의 분자량 : 14[kg] × 2 = 28[kg]
- 아르곤(Ar)의 분자량 : 40[kg] × 1 = 40[kg]
- 이산화탄소(CO_2)의 분자량 : (12[kg] × 1) + (16[kg] × 2) = 44[kg]

∴ IG-541의 분자량 = (0.52 × 28[kg]) + (0.4 × 40[kg]) + (0.08 × 44[kg]) = 34.08[kg]

2) $K_1 = \dfrac{22.4[m^3]}{분자량[kg]} = \dfrac{22.4[m^3]}{34.08[kg]} = 0.6572$

∴ 0.6572[m^3/kg]

3) $K_2 = \dfrac{K_1}{273} = \dfrac{0.6572[m^3/kg]}{273} = 0.0024$

∴ 0.0024[m^3/kg]

[답] $K_1 = 0.6572[m^3/kg]$

$K_2 = 0.0024[m^3/kg]$

(3) IG-541의 소화약제량[m³]을 구하시오.(3점)

$$X = 2.303 \times \left(\frac{V_S}{S}\right) \times \log\left[\frac{100}{(100-C)}\right] \times V$$

여기서, X : 공간체적당 더해진 소화약제의 부피[m³/m³]

S : 소화약제별 선형상수($K_1 + K_2 \times t$)[m³/kg]

V_S : 20℃에서 소화약제의 비체적[m³/kg]

C : 체적에 따른 소화약제의 설계농도[%]

t : 방호구역의 최소예상온도[℃]=10[℃]

V : 방호구역의 체적[m³]

1) 방호구역의 체적 : 300[m²] × 3.5[m] = 1,050[m³]

2) 20℃에서의 비체적 (V_S)

= K_1(선형상수) + K_2(선형상수) × 20℃

= 0.6572 + 0.0024 × 20℃ = 0.7052[m³/kg]

3) 소화약제별 선형상수(S)

= K_1(선형상수) + K_2(선형상수) × 온도[℃]

= 0.6572 + 0.0024 × 10[℃] = 0.6812[m³/kg]

4) 소화약제의 설계농도(C) : 설계농도 = 소화농도 × 안전계수(1.2)
(여기서, 안전계수는 A급 · C급화재에는 1.2, B급화재에는 1.3을 적용한다.)

35.84[%] × 1.2 = 43.008[%]

$$\therefore \text{약제량}[m^3] = 2.303 \times \left(\frac{0.7052[m^3/kg]}{0.6812[m^3/kg]}\right) \times \log\left(\frac{100}{(100-43.008[\%])}\right) \times 1.050[m^3] = 611.28[m^3]$$

[답] IG-541의 소화약제량 : 611.28[m³]

(4) IG-541의 최소 저장용기 수를 구하시오.(3점)

IG-541의 저장용기 1병당 충전량

= 저장용기 내용적[m³/병] × 충전압력[atm]

= 80[ℓ /병] × 19,965[kPa]

$$= 80[\ell/\text{병}] \times \frac{1[m^3]}{1,000[\ell]} \times 19,965[kPa] \times \frac{1[atm]}{101.325[kPa]}$$

$= 0.08[m^3/\text{병}] \times 197.04[atm]$

$= 15.763[m^3/\text{병}]$

$$\therefore \text{IG-541의 용기 수} = \frac{611.4[m^3]}{15.763[m^3/\text{병}]} = 38.7 \fallingdotseq 39[\text{병}]$$

[답] 최소 저장용기 수 : 39[병]

(5) 선택밸브 통과 시 최소유량[m^3/s]을 구하시오.(3점)

선택밸브 통과 유량[m^3/s]

$$= \frac{\text{총 약제량}}{\text{최소 방사시간}} = \frac{39[\text{병}] \times 15.763[m^3/\text{병}]}{60[sec]}$$

$= 10.2459[m^3/sec]$

[답] 최소유량 : 10.25[m^3/sec]

3. 자동소화장치 중 가스식 · 분말식 · 고체에어로졸식 자동소화장치의 설치기준을 쓰시오.(10점)

(1) 소화약제 방출구는 형식승인 받은 유효설치범위 내에 설치할 것

(2) 자동소화장치는 방호구역 내에 형식승인된 1개의 제품을 설치할 것. 이 경우 연동방식으로서 하나의 형식을 받은 경우에는 1개의 제품으로 본다.

(3) 감지부는 형식승인된 유효설치범위 내에 설치하여야 하며 설치장소의 평상시 최고주위온도에 따라 다음 표에 따른 표시온도의 것으로 설치할 것. 다만, 열감지선의 감지부는 형식승인 받은 최고주위온도범위 내에 설치하여야 한다.

설치장소의 최고 주위온도	표시온도
39℃ 미만	79℃ 미만
39℃ 이상 64℃ 미만	79℃ 이상 121℃ 미만
64℃ 이상 106℃ 미만	121℃ 이상 162℃ 미만
106℃ 이상	162℃ 이상

(4) 위 (3)에도 불구하고 화재감지기를 감지부로 사용하는 경우에는 캐비넷형 자동소화장치의 설치기준 나목부터 마목까지의 설치방법에 따를 것

제 15 회

소방시설관리사 출제문제

소방시설의 설계 및 시공

[문제1] 「제연설비의 화재안전기준(NFSC 501)」에 의거하여 다음 각 물음에 답하시오.(40점)

1. 아래 조건과 평면도를 참고하여 다음 각 물음에 답하시오.(9점)

[조건]
① 예상제연구역의 A구역과 B구역은 2개의 거실이 인접된 구조이다.
② 제연경계로 구획할 경우에는 인접구역 상호제연방식을 적용한다.
③ 최소 배출량 산출시 송풍기의 용량산정은 고려하지 않는다.

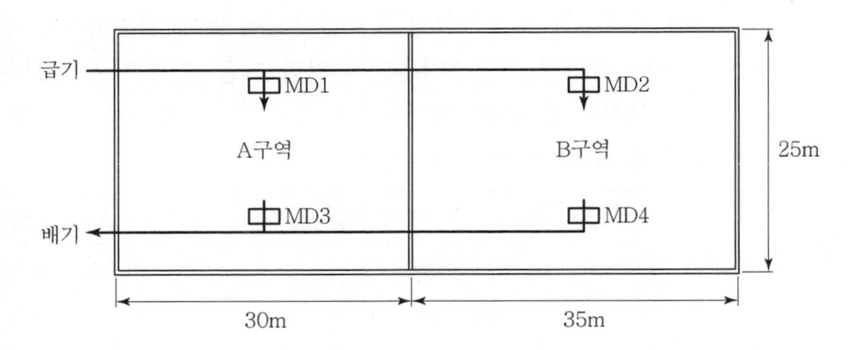

(1) A구역과 B구역을 자동방화셔터로 구획할 경우 A구역의 최소 배출량 [m^3/hr]을 구하시오.(3점)

(2) A구역과 B구역을 자동방화셔터로 구획할 경우 B구역의 최소 배출량 [m^3/hr]을 구하시오.(3점)

(3) A구역과 B구역을 제연경계로 구획할 경우 예상제연구역의 급 · 배기 댐퍼별 동작상태(개방 또는 폐쇄)를 표기하시오.(3점)

제연구역	급기댐퍼	배기댐퍼
A구역 화재 시	MD1 :	MD3 :
	MD2 :	MD4 :
B구역 화재 시	MD1 :	MD3 :
	MD2 :	MD4 :

해답 (1) A구역과 B구역을 자동방화셔터로 구획할 경우 A구역의 최소 배출량 [m^3/hr]

① A구역의 바닥면적 = 30m × 25m = 750m^2 : (거실 400m^2 이상)

② 직경(대각선 길이)

$L = \sqrt{(30m)^2 + (25m)^2} = 39.05m$: (직경 40m 이하)

③ 배출량 = 40,000m^3/hr

[답] 40,000[m^3/hr]

(2) A구역과 B구역을 자동방화셔터로 구획할 경우 B구역의 최소 배출량 [m^3/hr]

① B구역의 바닥면적 = 35m × 25m = 875m^2 : (거실 400m^2 이상)

② 직경(대각선 길이)

$L = \sqrt{(35m)^2 + (25m)^2} = 43.01m$: (직경 40m 초과 60m 이하)

③ 배출량 = 45,000m^3/hr

[답] 45,000[m^3/hr]

(3) A구역과 B구역을 제연경계로 구획할 경우 예상제연구역의 급 · 배기 댐퍼별 동작상태

제연구역	급기댐퍼	배기댐퍼
A구역 화재 시	MD1 : 폐쇄	MD3 : 개방
	MD2 : 개방	MD4 : 폐쇄
B구역 화재 시	MD1 : 개방	MD3 : 폐쇄
	MD2 : 폐쇄	MD4 : 개방

2. 제연설비 설치장소에 대한 제연구역의 구획 설정기준 5가지를 쓰시오.(6점)

해답 [NFSC 501 제4조 제1항]

(1) 하나의 제연구역의 면적은 1,000m^2 이내로 할 것
(2) 거실과 통로(복도를 포함한다. 이하 같다)는 상호 제연구획할 것
(3) 통로상의 제연구역은 보행중심선의 길이가 60m를 초과하지 아니할 것
(4) 하나의 제연구역은 직경 60m 원 내에 들어갈 수 있을 것
(5) 하나의 제연구역은 2개 이상 층에 미치지 아니하도록 할 것. 다만, 층의 구분이 불분명한 부분은 그 부분을 다른 부분과 별도로 제연구획하여야 한다.

3. 아래 그림과 같은 5개의 거실에 제연(배연)설비가 설치되어 있는 경우에 대해 다음 물음에 답하시오.(25점)

(1) 송풍기의 최소 필요압력[Pa]을 계산하시오.(20점)
(2) 송풍기의 최소 필요공기동력[W]을 계산하시오.(5점)

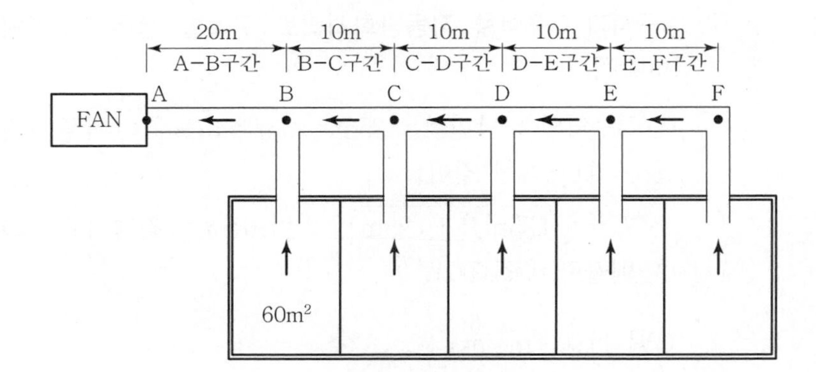

> [조건]
> ① 각 실의 면적은 60m^2로 동일하고, 배출량은 최소 배출량으로 한다.
> ② 주덕트는 사각덕트로서 폭과 높이는 1,000mm와 500mm이다.
> ③ 주덕트의 벽면 마찰손실계수는 0.02로 모든 덕트구간에 동일하게 사용한다.
> ④ 사각덕트를 원형덕트로의 환산지름은 수력지름(Hydraulic Diameter)의 산출공식을 이용한다.
> ⑤ 각 가지덕트에서 발생하는 압력손실의 합은 5mmAq로 한다.

⑥ 주덕트는 마찰손실 이 외의 각종 부속품손실(부차적손실)은 무시한다.
⑦ 송풍기에서 발생하는 압력손실은 무시한다.
⑧ 공기밀도는 1.2kg/m³이다.
⑨ 계산식과 풀이과정을 쓰고, 계산은 소수점 셋째 자리에서 반올림하여 둘째 자리까지 나타낸다.

해답 (1) 송풍기의 최소 필요압력[Pa]

송풍기의 필요압력이란, 관로의 압력손실 즉, 마찰손실의 합을 말한다.

1) 주덕트의 손실압력

$$H = f \cdot \frac{L}{D} \cdot \frac{V^2}{2g}$$

여기서, H : 마찰손실수두[m]
f : 마찰손실계수=0.02
L : 덕트 길이[m]
D : 덕트(원형) 직경[m]=0.667
V : 유속[m/s]
g : 중력가속도=9.8[m/s²]

① 수력직경$(Dh) = 4R_h = 4 \times \frac{\text{덕트의 단면적}[m^2]}{\text{덕트의 둘레길이}[m]}$

$= 4 \times \frac{0.5}{3} = 0.6666 ≒ 0.667[m]$

② 각 실별 법정 배출량 $= 60[m^2] \times 1[m^3/m^2 \cdot min] \times 60[min]$
$= 3{,}600[m^3/hr]$ ∴ $5{,}000[m^3/hr]$

③ 각 구간별 유속$(V) = \frac{\text{배출량}[m^3/s]}{\text{덕트 단면적}[m^2]}$

구간	배출량	풍속
E~F	$5{,}000m^3/hr \times \frac{1hr}{3{,}600s}$ $= 1.389m^3/s$	$V = \frac{1.389m^3/s}{\frac{\pi}{4} \times (0.667m)^2}$ $= 3.975m/s$

D~E	$10,000m^3/hr \times \frac{1hr}{3,600s}$ $= 2.778m^3/s$	$V = \frac{2.778m^3/s}{\frac{\pi}{4} \times (0.667m)^2}$ $= 7.950m/s$
C~D	$15,000m^3/hr \times \frac{1hr}{3,600s}$ $= 4.167m^3/s$	$V = \frac{4.167m^3/s}{\frac{\pi}{4} \times (0.667m)^2}$ $= 11.926m/s$
B~C	$20,000m^3/hr \times \frac{1hr}{3,600s}$ $= 5.556m^3/s$	$V = \frac{5.556m^3/s}{\frac{\pi}{4} \times (0.667m)^2}$ $= 15.900m/s$
A~B	$25,000m^3/hr \times \frac{1hr}{3,600s}$ $= 6.944m^3/s$	$V = \frac{6.944m^3/s}{\frac{\pi}{4} \times (0.667m)^2}$ $= 19.873m/s$

④ 각 구간별 마찰손실수두

구간	구간별 덕트 길이	구간별 마찰손실수두
E~F	$l_{EF} = 10m$	$H_{EF} = 0.02 \times \frac{10m}{0.667m} \times \frac{(3.975m/s)^2}{2 \times 9.8m/s^2}$ $= 0.242m$
D~E	$l_{DE} = 10m$	$H_{DE} = 0.02 \times \frac{10m}{0.667m} \times \frac{(7.950m/s)^2}{2 \times 9.8m/s^2}$ $= 0.967m$
C~D	$l_{CD} = 10m$	$H_{CD} = 0.02 \times \frac{10m}{0.667m} \times \frac{(11.926m/s)^2}{2 \times 9.8m/s^2}$ $= 2.176m$
B~C	$l_{BC} = 10m$	$H_{BC} = 0.02 \times \frac{10m}{0.667m} \times \frac{(15.900m/s)^2}{2 \times 9.8m/s^2}$ $= 3.868m$
A~B	$l_{AB} = 20m$	$H_{AB} = 0.02 \times \frac{20m}{0.667m} \times \frac{(19.873m/s)^2}{2 \times 9.8m/s^2}$ $= 12.084m$

합계	0.242 + 0.967 + 2.176 + 3.868 + 12.084 =19.337[m]

⑤ 주덕트의 전체 손실압력(P)

$$P=\gamma H=\rho g H=1.2[kg/m^3]\times 9.8[m/s^2]\times 19.337[m]$$
$$=227.403[kg\cdot m/s^2\cdot m^2]=227.403[N/m^2]=227.403[Pa]$$

여기서, γ : 공기비중량= ρg

ρ : 공기밀도=1.2[kg/m³]

H : 마찰손실수두=19.337[m]

2) 가지덕트의 손실압력 : 5[mmAq]

$$5[mmAq]\times\frac{101,325[Pa]}{10,332[mmAq]}=49.036[Pa]$$

∴ 손실압력 합계=227.403+49.036=276.439[Pa]

[답] 송풍기의 최소 필요압력 : 276.44[Pa]

주의 실제 실무에서는 위 도면상의 구조가 공동예상제연구역이므로 6개 구역 전체를 하나의 제연구역으로 보고 전체면적 기준으로 배출량을 계산하는 것이 합리적이므로 그렇게 설계를 하고 있다. 그러나 국가자격검정에서는 화재안전기준을 엄격하게 적용하여야 한다. 즉, 그 법규정이 불합리하다 하더라도 그 법규정대로 따르는 것이 정답이다. 따라서, 화재안전기준상의 공동예상제연구역 배출량 산정기준에서 "1구역당 최저 배출량 5,000m³/hr 이상"의 적용을 제외할 수 있는 규정이 없으므로 즉, 아무리 작은 구역으로 구성된 공동예상제연구역이더라도 "그 구역을 구성하는 각각의 小구역 1구역당 최저 배출량 5,000m³/hr 이상"을 적용하여 각 실별로 5,000m³/hr을 적용한 배출량으로 답안을 작성하는 것이 최선이라고 할 수 있다.

(2) 송풍기의 최소 필요공기동력[W]

1) 배출량[m³/h] : Q

$60[m^2]\times 60[m^3/(h\cdot m^2)]=3{,}600[m^3/h]\le 5{,}000[m^3/h]$ ∴ $5{,}000[m^3/h]$

$5{,}000[m^3/(h\cdot 개)]\times 5개=25{,}000[m^3/h]$

2) 손실압력[mmAq] : P

$$276.44[\text{Pa}]\times\frac{10,332[\text{mmAq}]}{101,325[\text{Pa}]}=28.188[\text{mmAq}]$$

3) 송풍기의 최소 필요공기동력[W]

$$=\frac{PQ}{102}=\frac{28.188\times25,000}{102\times3,600}=1.919137[\text{kW}]=1,919.137[\text{W}]$$

[답] 송풍기의 최소 필요공기동력 : 1,919.14[W]

[문제2] 다음 각 물음에 답하시오.(30점)

1. 「유도등 및 유도표지의 화재안전기준(NFSC 303)」에 관하여 다음 물음에 답하시오.(7점)

(1) 복도통로유도등에 관한 설치기준을 쓰시오.(5점)

(2) 피난층에 이르는 유도등을 60분 이상 유효하게 작동시킬 수 있는 용량으로 비상전원을 설치하여야 하는 특정소방대상물을 쓰시오.(2점)

해답 (1) 복도통로유도등에 관한 설치기준

① 복도에 설치할 것

② 구부러진 모퉁이 및 보행거리 20m마다 설치할 것

③ 바닥으로부터 높이 1m 이하의 위치에 설치할 것. 다만, 지하층 또는 무창층의 용도가 도매시장 · 소매시장 · 여객자동차터미널 · 지하역사 또는 지하상가인 경우에는 복도 · 통로 중앙부분의 바닥에 설치하여야 한다.

④ 바닥에 설치하는 통로유도등은 하중에 따라 파괴되지 아니하는 강도의 것으로 할 것

(2) 피난층에 이르는 유도등을 60분 이상 유효하게 작동시킬 수 있는 용량으로 비상전원을 설치하여야 하는 특정소방대상물

① 지하층을 제외한 층수가 11층 이상의 층

② 지하층 또는 무창층으로서 용도가 도매시장 · 소매시장 · 여객자동차터미널 · 지하역사 또는 지하상가

2. 아래 그림과 같이 휘발유 저장탱크 1기와 원유 저장탱크 1기를 하나의 방유제에 설치하는 옥외탱크저장소에 관하여 다음 각 물음에 답하시오.(단, 포소화약제량 계산에는 포송액관의 부피는 고려하지 않으며, 방유제 용적계산에서 간막이둑 및 방유제 내의 배관체적은 무시한다. 계산은 소수점 셋째 자리에서 반올림하여 둘째 자리까지 구하시오.)(12점)

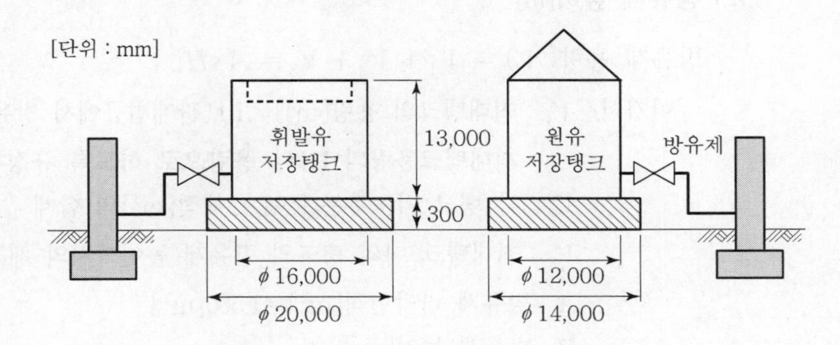

> [조건]
> ① 휘발유 저장탱크 : 최대저장용량 1,900m³, 플루팅루프탱크(탱크 내 측면과 굽도리판 사이의 거리는 0.6m), 특형
> ② 원유 저장탱크 : 최대저장용량 1,000m³, 콘루프탱크, Ⅱ형(인화점 70℃ 이상)
> ③ 포소화약제의 종류 : 수성막포 3%
> ④ 보조포소화전 : 3개 설치
> ⑤ 방유제 면적 : 1,500m²

(1) 최소 포소화약제 저장량[ℓ]을 계산하시오.(6점)
(2) 방유제 높이[m]를 계산하시오.(6점)

해답 (1) 최소 포소화약제 저장량[ℓ]

1) 고정포방출구에서 필요한 량

① 휘발유탱크에서 필요한 량

$$= \frac{\pi}{4}(16^2 - 14.8^2)\text{m}^2 \times 240\,\ell/\text{m}^2 \times 0.03 = 208.9\,\ell$$

② 원유탱크에서 필요한 량

$$= \frac{\pi \times 12^2}{4}\text{m}^2 \times 100\,\ell/\text{m}^2 \times 0.03 = 339.12\,\ell$$

2) 보조포소화전에서 필요한 량 = 3 × 400 ℓ/min × 20min × 0.03 = 720 ℓ

∴ 포소화약제의 저장량 = 339.12 ℓ + 720 ℓ = 1,059.12 ℓ

[답] 최소 포소화약제 저장량 : 1,059.12[ℓ]

(2) 방유제 높이[m]

방유제 용량(V) = $V_1 + V_2 + V_3 = A \times H$

여기서, V_1 : 최대탱크의 용량[m³] × 1.1(관계법규에서 방유제의 용량은 최대탱크용량의 110% 용량으로 하도록 규정하고 있음)

V_2 : 각 탱크 기초부분(PAD) 체적[m³]의 합계

V_3 : 최대탱크 이외 탱크의 방유제 높이까지의 체적[m³]

A : 방유제 바닥면적[m²] = 1,500[m²]

H : 방유제 높이[m]

① $V_1 = 1{,}900\text{m}^3 \times 1.1 = 2{,}090\text{m}^3$

② $V_2 = \left(\frac{\pi \times 20^2}{4}\ \text{m}^2 \times 0.3\text{m}\right) + \left(\frac{\pi \times 14^2}{4}\ \text{m}^2 \times 0.3\text{m}\right) = 140.43\text{m}^3$

③ $V_3 = \frac{\pi \times 12^2}{4}\ \text{m}^2 \times (H - 0.3\text{m}) = 113.1 \times (H - 0.3\text{m})$

$= 113.1H - 33.93$

$V = A \times H = 1{,}500 \times H$에서,

$1{,}500 \times H = V_1 + V_2 + V_3$

$1{,}500 = 2{,}090 + 140{,}43 + (113.1H - 33.93)$

$1{,}500H - 113.1H = 2{,}090 + 140.43 - 33.93$

$\therefore\ H = 1.5837$

[답] 방유제 높이 : 1.58[m]

3. 도로터널의 화재안전기준(NFSC 603)에 관하여 다음 각 물음에 답하시오. (11점)

(1) 3,000m인 편도 4차로의 일방향터널에서 터널 양쪽의 측벽 하단에 도로면으로부터 높이 0.8m, 폭 1.2m의 유지보수 통로가 있을 경우 도로면을 기준으로한 발신기 설치높이를 쓰시오.(2점)

(2) 비상경보설비에 대한 설치기준을 쓰시오.(4점)
(3) 화재에 노출이 우려되는 제연설비와 전원공급선의 운전 유지조건을 쓰시오.(2점)
(4) 제연설비의 기동은 자동 또는 수동으로 기동될 수 있도록 하여야 한다. 이 경우 제연설비가 기동되는 조건에 대하여 쓰시오.(3점)

해답 (1) 터널 내 유지보수통로상의 발신기 설치높이

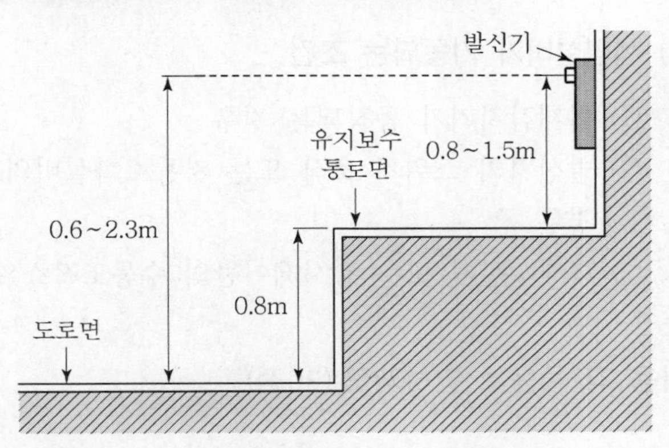

발신기의 설치높이는 바닥으로부터 0.8m~1.5m이다. 유지보수통로면이 도로면으로부터 0.8m 높은 위치이므로 도로면으로부터의 설치 높이는 (0.8+0.8)m 이상, (1.5+0.8)m 이하에 설치하여야 한다.

[답] 1.6m 이상, 2.3m 이하

(2) 비상경보설비에 대한 설치기준

① 발신기는 주행차로 한쪽 측벽에 50m 이내의 간격으로 설치하며, 편도 2차선 이상의 양방향 터널이나 4차로 이상의 일방향 터널의 경우에는 양쪽의 측벽에 각각 50m 이내의 간격으로 엇갈리게 설치할 것
② 발신기는 바닥면으로부터 0.8m 이상 1.5m 이하의 높이에 설치할 것
③ 음향장치는 발신기 설치위치와 동일하게 설치할 것. 다만, 「비상방송설비의 화재안전기준(NFSC 202)」에 적합하게 설치된 방송설비를 비상경보설비와 연동하여 작동하도록 설치한 경우에는 비상경보설비의 지구음향장치를 설치하지 아니할 수 있다.
④ 음향장치의 음량은 부착된 음향장치의 중심으로부터 1m 떨어진 위치에서 90dB 이상이 되도록 할 것
⑤ 음향장치는 터널 내부 전체에 동시에 경보를 발하도록 설치할 것

⑥ 시각경보기는 주행차로 한쪽 측벽에 50m 이내의 간격으로 비상경보설비 상부 직근에 설치하고, 전체 시각경보기는 동기방식에 의해 작동될 수 있도록 할 것

(3) 화재에 노출이 우려되는 제연설비와 전원공급선의 운전 유지조건

250℃의 온도에서 60분 이상 운전상태를 유지할 수 있도록 할 것

(4) 제연설비가 기동되는 조건

① 화재감지기가 동작되는 경우
② 발신기의 스위치 조작 또는 자동소화설비의 기동장치를 동작시키는 경우
③ 화재수신기 또는 감시제어반의 수동조작스위치를 동작시키는 경우

[문제3] 다음 각 물음에 답하시오.(30점)

1. 수계소화설비에 관한 다음 각 물음에 답하시오.(9점)

(1) 아래 그림은 펌프를 이용하여 옥내소화전으로 물을 배출하는 개략도이다. 열교환이 없으며, 모든 손실을 무시할 때, 펌프의 수동력[kW]을 계산하시오.(단, P_1은 게이지압이고, 물의 밀도는 $\rho = 998.2\text{kg/m}^3$, $g = 9.8\text{m/s}^2$, 대기압은 0.1MPa, 전달계수 k = 1.1, 효율은 $\eta = 75\%$이다. 계산은 소수점 셋째 자리에서 반올림하여 둘째 자리까지 구한다.)(5점)

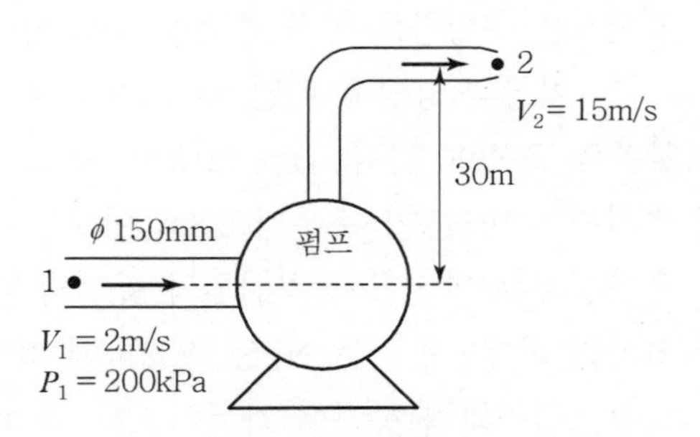

해답 1) 전수두

$$\frac{P_1}{\gamma} + \frac{{V_1}^2}{2g} + Z_1 + H_P = \frac{P_2}{\gamma} + \frac{{V_2}^2}{2g} + Z_2 + \varDelta H$$

(여기서, 마찰손실수두[ΔH]는 무시함)

$$H_P = \frac{P_2 - P_1}{\gamma} + \frac{{V_2}^2 - {V_1}^2}{2g} + (Z_2 - Z_1)$$

$$= 압력수두 + 속도수두 + 위치수두$$

2) 압력수두

$$\frac{P_2 - P_1}{\gamma} = \frac{0 - 200[\mathrm{kPa}]}{998.2[\mathrm{kgf/m^3}]} = \frac{-20,393.782[\mathrm{kgf/m^2}]}{998.2[\mathrm{kgf/m^3}]}$$

$$= -20.4305[\mathrm{m}]$$

(여기서, 대기압은 고려하지 않으므로 $P_2 = 0$이다.)

$$P_1 = 200[\mathrm{kPa}] = 200[\mathrm{kPa}] \times \frac{10,332[\mathrm{kgf/m^2}]}{101.325[\mathrm{kPa}]}$$

$$= 20,393.7823[\mathrm{kgf/m^2}]$$

3) 속두수두

$$\frac{{V_2}^2 - {V_1}^2}{2g} = \frac{15^2 - 2^2}{2 \times 9.8} = 11.2755[\mathrm{m}]$$

4) 위치수두

$$Z_2 - Z_1 = 30 - 0 = 30[\mathrm{m}]$$

5) 전수두

$$H_P = -20.4305 + 11.2755 + 30 = 20.845[\mathrm{m}]$$

6) 토출량

$$Q = A \times V = \pi \frac{0.15^2}{4} \times 2 = 0.0353[\mathrm{m^3/s}]$$

7) 수동력

$$L_w = \frac{\gamma Q H}{102} = \frac{998.2[\mathrm{kgf/m^3}] \times 0.0353[\mathrm{m^3/s}] \times 20.845[\mathrm{m}]}{102}$$

$$= 7.1289[\mathrm{kW}]$$

[답] 펌프의 수동력 : 7.13[kW]

(2) 「소방시설 설치 · 유지 및 안전관리에 관한 법률 시행령」 별표 5에 의거하여 문화 및 집회시설(동 · 식물원은 제외)의 전 층에 스프링클러를 설치하여야 하는 특정소방대상물 4가지를 쓰시오.(4점)

해답 1) 수용인원이 100명 이상인 것
2) 영화상영관의 용도로 쓰이는 층의 바닥면적이 지하층 또는 무창층인 경우에는 500m² 이상, 그 밖의 층의 경우에는 1,000m² 이상인 것
3) 무대부가 지하층 · 무창층 또는 4층 이상의 층에 있는 경우에는 무대부의 면적이 300m² 이상인 것
4) 무대부가 3) 외의 층에 있는 경우에는 무대부의 면적이 500m² 이상인 것

2. 가로 15m×세로 10m×높이 4m인 전산기기실에 HFC-125를 설치하고자 한다. 아래 조건을 기준으로 다음 각 물음에 답하시오.(단, 약제팽창 시 외부로의 누설을 고려한 공차를 포함하지 않으며, 계산은 소수점 다섯째 자리에서 반올림하여 넷째 자리까지 구하시오.)(7점)

(1) HFC-125의 K_1(표준상태에서의 비체적) 및 K_2(단위온도당 비체적 증가분)값을 계산하시오.(2점)
(2) 「청정소화약제소화설비의 화재안전기준(NFSC 107A)」에서 규정된 방출시간 안에 방출하여야 하는 최소 약제량(Kg)을 구하시오.(5점)

[조건]
① 해당 약제의 소화농도는 A · C급 화재 시 7%, B급 화재 시 9%로 적용한다.
② 전산기기실의 최소 예상온도는 20℃이다.

해답 (1) HFC-125의 K_1 및 K_2 값

〈HFC-125의 분자량 계산〉

$C_2HF_5 = (2 \times 12) + (1 \times 1) + (5 \times 19) = 120$[kg]

1) $K_1 = \frac{22.4}{분자량} = \frac{22.4}{120} = 0.1867[m^3/kg]$

2) $K_2 = K_1 \times \frac{1}{273} = 0.1867 \times \frac{1}{237} = 0.0007[m^3/kg \cdot K]$

[답] $K_1 = 0.1867[m^3/kg]$, $K_2 = 0.0007[m^3/kg \cdot K]$

(2) 규정된 방출시간 안에 방출하여야 하는 최소 약제량[kg]

1) 방호구역의 체적[m^3]

$V = 15 \times 10 \times 4 = 600m^3$

2) 소화약제의 비체적[m^3/kg]

$S = K_1 + K_2 \times t = 0.1867 + 0.0007 \times 20 = 0.2007[m^3/kg]$

3) 체적에 따른 소화약제의 설계농도[%]

$C = 7\% \times 1.2 = 8.4[\%]$

4) 규정된 방출시간 안에 방출하여야 하는 최소 약제량[kg]

$$W = \frac{V}{S} \times \frac{C}{100 - C} = \frac{600}{0.2007} \times \frac{8.4 \times 0.95}{100 - 8.4 \times 0.95}$$

$$= 259.253447[kg]$$

[답] 최소약제량 : 259.2534[kg]

3. 「포소화설비의 화재안전기준(NFSC 105)」에 의거하여 아래 조건에 관한 다음 각 물음에 답하시오.(14점)

(1) 최소 포소화약제 저장량[ℓ]을 계산하시오.(4점)

(2) 차고 및 주차장에 호스릴포소화설비를 설치할 수 있는 조건을 쓰시오.(4점)

(3) 포소화설비 기동장치에 설치하는 자동경보장치의 설치기준을 쓰시오.(6점)

[조건]

① 높이 3m, 바닥크기가 10m × 15m인 차고에 호스릴포소화전을 설치한다.

② 호스 접결구 수는 6개이며, 5% 수성막포를 사용한다.

해답 (1) 최소 포소화약제 저장량[ℓ]

[화재안전기준(NFSC 105 제8조 제2항 제2호)의 공식을 그대로 적용하는 것이 더욱 간결 명료함]

$Q = N \times S \times 6,000[\ell]$

여기서, Q : 포 소화약제의 양[ℓ]
N : 호스접결구수(5개 이상인 경우는 5)
S : 포소화약제의 사용농도[%]

6,000[ℓ]=300[ℓ/min]×20[min]

$Q = 5 \times 0.05 \times 6,000 \times 0.75 = 1,125$[ℓ]

[답] 최소 포소화약제 저장량 : 1,125[ℓ]

주의

가. 여기서, NFSC 105 제8조 제2항 제2호의 단서에 따라 바닥면적 200m^2 미만인 경우에는 위에서 산출된 약제량의 75%로 할 수 있으므로 "0.75"를 적용하였다.

나. 혹자는 위의 화재안전기준 조항 적용 대신, NFSC 105 제12조 제3항 제1호 단서의 "바닥면적 200m^2 이하인 경우 방수량을 (300ℓ/min 대신) 230ℓ/min으로 적용"의 조항을 적용하여 위의 포소화약제 저장량을 산출한다는 답안 의견도 있는데, 이 조항은 호스릴포소화설비의 방수구(또는 포소화전 방수구)에 대한 용량기준인데 이것을 약제저장량 산출에 적용하는 것은 적합하지 아니하다.

(2) 차고 및 주차장에 호스릴포소화설비를 설치할 수 있는 조건

1) 완전 개방된 옥상주차장 또는 고가 밑의 주차장 등으로서 주된 벽이 없고 기둥뿐이거나 주위가 위해방지용 철주 등으로 둘러싸인 부분
2) 옥외로 통하는 개구부가 상시 개방된 구조의 부분으로서 그 개방된 부분의 합계면적이 해당 차고 또는 주차장의 바닥면적 15% 이상인 부분
3) 지상 1층으로서 방화구획되거나 지붕이 없는 부분
4) 지상에서 수동 또는 원격조작에 따라 개방이 가능한 개구부의 유효면적의 합계가 바닥면적의 20% 이상(시간당 5회 이상의 배연능력을 가진 배연설비가 설치된 경우에는 15% 이상)인 부분

(3) 포소화설비 기동장치에 설치하는 자동경보장치의 설치기준

1) 방사구역마다 일제개방밸브와 그 일제개방밸브의 작동 여부를 발신하는 발신부를 설치할 것. 이 경우 각 일제개방밸브에 설치되는 발신부 대신 1개층에 1개의 유수검지장치를 설치할 수 있다.

2) 상시 사람이 근무하고 있는 장소에 수신기를 설치하되, 수신기에는 폐쇄형스프링클러헤드의 개방 또는 감지기의 작동 여부를 알 수 있는 표시장치를 설치할 것
3) 하나의 소방대상물에 2 이상의 수신기를 설치하는 경우에는 수신기가 설치된 장소 상호 간에 동시 통화가 가능한 설비를 할 것

제 16 회

소방시설관리사 출제문제

소방시설의 설계 및 시공

[문제1] 다음 각 물음에 답하시오.(40점)

1. 가로 2m, 세로 1.8m 높이 1.4m 인 가연물에 국소방출방식의 고압식 이산화탄소소화설비를 설치하고자 한다. 다음 물음에 답하시오.(단, 저장용기는 68L/45kg을 사용하며, 입면에 고정된 벽체는 없다.(10점)
   (1) 방호공간의 체적[m^3]을 구하시오.(2점)
   (2) 방호공간 벽면적의 합계[m^2]를 구하시오.(2점)
   (3) 방호대상물 주위에 설치된 벽면적[m^2]의 합계를 구하시오.(2점)
   (4) 이산화탄소소화설비의 최소 약제량 및 용기 수를 구하시오.(4점)

해답 (1) 방호공간의 체적[m^3]

체적 = 가로 × 세로 × 높이

$(0.6+2+0.6)\times(0.6+1.8+0.6)\times(1.4+0.6)=3.2\times3\times2=19.2[m^3]$

[답] $19.2[m^3]$

(2) 방호공간 벽면적의 합계[m^2]

가로 × 높이 × 2면 + 세로 × 높이 × 2면

$=3.2m\times2m\times2$면$+3m\times2m\times2$면$=24.8[m^2]$

[답] $24.8[m^2]$

(3) 방호대상물 주위에 설치된 벽면적의 합계[m^2]

[답] 0[m^2](0.6m 이내에 설치된 벽이 없음)

(4) 이산화탄소소화설비의 최소 약제량 및 용기 수

1) 최소 약제량

$$V\times\left[8-6\frac{a}{A}\right]\times h=19.2\times\left[8-6\times\frac{0}{24.8}\right]\times 1.4=215.04\text{kg}$$

[답] 215.04[kg]

2) 용기 수

저장용기 : 68L/45kg

215.04 ÷ 45 = 4.778 ≒ 5병

[답] 5[병]

2. 체적 55m^3 미만인 전기설비에서 심부화재 발생 시 다음 물음에 답하시오.(30점)

(1) 이산화탄소의 비체적[m^3/kg]을 구하시오.(단, 심부화재이므로 온도는 10℃를 기준으로 하며, 답은 소수점 셋째 자리에서 반올림하여 둘째 자리까지 구한다.)(5점)

(2) 자유유출(Free Efflux) 상태에서 방호구역 체적당 소화약제량 산정식을 쓰시오.(5점)

(3) 이산화탄소소화설비의 화재안전기준(NFSC 106)에 따라 전역방출방식에 있어서 심부화재의 경우 방호대상물별 소화약제의 양과 설계농도를 쓰시오.(12점)

방호대상물	방호구역 1m^3에 대한 소화약제의 양	설계농도[%]
(가)		
(나)		
(다)		
(라)		

(4) 전역방출방식에서 체적 $55m^3$ 미만인 전기설비 방호대상물의 설계농도를 구하시오. (단, 계산값은 소수점 셋째 자리에서 반올림하여 둘째 자리까지 구하고 설계농도는 반올림하여 정수로 한다)(8점)

해답 (1) 이산화탄소의 비체적[m^3/kg]

$$S = \frac{V}{M} \times \frac{T}{T_0} = \frac{22.4\,\mathrm{m^3/kg \cdot mol}}{44\,\mathrm{kg/kg \cdot mol}} \times \frac{283\,\mathrm{K}}{273\,\mathrm{K}} = 0.528 = 0.53\,\mathrm{m^3/kg}$$

[답] 0.53[m^3/kg]

(2) 자유유출(Free Efflux) 상태에서 방호구역 체적당 소화약제량 산정식

[답] $K = 2.303 \times \log\left(\frac{100}{100-C}\right) \times \frac{1}{S}$ [kg/m^3]

여기서, K : 방호구역 체적당 소화약제량[kg/m^3]
C : 체적에 따른 소화약제의 설계농도[%]
S : 소화약제별 비체적[m^3/kg]

(3) 이산화탄소소화설비의 화재안전기준(NFSC 106)에 따라 전역방출방식에 있어서 심부화재의 경우 방호대상물별 소화약제의 양과 설계농도

방호대상물	방호구역 $1m^3$에 대한 소화약제의 양	설계농도 [%]
(가) 유압기기를 제외한 전기설비, 케이블실	1.3kg	50
(나) 체적 $55m^3$ 미만의 전기설비	1.6kg	50
(다) 서고, 전자제품창고, 목재가공품창고, 박물관	2.0kg	65
(라) 고무류·면화류창고, 모피창고, 석탄창고, 집진설비	2.7kg	75

(4) 전역방출방식에서 체적 $55m^3$ 미만인 전기설비 방호대상물의 설계농도

1) 10℃에서 소화약제의 비체적(S)

$$S = \frac{V}{M} \times \frac{T_0'}{T_0} = \frac{22.4\,\mathrm{m^3/kmol}}{44\mathrm{kg/kmol}} \times \frac{283\mathrm{K}}{273\mathrm{K}} = 0.528 = 0.53\,\mathrm{m^3/kg}$$

2) $K = 2.303 \times \log\left(\frac{100}{100-C}\right) \times \frac{1}{S}$ [kg/m³]

여기서, K : 방호구역 체적당 소화약제량[kg/m³]

C : 체적에 따른 소화약제의 설계농도[%]

S : 소화약제별 비체적[m³/kg]

3) 설계농도(C)

$$K = 2.303 \times \log\left(\frac{100}{100-C}\right) \times \frac{1}{S} \text{ [kg/m}^3\text{]}$$

$$1.6 = \frac{1}{0.53} \times 2.303 \log\left(\frac{100}{100-C}\right)$$

$$\frac{1.6 \times 0.53}{2.303} = \log\left(\frac{100}{100-C}\right),\ 0.3682 = \log\left(\frac{100}{100-C}\right)$$

$$10^{0.3682} = \frac{100}{100-C} = 2.3345$$

$$\frac{100}{2.3345} = 100 - C,\ C = 100 - \frac{100}{2.3345} = 57.16\%$$

[답] 57[%]

[문제2] 다음 각 물음에 답하시오.(30점)

1. 스프링클러 소화설비의 화재안전기준(NFSC 103)에 따라 다음 각 물음에 답하시오. (24점)
   (1) 일반건식밸브와 저압건식밸브의 작동순서를 쓰시오.(6점)
   (2) 저압건식밸브 2차측 설정압력이 낮은 경우 장점 4가지를 쓰시오.(4점)
   (3) 건식스프링클러 2차측 급속개방장치(Quick Opening Device)의 엑셀러레이터(Accelerator), 이그저스터(Exhauster)의 작동원리를 쓰시오.(4점)
   (4) 건식스프링클러 헤드의 설치장소 최고온도가 39℃ 미만이고, 헤드를 하향식으로 할 경우 설치 헤드의 표시온도와 헤드의 종류를 쓰시오.(2점)
   (5) 복합건축물에 설치된 스프링클러 소화설비의 주펌프를 2대로 병렬운전할 경우 장점 2가지를 쓰시오.(4점)
   (6) 스프링클러소화설비의 가압방식 중 펌프방식에 있어서 후드밸브와 체크밸브의 이상 유무를 확인하는 방법을 쓰시오.(단, 수조는 펌프보다 아래에 있다.)(4점)

해답 (1) 일반건식밸브와 저압건식밸브의 작동순서
〈포인트 소방시설관리사 上권 p.122〉

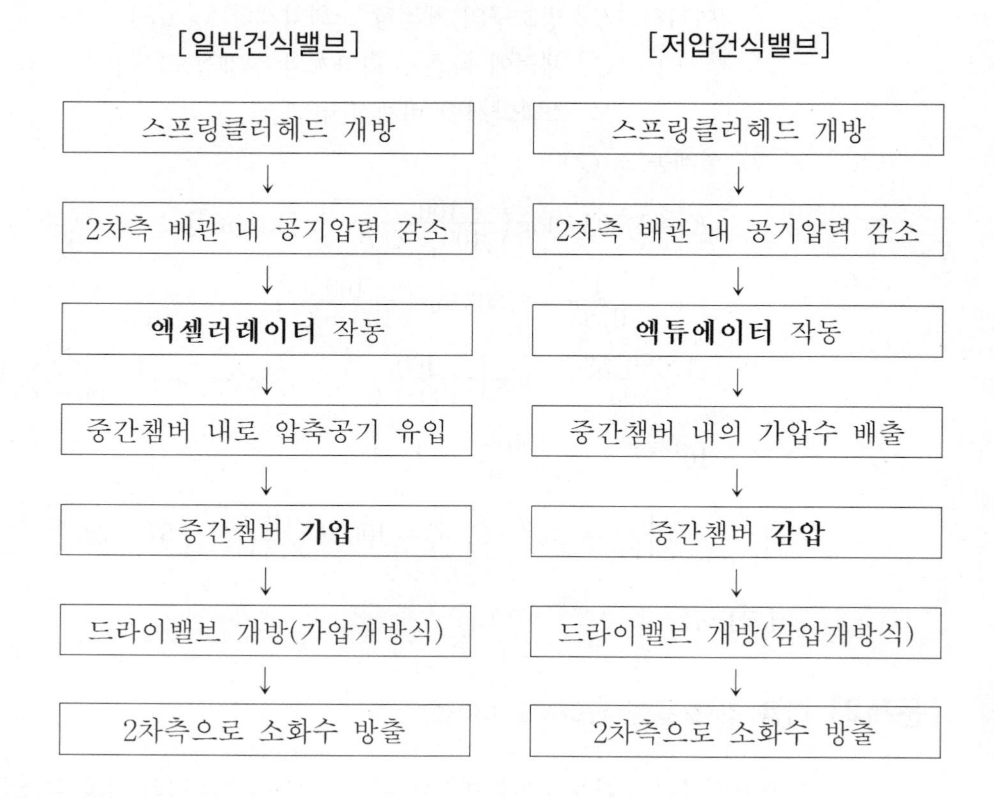

(2) 저압건식밸브 2차측 설정압력이 낮은 경우 장점 4가지
〈포인트 소방시설관리사 上권 p.123〉

1) 드라이밸브(클래퍼) 개방시간 단축
2) 소화수 이송시간 단축 : 헤드 방수개시 도달시간 단축
3) 급속개방장치(Accelerator)가 불필요함
4) Air Compressor 용량이 작다 : 세팅시간 단축

(3) 건식스프링클러 2차측 급속개방장치의 엑셀러레이터와 이그저스터 작동 원리 〈포인트 소방시설관리사 上권 p.161, p.162〉

1) 엑셀러레이터(Accelerator)

① 설치목적

건식 스프링클러 시스템의 건식밸브에 설치되어 헤드가 개방되었을 때, 건식밸브의 클래퍼를 신속하게 개방시키는 작용을 한다.

② 구조

㉮ Accelerator 입구 : 건식밸브 클래퍼의 2차측에 연결(2차측 압력과 동일)

㉯ Accelerator 출구 : 중간 챔버에 연결(대기압과 통함)

③ 작동원리

㉮ 평상시 Accelerator 입구측은 건식밸브 2차측 System과 동일한 압력으로 유지되나, 출구측은 대기압 상태이므로 내부 Poppet에 의해 입구가 차단된 상태를 유지한다.

㉯ 스프링클러 헤드가 개방되어 2차측 압력이 저하되면

㉰ 차압챔버의 압력변화에 의해 Poppet가 개방되어

㉱ 입구측의 2차측 공기압의 출구측으로 바로 통과되어 중간챔버로 보내진다.

㉲ 중간챔버에 2차측 압력이 가해지면 이 압력이 클래퍼를 밀어올리게 되므로 신속하게 개방된다.

2) 이그저스터(Exhauster)

① 설치목적

건식밸브시스템에 설치되어 스프링클러 헤드가 개방되었을 때 2차측의 공기압을 신속하게 대기 중으로 방출시키는 작용을 한다.

② 구조

㉮ Exhauster 입구 : 건식밸브의 클래퍼 2차측에 연결

㉯ Exhauster 출구 : 대기 중에 노출

③ 작동원리

㉮ 작동원리는 Accelerator와 유사하나 Accelerator에서는 2차측에 공기를 중간챔버로 보내는 반면,

㉯ Exhauster에서는 2차측 공기를 대기 중으로 방출시킴으로써 2차측 공기압을 신속하게 제거하는 역할을 한다.

㉰ 즉, 헤드가 개방되어 2차측 압력이 저하되면

㉱ 차압챔버의 압력변화에 의해 내부의 Poppet가 개방되어

㉲ Exhauster 입구측의 공기압을 대기 중으로 방출하게 한다.

㉥ 또, 일부는 중간챔버에도 전달되어 클래퍼를 밀어 신속한 개방을 돕는 역할도 한다.

(4) 건식 스프링클러헤드의 설치장소 최고온도가 39℃ 미만이고, 헤드를 하향식으로 할 경우 설치 헤드의 표시온도와 헤드의 종류

1) 헤드의 표시온도 : 79℃ 미만
2) 헤드의 종류 : 드라이펜던트형 스프링클러헤드

(5) 복합건축물에 설치된 스프링클러 소화설비의 주펌프를 2대로 병렬운전할 경우 장점 2가지

1) 펌프의 기동부하가 적다 : 펌프기동 시 순차기동을 하므로 기동부하가 적어 제어장치도 작으며 기동 시 관 내에 미치는 충격도 적다.
2) Fail Safe 효과가 있다 : 1대의 펌프가 고장일 경우에도 나머지 1대가 작동하므로 시스템을 안정적으로 운영할 수 있다.

(6) 스프링클러설비의 가압방식 중 펌프방식에 있어서 후드밸브와 체크밸브의 이상 유무를 확인하는 방법

1) 펌프의 상부에 설치된 물올림컵 개폐밸브를 개방한다.
2) 물올림컵에 물이 가득 차면 물올림컵 개폐밸브를 잠근다.
3) 이 때 물올림컵의 수위상태를 확인한다.
   ① 수위변화가 없을 경우 : 정상(후드밸브에서 누수되지 않는다.)
   ② 물이 빨려 들어갈 경우 : 후드밸브 내 체크밸브의 기능 고장
   ③ 물이 계속 넘칠 경우 : 펌프 토출측 배관에 설치된 체크밸브의 기능 고장 또는 바이패스밸브가 열린 상태이다.

2. 간이스프링클러설비의 화재안전기준(NFSC 103A)에 따라 다음 각 물음에 답하시오.(6점)

(1) 상수도직결방식의 배관과 밸브의 설치순서를 쓰시오.(3점)
(2) 펌프를 이용한 배관과 밸브의 설치순서를 쓰시오.(3점)

해답 (1) 상수도직결방식의 배관과 밸브의 설치순서

〈포인트 소방시설관리사 上권 p.134〉

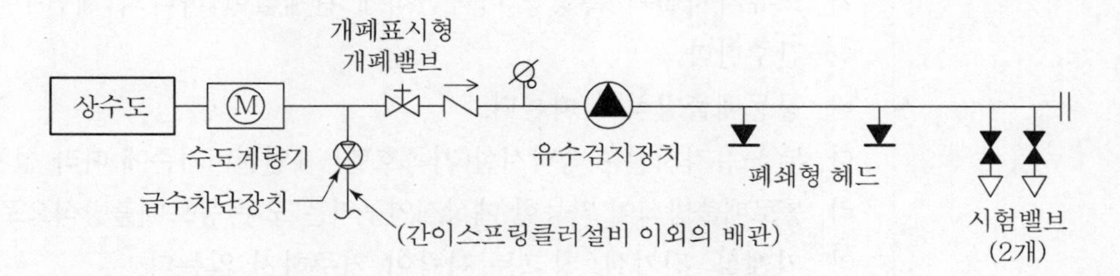

(2) 펌프를 이용한 배관과 밸브의 설치순서

〈포인트 소방시설관리사 上권 p.134〉

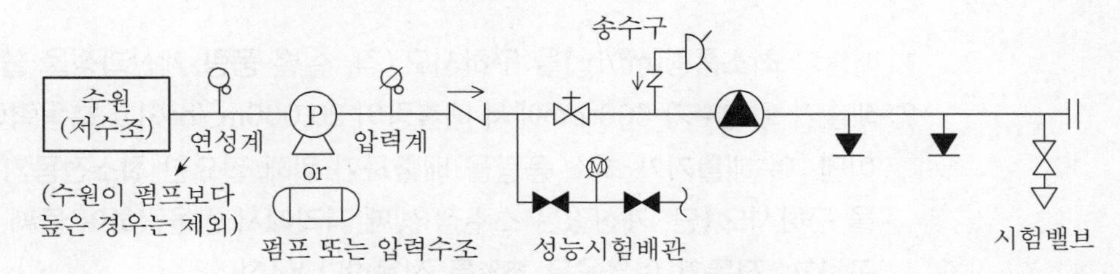

[문제3] 노유자시설에 제연설비를 설치하려고 한다. 다음 그림과 조건을 참조하여 물음에 답하시오.(30점)

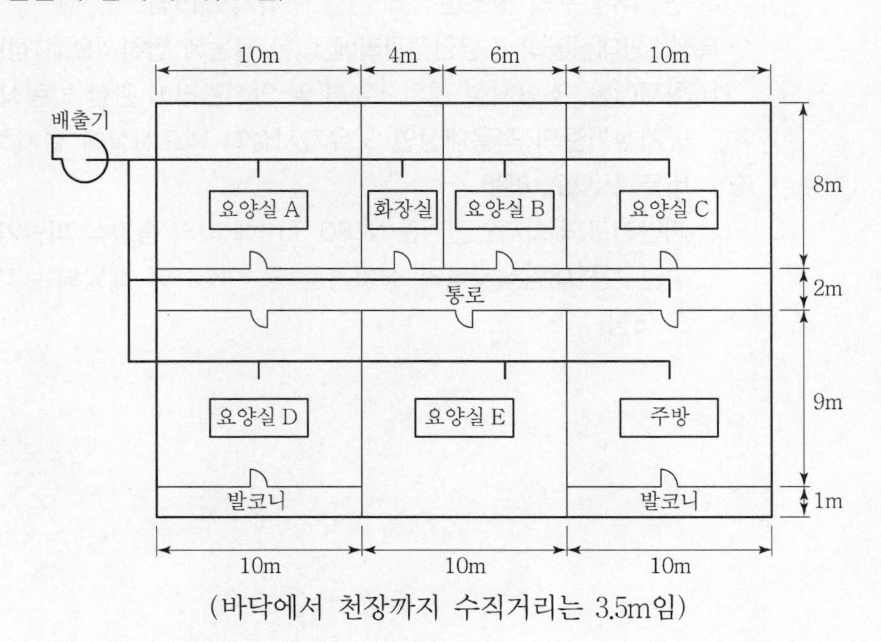

(바닥에서 천장까지 수직거리는 3.5m임)

[조건]
가. 노유자시설의 특성상 바닥면적에 관계없이 하나의 제연구역으로 간주한다.
나. 공동배출방식에 따른다.
다. 본 노유자시설은 숙박시설(가족호텔) 제연설비기준에 따라 설치한다.
라. 통로배출방식이 가능한 예상제연구역은 모두 통로배출방식으로 한다.
마. 기계실, 전기실, 창고는 사람이 거주하지 않는다.
바. 건축물 및 통로의 주요구조부는 내화구조이고, 마감재는 불연재료이며, 통로에는 가연성 내용물이 없다.

1. 배출기 최소풍량[m^3/hr]을 구하시오.(각, 실별 풍량 계산과정을 쓸 것)(8점)
2. 배출기 회전수가 600rpm에서 배출량이 20,000m^3/hr이고 축동력이 5.0kW이면, 이 배출기가 최소 풍량을 배출하기 위해 필요한 최소전동기동력[kW]을 구하시오.(단, 계산값은 소수점 셋째 자리에서 반올림하여 둘째 자리까지 구하고, 전동기 여유율은 15%를 적용한다.)(4점)
3. '요양실 E'에 대하여 다음 물음에 답하시오.(7점)
   (1) 필요한 최소공기유입량[m^3/hr]을 구하시오.(2점)
   (2) 공기유입구의 최소면적[cm^2]을 구하시오.(5점)
4. 특정소방대상물의 소방안전관리에 대한 물음에 답하시오.(11점)
   (1) 화재예방, 소방시설 설치 · 유지 및 안전관리에 관한 법령상 강화된 소방시설기준의 적용대상인 노유자시설과 의료시설에 설치하는 소방설비를 쓰시오.(6점)
   (2) 피난기구의 화재안전기준(NFSC 301)에 따라 승강식 피난기 및 하향식 피난구용 내림식사다리 설치기준 중 (ㄱ)~(ㅁ)에 해당되는 내용을 쓰시오.(5점)

해답 1. 배출기의 최소풍량[m^3/h]

	실명	바닥면적 통로길이	풍량계산
공동예상제연구역	요양실 A	$80m^2$	$80m^2 \times 60m^3/(h \cdot m^2) = 4,800m^3/h \le 5,000m^3/h$
	요양실 B	$48m^2$	[조건] 라 : $50m^2$ 미만일 경우 통로배출방식
	요양실 C	$80m^2$	$80m^2 \times 60m^3/(h \cdot m^2) = 4,800m^3/h \le 5,000m^3/h$
	요양실 D	$90m^2$	[조건] 다 : 가족호텔의 발코니를 설치한 객실은 배출량 산정에서 제외
	요양실 E	$100m^2$	$100m^2 \times 60m^3/(h \cdot m^2) = 6,000m^3/h$
	주방	$90m^2$	$90m^2 \times 60m^3/(h \cdot m^2) = 5,400m^3/h$
	화장실	$32m^2$	배출량 산정에서 제외
	소계		$5,000 + 5,000 + 6,000 + 5,400 = 21,400m^3/h$
통로배출방식		30m	$25,000m^3/h$("벽으로 구획된 경우"이므로 $25,000m^3/h$)

주의

※ 여기서, 화재안전기준상의 공동예상제연구역 배출량 산정기준에서 "1구역당 최저 배출량 $5,000m^3/h$ 이상"의 적용을 제외할 수 있는 규정이 없으므로, 즉 아무리 작은 구역으로 구성된 공동예상제연구역이라 하더라도 그 공동예상제연구역을 구성하는 각각의 예상제연구역 "1구역당 최저 배출량 $5,000m^3/h$ 이상"을 적용하여 각 실별로 최소배출량을 $5,000m^3/h$ 이상으로 적용하여야 한다.

※ 거실과 통로는 공동배출방식으로 할 수 없으므로 거실부분의 배출량과 통로배출방식에 의한 배출량 중 최대 배출량인 25,000[m^3/hr]을 적용한다.

[답] 배출기의 최소풍량 : 25,000[m^3/hr]

2. 배출기 회전수가 600rpm에서 배출량이 $20,000m^3/hr$이고 축동력이 5.0 kW이면, 이 배출기가 최소 풍량을 배출하기 위해 필요한 최소전동기동력[kW]은? (단, 계산값은 소수점 셋째 자리에서 반올림하여 둘째 자리까지 구하고, 전동기 여유율은 15%를 적용한다.)

해답 〈상사의 법칙을 이용〉

$Q_1 = 20,000\text{m}^3/\text{hr}$, $Q_2 = 25,000\text{m}^3/\text{hr}$, $N_1 = 600\text{rpm}$, $L_1 = 5\text{kW}$

(여기서, Q : 유량[ℓ/min], H : 양정[m], L : 축동력[kW])

(1) 회전수

$\frac{Q_2}{Q_1} = \left(\frac{N_2}{N_1}\right)^1$ 에서,

$$N_2 = \frac{Q_2}{Q_1} \times N_1 = \frac{25,000\,\text{m}^3/\text{hr}}{20,000\,\text{m}^3/\text{hr}} \times 600\,\text{rpm} = 750\text{rpm}$$

(2) 축동력

$\frac{L_2}{L_1} = \left(\frac{N_2}{N_1}\right)^3$ 에서,

$$L_2 = \left(\frac{N_2}{N_1}\right)^3 \times L_1 = \left(\frac{750\,\text{rpm}}{600\,\text{rpm}}\right)^3 \times 5\,\text{kW} = 9.765\,\text{kW}$$

(3) 전동기 용량 (전달효율 15% 추가)

$9.765\text{kW} \times 1.15 = 11.229 \;\therefore\; 11.23[\text{kW}]$

[답] 최소 전동기 동력 : 11.23[kW]

3. '요양실 E'에 대하여 다음 물음에 답하시오.

해답 (1) 필요한 최소공기유입량[m^3/h]

공기유입량은 배출량 이상이므로,

[답] 6,000[m^3/h]

(2) 공기유입구의 최소면적[cm^2]

$$6,000\,\frac{\text{m}^3}{\text{h}} \times \frac{1\text{h}}{60\,\text{min}} \times \frac{35\text{cm}^2}{\text{m}^3/\,\text{min}} = 3,500\text{cm}^2$$

[답] 3,500[cm^2]

4. 특정소방대상물의 소방안전관리에 대한 물음에 답하시오.

해답 (1) 화재예방, 소방시설 설치 · 유지 및 안전관리에 관한 법령상 강화된 소방시설기준의 적용대상인 노유자시설과 의료시설에 설치하는 소방설비

1) 노유자시설에 설치하는 소방설비
① 간이스프링클러설비
② 자동화재탐지설비

2) 의료시설에 설치하는 소방설비
① 스프링클러설비
② 간이스프링클러설비
③ 자동화재탐지설비
④ 자동화재속보설비

(2) 피난기구의 화재안전기준(NFSC 301)에 따라 승강식피난기 및 하향식 피난구용 내림식사다리 설치기준 중 (ㄱ)~(ㅁ)에 해당되는 내용을 쓰시오.

> 승강식피난기 및 하향식 피난구용 내림식사다리는 다음 각 목에 적합하게 설치할 것
> 가. (ㄱ)　　　　나. (ㄴ)
> 다. (ㄷ)　　　　라. (ㄹ)
> 마. (ㅁ)
> 바. 하강구 내측에는 기구의 연결금속구 등이 없어야 하며 전개된 피난기구는 하강구 수평투영면적 공간 내의 범위를 침범하지 않는 구조이어야 할 것. 단, 직경 6cm 크기의 범위를 벗어난 경우이거나, 직하층의 바닥 면으로부터 높이 50cm 이하의 범위는 제외한다.
> 사. 대피실 내에는 비상조명등을 설치할 것
> 아. 대피실에는 층의 위치표시와 피난기구 사용설명서 및 주의사항 표지판을 부착할 것
> 자. 사용 시 기울거나 흔들리지 않도록 설치할 것
> 차. 승강식피난기는 한국소방산업기술원 또는 법 제42조제1항에 따라 성능시험기관으로 지정받은 기관에서 그 성능을 검증받은 것으로 설치할 것

[답] (ㄱ) : 승강식피난기 및 하향식 피난구용 내림식사다리는 설치경로가 설치층에서 피난층까지 연계될 수 있는 구조로 설치할 것. 단, 건축물 규모가 지상 5층 이하로서 구조 및 설치 여건상 불가피한 경우는 그러하지 아니한다.

(ㄴ) : 대피실의 면적은 $2m^2$(2세대 이상일 경우에는 $3m^2$) 이상으로 하고, 「건축법 시행령」 제46조제4항의 규정에 적합하여야 하며, 하강구(개구부) 규격은 직경 60cm 이상일 것. 단, 외기와 개방된 장소에는 그러하지 아니한다.

(ㄷ) : 대피실의 출입문은 갑종방화문으로 설치하고, 피난방향에서 식별할 수 있는 위치에 "대피실" 표지판을 부착할 것. 단, 외기와 개방된 장소에는 그러하지 아니한다.

(ㄹ) : 착지점과 하강구는 상호 수평거리 15cm 이상의 간격을 둘 것

(ㅁ) : 대피실 출입문이 개방되거나, 피난기구 작동 시 해당층 및 직하층 거실에 설치된 표시등 및 경보장치가 작동되고, 감시제어반에서는 피난기구의 작동을 확인할 수 있어야 할 것

제 17 회

소방시설관리사 출제문제

소방시설의 설계 및 시공

[문제1] 다음 각 물음에 답하시오.(40점)

1. 특정소방대상물의 관계인이 특정소방대상물의 규모·용도 및 수용인원을 고려하여 스프링클러설비를 설치하고자 한다. "지붕 또는 외벽이 불연재료가 아니거나 내화구조가 아닌 공장 또는 창고시설"로서 스프링클러설비 설치대상이 되는 경우 5가지를 쓰시오.(5점)

해답

① 창고시설(물류터미널에 한정한다) 중 ②에 해당하지 않는 것으로서 바닥면적의 합계가 2,500m^2 이상이거나 수용인원이 250명 이상인 것

② 창고시설(물류터미널은 제외) 중 ⑤에 해당하지 않는 것으로서 바닥면적의 합계가 2,500m^2 이상인 것

③ 랙크식 창고시설 중 ⑥에 해당하지 않는 것으로서 바닥면적의 합계가 750m^2 이상인 것

④ 공장 또는 창고시설 중 ⑦에 해당하지 않는 것으로서 지하층·무창층 또는 층수가 4층 이상인 것 중 바닥면적이 500m^2 이상인 것

⑤ 공장 또는 창고시설 중 ⑧가)에 해당하지 않는 것으로서 「소방기본법 시행령」 별표 2에서 정하는 수량의 500배 이상의 특수가연물을 저장·취급하는 시설

2. 준비작동식스프링클러설비의 동작순서 block diagram을 완성하시오.(7점)

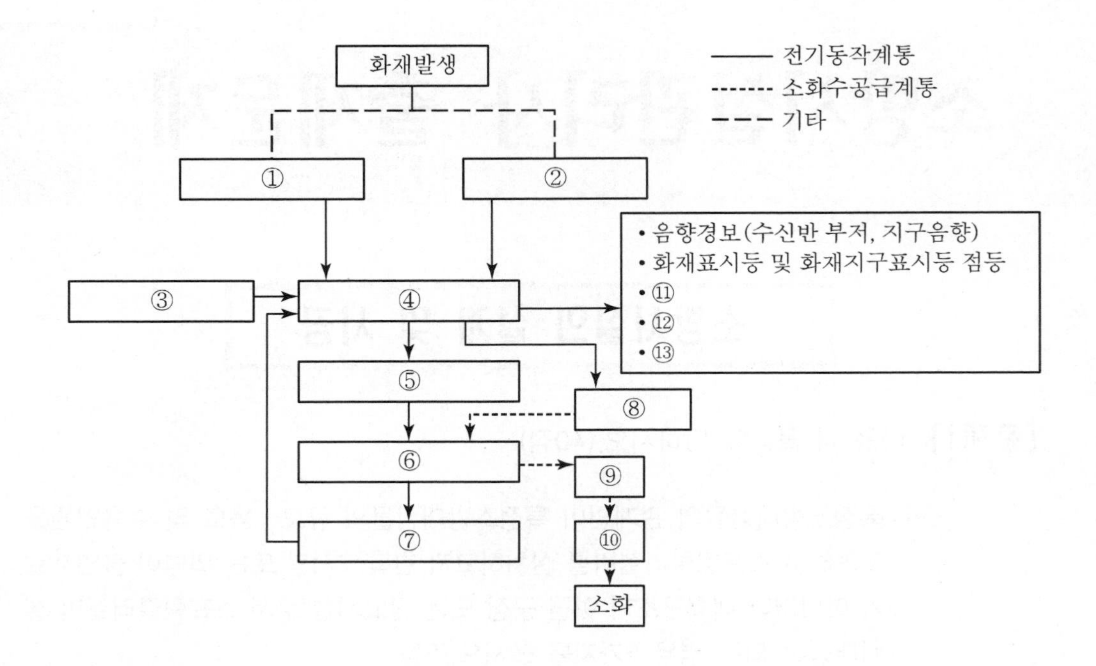

해답 ① 교차회로 감지기 작동

② 수동기동장치(SVP) 작동

③ 압력챔버의 압력스위치 작동

④ 수신반(감시제어반)

⑤ 전자밸브 개방

⑥ 준비작동밸브 개방

⑦ 유수검지장치의 압력스위치 작동

⑧ 펌프 기동

⑨ 배관

⑩ 헤드 개방

⑪ 준비작동밸브의 개방표시등 점등

⑫ 압력챔버의 압력스위치 동작표시등 점등

⑬ 펌프기동 표시등 점등

3. 감지기회로의 도통시험과 관련하여 다음의 각 물음에 답하시오.(4점)

(1) 종단저항 설치기준 3가지를 쓰시오.(2점)

(2) 회로도통시험을 전압계를 사용하여 시험 시 측정결과에 대한 가부판정 기준을 쓰시오.(2점)

해답 (1) 종단저항 설치기준 3가지

① 점검 및 관리가 쉬운 장소에 설치할 것
② 전용함을 설치하는 경우 그 설치 높이는 바닥으로부터 1.5m 이내로 할 것
③ 감지기 회로의 끝부분에 설치하며, 종단 감지기에 설치할 경우에는 구별이 쉽도록 해당 감지기의 기판 및 감지기 외부 등에 별도의 표시를 할 것

(2) 회로도통시험을 전압계를 사용하여 시험 시 측정결과에 대한 가부판정기준

① 정상 : 감지기회로에서 전압계로 감지기말단 종단저항에서 정격전압의 80% 이상인 19.2~24[V] 범위 내인 경우
② 단선 : 감지기회로에서 전압계로 감지기말단 종단저항이 0[V]인 경우
③ 단락 : 감지기회로에서 전압계로 감지기말단 종단저항이 5[V] 부근인 경우

4. 일제개방밸브를 사용하는 스프링클러설비에 있어서 일제개방밸브 2차측 배관의 부대설비 설치기준을 쓰시오.

해답 (1) 개폐표시형밸브를 설치할 것

(2) (1)에 따른 밸브와 준비작동식유수검지장치 또는 일제개방밸브 사이의 배관은 다음과 같은 구조로 할 것
① 수직배수배관과 연결하고 동 연결배관상에는 개폐밸브를 설치할 것
② 자동배수장치 및 압력스위치를 설치할 것
③ ②에 따른 압력스위치는 수신부에서 준비작동식유수검지장치 또는 일제개방밸브의 개방여부를 확인할 수 있게 설치할 것

5. 「위험물안전관리에 관한 세부기준」에서 스프링클러헤드 부착장소의 최고주위온도와 스프링클러헤드 표시온도를 쓰시오.(5점)

해답

부착장소의 최고주위온도(단위 : ℃)	표시온도(단위 : ℃)
① 28 미만	② 58 미만
② 28 이상 39 미만	④ 58 이상 79 미만
⑤ 39 이상 64 미만	⑥ 79 이상 121 미만
⑦ 64 이상 106 미만	⑧ 121 이상 162 미만
⑨ 106 이상	⑩ 162 이상

6. 감지기 오작동으로 인하여 준비작동식밸브가 개방되어 1차측의 가압수가 2차측으로 이동하였으나 스프링클러헤드는 개방되지 않았다. 밸브 2차측 배관은 평상시 대기압 상태로서 배관 내의 체적은 $3.2m^3$이고, 밸브 1차측 압력은 $5.8kgf/cm^2$이며, 물의 비중량은 $9,800N/m^3$, 공기의 분자운동은 이상기체로서 온도변화는 없다고 할 때, 다음 물음에 답하시오.(단, 계산과정을 쓰고, 계산값은 소수점 셋째 자리에서 반올림하여 둘째 자리까지 구하시오.)(8점)
(1) 오작동으로 인하여 밸브 2차측으로 넘어간 소화수의 양[m^3]을 구하시오.(5점)
(2) 밸브 2차측 배관 내에 충수되는 유체의 무게[kN]을 구하시오.(3점)

해답 (1) 밸브 2차측으로 넘어간 소화수의 양[m^3]

① 밸브개방 후 공기체적

$$P_1 V_1 = P_2 V_2$$

여기서, P_1 : 밸브개방 전 절대압(대기압+게이지압)[kgf/cm^2]
P_2 : 밸브개방 후 절대압(대기압+게이지압)[kgf/cm^2]
V_1 : 밸브개방 전 체적[m^3]
V_2 : 밸브개방 후 체적[m^3]

P_1 = 대기압 + 게이지압(2차측 공기압)
= 1.0332[kgf/cm^2] + 0 = 1.0332[kgf/cm^2]

P_2 = 대기압 + 게이지압(밸브개방 후 1차측 수압)

= 1.0332[kgf/cm²] + 5.8[kgf/cm²] = 6.8332[kgf/cm²]

V_1 = 3.2[m³](밸브개방 전 공기의 체적 = 밸브개방 전 배관의 체적)

$$V_2 = \frac{P_1}{P_2} \times V_1 = \frac{1.0332[\mathrm{kgf/cm^2}]}{6.8332[\mathrm{kgf/cm^2}]} \times 3.2[\mathrm{m^3}] = 0.483$$

∴ 0.483[m³]

② 충수되는 물의 체적

충수되는 물의 체적 = 밸브개방 전 공기체적 - 밸브개방 후 공기체적

= 3.2[m³] - 0.483[m³] = 2.717[m³] ≒ 27.2[m³]

[답] 2.72[m³]

(2) 밸브 2차측 배관 내에 충수되는 유체의 무게[kN]

$F = \gamma V$

여기서, F : 힘, 무게[N]

γ : 비중량 (물의 비중량 : 9,800N/m³ = 0.8kN/m³)

V : 체적[m³]

γ = 9,800[N/m³], V = 2.72[m³]

$F = \gamma V$ = 9,800[N/m³] × 2.72[m³] = 26,656

∴ 26.656[N] ≒ 26.66[kN]

[답] 26.66[kN]

7. 청정소화약제소화설비의 화재안전기준(NFSC 107A)에 관한 다음 물음에 답하시오.(단, 계산과정을 쓰고, 계산값은 소수점 셋째 자리에서 반올림하여 둘째 자리까지 구하시오.) (7점)

<조건>

- 최대허용압력 : 16,000[kPa]
- 배관의 바깥지름 : 8.5[cm]
- 배관재질의 인장강도 : 410[N/mm²]
- 항복점 : 250[N/mm²]
- 전기저항용접 배관방식이며, 용접이음을 한다.

(1) 배관의 최대허용응력[kPa]을 구하시오.(4점)

(2) 관의 두께[mm]를 구하시오.(3점)

해답 (1) 배관의 최대허용응력[kPa]

※ 최대허용응력[kPa] = 배관재질 인장강도의 1/4값과 항복점의 2/3값 중 적은 값 × 배관이음효율 × 1.2

① 배관재질 인장강도의 1/4 = 410/4 = 102.5N/mm²

② 항복점의 2/3 = 250 × 2/3 = 166.667N/mm²

따라서, 둘 중에서 작은 값인 102.5N/mm²을 선택한다.

③ 배관이음효율 : 0.85(전기저항 용접배관)

④ 배관의 최대허용응력[N/mm²]

$102.5 \times 0.85 \times 1.2 = 104.55\text{N/mm}^2$

⑤ 단위 변환

$$104.55\frac{\text{N}}{\text{mm}^2} \times \left(\frac{1,000\text{mm}}{1\text{m}}\right)^2 \times \frac{1\text{kPa}}{1,000\text{Pa}} = 104,550\text{kPa}$$

[답] 104,550[kPa]

(2) 관의 두께[mm]

$$t = \frac{PD}{2SE} + A = \frac{16,000 \times 85}{2 \times 104,550} + 0 = 6.504\text{mm}$$

[답] 6.5[mm]

[문제2] 다음 물음에 답하시오 (30점)

1. 주요구조부가 내화구조인 건축물에 자동화재탐지설비를 설치하고자 한다. 다음 조건을 참고하여 물음에 답하시오.(단, 조건에 없는 내용은 고려하지 않는다.)(9점)

<조건>

- 층수 : 지하 2층, 지상 9층
- 바닥면적 : 층별 1,050m²(가로 35m, 세로 30m)
- 연면적 : 1,150m²
- 각 층의 높이는 지하 2층 4.5m, 지하 1층 4.5m, 1층~9층 3.5m, 옥탑층 3.5m
- 직통계단은 건물 좌·우측에 1개씩 설치
- 옥탑층은 엘리베이터 권상기실로만 사용되며, 건물 좌·우측에 1개씩 설치
- 각 층 거실과 지하주차장에는 차동식스포트형감지기 2종 설치
- 연기감지기 설치장소에는 광전식스포트형 2종 설치
- 지하 2개 층은 주차장 용도로 준비작동식유수검지장치(교차회로방식) 설치
- 지상 9개 층은 사무실 용도로 습식유수검지장치 설치
- 화재감지기는 스프링클러 설비와 겸용으로 설치

(1) 전체 경계구역의 수를 구하시오.(4점)

(2) 설치해야할 감지기의 종류별 수량을 구하시오.(5점)

해답 (1) 전체 경계구역의 수

① 수평적 경계구역

가) 지하층(준비작동식스프링클러) : 소화설비의 방호구역과 동일하게 설정한 경계구역 : 3,000m² 이내

- 층별 1,050m²(가로 35m, 세로 30m)
- 지하층은 각 층별로 하나의 경계구역이므로, 지하 2개층의 경계구역 = 2개 구역

나) 지상층(습식스프링클러) : 자동화재탐지설비의 경계구역 : 600m² 이내

- 1,050m² ÷ 600m²/개 = 1.75 ≒ 2개
- 2개/층 × 9개층 = 18개 구역

② 수직적 경계구역

가) 계단 2개소

- 지상 수직거리 : 3.5m/층 × 10개층(옥탑층 포함) = 35m
  35m ÷ 45m/개 = 0.777 ≒ 1개
  1개/개소 × 2개소 = 2개 구역
- 지하 수직기리 : 4.5m/층 × 2개층 = 9m

9m ÷ 45m/개 = 0.2 ≒ 1개
1개/개소 × 2개소 : 2개 구역
나) 엘리베이터 권상기실 2개소 : 2개 구역

③ 합계
2 + 18 + 2 + 2 + 2 = 26

[답] 전체 경계구역의 수 : 26개

(2) 설치해야 할 감지기의 종류별 수량

① 차동식 스포트형 2종
가) 지상
$1,050m^2 \div 70m^2$/개 = 15개/층 × 9개층 = 135개
나) 지하
$1,050m^2 \div 35m^2$/개 = 30개/층 × 2개층 = 60개
교차회로이므로
60개 × 2 = 120개
∴ 합계 : 135+120=255개

② 광전식 스포트형 2종
가) 계단 2개소
- 지상 수직거리 : 3.5m/층 × 10개층 = 35m(옥탑층 포함)
35m ÷ 15m/개 = 2.33 ≒ 3개
3개/개소 × 2개소 = 6개
- 지하 수직기리 : 4.5m/층 × 2개층 = 9m
9m÷15m/개 = 0.6 ≒ 1개
1개/개소 × 2개소 = 2개
나) 엘리베이터 2개소 : 2개
∴ 합계 : 6 + 2 + 2 = 10개

[답] 차동식 스포트형 2종 : 255개
광전식 스포트형 2종 : 10개

2. 국가화재안전기준(NFSC)에 관한 다음 물음에 답하시오.(7점)

(1) 송수구 가까운 곳의 보기 쉬운 곳에 송수압력범위를 표시한 표지를 설치하여야 하는 소방시설 중 화재안전기준상 규정하고 있는 소화설비의 종류 4가지를 쓰시오.(2점)

(2) 연결송수관설비의 송수구 설치기준 중 급수개폐밸브 작동표시스위치의 설치기준을 쓰시오.(3점)

(3) 특별피난계단의 계단실 및 부속실 제연설비에서 옥내의 출입문(방화구조의 복도가 있는 경우로서 복도와 거실사이의 출입문)에 대한 구조기준을 쓰시오.(2점)

해답 (1) 송수구의 송수압력범위를 표시한 표지를 설치하여야 하는 소화설비의 종류 4가지

① 스프링클러설비
② 화재조기진압용 스프링클러설비
③ 포소화설비
④ 물분무소화설비

(2) 연결송수관설비 송수구의 급수개폐밸브 작동표시스위치의 설치기준

① 급수개폐밸브가 잠길 경우 탬퍼스위치의 동작으로 인하여 감시제어반 또는 수신기에 표시되어야 하며 경보음을 발할 것
② 탬퍼스위치는 감시제어반 또는 수신기에서 동작의 유무확인과 동작시험 및 도통시험을 할 수 있을 것
③ 급수개폐밸브의 작동표시스위치에 사용되는 전기배선은 내화전선 또는 내열전선으로 설치할 것

(3) 부속실제연설비의 옥내 출입문에 대한 구조기준

① 출입문은 언제나 닫힌 상태를 유지하거나 자동폐쇄장치에 의해 자동으로 닫히는 구조로 할 것
② 거실 쪽으로 열리는 구조의 출입문에 자동폐쇄장치를 설치하는 경우에는 출입문의 개방 시 유입공기의 압력에도 불구하고 출입문을 용이하게 닫을 수 있는 충분한 폐쇄력이 있는 것으로 할 것

3. 다중이용업소의 안전관리에 관한 특별법령상 다음 물음에 답하시오.(6점)

(1) 다중이용업소에 설치・유지하여야 하는 안전시설등 중에서 구획된 실(實)이 있는 영업장 내부에 피난통로를 설치하여야 하는 다중이용업의 종류를 쓰시오.(2점)

(2) 다중이용업소의 영업장에 설치・유지하여야 하는 안전시설등의 종류 중 영상음향차단장치에 대한 설치・유지기준을 쓰시오.(4점)

해답 (1) 영업장 내부에 피난통로를 설치하여야 하는 다중이용업의 종류

① 단란주점영업과 유흥주점영업의 영업장
② 비디오물감상실업의 영업장과 복합영상물제공업의 영업장
③ 노래연습장업의 영업장
④ 산후조리업의 영업장
⑤ 고시원업의 영업장

(2) 다중이용업소의 영상음향차단장치에 대한 설치・유지 기준

① 화재 시 자동화재탐지설비의 감지기에 의하여 자동으로 음향 및 영상이 정지될 수 있는 구조로 설치하되, 수동(하나의 스위치로 전체의 음향 및 영상장치를 제어할 수 있는 구조를 말한다)으로도 조작할 수 있도록 설치할 것
② 영상음향차단장치의 수동차단스위치를 설치하는 경우에는 관계인이 일정하게 거주하거나 일정하게 근무하는 장소에 설치할 것. 이 경우 수동차단스위치와 가장 가까운 곳에 "영상음향차단스위치"라는 표지를 부착하여야 한다.
③ 전기로 인한 화재발생 위험을 예방하기 위하여 부하용량에 알맞은 누전차단기(과전류차단기를 포함한다)를 설치할 것
④ 영상음향차단장치의 작동으로 실내등의 전원이 차단되지 않는 구조로 설치할 것

4. 아래 조건과 같은 배관의 A지점에서 B지점으로 40kgf/s의 소화수가 흐를 때 A, B 각 지점에서의 평균속도[m/s]를 계산하시오.(단, 조건에 없는 내용은 고려하지 않으며, 계산과정을 쓰고, 답은 소수점 넷째 자리에서 반올림하여 셋째 자리까지 구하시오.)(3점)

<조건>

- 배관의 재질 : 배관용 탄소강관(KS D 3507)
- A지점 : 호칭지름 100, 바깥지름 114.3mm, 두께4.5mm
- B지점 : 호칭지름 80, 바깥지름 89.1mm, 두께 4.05mm

A → → B

해답 $\gamma Q = \gamma A V$ 에서,

$$Q = AV = \frac{G}{\gamma} = \frac{40}{1,000} = 0.04[\mathrm{m/s}]$$

$$D_A = 114.3 - 4.5 \times 2 = 105.3[\mathrm{mm}] = 0.1053[\mathrm{m}]$$

$$D_B = 89.1 - 4.05 \times 2 = 81[\mathrm{mm}] = 0.081[\mathrm{m}]$$

$$Q = A_A \times V_A = A_B \times V_B$$

$$V_A = \frac{Q}{A_A} = \frac{0.04}{\frac{\pi}{4} \times 0.1053^2} = 4.593[\mathrm{m/s}]$$

$$V_B = \frac{Q}{A_B} = \frac{0.04}{\frac{\pi}{4} \times 0.081^2} = 7.762[\mathrm{m/s}]$$

[답] A지점에서의 평균속도 : 4.593[m/s]

B지점에서의 평균속도 : 7.762[m/s]

5. 「소방시설의 내진설계기준」에 따른 수평배관의 종방향 흔들림방지버팀대에 대한 설치기준을 쓰시오.(5점)

해답 ① 종방향 흔들림방지버팀대의 수평지진하중 산정 시 버팀대의 모든 가지배관을 포함하여야 한다.

② 종방향 흔들림방지버팀대의 설계하중은 설치된 위치의 좌우 12m를 포함한 24m 내의 배관에 작용하는 수평지진하중으로 산정한다.

③ 주배관 및 교차배관에 설치된 종방향 흔들림방지버팀대의 간격은 24m를 넘지 않아야 한다.
④ 마지막 버팀대와 배관 단부 사이의 거리는 12m를 초과하지 않아야 한다.
⑤ 4방향 버팀대는 횡방향 및 종방향 버팀대의 역할을 동시에 할 수 있어야 한다.

[문제3] 다음 물음에 답하시오.

1. 소화기구 및 자동소화장치의 화재안전기준(NFSC 101)에 관하여 다음 물음에 답하시오.(8점)

(1) 소화기 수량산출에서 소형소화기를 감소할 수 있는 경우에 관하여 쓰시오.(2점)

구분	내용
소화설비가 설치된 경우	㉠
대형소화기가 설치된 경우	㉡

(2) 소화기 수량산출에서 소형소화기를 감소할 수 없는 특정소방대상물 4가지를 쓰시오.(2점)

(3) 일반화재를 적용대상으로 하는 소화기구의 적응성이 있는 소화약제를 쓰시오.(4점)

구분	내용
가스계소화약제	㉠
분말소화약제	㉡
액체소화약제	㉢
기타소화약제	㉣

해답 (1) 소화기 수량산출에서 소형소화기를 감소할 수 있는 경우

구분	내용
소화설비가 설치된 경우	㉠ 옥내소화전설비 · 스프링클러설비 · 물분무등소화설비 · 옥외소화전설비를 설치한 경우에는 해당 설비의 유효범위의 부분에 대하여 「소화기구의 화재안전기준」 별표 3 및 별표 4에 따른 소화기의 3분의 2를 감소할 수 있다.
대형소화기가 설치된 경우	㉡ 위 ㉠의 소화설비의 유효범위의 부분에 대하여 「소화기구의 화재안전기준」 별표 3 및 별표 4에 따른 소화기의 2분의 1을 감소할 수 있다.

(2) 소화기 수량산출에서 소형소화기를 감소 할 수 없는 특정소방대상물 4가지

① 근린생활시설
② 판매시설
③ 숙박시설
④ 위락시설

(3) 일반화재를 적용대상으로 하는 소화기구의 적응성 있는 소화약제

구분	종류
가스계소화약제	㉠ 할로겐화합물소화약제, 청정소화약제
분말소화약제	㉡ 인산염류소화약제
액체소화약제	㉢ 산알칼리소화약제, 강화액소화약제, 포소화약제, 물 · 침윤소화약제
기타소화약제	㉣ 고체에어로졸화합물, 마른모래, 팽창질석 · 팽창진주암

2. 항공기 격납고에 포소화설비를 설치하고자 한다. 아래 조건을 참고하여 물음에 답하시오.(12점)

<조건>

- 격납고의 바닥면적 1,800m², 높이 12m
- 격납고의 주요구조부가 내화구조이고, 벽 및 천장의 실내에 면하는 부분은 난연재료임
- 격납고 주변에 호스릴 포소화설비 6개 설치
- 항공기의 높이 : 5.5m
- 전역방출방식의 고발포용 고정포방출구 설비 설치
- 팽창비가 220인 수성막포 사용

(1) 격납고의 소화기구의 총 능력단위를 구하시오.(2점)
(2) 고정포방출구 최소 설치개수를 구하시오.(3점)
(3) 고정포방출구 1개당 최소방출량[ℓ/min]을 구하시오.(3점)
(4) 전체 포소화설비에 필요한 포수용액량[m³]을 구하시오.(4점)

해답 (1) 격납고의 소화기구의 총 능력단위

항공기격납고는 항공기 및 자동차관련시설로서 바닥면적 100m² 마다 능력단위 1단위이나, 주요구조부가 내화구조이고, 벽 및 반자의 실내에 면하는 부분이 난연재료 이상으로 된 특정소방대상물은 기준면적의 2배를 해당 특정소방대상물의 기준면적으로 하므로, 바닥면적 200m²마다 능력단위 1단위 이상으로 적용한다.

$1{,}800[\text{m}^2] \div 200[\text{m}^2/\text{단위}] = 9$

[답] 총 능력단위 : 9단위

(2) 고정포방출구 최소 설치개수

$1{,}800[\text{m}^2] \div 500[\text{m}^2/\text{개}] = 3.6[\text{개}] \fallingdotseq 4[\text{개}]$

[답] 4[개]

(3) 고정포방출구 1개당 최소 방출량[ℓ/min]

$1{,}800[\text{m}^2] \times (5.5\text{m} + 0.5\text{m}) \times 2[\ell/(\text{min} \cdot \text{m}^3)] \div 4 = 5{,}400[\ell/\text{min}]$

[답] 5,400[ℓ/min]

(4) 전체 포소화설비에 필요한 포수용액량[m^3]

4개 × 5,400[ℓ/(min · 개)] × 10[min] + 5개 × 300[ℓ/(min · 개)] × 20[min]
= 246,000[ℓ] = 246[m^3]

[답] 246[m^3]

3. 비상콘센트설비의 화재안전기준(NFSC 504)등을 참고하여 다음 물음에 답하시오.(10점)

(1) 업무시설로서 층당 바닥면적은 1,000m^2이며, 층수가 25층인 특정소방대상물에 특별피난계단이 2개소일 경우 비상콘센트의 회로수, 설치개수 및 전선의 허용전류[A]를 구하시오.(단, 수평거리에 따른 설치는 무시하며, 전선관은 수직으로 설치되어 있으며, 허용전류는 25% 할증을 고려한다)(5점)

(2) 소방용 장비 용량이 3kW, 역률이 65%인 장비를 비상콘센트에 접속하여 사용하고자 한다. 층수가 25층인 특정소방대상물의 각 층 층고는 4m이며, 비상콘센트(비상콘센트용 풀박스)는 화재안전기준에서 허용하는 가장 낮은 위치에 설치하고, 1층의 비상콘센트용 풀박스로부터 수전설비까지의 거리가 100m일 경우 전선의 단면적[mm^2]을 구하시오.(단, 전압강하는 정격전압의 10%로 하고, 최상층 기준으로 한다)(5점)

해답 (1) 비상콘센트의 회로수, 설치개수 및 전선의 허용전류[A]

① 비상콘센트의 회로수

가) 층당 바닥면적이 1,000m^2 이상인 경우에는 각 계단마다 설치 : 2개 계단

나) 11층 이상인 층에만 설치 : 11층~25층=15개

다) 각 회로별 비상콘센트를 10개 이하로 설치 :

$$\frac{15[\text{개}]}{10[\text{개/회로}]} = 1.5 \fallingdotseq 2\text{개} \quad \therefore \text{ 수직 2회로}$$

라) 비상콘센트 회로수 : 2개 계단 × 수직 2회로 = 4회로

[답] 4회로

② 비상콘센트의 설치 개수

15개(11층~25층) × 2개 계단 = 30개

[답] 30개

③ 전선의 허용전류[A]

비상콘센트 수	1개	2개	3~10개
전선의 용량 (단상 220[V])	1.5[kVa] 이상	3[kVa] 이상	4.5[kVa] 이상

$$P = VI$$

여기서, P : 단상용량[VA]

V : 전압[V]

I : 전류[A]

$$I = \frac{P}{V} = \frac{4.5 \times 1,000\,VA}{220\,V} = 20.454$$

∴ 20.454A × 1.25 = 25.56A

[답] 전선의 허용전류 : 25.56[A]

(2) 전선의 단면적[mm²]

$$\text{전선의 단면적(A)} = \frac{0.0356LI}{e}$$

e(전압강하) = 220 × 0.1 = 22[V]

L(전선길이) = 100[m] + 4[m/층] × 24[개층] = 196[m]

$$I(\text{소비전류}) = \frac{P}{V\cos\theta} = \frac{3,000[\text{W}]}{220 \times 0.65} = 20.979[\text{A}]$$

$$\therefore\ A = \frac{0.0356LI}{e} = \frac{0.0356 \times 196 \times 20.979}{22} = 6.653\,\text{mm}^2$$

[답] 전선의 단면적 : 6.653[mm²]

제 18 회

소방시설관리사 출제문제

소방시설의 설계 및 시공

[문제1] 다음 각 물음에 답하시오.(40점)

1. 벤투리관(Venturi tube)에 대하여 답하시오.(17점)

(1) 벤투리관(Venturi tube)에서 베르누이 정리와 연속방정식 등을 이용하여 유량 구하는 공식을 유도하시오.(12점)

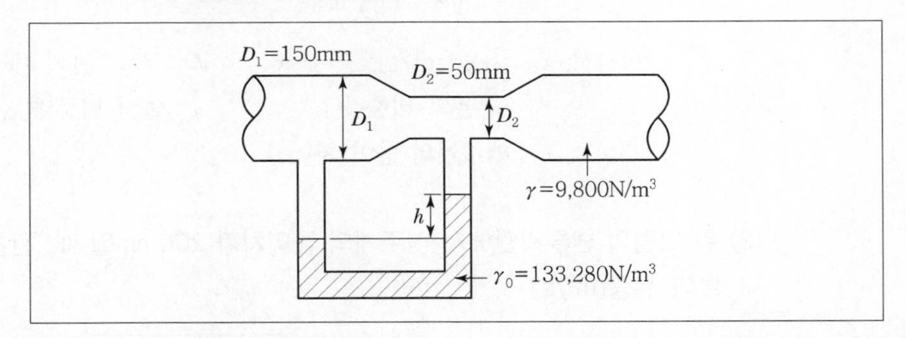

(2) 위 그림과 같은 벤투리관(Venturi tube)에서 액주계의 높이차가 200mm일 때, 관을 통과하는 물의 유량[m³/s]을 구하시오. (단, 중력가속도=9.8 m/s², π=3.14, 기타 조건은 무시하며, 소수점 여섯 자리에서 반올림하여 다섯 자리까지 구하시오.)(5점)

해답 (1) 벤투리관에서 베르누이 정리와 연속방정식을 이용하여 유량 구하는 공식을 유도

① 연속방정식 : $A_1 V_1 = A_2 V_2 \Rightarrow V_1 = \dfrac{A_2}{A_1} V_2$ ……………… ⓐ

② 베르누이방정식 : $\frac{P_1}{\gamma_2}+\frac{V_1^2}{2g}+z_1=\frac{P_2}{\gamma_2}+\frac{V_2^2}{2g}+z_2$

$z_1=z_2$이므로, $\frac{V_2^2-V_1^2}{2g}=\frac{P_1-P_2}{\gamma_2}$ ………………………… ⓑ

③ ⓐ식을 ⓑ식에 대입하면,

$$\frac{V_2^2}{2g}\cdot\left[1-\left(\frac{A_2}{A_1}\right)^2\right]=\frac{P_1-P_2}{\gamma_2} \qquad \therefore\ V_2=\sqrt{\frac{2g(P_1-P_2)}{\left(1-\left(\frac{A_2}{A_1}\right)^2\right)\cdot\gamma_2}}$$

④ 유량 계산식 : $Q=A_2V_2=\frac{A_2}{\sqrt{1-\left(\frac{A_2}{A_1}\right)^2}}\sqrt{\frac{2g(P_1-P_2)}{\gamma_2}}$

⑤ 유량은 문제의 조건에서 $\Delta P=P_1-P_2=(\gamma_0-\gamma)\cdot h$ 이므로

$$\therefore\ Q=A_2V_2=\frac{A_2}{\sqrt{1-\left(\frac{D_2}{D_1}\right)^4}}\sqrt{2g\frac{\gamma_0-\gamma}{\gamma}h}$$

여기서, Q : 유량[m³/s], D_1, D_2 : 관의 내경[m]
γ_0 : 수은의 비중량[N/m³], γ : 물의 비중량[N/m³]
h : 액주계의 높이 차[m]

(2) 위 그림의 벤투리관에서 액주계의 높이차가 200mm일 때, 관을 통과하는 물의 유량[m³/s]

$$Q=A_2V_2=A_2\times\frac{1}{\sqrt{1-\left(\frac{D_2}{D_1}\right)^4}}\sqrt{2g\times\frac{(\gamma_0-\gamma)}{\gamma}\times h}$$

$$=\frac{3.14}{4}\times0.05^2\times\frac{1}{\sqrt{1-\left(\frac{0.05}{0.15}\right)^4}}\sqrt{2\times9.8\times\left(\frac{133,280-9,800}{9,800}\right)\times0.2}$$

$$=0.013878\fallingdotseq0.01388$$

[답] 0.01388[m³/s]

2. 피난기구의 화재안전기준(NFSC 301)에 대하여 답하시오.(10점)

(1) 4층 이상의 층에 피난사다리(하향식 피난구용 내림식사다리는 제외)를 설치하는 경우 기준을 쓰시오.(2점)

(2) "피난기구는 계단 · 피난구 기타 피난시설로부터 적당한 거리에 있는 안전한 구조로 된 피난 또는 소화활동상 유효한 개구부에 고정하여 설치하거나 필요한 때에 신속하고 유효하게 설치할 수 있는 상태에 둘 것"이라고 규정하고 있다. 여기에서 밑줄 친 유효한 개구부에 대하여 설명하시오.(2점)

(3) 지상 10층(업무시설)인 소방대상물의 3층에 피난기구를 설치하고자 한다. 적응성이 있는 피난기구 8가지를 쓰시오.(4점)

(4) 지상 10층(판매시설)인 소방대상물의 5층에 피난기구를 설치하고자 한다. 필요한 피난기구의 최소 수량을 산출하시오.(단, 바닥면적은 2,000m²이며, 주요 구조부는 내화구조이고, 특별피난계단이 2개소 설치되어 있다.)(2점)

해답

(1) 4층 이상의 층에 피난사다리를 설치하는 경우의 기준

금속성 고정사다리를 설치하고, 당해 고정사다리에는 쉽게 피난할 수 있는 구조의 노대를 설치할 것

(2) 유효한 개구부에 대한 설명

크기가 가로 0.5m 이상, 세로 1m 이상인 것이 통과할 수 있는 개구부로서, 개구부 하단이 바닥에서 1.2m 이상이면 발판 등을 설치하여야 하고 또, 이것이 밀폐된 창문인 경우에는 쉽게 파괴할 수 있는 파괴장치를 비치하여야 한다.

(3) 지상 10층(업무시설)인 소방대상물의 3층에 피난기구를 설치할 경우 적응성이 있는 피난기구 8가지

미끄럼대 · 피난사다리 · 구조대 · 완강기 · 피난교 · 피난용트랩 · 다수인 피난장비 · 승강식피난기

(4) 지상 10층(판매시설)인 소방대상물의 5층에 피난기구를 설치할 경우의 최소 수량

① $\frac{2,000}{800} = 2.5 \fallingdotseq 3$개

② 주요구조부가 내화구조이므로, $\frac{1}{2}$ 감소 적용 : $\frac{3}{2} = 1.5 ≒ 2$개

[답] 2개

3. 이산화탄소소화설비의 화재안전기준(NFSC 106) 및 아래 조건에 따라 이산화탄소소화설비를 설치하고자 한다. 다음에 대하여 답하시오.(13점)

<조건>

- 방호구역은 2개 구역으로 한다.
  A 구역은 가로 20m×세로 25m×높이 5m
  B 구역은 가로 6m×세로 5m×높이 5m
- 개구부는 다음과 같다.

구분	개구부 면적	비고
A 구역	이산화탄소소화설비의 화재안전기준에서 규정한 최대값 적용	자동폐쇄장치 미설치
B 구역	이산화탄소소화설비의 화재안전기준에서 규정한 최대값 적용	자동폐쇄장치 미설치

- 전역방출설비이며 방출시간은 60초 이내로 한다.
- 충전비는 1.5, 저장용기의 내용적은 68ℓ이다.
- 각 구역 모두 아세틸렌 저장창고이다.
- 개구부 면적 계산 시에 바닥면적을 포함하고, 주어진 조건 외에는 고려하지 않는다.
- 설계농도에 따른 보정계수는 아래의 표를 참고한다.

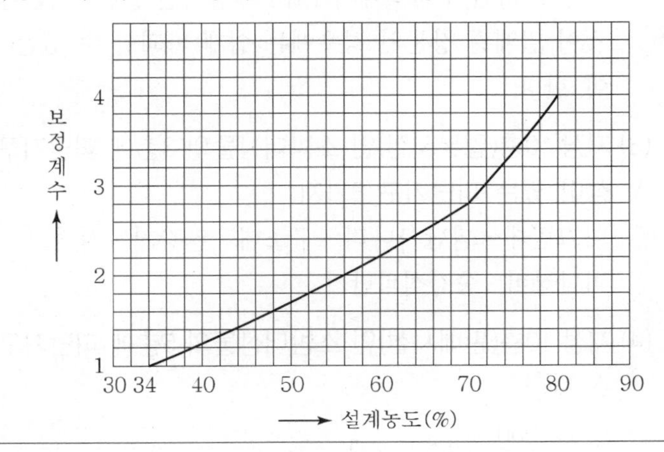

(1) 각 방호구역 내 개구부의 최대 면적[m^2]을 구하시오.(2점)

(2) 각 방호구역의 최소 소화약제 산출량[kg]을 구하시오.(5점)

(3) 저장용기실의 최소 저장용기 수 및 최소 소화약제 저장량[kg]을 구하시오.(4점)

(4) 이산화탄소소화설비의 화재안전기준 별표 1에서 정하는 가연성액체 또는 가연성 가스의 소화에 필요한 설계농도[%] 기준 중 석탄가스와 에틸렌의 설계농도[%]를 쓰시오.(2점)

해답 (1) 각 방호구역 내 개구부의 최대면적[m^2]

※ 화재안전기준에서, 개구부의 면적은 방호구역 전체 표면적의 3% 이하로 규정하고 있다.

1) A 구역

① 표면적 : $(20\times25\times2)+(25\times5\times2)+(20\times5\times2)=1,450[m^2]$

② 개구부 최대면적 : $1,450\times0.03=43.5[m^2]$

2) B 구역

① 표면적 : $(6\times5\times2)+(6\times5\times2)+(5\times5\times2)=170[m^2]$

② 개구부 최대면적 : $170\times0.03=5.1[m^2]$

(2) 각 방호구역의 최소 소화약제 산출량[kg]

1) A 구역

① 방호구역의 체적 : $V=20m\times25m\times5m=2,500m^3$

② 보정계수 : 조건에 따라 아세틸렌은 설계농도 66%이므로, 표(그래프)에서 2.6

③ 최소 약제량(W)

$$W=V[m^3]\times K[kg/m^3]\times \text{보정계수}+A[m^2]\times5[kg/m^2]$$
$$=2,500[m^3]\times0.75[kg/m^3]\times2.6+43.5[m^2]\times5[kg/m^2]$$
$$=5,092.5[kg]$$

2) B 구역

① 방호구역의 체적 : $V=6m\times5m\times5m=150m^3$

② 보정계수 : 조건에 따라 아세틸렌은 설계농도 66%이므로, 표(그래프)에서 2.6

③ 최소 약제량(W)

$$W=V[m^3]\times K[kg/m^3]\times \text{보정계수}+A[m^2]\times5[kg/m^2]$$
$$=150[m^3]\times0.8[kg/m^3]=120[kg]\rightarrow135[kg]\text{(최저 한도의 양)}$$
$$=135[kg]\times2.6+5.1[m^2]\times5[kg/m^2]=376.5[kg]$$

(3) 저장용기실의 최소 저장용기 수 및 최소 소화약제 저장량[kg]

1) 최소 저장용기 수

① 병당 충전량 : $\frac{\text{내용적}[\ell]}{\text{충전비}[\ell/\text{kg}]} = \frac{68[\ell]}{1.5[\ell/\text{kg}]} = 45.333 ≒ 45.33[\text{kg}]$

② A 구역 저장용기 수 : $\frac{5{,}092.5[\text{kg}]}{45.33[\text{kg}]} = 112.34 ≒ 113$병

③ B 구역 저장용기 수 : $\frac{376.5[\text{kg}]}{45.33[\text{kg}]} = 8.305 ≒ 9$병

∴ 저장용기실의 최소 저장용기 수 : 113병

2) 최소 소화약제 저장량 : 113병×45.33 = 5,122.29[kg]

(4) 이산화탄소소화설비의 화재안전기준에서 정하는 석탄가스와 에틸렌의 설계농도[%]

1) 석탄가스 : 37[%]

2) 에틸렌 : 49[%]

[문제2] 다음 물음에 답하시오.(30점)

1. 화재안전기준 및 아래 조건에 따라 다음에 대하여 답하시오.(18점)

<조건>

- 두 개의 동으로 구성된 건축물로서 A동은 50층의 아파트, B동은 11층의 오피스텔로서 지하층은 공용으로 사용된다.
- A동과 B동은 완전구획하지 않고 하나의 소방대상물로 보며, 소방시설은 각각 별개 시설로 구성한다.
- 지하층은 5개 층으로 주차장, 기계실 및 전기실로 구성되었으며 지하층의 소방시설은 B동에 연결되어 있다.
- A동, B동의 층고는 2.8m이며, 바닥면적은 30m×20m으로 동일하다.
- 지하층은 층고는 3.5m이며, 바닥면적은 80m×60m이다.
- 옥내소화전설비의 방수구는 화재안전기준상 바닥으로부터 가장 높이 설치되어 있으며, 바닥 등 콘크리트 두께는 무시한다.
- 고가수조의 크기는 8m×6m×6m(H)이며 각 동의 옥상 바닥에 설치되어 있다.
- 수조의 토출구는 물탱크의 바닥에 위치한다.
- 계산 시 $\pi = 3.14$이며 소수점 3자리에서 반올림하여 2자리까지 구한다.
- 주어진 조건 외에는 고려하지 않는다.

(1) 옥내소화전설비를 정방형으로 배치한 경우, A동과 B동의 최소 수원[m^3]을 각각 구하시오.(8점)

(2) 스프링클러설비가 설치된 경우, 아파트와 오피스텔의 최소 수원[m^3]을 각각 구하시오.(6점)

(3) B동 고가수조의 소화용수가 자연낙차에 따라 지하 5층 옥내소화전 방수구로 방수되는 데 소요되는 최소 시간[s]을 구하시오.(4점)

해답 (1) 옥내소화전설비의 A동과 B동의 최소 수원[m^3]

옥내소화전 상호 간 거리[s]

$S = 2R\cos 45° = 2 \times 25\text{m} \times \cos 45° = 35.355 \fallingdotseq 35.36\text{m}$

1) A동

$\text{가로열 개수} = \dfrac{30\text{m}}{35.36\text{m}} = 0.848 \fallingdotseq 1\text{개}$

$\text{세로열 개수} = \dfrac{20\text{m}}{35.36\text{m}} = 0.565 \fallingdotseq 1\text{개}$

소화전 개수 = 가로열 개수×세로열 개수 = 1개×1개 = 1개

$\therefore\ Q(\text{m}^3) = N\text{개} \times 7.8\text{m}^3/\text{개} = 1\text{개} \times 7.8\text{m}^3/\text{개} = 7.8\text{m}^3$

(A동은 50층 이상이므로 7.8m^3 적용)

2) B동

① 지상층 : $\text{가로열 개수} = \dfrac{30\text{m}}{35.36\text{m}} = 0.848 \fallingdotseq 1\text{개}$

$\text{세로열 개수} = \dfrac{20\text{m}}{35.36\text{m}} = 0.565 \fallingdotseq 1\text{개}$

소화전 개수 = 1개×1개=1개

② 지하층 : $\text{가로열 개수} = \dfrac{80\text{m}}{35.36\text{m}} = 2.262 \fallingdotseq 3\text{개}$

$\text{세로열 개수} = \dfrac{60\text{m}}{35.36\text{m}} = 1.696 \fallingdotseq 2\text{개}$

소화전 개수 = 3개×2개=6개

→5개(5개 이상인 경우 5개 적용)

$\therefore\ Q(\text{m}^3) = N\text{개} \times 2.6\text{m}^3/\text{개} = 5\text{개} \times 2.6\text{m}^3/\text{개} = 13\text{m}^3$

(B동은 30층 미만이므로 2.6m^3 적용)

주의 위와 같은 복합건축물의 소방시설 용량적용에 대한 소방청의 유권해석(처리일자 : 2015.8.11)에 의하면, 완전구획이 되어 있지 아니하여 하나의 소방대상물로 보는 경우 소방시설의 용량적용은 각 소방대상물의 용도에 해당하는 용량으로 각각 별개로 적용한다. 즉, 아파트 부분은 아파트에 해당하는 소방시설 용량만 적용하고, 오피스텔 부분에는 오피스텔에 해당하는 소방시설 용량을 적용하면 된다. 이것은 실제 소방설계현장에서도 이와 같이 적용하여 설계를 하고 있는 것이다.

(2) 스프링클러설비가 설치된 경우, 아파트와 오피스텔의 최소 수원[m³]

1) 아파트

$10[\text{개}] \times 80[\ell/\text{min}] \times 60[\text{min}] = 48{,}000[\ell] = 48[\text{m}^3]$

[답] $48[\text{m}^3]$

2) 오피스텔

$30[\text{개}] \times 80[\ell/\text{min}] \times 20[\text{min}] = 48{,}000[\ell] = 48[\text{m}^3]$

[답] $48[\text{m}^3]$

(3) B동 고가수조의 소화용수가 자연낙차에 따라 지하 5층 옥내소화전 방수구로 방수되는 데 소요되는 최소 시간[s]

$$t = \frac{2A_1}{A_2\sqrt{2g}\,C} \times \left(\sqrt{H_2} - \sqrt{H_1}\right)$$

여기서, t : 물이 방수되는 데 걸리는 최소 시간[s]

A_1 : 수조의 바닥면적$[\text{m}^2] = 8\text{m} \times 6\text{m} = 48[\text{m}^2]$

A_2 : 방수구의 단면적$[\text{m}^2] = \dfrac{3.14 \times (0.04\text{m})^2}{4} = 0.001256[\text{m}^2]$

[문제의 地文에서 "방수구로 방수한다"고 하였으므로, 여기서의 방수구는 호스를 탈거한 상태의 방수구(내경 40mm)를 말함]

g : 중력가속도$[\text{m/s}^2] = 9.8[\text{m/s}^2]$

C : 유량계수=1

H_1 : 유효 수원량이 최소로 되었을 때의 위치수두[m]

H_2 : 유효 수원량이 최대로 되었을 때의 위치수두[m]

1) H_1의 계산

H_1은 "수조의 바닥~방수구"의 수직거리이다.

$H_1=(2.8\text{m}\times 11\text{층})+(3.5\text{m}\times 4\text{층})+(3.5\text{m}-1.5\text{m})=46.8[\text{m}]$

2) H_2의 계산

H_2는 "수조의 최대수원액면~방수구"의 수직거리이다.

① $\text{수조의 높이}[\text{m}]=\dfrac{\text{수원량}[\text{m}^3]}{\text{수조의 바닥면적}[\text{m}^2]}=\dfrac{13\text{m}^3+48\text{m}^3}{8\text{m}\times 6\text{m}}$

$=1.27[\text{m}]$

② $H_2=46.8\text{m}+1.27\text{m}=48.07[\text{m}]$

3) 물이 방수되는 데 걸리는 최소 시간[s]

$$t=\frac{2A_1\left(\sqrt{H_2}-\sqrt{H_1}\right)}{A_2\sqrt{2g}\,C}=\frac{2\times 48[\text{m}^2]\times\left(\sqrt{48.07\text{m}}-\sqrt{46.80\text{m}}\right)}{0.001256[\text{m}^2]\times\sqrt{2\times 9.8[\text{m/s}^2]}\times 1}$$

$=1{,}591.80[\text{s}]$

[답] 1,591.80[s]

2. 물의 압력-온도 상태도와 관련하여 다음에 대하여 답하시오.(12점)

(1) 물의 압력-온도 상태도(Pressure-Temperature Diagram)를 작도하고, 상태도에 임계점과 삼중점을 표시하고 각각을 설명하시오.(4점)

(2) 상태도에 비등(Ebullition)현상과 공동(Cavitation)현상을 작도하고 설명하시오.(4점)

(3) 물의 응축잠열과 증발잠열을 설명하고, 증발잠열이 소화효과에 미치는 영향을 설명하시오.(4점)

해답 (1) 물의 압력-온도 상태도를 작도하고 설명

1) 상태도

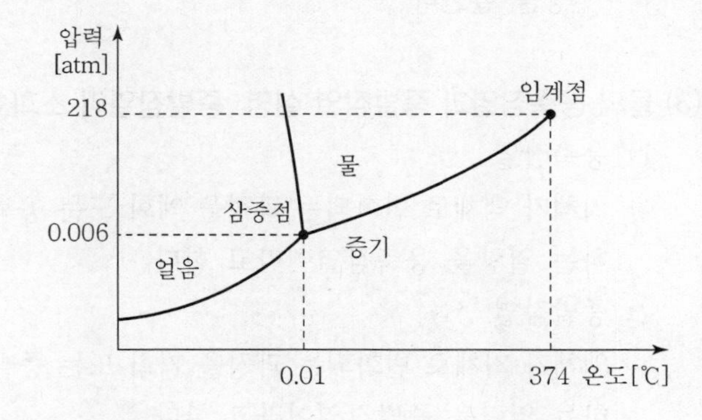

2) 삼중점과 임계점의 설명

① 물의 삼중점

고체, 액체, 기체의 3상이 평형을 이루어 공존하는 점을 말하며, 삼중점일 때 온도는 약 0.01[℃], 압력은 약 0.06기압[atm]이다.

② 물의 임계점

액체와 기체의 상태가 같아지기 시작하는 점을 말하며, 임계온도는 약 374[℃], 임계압력은 약 218기압[atm]이다.

(2) 상태도에 비등현상과 공동현상을 작도하고 설명

1) 비등현상과 공동현상의 작도

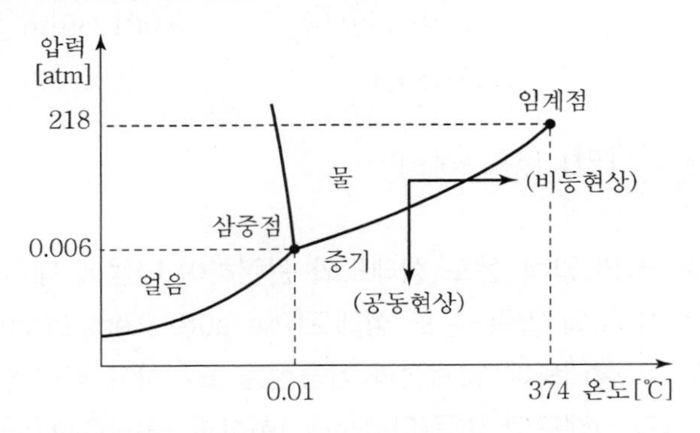

2) 비등현상과 공동현상의 설명

① 비등현상

압력이 일정할 때 물을 가열하면 일정온도(약 100℃)에 도달한 후 물의 증발 외에 물 안에 증기 기포가 형성되는 기화현상을 말한다.

② 공동현상

물속에 압력이 낮은 곳이 생기면 그 곳에 증기 기포가 발생하는 현상을 말한다.

(3) 물의 응축잠열과 증발잠열 설명, 증발잠열이 소화효과에 미치는 영향 설명

1) 응축잠열

기체가 액체로 변화되는 과정을 액화 또는 응축이라고 하고, 이때 방출하는 열량을 응축잠열이라고 한다.

2) 증발잠열

액체가 기체로 변화되는 과정을 기화 또는 증발이라고 하고, 이때 흡수하는 열량을 증발잠열이라고 한다.

3) 증발잠열이 소화효과에 미치는 영향
물은 증발잠열이 539[kcal/kg]인 만큼 매우 크므로, 화점에 물이 방사되면 물이 증발하면서 주위의 열을 급속히 빼앗으므로 인해 냉각소화효과가 발생한다.

[문제3] 다음 물음에 답하시오.(30점)

1. 자동화재탐지설비에 대하여 답하시오.(12점)

(1) 아래 조건을 참조하여 실온이 18℃일 때, 1종 정온식 감지기의 최소 작동시간[s]을 계산과정을 쓰고 구하시오.(10점)

〈조건〉

- 감지기의 공칭작동온도는 80℃이고, 작동시험온도는 100℃이다.
- 실온이 0℃ 및 0℃ 이외에서 감지기 작동시간의 소수점 이하는 절상하여 계산한다.

(2) 자동화재탐지설비 및 시각경보장치의 화재안전기준(NFSC 203)에 따른 정온식 감지선형감지기 설치기준이다. (　) 안의 내용을 차례대로 쓰시오.(2점)

> 감지기와 감지구역의 각 부분과의 수평거리가 내화구조의 경우 1종 (ㄱ) 이하, 2종 (ㄴ) 이하로 할 것. 기타 구조의 경우 1종 (ㄷ) 이하, 2종 (ㄹ) 이하로 할 것

해답 (1) 실온이 18℃일 때, 1종 정온식 감지기의 최소 작동시간[s]

〈감지기 작동시간[s]의 계산식〉

$$\text{작동시간}(t) = \frac{t_0 \times \log\left(1 + \frac{\theta + \theta_n}{\Delta T}\right)}{\log\left(1 + \frac{\theta}{\Delta T}\right)}$$

여기서, θ : 공칭작동온도[℃]=80[℃]

θ_n : 실온[℃]=18[℃]

ΔT : 공칭작동온도와 작동시험온도와의 차[℃]=20[℃]

t_0 : 실온이 0℃인 경우의 작동시간[s]

$$\therefore \text{ 작동시간}(t) = \frac{41 \times \log\left(1 + \frac{80-18}{20}\right)}{\log\left(1 + \frac{80}{20}\right)} = 35.94[\text{s}]$$

[답] 실온 18℃일 때의 최소작동시간 : 35.94[s]

참고 정온식감지기의 작동시험(감지기의 형식승인 및 제품검사의 기술기준 제16조 제1항 제1호)

종별	실온	
	0℃	0℃ 이외
특종	40초 이하	$t = \frac{t_0 \times \log\left(1 + \frac{\theta + \theta_n}{\Delta T}\right)}{\log\left(1 + \frac{\theta}{\Delta T}\right)}$
1종	40초 초과~120초 이하	
2종	120초 초과~300초 이하	

(2) 자동화재탐지설비 및 시각경보장치의 화재안전기준(NFSC 203)에 따른 정온식 감지선형감지기 설치기준

> 감지기와 감지구역의 각 부분과의 수평거리가 내화구조의 경우 1종 (ㄱ) 이하, 2종 (ㄴ) 이하로 할 것. 기타 구조의 경우 1종 (ㄷ) 이하, 2종 (ㄹ) 이하로 할 것

[답] (ㄱ) : 4.5m
(ㄴ) : 3m
(ㄷ) : 3m
(ㄹ) : 1m

2. 가스계 소화설비에 대하여 답하시오.(10점)

(1) 화재안전기준(NFSC 107A) 및 아래 조건에 따라 HCFC BLEND A를 이용한 소화설비를 설치하였을 때 전체 소화약제 저장용기에 저장되는 최소 소화약제의 저장량[kg]을 산출하시오.(6점)

<조건>

- 바닥면적 $300m^2$, 높이 4m의 발전실에 소화농도는 7.0%로 한다.
- 방사 시 온도는 20℃, $K_1 = 0.2413$, $K_2 = 0.00088$이다.
- 저장용기의 규격은 68ℓ, 50kg용이다.

(2) 위 (1)의 저장용기에 대하여 화재안전기준(NFSC 107A)에서 요구하는 저장용기 교체기준을 쓰시오.(2점)

(3) 이산화탄소소화설비의 화재안전기준(NFSC 106)에 따라 이산화탄소소화설비의 설치장소에 대한 안전시설 설치기준 2가지를 쓰시오.(2점)

해답 (1) HCFC BLEND A의 최소 소화약제저장량[kg] 산출

$$\text{소화약제소요량}(W) = \frac{V}{S} \times \left(\frac{C}{100 - C}\right)$$

여기서, V : 방호구역의 체적[m^3] = $300m^2 \times 4m$ = 1,200[m^3]

S : 선형상수 = $K_1 + K_2 \times t = 0.2413 + 0.0008 \times 20 = 0.2589$

C : 설계농도 = 7%(소화농도) × 1.3 = 9.1[%]

(발전기는 연료로 유류를 사용하므로 B급화재로 보아 1.3을 적용)

1) $\text{소화약제소요량}(W) = \frac{1,200}{0.2589} \times \left(\frac{9.1}{100 - 9.1}\right) = 464.01[kg]$

2) $\text{저장용기 수} = \frac{464.01[kg]}{50[kg]} = 9.2 \rightarrow 10[\text{병}]$

3) 소화약제저장량 = 10[병] × 50[kg] = 500[kg]

[답] 500[kg]

(2) 위 (1)의 저장용기에 대하여 화재안전기준에서 요구하는 저장용기의 교체기준

저장용기의 약제량 손실이 5%를 초과하거나 압력손실이 10%를 초과할 경우에는 재충전하거나 저장용기를 교체할 것

(3) 이산화탄소소화설비의 설치장소에 대한 안전시설 설치기준 2가지

1) 소화약제 방출 시 방호구역 내와 부근에 가스방출 시 영향을 미칠 수 있는 장소에 시각경보장치를 설치하여 소화약제가 방출되었음을 알도록 할 것

2) 방호구역의 출입구 부근 잘 보이는 장소에 약제방출에 따른 위험경고표지를 부착할 것

3. 특별피난계단의 계단실 및 부속실 제연설비의 화재안전기준(NFSC 501A)에 따라 부속실에 제연설비를 설치하고자 한다. 아래 조건에 따라 다음에 대하여 답하시오.(8점)

<조건>

- 제연구역에 설치된 출입문의 크기는 폭 1.6m, 높이 2.0m이다.
- 외여닫이문으로 제연구역의 실내 쪽으로 열린다.
- 주어진 조건 외에는 고려하지 않으며 계산값은 소수점 넷째 자리에서 반올림하여 소수점 셋째 자리까지 구한다.

(1) 출입문의 누설틈새 면적[m²]을 산출하시오.(4점)

(2) 위 (1)의 누설틈새를 통한 최소 누설량[m³/s]을 $Q = 0.827AP^{\frac{1}{2}}$ 의 식을 이용하여 산출하시오.(4점)

해답 (1) 출입문의 누설틈새 면적[m²] 산출

$$\text{누설틈새 면적}(A) = \left(\frac{L}{\ell}\right) \times Ad$$

여기서, L : 누설틈새 길이(출입문 둘레길이) $= 1.6 \times 2 + (2 \times 2) = 7.2[\text{m}]$

ℓ : (화재안전기준에 따른) 상수 $= 5.6[\text{m}]$

Ad : (화재안전기준에 따른) 상수 $= 0.01$

$$\therefore\ A = \left(\frac{7.2\text{m}}{5.6\text{m}}\right) \times 0.01 = 0.0128 \fallingdotseq 0.013$$

[답] 누설틈새 면적 : 0.013[m²]

(2) 최소 누설량[m³/s] 산출

$$\text{누설량}(Q) = 0.827 \times A \times \sqrt{P}$$

여기서, A : 누설틈새 면적[m²] = 0.013[m²]

P : 차압[Pa] = 40[Pa]

$$\therefore\ Q = 0.827 \times 0.013 \times \sqrt{40} = 0.068$$

[답] 최소 누설량 : 0.068[m³/s]

제 19 회

소방시설관리사 출제문제

소방시설의 설계 및 시공

[문제1] 다음 물음에 답하시오.(40점)

1. 건축물 내 실의 크기가 가로 20m × 세로 20m인 노유자시설에 제3종 분말 소화기를 설치하고자 한다. 다음을 구하시오.(단, 건축물은 비내화구조이다.)(3점)

(1) 최소소화능력단위(2점)

(2) 2단위 소화기 설치 시 소화기 개수(1점)

해답 (1) 최소소화능력단위

(노유자시설은 바닥면적 $100m^2$마다 능력단위 1단위 이상)

$$\frac{(20\times20)[m^2]}{100[m^2/\text{단위}]}=4[\text{단위}]$$

[답] 4[단위]

(2) 2단위 소화기 설치 시 소화기 개수

$$\frac{4[\text{단위}]}{2[\text{단위}/\text{개}]}=2[\text{개}]$$

[답] 2[개]

2. 다음을 계산하시오.(21점)

(1) 소방대상물(B급 화재)에 소화약제 HFC-23인 할로겐화합물소화설비를 설치한다. 다음 조건에 따라 답을 구하시오.(9점)

<조건>

- 소방대상물 크기 : 가로 20m × 세로 8m × 높이 6m
- 소화농도 32%이다.
- 저장용기는 80ℓ이며, 최대충전밀도 중 가장 큰 것을 사용한다.
- 소화약제 선형상수 값($K_1 = 0.3164$, $K_2 = 0.0012$)
- 방호구역의 온도는 20℃이다.
- 화재안전기준의 $W = \frac{V}{S} \times \left(\frac{C}{100 - C}\right)$식을 적용한다.
- 소수점 셋째자리에서 반올림하여 둘째자리까지 구한다.
- 주어진 조건 외에는 고려하지 않는다.

항목 \ 소화약제	HFC-23				
최대충전밀도[kg/m³]	768.9	720.8	640.7	560.6	480.6
21℃ 충전압력[kPa]	4,198	4,198	4,198	4,198	4,198
최소사용설계압력[kPa]	9,453	8,605	7,626	6,943	6,392

1) 소화약제 저장량[kg]

2) 소화약제를 방사할 때 분사헤드에서의 유량[kg/s](6점)

해답 1) 소화약제 저장량[kg](3점)

① 체적[m³]

$V = 20\text{m} \times 8\text{m} \times 6\text{m} = 960 \quad \therefore 960[\text{m}^3]$

② 설계농도 = 소화농도 × 안전율(A · C급 : 1.2, B급 : 1.3)

$C = 32\% \times 1.3 = 41.6\%$

③ 20℃에서의 선형상수 계산

$S = 0.3164 + 0.0012 \times 20℃ = 0.3404[\text{m}^3/\text{kg}]$

④ 약제량[kg] 계산

$$W[\text{kg}] = \frac{V}{S} \times \left(\frac{C}{100 - C}\right) = \frac{960\text{m}^3}{0.3404\text{m}^3/\text{kg}} \times \left(\frac{41.6\%}{100 - 41.6\%}\right)$$

$$= 2{,}008.917 \fallingdotseq 2{,}008.92[\text{kg}]$$

⑤ 1병당 소화약제 저장량[kg]

$768.9\text{kg/m}^3 \times 0.08\text{m}^3 = 61.512[\text{kg}]$

⑥ 저장용기수 계산

$$\frac{2{,}008.92[\text{kg}]}{62.512\text{kg}/1\text{병}} = 32.658 ≒ 33\text{병}$$

⑦ 소화약제 저장량[kg]

$61.512\text{kg}/\text{병} \times 33\text{병} = 2{,}029.896\text{kg} ≒ 2{,}2029.90[\text{kg}]$

[답] 2,029.90[kg]

2) 소화약제를 방사할 때 분사헤드에서의 유량[kg/s]

$$W[\text{kg}] = \frac{V}{S} \times \left(\frac{C}{100-C}\right)$$

$$= \frac{960\text{m}^3}{0.3404\text{m}^3/\text{kg}} \times \frac{32 \times 1.3 \times 0.95}{100-(32 \times 1.3 \times 0.95)} = 1{,}842.836\text{kg}$$

$$\text{유량}[\text{kg/s}] = \frac{1{,}842.836\text{kg}}{10\text{s}} = 184.2836\text{kg/s} ≒ 184.28\text{kg/s}$$

[답] 184.28[kg/s]

(2) 소방대상물(C급 화재)에 소화약제 IG-100 불활성기체소화설비를 설치한다. 다음 조건에 따라 답을 구하시오.(12점)

<조건>

- 소방대상물 크기 : 가로 20m × 세로 8m × 높이 6m
- 소화농도 30%이다.
- 저장용기는 80ℓ이며, 충전압력 중 가장 작은 것을 사용한다.
- 소화약제 선형상수의 값과 20℃에서 소화약제의 비체적은 같다고 가정한다.
- 화재안전기준의 $X = 2.303 \times \frac{V_s}{S} \times \log_{10}\left[\frac{100}{100-C}\right]$ 식을 적용한다.
- 소수점 셋째자리에서 반올림하여 둘째자리까지 구한다.
- 주어진 조건 외에는 고려하지 않는다.

항목 \ 소화약제		IG-01		IG-541			IG-55			IG-100		
21℃ 충전압력[kPa]		16,341	20,436	14,997	19,996	31,125	15,320	20,423	30,634	16,575	22,312	28,000
최소 사용 설계압력 [kPa]	1차측	16,341	20,436	14,997	19,996	31,125	15,320	20,423	30,634	16,575	22,312	227.4
	2차측	비고 2 참조										
비고) 1. 1차측과 2차측은 감압장치를 기준으로 한다. 2. 2차측 최소 사용설계압력은 제조사의 설계프로그램에 의한 압력값에 따른다.												

1) 소화약제 저장량[m³](4점)

2) 소화약제 저장용기 수(8점)

해답 1) 소화약제 저장량[m³]

$$X = 2.303 \times \frac{V_s}{S} \times \log\left[\frac{100}{100-C}\right]$$

여기서, X : 공간체적당 더해진 소화약제의 부피[m³/m³]

S : 소화약제별 선형상수$(K_1 + K_2 \times t)$[m³/kg]

C : 체적에 따른 소화약제의 설계농도[%]

V_s : 20℃에서 소화약제의 비체적[m³/kg]

t : 방호구역의 최소예상온도[℃]

$V = 20\text{m} \times 8\text{m} \times 6\text{m} = 960 \quad \therefore 960\text{m}^3$

$S = V_s$ 이므로 $\frac{V_s}{S} = 1$

C = 소화농도 × 안전율(A · C급 : 1.2, B급 : 1.3) $= 30\% \times 1.2 = 36 \;\; \therefore 36\%$

소화약제저장량[m³] $= X \times V = 2.303 \times \frac{V_s}{S} \times \log\left[\frac{100}{100-C}\right] \times V$

$$= 2.303 \times 1 \times \log\left[\frac{100}{100-36\%}\right] \times 960\text{m}^3$$

$$= 428.512\text{m}^3$$

[답] 428.51[m³]

2) 소화약제 저장용기 수

$$\frac{P_1 V_1}{T_1} = \frac{P_2 V_2}{T_2}$$

여기서, P_1, P_2 : 절대압=대기압 + 계기압[MPa]

V_1, V_2 : 기체부분 부피[m³]

T_1, T_2 : 절대온도=273 + ℃[K]

(IG-100은 20℃ 조건에서 약제량을 산출했으므로 21℃에서 최소충전압력을 고려하여 약제의 체적을 산출하여야 한다.)

P_1 = 대기압 + 계기압 $= 101.325\text{kPa} + 16{,}575\text{kPa}$

$T_1 = (273 + 21℃)\text{K}, \quad V_1 = 80\ell = 0.08\text{m}^3$

P_2 = 대기압 + 계기압 = 101.325kPa + 0

$T_2 = (273 + 20℃)K$

V_2 = ? (대기압 상태에서의 저장용기당 약제체적)

$$\frac{P_1 V_1}{T_1} = \frac{P_2 V_2}{T_2} \rightarrow V_2 = \frac{P_1}{P_2} \times \frac{T_2}{T_1} \times V_1$$

$$= \frac{(101.325\text{kPa} + 16,575\text{kPa})}{101.325\text{kPa}} \times \frac{(273+20)\text{K}}{(273+21)\text{K}} \times 0.08\text{m}^3$$

$$= 13.121 \quad \therefore\ 13.12\text{m}^3$$

$$\text{소화약제 저장용기 수} = \frac{428.51\text{m}^3}{13.12\text{m}^3/\text{병}} = 32.66 ≒ 33\text{병}$$

[답] 33[병]

3. 스프링클러설비에 소요되는 펌프의 전양정 66m에서 말단헤드 압력이 0.1MPa이다. 말단헤드 압력을 0.2MPa로 증가시켰을 때 다음 조건에 따라 답을 구하시오.(11점)

<조건>

- 하젠-윌리엄스의 식을 적용한다.
- 방출계수 K 값은 90이다.
- 1MPa의 환산수두는 100m이다.
- 실양정은 20m이다.
- 소수점 셋째자리에서 반올림하여 둘째자리까지 구한다.
- 주어진 조건 외에는 고려하지 않는다.

(1) 말단헤드의 유량[ℓ/min](2점)

(2) 마찰손실압력[MPa](7점)

(3) 펌프의 토출압력[MPa](2점)

해답 (1) 말단헤드의 유량[ℓ/min]

$$Q[\ell/\text{min}] = 90 \times \sqrt{10 \times 0.2} = 127.279 ≒ 127.28[\ell/\text{min}]$$

[답] 127.28[ℓ/min]

(2) 마찰손실압력[MPa]

최초 마찰손실수두 = 66m − 10m − 20m = 36m

$$압력\ 증가\ 후\ 마찰손실수두 = 36m \times \frac{127.28^{1.85}}{90^{1.85}}$$

$$= 68.353 ≒ 68.35mrm = 0.68MPa$$

[답] 0.68[MPa]

(3) 펌프의 토출압력[MPa]

펌프토출압력[MPa] = 20m + 68.35m + 20m = 108.35 ≒ 1.08[MPa]

[답] 1.08[MPa]

4. 다음 조건을 참조하여 할로겐화합물 및 불활성기체소화설비에서 배관의 두께(mm)를 구하시오.(5점)

<조건>

- 가열맞대기 용접배관을 사용한다.
- 배관의 바깥지름은 84mm이다.
- 배관재질의 인장강도 440MPa, 항복점 300MPa이다.
- 배관 내 최대허용압력은 12,000kPa이다.
- 화재안전기준의 $t = \frac{PD}{2SE} + A$ 식을 적용한다.
- 소수점 셋째자리에서 반올림하여 둘째자리까지 구한다.
- 주어진 조건 외에는 고려하지 않는다.

해답 ① 배관 내 최대허용압력(P) = 12,000kPa

② 배관의 바깥지름(D) = 84mm

③ 최대 허용응력(SE)

㉮ 배관재질 인장강도의 1/4 = 440MPa/4 = 110MPa

㉯ 항복점의 2/3 = 300MPa × 2/3 = 200MPa

㉰ $SE = 110MPa \times 0.6 \times 1.2 = 79.2MPa = 79,200kPa$

④ 나사이음, 홈이음 등의 허용값(A) : 0

⑤ 배관의 두께(t)

$$t = \frac{PD}{2SE} + A = \frac{12,000kPa \times 84mm}{2 \times 79,200kPa} + 0 = 6.3636[mm]$$

[답] 6.36[mm]

[문제2] 특별피난계단의 계단실 및 부속실 제연설비의 화재안전기준(NFSC 501A) 및 다음 조건을 참조하여 각 물음에 답하시오.(30점)

<조건>

구분	내용
풍 량	• 업무시설로서 층수는 20층이고, 층별 누설량은 $500m^3/hr$, 보충량은 $5,000m^3/hr$이다. • 풍량 산정은 화재안전기준에서 정하는 최소풍량으로 계산한다. • 소수점은 둘째자리에서 반올림하여 첫째자리까지 구한다.
정 압	• 흡입루버의 압력강하량 : 150Pa • System effect(흡입) : 50Pa • System effect(토출) : 50Pa • 수평덕트의 압력강하량 : 250Pa • 수직덕트의 압력강하량 : 150Pa • 자동차압댐퍼의 압력강하량 : 250Pa • 송풍기정압은 10% 여유율로 하고 기타조건은 무시한다. • 단위환산은 표준대기압 조건으로 한다. • 소수점은 둘째자리에서 반올림하여 첫째자리까지 구한다.
전동기	• 효율은 55%이고 전달계수는 1.1이다. • 상기 풍량, 정압조건만 반영한다. • 소수점은 둘째자리에서 반올림하여 첫째자리까지 구한다.

1. 송풍기의 풍량[m^3/hr]을 산정하시오.(8점)

2. 송풍기 정압을 산정하여 mmAq로 표기하시오.(14점)

3. 송풍기 구동에 필요한 전동기 용량[kW]을 계산하시오.(8점)

해답 1. 송풍기 풍량 산정

① 급기량 계산

급기량 = 누설량 + 보충량

20개 층 × $500m^3/hr$ + $5,000m^3/hr$(1개 층) = $15,000m^3/hr$

② 송풍기 풍량

$15,000m^3/hr \times 1.15 = 17,250[m^3/hr]$

[답] 송풍기의 풍량: $17,250[m^3/hr]$

2. 송풍기 정압 산정

① 전압＝마찰손실압+차압

[150Pa＋50Pa＋50Pa＋250Pa＋150Pa＋250Pa＋12.5Pa(부속실 차압)]×1.1＝1,003.75Pa

주의 송풍기 정압산정에서, 부속실 차압을 포함해야 한다. 그렇지 않으면 설비가동 시 부속실의 차압이 "0"이 되는 결과가 된다. 설계실무에서는 부속실의 차압을 통상 40~50Pa을 적용하고 있으나, 문제의 조건에서는 "화재안전기준에서 정하는 최소풍량으로 계산한다"라고 되어 있으므로, 화재안전기준상 스프링클러가 설치되는 경우의 최소차압이 12.5Pa이므로 이것으로 적용하여야 한다.

② 압력단위 환산[mmAq]

$$1{,}003.75\text{Pa} \times \frac{10{,}332\text{mmAq}}{101{,}325\text{Pa}} = 102.35 ≒ 102.4\text{mmAq}$$

[답] 송풍기 정압 : 102.4[mmAq]

3. 송풍기 구동에 필요한 전동기 용량 계산

$$P = \frac{102.4\text{mmAq} \times 17{,}250\text{m}^3/\text{hr}}{102 \times 60 \times 60 \times 0.55} \times 1.1 = 9.62 ≒ 9.6\text{kW}$$

[답] 전동기 용량 : 9.6[kW]

[문제3] 다음 물음에 답하시오.(30점)

1. 국가화재안전기준 및 다음 조건에 따라 각 물음에 답하시오.(7점)

<조건>

스프링클러설비 펌프일람표

장비명	수량	유량(ℓ/min)	양정(m)	비고
주펌프	1	2,400	120	전자식 압력스위치 적용
예비펌프	1	2,400	120	
충압펌프	1	60	120	

(1) 기동용수압개폐장치의 압력설정치[MPa]를 쓰시오.(단, 10m＝0.1MPa로 하고, 충압펌프의 자동정지는 정격치로 하되, 기동~정지 압력차는

0.1MPa, 나머지 압력차는 0.05MPa로 설정하며, 압력강하 시 자동기동은 충압-주-예비펌프 순으로 한다.)(3점)

1) 주펌프 기동점, 정지점

2) 예비펌프 기동점, 정지점

3) 충압펌프 기동점, 정지점

(2) 주펌프 또는 예비펌프 성능시험 시 성능기준에 적합한 양정[m]을 쓰시오.(2점)

1) 체절운전 시

2) 정격토출량의 150% 운전

(3) 펌프의 성능시험배관에 적합한 유량측정장치의 유량범위를 쓰시오.(2점)

1) 최소유량[ℓ/min]

2) 최대유량[ℓ/min]

해답 (1) 기동용수압개폐장치의 압력설정치[MPa]

1) 주펌프 기동점, 정지점

① 기동점 : 1.05MPa $(1.2-0.1-0.05=1.05)$

② 정지점 : 1.68MPa (체절압력 = 정격양정 × 1.4 = 120m × 1.4 = 168m ≒ 1.68MPa)

2) 예비펌프 기동점, 정지점

① 기동점 : 1.0MPa $(1.2-0.1-0.05-0.05=1)$

② 정지점 : 1.68MPa

3) 충압펌프 기동점, 정지점

① 기동점 : 1.1MPa $(1.2-0.1=1.1)$

② 정지점 : 1.2MPa

(2) 주펌프 또는 예비펌프 성능시험 시 성능기준에 적합한 양정[m]

1) 체절운전 시

[답] 168m 이하 $(120\times1.4=168)$

2) 정격토출량의 150% 운전 시

[답] 78m 이상 (120 × 0.65 = 78)

(3) 펌프의 성능시험배관에 적합한 유량측정장치의 유량범위

① 최소유량[ℓ/min]

[답] 2,400[ℓ/min]

② 최대유량[ℓ/min]

2,400×1.75 = 4,200[ℓ/min]

[답] 4,200[ℓ/min]

2. 「화재예방, 소방시설 설치 · 유지 및 안전관리에 관한 법률」 및 국가화재안전기준에 따라 각 물음에 답하시오.(10점)

(1) 특정소방대상물의 규모 · 용도 및 수용인원 등을 고려하여 갖추어야 하는 소방시설의 종류 중 문화 및 집회시설(동 · 식물원 제외), 종교시설(주요구조부가 목조인 것 제외), 운동시설(물놀이형 시설 제외)의 모든 층에 설치하여야 하는 경우에 해당하는 스프링클러설비 설치대상 4가지를 쓰시오.(4점)

(2) 할로겐화합물 및 불활성기체소화설비의 화재안전기준(NFSC 107A)에 따른 배관의 구경 선정기준을 쓰시오.(2점)

(3) 무선통신보조설비의 화재안전기준(NFSC 505)에 따른 무선기기 접속단자 설치기준을 4가지만 쓰시오.(4점)

해답 (1) 스프링클러설비 설치대상 4가지

① 수용인원이 100명 이상인 것

② 영화상영관의 용도로 쓰이는 층의 바닥면적이 지하층 또는 무창층인 경우에는 500m^2 이상, 그 밖의 층의 경우에는 1,000m^2 이상인 것

③ 무대부가 지하층 · 무창층 또는 4층 이상의 층에 있는 경우에는 무대부의 면적이 300m^2 이상인 것

④ 무대부가 ③ 외의 층에 있는 경우에는 무대부의 면적이 500m^2 이상인 것

(2) 할로겐화합물 및 불활성기체소화설비의 화재안전기준에 따른 배관구경 선정기준

배관의 구경은 해당 방호구역에 할로겐화합물소화약제는 10초 이내에, 불활성기체소화약제는 A·C급 화재 2분, B급 화재 1분 이내에 방호구역 각 부분에 최소설계농도의 95% 이상 해당하는 약제량이 방출되도록 하여야 한다.

(3) 무선통신보조설비의 화재안전기준에 따른 무선기기 접속단자 설치기준 4가지

① 화재층으로부터 지면으로 떨어지는 유리창 등에 의한 지장을 받지 않고 지상에서 유효하게 소방활동을 할 수 있는 장소 또는 수위실 등 상시 사람이 근무하고 있는 장소에 설치할 것
② 단자는 한국산업규격에 적합한 것으로 하고, 바닥으로부터 높이 0.8m 이상 1.5m 이하의 위치에 설치할 것
③ 지상에 설치하는 접속단자는 보행거리 300m 이내마다 설치하고, 다른 용도로 사용되는 접속단자에서 5m 이상의 거리를 둘 것
④ 지상에 설치하는 단자를 보호하기 위하여 견고하고 함부로 개폐할 수 없는 구조의 보호함을 설치하고, 먼지·습기 및 부식 등에 따라 영향을 받지 아니하도록 조치할 것

3. 국가화재안전기준 및 다음 조건에 따라 각 물음에 답하시오.(13점)

<조건>

- 지하주차장은 3개 층이며, 각 층의 바닥면적은 60m × 60m이고 층고는 4.5m이다.
- 주차장의 준비작동식스프링클러설비 감지기는 교차회로방식으로 자동화재탐지설비와 겸용한다.
- 지하 3층 주차장은 기계실($450m^2$)과 전기실·발전기실($250m^2$)이 있다.
- 지하 3층 기계실은 습식스프링클러설비를 적용한다.
- 주요 구조부는 내화구조이다.
- 주어진 조건 외에는 고려하지 않는다.

(1) 지하주차장 및 기계실에 차동식스포트형 감지기(2종)를 적용할 경우 총 설치수량을 구하시오.(단, 층별 하나의 방호구역 바닥면적은 최대로 적용한다.)(5점)

(2) 스프링클러설비 유수검지장치의 종류별 설치수량을 구하시오.(2점)

(3) 폐쇄형 스프링클러헤드를 사용하는 설비의 방호구역·유수검지장치 설치기준을 6가지만 쓰시오.(6점)

해답 (1) 지하주차장 및 기계실 차동식스포트형 감지기(2종)의 총 설치수량

① 지하 1층 및 지하 2층

$\frac{3,000}{35}=86$개, $\frac{600}{35}=18$개

$(86+18)\times2$회로(교차회로)$\times2$개층$=416$개

② 지하 3층

㉮ 기계실 : $\frac{450}{35}=13$개(단일회로)

㉯ 지하 3층 주차장 : $(60\times60)-450-250=2,900\text{m}^2$

$\frac{2,900}{35}=83$, 83×2회로$=166$개

③ 합계

$416+13+166=595$

[답] 감지기 수량 : 595개

(2) 스프링클러설비 유수검지장치의 종류별 설치수량

① 습식 유수검지장치 : 1개

② 준비작동식 유수검지장치 : 지하1층 2개 + 지하2층 2개 + 지하3층 1개 = 5개

(3) 폐쇄형 스프링클러헤드 방호구역 · 유수검지장치의 설치기준 6가지

① 하나의 방호구역의 바닥면적은 3,000m^{2}를 초과하지 아니할 것. 다만, 폐쇄형 스프링클러설비에 격자형배관방식(2 이상의 수평주행배관 사이를 가지배관으로 연결하는 방식을 말한다)을 채택하는 때에는 3,700m^2 범위 내에서 펌프용량, 배관의 구경 등을 수리학적으로 계산한 결과 헤드의 방수압 및 방수량이 방호구역 범위 내에서 소화목적을 달성하는 데 충분할 것

② 하나의 방호구역에는 1개 이상의 유수검지장치를 설치하되, 화재발생 시 접근이 쉽고 점검하기 편리한 장소에 설치할 것

③ 하나의 방호구역은 2개 층에 미치지 아니하도록 할 것. 다만, 1개 층에 설치되는 스프링클러헤드의 수가 10개 이하인 경우와 복층형 구조의 공동주택에는 3개 층 이내로 할 수 있다.

④ 유수검지장치를 실내에 설치하거나 보호용 철망 등으로 구획하여 바닥

으로부터 0.8m 이상 1.5m 이하의 위치에 설치하되, 그 실 등에는 가로 0.5m 이상 세로 1m 이상의 출입문을 설치하고 그 출입문 상단에 "유수검지장치실"이라고 표시한 표지를 설치할 것. 다만, 유수검지장치를 기계실(공조용기계실을 포함한다) 안에 설치하는 경우에는 별도의 실 또는 보호용 철망을 설치하지 아니하고 기계실 출입문 상단에 "유수검지장치실"이라고 표시한 표지를 설치할 수 있다.

⑤ 스프링클러헤드에 공급되는 물은 유수검지장치를 지나도록 할 것. 다만, 송수구를 통하여 공급되는 물은 그러하지 아니하다.

⑥ 자연낙차에 따른 압력수가 흐르는 배관 상에 설치된 유수검지장치는 화재시 물의 흐름을 검지할 수 있는 최소한의 압력이 얻어질 수 있도록 수조의 하단으로부터 낙차를 두어 설치할 것

제 20 회

소방시설관리사 출제문제

소방시설의 설계 및 시공

[문제1] 다음 물음에 답하시오.(40점)

물음 1) 간이스프링클러설비에 관한 다음 물음에 답하시오.(30점)

(1) 「화재예방, 소방시설 설치 · 유지 및 안전관리에 관한 법률」상 간이스프링클러설비를 설치해야 하는 특정소방대상물을 쓰시오.(11점)

(2) 「다중이용업소의 안전관리에 관한 특별법」상 간이스프링클러설비를 설치해야 하는 특정소방대상물을 쓰시오.(4점)

(3) 「간이스프링클러설비의 화재안전기준」(NFSC 103A)상 상수도 직결형 및 캐비닛형 가압송수장치를 설치할 수 없는 특정소방대상물 3가지를 쓰시오.(6점)

(4) 「간이스프링클러설비의 화재안전기준」(NFSC 103A)상 가압수조 가압송수장치방식에서 배관 및 밸브 등의 설치순서에 대하여 명칭을 쓰고, 소방시설의 도시기호를 그리시오.(5점)

설치순서는 수원, 가압수조, (㉠), (㉡), (㉢), (㉣), (㉤), 2개의 시험밸브 순으로 설치한다.

(5) 「간이스프링클러설비의 화재안전기준」(NFSC 103A)상 간이헤드 수별 급수관의 구경에 관한 내용이다. (　)에 들어갈 내용을 쓰시오.(4점)

> "캐비닛형" 및 "상수도직결형"을 사용하는 경우 주배관은 (㉠) mm, 수평주행배관은 (㉡)mm, 가지배관은 (㉢)mm 이상으로 할 것. 이 경우 최장배관은 제5조제6항에 따라 인정받은 길이로 하며 하나의 가지배관에는 간이헤드를 (㉣)개 이내로 설치하여야 한다.

해답 (1) 「소방시설법」상 간이스프링클러설비를 설치해야 하는 특정소방대상물

1) 근린생활시설 중 다음의 어느 하나에 해당하는 것
   ① 근린생활시설로 사용하는 부분의 바닥면적 합계가 1,000m^2 이상인 것은 모든 층
   ② 의원, 치과의원 및 한의원으로서 입원실이 있는 시설
2) 교육연구시설 내에 합숙소로서 연면적 100m^2 이상인 것
3) 의료시설 중 다음의 어느 하나에 해당하는 시설
   ① 종합병원, 병원, 치과병원, 한방병원 및 요양병원(정신병원과 의료재활시설은 제외한다)으로 사용되는 바닥면적의 합계가 600m^2 미만인 시설
   ② 정신의료기관 또는 의료재활시설로 사용되는 바닥면적의 합계가 300m^2 이상 600m^2 미만인 시설
   ③ 정신의료기관 또는 의료재활시설로 사용되는 바닥면적의 합계가 300m^2 미만이고, 창살(철재, 플라스틱 또는 목재 등으로 사람의 탈출 등을 막기 위하여 설치한 것을 말하며, 화재 시 자동으로 열리는 구조로 되어 있는 창살은 제외한다)이 설치된 시설
4) 노유자시설로서 다음의 어느 하나에 해당하는 시설
   ① 제12조제1항제6호 각 목에 따른 시설(제12조제1항제6호가목2) 및 같은 호 나목부터 바목까지의 시설 중 단독주택 또는 공동주택에 설치되는 시설은 제외
   ② ①에 해당하지 아니하는 노유자시설로 해당 시설로 사용하는 바닥면적의 합계가 300m^2 이상 600m^2 미만인 시설
   ③ ①에 해당하지 아니하는 노유자시설로 해당 시설로 사용하는 바닥면적의 합계가 300m^2 미만이고, 창살(철재 · 플라스틱 또는 목재 등으로 사람의 탈출 등을 막기 위하여 설치한 것을 말하며, 화재 시 자동으로 열리는 구조로 되어 있는 창살은 제외한다)이 설치된 시설
5) 건물을 임차하여 「출입국관리법」 제52조제2항에 따른 보호시설로 사

용하는 부분

6) 숙박시설 중 생활형 숙박시설로서 해당 용도로 사용되는 바닥면적의 합계가 600m^2 이상인 것

7) 복합건축물(별표 2 제30호나목의 복합건축물만 해당한다)로서 연면적 1,000m^2 이상인 것은 모든 층

(2) 「다중이용업소의 안전관리에 관한 특별법」상 간이스프링클러설비를 설치해야 하는 특정소방대상물

1) 지하층에 설치된 영업장

2) 밀폐구조의 영업장

3) 제2조제7호에 따른 산후조리업 및 같은 조 제7호의2에 따른 고시원업의 영업장. 다만, 지상 1층에 있거나 지상과 직접 맞닿아 있는 층(영업장의 주된 출입구가 건축물의 외부의 지면과 직접 연결된 경우를 포함한다)에 설치된 영업장은 제외한다.

4) 제2조제7호의3에 따른 권총사격장의 영업장

(3) 「간이스프링클러설비의 화재안전기준」(NFSC 103A)상 상수도직결형 및 캐비닛형 가압송수장치를 설치할 수 없는 특정소방대상물 3가지

1) 근린생활시설로 사용하는 부분의 바닥면적 합계가 1,000m^2 이상인 것은 모든 층

2) 숙박시설 중 생활형 숙박시설로서 해당 용도로 사용되는 바닥면적의 합계가 600m^2 이상인 것

3) 복합건축물(별표 2 제30호나목의 복합건축물만 해당한다)로서 연면적 1,000m^2 이상인 것은 모든 층

(4) 「간이스프링클러설비의 화재안전기준」(NFSC 103A)상 가압수조 가압송수장치 방식에서 배관 및 밸브 등의 설치순서에 대하여 명칭을 쓰고, 소방시설의 도시기호를 그리시오.

설치순서는 수원, 가압수조, (㉠), (㉡), (㉢), (㉣), (㉤), 2개의 시험밸브 순으로 설치한다.

구분	명칭	도시기호
㉠	압력계	
㉡	체크밸브	
㉢	성능시험배관	
㉣	개폐표시형밸브	
㉤	유수검지장치	

(5) 「간이스프링클러설비의 화재안전기준」(NFSC 103A)상 간이헤드 수별 급수관의 구경에 관한 내용이다. ( )에 들어갈 내용을 쓰시오.

> "캐비닛형" 및 "상수도직결형"을 사용하는 경우 주배관은 (㉠)mm, 수평주행배관은 (㉡)mm, 가지배관은 (㉢)mm 이상으로 할 것. 이 경우 최장배관은 제5조제6항에 따라 인정받은 길이로 하며 하나의 가지배관에는 간이헤드를 (㉣)개 이내로 설치하여야 한다.

㉠ : 32, ㉡ : 32, ㉢ : 25, ㉣ : 3

물음 2) 다음 그림과 같은 돌연확대관에서 손실수두를 구하는 공식을 유도하고, 중력가속도 $g=9.8\text{m/s}^2$, 직경 $D_1=50\text{mm}$, $D_2=400\text{mm}$, 유량 $Q=800l$/min일 때 돌연확대관에서의 손실수두[m]를 계산하시오.(단, V_1, V_2는 각 지점의 유속이며, 계산값은 소수점 셋째 자리에서 반올림하여 둘째 자리까지 구하시오.)(10점)

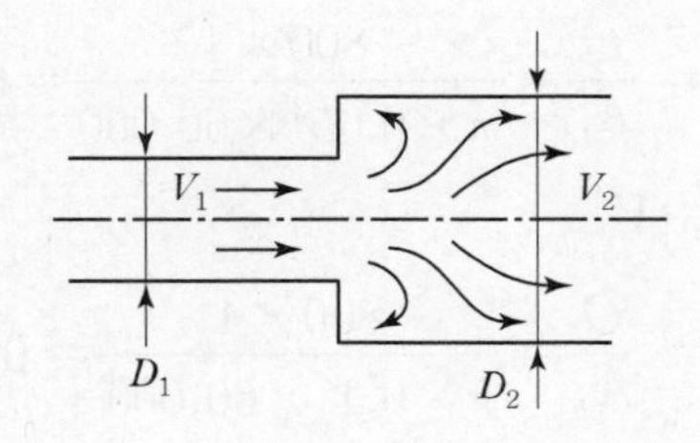

해답 (1) 공식유도

1) 돌연확대관에서 압력손실을 고려한 수정 베르누이 방정식을 적용하면

$$\frac{P_1}{\gamma}+\frac{V_1^2}{2g}+Z_1=\frac{P_2}{\gamma}+\frac{V_2^2}{2g}+Z_2+H_L$$

여기서, $Z_1 = Z_2$이므로

$$\therefore\ H_L=\frac{P_1-P_2}{\gamma}+\frac{V_1^2-V_2^2}{2g}\ \cdots\cdots\cdots\cdots\cdots\cdots\cdots\cdots(A)식$$

2) 수평관에서 힘의 평형을 고려하면

$$\Sigma F=P_1A_2-P_2A_2=(P_1-P_2)A_2\cdots\cdots\cdots\cdots\cdots\cdots(B)식$$

3) 운동량 방정식

$$\Sigma F=\rho Q(V_2-V_1)=\rho A_2V_2(V_2-V_2)\cdots\cdots\cdots\cdots\cdots(C)식$$

4) (B)식=(C)식 이므로

$$(P_1-P_2)A_2=\rho A_2V_2(V_2-V_1)$$

$$\therefore\ P_1-P_2=\rho V_2(V_2-V_1)\cdots\cdots\cdots\cdots\cdots\cdots\cdots\cdots(D)식$$

5) (D)식을 (A)식에 대입하면

$$H_L=\frac{\rho V_2(V_2-V_1)}{\rho g}+\frac{V_1^2-V_2^2}{2g}=\frac{2V_2^2-2V_1V_2+V_1^2-V_2^2}{2g}$$

$$=\frac{V_1^2-2V_1V_2+V_2^2}{2g}=\frac{(V_1-V_2)^2}{2g}=\left(1-\frac{A_1}{A_2}\right)^2\times\frac{V_1^2}{2g}$$

$$\therefore\ H_L=K\times\frac{V_1^2}{2g}\qquad (여기서,\ K=\left(1-\frac{A_1}{A^2}\right)^2 이다)$$

(2) 계산

1) 유속 V_1

$$V_1=\frac{Q}{A_1}=\frac{800\times4}{\pi\times0.05^2\times60{,}000}=6.7906[\mathrm{m/s}]$$

2) 유속 V_2

$$V_2=\frac{Q}{A_2}=\frac{800\times4}{\pi\times0.4^2\times60{,}000}=0.1061[\mathrm{m/s}]$$

3) 돌연확대관에 의한 손실 H_L

$$H_L = \frac{(V_1 - V_2)^2}{2g} = \frac{(6.7906 - 0.1061)^2}{2 \times 9.8} = 2.2797[\mathrm{m}]$$

[답] 2.28[m]

[문제2] 「위험물안전관리에 관한 세부기준」에 관한 다음 물음에 답하시오.(30점)

물음 1) 제조소등에 가스계소화설비를 설치하고자 한다. 다음 물음에 답하시오.(12점)

(1) 해당 방호구역에 전역방출방식으로 IG 계열의 소화약제 소화설비를 설치하고자 한다. 아래 조건을 이용하여 IG-100, IG-55, IG-541을 각각 방사하는 경우 저장해야 하는 최소 소화약제의 양[m^3]을 구하시오.(6점)

<조건>
- 방호구역은 가로 20m, 세로 10m, 높이는 5m이다.
- 방호구역에는 산화프로필렌을 저장하고 소화약제계수는 1.8이다.
- 방호구역은 1기압, 20℃이다.

(2) 불활성가스소화설비에서 전역방출방식인 경우 안전조치 기준 3가지를 쓰시오.(3점)

(3) HFC-227ea, FIC-13I1, FK-5-1-12 의 화학식을 각각 쓰시오.(3점)

해답 (1) IG-100, IG-55, IG-541의 최소 소화약제 저장량[m^3]
(위험물안전관리에관한 세부기준 제134조제3호 참조)

소화약제의 양[m^3]=방호구역의 체적[m^3] × 방출률 × 위험물 계수

1) IG-100

$Q[m^3] = (20m \times 10m \times 5m) \times 0.516[m^3/m^3] \times 1.8 = 928.8[m^3]$

2) IG-55

$Q[m^3] = (20m \times 10m \times 5m) \times 0.477[m^3/m^3] \times 1.8 = 858.6[m^3]$

3) IG-541

$Q[m^3] = (20m \times 10m \times 5m) \times 0.472[m^3/m^3] \times 1.8 = 849.6[m^3]$

[답] IG-100 : 928.8[m^3]
IG-55 : 858.6[m^3]
IG-541 : 849.6[m^3]

(2) 불활성가스 소화설비에서 전역방출방식인 경우 안전조치 기준 3가지

1) 기동장치의 방출용 스위치 등의 작동으로부터 저장용기의 용기밸브 또는 방출밸브의 개방까지의 시간이 20초 이상 되도록 지연장치를 설치할 것
2) 수동기동장치에는 1)에 정한 시간 내에 소화약제가 방출되지 않도록 조치를 할 것
3) 방호구역의 출입구 등 보기쉬운 장소에 소화약제가 방출된다는 사실을 알리는 표시등을 설치할 것

(3) HFC-227ea, FIC-13I1, FK-5-1-12의 화학식

1) HFC-227ea : CF_3CHFCF_3
2) FIC-13I1 : CF_3I
3) FK-5-1-12 : $CF_3CF_2C(O)CH(CF_3)_2$

물음 2) 이소부틸알코올을 저장하는 내부 직경이 40m인 고정지붕구조의 탱크에 II형 포방출구를 설치하여 방호하려고 한다. 다음 조건에 따라 각 물음에 답하시오.(12점)

<조건>

- 포소화약제는 3% 수용성 액체용 포소화약제를 사용한다.
- 고정식포방출구의 설계압력 환산수두는 35m, 배관의 마찰손실수두는 20m, 낙차는 30m이다.
- 펌프의 수력효율은 87%, 체적효율은 85%, 기계효율은 80%이며, 전동기의 전달계수는 1.1로 한다.
- 저장탱크에서 고정포 방출구까지 사용하는 송액관의 내경은 100mm이고, 송액관의 길이는 120m이다.
- 보조포소화전은 쌍구형(호스접속구가 2개)으로 2개가 설치되어 있다.
- 원주율(π)은 3.14를 적용한다.
- 포수용액의 비중은 1로 본다.
- 위험물안전관리에 관한 세부기준을 따른다.
- 계산값은 소수점 셋째자리에서 반올림하여 둘째자리까지 구하시오.
- 기타 조건은 무시한다.

(1) II형 포방출구의 정의를 쓰시오.(2점)

(2) 소화하는데 필요한 최소 포수용액량[l], 최소 수원의 양[l], 최소 포소화약제의 저장량[l]을 각각 계산하시오.(6점)

(3) 전동기의 출력[kW]을 계산하시오.(단, 유량은 포수용액량으로 한다.)(4점)

해답 (1) II형 포방출구의 정의

고정지붕구조 또는 부상덮개부착고정지붕구조(옥외저장탱크의 액상에 금속제의 플로팅, 팬 등의 덮개를 부착한 고정지붕구조)의 탱크에 상부포주입법을 이용하는 것으로서 방출된 포가 탱크 옆판의 내면을 따라 흘러내려 가면서 액면 아래로 몰입되거나 액면을 뒤섞지 않고 액면상을 덮을 수 있는 반사판 및 탱크 내의 위험물 증기가 외부로 역류되는 것을 저지할 수 있는 구조 · 기구를 갖는 포방출구

(2) 소화하는데 필요한 최소 포수용액량[l], 최소 수원의 양[l], 최소 포소화약제의 저장량[l]

1) 최소 포수용액량

① 고정포 방출구에 필요한 포수용액량

$$Q[l] = [\frac{\pi}{4} \times (40\text{m})^2] \times 240 l/\text{m}^2 \times 1.25 = 376,992[l]$$

② 보조포소화전의 포수용액량

$3 \times 8000 = 24,000[l]$

③ 송액관의 포수용액량

$$\frac{3.14}{4} \times 0.1^2[\text{m}^2] \times 120[\text{m}] \times 1,000 = 942[l]$$

④ 총 최소 포수용액량

$376,992[l] + 24,000[l] + 942[l] = 401,934[l]$

[답] $401,934[l]$

2) 최소 포소화약제의 저장량[l]

$401,934[l] \times 0.03 = 12,058.02[l]$

[답] $12,058.02[l]$

3) 최소 수원의 양[l]

$401,934 \times 0.97 = 389,875.98[l]$

[답] $389,875.98[l]$

(3) 전동기의 출력[kW]

1) 유량(Q)[l/min]

$$= \frac{3.14}{4} \times 40^2[\text{m}^2] \times 8[l/\text{min} \cdot \text{m}^2] \times 1.25 + (3 \times 400) = 13,760[l/\text{min}]$$

2) 전양정(H)[m] = 35 + 20 + 30 = 85[m]

3) 총효율(η) = 기계효율 × 체적효율 × 수력효율 = 0.87 × 0.8 × 0.85 = 0.5916

4) 전동기의 출력[kW]

$$= \frac{\gamma QH}{102\eta} = \frac{1{,}000 \times 85 \times \left(\frac{13{,}760}{60 \times 1{,}000}\right)}{102 \times 0.5916} \times 1.1 = 355.3452[\text{kW}]$$

[답] 355.35[kW]

물음 3) 「위험물안전관리에 관한 세부기준」상 스프링클러설비의 기준에 관한 다음 물음에 답하시오.(6점)

(1) 폐쇄형 스프링클러헤드를 설치하는 경우 스프링클러헤드의 부착위치에 관한 사항이다. 다음 ( )에 들어갈 내용을 쓰시오.(2점)

① 가연성 물질을 수납하는 부분에 스프링클러헤드를 설치하는 경우에는 제1호 가목의 규정에 불구하고 당해 헤드의 반사판으로부터 하방으로 (㉠)m, 수평방향으로 (㉡)m의 공간을 보유할 것 ② 개구부에 설치하는 스프링클러헤드는 당해 개구부의 상단으로부터 높이 (㉢)m 이내의 벽면에 설치할 것

(2) 스프링클러설비의 유수검지장치 설치기준 2가지를 쓰시오.(2점)

(3) 스프링클러설비의 기준에 관한 내용이다. 다음 ( )에 들어갈 내용을 쓰시오.(2점)

건식 또는 (㉠)의 유수검지장치가 설치되어 있는 스프링클러설비는 스프링클러헤드가 개방된 후 (㉡)분 이내에 당해 스프링클러헤드로부터 방수될 수 있도록 할 것

해답 (1) 폐쇄형 스프링클러헤드를 설치하는 경우 스프링클러헤드의 부착위치에 관한 사항이다. 다음 ( )에 들어갈 내용을 쓰시오.

① 가연성 물질을 수납하는 부분에 스프링클러헤드를 설치하는 경우에는 제1호 가목의 규정에 불구하고 당해 헤드의 반사판으로부터 하방으로 (㉠)m, 수평방향으로 (㉡)m의 공간을 보유할 것 ② 개구부에 설치하는 스프링클러헤드는 당해 개구부의 상단으로부터 높이 (㉢)m 이내의 벽면에 설치할 것

[답] ㉠ : 0.9　㉡ : 0.4　㉢ : 0.15

(2) 스프링클러설비의 유수검지장치 설치기준 2가지

1) 유수검지장치의 1차측에는 압력계를 설치할 것
2) 유수검지장치의 2차측에 압력의 설정을 필요로 하는 스프링클러설비에는 당해 유수검지장치의 압력설정치보다 2차측의 압력이 낮아진 경우에 자동으로 경보를 발하는 장치를 설치할 것

(3) 스프링클러설비의 기준에 관한 내용이다. 다음 ( )에 들어갈 내용을 쓰시오.

건식 또는 (㉠)의 유수검지장치가 설치되어 있는 스프링클러설비는 스프링클러헤드가 개방된 후 (㉡)분 이내에 당해 스프링클러헤드로부터 방수될 수 있도록 할 것

[답] ㉠ : 준비작동식　　㉡ : 1

[문제3] 다음 물음에 답하시오.(30점)

물음 1) 하디크로스 방식(Hardy Cross Method)의 유체역학적 기본원리 3가지를 쓰시오.(3점)

해답 ① 질량보존의 법칙(유입유량과 유출유량은 같다.)
② 에너지보존의 법칙(분기배관의 마찰손실은 같다.)
③ 분기배관의 유량의 합은 총유량과 같다.

물음 2) 하디크로스 방식(Hardy Cross Method)의 계산절차 중 4단계～8단계의 내용을 쓰시오.(5점)

- 1단계 : 모든 루프의 각 경로와 관련있는 배관길이, 관경, C-factor(조도)와 같은 중요한 변수를 알아야 한다.
- 2단계 : 각 변수를 적절한 단위로 수치변환한다. 부속류에 대한 국부손실은 등가배관길이로 변환하여야 한다. 각 구간별 유량을 제외한 모든 변수값을 계산하도록 한다.
- 3단계 : 루프에 의해 이어지는 연속성이 충족되도록 적절한 분배유량을 가정한다.
- 4단계 : (㉠)
- 5단계 : (㉡)
- 6단계 : (㉢)
- 7단계 : (㉣)
- 8단계 : (㉤)

- 9단계 : 새롭게 보정된 분배유량으로 dP_f 값이 충분히 작아질 때까지 4단계~7단계를 반복한다.
- 10단계 : 마지막 확인사항으로 임의의 경로에 대한 유입점부터 유출점까지의 마찰손실압력을 계산한다. 다른 경로로 두 번째 계산된 마찰손실압력값은 예상되는 범위 내의 동일한 값이 되어야 한다.

해답 ㉠ 각 구간에 대한 배관마찰손실(P_f)을 구한다.

㉡ 각 구간에서 발생하는 마찰손실의 합계(ΣP_f)를 계산한다. 마찰손실의 합계가 ±0.5psi 이내가 되면 계산을 종료한다.

㉢ 각 구간의 $\frac{P_f}{Q}$를 계산하여 합산한다.

㉣ 유량 보정값(dQ)을 계산한다. $dQ = \frac{-\Sigma P_f}{1.85 \times \Sigma\left(\frac{P_f}{Q}\right)}$

㉤ 각 관로별 분배유량을 $Q + dQ$로 가감한다.

물음 3) 그림과 같이 A지점으로 물이 유입되어 B지점으로 유출되고 있다. A~B 사이에 있는 세 개 분기관의 내경이 40mm라고 할 때 각 분기관으로 흐르는 유량을 계산하시오.(8점)

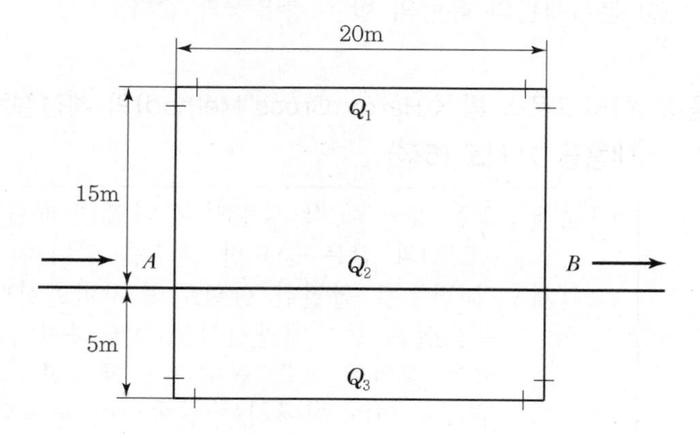

<조건>

- 배관의 마찰손실압력을 구하는 공식은 다음과 같다.

$$\Delta P = 6.174 \times 10^4 \times \frac{Q^{1.85}}{C^{1.85} \times D^{4.87}} \times L$$

여기서, ΔP : 마찰손실압력[MPa]
Q : 유량[l/min]
C : 조도(120)
D : 배관경[mm]
L : 배관길이[m]

- 유입점과 유출점에는 1,000[l/min]의 유량이 흐르고 있다.
- 90도 엘보의 등가길이는 2[m]이며, A와 B 두 지점의 배관부속 마찰손실은 무시한다.
- 계산값은 소수점 셋째 자리에서 반올림하여 둘째 자리까지 구하시오.

해답 (1) 연속방정식에서 $1{,}000 = Q_1 + Q_2 + Q_3$

(2) 에너지보존법칙 $\Delta P_1 = \Delta P_2 = \Delta P_3$

(3) 배관 및 관부속품의 등가길이

1) 분기관 Q_1의 등가길이(L_1)=15[m]+20[m]+15[m]+2[m]/개×2개
=54[m]

2) 분기관 Q_2의 등가길이(L_2)=20[m]

3) 분기관 Q_3의 등가길이(L_3)=5[m]+20[m]+5[m]+2[m]/개×2개
=34[m]

(4) 각 분기관에 흐르는 유량 비율

$$6.174 \times 10^5 \frac{Q_1^{1.85}}{C^{1.85} \times D_1^{4.87}} \times L_1 = 6.174 \times 10^5 \frac{Q_2^{1.85}}{C^{1.85} \times D_2^{4.87}} \times L_2$$

$$Q_1^{1.85} \times L_1 = Q_2^{1.85} \times L_2 = Q_3^{1.85} \times L_3, \qquad 54Q_1^{1.85} = 20Q_2^{1.85} = 34Q_3^{1.85}$$

$$20Q_2^{1.85} = 54Q_1^{1.85}, \qquad Q_2 = \left(\frac{54}{20}\right)^{\frac{1}{1.85}} \times Q_1$$

$$34Q_3^{1.85} = 54Q_1^{1.85}, \qquad Q_3 = \left(\frac{54}{34}\right)^{\frac{1}{1.85}} \times Q_1$$

(5) 분기관 Q_1의 계산

$$1,000 = Q_1 + Q_2 + Q_3 = Q_1 + \left(\frac{54}{20}\right)^{\frac{1}{1.85}} \times Q_1 + \left(\frac{54}{34}\right)^{\frac{1}{1.85}} \times Q_1$$

$$1,000 = \left(1 + \left(\frac{54}{20}\right)^{\frac{1}{1.85}} + \left(\frac{54}{34}\right)^{\frac{1}{1.85}}\right) Q_1$$

$$Q_1 = \frac{1,000}{1 + \left(\frac{54}{20}\right)^{\frac{1}{1.85}} + \left(\frac{54}{34}\right)^{\frac{1}{1.85}}} = 250.325$$

[답] 250.33[l/min]

(6) 분기관 Q_2의 계산

$$Q_2 = \left(\frac{54}{20}\right)^{\frac{1}{1.85}} \times Q_1 = \left(\frac{54}{20}\right)^{\frac{1}{1.85}} \times 250.325 = 428.2268 ≒ 428.23$$

[답] 428.23[l/min]

(7) 분기관 Q_3의 계산

$$1,000 = Q_1 + Q_2 + Q_3 = 250.33 + 428.23 + Q_3, \qquad Q_3 = 321.44[l/\text{min}]$$

[답] 321.44[l/min]

물음 4) 스프링클러설비의 방수압과 방수량 관계식 $Q = 80\sqrt{10P}$ (Q : l/min, P : MPa)의 유도과정을 쓰시오.(단, 헤드의 오리피스 내경(d)은 12.7mm, 방출계수(C)는 0.75이며, 중력가속도(g)는 9.81m/sec, 1MPa=10kgf/cm^{2}으로 가정한다.)(8점)

해답 (1) 연속방정식에서 $Q = CAV$ ································ ①

여기서, Q : 체적유량[m^3/sec]
A : 배관의 단면적[m^2]
V : 유속[m/sec]
C : 방출계수

(2) $A = \frac{\pi D^2}{4}$ .... ②

여기서, D : 배관의 내경[m]

(3) 노즐을 통하여 방수되는 순간 배관 내의 모든 흐름이 동압으로 전환되어 작용한다.

동압수두 $H = \frac{V^2}{2g}$ 에서

유속 $V = \sqrt{2gH}$ .... ③

(4) ②, ③을 ①에 대입하면

$$Q = C \times A \times V = C \times \frac{\pi D^2}{4} \times \sqrt{2gH} \text{ .... ④}$$

(5) Q[m^3/sec]와 D[m]를 q[l/min] 및 d[mm]로 단위변환하면

$1[\text{m}] = 1{,}000[\text{mm}] \rightarrow D[\text{m}] : d[\text{mm}] = 1 : 1{,}000$

$\therefore\ D[\text{m}] = \frac{d[\text{mm}]}{1{,}000}$ .... ⑤

$1[\text{m}^3/\text{sec}] = 1{,}000[l] \times 60[\text{sec/min}]$

$\rightarrow Q[\text{m}^3/\text{sec}] : q[l/\text{min}] = 1 : (1{,}000 \times 60)$

$\therefore\ Q[\text{m}^3/\text{sec}] = \frac{q[l/\text{min}]}{1{,}000 \times 60}$ .... ⑥

(6) ⑤, ⑥을 ④에 대입하면

$$\frac{q[l/\text{min}]}{1{,}000 \times 60} = C \times \frac{\pi}{4} \times \left(\frac{d[\text{mm}]}{1{,}000}\right)^2 \times \sqrt{2 \times 9.8 \times 10P}$$

$$q[l/\text{min}] = C \times \frac{60 \times 1{,}000 \times 14\pi}{4 \times 1{,}000^2} \times d^2 \times \sqrt{10P}$$

$$\therefore\ q[l/\text{min}] = 0.6597 \times C \times d^2 \times \sqrt{10P}$$

여기서, $C = 0.75$, $d = 12.7$mm를 대입하면

$$Q = 0.6597 \times 0.75 \times 12.7^2 \times \sqrt{10P} = 79.8\sqrt{10P} \fallingdotseq 80\sqrt{10P}$$

물음 5) 「스프링클러설비의 화재안전기준」(NFSC 103)상 다음 물음에 답하시오.(6점)

(1) 개폐밸브의 개폐상태를 감시제어반에서 확인할 수 있도록 설치하여야 하는 급수개폐밸브 작동표시 스위치의 설치기준을 쓰시오.(3점)

(2) 기동용 수압개폐장치를 기동장치로 사용하는 경우 설치하여야 하는 충압펌프의 설치기준을 쓰시오.(3점)

해답 (1) 개폐밸브의 개폐상태를 감시제어반에서 확인할 수 있도록 설치하여야 하는 급수개폐밸브 작동표시스위치의 설치기준

1) 급수개폐밸브가 잠길 경우 탬퍼스위치의 동작으로 인하여 감시제어반 또는 수신기에 표시되어야 하며 경보음을 발할 것
2) 탬퍼스위치는 감시제어반 또는 수신기에서 동작의 유무확인과 동작시험, 도통시험을 할 수 있을 것
3) 급수개폐밸브의 작동표시스위치에 사용되는 전기배선은 내화전선 또는 내열전선으로 설치할 것

(2) 기동용 수압개폐장치를 기동장치로 사용하는 경우 설치하여야 하는 충압펌프의 설치기준

1) 펌프의 토출압력은 그 설비의 최고위 살수장치(일제개방밸브의 경우는 그 밸브)의 자연압보다 적어도 0.2MPa이 더 크도록 하거나 가압송수장치의 정격토출압력과 같게 할 것
2) 펌프의 정격토출량은 정상적인 누설량보다 적어서는 아니되며 스프링클러설비가 자동적으로 작동할 수 있도록 충분한 토출량을 유지할 것

제 21 회

소방시설관리사 출제문제

소방시설의 설계 및 시공

[문제1] 다음 물음에 답하시오.(40점)

물음 1) 아래 그림과 같이 관 속에 가득찬 40℃의 물이 중량유량 980[N/min]으로 흐르고 있다. B지점에서 공동현상이 발생하지 않도록 하는 A지점에서의 최소압력[kPa]을 구하시오.(단, 관의 마찰손실은 무시하고, 40℃ 물의 증기압은 55.32[mmHg]이다. 계산값은 소수점 다섯째자리에서 반올림하여 소수점 넷째자리까지 구하시오.) (10점)

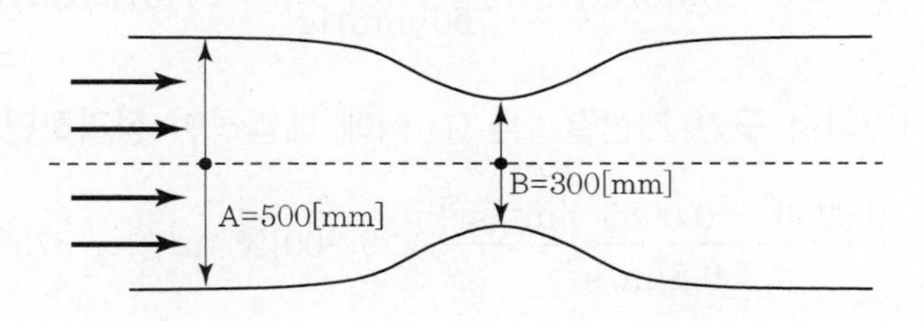

해답 (1) 베르누이 방정식 이용

$$H(\text{전수두}[\text{m}]) = \frac{P_A}{\gamma} + \frac{{V_A}^2}{2g} + Z_A = \frac{P_B}{\gamma} + \frac{{V_B}^2}{2g} + Z_B + \Delta H$$

여기서, P : 압력[kgf/cm^2, N/m^2], γ : 비중량[1,000kgf/m^3(9,800N/m^3)]
V : 속도[m/sec], g : 중력가속도[9.8m/s^2], Z : 위치수두[m]
ΔH : 배관마찰손실[m]

$\Delta H = 0$: (조건에서 배관의 마찰손실을 무시)

수평배관이므로 $Z_A = Z_B$

$\dfrac{P_A}{\gamma} + \dfrac{{V_A}^2}{2g} = \dfrac{P_B}{\gamma} + \dfrac{{V_B}^2}{2g}$ 식을 P_A에 대해 정리하면

$$\frac{P_A}{\gamma} = \frac{{V_B}^2 - {V_A}^2}{2g} + \frac{P_B}{\gamma}$$

$$P_A = \frac{({V_B}^2 - {V_A}^2)\gamma}{2g} + P_B \cdots\cdots\cdots\cdots ①$$

(2) G(중량유량) $= AV\gamma$에서, $V = \dfrac{G}{A\gamma}$

$$V_A = \frac{G}{\frac{\pi}{4}D_A\gamma} = \frac{980[\text{N/min}]}{\frac{\pi}{4}\times(0.5[\text{m}])^2\times 9{,}800[\text{N/m}^3]} \fallingdotseq 0.0085[\text{m/s}]$$

$$V_B = \frac{G}{\frac{\pi}{4}D_B\gamma} = \frac{980[\text{N/min}]}{\frac{\pi}{4}\times(0.3[\text{m}])^2\times 9{,}800[\text{N/m}^3]} \fallingdotseq 0.0236[\text{m/s}]$$

$$P_2 = 55.32[\text{mmHg}]\times\frac{101{,}325[\text{N/m}^2]}{760[\text{mmHg}]} \fallingdotseq 7{,}375.3934[\text{N/m}^2]$$

(3) (2)에서 구한 계산결과를 ① 식에 대입하여 정리하면

$$\frac{(0.0236^2 - 0.0085^2)[\text{m}^2/\text{s}^2]}{2\times 9.8[\text{m/s}^2]}\times 9{,}800[\text{N/m}^3] + 7{,}375.3934[\text{N/m}^2]$$

$$= 0.2424[\text{N/m}^2] + 7{,}375.3934[\text{N/m}^2]$$

$$= 7{,}375.6358[\text{N/m}^2] = 7.3756[\text{kPa}]$$

[답] 7.3756[kPa]

물음 2) 도로터널의 화재안전기준(NFSC 603)에 대하여 아래 조건에 따라 다음 물음에 답하시오.(15점)

<조건>

- 제연설비 설계화재강도의 열량으로 5분동안 화재가 진행되었다.
- 소화수 및 주위온도는 20℃에서 400℃로 상승하였다.
- 물의 비중은 1, 물의 비열은 4.18kJ/kg · ℃, 물의 증발잠열은 2,253.02 kJ/kg
- 대기압은 표준대기압, 수증기의 비열은 1.85kJ/kg · ℃
- 동력은 3상 380V, 30kW
- 효율은 0.8, 전달계수는 1.2, 전양정은 25m
- 계산값은 소수점 셋째자리에서 반올림하여 소수점 둘째자리까지 구하시오.
- 기타 조건은 무시한다.

(1) 물분문소화설비가 작동하여 소화수가 방사되는 경우 수원의 용량(m^3)을 구하시오.(단, 방사된 소화수와 생성된 수증기의 40%만 냉각소화에 이용되는 것으로 가정한다.)(10점)

(2) 방사된 수원을 보충하기 위해 필요한 최소시간[s]을 구하시오.(5점)

해답 (1) 물분문소화설비가 작동하여 소화수가 방사되는 경우 수원의 용량(m^3)

1) 방사된 소화수로 제어할 수 있는 총열량(Q_T)

Q_T[kJ] = 물의 현열 + 물의 잠열 + 수증기 현열

$= mC_1\Delta T_1 + m\gamma + mC_2\Delta T_2$

여기서, m : 질량[kg]

ΔT_1, ΔT_2 : 온도차[℃]

γ : 증발잠열(물 : 2,253.02[kJ/kg])

C_1 : 비열(물 : 4.18[kJ/kg · ℃])

C_2 : 비열(수증기 : 1.85[kJ/kg · ℃])

2) 방사된 소화수로 제어할 수 있는 총열량(Q_1)

$$Q_1 = mC_1\Delta T_1 + m\gamma + mC_2\Delta T_2$$
$$= m \times 4.18[\text{kJ/kg}\cdot℃] \times (100℃ - 20℃) + m \times 2,253.02[\text{kJ/kg}]$$
$$+ m \times 1.85[\text{kJ/kg}\cdot℃] \times (400℃ - 100℃)$$
$$= m \times 3,142.42[\text{kJ/kg}]$$

3) 화재로 발생한 총열량(Q_2)

(여기서, 화재안전기준에 따라 도로터널의 설계화재강도를 20MW로 적용한다.)

$$Q_2 = 20\text{MW} \times 5\text{min} = 20 \times 10^6\text{J/sec} \times 300\text{sec}$$
$$= 6 \times 10^9\text{J} = 6 \times 10^6\text{kJ}$$

$Q_1 = Q_2$이므로

$6 \times 10^6\text{kJ} = m \times 3,142.42\text{kJ/kg}$

$m = 1,909.356 \fallingdotseq 1,909.36\text{kg}$

(방사된 소화수와 생성된 수증기의 40%만 냉각소화에 이용되므로)

4) 필요한 수원의 용량(m^3) $= \dfrac{1,909.36\text{kg}}{0.4} \times \dfrac{1\text{m}^3}{1,000\text{kg}}$

$= 4.7734 \fallingdotseq 4.77\text{m}^3$

[답] 4.77[m^3]

(2) 방사된 수원을 보충하기 위해 필요한 최소시간[s]

$$P[\text{kW}] = \frac{\gamma QH}{102\eta} \times k$$

$$30 = \frac{1,000 \times \dfrac{4.77}{t} \times 25}{102 \times 0.8} \times 1.2$$

$t = 58.4558\text{sec} \fallingdotseq 58.46\text{sec}$

[답] 58.46[sec]

물음 3) 다음은 소방시설 자체점검사항 등에 관한 고시에서 정하고 있는 소방시설 도시기호에 관한 것이다. ( )에 알맞은 명칭을 쓰고, 도시기호를 그리시오.(5점)

명칭	도시기호
(ㄱ)	
(ㄴ)	
(ㄷ)	
이온화식 감지기(스포트형)	(ㄹ)
시각경보기(스트로보)	(ㅁ)

해답 (ㄱ) : 분말 · 탄산가스 · 할로겐헤드　　(ㄴ) : 포헤드(평면도)
(ㄷ) : 방수구　　(ㄹ) : S I　　(ㅁ) :

물음 4) 스프링클러헤드의 특성에 대하여 다음 물음에 답하시오.(10점)

(1) 화재조기진압용 스프링클러설비의 화재안전기준(NFSC 103B)에서 화재조기진압용 스프링클러설비를 설치할 장소의 구조 중 해당 층의 높이와 천장의 기울기 기준을 쓰시오.(2점)

(2) 화재조기진압용 스프링클러설비의 화재안전기준(NFSC 103B)에서 화재조기진압용 스프링클러 가지배관 사이의 거리를 쓰시오.(2점)

(3) 필요방사밀도(RDD : Required Delivered Density)의 개념을 쓰시오.(2점)

(4) 실제방사밀도(ADD : Actual Delivered Density)의 개념을 쓰시오.(2점)

(5) 필요방사밀도와 실제방사밀도의 관계를 설명하시오.(2점)

해답 (1) 화재조기진압용 스프링클러설비를 설치할 장소의 구조 중 해당 층의 높이와 천장의 기울기 기준

① 해당 층의 높이가 13.7m 이하일 것. 다만, 2층 이상일 경우에는 해당 층의 바닥을 내화구조로 하고 다른 부분과 방화구획할 것

② 천장의 기울기가 1,000분의 168을 초과하지 않아야 하고, 이를 초과하는 경우에는 반자를 지면과 수평으로 설치할 것

(2) 화재조기진압용 스프링클러 가지배관 사이의 거리

가지배관 사이의 거리는 2.4m 이상, 3.7m 이하로 할 것. 다만, 천장의 높이가 9.1m 이상, 13.7m 이하인 경우에는 2.4m 이상, 3.1m 이하로 한다.

(3) 필요방사밀도의 개념

화재진압에 필요한 단위면적당 최소수량

$$\mathrm{RDD} = \frac{\text{진화할 수 있는 최소한의 방사량}[\ell/\mathrm{min}]}{\text{가연물 상단의 표면적}[\mathrm{m}^2]}$$

(4) 실제방사밀도의 개념

실제 가연물 표면에 도달한 물의 양 : 분사된 물방울 중에서 화염을 통과하여 연소 중인 가연물의 상단까지 도달한 물방울량

$$\mathrm{ADD} = \frac{\text{물이 화염을 통과하여 가연물 표면에 도달한 방사량}[\ell/\mathrm{min}]}{\text{가연물 상단의 표면적}[\mathrm{m}^2]}$$

(5) 필요방사밀도와 실제방사밀도의 관계

ADD>RDD일 때 화염에 대한 침투성이 좋아 화재 조기진압이 가능함

[문제2] 다음 물음에 답하시오.(30점)

물음 1) 이산화탄소소화설비의 화재안전기준(NFSC 106)에 대하여 다음 물음에 답하시오.(8점)

(1) 이산화탄소소화설비의 분사헤드 설치제외장소 4가지를 쓰시오.(4점)

(2) 가연성액체 또는 가연성가스의 소화에 필요한 설계농도에 관하여 (　)에 들어갈 내용을 쓰시오.(4점)

방호대상물	설계농도(%)
수소	75
(ㄱ)	66
산화에틸렌	(ㄴ)
(ㄷ)	40
사이크로 프로판	37
이소부탄	(ㄹ)

해답 (1) 이산화탄소소화설비의 분사헤드 설치제외장소 4가지

① 방재실 · 제어실 등 사람이 상시 근무하는 장소

② 니트로셀룰로스 · 셀룰로이드제품 등 자기연소성물질을 저장 · 취급하는 장소

③ 나트륨 · 칼륨 · 칼슘 등 활성금속물질을 저장 · 취급하는 장소

④ 전시장 등의 관람을 위하여 다수인이 출입 · 통행하는 통로 및 전시실 등

(2) 가연성액체 또는 가연성가스의 소화에 필요한 설계농도

(ㄱ) : 아세틸렌, (ㄴ) : 53, (ㄷ) : 에탄, (ㄹ) : 36

물음 2) 바닥면적 600m^2, 높이 7m인 전기실에 할론소화설비(Halon 1301)를 전역방출방식으로 설치하고자 한다. 용기의 부피 72ℓ, 충전비는 최대값을 적용하고, 가로 1.5m, 세로 2m의 출입문에 자동폐쇄장치가 없을 경우 다음 물음에 답하시오.(12점)

(1) 할론소화설비의 화재안전기준(NFSC 107)에 따른 최소 약제량(kg) 및 저장용기 수(개)를 구하시오.(4점)

(2) 할론소화설비의 화재안전기준(NFSC 107)에 따라 계산된 최소 약제량이 방사될 때 실내의 약제농도가 6[%]라면, Halon 1301 소화약제의 비체적[m^3/kg]을 구하시오.(단, 비체적은 소수점 여섯째자리에서 반올림하여 다섯째자리까지 구하시오.)(5점)

(3) 저장용기에 저장된 실제 저장량이 모두 방사된 경우, (2)에서 구한 비체적 값을 사용하여 약제 농도[%]를 계산하시오.(단, 계산값은 소수점 셋째자리에서 반올림하여 둘째자리까지 구하시오.)(3점)

해답 (1) 최소 약제량[kg] 및 저장용기 수(개)

1) 최소 약제량[kg]

$$W = V \times \alpha + A \times \beta$$
$$= (600\text{m}^2 \times 7\text{m}) \times 0.32[\text{kg/m}^3] + (1.5\text{m} \times 2\text{m}) \times 2.4[\text{kg/m}^2]$$
$$= 1,351.2[\text{kg}]$$

2) 저장용기 수[병]

할론소화설비의 충전비는 0.9 이상, 1.6 이하 : (이 중 최대값인 1.6을 적용한다.)

$$\text{충전비} = \frac{\text{용기 내용적}[\ell]}{\text{용기당 약제량}[\text{kg}]}$$

$$\text{용기당 약제량}[\text{kg}] = \frac{\text{용기 내용적}[\ell]}{\text{충전비}} = \frac{72\ell}{1.6} = 45[\text{kg}]$$

$$\therefore \text{저장용기 수} = \frac{1,351.2[\text{kg}]}{45[\text{kg/병}]} = 30.027 \Rightarrow 31[\text{병}]$$

[답] 최소약제량 : 1,351.2[kg], 저장용기 수 : 31[병]

(2) 소화약제의 비체적[m^3/kg]

$$\text{비체적}(V_s) = \frac{\text{체적}(V)}{\text{질량}(m)}$$

$$\text{가스농도}[\%] = \frac{\text{방사된 가스체적}[\text{m}^3]}{\text{방호구역체적}[\text{m}^3] + \text{방사된 가스체적}[\text{m}^3]} \times 100$$

$$6[\%] = \frac{V}{(600[\text{m}^2] \times 7[\text{m}]) + V} \times 100$$

$$V = 268.085[\text{m}^3]$$

$$\therefore \text{비체적}(V_s) = \frac{\text{체적}(V)}{\text{질량}(m)} = \frac{268.085[\text{m}^3]}{1,351.2[\text{kg}]}$$
$$= 0.198405 \fallingdotseq 0.1984[\text{m}^3/\text{kg}]$$

[답] 0.1984[m^3/kg]

(3) 약제농도[%]

$$\text{가스농도}[\%] = \frac{\text{방사된 가스체적}[\text{m}^3]}{\text{방호구역체적}[\text{m}^3] + \text{방사된 가스체적}[\text{m}^3]} \times 100$$

방사된 가스체적 = 비체적 × 질량

$= 0.1984[\mathrm{m^3/kg}] \times (45\mathrm{kg}/병 \times 31병)$

$= 276.768[\mathrm{m^3}]$

$$\therefore \text{가스농도}[\%] = \frac{\text{방사된 가스체적}[\mathrm{m^3}]}{\text{방호구역체적}[\mathrm{m^3}] + \text{방사된 가스체적}[\mathrm{m^3}]} \times 100$$

$$= \frac{276.768[\mathrm{m^3}]}{600[\mathrm{m^2}] \times 7[\mathrm{m}] + 276.768[\mathrm{m^3}]} \times 100$$

$$= 6.182 \fallingdotseq 6.18[\%]$$

[답] 6.18[%]

물음 3) 고층건축물의 화재안전기준(NFSC 604)에 대하여 다음 물음에 답하시오.(10점)

(1) 피난안전구역에 설치하는 소방시설 중 인명구조기구, 피난유도선을 제외한 나머지 3가지를 쓰시오.(3점)

(2) 피난안전구역에 설치하는 소방시설 설치기준 중 피난유도선 설치기준 3가지를 쓰시오.(3점)

(3) 피난안전구역에 설치하는 소방시설 설치기준 중 인명구조기구 설치기준 4가지를 쓰시오.(4점)

해답 (1) 피난안전구역에 설치하는 소방시설 중 인명구조기구, 피난유도선을 제외한 나머지 3가지

① 제연설비

② 비상조명등

③ 휴대용비상조명등

(2) 피난안전구역에 설치하는 소방시설 설치기준 중 피난유도선 설치기준 3가지

① 피난안전구역이 설치된 층의 계단실 출입구에서 피난안전구역 주출입구 또는 비상구까지 설치할 것

② 계단실에 설치하는 경우 계단 및 계단참에 설치할 것

③ 피난유도 표시부의 너비는 최소 25mm 이상으로 설치할 것

④ 광원점등방식(전류에 의하여 빛을 내는 방식)으로 설치하되, 60분 이상 유효하게 작동할 것

(3) 피난안전구역에 설치하는 소방시설 설치기준 중 인명구조기구 설치기준 4가지

① 방열복, 인공소생기를 각 2개 이상 비치할 것
② 45분 이상 사용할 수 있는 성능의 공기호흡기(보조마스크를 포함한다)를 2개 이상 비치하여야 한다. 다만, 피난안전구역이 50층 이상에 설치되어 있을 경우에는 동일한 성능의 예비용기를 10개 이상 비치할 것
③ 화재 시 쉽게 반출할 수 있는 곳에 비치할 것
④ 인명구조기구가 설치된 장소의 보기 쉬운 곳에 "인명구조기구"라는 표지판 등을 설치할 것

[문제3] 다음 물음에 답하시오.(30점)

물음 1) 경보설비의 비상전원으로 사용되는 축전지가 방전할 때 아래 그림과 같이 시간에 따라 방전전류가 감소하는 경우, 이에 적합한 축전지의 용량[Ah]을 구하시오.(단, 보수율 0.8, 용량환산시간 K는 아래 표와 같다)(9점)

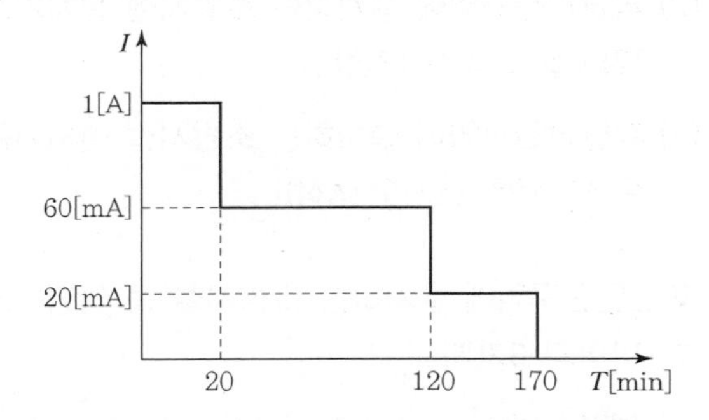

시간[min]	10	20	30	50	100	110	120	150	170
K	1.3	1.4	1.7	2.5	3.4	3.6	3.8	4.8	5.0

해답 축전지 용량 계산식

1) C_1용량 $= \dfrac{1}{L} K_1 I_1 = \dfrac{1}{0.8} \times 1.4 \times 1 = 1.75[\mathrm{Ah}]$

2) C_2용량 $= \dfrac{1}{L}[K_1 I_1 + K_2(I_2 - I_1)]$

$$= \frac{1}{0.8}[3.8 \times 1 + 3.4(0.06 - 1)] = 0.755[\mathrm{Ah}]$$

3) C_3 용량 $= \frac{1}{L}[K_1 I_1 + K_2(I_2 - I_1) + K_3(I_3 - I_2)]$

$$= \frac{1}{0.8}[5.0 \times 1 + 4.8(0.06-1) + 2.5(0.02-0.06)] = 0.485[\text{Ah}]$$

∴ 축전지 용량은 위의 C_1, C_2, C_3 중 가장 큰 값인 1.75[Ah]로 선정한다.

[답] 1.75[Ah]

물음 2) 자동화재탐지설비 회로에 감지기, 경종, 사이렌 등이 전선으로 연결되어 있을 경우, 각 기기에 흐르는 전류와 개수는 다음과 같다. 각 기기에 인가되는 전압을 80% 이상으로 유지하기 위한 전선의 최소 공칭 단면적[mm²]을 구하시오.(단, 수신기 공급전압 : 24V, 감지기 : 20mA 10개, 경종 : 50mA 5개, 사이렌 : 30mA 2개, 전선의 고유저항률 : $1/58\,\Omega\text{mm}^2/\text{m}$, 도전율 : 97%, 수신기와 기기 간 거리 : 250m) (8점)

해답

$$\text{DC } 24\text{V} \times \frac{80}{100}\% = 19.2\text{V}$$

1) e(전압강하) $= 24\text{V} - 19.2\text{V} = 4.8\text{V}$

2) $L = 250\text{m}$

3) $I = (0.02\text{A}/개 \times 10개) + (0.05\text{A}/개 \times 5개) + (0.03\text{A}/개 \times 2개) = 0.51\text{A}$

$$e = 2IR = 2I\left(\rho\frac{l}{A}\right) = 2I\left(\frac{1}{58} \times \frac{1}{0.97} \times \frac{l}{A}\right) = 0.0356 I \frac{l}{A}$$

$$4.8\text{V} = 0.0356 \times 0.51\text{A} \times \frac{250}{A[\text{mm}^2]}$$

$$\therefore A[\text{mm}^2] = 0.95[\text{mm}^2] \Rightarrow 공칭단면적 = 1.5[\text{mm}^2]$$

[답] 1.5[mm²]

참고

전선의 공칭단면적(전기용품안전기준 KC 60227-3)
0.75[mm²], 1.5[mm²], 2.5[mm²], 4[mm²], 6[mm²], 10[mm²], 16[mm²]

물음 3) 자동화재탐지설비 및 시각경보장치의 화재안전기준(NFSC 203)에 의한 정온식 감지선형 감지기의 설치기준이다. (　)에 들어갈 내용을 쓰시오.(5점)

- (ㄱ)이나 고정금구를 사용하여 감지선이 늘어지지 않도록 설치할 것
- 단자부와 마감 고정금구와의 설치간격은 (ㄴ)cm 이내로 설치할 것
- 감지선형 감지기의 굴곡반경은 (ㄷ)cm 이상으로 할 것
- 감지기와 감지구역의 각 부분과의 수평거리가 내화구조의 경우 1종 (ㄹ)m 이하, 2종 (ㅁ)m 이하로 할 것. 기타 구조의 경우 1종 3m 이하, 2종 1m 이하로 할 것

해답 ㄱ : 보조선, ㄴ : 10, ㄷ : 5, ㄹ : 4.5, ㅁ : 3

물음 4) 아래 그림은 전동기 시퀀스 제어회로 중 일부 회로의 타임차트이다. 이에 맞는 회로의 명칭을 쓰고, 그림의 스위치 소자를 이용하여 시퀀스 제어회로를 완성하시오.(8점)

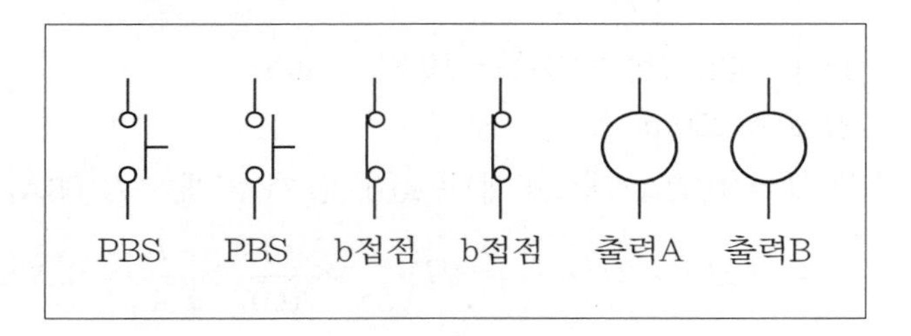

[스위치 소자 및 회로기호]

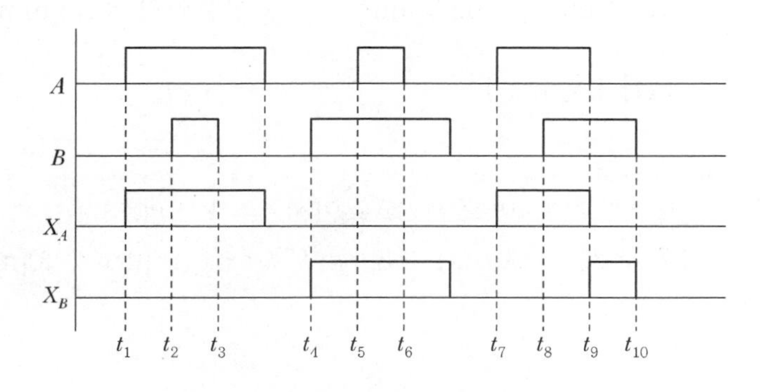

[타임차트]

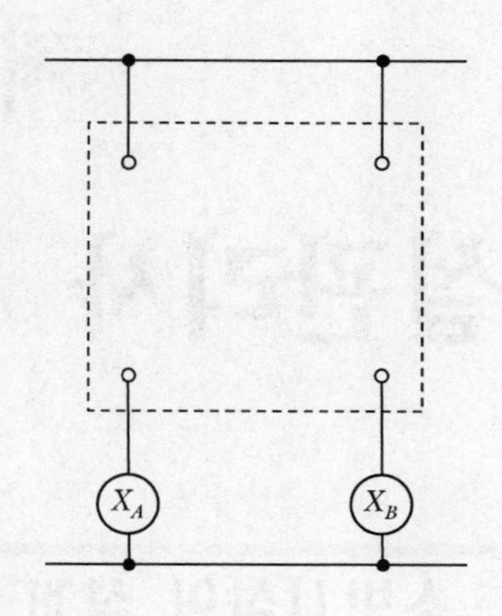

해답 (1) 회로의 명칭 : 인터록 회로

(2) 제어회로의 완성 :

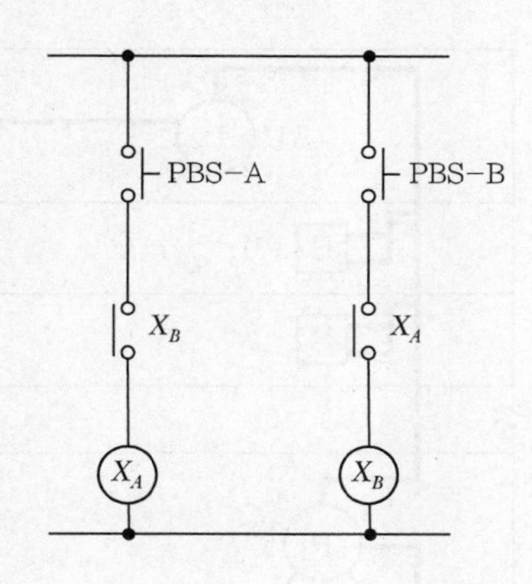

제 22 회

소방시설관리사 출제문제

소방시설의 설계 및 시공

[문제1] 다음 계통도 및 조건을 보고 물음에 답하시오.(40점)

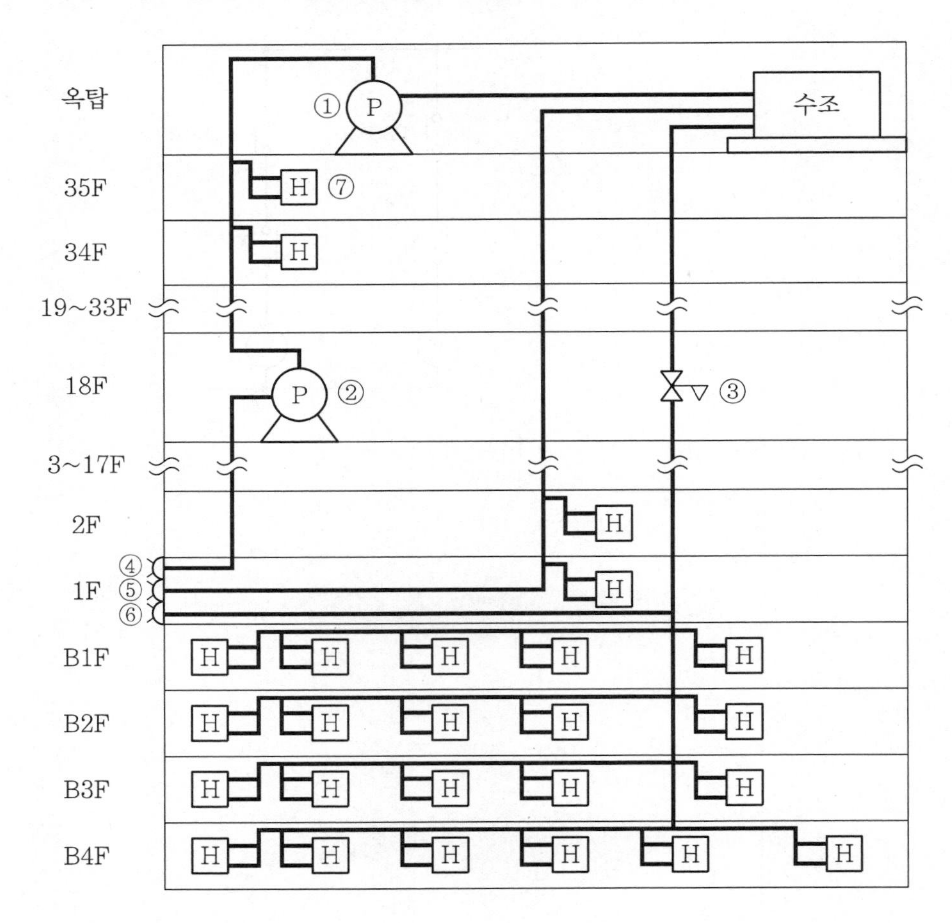

[범례]		
①	Ⓟ	옥내소화전 주펌프
②	Ⓟ	연결송수관설비 가압펌프
③	⧖▽	저층부 옥내소화전 감압밸브
④	Ɑ	연결송수관설비 흡입측 송수구
⑤	Ɑ	중층부 옥내소화전 및 연결송수관설비 겸용 송수구
⑥	Ɑ	저층부 옥내소화전 및 연결송수관설비 겸용 송수구
⑦	H	옥내소화전

<조건>

- 지하 4층/지상 35층 주상복합 건축물로 각 층의 높이는 3m로 동일함
- 송수구는 지상 1층 바닥으로부터 1m 높이에 설치됨
- 옥내소화전 설치개수는 지상 1층~지상 35층 각 층 1개, 지하 1층~지하 3층 각 층 5개, 지하 4층 6개임
- 옥내소화전설비 고층부는 펌프방식이고 중층부, 저층부는 고가수조방식이며 저층부 구간은 지하 1층에서 지하 4층까지임
- 옥내소화전 및 연결송수관 설비의 배관 및 부속류 마찰손실은 낙차의 30%를 적용함
- 펌프의 효율은 50%, 전달계수는 1.1을 적용함
- 옥내소화전 방수구는 바닥으로부터 1m 높이, 연결송수관설비 방수구는 바닥으로부터 0.5m 높이에 설치됨
- 펌프와 바닥 사이 및 수조와 바닥 사이 높이는 무시함
- 옥내소화전 호스 마찰손실 수두는 7m, 연결송수관설비 호스 마찰손실 수두는 3m
- 감압밸브는 바닥으로부터 1m 높이에 설치됨
- 수두 10m는 0.1MPa로 함
- 계산값은 소수점 넷째 자리에서 반올림하여 소수점 셋째 자리까지 구함
- 기타 조건은 무시한다.

물음 1) 수조의 최소 수원의 양[m^3]과 고층부의 필요한 최소 동력[kW]를 구하시오.(10점)

해답 ① 최소 수원

$$Q = N \times 130l/\text{min} \times 40\text{min} = 5 \times 5.2\text{m}^3 = 26\text{m}^3$$

[답] 26m^3

② 고층부 최소 동력[kW]

$$P[\text{kW}] = \frac{\gamma Q H}{102\eta} K$$

$$H = h_1 + h_2 + h_3 + h_4$$

$$= -2\text{m} + (2\text{m} \times 0.3) + 7\text{m} + 17\text{m} = 22.6\text{m}$$

$$Q = 130l/\text{min}$$

$$\therefore P[\text{kW}] = \frac{1{,}000 \times \frac{0.13}{60} \times 22.6}{102 \times 0.5} \times 1.1 = 1.0561 ≒ 1.056\text{kW}$$

[답] 1.056[kW]

물음 2) 고가수조방식으로 적용 가능한 중층부의 가장 높은 층을 구하시오.(6점)

> 옥탑의 소화펌프로부터 34.286m 이상 아래에 위치한 방수구에서 법정 최소방수압(17m) 이상이 되며, 각 층의 층고가 3m이므로 35층에서부터 아래로 11개층(25층)까지가 33m(11×3m)이고, 그 아래층(24층) 방수구(바닥에서 1m, 위에서 2m)까지가 35m이므로 중층부 중 가장 높은 층은 24층이 된다.

해답 $H(\text{낙차}) = h_1 + h_2 + h_3$

$$H = (H \times 0.3) + 7\text{m} + 17\text{m}$$

$$H = 34.2857 ≒ 34.286\text{m}$$

34.286m ÷ 3m/층 = 11.428 ≒ 11개 층

∴ 적용층 : 35층 − 11개 층 = 24층

[답] 24층

물음 3) 지상 18층에 설치된 감압밸브 2차측 압력을 0MPa로 설정했다면, 지하 1층의 옥내소화전 노즐선단의 방수압력[MPa]을 구하시오.(5점)

해답 지하 1층의 방수압력=낙차(18층~지하 1층)－배관마찰손실－호스마찰손실

낙차수두 = 1m(18층)+(3m×17개 층)+2m(지하 1층) = 54m

배관마찰손실수두 = 54m×0.3 = 16.2m

호스마찰손실수두 = 7m

∴ 지하 1층에서의 방수압력 = 54m－16.2m－7m = 30.8m = 0.308MPa

[답] 0.308[MPa]

물음 4) 연결송수관설비 흡입측 송수구에서 소방차 인입압력이 0.7MPa이다. 이때 연결송수관설비 가압송수장치에 필요한 최소 동력[kW]을 구하시오.(5점)

> 소방차의 송수압력과 가압펌프의 전양정을 합한 압력으로 송수할 때 최상층에 설치된 노즐선단의 압력이 0.35MPa 이상 되어야 한다.
> 즉, 가압펌프의 전양정(H)+소방차의 송수압력(70m)$\geq h_1 + h_2 + h_3 +$ 35m이 성립되어야 한다.

해답 H(전양정)$= h_1 + h_2 + h_3 + 35\text{m} - 70\text{m}$

h_1 = [2m(3m－1층의 송수구 높이)]+(3m/층 × 33개 층)
+[0.5m(35층의 방수구 높이)]
=101.5m

h_2 =101.5m × 0.3=30.45m

h_3 = 3m

∴ H = 101.5m+30.45m+3m+35m－70m = 99.95m

$P\,[\text{kW}] = \dfrac{\gamma\, Q\, H}{102\eta} K$ 에서,

$Q = 2{,}400 l/\text{min}$ 적용

$$\therefore\ P\,[\text{kW}] = \frac{1{,}000 \times \dfrac{2.4}{60} \times 99.95}{102 \times 0.5} \times 1.1 = 86.2313 \fallingdotseq 86.231\,[\text{kW}]$$

[답] 86.231[kW]

물음 5) 지상 10층과 지하 4층에 필요한 최소 연결송수관설비 송수구 압력[MPa]을 각각 구하시오.(10점)

해답 ① 지상 10층에 필요한 송수구 압력[MPa]

$H = h_1 + h_2 + h_3 + h_4$

h_1 = [2m(3m − 1층의 송수구 높이)] + (3m/층 × 8개 층) + [0.5m(10층의 방수구 높이)]
= 26.5m

h_2 = 26.5m × 0.3 = 7.95m

h_3 = 3m

h_4 = 35m

∴ H = 26.5 + 7.95 + 3 + 35 = 72.45m ≒ 0.7245MPa ≒ 0.725MPa

[답] 0.725[MPa]

② 지하 4층에 필요한 송수구 압력[MPa]

$H = h_1 + h_2 + h_3 + h_4$

h_1 = [1m(1층) + (3m/층 × 3개 층) + 2.5m(3m − 지하 4층의 방수구 높이)]
= − 12.5m

h_2 = 12.5m × 0.3 = 3.75m

h_3 = 3m

h_4 = 35m

∴ H = − 12.5m + 3.75m + 3m + 35m = 29.25m ≒ 0.2925MPa ≒ 0.293MPa

[답] 0.293[MPa]

물음 6) 옥내소화전에 사용하는 가압송수장치 4가지 방식을 쓰시오.(4점)

해답 ① 전동기 또는 내연기관에 의한 펌프를 이용하는 가압송수장치
② 고가수조의 낙차를 이용하는 가압송수장치
③ 압력수조를 이용하는 가압송수장치
④ 가압수조를 이용하는 가압송수장치

[문제2] 다음 물음에 답하시오.(30점)

물음 1) 지하 2층, 지상 11층인 철근콘크리트 구조의 신축 건축물에 자동화재탐지설비를 설계하고자 한다. 조건을 참고하여 물음에 답하시오.(17점)

<조건>

- 각 층의 바닥면적은 650m²이고, 한 변의 길이는 50m를 넘지 않는다.
- 각 층의 층고는 4m이고, 반자는 없다.
- 각 층은 별도로 구획되지 않고, 복도는 없는 구조이다.
- 지하 2층에서 지상 11층까지는 직통계단 1개소와 엘리베이터 1개소가 있다.
- 각 층의 계단실 면적은 15m², 엘리베이터 승강로의 면적은 10m²이다.
- 각 층에는 샤워시설이 있는 50m²의 화장실이 1개소 있다.
- 각 층의 구조는 모두 동일하고, 건물의 용도는 사무실이다.
- 각 층에는 차동식 스포트형 감지기 1종, 계단과 엘리베이터에는 연기감지기 2종을 설치한다.
- 수신기는 지상 1층에 설치한다.
- 조건에 주어지지 않은 사항은 고려하지 않는다.

(1) 건축물의 최소 경계구역 수를 구하시오.(5점)

(2) 감지기 종류별 최소 설치 수량을 구하시오.(5점)

(3) 지상 1층에 화재가 발생하였을 경우, 경보를 발하여야 하는 층을 모두 쓰시오.(2점)

(4) 지상 1층에 P형 1급 수신기를 설치할 경우, 모든 경계구역으로부터 수신기에 연결되는 배선내역을 쓰고 각각의 최소 전선가닥수를 구하시오.(단, 모든 감지기 배선의 종단저항은 해당 층의 발신기세트 내부에 설치하고, 경종과 표시등은 하나의 공통선을 사용한다)(5점)

해답 (1) 건축물의 최소 경계구역의 수

① 수평경계구역

$$\frac{650\text{m}^2 - (15\text{m}^2 + 10\text{m}^2)}{600\text{m}^2/1\text{개 경계구역}} = 1.04 ≒ 2\text{개 경계구역/층}$$

∴ 2개 경계구역/층 × 13개 층 = 26개 경계구역

② 수직경계구역

㉮ 직통계단

㉠ 지상 : $\dfrac{4\text{m}/\text{층} \times 11\text{층}}{45\text{m}/1\text{개 경계구역}} = 0.977 \fallingdotseq 1\text{개 경계구역}$

㉡ 지하 : $\dfrac{4\text{m}/\text{층} \times 2\text{층}}{45\text{m}/1\text{개 경계구역}} = 0.177 \fallingdotseq 1\text{개 경계구역}$

∴ 계단경계구역 합계 : 2개 경계구역

㉯ 엘리베이터 : 1개 경계구역

∴ 총 경계구역 수 = 26개 + 2개 + 1개 = 29개 경계구역

[답] 29개 경계구역

(2) 감지기 종류별 최소 설치 수량

① 차동식 스포트형 1종

$\dfrac{575\text{m}^2}{45\text{m}^2/\text{개}} = 12.78 \fallingdotseq 13\text{개}/\text{층}$

∴ 13개/층 × 13층=169개

② 연기감지기 2종

㉮ 엘리베이터 : 1개

㉯ 계단

㉠ 지상 : $\dfrac{4\text{m}/\text{층} \times 11\text{층}}{15\text{m}/\text{개}} = 2.93 \fallingdotseq 3\text{개}$

㉡ 지하 : $\dfrac{4\text{m}/\text{층} \times 2\text{층}}{15\text{m}/\text{개}} = 0.53 \fallingdotseq 1\text{개}$

∴ 계단 합계 : 4개

[답] ① 차동식 스포트형 1종 : 169개

② 연기감지기 2종 : 5개

(3) 지상 1층에 화재가 발생하였을 경우 경보를 발하여야 하는 층

[답] 지하 1층, 지하 2층, 지상 1층, 지상 2층

주의 자동화재탐지설비의 화재안전기준 제8조 제1항 제2호의 우선경보 방식 기준이 2022년 5월 9일 개정 공포되었으나 그 시행일은 9개월이 경과한 날부터인데, 본 시험일자에는 개정법령의 시행일이 도래하지 않았으므로 본 문제는 개정법령 적용에 해당하지 않는다.

(4) 수신기에 연결되는 배선내역과 최소 전선가닥수

[답] ① 회로선 : 29가닥
② 회로공통선 : 5가닥
③ 경종선 : 12가닥
④ 표시등선 : 1가닥
⑤ 경종 · 표시등 공통선 : 1가닥
⑥ 발신기선 : 1가닥

참고 2022년 5월 9일 자동화재탐지설비의 화재안전기준 제5조 제1항 제2호의 기준이 개정(시행일 : 2022.5.9.)되어 전화선 관련사항이 삭제되었으므로 당초 기본 7선에서 전화선이 제외되고 기본 6선으로 변경되었다.

물음 2) 3상 유도전동기의 Y－△ 기동제어회로 중 하나이다. 물음에 답하시오.(13점)

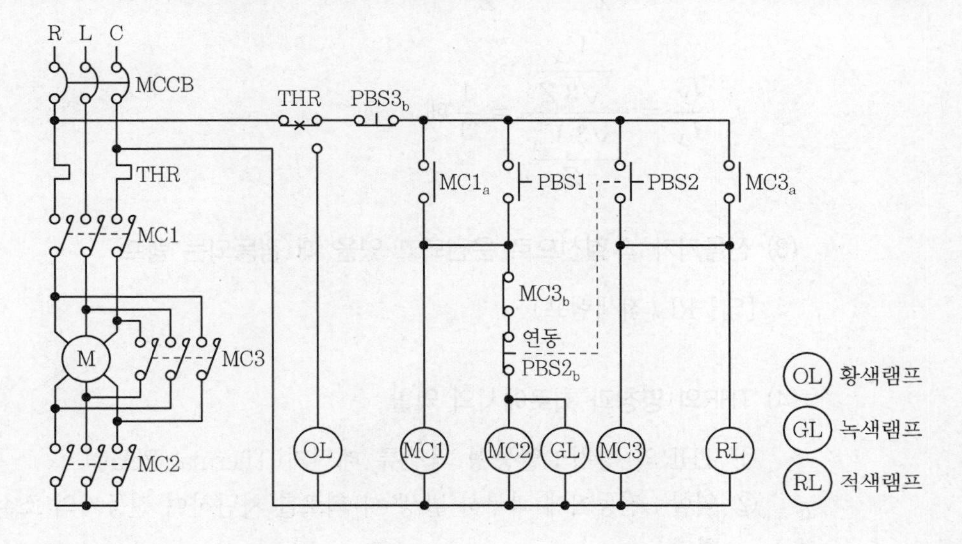

(1) Y－△ 기동제어회로를 사용하는 가장 큰 이유를 쓰시오.(3점)

(2) Y결선에서의 기동전류는 △결선에 비해 몇 배가 되는지 유도과정을 쓰시오.(5점)

(3) 전동기가 △결선으로 운전되고 있을 때, 점등되는 램프를 쓰시오.(3점)

(4) 도면에서 THR의 명칭과 회로에서의 역할을 쓰시오.(2점)

해답 (1) Y－△ 기동제어회로를 사용하는 가장 큰 이유

전동기의 기동 시 직입기동으로 기동할 경우에는 순간적으로 큰 기동전류가 흐르게 되어 전동기의 코일이 손상될 수 있으므로 전동기의 보호를 위하여 먼저 Y결선을 통해 기동전류를 낮추어 기동한 후에 충분히 가속하고 나서 △결선으로 전환하여 운전한다.

(2) 유도과정

$$I_Y = \frac{V_Y}{Z} = \frac{\frac{1}{\sqrt{3}} V_\Delta}{Z} = \frac{V_\Delta}{\sqrt{3}\,Z}$$

$I_\Delta = \sqrt{3}\, I_P$, 여기서 $I_P = \dfrac{V_P}{Z}$

$$I_\Delta = \sqrt{3}\,\frac{V_P}{Z} = \frac{\sqrt{3}\,V_P}{Z}$$

$$\therefore \frac{I_Y}{I_\Delta} = \frac{\frac{V_\Delta}{\sqrt{3}\,Z}}{\frac{\sqrt{3}\,V_\Delta}{Z}} = \frac{1}{3}\text{배}$$

(3) 전동기가 △결선으로 운전되고 있을 때 점등되는 램프

[답] RL(적색램프)

(4) THR의 명칭과 회로에서의 역할

① THR의 명칭 : 열동형 과전류 계전기(Thermal Relay)
② 역할 : 전동기에 과부하 발생 시 회로를 차단하여 전동기의 소손을 방지한다.

[문제3] 다음 물음에 답하시오.(30점)

물음 1) 아래 그림은 정상류가 형성되는 제연송풍기의 상류측 덕트 단면이다. 다음 조건에 따른 물음에 답하시오.(21점)

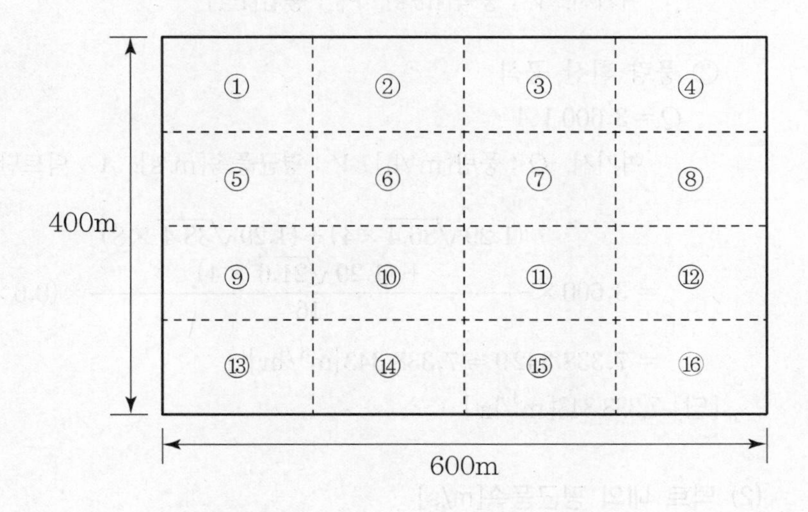

<조건>

- 덕트 단면의 크기는 600mm × 400mm이며, 제연송풍기 풍량을 피토관을 이용하여 동일면적 분할법(폭방향 4개점, 높이방향 4개 점으로 총 16개 점)으로 측정한다.
- 그림에 나타난 ①~⑯은 장방형 덕트 단면의 측정점 위치이다.
- 측정위치 ⑥, ⑦, ⑩, ⑪에서 전압과 정압의 차이는 모두 86.4Pa이고 ②, ③, ⑤, ⑧, ⑨, ⑫, ⑭, ⑮에서 모두 38.4Pa이며 ①, ④, ⑬, ⑯에서 모두 21.6Pa이다.
- 덕트마찰계수 $f=0.01$, 유체밀도 $\rho=1.2\text{kg/m}^3$, 덕트지름은 수력지름(Hydraulic Diameter) 수식을 사용한다.
- 계산값은 소수점 넷째 자리에서 반올림하여 소수점 셋째 자리까지 구한다.
- 기타 조건은 무시한다.

(1) 제연송풍기의 풍량[m^3/hr]을 구하시오.(12점)

(2) 덕트 내의 평균풍속[m/s]을 구하시오.(3점)

(3) 달시-바이스바흐(Darcy-Weisbach)식을 이용하여 단위길이당 덕트의 마찰손실[Pa/m]을 구하시오.(6점)

해답 (1) 제연송풍기의 풍량[m³/hr]

① 풍속 환산 공식

$V = 1.29\sqrt{P_v}$

여기서, V : 풍속[m/s], P_v : 동압[Pa]

② 풍량 환산 공식

$Q = 3{,}600\,VA$

여기서, Q : 풍량[m³/h], V : 평균풍속[m/s], A : 덕트단면적[m²]

$$= 3{,}600 \times \frac{(1.29\sqrt{86.4}\times 4) + (1.29\sqrt{38.4}\times 8) + (1.29\sqrt{21.6}\times 4)}{16} \times (0.6\times 0.4)\text{m}^2$$

$$= 7{,}338.3429 \fallingdotseq 7{,}338.343[\text{m}^3/\text{hr}]$$

[답] 7,338.343[m³/hr]

(2) 덕트 내의 평균풍속[m/s]

$$\text{평균풍속 } V = \frac{(1.29\sqrt{86.4}\times 4) + (1.29\sqrt{38.4}\times 8) + (1.29\sqrt{21.6}\times 4)}{16}$$

$$= 8.4934 \fallingdotseq 8.493\text{m/sec}$$

[답] 8.493[m/sec]

주의 여기서, 동압의 평균을 먼저 구해서 풍속으로 환산할 경우에는 풍량이 부정확하게 산정될 수 있으므로, 먼저 각각의 동압을 적용하여 풍속을 구해야 한다.

(3) 달시-바이스바흐(Darcy-Weisbach)식을 이용한 단위길이당 덕트의 마찰손실[Pa/m]

$$P = r\,h_L = r \times f\frac{L}{D}\frac{V^2}{2g} = \rho g \times f\frac{L}{D}\frac{V^2}{2g} = \rho \times f\frac{L}{D}\frac{V^2}{2}$$

$(f = 0.01,\ \rho = 1.2\text{kg/m}^3,\ L = 1\text{m},\ V = 8.493\text{m/sec})$

D_h(수력지름) $= 4 \times R_h$(수력반경)

$$R_h(\text{사각단면관의 수력반경}) = \frac{A(\text{단면적})}{P(\text{유체와의 접촉길이})} = \frac{bh}{2(b+h)}$$

$$D_h = 4Rh = 4\times\frac{(0.6\text{m}\times0.4\text{m})}{2\times(0.6\text{m}+0.4\text{m})} = 0.48\text{m}$$

$P = \rho\times f\,\dfrac{L}{D}\,\dfrac{V^2}{2}$ 에 대입하면,

$$\therefore\ P = 1.2\times0.01\times\frac{1}{0.48}\times\frac{8.493^2}{2} = 0.9016 \fallingdotseq 0.902\text{Pa/m}$$

[답] 0.902[Pa/m]

물음 2) 아래 그림과 같이 구획된 3개의 거실에서 각 거실 A, B, C의 예상제연구역에 대한 최저 배출량[m^3/hr]을 각각 구하시오.(6점)

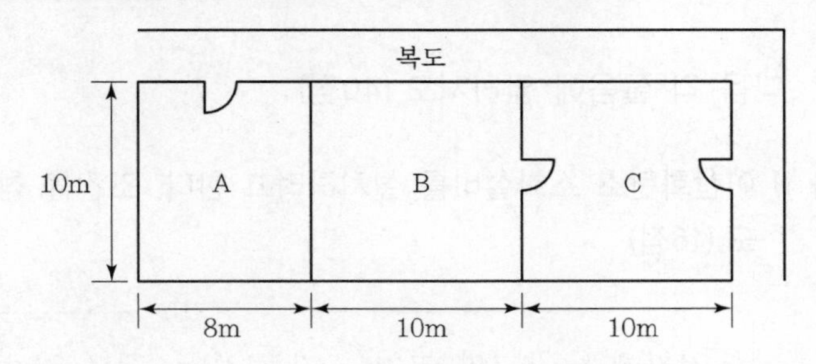

해답 ① A실 : $80\text{m}^2\times1\text{m}^3/\text{m}^2.\text{min}\times60\text{min/hr} = 4{,}800\text{m}^3/\text{hr}$

$\therefore\ 5{,}000\text{m}^3/\text{hr}$: (법정 최저 배출량을 적용)

② B실 : $100\text{m}^2\times1\text{m}^3/\text{m}^2\cdot\text{min}\times60\text{min/hr} = 6{,}000\text{m}^3/\text{hr}$

$\therefore\ 6{,}000\text{m}^3/\text{hr}$

③ C실 : $100\text{m}^2\times1\text{m}^3/\text{m}^2\cdot\text{min}\times60\text{min/hr} = 6{,}000\text{m}^3/\text{hr}$

$\therefore\ 6{,}000\text{m}^3/\text{hr}$

물음 3) 고층건축물의 화재안전기준(NFSC 604)상 피난안전구역에 설치하는 소방시설 설치기준에서 제연설비 설치기준을 쓰시오.(3점)

해답 ① 피난안전구역과 비 제연구역 간의 차압은 50Pa(옥내에 스프링클러설비가 설치된 경우에는 12.5Pa) 이상으로 하여야 한다. 다만, 피난안전구역의 한쪽 면 이상이 외기에 개방된 구조인 경우에는 설치하지 않을 수 있다.

② 이 기준에서 정하지 않은 것은 개별 화재안전기준(NFSC 501A)에 따라 설치하여야 한다.

제 23 회

소방시설관리사 출제문제

소방시설의 설계 및 시공

[문제1] 다음 각 물음에 답하시오.(40점)

물음 1) 이산화탄소 소화설비를 설치하려고 한다. 조건을 참고하여 물음에 답하시오.(16점)

<조건>

- 전자제품 창고의 크기는 가로 12m, 세로 8m, 높이 4m이다.
- 전역방출방식(심부화재)으로 설계하고 기준온도는10℃로 한다.
- 10℃에서 이산화탄소의 비체적은 $0.52m^3/kg$이다.
- 약제가 저장용기로부터 헤드로 방출될 때까지의 배관 내 유량(kg/min)은 일정하다.
- 계산값은 소수점 넷째 자리에서 반올림하여 소수점 셋째 자리까지 구한다.
- 개구부 가산량 및 그 외 기타 조건은 무시한다.

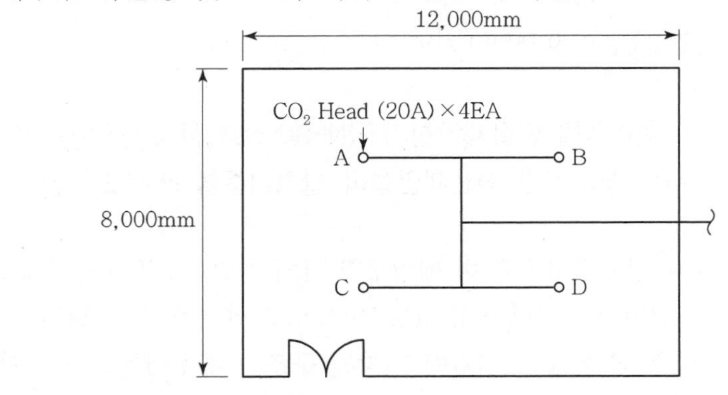

(1) 소화약제의 최소 저장량[kg]을 구하시오.(3점)

(2) 약제방사 후 2분이 경과한 시점에 A헤드에서의 최소 방사량[kg/min]을 구하시오.(5점)

(3) 소화약제 최소 저장량[kg]을 방호구역 내에 모두 방사할 때까지 소요되는 시간[초]을 구하시오.(4점)

(4) 「이산화탄소소화설비의 화재안전기술기준(NFTC 106)」에서 정하고 있는 저장용기 기준 5가지를 쓰시오.(단, 저장용기 설치장소 기준은 제외)(4점)

해답 (1) 소화약제의 최소 저장량[kg]

최소 저장량[kg] = (12m×8m×4m)2[kg/m^3] = 768[kg]

[답] 768[kg]

(2) 약제방사 후 2분이 경과한 시점에 A헤드에서의 최소 방사량[kg/min]

① 2분 내 30[%] 농도가 되기 위한 약제량

$$W[\text{kg/m}^3] = 2.303 \times \log\left(\frac{100}{100-30}\right) \times \frac{1}{0.52}$$

$$= 0.686[\text{kg/m}^3]$$

② 최소방사량[kg/min] = $V[\text{m}^3] \times W[\text{kg/m}^3] \div t[\text{min}]$

$$= (12\text{m} \times 8\text{m} \times 4\text{m}) \times 0.686[\text{kg/m}^3] \div 2[\text{min}]$$

$$= 131.712[\text{kg/min}]$$

③ 헤드 1개 기준 최소방사량[kg/min] = 131.712[kg/min] ÷ 4[개]

$$= 32.928[\text{kg/min}]$$

[답] 32.928[kg/min]

(3) 소화약제 최소 저장량[kg]을 방호구역 내에 모두 방사할 때까지 소요되는 시간[초]

$768[\text{kg}] \div 131.712[\text{kg/min}] \times 60[\text{s/min}] = 349.8462... \fallingdotseq 349.846[\text{s}]$

[답] 349.846[s]

(4) 이산화탄소소화설비의 화재안전기준(NFTC 106)에서 정하고 있는 저장용기 기준 5가지(단, 저장용기 설치장소 기준은 제외)

① 저장용기의 충전비는 고압식은 1.5 이상 1.9 이하, 저압식은 1.1 이상 1.4 이하로 할 것
② 저압식 저장용기에는 내압시험압력의 0.64배부터 0.8배의 압력에서 작동하는 안전밸브와 내압시험압력의 0.8배부터 내압시험압력에서 작동하는 봉판을 설치할 것
③ 저압식 저장용기에는 액면계 및 압력계와 2.3MPa 이상, 1.9MPa 이하의 압력에서 작동하는 압력경보장치를 설치할 것
④ 저압식 저장용기에는 용기 내부의 온도가 섭씨 영하 18℃ 이하에서 2.1MPa의 압력을 유지할 수 있는 자동냉동장치를 설치할 것
⑤ 저장용기는 고압식은 25MPa 이상, 저압식은 3.5MPa 이상의 내압시험압력에 합격한 것으로 할 것

물음 2) 할로겐화합물 및 불화성기체 소화약제량 산출식에 관한 다음 물음에 답하시오.(24점)

(1) 할로겐 화합물 소화약제량 산출식은 무유출(No Efflux)방식을 기초로 유도하는데 그 이유를 쓰고, 산출식을 유도하시오.(5점)

(2) 불활성기체 소화약제량 산출식은 자유유출(Free Efflux)방식을 기초로 유도하는데 그 이유를 쓰고, 산출식을 유도하시오.(5점)

해답 (1) 할로겐화합물 소화약제량 산출식은 무유출방식을 기초로 하는 이유 및 산출식의 유도

① 무유출방식 적용 이유

소화약제 농도가 저농도, 방사압이 낮은 관계로 개구부, 누설틈새를 통하여 미세한 누설이 있으나, 10초의 매우 짧은 시간동안 저농도로 방사되어 정상누설에 대한 허용오차를 포함하므로 무유출방식을 적용한다.

② 산출식 유도

$$\text{농도 } C[\%] = \frac{\text{방사한 소화약제 체적}}{\text{방호구역 체적} + \text{방사한 소화약제 체적}} \times 100$$

$$\text{농도 } C[\%] = \frac{v}{V+v} \times 100$$

$v = S(\text{소화약제 비체적}) \times W(\text{소화약제 체적})$

$$농도\ C[\%] = \frac{W \times S}{V + W \times S} \times 100$$

$$C \times [V + W \times S] = W \times S \times 100$$

$$W \times S \times 100 - C \times W \times S = V \times C$$

$$W \times S[100 - C] = V \times C$$

$$\therefore\ W = \frac{V}{S} \times \frac{C}{100 - C}$$

(2) 불활성기체 소화약제량 산출식은 자유유출방식을 기초로 하는 이유 및 산출식의 유도

① 자유유출방식 적용 이유

불활성가스 소화약제가 방호구역에 방사되는 경우 소화약제량이 매우 크므로 소화약제의 방사 시 소화약제의 압력에 의해 방호구역 내 기체가 외부로 누설되므로 자유유출방식을 적용한다.

② 산출식 유도

$$e^x = \frac{100}{100 - C}$$

X : 방호구역에 방사된 방호구역 부피당 소화약제의 부피(m^3/m^3)

e : 자연대수

$$X = \ln\left(\frac{100}{100 - C}\right) = 2.303\log\left(\frac{100}{100 - C}\right)$$

이 식에서 기준온도인 20℃에서 실제온도를 보정하면

$$X = 2.303 \times \frac{V_S}{S} \times \log\left(\frac{100}{100 - C}\right)$$이 되며,

S : 소화약제의 비체적(밀도의 역수)

$= K_1 + K_2 \times t[℃]$

$$\therefore\ Q[m^3] = V[m^3] \times X[m^3/m^3]$$

물음 3) 할로겐화합물 및 불활성기체 소화설비를 설치하려고 한다. 조건을 참고하여 물음에 답하시오.(14점)

<조건>

- 바닥면적 240m^2, 층고 4m인 방호구역에 전역방출방식으로 설치한다.
- HFC－227ea의 설계농도는 8.8%로 한다.
- IG－100의 설계농도는 39.4%로 한다.
- 방호구역의 최소예상온도는 15℃이다.
- HCF－227ea의 화학식은 CF_3CHFCF_3이다.
- 원자량은 다음과 같다.

기호	H	C	N	F	Ar	Ne
원자량	1	12	14	19	40	20

- HFC－227ea의 용기는 68리터(충전량 50kg), IG－100의 용기는 80리터(충전량 12.4m^3)를 사용한다.
- (1)의 계산 값은 소수점 다섯째 자리에서 반올림하여 소수점 넷째 자리까지 구한다.
- (2), (3), (4)는 (1)에서 직접 구한 선형상수 K_1과 K_2를 이용한다.

(1) HFC－227ea와 IG－100의 선형상수 K_1과 K_2를 위의 조건을 이용하여 직접 구하시오.(2점)

(2) HFC－227ea를 소화약제로 선정할 경우 필요한 최소 용기수를 구하시오.(3점)

(3) IG－100을 소화약제로 선정할 경우 필요한 최소 용기수를 구하시오.(3점)

(4) 방호구역이 사람이 상주하는 곳이라면 HFC－227ea와 IG－100의 최대 용기수를 구하시오.(6점)

해답 (1) HFC－227ea와 IG－100의 선형상수 K_1과 K_2 산출

1) HFC－227ea

① $K_1 = \dfrac{22.4}{12 \times 3 + 19 \times 7 + 1} = 0.13176 = 0.1318$

② $K_2 = \dfrac{0.1318}{273} = 0.0004827 = 0.0005$

2) IG－100

① $K_1 = \dfrac{22.4}{28} = 0.8$

② $K_2 = \frac{0.8}{28} = 0.00293 = 0.0029$

(2) HFC-227ea를 소화약제로 선정할 경우 필요한 최소 용기수

① 방호구역의 체적 $V[kg] = 240[m] \times 4[m] = 960[m]$

② 소화약제별 선형상수

$S[m/kg] = 0.1318 + 0.0005 \times 15[℃] = 0.1393[m^3/kg]$

③ 설계농도 $C = 8.8[\%]$

④ 최소 소화약제량

$$W[kg] = \frac{V}{S} \times \frac{C}{100 - C} = \frac{960}{0.1393} \times \frac{8.8}{100 - 8.8} = 664.97903[kg]$$

⑤ 최소 용기수 $= \frac{664.97903[kg]}{50[kg/병]} = 13.299 \fallingdotseq 14[병]$

[답] 14[병]

(3) IG-100을 소화약제로 선정할 경우 필요한 최소 용기수

① 방호구역의 체적 $V[kg] = 240[m] \times 4[m] = 960[m]$

② 소화약제별 선형상수

$S[m^3/kg] = 0.8 + 0.0029 \times 15[℃] = 0.8435[m^3/kg]$

③ 20[℃]에서 소화약제의 비체적

$= 0.8 + 0.0029 \times 20[℃] = 0.858[m^3/kg]$

④ 설계농도 $C = 39.4[\%]$

⑤ 최소 소화약제량 $Q[m^3]$

$$= 2.303 \times \log\left(\frac{100}{100 - 39.4}\right) \times 960[m^3] \times \frac{0.858[m^3/kg]}{0.8435[m^3/kg]}$$

$= 489.1942[m^3]$

⑥ 최소 용기수 $= \frac{489.1942[m^3]}{12.4[m^3/병]} = 39.45117 \fallingdotseq 40[병]$

[답] 40[병]

(4) HFC-227ea와 IG-100의 최대 용기수

1) HFC-227ea(최대허용설계농도 10.5[%] 적용)

① 소화약제량

$$W = \frac{V}{S} \times \frac{C}{100 - C} = \frac{960}{0.1393} \times \frac{10.5}{100 - 10.5} = 808.5118[kg]$$

② 용기수 $= \frac{808.5118[kg]}{50[kg/병]} = 16.17023 \Rightarrow 16[병]$ (17[병]으로 하면 최대허용설계농도를 초과함)

2) IG-100(최대허용설계농도 43[%] 적용)

① 소화약제량

$$Q = 2.303 \times \log\left(\frac{100}{100 - 43}\right) \times 960[m^3] \times \frac{0.858[m^3/kg]}{0.8435[m^3/kg]}$$

$$= 549.0095[m^3]$$

② 용기수 $= \frac{549.0095[m^3]}{12.4[m^3/병]} = 44.27495 = 44[병]$ (45[병]으로 하면 최대허용설계농도를 초과함)

[답] HFC-227ea : 16[병], IG-100 : 44[병]

[문제2] 다음 물음에 답하시오.(30점)

물음 1) 도로터널의 제연설비 중 제트 팬의 시퀀스 제어회로이다. 물음에 답하시오.(19점)

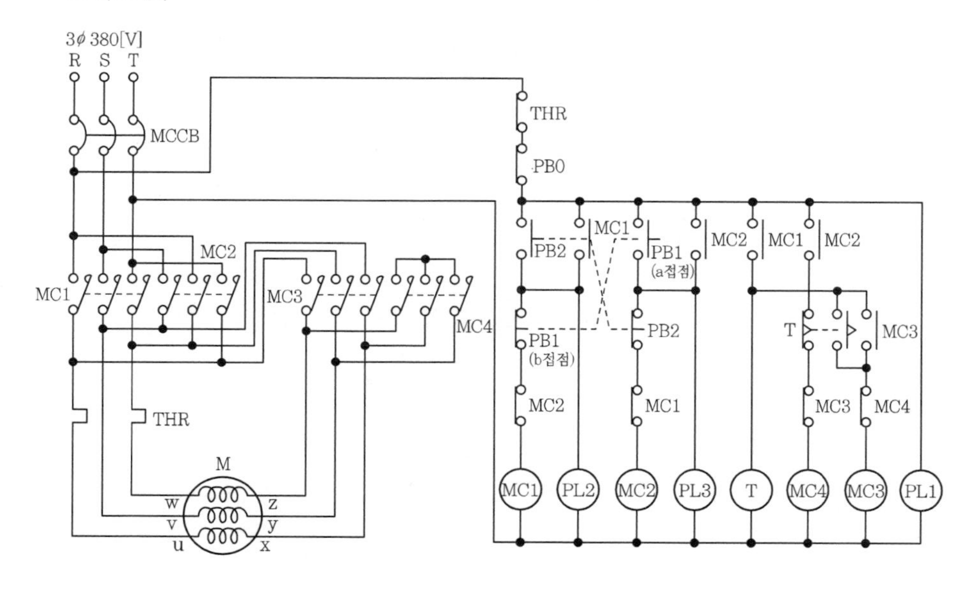

(1) MCCB를 ON시키고 PB2를 눌렀다 떼었을 때 동작 시퀀스를 쓰시오. (단, 타이머 설정시간은 3초이다)(3점)

(2) 유도전동기에 정격전압 3상 380[V]를 공급할때, 전자개폐기 MC3 및 MC4 동작 시 전동기 각 상의 권선에 인가되는 전압[V]을 각각 쓰시오.(2점)

(3) 제어회로의 입력신호가 다음과 같을 때 타임차트 ①~⑥을 완성하시오.(단, MC1~MC4는 전자코일, PL1과 PL2는 램프, 타이머 설정시간은 3초, 타임차트 1칸은 3초로 한다)(12점)

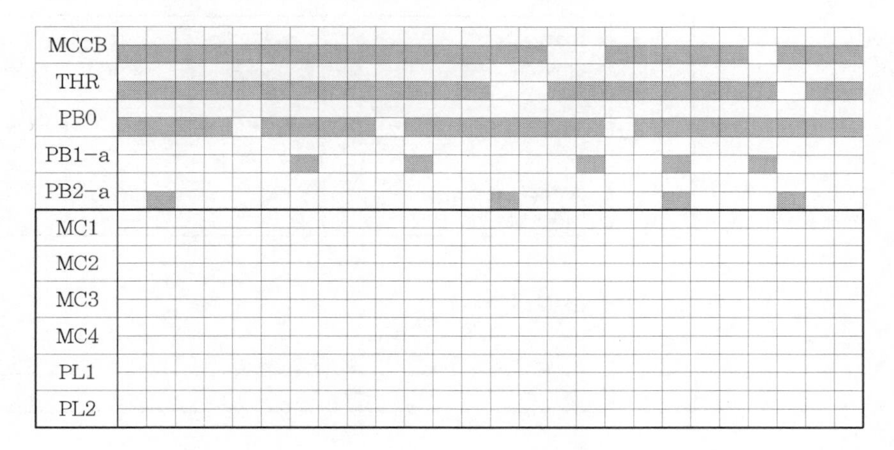

(4) 순시동작 한시복귀 타이머를 사용할 경우 입력신호가 다음과 같을 때 b접점의 타임 차트를 완성하시오.(2점)

MCCB

MC1

해답 (1) MCCB를 ON시키고 PB2를 눌렀다 떼었을 때 동작 시퀀스(타이머 설정시간은 3초)

① MCCB를 ON시키면 PL1이 점등된다.

② PB2를 누르면 전자접촉기 MC1이 여자됨과 동시에 PL2가 점등되며 타이머Ⓣ, 전자접촉기 MC4가 여자된다. 이때, PB2에서 손을 떼어도 MC1-a 보조접점에 의하여 전자접촉기 MC1은 자기유지된다.

③ 3초 후 T-b접점에 의해 전자접촉기 MC4가 소자되고, T-a접점에 의해 MC3이 여자되며, 이때 MC-a 자기유지접점에 의하여 전자접촉기 MC3은 자기유지된다.

(2) 유도전동기에 정격전압 3상 380[V]를 공급할 때, 전자개폐기 MC3 및 MC4 동작 시 전동기 각 상의 권선에 인가되는 전압[V]

① MC3 동작 시 : 380[V]

② MC4 동작 시 : $\dfrac{380}{\sqrt{3}} = 219.393 ≒ 219.39[\mathrm{V}]$ (Y 결선 시 Δ결선 전압의 $\dfrac{1}{\sqrt{3}}$배)

(3) 타임차트 ① ~ ⑥

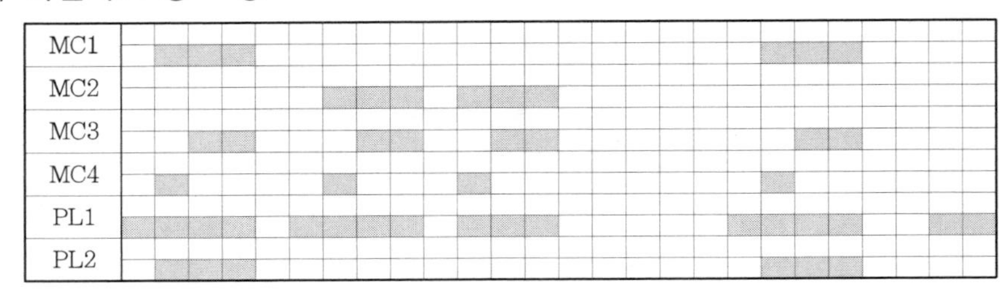

(4) b접점의 타임차트

MCCB
MC1

물음 2) 다음 물음에 답하시오.(11점)

(1) 수신반에서 500[m] 이격된 지점의 감지기가 작동할 때 26[mA]의 전류가 흘렀다. 전압강하계산식(간이식)을 이용하여 전압강하[V]를 구하시오.(단, 전선은 표준연동선으로 굵기는 단선 1.2[mm]이며, 계산값은 소수점 셋째 자리에서 반올림하여 소수점 둘째 자리까지 구한다)(3점)

(2) 3상 380[V], 100[kVA] 옥내소화전 펌프용 유도전동기가 역률 65[%](지상)로 운전 중이다. 전력용 콘덴서를 설치하여 역률을 95[%](지상)로 개선하고자 할 경우 필요한 콘덴서 용량[kVar]을 구하시오.(단, 계산값은 소수점 셋째 자리에서 반올림하여 소수점 둘째 자리까지 구한다)(5점)

(3) 스프링클러 펌프와 직결된 3상 380[V], 60[Hz], 50[kW]의 전동기가 있다. 이 전동기의 동기속도와 회전속도를 구하시오.(단, 슬립은 0.04, 극수는 4극이다)(3점)

해답 (1) 전압강하계산식(간이식)을 이용한 전압강하[V]

$$e = \frac{KLI}{1,000A} = \frac{35.6 \times 500[\mathrm{m}] \times 0.026[\mathrm{A}]}{1,000 \times \left(\frac{\pi}{4} \times 1.2[\mathrm{mm}]^2\right)} = 0.4092[\mathrm{V}] \fallingdotseq 0.41[\mathrm{V}]$$

[답] 0.41[V]

(2) 역률 65[%](지상)로 운전 중 전력용 콘덴서를 설치하여 역률을 95[%](지상)로 개선하고자 할 경우 필요한 콘덴서 용량[kVar]

$$P[\mathrm{kVar}] = P \times \left(\frac{\sqrt{1-\cos\theta_1^2}}{\cos\theta_1} - \frac{\sqrt{1-\cos\theta_1^2}}{\cos\theta_2}\right)$$

$$= 100 \times 0.65 \times \left(\frac{\sqrt{1-0.65^2}}{0.65} - \frac{\sqrt{1-0.95^2}}{0.95}\right)$$

$$= 54.62895 \fallingdotseq 54.63[\mathrm{kVar}]$$

[답] 54.63[kVar]

(3) 전동기의 동기속도와 회전속도

① 동기속도

$$N_s = \frac{120f}{P} = \frac{120 \times 60}{4} = 1,800[\mathrm{rpm}]$$

① 회전속도

$$N = \frac{120f}{P}(1-s) = \frac{120 \times 60}{4}(1-0.04) = 1,728[\mathrm{rpm}]$$

[답] 동기속도 : 1,800[rpm], 회전속도 : 1,728[rpm]

[문제3] 다음 물음에 답하시오.(30점)

물음 1) 지상 5층 건물에 옥내소화전설비를 설치하고자 한다. 다음 조건을 참고하여 펌프의 전동기 소요동력[kW]을 구하시오.(단, 계산값은 소수점 셋째 자리에서 반올림하여 둘째 자리까지 구한다.)(3점)

<조건>

- 각 층의 소화전[개] : 3
- 분당 방수량[L/min] : 130
- 실양정[m] : 60
- 배관의 압력손실수두[m] : 실양정의 30[%]
- 호스의 마찰손실수두[m] : 4
- 노즐선단 방수압력[MPa] : 0.17
- 펌프효율[%] : 70
- 여유율[A] : 1.2
- 전달계수[K] : 1.1

해답

$$P[\mathrm{kW}] = \frac{\gamma QH}{102\eta} \times K$$

$$= \frac{1{,}000 \times (0.26/60) \times (60 + 60 \times 0.3 + 4 + 17)}{102 \times 0.7} \times 1.1 \times 1.2$$

$$\fallingdotseq 7.93[\mathrm{kW}]$$

[답] 7.93[kW]

물음 2) 옥내소화전설비의 화재안전기술기준(NFTC 102)상 불연재료로 된 특정소방대상물 또는 그 부분으로서, 옥내소화전 방수구를 설치하지 않을 수 있는 곳 5가지를 쓰시오.(5점)

해답

① 냉장창고 중 온도가 영하인 냉장실 또는 냉동창고의 냉동실
② 고온의 노가 설치된 장소 또는 물과 격렬하게 반응하는 물품의 저장 또는 취급 장소
③ 발전소 · 변전소 등으로서 전기시설이 설치된 장소
④ 식물원 · 수족관 · 목욕실 · 수영장(관람석 부분을 제외한다) 또는 그 밖의 이와 비슷한 장소
⑤ 야외음악당 · 야외극장 또는 그 밖의 이와 비슷한 장소

물음 3) 옥내소화전설비의 화재안전기술기준(NFTC 102)에 관한 다음 물음에 답하시오.(6점)

(1) 비상전원 3가지를 쓰시오.(3점)

(2) 비상전원을 설치하지 아니할 수 있는 경우 3가지를 쓰시오.(3점)

해답 (1) 비상전원 3가지

① 자가발전설비

② 축전지설비(내연기관에 따른 펌프를 사용하는 경우에는 내연기관의 기동 및 제어용 축전지를 말한다)

③ 전기저장장치(외부 전기에너지를 저장해 두었다가 필요한 때에 전기를 공급하는 장치)

(2) 비상전원을 설치하지 아니할 수 있는 경우 3가지

① 2 이상의 변전소에서 전력을 동시에 공급받을 수 있는 경우

② 하나의 변전소로부터 전력의 공급이 중단되는 때에는 자동으로 다른 변전소로부터 전원을 공급받을 수 있도록 상용전원을 설치한 경우

③ 가압수조방식의 경우

물음 4) 다음은 소방시설 자체점검사항 등에 관한 고시에서 정하고 있는 소방시설 도시기호에 관한 것이다. 명칭에 알맞은 도시기호를 그리시오.(3점)

명칭	도시기호
옥외소화전	(ㄱ)
소화전 송수구	(ㄴ)
옥내소화전 방수용기구 병설	(ㄷ)

해답 [답] (ㄱ) :  H , (ㄴ) : 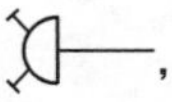 , (ㄷ) :

물음 5) 다음은 옥내소화전 노즐에서의 방수량을 구하는 공식이다. 이 공식의 유도 과정을 쓰시오.(9점)

$$q = 0.6597 d^2 \sqrt{P}$$

여기서, q : 방수량[ℓ/min]
d : 노즐구경[mm]
P : 방수압력[kg/cm²]

해답 $Q = AV$에서, $V = \sqrt{2gh}$ 이므로

$$Q = \frac{\pi}{4} D^2 \times \sqrt{2gh}$$

$$q\left[\frac{\ell}{\min}\right] = Q\left[\frac{\mathrm{m}^3}{\sec}\right] \times \frac{60\sec}{\min} \times \frac{1{,}000\ell}{\mathrm{m}^3}$$

$$\therefore\ Q = \frac{1}{60 \times 1{,}000} q$$

$$d[\min] = D[\mathrm{m}] \times \left(\frac{1{,}000[\mathrm{mm}]}{1[\mathrm{m}]}\right)$$

$$\therefore\ D = \frac{1}{1{,}000} d$$

$$P[\mathrm{kg_f/cm^2}] = h[\mathrm{mH_2O}] \times \left(\frac{1.0332[\mathrm{kg_f/cm^2}]}{10.332[\mathrm{mH_2O}]}\right)$$

$$\therefore\ h = 10P$$

각 관계식을 대입하면

$$Q = \frac{\pi}{4} D^2 \times \sqrt{2gh}$$

$$\frac{1}{60 \times 1{,}000} q = \frac{\pi}{4}\left(\frac{1}{1{,}000} d\right)^2 \times \sqrt{2g \times 10P}$$

$$\therefore\ q = 0.6597 d^2 \sqrt{P}$$

부 록

소방시설관리사 2차시험 답안지양식 및 답안작성의 예시

(총 권 중 번째)

1교시(과목)

(20) 년도 ( )시험 답안지

과 목 명	

답안지 작성 시 유의사항

가. 답안지는 **표지, 연습지, 답안내지(16쪽)**로 구성되어 있으며, 교부받는 즉시 쪽 번호 등 정상여부를 확인하고 연습지를 포함하여 1매라도 분리하거나 훼손해서는 안 됩니다.

나. 답안지 표지 앞면 빈칸에는 시행년도 · 자격시험명 · 과목명을 정확하게 기재하여야 합니다.

다. 채점사항	1. 답안지 작성은 반드시 **검정색 필기구만 사용**하여야 합니다.(그 외 연필류, 유색필기구 등을 사용한 **답항은 채점하지 않으며 0점 처리**됩니다.) 2. 수험번호 및 성명은 반드시 연습지 첫 장 좌측 인적사항 기재란에만 작성하여야 하며, **답안지의 인적사항 기재란 외의 부분에 특정인임을 암시하거나** 답안과 관련없는 특수한 표시를 하는 경우, **답안지 전체를 채점하지 않으며 0점 처리**합니다. 3. **계산문제는 반드시 계산과정, 답, 단위를 정확히 기재**하여야 합니다. 4. 답안 정정 시에는 두 줄(=)을 긋고 다시 기재하여야 하며, 수정테이프 · 수정액 등을 사용할 경우 채점상의 불이익을 받을 수 있으므로 사용하지 마시기 바랍니다. 5. 기 작성한 문항 전체를 삭제하고자 할 경우 반드시 해당 문항의 답안 전체에 명확하게 ×표시하시기 바랍니다.**(×표시 한 답안은 채점대상에서 제외)**
라. 일반사항	1. 답안 작성 시 문제번호 순서에 관계없이 답안을 작성하여도 되나, 반드시 문제번호 및 문제를 기재(**긴 경우 요약기재 가능**)하고 해당 답안을 기재하여야 합니다. 2. 각 문제의 답안작성이 끝나면 바로 옆에 **"끝"** 이라고 쓰고, 최종 답안작성이 끝나면 줄을 바꾸어 중앙에 **"이하여백"** 이라고 써야합니다. 3. 수험자는 시험시간이 종료되면 즉시 답안작성을 멈춰야 하며, 종료시간 이후 계속 답안을 작성하거나 감독위원의 답안지 **제출지시에 불응할 때에는 당회 시험을 무효 처리**합니다. 4. 답안지가 부족할 경우 추가 지급하며, 이 경우 먼저 작성한 답안지의 16쪽 우측하단 [ ]란에 **"계속"** 이라고 쓰고, 답안지 표지의 우측 상단(총 권 중 번째)에는 답안지 **총 권수, 현재 권수**를 기재하여야 합니다.**(예시 : 총 2권 중 1번째)**

[후 면]

부정행위 처리규정

다음과 같은 행위를 한 수험자는 부정행위자 응시자격 제한 법률 및 규정 등에 따라 **당회 시험을 정지 또는 무효**로 하며, 그 시험 시행일로부터 **일정 기간 동안 응시자격을 정지**합니다.

1. 시험 중 다른 수험자와 시험과 관련한 대화를 하는 행위
2. 시험문제지 및 답안지를 교환하는 행위
3. 시험 중에 다른 수험자의 문제지 및 답안지 또는 문제지를 엿보고 자신의 답안지를 작성하는 행위
4. 다른 수험자를 위하여 답안을 알려주거나 엿보게 하는 행위
5. 시험 중 시험문제 내용을 책상 등에 기재하거나 관련된 물건(메모지 등)을 휴대하여 사용 또는 이를 주고 받는 행위
6. 시험장 내 · 외의 자로부터 도움을 받고 답안지를 작성하는 행위
7. 사전에 시험문제를 알고 시험을 치른 행위
8. 다른 수험자와 성명 또는 수험번호를 바꾸어 제출하는 행위
9. 대리시험을 치르거나 치르게 하는 행위
10. 수험자가 시험시간 중에 통신기기 및 전자기기[휴대용 전화기, 휴대용 개인정보단말기(PDA), 휴대용 멀티미디어 재생장치(PMP), 휴대용 컴퓨터, 휴대용 카세트, 디지털 카메라, 음성파일 변환기(MP3), 휴대용 게임기, 전자사전, 카메라 펜, 시각표시 이외의 기능이 부착된 시계]를 휴대하거나 사용하는 행위
11. 공인어학성적표 등을 허위로 증빙하는 행위
12. 응시자격을 증빙하는 제출서류 등에 허위사실을 기재한 행위
13. 그 밖에 부정 또는 불공정한 방법으로 시험을 치르는 행위

수험번호	성 명
9797	권 순 택
감독확인	(인)

○ ○ ○

[문제 3] 다음과 같은 조건의 계단실형 아파트에 옥내소화전설비와 스프링클러설비를 설치할 경우 다음 각각의 물음에 답하시오.(30점)

<조건>

- 지상층 : 25층, 바닥면적은 320m²/층, 옥내소화전 2개/층, 폐쇄형 습식 스프링클러헤드 28개/층
- 지하층 : 1층, 바닥면적 6,300m²(방화구획 완화규정 적용), 옥내소화전 9개와 준비작동식 스프링클러설비가 설치됨
- 소화펌프는 옥내소화전설비와 스프링클러설비 겸용

1. 보조수원(옥상수조) 없이 수원을 전량 지하수조로만 적용하고자 할 때 화재안전기준(NFSC)에 의한 조치방법을 기술하시오.(5점)
2. 소화펌프의 토출량[ℓ/min]과 전동기의 동력[kW]을 구하시오. 다만, 실양정 70m, 손실수두 25m, 전달계수 1.1, 효율 65%로 하며, 방수압은 옥내소화전을 기준으로 하되 안전율 10m를 고려한다.(10점)
3. 소화펌프의 토출측 주배관[mm]의 수리계산방식에 의한 최소값을 구하시오.(배관 내 유속은 옥내소화전 화재안전기준-NFSC 102에 의한 상한값 사용)(10점)
4. 하나의 계단으로부터 출입할 수 있는 세대수가 층당 2세대일 경우 스프링클러설비의 방호구역(지하주차장 포함) 개수를 산출하시오.(5점)

(위 문제에 대한 답안작성 예시)

[문제 3] 계단실형 아파트에 옥내소화전설비와 스프링클러설비의 설치 등	
1.	보조수원 면제시 화재안전기준에 의한 조치방법
	[답] : 다음 조건을 만족하는 예비펌프를 설치하여야 한다.
	주펌프와 동등 이상의 성능이 있는 별도의 펌프로서, 내연기관의 기동과

	연동하여 작동되게 하거나 비상전원을 연결하여 설치한 펌프
2.	소화펌프의 토출량과 전동기의 동력 계산
	(1) 토출량 = 5개 × 130 ℓ/min + 10개 × 80 ℓ/min = 1,450 ℓ/min
	(2) 전양정 = $h_1 + h_2 + h_3 + 17m = 70m + 25m + 17m + 10m = 122m$
	(3) 전동기의 동력 $= \frac{0.163QH}{\eta} \times K = \frac{0.163 \times 1.45 \times 122}{0.65} \times 1.1$
	$= 48.8 = 49$ [kW]
	[답] 펌프의 토출량=1,450[ℓ/min]
	전동기의 동력=49[kW]
3.	소화펌프의 토출측 주배관[mm]의 수리계산방식에 의한 최소내경값
	$Q = AV = \frac{3.14}{4} D^2 V$ 에서
	$D = \sqrt{\frac{4Q}{3.14V}} = \sqrt{\frac{4 \times 1{,}450\ell/min}{3.14 \times 4 \times 1{,}000 \times 60}} = 0.0877m = 87.7mm$
	[답] 최소내경값=87.7[mm]
4.	스프링클러설비의 방호구역 개수
	(1) 지상층 : 층당 1구역 × 25층 = 25구역
	(2) 지하층 : 3,000m²마다 구획되므로 3구역
	∴ 합계 : 25 + 3 = 28구역
	[답] 총 방호구역 개수=28구역 끝(각 문제의 답안작성 종료 시 마다 기재)
	이 하 여 백(해당 교시의 최종 답안작성이 끝났을 때 기재)

1

내가 뽑은 원픽! 최신 출제경향에 맞춘 최고의 수험서

전기 기능사 필기

핵심요약집

김종남 · 송환의 저

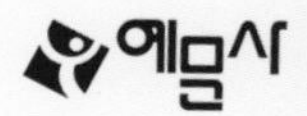

최신판

전기기능사 필기

| 핵심요약집 |

김종남 · 송황의 저

PART 01

전기이론

SECTION 01 직류회로

(1) 전기의 본질

- **자유전자** : 물질 내에서 자유로이 움직일 수 있는 전자
- **전자의 전기량** : 1.602×10^{-19}[C]
- **전자의 질량** : 9.1×10^{-31}[kg]
- **전하** : 대전된 물체가 가지고 있는 전기
- **전기량(전하량) Q[C]** : 전하가 가지고 있는 전기의 양

(2) 전류와 전압 및 저항

- 전류 $I=\dfrac{Q}{t}$[C/S] ; [A]
- 전압 $V=\dfrac{W}{Q}$[J/C] ; [V]
- 저항 $R=\rho\dfrac{\ell}{A}[\Omega]$

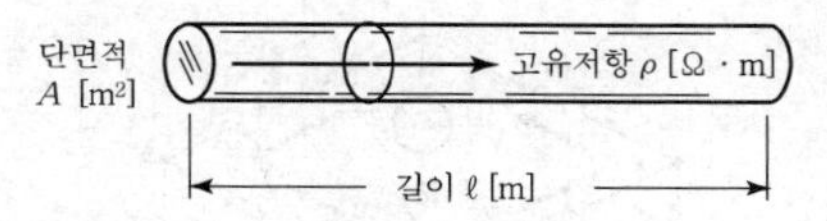

고유 저항(Specific Resistinity) : $\rho\,[\Omega\cdot\mathrm{m}]$

(3) 전기회로의 회로해석

옴의 법칙 $V=IR$[V]

〈저항의 접속〉

접속	회로	합성저항(R)	전압(V)	전류(I)
직렬	R_1 R_2	$R=R_1+R_2$	분배	일정
병렬	R_1 R_2	$R=\dfrac{R_1\times R_2}{R_1+R_2}$	일정	분배

키르히호프의 법칙(Kirchhoff's Law)

- **제1법칙(전류의 법칙)** : Σ유입전류 = Σ유출 전류, $\Sigma I = 0$
- **제2법칙(전압의 법칙)** : Σ기전력 = Σ전압강하, $\Sigma V = \Sigma IR$

SECTION 02 전류의 열작용과 화학작용

(1) 전력과 전기회로 측정

전력(Electric Power) : P

$$P = VI = I^2R = \frac{V^2}{R}[\mathrm{W}]\ (\because\ V = IR)$$

전력량 : W

$$W = VQ = VIt = Pt[\mathrm{W} \cdot \mathrm{sec}](1[\mathrm{J}] = 1[\mathrm{W} \cdot \mathrm{sec}])$$

줄의 법칙(Joule's Law)

도체에 흐르는 전류에 의하여 단위 시간 내에 발생하는 열량은 도체의 저항과 전류의 제곱에 비례한다.

줄열 $H = 0.24 I^2Rt = \frac{1}{4.2} I^2Rt[\mathrm{cal}]$

휘트스톤 브리지의 평형 회로

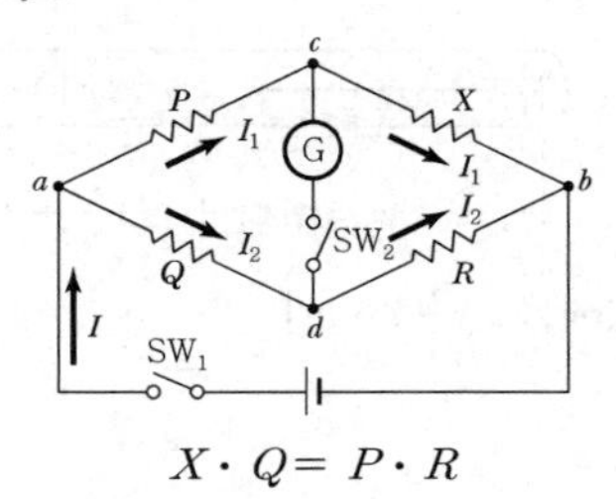

$$X \cdot Q = P \cdot R$$

(2) 전류의 화학 작용과 열작용

패러데이 법칙(Faraday's Law) : 전기 분해의 의해서 전극에 석출되는 물질의 양은 전해액 속을 통과한 전기량과 전기화학당량에 비례한다.($\omega = \mathrm{k}\mathrm{I}\mathrm{t}$ [g])

국부작용 : 전극에 이물질로 인하여 기전력이 감소하는 현상

성극(분극)작용 : 전극에 수소기포로 인하여 기전력이 감소하는 현상

SECTION 03 정전기와 콘덴서

(1) 정전기의 성질

대전(Electrification) : 물질이 전자가 부족하거나 남게 된 상태에서 양전기나 음전기를 띠게 되는 현상

쿨롱의 법칙(Coulomb's Law)

$$F=\frac{1}{4\pi\varepsilon}\cdot\frac{Q_1Q_2}{r^2}[\mathrm{N}]=9\times10^9\cdot\frac{Q_1Q_2}{r^2}[\mathrm{N}]$$

유전율 $\varepsilon=\varepsilon_0\varepsilon_s[\mathrm{F/m}]$ (진공 중의 유전율 $\varepsilon_0=8.855\times10^{-12}[\mathrm{F/m}]$)

전기장의 세기(Intensity of Electric Field)

- $E=\frac{F}{Q}[\mathrm{N/C}]=\frac{1}{4\pi\varepsilon}\cdot\frac{Q}{r^2}=9\times10^9\cdot\frac{Q}{r^2}=\frac{V}{r}[\mathrm{V/m}]$
- $F=QE[\mathrm{N}]$
- 전기장의 세기는 $+1[\mathrm{C}]$가 있었을 때, 전하 Q와 작용하는 힘의 크기와 방향을 나타낸다.

가우스의 정리 : 전기력선의 총수는 $\frac{Q}{\varepsilon}$개이다.

이것으로 전기력선 밀도(=전기장의 세기)를 알 수 있다.

전속 밀도 : $D=\frac{Q}{A}[\mathrm{C/m^2}]$

전속 밀도와 전기장의 세기와의 관계

$D=\varepsilon E[\mathrm{C/m^2}]$(유전체 안에서)

전위 : $Q[\mathrm{C}]$의 전하에서 $r[\mathrm{m}]$ 떨어진 점의 전위 V

$V=Er[\mathrm{V}]$(균일한 전장 내)

(2) 정전용량과 정전에너지

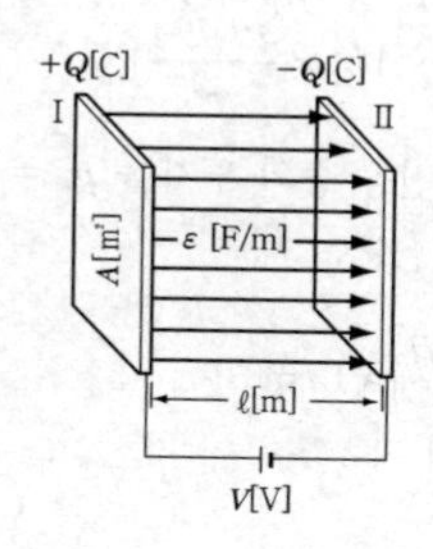

콘덴서의 전하량 $Q = CV[\mathrm{C}]$

평행판 도체의 정전용량 $C = \varepsilon \dfrac{A}{\ell}[\mathrm{F}]$

정전에너지(Electrostatic Energy)

$$W = \frac{1}{2}QV = \frac{1}{2}\frac{Q^2}{C} = \frac{1}{2}CV^2[\mathrm{J}]$$

유전체 내의 에너지

정전에너지는 $W = \dfrac{1}{2}\varepsilon E^2\,[\mathrm{J/m^3}](\because D = \varepsilon E)$

정전 흡인력 $\therefore f \propto V^2$

(3) 콘덴서

〈콘덴서의 접속〉

접속	회로	합성정전용량(C)	전압(V)	전하(Q)
직렬	C_1 C_2	$C = \dfrac{C_1 \times C_2}{C_1 + C_2}$	분배	일정
병렬	C_1 C_2	$C = C_1 + C_2$	일정	분배

SECTION 04 자기의 성질과 전류에 의한 자기장

(1) 자석의 자기작용

쿨롱의 법칙(Coulomb's Law)

$$F = \frac{1}{4\pi\mu}\cdot\frac{m_1 m_2}{r^2} = 6.33\times10^4\times\frac{m_1 m_2}{r^2}[\mathrm{N}]$$

투자율 $\mu = \mu_0 \times \mu_s[\mathrm{H/m}]$(진공 중의 투자율 $\mu_0 = 4\pi\times10^{-7}[\mathrm{H/m}]$)

자장의 세기

$$H = \frac{F}{m} = \frac{1}{4\pi\mu_0}\cdot\frac{m}{r^2} = \frac{NI}{\ell}[\mathrm{AT/m}]$$

$$F = mH[\mathrm{N}]$$

가우스의 정리 : 자기력선의 총수는 $\frac{m}{\mu}$개이다.

이것으로 자기력선 밀도(=자기장의 세기)를 알 수 있다.

자속밀도 $B=\frac{\phi}{A}[\mathrm{Wb/m^2}]$; [T]

자속밀도와 자장의 세기와의 관계

$B=\mu H=\mu_0\mu_s H[\mathrm{Wb/m^2}]$

- 비투자율이 큰 물질일수록 자속을 잘 통한다.

기자력

$NI=H\cdot\ell[\mathrm{AT}]$($\ell$: 자로의 길이)

〈전기와 자기의 비교〉

전기	자기
전하 Q[C]	자하 m[Wb]
+, − 분리 가능	N, S 분리 불가
쿨롱의 법칙 $F=\frac{1}{4\pi\varepsilon}\cdot\frac{Q_1Q_2}{r^2}$[N]	쿨롱의 법칙 $F=\frac{1}{4\pi\mu}\cdot\frac{m_1m_2}{r^2}$[N]
유전율 $\varepsilon=\varepsilon_0\cdot\varepsilon_s$ [F/m]	투자율 $\mu=\mu_0\cdot\mu_s$[H/m]
전기장(전장, 전계)	자기장(자장, 자계)
전기장의 세기 $E=\frac{1}{4\pi\varepsilon}\cdot\frac{Q}{r^2}$[V/m]	자기장의 세기 $H=\frac{1}{4\pi\mu}\cdot\frac{m}{r^2}$[AT/m]
$F=QE$[N]	$F=mH$[N]
전기력선	자기력선
가우스의 정리(전기력선의 수) $N=\frac{Q}{\varepsilon}$개	가우스의 정리(자기력선의 수) $N=\frac{m}{\mu}$개
전속 ψ(=전하)[C]	자속 ϕ(=자하)[Wb]
전속밀도 $D=\frac{Q}{A}=\frac{Q}{4\pi r^2}[\mathrm{C/m^2}]$	자속밀도 $B[\mathrm{Wb/m^2}]$ $B=\frac{\phi}{A}=\frac{Q}{4\pi r^2}[\mathrm{Wb/m^2}]$
전속밀도와 전기장의 세기의 관계 $D=\varepsilon E=\varepsilon_0\varepsilon_s E[\mathrm{C/m^2}]$	자속밀도와 자기장의 세기의 관계 $B=\mu H=\mu_0\mu_s H[\mathrm{Wb/m^2}]$

(2) 전류에 의한 자기현상과 자기회로

앙페르의 오른 나사의 법칙

- 전류에 의한 자기장의 방향을 결정

전류에 의한 자기장의 세기

- 앙페르의 주회적분 법칙 $\sum H\Delta\ell = \sum I$
- 비오–사바르의 법칙

$$\Delta H = \frac{I\Delta\ell}{4\pi r^2}\sin\theta \ [\mathrm{AT/m}]$$

무한 직선 전류에 의한 자장 $H = \dfrac{I}{2\pi r}[\mathrm{AT/m}]$

원형 코일 중심의 자장 $H = \dfrac{NI}{2r}[\mathrm{AT/m}]$

〈전기회로와 자기회로 비교〉

전기회로	자기회로
I[A], V[V], R[Ω]	I, N회, H, A, 철심, ϕ, ℓ
기전력 V[V]	기자력 $F = NI$[AT]
전류 I[A]	자속 ϕ[Wb]
전기저항 $R[\Omega]$	자기저항 R[AT/Wb]
옴의 법칙 $R = \dfrac{V}{I}[\Omega]$	옴의 법칙 $R = \dfrac{NI}{\phi}$[AT/Wb]

SECTION 05 전자력과 전자유도

(1) 전자력

플레밍의 왼손 법칙 : 직류 전동기의 원리(회전방향)를 결정(엄지 : F, 검지 : B, 중지 : I)

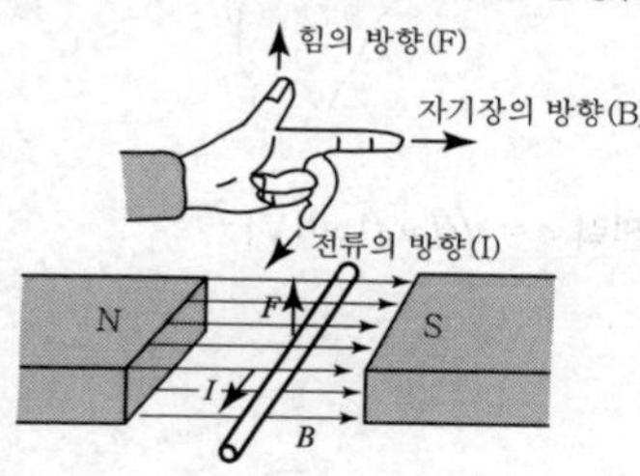

전자력의 크기 $F = BI\ell\sin\theta$[N]

평행 도체 사이에 작용하는 힘의 방향

- 같은 방향의 전류에 의한 흡인력
- 반대 방향의 전류에 의한 반발력
- 두 도체 사이에 작용하는 힘 F는 $F = \dfrac{2I_1I_2}{r} \times 10^{-7}$[N/m]

(2) 전자유도

유도기전력의 방향

렌츠의 법칙(전자유도법칙) : 전자 유도에 의하여 발생한 기전력의 방향은 그 유도 전류가 만든 자속이 항상 원래의 자속의 증가 또는 감소를 방해하려는 방향이다.

유도기전력의 크기 : 패러데이 법칙(Faraday's Law)

$e = -N\dfrac{\Delta\phi}{\Delta t} = -L\dfrac{\Delta I}{\Delta t}$[V]($-$: 유도기전력의 방향)

변압기의 원리 : 전자 유도 법칙

플레밍의 오른손 법칙 : 직류발전기의 유도기전력의 방향을 결정(엄지 : u, 검지 : B, 중지 : e)

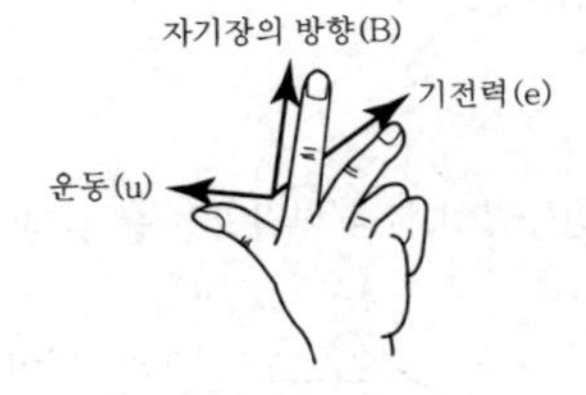

직선 도체에 발생하는 기전력 $e = Blu\sin\theta$[V]

(3) 인덕턴스와 전자에너지

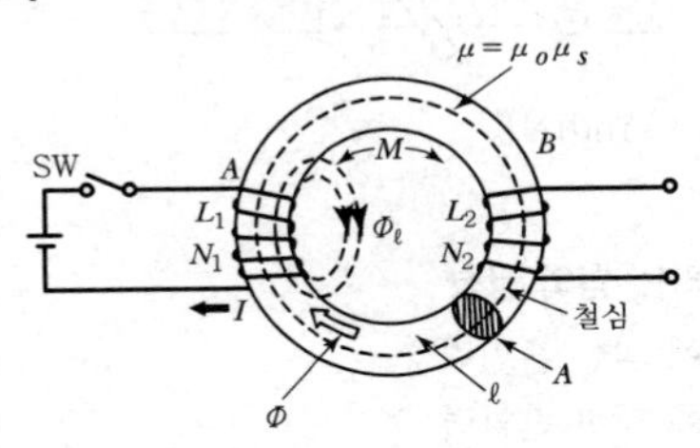

자체 인덕턴스

$$L = \frac{\mu A N^2}{\ell}[\text{H}] \ \therefore\ L \propto N^2$$

상호 인덕턴스

$$M = k\sqrt{L_1 L_2}[\text{H}],\ \text{결합계수}\ k = \frac{M}{\sqrt{L_1 L_2}}$$

k : 1차 코일과 2차 코일의 자속에 의한 결합의 정도($0 < k \leq 1$)
(누설자속이 없다는 것은 $k=1$임을 의미한다.)

합성 인덕턴스 $L_O = L_1 + L_2 \pm 2M$[H](+ : 가동, − : 차동)

코일에 축적되는 전자 에너지

$$W = \frac{1}{2} L I^2[\text{J}]$$

$$w = \frac{1}{2}\mu \text{H}^2[\text{J/m}^3](\because\ B = \mu H[\text{Wb/m}^2])$$

히스테리시스 곡선(Hysteresis Loop)

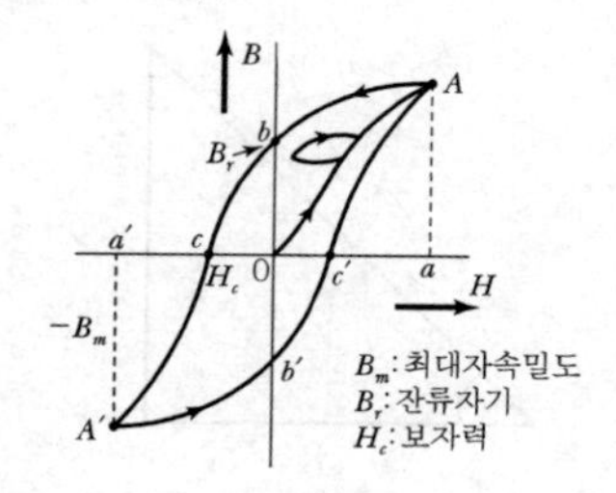

SECTION 06 교류회로

(1) 교류회로의 기초

순시값 $v = V_m \sin\omega t$[V], $i = I_m \sin\omega t$[A]

(기본형) 여기서, 각속도 $\omega = 2\pi f$[rad/sec]

평균값 $V_a = \frac{2}{\pi} V_m$[V]

실효값 $V = \frac{1}{\sqrt{2}} V_m$[V](일반적인 교류의 전압, 전류를 표시)

(2) 교류전류에 대한 RLC의 작용

구분	기본 회로	
	임피던스	위상
저항(R)만의 회로	R	전압과 전류는 동상이다.
인덕턴스(L)만의 회로	$X_L = \omega L = 2\pi fL$	전류는 전압보다 위상이 $\frac{\pi}{2}$(=90°) 뒤진다.
정전용량(C)만의 회로	$X_C = \frac{1}{\omega C} = \frac{1}{2\pi fC}$	전류는 전압보다 위상이 $\frac{\pi}{2}$(=90°) 앞선다.

(3) RLC 직렬회로

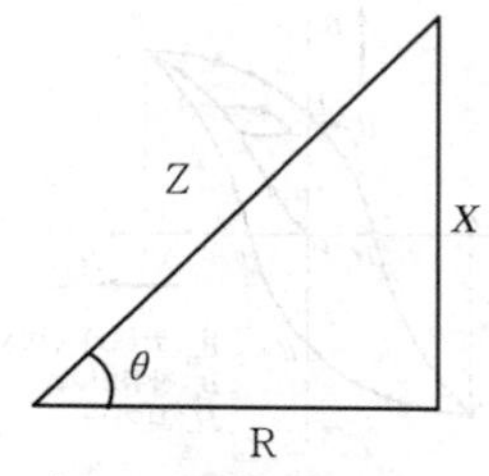

[RLC 직렬회로 암기내용]

〈RLC 직렬회로 요약 정리〉

구분	RLC 직렬회로			
	임피던스	위상각	역률	위상
$R-L$	$\sqrt{R^2+(\omega L)^2}$	$\tan^{-1}\dfrac{\omega L}{R}$	$\dfrac{R}{\sqrt{R^2+(\omega L)^2}}$	전류가 뒤진다.
$R-C$	$\sqrt{R^2+\left(\dfrac{1}{\omega C}\right)^2}$	$\tan^{-1}\dfrac{1}{\omega CR}$	$\dfrac{R}{\sqrt{R^2+\left(\dfrac{1}{\omega C}\right)^2}}$	전류가 앞선다.
$R-L-C$	$\sqrt{R^2+\left(\omega L-\dfrac{1}{\omega C}\right)^2}$	$\tan^{-1}\dfrac{\omega L-\dfrac{1}{\omega C}}{R}$	$\dfrac{R}{\sqrt{R^2+\left(\omega L-\dfrac{1}{\omega C}\right)^2}}$	L이 크면 전류는 뒤진다. C가 크면 전류는 앞선다.

(4) RLC 병렬회로

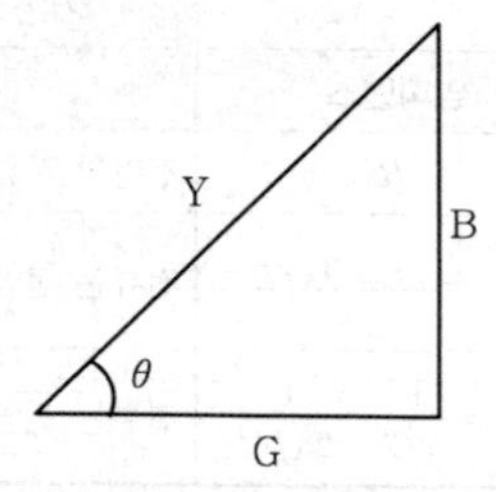

[RLC 병렬회로 암기내용]

〈RLC 병렬회로 요약 정리〉

구분	RLC 병렬 회로			
	어드미턴스	위상각	역률	위상
$R-L$	$\sqrt{\left(\frac{1}{R}\right)^2+\left(\frac{1}{\omega L}\right)^2}$	$\tan^{-1}\frac{R}{\omega L}$	$\frac{\omega L}{\sqrt{R^2+(\omega L)^2}}$	전류가 뒤진다.
$R-C$	$\sqrt{\left(\frac{1}{R}\right)^2+(\omega C)^2}$	$\tan^{-1}\omega CR$	$\frac{\frac{1}{\omega C}}{\sqrt{R^2+\left(\frac{1}{\omega C}\right)^2}}$	전류가 앞선다.
$R-L-C$	$\sqrt{\left(\frac{1}{R}\right)^2+\left(\frac{1}{\omega L}-\omega C\right)^2}$	$\tan^{-1}\frac{\frac{1}{\omega L}-\omega C}{\frac{1}{R}}$	$\frac{1}{\sqrt{1+\left(\omega CR-\frac{R}{\omega L}\right)^2}}$	L이 크면 전류는 뒤진다. C가 크면 전류는 앞선다.

임피던스 및 어드미턴스

$\dot{Z}$ (임피던스) = R(저항) ± jX(리액턴스) (+ : 유도성, − : 용량성)

↕ 역수 ↕ 역수 ↕ 역수

$\dot{Y}$ (어드미턴스) = G(컨덕턴스) ∓ jB(서셉턴스) (+ : 용량성, − : 유도성)

(5) 공진회로

	직렬공진	병렬공진
조건	$\omega L=\frac{1}{\omega C}$	$\omega C=\frac{1}{\omega L}$
공진의 의미	허수부가 0이다. 전압과 전류가 동상이다. 역률이 1이다. 임피던스가 최소이다. 흐르는 전류가 최대이다.	허수부가 0이다. 전압과 전류가 동상이다. 역률이 1이다. 어드미턴스가 최소이다. 흐르는 전류가 최소이다.
전류	$I=\frac{V}{R}$	$I=GV$
공진주파수	$f_0=\frac{1}{2\pi\sqrt{LC}}$	$f_0=\frac{1}{2\pi\sqrt{LC}}$

(6) 교류 전력

유효 전력 : $P = VI\cos\theta$[W]($\cos\theta$ 역률) : 소비기기, 소비전력

무효 전력 : $P_r = VI\sin\theta$[Var]($\sin\theta$ 무효율)

피상 전력 : $P_a = VI$[VA] : 공급기기

역률 : $\cos\theta = \dfrac{P}{P_a}$

SECTION 07 3상 교류회로

대칭 3상 교류의 조건

- 기전력의 크기가 같을 것
- 주파수가 같을 것
- 파형이 같을 것
- 위상차가 각각 $\frac{2}{3}\pi$[rad]일 것

3상 회로의 결선

Y결선 : 스타(성형) 결선	Δ결선 : 델타(삼각) 결선
▷ $V_\ell = \sqrt{3}\,V_P$ (30°, $\frac{\pi}{6}$ 위상이 앞섬) ▷ $I_\ell = I_P$	▷ $V_\ell = V_P$ ▷ $I_\ell = \sqrt{3}\,I_P$ (30°, $\frac{\pi}{6}$ 위상이 뒤짐)

부하 Y↔Δ 변환 $Z_\Delta = 3Z_Y$

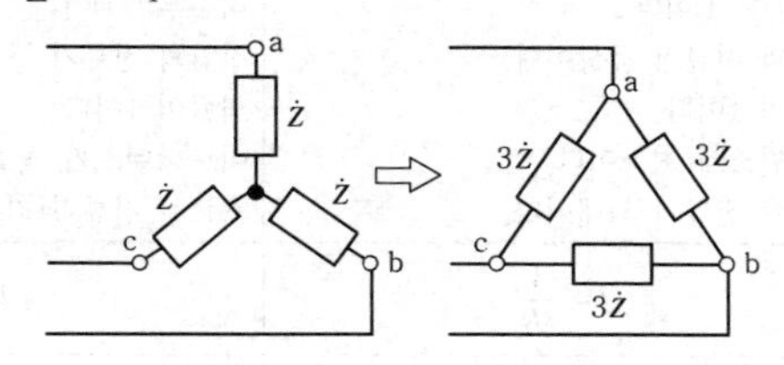

V결선

이용률 $\dfrac{\sqrt{3}\,P_1}{2P_1} = 86.6\%$

출력비 $\dfrac{\sqrt{3}\,P_1}{3P_1} = 57.7\%$

3상 전력

유효 전력 : $P = \sqrt{3}\, V_\ell I_\ell \cos\theta$[W]

무효 전력 : $P = \sqrt{3}\, V_\ell I_\ell \sin\theta$[Var]

피상 전력 : $P_a = \sqrt{3}\, V_\ell I_\ell$[VA]

SECTION 08 비정현파와 과도현상

비정현파=직류분+기본파+고조파

정현파의 파형률 및 파고율

$$\text{파형률} = \frac{\text{실효값}}{\text{평균값}} = \frac{\pi}{2\sqrt{2}} = 1.111$$

$$\text{파고율} = \frac{\text{최대값}}{\text{실효값}} = \sqrt{2} = 1.414$$

시정수

RL 직렬회로 $\tau = \dfrac{L}{R}$

RC 직렬회로 $\tau = RC$

PART 02 전기기기

SECTION 01 직류기

(1) 직류발전기의 원리 : 플레밍의 오른손 법칙

(2) 직류발전기의 구조 : 계자, 전기자, 정류자 구성

1) **계자** : 철손(히스테리시스손과 와류손)을 줄이기 위해 규소강판을 성층
2) **전기자** : 전기자 철심과 도체
3) **공극** : 공극이 넓으면 효율이 낮아짐
4) **정류자** : 가장 중요 부분 교류를 직류로 변환
5) **브러시** : 정류자면에 접촉하여 전기자 권선과 외부회로를 연결하는 것 → 전기 흑연 브러시(가장 많이 사용)
6) **전기자 권선법**
   ① 중권(병렬권 $I\uparrow$) : $P=a$, 균압결선필요
   ② 파권(직렬권 $V\uparrow$) : $a=2$, (a : 병렬회로수, P : 극수)

(3) 직류발전기의 이론

1) **유도기전력** $E=\dfrac{p}{a}\phi Z\dfrac{N}{60}$[V] (전기자 총 도체수 Z)
2) **전기자 반작용** : 부하전류에 의한 기자력이 주자속 분포에 영향을 주는 작용
   ① 전기자 반작용에 나타나는 현상
   - 중성축 이동(편자작용) : 브러시에 불꽃을 발생
   - 자속이 감소되어 유도기전력이 감소(감자작용)

   ② 전자기 반작용을 없애는 방법
   - 보상권선 설치(가장 유효한 방법)
   - 보극 설치(경감법)
   - 브러시 위치를 전기적 중성점으로 이동

2) **정류를 좋게 하는 방법**
   ① 저항 정류 : 접촉저항이 큰 브러시 사용
   ② 전압 정류 : 보극 설치(또 다른 역할)
   ③ 정류 : 전기자 코일에 유도되는 교류를 직류로 변환

(4) 직류발전기의 종류

1) 여자 방식에 따른 분류

영구자석G / 타여자G / 자여자G

2) 계자 권선의 접속 방법에 의한 분류

① 직권G : 계자권선과 전기자를 직렬연결

② 분권G : 계자권선과 전기자를 병렬연결

③ 복권G : 분권+직권 / 가동과 차동

(5) 직류발전기의 특성

① 무부하 포화곡선 : 계자 전류 I_f－유도기전력 E

② 부하 포화곡선 : 계자 전류 I_f－단자 전압 V

③ 외부 특성곡선 : 부하 전류 I－단자 전압 V

1) 타여자 발전기 : 전압강하가 적고, 전압을 광범위하게 조정하는 용도

2) 분권 발전기

① 잔류자기가 반드시 있어야 함(전압의 확립)

② 전압변동률이 적음

③ 운전 중 무부하가 되면 계자권선에 큰전류가 흘러서 계자권선 고전압 유기됨(권선소손)

3) 직권 발전기 : 무부하 상태에서는 발전불가능

4) 복권 발전기 : 차동복권발전기－수하특성으로 용접기용 전원으로 사용

(6) 직류발전기의 운전

1) 기동법 : 계자저항을 최대로 하고 운전시작

2) 전압조정 : $E=\frac{p}{a}\phi Z\frac{N}{60}$[V]에서 자속을 조정

3) 병렬 운전 조건

① 유도기전력이 같을 것

② 외부 특성 곡선이 일치할 것

③ 수하 특성일 것 → 직권, 복권G : 수하특성이 없으므로 균압모선 사용

(7) 직류전동기의 원리 : 플레밍의 왼손 법칙

(8) 직류전동기의 이론

- **회전수** : $N=\frac{V-r_aI_a}{K\phi}$
- **토크** : $T\propto\phi\cdot I_a$
- **기계적 출력** : $P_o=2\pi\frac{N}{60}T$[W]

(9) 직류전동기의 종류 및 구조 : 직류발전기와 똑같다.

(10) 직류전동기의 특성

1) **타여자 전동기** : 운전 중 계자전류가 0이 되면 위험속도가 되므로 계자회로에 퓨즈사용 금지

2) **분권 전동기** : 정속도 특성

3) **직권 전동기**

① 운전 중 무부하가 되면, 회전속도가 상승하여 위험하므로 무부하 운전이나 벨트운전금지

② 부하 증가에 따라서 속도가 급격히 상승하는 특성이므로 기동이 잦은 부하에 적합

4) **복권 전동기** : 분권과 직권의 중간특성

(11) 직류전동기의 운전

1) **기동** : 기동전류를 낮추기 위해 전기자에 직렬로 기동저항연결 → 기동 시 기동저항은 최대, 계자저항은 최소로 하여 기동토크유지

2) **속도제어** : $N = K\dfrac{V - I_a R_a}{\phi}$

① 계자제어 : 자속 ϕ을 계자저항으로 조정 → 정출력제어

② 저항제어 : R_a 값을 조정(전력소모와 속도조정범위 좁음)

③ 전압제어 : V 값을 조정(워드레오너드방식) → 정토크제어

3) **제동**

① 발전제동 : 제동 시 발전된 전력을 저항으로 소비

② 회생제동 : 발전된 전력을 다시 전원으로 환원

③ 역전제동(플러깅) : 역회전으로 제동 → 급정지에 사용

(12) 직류기의 손실

1) **동손(P_c)** : 부하전류에 의한 권선에서 생기는 줄열

2) **철손(P_i)** : 히스테리시스손+와류손

(13) 직류기 효율

발전기, 변압기 규약효율 $\eta_G = \dfrac{출력}{출력 + 손실} \times 100[\%]$

전동기 규약효율 $\eta_M = \dfrac{입력 - 손실}{입력} \times 100[\%]$

SECTION 02 동기기

(1) 동기발전기의 원리

1) **회전전기자형** : 플레밍의 오른손 법칙
2) **회전계자형** : 렌츠의 전자유도법칙(주로 사용됨)
3) **동기속도** $N_s = \dfrac{120f}{P}$[rpm](P : 극수)

(2) 동기발전기의 구조

1) **회전 계자형** : 고정자 → 전기자, 회전자 → 계자
2) **수소냉각** : 전폐 냉각형으로 냉각매체로 수소를 사용
   ① 밀도가 공기의 약 7[%]이므로 풍손이 1/10으로 감소
   ② 열전도율이 공기의 약 6.7배로 출력 25[%] 정도 증대
   ③ 불활성기체, 소음이 적어짐(전폐형)
   ④ 단점으로 설비 비용이 높아짐
3) **전기자 권선법**
   ① 분포권 : 1극 1상당 슬롯수가 2개 이상인 것
   기전력의 파형이 좋아지고, 열이 분산됨
   ② 단절권 : 코일간격을 자극간격보다 작게 하는 것
   파형이 좋아지고, 동량이 적어짐
   ③ 권선계수=분포계수×단절계수

(3) 동기발전기의 이론

1) **유도 기전력** $E = 4.44fN\phi$[V]
2) **전기자 반작용** : 부하전류에 의한 자속이 주자속에 영향을 주는 작용
   ① 교차자화작용 : 저항부하, 주자속과 부하전류에 의한 자속이 직각
   ② 감자작용 : 리액터부하, 부하전류에 의한 자속이 주자속을 감소시키는 작용
   ③ 증자작용 : 콘덴서부하, 부하전류에 의한 자속이 주자속을 증가시키는 작용
   → 자기여자현상
3) **동기 발전기의 출력**
   $P_s = \dfrac{VE}{x_s}\sin\delta$[W](기전력 E, 단자전압 V의 부하각 δ)

(4) 동기 발전기의 특성

1) 단락비 : 무부하포화곡선과 3상 단락곡선에서 구함 → 동기임피던스의 역수

2) 단락비가 큰 발전기

① 전기자 반작용이 작아서 전압 변동률도 작다.

② 공극이 큼 : 중량이 무겁고, 비싸다. 기계적 안정성확보

③ 기계에 여유가 있으며 과부하내량이 크다.

(5) 동기발전기의 병렬 운전

① 기전력의 크기가 같을 것

② 기전력의 위상이 같을 것(동기검정기로 확인)

③ 기전력의 주파수가 같을 것

④ 기전력의 파형이 같을 것

(6) 난조의 발생과 대책

1) 난조 : 부하가 갑자기 변하면 동기화력에 의해 진동이 발생하여 계속 진동하는 현상

2) 원인 → 방지법

- 조속기 감도가 예민한 경우 → 조속기를 둔하게 함
- 원동기에 고조파토크가 포함 → 고조파 토크를 제거함
- 전기자저항이 큰 경우 → 전기자저항을 작게 함

3) 방지법 : 제동권선을 설치

(7) 동기 전동기 원리 : 회전자계에 의한 자기적인 이끌림

(8) 위상특성곡선(V 곡선)

동기전동기에 여자전류를 가변하여, 전류의 위상차를 변화시킬 수 있다. 전력 계통에서 동기조상기로 이용

① 부족여자 : 지상 전류가 증가하여 리액터의 역할

② 과여자 : 진상 전류가 증가하여 콘덴서 역할

(9) 동기전동기의 기동법

동기전동기는 동기 속도로 회전하고 있을 때만 토크를 발생하므로 기동토크는 0이다.

① 자기 시동법 : 기동 권선을 이용함 → 기동방법이 복잡함

② 타 기동법 : 유도전동기를 사용할 경우 극수가 2극 작은 것 사용 → 기동용 전동기가 더 빨라야 하기 때문

(10) 동기전동기의 특징

1) 장점

① 속도 불변
② 역률을 조정할 수 있다. → 동기조상기
③ 공극이 넓으므로 기계적으로 견고하다.

2) 단점

① 직류 전원 장치가 필요하고, 가격이 비싸다.
② 난조가 발생하기 쉽다.

SECTION 03 변압기

(1) 변압기의 원리 : 전자 유도 작용(렌츠의 법칙)

(2) 변압기의 구조 : 규소강판을 성층한 철심에 2개의 권선

1) 변압기의 분류 : 내철형, 외철형, 권철심형
2) 변압기의 재료 : 규소강판을 성층하여 사용 → 철손감소
3) 권선법

① 직권 : 철심에 직접권선을 감는 방법(주상변압기)
② 형권 : 권형에 코일을 감은 방법, 중대형

4) 부싱 : 기기의 구출선을 외함에 끌어내는 절연단자(콤파운드 부싱이 주로 사용)

(3) 변압기유

1) 구비조건

① 절연 내력이 클 것
② 비열이 클 것
③ 인화점이 높고, 응고점이 낮을 것
④ 절연 재료와 화학 작용을 일으키지 않을 것
⑤ 고온에서도 산화하지 않을 것

2) 변압기유의 열화방지 대책

① 브리더 → 산소와 습기 차단
② 콘서베이터 → 질소로 봉입
③ 부흐홀츠 계전기 → 기름흐름이나 기포감지
④ 차동계전기, 비율차동계전기(변압기 내부고장 검출)

(4) 변압기의 이론

1) 권수비

$$a = \frac{N_1}{N_2} = \frac{V_1}{V_2} = \frac{I_2}{I_1}$$

$$a^2 = \frac{Z_{12}}{Z_{21}} = \frac{1\text{차를 } 2\text{차로 환산한 } Z}{2\text{차를 } 1\text{차로 환산한 } Z}$$

2) 변압기여자 전류가 비정현파(첨두파)가 되는 현상

변압기 철심의 자기포화현상과 히스테리시스 현상

(5) 변압기의 특성

1) 전압 변동률

$$\varepsilon = \frac{V_{2O} - V_{2n}}{V_{2n}} \times 100[\%] \fallingdotseq p\cos\theta + q\sin\theta[\%]$$

$\varepsilon_{\max} = \sqrt{p^2 + q^2}\,[\%]$(%저항강하 p, %리액터스강하 q)

2) 손실

① 무부하손(철손) : $P_i = P_h + P_e$

- 히스테리시스 손 : $P_h \propto f B_m^{1.6}$[W/kg](50[%] 이상)
- 맴돌이손(와류손) : $P_e \propto (tfB_m)^2$[W/kg]

② 부하손(동손) : $P_c = (r_1 + a^2 r_2) \cdot I_1^{\,2}$[W]

3) 규약효율

$$\eta = \frac{\text{출력}}{\text{출력} + \text{손실}} \times 100[\%]$$

4) 최대 효율 조건 : 철손과 동손이 같을 때의 부하

(6) 변압기의 극성 : 감극성과 가극성 중 감극성이 표준

(7) 단상변압기로 3상 결선

1) $\Delta - \Delta$ 결선

① 제3고조파가 발생하지 않음

② V결선 운전가능

③ 중성점접지 할 수 없음

2) Y－Y 결선

① 중성점을 접지

② 절연이 용이

③ 제3고조파 발생

3) Δ－Y결선 : 승압용 변압기

4) Y－Δ결선 : 강압용 변압기

5) V－V결선

$$출력비=\frac{P_V}{P_\Delta}=\frac{\sqrt{3}P}{3P}=0.577$$

$$이용률=\frac{\sqrt{3}P}{2P}=0.866$$

(8) 병렬 운전 조건

① 극성이 같을 것

② 정격전압이 같을 것

③ 백분율 임피던스 강하가 같을 것

④ r/x 비율이 같을 것

(9) 3상 변압기군의 병렬운전 조건

("Δ"나 "Y"가 짝수－가능, 홀수－불가능)

(10) 변압기의 시험

1) 온도시험 : 반환부하법, 단락시험법

2) 절연내력시험

① 변압기유 절연파괴 전압시험

② 가압시험(절연저항확인)

③ 유도시험(층간절연확인)

④ 충격전압시험(절연파괴확인)

(11) 특수 변압기

1) 3권선 변압기 : 1개의 철심에 3권선이 감겨 있는 변압기

① 선로조상기

② 구내전력 공급용

③ 전력계통의 연계용

2) 단권 변압기 : 권선 하나의 도중에 탭을 만들어 사용한 것

3) 계기용 변성기 : 높은 전압과 전류를 측정하기 위한 변압기

① 계기용 변압기(PT) : 전압 측정용(2차측 110V)

② 계기용 변류기(CT) : 전류 측정용(2차측 5A)

⇒ 2차측 개방시 고압이 유기되어 위험함

4) 누설변압기 : 용접용 변압기에 이용

SECTION 04 유도전동기

(1) 유도전동기 원리 : 아라고 원판

회전자계의 속도 $N_s = \frac{120f}{P}$[rpm]

(2) 3상 유도전동기의 구조

1) 고정자 : 프레임, 철심, 권선(대부분이 2층권)

2) 회전자 : 규소강판을 성층하여 제작

① 농형 회전자 : 회전자 둘레의 홈에 구리 막대를 넣어서 원통모양으로 접속한 것. 축 방향에 비뚤어져 있는데, 소음방생을 억제하는 효과

② 권선형 회전자 : 회전자 둘레의 홈에 3상 권선을 넣어서 결선한 것. 슬립 링을 통해 기동 저항기와 연결하여 기동전류 감소와 속도조정 용이

3) 공극 : 공극이 크면 기계적으로 안전하지만, 역률이 낮아짐

(3) 3상 유도 전동기의 이론

1) 회전수와 슬립

① 슬립은 동기속도와 회전자 속도의 차에 대한 비

슬립 $S = \frac{N_s - N}{N_s} = 1 - \frac{N}{N_s}$

② 슬립 $s = 1$이면 정지상태이고, $s = 0$이면 동기속도로 회전

2) 2차 회로 주파수 $f_{2s} = s\,f_1$[Hz]

3) 전력의 변환

$$P_2 : P_{c2} : P_o = 1 : S : (1-S)$$

$$\eta_2 = \frac{P_o}{P_2} \qquad \eta = \frac{P_o}{P_1}$$

4) 토크

$$P_o = \omega T = 2\pi \cdot \frac{N}{60} T[\mathrm{W}]$$

$$T = \frac{60}{2\pi} \cdot \frac{P_o}{N}[\mathrm{N \cdot m}]$$

(4) 비례추이

권선형 유도전동기에서 2차 저항의 변화에 따라 슬립이 비례해서 변화하는 것

$$\frac{r_2}{S} = \frac{mr_2}{mS} = \frac{r_2 + R}{S'}$$

(5) 기동 방법

1) 농형 유도전동기의 기동법

① 전전압 기동 : 소용량에 채용 → 직입기동

② 리액터 기동 : 소용량에 채용

③ $Y-\Delta$기동법 : 중용량에 쓰이며, 기동 전류가 1/3로 감소하지만, 기동 토크도 1/3로 감소

④ 기동 보상기법 : 대용량 전동기에 채용

2) 권선형 유도 전동기의 기동법(2차 저항법)

2차 회로에 가변 저항를 접속하고 비례추이의 원리에 의하여 큰 토크로 기동하고 기동전류도 억제

(6) 속도 제어

1) 2차 저항 가감법 : 권선형 유도 전동기에서 비례추이를 이용

2) 주파수 변환법 : 주파수를 변화시켜 동기속도를 바꾸는 방법(VVVF제어)

3) 극수 변환법 : 권선의 접속을 바꾸어 극수를 바꾸면 단계적이지만 속도를 바꿀 수 있다.

4) 2차 여자제어 : 2차 저항제어를 발전시킨 형태로 저항에 의한 전압강하 대신에 반대의 전압을 가하여 전압강하가 일어나도록 한 것으로 효율이 좋음

(7) 제동법

발전제동/역상제동(플러깅)/회생제동/단상제동 /직류제동

(8) 단상 유도전동기

※ 기동토크의 크기에 따라 성능이 결정됨
※ 기동토크가 큰 순서 : 반발형 → 콘덴서형 → 분상형 → 셰이딩형

1) 분상 기동형 : 기동권선은 주권선보다 가는 코일을 적은 권수로 감은 형태로 기동

2) 콘덴서 전동기

① 콘덴서 기동형 : 기동권선에 직렬로 콘덴서를 넣은 형태로 큰 시동 토크를 얻을 수 있음
② 영구 콘덴서형 : 가격이 싸고, 선풍기, 냉장고, 세탁기 등에 사용

3) 셰이딩 코일형 : 고정자에 일부에 틈을 만들어 여기에 셰이딩 코일이라는 동대로 만든 단락 코일을 끼워 넣은 형태. 극소형 기기로 회전방향을 바꿀 수 없음

4) 반발형 전동기 : 회전자에 정류자를 갖고 있고 브러시를 단락하면 기동 시에 큰 토크가 생김

05 정류기 및 제어기기

(1) 반도체

1) PN접합과 정류 : PN접합 반도체는 정류작용을 함
2) 온도특성 : 소자의 온도를 높이면, 순 · 역방향 전류가 증가하는 성질이 있음

(2) 단상 정류회로

① 반파 정류 평균치 $V_a = \frac{1}{\pi} V_m = \frac{\sqrt{2}}{\pi} V\,[\mathrm{V}]$

② 전파 정류 평균치 $V_a = \frac{2}{\pi} V_m = \frac{2\sqrt{2}}{\pi} V\,[\mathrm{V}]$

(3) 맥동률 : 정류된 직류 속에 포함되어 있는 교류성분의 정도

① 맥동률이 작을수록 좋은 직류파형
② 맥동률이 작은 순서
3상전파정류 → 3상반파정류 → 단상전파정류 → 단상반파정류

(4) SCR(사이리스터)

① PNPN의 4층 구조를 기본구조로 하는 반도체 소자
② 순방향 전압을 가한 상태에서 게이트에 전압을 걸면 통전

(5) 트라이액(TRIAC)

2개의 SCR를 역병렬로 연결한 것

(6) GTO : 초퍼제어에 사용

(7) 전력 변환기

① 컨버터 회로(교류 → 직류 전력 변환기)
② 초퍼 회로(직류 → 직류 전력 변환기)
③ 인버터(직류 → 교류 전력 변환기)

PART

03 전기설비

SECTION 01 배선재료 및 공구

(1) 전선 및 케이블

1) 전선

① 전선의 구비조건

- 도전율이 크고, 기계적 강도가 클 것
- 신장률이 크고, 내구성이 있을 것
- 비중(밀도)이 작고, 가선이 용이할 것
- 가격이 저렴하고, 구입이 쉬울 것

② 연선

- 총 소선수 : $N=3n(n+1)+1$
- 연선의 바깥지름 : $D=(2n+1)d$

2) 절연전선의 종류와 약호

명칭	기호	비고
450/750[V] 일반용 단심 비닐절연전선	60227 KS IEC 01	70[℃]
450/750[V] 일반용 유연성 단심 비닐절연전선	60227 KS IEC 02	70[℃]
300/500[V] 기기 배선용 단심 비닐절연전선	60227 KS IEC 05	70[℃]
300/500[V] 기기 배선용 유연성 단심 비닐절연전선	60227 KS IEC 06	70[℃]
300/500[V] 기기 배선용 단심 비닐절연전선	60227 KS IEC 07	90[℃]
300/500[V] 기기 배선용 유연성 단심 비닐절연전선	60227 KS IEC 08	90[℃]
450/750[V] 저독성 난연 폴리올레핀 절연전선	450/750 V HFIO	70[℃]
450/750[V] 저독성 난연 가교폴리올레핀 절연전선	450/750 V HFIX	90[℃]
300/500[V] 내열성 실리콘 고무절연전선	60245 KS IEC 03	180[℃]
750[V] 내열성 단선, 연선 고무절연전선	60245 KS IEC 04	110[℃]
750[V] 내열성 유연성 고무절연전선	60245 KS IEC 0	110[℃]
옥외용 비닐절연전선	OW	70[℃]
인입용 비닐절연전선 2개 꼬임	DV 2R	70[℃]
인입용 비닐절연전선 3개 꼬임	DV 3R	70[℃]
6/10[kV] 고압인하용 가교 폴리에틸렌 절연전선	6/10 kV PDC	90[℃]
6/10[kV] 고압인하용 가교 EP고무 절연전선	6/10 kV PDP	90[℃]

3) 허용전류

전선의 허용전류는 도체의 굵기, 절연체 종류에 따른 허용온도, 배선공사 방식, 주위 온도, 복수회로 집합에 따른 보정 등을 고려하여 결정한다.

(2) 배선재료 및 기구

1) 플러그

명칭	용도
멀티 탭	하나의 콘센트에 2~3가지의 기구를 사용
테이블 탭	코드의 길이가 짧을 때 연장하여 사용

2) 과전류 차단기

① 과전류 차단기의 시설 금지 장소

- 접지공사의 접지도체
- 다선식 전로의 중성선
- 변압기 중성점 접지공사를 한 저압 가공전선로의 접지 측 전선

② 과전류 차단기로 저압전로에 사용되는 배선용 차단기의 동작특성

- 산업용 배선용 차단기

정격전류의 구분	트립 동작시간	정격전류의 배수	
		부동작 전류	동작 전류
63[A] 이하	60분	1.05배	1.3배
63[A] 초과	120분	1.05배	1.3배

- 주택용 배선용 차단기(일반인이 접촉할 우려가 있는 장소)

정격전류의 구분	트립 동작시간	정격전류의 배수	
		부동작 전류	동작 전류
63[A] 이하	60분	1.13배	1.45배
63[A] 초과	120분	1.13배	1.45배

3) 누전 차단기(ELB)

① 누전이 발생했을 때 이를 감지하고, 자동적으로 차단하는 장치

② 설치 대상

- 금속제 외함을 가지는 사용전압 50[V]를 초과하는 저압의 기계기구로서 사람이 쉽게 접촉할 우려가 있는 전로

- 주택의 인입구
- 특고압, 고압 또는 저압전로와 변압기에 의하여 결합되는 사용전압 400[V] 초과의 저압전로
- 발전기에서 공급하는 사용전압 400[V] 초과의 저압전로

(3) 전기공사용 공구

1) 게이지

① 마이크로미터 : 전선의 굵기, 철판, 구리판 등의 두께를 측정하는 것이다.

② 와이어 게이지 : 전선의 굵기를 측정하는 것

③ 버니어 캘리퍼스 : 둥근 물건의 외경이나 파이프 등의 내경과 깊이를 측정하는 것

2) 공구

① 와이어 스트리퍼 : 절연 전선의 피복 절연물을 벗기는 자동공구

② 토치 램프 : 전선 접속의 납땜과 합성 수지관의 가공에 열을 가할 때 사용하는 것

③ 펌프 플라이어 : 금속관 공사의 로크너트를 죌 때 사용

④ 플레셔 툴 : 솔리더스 커넥터 또는 솔더리스 터미널을 압착하는 공구

⑤ 벤더 및 히키 : 금속관을 구부리는 공구

⑥ 오스터 : 금속관 끝에 나사를 내는 공구

⑦ 녹아웃 펀치 : 캐비닛에 구멍을 뚫을 때 필요한 공구

⑧ 리머 : 금속관을 쇠톱이나 커터로 끊은 다음, 관 안에 날카로운 것을 다듬는 공구

⑨ 드라이브이트 : 화약의 폭발력을 이용하여 철근 콘크리트에 드라이브이트 핀을 박을 때 사용

⑩ 홀소 : 녹아웃 펀치와 같은 용도로 배 · 분전반 등의 캐비닛에 구멍을 뚫을 때 사용

⑪ 피시테이프 : 전선관에 전선을 넣을 때 사용되는 평각 강철선

⑫ 철망 그립 : 여러 가닥의 전선을 전선관에 넣을 때 사용하는 공구이다.

(4) 전선접속

〈전선의 접속 요건〉

- 접속 시 전기적 저항을 증가시키지 않는다.
- 접속부위의 기계적 강도를 20% 이상 감소시키지 않는다.
- 접속점의 절연이 약화되지 않도록 테이핑 또는 와이어 커넥터로 절연한다.
- 전선의 접속은 박스 안에서 하고, 접속점에 장력이 가해지지 않도록 한다.

1) 직선 접속

① 단선의 직선접속

- $6[mm^2]$ 이하의 가는 단선 : 트위스트 접속
- 3.2[mm] 이상의 굵은 단선 : 브리타니아 접속

② 연선의 접속

- 권선 접속 : 접속선을 사용하여 접속
- 단권 접속 : 소손 자체를 감아서 접속하는 방법
- 복권 접속 : 소선 자체를 전부 한꺼번에 감는 방법

2) 종단접속

쥐꼬리 접속(박스 안에 가는 전선을 접속할 때)

(5) 납땜과 테이프

1) 납땜 : 슬리브나 커넥터를 쓰지 않고 전선을 접속했을 때에는 반드시 납땜

2) 테이프

① 면 테이프 : 가제 테이프에 검은색 점착성의 고무 혼합물을 양면에 함침시킨 것

② 고무 테이프 : 테이프를 2.5배로 늘려가면서 테이프 폭이 반 정도가 겹치도록 감는다.

③ 비닐 테이프 : 테이프 폭의 반씩 겹치게 하고, 다시 반대방향으로 감아서 4겹 이상 감는다.

④ 리노 테이프 : 점착성은 없으나 절연성, 내온성 및 내유성이 있으므로 연피 케이블 접속에는 반드시 사용

⑤ 자기 융착 테이프 : 내오존성, 내수성, 내약품성, 내온성이 우수해서 오래도록 열화하지 않기 때문에 비닐 외장 케이블 및 클로로프렌 외장 케이블의 접속에 사용된다.

SECTION 02 옥내배선공사

(1) 애자 공사

1) 애자는 절연성, 난연성 및 내수성이 있는 재질을 사용

2) 지지점 간의 거리는 2[m] 이하

3) 전선의 이격거리

구분	400[V] 이하	400[V] 초과
전선 상호 간의 거리	6[cm] 이상	6[cm] 이상
전선과 조영재와의 거리	2.5[cm] 이상	4.5[cm] 이상(건조 2.5[cm] 이상)

(2) 케이블 트렁킹 시스템

1) 합성수지 몰드 공사

홈의 폭과 깊이가 3.5[cm] 이하, 두께는 2[mm] 이상
(사람이 쉽게 접촉될 우려가 없을 때 폭 5[cm] 이하, 두께 1[mm] 이상)

2) 금속 몰드 공사

지지점의 거리 1.5[m] 이하

3) 금속 트렁킹 공사

금속 본체와 커버가 별도로 구성되어 커버를 개폐할 수 있는 금속 덕트 공사를 말한다.

(3) 합성수지관 공사

1) 합성수지관의 특징

① 절연성과 내부식성이 우수하고, 재료가 가볍기 때문에 시공이 편리
② 관이 비자성체 이므로 접지할 필요가 없고, 피뢰기 · 피뢰침의 접지선 보호에 적당
③ 열에 약할 뿐 아니라, 충격 강도가 떨어지는 결점

2) 합성수지관의 종류

① 경질비닐 전선관
- 관의 굵기를 안지름의 크기에 가까운 짝수로써 표시
- 지름 14~100[mm]로 10종(14, 16, 22, 28, 36, 42, 54, 70, 82, 100[mm])
- 한 본의 길이는 4[m]로 제작

② 폴리에틸렌 전선관(PE관) : 배관작업에 토치램프로 가열할 필요가 없다.
③ 합성수지제 가요전선관(CD관)
- 가요성이 뛰어나므로 굴곡된 배관작업에 공구가 불필요하며 배관작업이 용이
- 관의 내면이 파부형이므로 마찰계수가 적어 굴곡이 많은 배관 시에도 전선의 인입이 용이

3) 합성수지관의 시공

① 관의 지지점 간의 거리는 1.5[m] 이하
② 단선은 지름 10[mm^2](알루미늄선은 16[mm^2]) 이하를 사용
③ 관 접속 시 들어가는 관의 길이는 관바깥지름의 1.2배 이상(접착제를 사용할 때는 0.8배 이상)
④ 합성수지관의 굵기는 케이블 또는 절연도체의 내부 단면적이 합성수지관 단면적의 1/3을 초과하지 않도록 하는 것이 바람직하다.

(4) 금속관 공사

1) 금속전선관의 특징

① 전선이 기계적으로 완전히 보호된다.
② 단락 사고, 접지 사고 등에 있어서 화재의 우려가 적다.
③ 접지 공사를 완전히 하면 감전의 우려가 없다.
④ 방습 장치를 할 수 있으므로, 전선을 내수적으로 시설할 수 있다.
⑤ 전선이 노후되었을 경우나 배선 방법을 변경할 경우에 전선의 교환이 쉽다.

2) 금속전선관 종류

구분	후강 전선관	박강 전선관
관의 호칭	안지름의 크기에 가까운 짝수	바깥 지름의 크기에 가까운 홀수
관의 종류[mm]	16, 22, 28, 36, 42, 54, 70, 82, 92, 104(10종류)	15, 19, 25, 31, 39, 51, 63, 75(8종류)
특징	두께가 2.3[mm] 이상으로 두꺼운 금속관	두께가 1.2[mm] 이상으로 얇은 금속관

① 한 본의 길이 : 3.66[m]
② 관의 두께와 공사
- 콘크리트에 매설하는 경우 : 1.2[mm] 이상
- 기타의 경우 : 1[mm] 이상

3) 금속전선관의 시공

① 지지점 간의 거리는 2[m] 이하
② 전선은 단면적 6[mm^2](알루미늄선은 16[mm^2]) 이하 사용
③ 교류회로에서는 1회로의 전선 모두를 동일관 내에 넣는 것이 원칙
④ 금속전선관의 굵기는 케이블 또는 절연도체의 내부 단면적이 금속전선관 단면적의 1/3을 초과하지 않도록 하는 것이 바람직하다.

4) 금속전선관 시공용 부품

① 로크 너트 : 전선관과 박스를 죄기 위하여 사용
② 절연 부싱 : 전선의 절연 피복을 보호하기 위하여 금속관 끝에 취부
③ 엔트러스 캡 : 저압 가공 인입선의 인입구에 사용
④ 유니온 커플링 : 관 상호 접속용으로 관이 고정되어 있을 때 사용
⑤ 노멀 밴드 : 매입 배관의 직각 굴곡 부분에 사용
⑥ 유니버설 엘보 : 노출 배관 공사에서 관을 직각으로 굽히는 곳에 사용
⑦ 링리듀서 : 박스의 녹아웃 지름이 관 지름보다 클 때 사용

5) 금속전선관의 접지

① 전선관은 누선에 의한 사고를 방지하기 위하여 접지공사를 해야 한다.

② 사용전압이 400[V] 이하인 다음의 경우에는 접지공사를 생략할 수 있다.

- 관의 길이가 4[m] 이하인 것을 건조한 장소에 시설하는 경우
- 건조한 장소 또는 사람이 쉽게 접촉할 우려가 없는 장소에 사용전압이 직류 300[V] 또는 교류 대지전압 150[V] 이하로 관의 길이가 8[m] 이하인 것을 시설하는 경우

(5) 금속제 가요전선관 공사

1) 금속제 가요전선관 공사의 특징

작은 증설 배선, 안전함과 전동기 사이의 배선, 엘리베이터, 기차나 전차 안의 배선 등의 시설

2) 금속제 가요 전선관의 종류

① 제1종 금속제 가요전선관 : 플렉시블 콘디트

② 제2종 금속제 가요 전선관 : 플리커 튜브

③ 호칭 : 안지름에 가까운 홀수

3) 시공

가요전선관의 굵기는 케이블 또는 절연도체의 내부 단면적이 가요전선관 단면적의 1/3을 초과하지 않도록 하는 것이 바람직하다.

4) 부속품

① 가요전선관 상호의 접속 : 스플릿 커플링

② 가요전선관과 금속관의 접속 : 콤비네이션 커플링

③ 가요전선관과 박스와의 접속 : 스트레이트 박스 커넥터, 앵글 박스 커넥터

(6) 케이블 덕팅 시스템

1) 금속 덕트 공사

① 폭 4[cm] 이상, 두께 1.2[mm] 이상인 철판으로 제작

② 지지점 간의 거리는 3[m] 이하

③ 덕트의 끝부분은 막는다.

④ 전선은 단면적의 총합이 금속 덕트 내 단면적의 20[%] 이하
(전광사인 장치, 출퇴 표시등, 기타 이와 유사한 장치 또는 제어회로 등의 배선에 사용하는 전선만을 넣는 경우에는 50[%] 이하)

2) 버스 덕트 공사

나도체를 절연물로 지지하고, 강판 또는 알루미늄으로 만든 덕트 내에 수용한 것

3) 플로어 덕트 공사

마루 밑에 매입하는 배선용의 덕트로 마루 위로 전선 인출을 목적으로 하는 것

(7) 케이블 공사

1) 케이블을 구부리는 경우 굴곡부의 곡률 반지름

① 연피가 없는 케이블 : 케이블 바깥 지름의 5배 이상으로 한다.

② 연피가 있는 케이블 : 케이블 바깥 지름의 12배 이상으로 한다.

2) 케이블 지지점 간의 거리

① 조영재의 아랫면 또는 옆면으로 시설할 경우 : 2[m] 이하(단, 캡타이어 케이블은 1[m])

② 조영재의 수직으로 붙이고 사람이 접촉할 우려가 없는 경우 : 6[m] 이하

SECTION 03 전선 및 기계기구의 보안공사

[1] 전압의 종류

1) 전압은 저압, 고압, 특고압의 세 가지로 구분

저압	교류 1[kV] 이하, 직류 1.5[kV] 이하
고압	교류 1[kV] 초과~7[kV] 이하 직류 1.5[kV] 초과~7[kV] 이하
특고압	7[kV] 초과

2) 전선의 식별

상(문자)	색상	상(문자)	색상
L1	갈색	N	청색
L2	흑색	보호도체(PE)	녹색－노란색
L3	회색		

3) 허용 전압강하

설비의 유형	조명[%]	기타[%]
저압으로 수전하는 경우	3	5
고압 이상으로 수전하는 경우	6	8

(2) 간선

1) 간선을 과전류로부터 보호하기 위해 과전류 차단기를 설치한다.
2) 과부하에 대해 케이블(전선)을 보호하기 위해 아래의 조건을 충족해야 한다.

$I_B \le I_n \le I_Z$ 및 $I_2 \le 1.45 \times I_Z$

여기서, I_B : 회로의 설계전류
I_n : 보호장치의 정격전류
I_Z : 케이블의 허용전류
I_2 : 보호장치가 유효한 동작을 보장하는 전류

(3) 분기회로

건물종류 및 부분	표준부하밀도[VA/m²]
공장, 공회장, 교회, 극장, 영화관	10
기숙사, 여관, 호텔, 병원, 음식점	20
주택, 아파트, 사무실, 은행, 백화점	30
계단, 복도, 세면장, 창고	5
강당, 관람석	10

(4) 변압기 용량산정

1) 부하 설비 용량 산정

$$수용률 = \frac{최대수용전력}{총\ 부하설비용량\ 합계} \times 100[\%]$$

$$부등률 = \frac{각\ 부하의\ 최대수용전력의\ 합계}{합성최대수용전력}$$

$$부하율 = \frac{부하의\ 평균전력}{최대수용전력} \times 100[\%]$$

2) 변압기 용량 산정

(합성)최대수용전력을 변압기 용량으로 산정

(5) 전로의 절연

1) 저압전로의 절연

① 절연저항 측정이 곤란한 경우에는 저항성분의 누설전류가 1[mA] 이하

② 저압전로의 절연성능

전로의 사용전압[V]	DC 시험전압[V]	절연저항
SELV 및 PELV	250	0.5[MΩ] 이상
FELV, 500[V] 이하	500	1.0[MΩ] 이상
500[V] 초과	1,000	1.0[MΩ] 이상

2) 고압, 특고압 전로 및 기기의 절연

① 고압 및 특고압 전로의 절연내력 시험전압

- 시험전압을 전로와 대지 간에 10분간 연속적으로 가하여 견디어야 한다.
  (다만, 케이블 시험에서는 시험전압 2배의 직류전압을 10분간 가하여 시험)

구분	시험전압 배율	시험 최저전압[V]
7[kV] 이하	1.5	500

(6) 접지공사

1) 접지의 목적

① 누설 전류로 인한 감전을 방지

② 고저압 혼촉 사고 시 높은 전류를 대지로 흐르게 하기 위함

③ 뇌해로 인한 전기설비나 전기기기 등을 보호하기 위함

④ 전로에 지락 사고 발생 시 보호계전기를 신속하고, 확실하게 작동하도록 하기 위함

⑤ 이상 전압이 발생하였을 때 대지전압을 억제하여 절연강도를 낮추기 위함

2) 접지시스템의 구분 및 종류

① 구분 : 계통접지, 보호접지, 피뢰시스템 접지

② 시설종류 : 단독접지, 공통접지, 통합접지

3) 계통접지 분류

① TN－S 방식 : 계통 전체에 걸쳐서 중성선(N)과 보호도체(PE)를 분리 시설

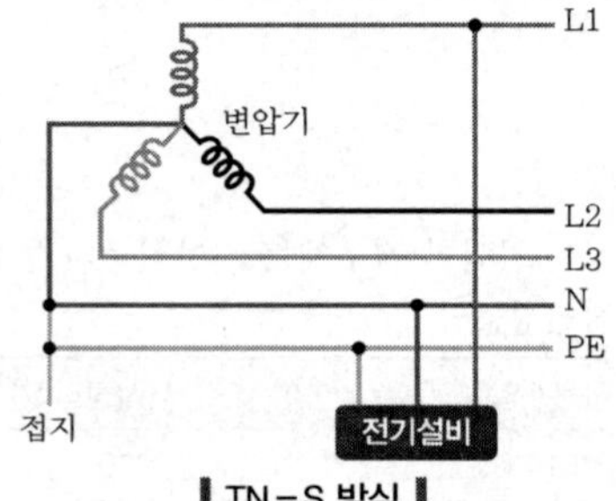

▌TN－S 방식▐

② TN－C 방식 : 계통 전체에 걸쳐서 중성선(N)과 보호도체(PE)의 기능을 하나의 도체(PEN) 시설

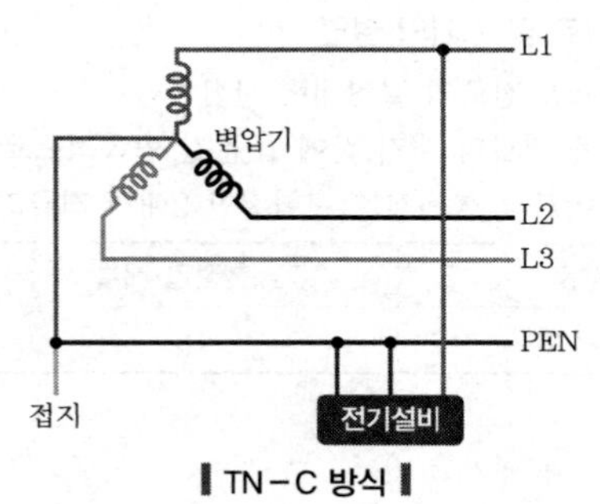

▌TN－C 방식▐

③ TN－C－S 방식 : 계통의 일부분에서 중선선＋보호도체(PEN)를 사용하거나, 중성선과 별도의 보호도체(PE)를 사용하는 방식

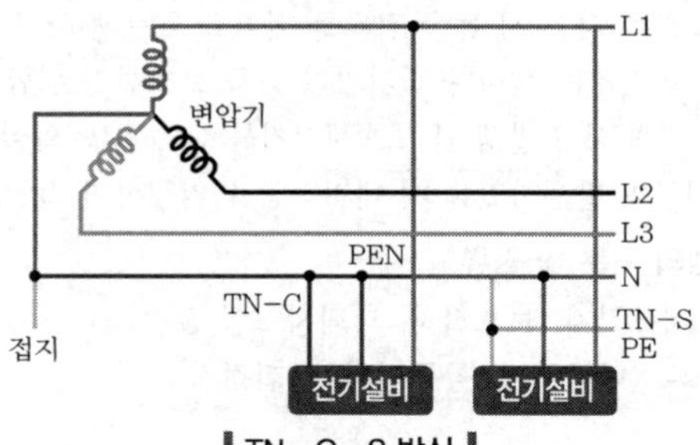

▌TN－C－S 방식▐

④ TT 방식 : 보호도체(PE)를 전력계통으로부터 끌어오지 않고 기기 자체를 단독 접지하는 방식

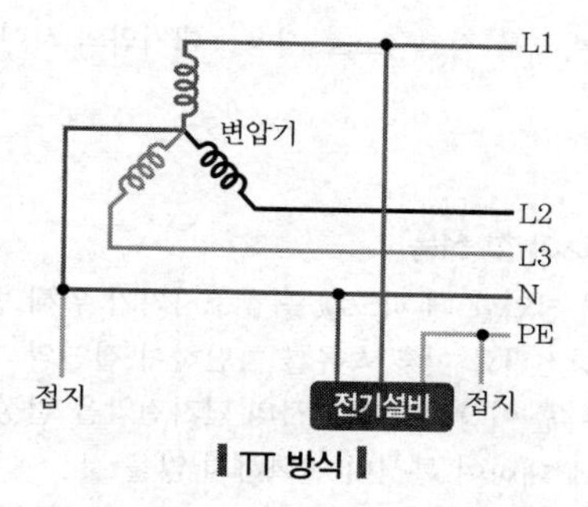

▌TT 방식▐

⑤ IT 방식 : 전력계통은 비접지로 하거나 임피던스를 삽입하여 접지하고 설비의 노출 도전성 부분은 개별 접지하는 방식

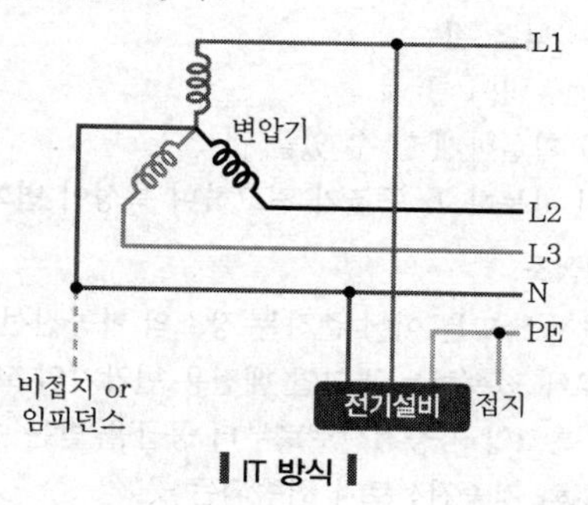

▌IT 방식▐

4) 접지도체의 단면적

구분	단면적
접지도체에 큰 고장전류가 흐르지 않을 경우	• 구리 : 6[mm²] 이상 • 철제 : 50[mm²] 이상
접지도체에 피뢰시스템이 접속되는 경우	• 구리 : 16[mm²] 이상 • 철제 : 50[mm²] 이상

5) 접지극의 매설기준

① 접지도체는 지표면으로부터 지하 0.75[m] 이상으로 매설

② 접지도체를 철주, 기타의 금속체를 따라서 시설하는 경우에는 접지극을 철주의 밑면으로부터 0.3[m] 이상의 깊이에 매설하는 경우 이외에는 접지극을 지중에서 그 금속체로부터 1[m] 이상 떼어 매설

③ 수도관을 접지극으로 사용 : 지중에 매설되어 있고 대지와의 전기저항값이 3[Ω] 이하

④ 철골 등 금속제를 접지극으로 사용 : 대지와의 사이에 전기저항값이 2[Ω] 이하

(7) 피뢰기 설치공사

1) 피뢰기가 구비해야 할 성능

① 이상전압이 침입할 때 파고값을 감소시키기 위해 방전특성을 가질 것

② 이상전압 방전완료 이후 속류를 차단하여 절연의 자동 회복능력을 가질 것

③ 방전개시 이후 이상전류 통전시의 단자전압을 일정전압 이하로 억제할 것

④ 반복 동작에 대하여 특성이 변화하지 않을 것

2) 피뢰기의 구비조건

① 충격방전개시 전압이 낮을 것

② 제한 전압이 낮을 것

③ 뇌전류 방전능력이 클 것

④ 속류차단을 확실하게 할 수 있을 것

⑤ 반복동작이 가능하고, 구조가 견고하며 특성이 변화하지 않을 것

3) 피뢰기의 시설장소

① 발전소, 변전소 또는 이에 준하는 장소의 가공전선 인입구 및 인출구

② 가공전선로에 접속하는 특고압 배전용 변압기의 고압측 및 특고압측

③ 고압 또는 특고압 가공전선로로부터 공급을 받는 수용장소의 인입구

④ 가공전선로와 지중전선로가 접속되는 곳

SECTION 04 가공인입선 및 배전선 공사

(1) 가공인입선 공사

1) 가공인입선

① 가공 전선로의 지지물에서 분기하여 다른 지지물을 거치지 아니하고 수용 장소의 붙임점에 이르는 가공 전선을 말한다.

② 인입선

- 지름 2.6[mm](경간 15[m] 이하는 2[mm])의 경동선을 사용할 것
- 옥외용 비닐전선(OW), 인입용 절연전선(DV) 또는 케이블일 것

- 길이는 50[m] 이하로 할 것(고압 및 특고압 길이는 30[m]를 표준)

2) 연접인입선

① 한 수용 장소의 인입선에서 분기하여 다른 지지물을 거치지 아니하고 다른 수용가의 인입구에 이르는 부분의 전선을 말한다.

② 시설 제한 규정

- 인입선에서의 분기하는 점에서 100[m]를 넘지 않도록 한다.
- 폭 5[m]를 넘는 도로를 횡단 금지
- 옥내 관통 금지
- 고압 연접인입선은 시설 금지

(2) 건주, 장주 및 가선

1) 건주

① 지지물을 땅에 세우는 공정

② 전주가 땅에 묻히는 깊이

- 전주의 길이 15[m] 이하 : 전주 길이의 1/6 이상
- 전주의 길이 15[m] 초과 : 2.5[m] 이상
- 철근 콘크리트 전주로서 길이가 14[m] 이상 20[m] 이하이고, 설계하중이 6.8[kN] 초과 9.8[kN] 이하인 것은 위의 ①, ②의 깊이에 30[cm]을 가산

2) 지선

① 지선의 시공

- 지선의 안전율은 2.5 이상, 허용 인장하중의 최저는 4.31[kN]으로 한다.
- 지선에 연선을 사용할 경우, 소선(素線) 3가닥 이상으로 지름 2.6[mm] 이상의 금속선을 사용한다.
- 지중부분 및 지표상 30[cm]까지의 부분에는 내식성이 있는 것 또는 아연도금을 한 철봉을 사용하고 쉽게 부식되지 아니하는 근가에 견고하게 붙여야 한다.
- 도로를 횡단하는 지선의 높이는 지표상 5[m] 이상으로 한다.

② 지선의 종류

- 보통지선 : 일반적인 것으로 전주길이의 약 1/2 거리에 지선용 근가를 매설하여 설치
- 수평지선 : 보통지선을 시설할 수 없을 때 전주와 전주 간, 또는 전주와 지주 간에 설치
- 공동지선 : 두 개의 지지물에 공동으로 시설하는 지선

• Y지선 : 다단 완금일 경우, 장력이 클 경우, H주일 경우에 보통지선을 2단으로 설치하는 것
• 궁지선 : 장력이 적고 타 종류의 지선을 시설할 수 없는 경우에 설치

3) 장주

지지물에 전선 그 밖의 기구를 고정시키기 위하여 완금, 완목, 애자 등을 장치하는 공정

① 완금고정 : I볼트, U볼트, 암밴드를 사용하여 고정
② 암타이 : 완금이 상하로 움직이는 것을 방지
③ 암타이 밴드 : 암타이를 고정

4) 래크(rack)배선

저압선의 경우에 전주에 수직방향으로 애자를 설치하는 배선

5) 주상 기구의 설치

① 주상 변압기 설치 : 행거 밴드를 사용하여 고정
② 변압기의 보호
- 컷아웃 스위치(COS) : 변압기의 1차측에 시설하여 변압기의 단락을 보호
- 캐치홀더 : 변압기의 2차측에 시설하여 변압기를 보호

③ 구분개폐기 : 전력계통의 사고 발생 시에 구분개폐를 위해 2km 이하마다 설치

6) 가선 공사

① 합성 연선 : 두 종류 이상의 금속선을 꼬아 만든 전선으로 강심 알루미늄 연선(ACSR)
② 중공연선 : 초고압 송전 선로에서는 코로나의 발생을 방지하기 위하여 단면적은 증가시키지 않고 전선의 바깥지름만 필요한 만큼 크게 만든 전선
③ 가공전선의 높이

구분	저압[m]	고압[m]	특고압[m]	
			35[kV] 이하	35~160[kV]
도로 횡단	6	6	6	–
철도 궤도 횡단	6.5	6.5	6.5	6.5
횡단보도교 위	3.5	3.5	4	5
기타	5	5	5	6

(3) 배전반공사

1) 폐쇄식 배전반(큐비클형)

점유면적이 좁고 운전, 보수에 안전하므로 공장, 빌딩 등에 많이 사용

2) 배전반 설치 기기

① 차단기(CB)

구분	특징
유입차단기(OCB)	절연유를 이용
자기차단기(MBB)	자계를 주어 아크전압을 증대시켜, 냉각하여 소호작용
공기차단기(ABB)	압축공기를 이용
진공차단기(VCB)	진공도가 높은 상태에서 아크가 분산되는 원리를 이용
가스차단기(GCB)	불활성인 6불화유황(SF_6) 가스를 사용
기중차단기(ACB)	자연공기 내에서 자연소호에 의한 소호방식

② 계기용 변성기(MOF, PCT)

- 계기용 변류기(CT)
  - 전류를 측정하기 위한 변압기로 2차 전류는 5[A]가 표준이다.
  - 2차 측을 개방하면, 매우 높은 기전력이 유기되므로 2차 측을 절대로 개방해서는 안 된다.
- 계기용 변압기(PT)
  - 전압을 측정하기 위한 변압기로 2차측 정격전압은 110[V]가 표준이다.
  - 변성기 용량은 2차 회로의 부하를 말하며 2차 부담이라고 한다.

(4) 분전반공사

1) 배선 기구 시설

① 점멸용 스위치는 전압측 전선에 시설

② 리셉터클에 전압측 전선은 중심 접촉면에, 접지측 전선을 속 베이스에 연결

(5) 보호계전기

1) 보호계전기의 종류 및 기능

명칭	기능
과전류계전기(O.C.R)	일정값 이상의 전류가 흘렀을 때 동작
과전압계전기(O.V.R)	일정값 이상의 전압이 걸렸을 때 동작
부족 전압계전기(U.V.R)	전압이 일정값 이하로 떨어졌을 경우에 동작
비율차동계전기	고장에 의하여 생긴 불평형의 전류차가 기준치 이상으로 되었을 때 동작
선택계전기	2회선 중에 고장이 발생하는가를 선택하는 계전기
방향계전기	고장점의 방향을 아는 데 사용하는 계전기
거리계전기	고장점까지의 전기적 거리에 비례하여 한시로 동작하는 계전기
지락 과전류계전기	지락보호용으로 과전류 계전기의 동작전류를 작게 한 계전기
지락 방향계전기	지락 과전류 계전기에 방향성을 준 계전기
지락 회선선택계전기	지락보호용으로 선택 계전기의 동작전류를 작게 한 계전기

2) 동작시한에 의한 분류

명칭	기능
순한시 계전기	동작시간이 0.3초 이내인 계전기
정한시 계전기	일정 시한으로 동작하는 계전기
반한시 계전기	동작 시한이 동작 전류의 값이 커질수록 짧아지는 계전기
반한시-정한시 계전기	어느 한도까지는 반한시성이고, 그 이상에서는 정한시성의 특성

SECTION 05 특수장소 및 전기응용시설 공사

(1) 특수장소의 배선

구분		금속관	케이블	합성수지관	금속제 가요전선관	덕트	애자	비고
먼지	폭발성	○	○	×	×	×	×	콘센트 및 플러그를 사용금지 기구는 5턱 이상의 나사 조임접속
	가연성	○	○	○	×	×	×	
	불연성	○	○	○	○	○	○	합성수지관(두께 2[mm] 이상)
가연성 가스		○	○	×	×	×	×	
위험물		○	○	○	×	×	×	합성수지관(두께 2[mm] 이상)
화약류		○	○	×	×	×	×	300[V] 이하 조명배선만 가능
부식성 가스		○	○	○	○ (2종만)	×	○	
습기 있는 장소		○	○	○	○ (2종만)	×	×	
전시회, 쇼 및 공연장		○	○	○	×	×	×	400[V] 이하 합성수지 전선관(두께 2[mm] 이상) 전용개폐기 및 과전류차단기를 설치
광산, 터널, 갱도		○	○	○	○	×	○	

(2) 조명배선

1) 조명기구의 배광에 의한 분류

조명방식	직접조명	반직접조명	전반확산조명	반간접조명	간접조명
상향광속[%]	0~10	10~40	40~60	60~90	90~100
하향광속[%]	100~90	90~60	60~40	40~10	10~0

2) 조명 기구의 배치

① 광원 상호 간 간격 : $S \le 1.5H$

② 벽과 광원 사이의 간격

벽측 사용 안 할 때 : $S_0 \le \dfrac{H}{2}$, 벽측 사용할 때 : $S_0 \le \dfrac{H}{3}$

MEMO

전기
기능사 필기
핵심요약집

포 인 트

소방시설관리사 ㊤

소방시설의 설계 및 시공

발행일 / 2008년 5월 30일 초판 발행
2009년 9월 5일 개정 1판 발행
2010년 3월 5일 개정 2판 발행
2011년 2월 1일 개정 3판 발행
2012년 2월 20일 개정 4판 발행
2013년 1월 25일 개정 5판 발행
2014년 1월 25일 개정 6판 발행
2015년 3월 5일 개정 7판 발행
2016년 1월 5일 개정 8판 발행
2016년 5월 15일 개정 8판 2쇄
2017년 1월 5일 개정 9판 발행
2018년 1월 5일 개정 10판 발행
2019년 1월 5일 개정 11판 발행
2020년 1월 5일 개정 12판 발행
2021년 1월 5일 개정 13판 발행
2022년 2월 20일 개정 14판 발행
2023년 1월 25일 개정 15판 발행(전면개정증보판)
2024년 1월 10일 개정 16판 발행

저 자 / 권 순 택
발행인 / 정 용 수
발행처 / 예문사
주 소 / 경기도 파주시 직지길 460(출판도시) 도서출판 예문사
T E L / (031) 955-0550
F A X / (031) 955-0660
등록번호 / 11-76호

정가 : 37,000원

ISBN 978-89-274-5333-8 13530